站在巨人的肩上
Standing on Shoulders of Giants

www.ituring.com.cn

站在巨人的肩上
Standing on Shoulders of Giants

www.ituring.com.cn

TURING 图灵程序设计丛书 移动开发系列

Beginning iOS 5 Development
Exploring the iOS SDK

iOS 5基础教程

Dave Mark
[美] **Jack Nutting**　　著
Jeff LaMarche

毛姝雯 漆振 杨越 孙文磊 等译

人民邮电出版社
北　京

图书在版编目（CIP）数据

iOS 5基础教程 /（美）马克（Mark, D.），（美）纳
丁（Nutting, J.），（美）拉马赫（LaMarche, J.）著；毛
姝雯等译. -- 北京：人民邮电出版社，2012.9（2012.12重印）
（图灵程序设计丛书）
书名原文：Beginning iOS 5 Development:
Exploring the iOS SDK
ISBN 978-7-115-29099-1

Ⅰ. ①i… Ⅱ. ①马… ②纳… ③拉… ④毛… Ⅲ. ①
移动电话机－游戏程序－程序设计－教材 Ⅳ.
①TN929.53②TP311.5

中国版本图书馆CIP数据核字(2012)第188334号

内 容 提 要

　　iOS 是如今炙手可热的移动平台，苹果公司为其推出了强大的软件开发工具包 iOS SDK。本书是一部关于 iOS SDK 开发的基础教程，内容翔实、语言生动。几位作者结合消费类设备上的常见实例，循序渐进地讲解了适用于 iPhone 4S、iPad 2 及 iPod touch 开发的基本流程。新版介绍强大的 iOS 5 操作系统，涵盖 Xcode 4 以来的新功能，其中最为引人注目的便是 storyboard 和 iCloud，书中将以全新章节详细介绍。全书所有项目均使用 Xcode 4.2 重新创建，让开发者全面感受 Xcode 4 带来的振奋人心的新变化。

　　本书具有较强的通用性，编程领域的各层次读者都能通过本书快速学习 iOS 开发，提高相关技能。

图灵程序设计丛书
iOS 5基础教程

- ◆ 著　　　　[美] Dave Mark　Jack Nutting　Jeff LaMarche
　　译　　　　毛姝雯　漆　振　杨　越　孙文磊 等
　　责任编辑　朱　巍
　　执行编辑　刘美英
- ◆ 人民邮电出版社出版发行　　北京市崇文区夕照寺街14号
　　邮编　100061　　电子邮件　315@ptpress.com.cn
　　网址　http://www.ptpress.com.cn
　　北京艺辉印刷有限公司印刷
- ◆ 开本：800×1000　1/16
　　印张：37.25
　　字数：880千字　　　　　　2012年9月第1版
　　印数：5 001-7 000册　　　2012年12月北京第2次印刷
　　著作权合同登记号　图字：01-2012-2975 号
　　ISBN 978-7-115-29099-1

定价：99.00元
读者服务热线：(010)51095186转604　印装质量热线：(010)67129223
反盗版热线：(010)67171154

版 权 声 明

前　言

真是难以置信，现在你手里拿的（或在屏幕上看到的）已经是本书的第4版了。开始这趟旅程的这些年来，我们在本书中倾注了大量的心血、汗水和泪水，Cocoa Touch开发非常奇妙，我们力求竭尽所能地将其特性和魅力展现给开发者。一路走来，我们乐在其中，希望你也一样。

本书进行了全新改版，涵盖了Xcode 4带来的振奋人心的新变化。苹果公司在从Xcode 3过渡到Xcode 4时，重新设计了Xcode的绝大部分内容，同样，随着Xcode的更新（编写本书时为Xcode 4.2），我们也跟着作了修改。本书中的每个项目都从头创建，使用了Xcode 4.2出色的新技术。

当然，正如本书书名所示，所有项目都以iOS 5为中心设计，能在iOS 5系统上正常运行。iOS SDK在iOS 5中变化显著。你应该想到了，项目模板发生了不少变化，对于你经常要做的那些事情又有了许多新方法。当然，还有大量新技术需要掌握。我们新增了两章，分别介绍storyboard和iCloud；新版还涵盖了处理表视图的新策略，使用自动引用计数（ARC）特性重新创建每个示例项目，以简化内存管理。

总之，新版无疑是至今为止内容最为丰富和充实的版本。无论你是iOS开发的初学者还是老手，我们相信你都会喜欢这个版本中所涵盖的新内容。如果你没有读过之前的版本，或者仍然感到有些无所适从，或者你只想支持一下我们，那么一定要购买第4版。我们非常感谢你的支持。记得访问本书的官方社区论坛http://iphonedevbook.com①，告诉我们你开发的新应用。我们期待在论坛上看到你。祝编程愉快！

Dave、Jack和Jeff

---

① 中文版请访问图灵社区本书网页http://www.ituring.com.cn/book/948。——编者注

致　　谢

　　没有我们善良、能干又聪明的家人、朋友和同伴的支持，本书是不可能完成的。首先，感谢Terry、Weronica和Deneen对我们的宽容，他们为我们专心写书提供了非常好的环境。这个项目耗费了相当长的时间，但是他们从未抱怨过。我们很幸运！

　　另外，还要感谢Apress出版社的工作人员，没有他们，本书不可能出版。Clay Andres策划了本书，并将我们带到了Apress出版社。Dominic Shakeshaft始终笑容可掬地处理我们的抱怨，并总能找到合适的解决方法，使本书更趋完善。本书出色而和蔼的流程编辑Kelly Moritz对我们原本缓慢的写书进程起到了强有力的推动作用。Tom Welsh，我们的开发编辑一路上帮我们解决了相当多的棘手问题。他们让本书的编写能够有条不紊地进行，并为我们指明了正确的方向。Marilyn Smith是极为出色的文字编辑，很荣幸能和他一起工作！Jeffrey Pepper、Frank McGuckin和Brigid Duffy等组成的生产团队把零碎的稿件整合成书。Dylan Wooters征集宣传素材，策划推出一系列营销活动。我们对Apress出版社的所有工作人员表示由衷的感谢！

　　特别感谢优秀的技术审稿人Mark Dalrymple。除了提供具有独到见解的反馈之外，Mark还测试了书中的所有代码，帮助我们保证了本书的正确性。感谢他！

　　最后，感谢我们的孩子，他们在父亲努力工作时表现出非常好的耐心。本书是送给他们的：Maddie、Gwynnie、Ian、Kai、Henrietta、Dorotea、Daniel、Kelley和Ryan。

目　　录

第 1 章　欢迎来到 iOS 世界 ················1

1.1　关于本书 ·····················1

1.2　必要条件 ·····················1

　　1.2.1　开发者的选择 ···········3

　　1.2.2　必备知识 ···············4

1.3　编写 iOS 应用程序有何不同 ·····5

　　1.3.1　只有一个应用程序正在运行 ····5

　　1.3.2　只有一个窗口 ···········5

　　1.3.3　访问受限 ···············5

　　1.3.4　有限的响应时间 ·········6

　　1.3.5　有限的屏幕大小 ·········6

　　1.3.6　有限的系统资源 ·········6

　　1.3.7　不支持垃圾收集 ·········7

　　1.3.8　新功能 ·················7

　　1.3.9　与众不同的方法 ·········7

1.4　本书内容 ·····················7

1.5　本次更新的内容 ···············9

1.6　准备开始吧 ···················9

第 2 章　创建基本项目 ··············10

2.1　在 Xcode 中设置项目 ·········10

　　2.1.1　Xcode 工作区窗口 ·····14

　　2.1.2　深入研究项目 ·········21

2.2　Interface Builder 简介 ·······23

　　2.2.1　nib 文件的构成 ·······24

　　2.2.2　库 ···················25

　　2.2.3　在视图中添加标签 ·····26

　　2.2.4　属性修改 ·············29

2.3　美化 iPhone 应用 ···········30

2.4　小结 ·······················34

第 3 章　处理基本交互 ··············35

3.1　MVC 范型 ···················35

3.2　创建项目 ···················36

3.3　查看视图控制器 ·············37

　　3.3.1　理解输出口和操作 ·····38

　　3.3.2　清理视图控制器 ·······41

　　3.3.3　设计用户界面 ·········41

　　3.3.4　测试项目 ·············51

3.4　理解应用程序委托 ···········51

3.5　小结 ·······················55

第 4 章　更丰富的用户界面 ··········56

4.1　满是控件的屏幕 ·············56

4.2　活动、静态和被动控件 ·······58

4.3　创建应用程序 ···············59

4.4　实现图像视图和文本字段 ·····59

　　4.4.1　添加图像视图 ·········59

　　4.4.2　调整图像视图 ·········61

　　4.4.3　设置视图属性 ·········62

　　4.4.4　添加文本字段 ·········65

　　4.4.5　创建和连接输出口 ·····70

4.5　关闭键盘 ···················71

　　4.5.1　完成输入后关闭键盘 ···72

　　4.5.2　通过触摸背景关闭键盘 ···73

　　4.5.3　添加滑块和标签 ·······75

　　4.5.4　连接操作和输出口 ·····77

　　4.5.5　实现操作方法 ·········77

4.6　实现开关、按钮和分段控件 ···78

　　4.6.1　添加两个带标签的开关 ···79

　　4.6.2　连接开关输出口和操作 ···80

　　4.6.3　实现开关的操作方法 ···80

4.6.4　添加按钮 ················· 81

4.6.5　为按钮创建并关联输出口和
操作 ····················· 82

4.6.6　实现分段控件的操作方法 82

4.7　实现操作表和警报 ··············· 82

4.7.1　遵从操作表委托方法 ······· 83

4.7.2　显示操作表 ················· 83

4.8　美化按钮 ·························· 86

4.8.1　viewDidLoad 方法 ········· 87

4.8.2　控件状态 ··················· 87

4.8.3　可拉伸图像 ················· 88

4.9　小结 ······························ 88

第 5 章　自动旋转和自动调整大小 ·······89

5.1　自动旋转机制 ···················· 89

5.1.1　点、像素和 Retina 显示屏 90

5.1.2　自动转屏方法 ·············· 91

5.2　使用自动调整属性处理旋转 ····· 91

5.2.1　配置应用支持的方向 ······· 91

5.2.2　指定旋转支持 ·············· 92

5.2.3　使用自动调整属性设计界面 93

5.2.4　大小检查器的自动调整属性 94

5.2.5　设置按钮的自动调整属性 96

5.3　在旋转时重构视图 ·············· 97

5.3.1　创建和连接输出口 ········· 98

5.3.2　在旋转时移动按钮 ········· 99

5.4　切换视图 ························ 100

5.4.1　设计两个视图 ············· 101

5.4.2　实现交换 ················· 102

5.4.3　修改输出口集合 ·········· 104

5.5　小结 ····························· 104

第 6 章　多视图应用程序 ················106

6.1　多视图应用程序的常见类型 ···· 106

6.2　多视图应用程序的体系结构 ···· 109

6.2.1　根控制器 ················· 110

6.2.2　内容视图剖析 ············· 111

6.3　构建 View Switcher ············ 111

6.3.1　创建视图控制器和 nib 文件 112

6.3.2　修改应用程序委托 ········ 114

6.3.3　修改 BIDSwitchView
Controller.h ············· 116

6.3.4　添加视图控制器 ·········· 116

6.3.5　构建包含工具栏的视图 ···· 117

6.3.6　编写根视图控制器 ········ 119

6.3.7　实现内容视图 ············· 123

6.3.8　制作转换动画 ············· 126

6.4　小结 ····························· 128

第 7 章　标签栏与选取器 ················129

7.1　Pickers 应用程序 ·············· 130

7.2　委托和数据源 ··················· 132

7.3　建立标签栏框架 ················· 132

7.3.1　创建文件 ················· 133

7.3.2　添加根视图控制器 ········ 134

7.3.3　创建 TabBarController.xib 135

7.3.4　连接输出口，然后运行 ···· 140

7.4　实现日期选取器 ················· 141

7.5　实现单组件选取器 ·············· 144

7.5.1　声明输出口和操作 ········ 144

7.5.2　构建视图 ················· 145

7.5.3　将控制器实现为数据源
和委托 ·················· 146

7.6　实现多组件选取器 ·············· 149

7.6.1　声明输出口和操作 ········ 150

7.6.2　构建视图 ················· 150

7.6.3　实现控制器 ················ 150

7.7　实现依赖组件 ··················· 153

7.8　使用自定义选取器创建简单游戏 160

7.8.1　编写控制器头文件 ········ 160

7.8.2　构建视图 ················· 160

7.8.3　添加图像资源 ············· 161

7.8.4　实现控制器 ················ 161

7.8.5　最后的细节 ················ 166

7.8.6　链接 Audio Toolbox 框架 170

7.9　小结 ····························· 171

第 8 章　表视图简介 ····················172

8.1　表视图基础 ······················ 172

8.1.1　表视图和表视图单元 ······ 173

8.1.2　分组表和无格式表 ········ 174

8.2 实现一个简单的表 ……………………175
  8.2.1 设计视图 ………………………175
  8.2.2 编写控制器 ……………………176
  8.2.3 添加一个图像 …………………179
  8.2.4 表视图单元样式 ………………181
  8.2.5 设置缩进级别 …………………182
  8.2.6 处理行的选择 …………………183
  8.2.7 更改字体大小和行高 …………185
8.3 定制表视图单元 ………………………186
  8.3.1 向表视图单元添加子视图 ……186
  8.3.2 创建 UITableViewCell 子类 …187
  8.3.3 从 nib 文件加载
      UITableViewCell …………………192
8.4 分组分区和索引分区 …………………197
  8.4.1 构建视图 ………………………197
  8.4.2 导入数据 ………………………197
  8.4.3 实现控制器 ……………………198
  8.4.4 添加索引 ………………………201
8.5 实现搜索栏 ……………………………202
  8.5.1 重新考虑设计 …………………203
  8.5.2 深层可变副本 …………………203
  8.5.3 更新控制器头文件 ……………205
  8.5.4 修改视图 ………………………206
  8.5.5 修改控制器实现 ………………210
8.6 小结 ……………………………………221

第 9 章 导航控制器和表视图 …………………222
9.1 导航控制器 ……………………………222
  9.1.1 栈的性质 ………………………222
  9.1.2 控制器栈 ………………………223
9.2 由 6 个部分组成的分层应用
  程序：Nav …………………………224
  9.2.1 子控制器 ………………………225
  9.2.2 Nav 应用程序的骨架 …………228
  9.2.3 向项目中添加图形 ……………234
  9.2.4 第一个子控制器：展示按钮
      视图 ……………………………235
  9.2.5 第二个子控制器：校验表 ……242
  9.2.6 第三个子控制器：表行上的
      控件 ……………………………246

  9.2.7 第四个子控制器：可移动
      的行 ……………………………252
  9.2.8 第五个子控制器：可删除
      的行 ……………………………257
  9.2.9 第六个子控制器：可编辑
      的详细窗格 …………………262
  9.2.10 其他内容 ……………………280
9.3 小结 ……………………………………282

第 10 章 storyboard …………………………284
10.1 创建一个简单的 storyboard ………285
10.2 动态原型单元 ………………………287
  10.2.1 使用 storyboard 的动态表
      内容 …………………………288
  10.2.2 编辑原型单元 ………………289
  10.2.3 实现表视图数据源 …………290
  10.2.4 它会加载吗 …………………292
10.3 静态单元 ……………………………293
  10.3.1 实现静态单元 ………………293
  10.3.2 实现表视图数据源 …………294
10.4 大话 segue …………………………296
  10.4.1 创建 segue 导航 ……………296
  10.4.2 设计 storyboard ……………297
  10.4.3 第一个 segue ………………299
  10.4.4 更为实用的任务列表 ………299
  10.4.5 查看任务详情 ………………300
  10.4.6 设置更多 segue ……………301
  10.4.7 从列表中传递任务 …………301
  10.4.8 处理任务细节 ………………303
  10.4.9 回传详细信息 ………………304
  10.4.10 让列表获取详细信息 ………305
  10.4.11 小结 …………………………306

第 11 章 iPad 开发注意事项 ………………307
11.1 分割视图和浮动窗口 ………………307
  11.1.1 创建 SplitView 项目 ………309
  11.1.2 在 storyboard 中定义结构 ……310
  11.1.3 代码定义功能 ………………311
11.2 显示总统信息 ………………………318
11.3 创建浮动窗口 ………………………324

11.4 小结 ······ 329

第 12 章 应用程序设置和用户默认
设置 ······ 330
12.1 设置束 ······ 330
12.2 AppSettings 应用程序 ······ 331
12.2.1 创建项目 ······ 333
12.2.2 使用设置束 ······ 334
12.2.3 读取应用程序中的设置 ······ 346
12.2.4 注册默认值 ······ 350
12.2.5 更改应用程序中的默认
设置 ······ 351
12.2.6 实现逼真效果 ······ 354
12.3 小结 ······ 357

第 13 章 保存数据 ······ 358
13.1 应用程序的沙盒 ······ 358
13.1.1 获取 Documents 目录 ······ 360
13.1.2 获取 tmp 目录 ······ 360
13.2 文件保存策略 ······ 361
13.2.1 单个文件持久性 ······ 361
13.2.2 多个文件持久性 ······ 361
13.3 属性列表 ······ 361
13.3.1 属性列表序列化 ······ 362
13.3.2 持久性应用程序的第一个
版本 ······ 363
13.4 对模型对象进行归档 ······ 368
13.4.1 符合 NSCoding ······ 368
13.4.2 实现 NSCopying ······ 369
13.4.3 对数据对象进行归档和
取消归档 ······ 370
13.4.4 归档应用程序 ······ 371
13.5 使用 iOS 的嵌入式 SQLite3 ······ 374
13.5.1 创建或打开数据库 ······ 375
13.5.2 绑定变量 ······ 376
13.5.3 SQLite3 应用程序 ······ 377
13.6 使用 Core Data ······ 383
13.6.1 实体和托管对象 ······ 385
13.6.2 Core Data 应用程序 ······ 388
13.7 小结 ······ 398

第 14 章 iCloud 之旅 ······ 399
14.1 使用 UIDocument 管理文档存储 ······ 399
14.1.1 构建 TinyPix ······ 400
14.1.2 创建 BIDTinyPixDocument ······ 401
14.1.3 主代码 ······ 404
14.1.4 初始化 storyboard ······ 410
14.1.5 创建 BIDTinyPixView ······ 412
14.1.6 storyboard 设计 ······ 416
14.2 添加 iCloud 支持 ······ 419
14.2.1 创建 provisioning profile ······ 420
14.2.2 启用 iCloud 授权 ······ 420
14.2.3 如何查询 ······ 421
14.2.4 保存在哪里 ······ 423
14.2.5 在 iCloud 上存储首选项 ······ 423
14.3 小结 ······ 424

第 15 章 Grand Central Dispatch、
后台处理及其应用 ······ 426
15.1 Grand Central Dispatch ······ 426
15.2 SlowWorker 简介 ······ 427
15.3 线程基础知识 ······ 430
15.4 工作单元 ······ 430
15.5 GCD：低级队列 ······ 431
15.5.1 傻瓜式操作 ······ 431
15.5.2 改进 SlowWorker ······ 432
15.6 后台处理 ······ 438
15.6.1 应用程序生命周期 ······ 439
15.6.2 状态更改通知 ······ 439
15.6.3 创建 State Lab ······ 441
15.6.4 执行状态 ······ 442
15.6.5 利用执行状态更改 ······ 444
15.6.6 处理不活动状态 ······ 444
15.6.7 处理后台状态 ······ 449
15.7 小结 ······ 457

第 16 章 使用 Quartz 和 OpenGL
绘图 ······ 458
16.1 图形世界的两个视图 ······ 458
16.2 Quart 2D 绘图方法 ······ 459

16.2.1　Quartz 2D 的图形上下文……459
16.2.2　坐标系……460
16.2.3　指定颜色……461
16.2.4　在上下文中绘制图像……463
16.2.5　绘制形状：多边形、直线和曲线……463
16.2.6　Quartz 2D 工具采样器：模式、梯度、虚线模式……464
16.3　QuartzFun 应用程序……465
16.3.1　构建 QuartzFun 应用程序……465
16.3.2　添加 Quartz Drawing 代码……474
16.3.3　优化 QuartzFun 应用程序……478
16.4　GLFun 应用程序……481
16.4.1　构建 GLFun 应用程序……482
16.4.2　创建 BIDGLFunView……482
16.4.3　更新 BIDViewController……489
16.4.4　更新 nib……490
16.4.5　完成 GLFun……490
16.5　小结……490

第 17 章　轻击、触摸和手势……491
17.1　多点触控术语……491
17.2　响应者链……492
17.2.1　响应事件……492
17.2.2　转发事件：保持响应者链的活动状态……493
17.3　多点触控体系结构……494
17.4　4 个手势通知方法……494
17.5　检测触摸……495
17.6　检测轻扫……498
17.6.1　使用自动手势识别……502
17.6.2　实现多个轻扫动作……503
17.7　检测多次轻击……505
17.8　检测捏合操作……509
17.9　创建和使用自定义手势……512
17.9.1　CheckPlease 应用程序……512
17.9.2　CheckPlease 触摸方法……514
17.10　小结……516

第 18 章　Core Location 定位功能……517
18.1　位置管理器……517
18.1.1　设置所需的精度……518
18.1.2　设置距离筛选器……518
18.1.3　启动位置管理器……519
18.1.4　更明智地使用位置管理器……519
18.2　位置管理器委托……519
18.2.1　获取位置更新……519
18.2.2　使用 CLLocation 获取纬度和经度……519
18.2.3　错误通知……521
18.3　尝试使用 Core Location……522
18.3.1　更新位置管理器……525
18.3.2　确定移动距离……526
18.4　小结……527

第 19 章　陀螺仪和加速计……528
19.1　加速计物理学……528
19.2　不要忘记旋转……529
19.3　Core Motion 和动作管理器……529
19.3.1　基于事件的动作……530
19.3.2　主动动作访问……535
19.3.3　加速计结果……537
19.4　检测摇动……537
19.4.1　Baked-In 摇动……538
19.4.2　摇动与击碎……539
19.5　将加速计用做方向控制器……544
19.5.1　滚弹珠程序……545
19.5.2　编写 Ball View……547
19.5.3　计算小球运动……549
19.6　小结……552

第 20 章　iPhone 照相机和照片库……553
20.1　使用图像选取器和 UIImagePickerController……553
20.2　实现图像选取器控制器委托……555
20.3　实际测试照相机和库……556
20.3.1　设计界面……557
20.3.2　实现照相机视图控制器……558

20.4   小结 ················· 562

第21章   应用程序本地化 ········· 563

21.1   本地化体系结构 ········ 563
21.2   字符串文件 ·············· 564
　21.2.1   字符串文件里面是什么 ······· 565
　21.2.2   本地化的字符串宏 ······· 565
21.3   现实中的 iOS：本地化应用程序 ······· 566
　21.3.1   创建 LocalizeMe ········· 567
　21.3.2   测试 LocalizeMe ········· 569
　21.3.3   本地化 nib 文件 ········· 570
　21.3.4   本地化图像 ········· 573
　21.3.5   生成和本地化字符串文件 ····· 575

21.3.6   本地化应用程序显示名称 ····· 577
21.4   小结 ················· 578

第22章   未来之路 ··········· 579

22.1   苹果公司的文档 ········· 579
22.2   邮件列表 ·············· 579
22.3   论坛 ················· 580
22.4   网站 ················· 580
22.5   博客 ················· 581
22.6   会议 ················· 582
22.7   作者 ················· 582
22.8   再会 ················· 583

第 1 章

欢迎来到iOS世界

你想编写iPhone、iPod touch和iPad应用程序？哦，这事也怪不得你。事实上，所有这些设备最核心的软件——iOS，恐怕要算是长久以来最吸引人的新平台了，自2007年发布以来，iOS发展异常迅速。移动应用平台的崛起意味着人们无时无刻不在使用各种软件。随着iOS 5以及最新iOS软件开发工具包（SDK）的发布，iOS应用开发变得更加高效和有趣。

1.1　关于本书

本书将带你走上创建iOS应用程序的大道。我们的目标是让你通过初步学习，理解iOS应用程序的运行和构建方式。

在学习过程中，你将创建一系列小型应用程序，每个应用程序都会突出某些iOS特性，展示如何控制这些特性或与其交互。如果你扎实地掌握了本书中的基本知识，充分发挥自己的创造力，并且坚定不移，同时借助苹果公司大量翔实的文档，你就完全可以创建出专业级的iPhone和iPad应用程序。

说明　Dave、Jack和Jeff为本书创办了一个论坛。志同道合的开发人员可以在此相互交流，搞懂一些问题，并且还可以回答别人提出的问题。论坛地址为http://iphonedevbook.com。一定要访问此论坛哦！

1.2　必要条件

在开始编写iOS软件之前，需要做一些准备工作。初学者需要一台运行Lion（OS X 10.7或更高版本）的基于Intel架构的Macintosh计算机。任何最近上市的基于Intel架构的Macintosh计算机（不管是笔记本电脑还是台式机）应该都符合要求。

你还需要注册成为iOS开发人员。只有完成这一步，苹果公司才允许下载iOS SDK。

注册请访问http://developer.apple.com/ios/，这会打开如图1-1所示的页面。

首先点击Log in按钮，页面将提示你输入Apple ID。如果你还没有Apple ID，请单击Create

Apple ID按钮创建一个，然后再登录。登录之后，将进入iOS开发主页面。其中不仅有SDK的下载链接，还有各类文档、视频和示例代码等的链接，iOS应用开发人员可通过这些内容获得详尽的指导。

图1-1　苹果公司的iOS开发中心网站

这个页面上一个最重要的工具是Xcode，它是苹果公司的IDE（集成开发环境），必须下载。Xcode提供了各种实用工具，用于创建和调试源代码、编译应用程序以及调优应用程序性能。

完成注册后就能在http://developer.apple.com/ios/页面上找到Xcode的下载链接。也可以从Macintosh的App Store下载Xcode（可以通过Mac的Apple菜单来访问App Store）。

示例所用的SDK版本和源代码

随着SDK和Xcode版本的不断发展，下载它们的机制也将会改变。有时SDK和Xcode需要分开下载，有时它们可以合在一起下载。基本上，你应该下载最新发布的Xcode和iOS SDK版本（非beta版）。

本书是针对最新的SDK版本编写的。在某些地方，我们选择使用iOS 5中引入的新函数或方法，它们可能与早期的SDK版本不兼容，出现这些情况时我们一定会指出。

请从本书网站http://iphonedevbook.com或者Apress（http://apress.com）本书页面上下载最新的源代码。在发布SDK新版本时，我们将相应地更新代码，所以一定要定期查看该网站。

1.2.1　开发者的选择

这个可免费下载的SDK还包含一个模拟器，它支持在Mac上创建和运行iPhone与iPad应用程序。这对于学习编写iOS程序极其有用。但是，模拟器不支持依赖于硬件的某些特性，如加速计或摄像功能。同时模拟器还不支持将应用程序下载到实际的iPhone或其他设备中。此外，它也不能在苹果公司的App Store上分发应用程序。要实现这些功能，需要注册并下载使用另外两个方案中的一个，它们不是免费的。

- □ 标准方案的价格为99美元/年，它提供了大量开发工具、资源和技术支持，支持通过苹果公司的App Store分发应用程序。最重要的是，标准方案支持在iOS设备上（而不只是在模拟器上）测试和调试代码。
- □ 企业方案的价格为299美元/年，面向开发专用的、内部的iOS应用程序的企业，以及为苹果公司的App Store开发应用程序且拥有参与该项目的多名开发人员的企业。

有关这两种方案的详细信息，请访问http://developer.apple.com/programs/ios，以及http://developer.apple.com/programs/ios/enterprise。

由于iOS设备是一种始终连网的移动设备，并且使用的是其他公司的无线基础设施，因此苹果公司对iOS开发人员的限制比对Mac开发人员严格得多（Mac开发人员无需经过苹果公司的审查或批准就能够编写和分发程序）。尽管iPod touch和那种只能使用Wi-Fi的iPad不允许使用其他的基础设施，它们仍然会面临同样的限制。

苹果公司添加这些限制，主要是为了尽量避免分发恶意或效率低下的程序，因为这类程序可能降低共享网络的性能。开发iOS应用程序似乎有很高的门槛，但苹果公司在简化开发过程方面也付出了巨大努力。还应该提及的是，99美元的价格比微软公司的软件开发IDE（比如像Visual Studio）的价格低得多。

另外，很明显，你还需要一部iPhone、iPod touch或iPad。虽然大部分代码都可以通过iOS模拟器进行测试，但并非所有程序都是如此。模拟器上运行的一些应用程序需要在实际的设备上全面测试，然后才能分发给公众。

说明   如果已决定注册标准版或企业版方案，应该立即注册。批准过程可能需要一些时间，并且批准之后才能在真实的设备上运行应用程序。但是不必担心，前几章中的所有项目以及本书中的大多数应用程序，都可以在iOS模拟器上运行。

1.2.2   必备知识

学习本书应该具备一定的编程知识。你应该理解面向对象编程的基础知识，例如，了解对象、循环和变量的含义，还应该熟悉Objective-C编程语言。SDK中的Cocoa Touch是本书使用的主要工具，它使用的是最新版的Objective-C，包含了之前的版本中都没有出现过的多种新特性。但是如果不了解Objective-C的新增特性也没有关系。我们将重点介绍要使用的Objective-C 的新语言特性，并解释其工作原理和使用它的原因。

作为用户，你还应该熟悉iOS系统本身。就像在任何其他平台中编写应用程序一样，你需要熟悉iPhone、iPad或iPod touch的各种特性，并了解iOS界面以及iPhone和iPad应用程序的外观。

Objective-C的学习资源

如果你从未使用Objective-C编写过程序，那么以下资源有助于你了解该语言。

☐ 阅读Mac编程专家Mark Dalrymple和Scott Knaster撰写的《Objective-C基础教程》[①]，该书浅显易懂，是学习Objective-C基础知识的优秀图书。网址如下所示。http://www.apress.com/book/view/9781430218159

☐ 参考Apple公司在*Learning Objective-C: A Primer*中对该语言的介绍：http://developer.apple.com/library/ios/#referencelibrary/GettingStarted/Learning_Objective-C_A_Primer

☐ 阅读*Objective-C Programming Language*，其中对该语言的介绍非常详尽全面，是一个上乘的参考指南，从以下网站可以获取该书。

http://developer.apple.com/library/ios/#documentation/Cocoa/Conceptual/ObjectiveC

最后一个资源可以从iPhone、iPod touch或iPad的iBooks免费下载。有了这些资源就完美了，可以随时随地阅读了！苹果公司已经发布了此种形式的好几种开发资料，希望还有更多惊喜！在iBooks中搜索"Apple developer publications"可以找到这些内容。

[①] 请访问http://www.ituring.com.cn/book/303了解本书信息。——编者注

1.3　编写 iOS 应用程序有何不同

如果从未使用过Cocoa或它的前期产品NeXTSTEP和OpenStep，那么你可能会发现Cocoa Touch（用于编写iOS应用程序的应用程序框架）稍显另类。它与其他常用应用程序框架（如用于构建.NET或Java应用程序的框架）之间存在一些根本差异。你起初可能会有点不知所措，但不必担心，只要勤加练习，就可以掌握其中的规律。

如果你具备使用Cocoa或NeXTSTEP编程的经验，就会发现iOS SDK中有许多熟悉的身影。其中的许多类都是从用于Mac OS X开发的版本中原样借鉴过来的，一些类即便不同，也遵循相同的基本原则，并使用与旧版本类似的设计模式。但是，Cocoa和Cocoa Touch之间却存在一些差异。

无论你的知识背景如何，都需要谨记iOS开发与桌面应用程序开发之间的重要差异。后续几节将讨论这些差异。

1.3.1　只有一个应用程序正在运行

在iOS上，每一时间段内只能激活一个应用程序并在屏幕上显示。从iOS 4开始，在用户按下home按钮后，应用程序可以继续在后台运行，但是这种情况也只限于特定的场合，而且必须为此编写特定的代码。

当应用程序未激活或运行于后台时，它不会占用任何CPU资源，这将导致网络连接断开以及其他问题。iOS 5在后台处理能力方面已经有了大幅提升，但要使应用程序在这种情况下仍运行良好，还需要你自身多加努力。

1.3.2　只有一个窗口

在台式及笔记本电脑操作系统中，多个程序可以同时运行，并且可以分别创建和控制多个窗口。而iOS则有所不同，它只允许应用程序操作一个“窗口”。应用程序与用户的所有交互都在这个窗口中完成，而且这个窗口的大小就是iOS设备屏幕的大小，是固定的。

1.3.3　访问受限

计算机上的程序可以访问其用户能够访问的任何内容，而iOS则严格限制了应用程序的访问权限。

你只能在iOS为应用程序创建的文件系统中读写文件。此区域称为应用程序的**沙盒**，应用程序在其中存储文档、首选项等需要存储的各种数据。

应用程序还存在其他方面的限制。举例来说，你不能访问iOS上端口号较小的网络端口，也不能执行台式计算机中需要有根用户或管理员权限才能执行的操作。

1.3.4　有限的响应时间

由于使用方式特殊，iOS及其应用程序需要具备较快的响应时间。启动应用程序时，需要先打开它，载入首选项和数据，并尽快在屏幕上显示主视图，这一切要在几秒之内完成。

只要应用程序在运行，就可以从上面拖下通知中心界面。如果用户按home按钮，iOS就会返回主屏幕，用户需要快速保存一切内容并退出。如果未在5秒之内保存并放弃控制，则应用程序进程将终止，无论用户是否已经完成保存。

请注意，在iOS 5中，这种情况因为一种新API的存在而有所改善。这种API允许你的应用程序在终止前申请多一些的时间来处理。

1.3.5　有限的屏幕大小

iPhone的屏幕显示效果非常出色，在推出的相当长的一段时间内，它都是消费设备中分辨率最高的屏幕。

但是，iPhone的显示屏幕并不大，你施展的空间要比现代计算机小很多，最新的Retina显示器（iPhone 4和第4代iPod touch）仅有640像素×960像素，更老的仅有320像素×480像素。而且，现在的尺寸与以前相同，只不过Retina显示屏为640像素×960像素，所以不要以为可以放更多的控件或什么了——仅仅是分辨率比以前高了。

iPad稍大一些，是1024像素×768像素，但也不算很大。与此形成鲜明对比的是，在撰写本书时，苹果公司最便宜的iMac支持1920像素×1080像素，最便宜的笔记本电脑MacBook支持1280像素×800像素。而苹果公司最大的显示器，27英寸的LED Cinema Display，支持超大的2560像素×1440像素。[①]

1.3.6　有限的系统资源

阅读本书的任何资深程序员可能都会对256 MB内存、8 GB存储空间的机器嗤之以鼻，因为其资源实在是非常有限，但这种机器却是真实存在的。或许，开发iOS应用程序与在内存为48 KB的机器上编写复杂的电子表格应用程序不属于同一级别，二者之间没有可比性，但由于iOS的图形属性和它的功能，其内存不足是常见的情况。

目前上市的iOS的物理内存要么是256 MB，要么是512 MB，当然今后内存还会不断增长。内存的一部分用于屏幕缓冲和其他一些系统进程。通常，不到一半（也可能更少）的内存留给应用程序使用。

虽然这些内存对于这样的小型计算机可能已经足够了，但谈到iOS的内存时还有另一个因素需要考虑：现代计算机操作系统，如Mac OS X，会将一部分未使用的内存块写到磁盘的**交换文件**中。这样，当应用程序请求的内存超过计算机实际可用的内存时，它仍然可以运行。但是，iOS并不会将易失性内存（如应用程序数据）写到交换文件中。因此，应用程序可用的内存量将受到

---

① The New iPad的分辨率是2048像素×1536像素，而MacBook的最大分辨率是2880像素×1800像素。——编者注

手机中未使用的物理内存量的限制。

　　Cocoa Touch提供了一种内置机制，可以将内存不足的情况通知给应用程序。出现这种情况时，应用程序必须释放不需要的内存，否则就可能被强制退出。

1.3.7　不支持垃圾收集

　　之前提过，Cocoa Touch使用Objective-C语言，但是该语言有一个关键特性在iOS中不可用：Cocoa Touch不支持垃圾回收。对于许多刚刚接触这个平台（尤其是那些从支持垃圾回收的语言转向这个平台）的开发者来说，开发iOS应用时需要手动管理内存是一件麻烦事。

　　然而，iOS 5所支持的Objective-C版本，基本上解决了这个棘手的问题。iOS 5引入了一个特性——自动引用计数（Automatic Reference Counting，ARC），借助该特性你无需再手动为Objective-C对象管理内存。我们将在第3章讨论ARC。

1.3.8　新功能

　　前面提过，Cocoa Touch缺少Cocoa的一些功能，但iOS SDK中也有一些新功能是Cocoa所没有的，或者至少不是在任何Mac上都可用的。

- ❑ iPhone SDK为应用程序提供了一种定位方法，即用Core Location确定手机的当前地理坐标。
- ❑ 大部分iOS设备都还提供了内置的照相机和照片库，并且SDK允许应用程序访问两者。
- ❑ iOS还提供了一个内置的加速计（而最新的iPhone、iPod touch中还有陀螺仪），用于检测机子的握持和移动方式。

1.3.9　与众不同的方法

　　iOS设备没有键盘和鼠标，这意味着在编程时它与用户的交互方式和通用的计算机所采取的方式截然不同。所幸的是，大多数交互都不需要你来处理。例如，如果在应用程序中添加一个文本框，则iOS系统就会在用户单击该字段时调用键盘，不需要编写任何额外的代码。

说明　目前的设备支持通过蓝牙连接外部键盘，这提供了一种不错的键盘体验并节省了一定的屏幕空间，但这种使用情形仍然非常少。现在依然无法连接鼠标。

1.4　本书内容

　　下面是本书其余章节的简要概述。

　　第2章：讲述如何使用Xcode的搭档Interface Builder创建简单的界面，并在屏幕上显示一些文本。

　　第3章：介绍与用户的交互，构建一个简单的应用程序，用于在运行时根据用户按下的按钮动态更新显示的文本。

第4章：以第3章为基础，介绍其他一些iOS标准用户界面控件。此外，还将介绍如何使用警告框和操作表提醒用户作出决策，或者通知用户发生了一些异常事件。

第5章：了解如何处理自动旋转、自动改变大小属性，以及允许在纵向或横向模式下使用iOS应用程序的机制。

第6章：介绍更多高级用户界面，并阐述如何创建支持多视图界面的应用程序。我们将教你更改在运行时为用户显示的视图，以创建更加复杂的用户界面。

第7章：介绍如何在标准的iOS用户界面中实现标签栏和选取器。

第8章：介绍表视图。表视图是向用户提供数据列表的主要方法，并且是基于分层导航的应用程序的基础。这一章还会介绍如何让用户搜索应用程序数据。

第9章：介绍如何实现分层列表，它是最常用的iOS应用程序界面之一，你可以通过它查看更多或更详细的数据，学习实现这种标准界面时所涉及的技术。

第10章：介绍iOS 5引入的一项相当出色的新特性——storyboard，它为应用程序的设计提供了一种全新的方式。

第11章：iPad的外形与其他iOS设备不同，它需要用不同的方法来显示GUI，并借助一些组件来实现。这一章将介绍如何使用SDK中特定于iPad的内容。

第12章：介绍如何实现应用程序设置，iOS中的这种机制允许用户设置他们的应用程序级首选项。

第13章：介绍iOS中的数据管理。将讨论如何创建用于保存应用程序数据的对象，以及如何将这些数据持久存储到iOS的文件系统中。这一章还会介绍使用Core Data的基础知识，Core Data可用于方便地保存和检索数据。

第14章：介绍iOS 5的另一项新功能——iCloud。iCloud可以在线存储文档，在该应用的不同实例间进行同步。本章将向你展示如何使用iCloud。

第15章：从iOS 4开始，开发人员可以使用Grand Central Dispatch这种新方法进行多线程开发，还可以在某些情形下使他们的应用程序在后台运行。这一章将介绍如何实现此目的。

第16章：绘图是人们的普遍爱好，这一章介绍如何实现一些自定义绘图，这需要使用Quartz 2D和OpenGL ES中的基本绘图函数。

第17章：iOS设备的多点触摸屏幕可以接受用户的各种手势输入。这一章讲述如何检测基本的手势，如双指捏合和单指滑动，还将介绍定义新手势的过程，并讨论新手势的适用情况。

第18章：iOS可以通过Core Location确定其纬度和经度。这一章将编写利用Core Location计算设备的物理位置的代码，并在各种应用中使用该信息。

第19章：介绍如何与iOS加速计和陀螺仪交互，通过它们确定设备的持握方式及运动速度与方向。我们将讨论应用程序如何通过该信息完成一些有趣的任务。

第20章：每个iOS设备都有自己的摄像装置和图片库，这两者都可供应用程序调用。这一章介绍如何使用它们。

第21章：iOS设备现已遍及90多个国家。这一章介绍以何种方式编写应用程序，能方便地把应用程序的所有部分翻译为其他语言，从而发掘应用程序的潜在用户。

第22章：至此，你已经掌握了iPhone和iPad应用程序的基本构建方法。这一章将探索掌握iOS SDK的后续步骤。

1.5 本次更新的内容

自第1版上市以来，iOS开发领域发生了很多事情。SDK一直在发展，苹果公司对SDK进行了大量更新。

当然，我们也很忙。从获悉SDK 5面世那一刻起，我们就投入工作了。我们更新了每个项目，以确保每个项目的代码不但能在最新版的Xcode和SDK下编译，而且还能够充分利用Cocoa Touch提供的最新和最出色的特性。我们对全书进行了大量细微调整，也添加了数量可观的重大改变，包括新增两章内容，分别介绍storyboard和iCloud。当然我们也对全书重新进行了屏幕截图。

1.6 准备开始吧

iOS是一款出色的、令人难以置信的计算平台，是快乐开发的新领域。编写iOS程序将成为一种全新的体验，这种体验与之前你使用过的任何平台都不同。所有看似熟悉的功能都具有其独特的一面，但随着深入本书中的代码，你将能把这些概念紧密联系起来并融会贯通。

应该谨记，本书中的练习并不只是一份检查清单。完成这些练习之后，你也许就能成为iOS开发专家。在继续下一个项目之前，请确保已经理解了之前的概念和原理。不要害怕修改代码。多多尝试并观察结果是在Cocoa Touch等环境中克服编码困难的最佳方法。

如果你已经安装了iOS SDK，请继续阅读本书；如果还没有，请立即安装。然后开始iOS之旅！

第 2 章

创建基本项目

你可能知道，任何编程书都习惯使用"Hello, World!"作为第一个项目，这已然成为一种传统。我们考虑过打破这种常规，但又恐标新立异的做法引起人神共怒。因此，本书只好墨守成规。

本章将使用Xcode创建一个小型iOS应用程序，在模拟设备屏幕上显示文本"Hello, World!"。我们将讨论使用Xcode创建iOS应用程序的方方面面，深入使用Interface Builder设计应用程序用户界面的具体细节，最后在iOS模拟器上运行应用程序。随后，我们将为应用程序指定一个图标，让它看起来更像一个真正的iOS应用程序。

要做的事情很多，我们开始吧。

2.1 在 Xcode 中设置项目

现在，你应该已经在机器上安装了Xcode和iOS SDK。此外，还应该从网站www.iphonedev-book.com/forum/forum.php下载了本书的项目压缩文件（在这个论坛里，还可以提问并获取问题的答案，结交志趣相投的朋友）。在本书论坛下载源代码是个不错的选择，当然，你也可以在Apress网站找到这些源代码。

说明　即使你已经拥有了本书完整的项目文件，但仅仅运行下载的项目是不够的，手工编写各个项目将有更大的收获。只有实践才可以让你熟练掌握本书所介绍的各种工具和专业技能。

没有什么能比得上自己动手创建项目，软件开发可不能袖手旁观。

我们的第一个项目位于02 Hello World文件夹中。

在开始之前，需要启动Xcode。本书中大部分编程工作都要使用Xcode完成，但是不同于绝大多数的Mac应用，Xcode并没有安装在/Applications文件夹下①。如果你已经安装了前一章中列出的开发工具，则可以在/Developer/Applications文件夹下找到Xcode。由于要频繁使用Xcode，所以可以将它拖到桌面上，以方便使用。

如果是第一次使用Xcode，不用担心，我们将详细介绍创建新项目的每一个步骤。Apple最近

---

① 从Xcode 4.3开始应用程序统一放在了/Applications文件夹下。——编者注

发布了最新的、完全重写的Xcode版本，与以前的版本有很大的不同。如果你很熟悉以前版本的Xcode，但是还没用过Xcode 4，你会发现有很多变化。

　　第一次启动Xcode时，会显示如图2-1所示的欢迎窗口。从这里，可以选择创建一个新项目，连接到版本控制系统查看已存在的项目，或者从最近打开项目的列表中选择项目。欢迎窗口还包括了一些链接，可以通过这些链接访问iOS和Mac OS X的技术文档、教学视频、新闻、示例代码以及其他一些有用的内容。所有这些功能都可以在Xcode菜单里找到，但从这个窗口开始也不错。它涵盖了一些在你启动Xcode后可能想做的最常见任务。如果想要浏览这些信息，请随意。结束之后关闭窗口，我们继续。如果不希望再次看到这个窗口，只需在关闭该窗口前取消勾选Show this window when Xcode launches复选框。

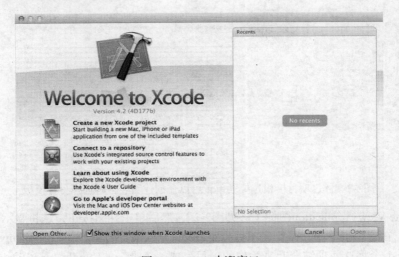

图2-1　Xcode欢迎窗口

说明　如果你的Mac机连上了iPhone、iPad或者iPod touch等设备，那么第一次启动Xcode时，可能会显示一个对话框询问你是否要使用该设备进行开发。由于现在是入门教程，可以单击Ignore按钮忽略掉这个设置。也可能会弹出一个Organizer窗口，其中列出了与机器同步的设备，同样此时关闭Organizer窗口即可。如果已经加入了付费的iOS开发人员计划（iOS Developer Program），那么你就能访问苹果的Program Portal，了解如何使用iOS设备进行开发和测试。

　　要创建一个新项目，可以从File菜单中选择New → New Project...（或者按下⇧⌘N），打开新项目窗口，其中显示了项目模板选择表单（参见图2-2）。从这个表单中，你可以选择一个项目模板用作构建应用程序的起点。窗口左侧的窗格分为两个主要部分：iOS和Mac OS X。由于我们将要创建iOS应用，所以选择iOS部分的Application项目以显示iOS应用模板。

　　如图2-2右上方窗格中所示的每一个图标都代表着一个独立的项目模板，从中选择合适的模板就可以开始应用程序开发了。名为Single View Application的图标代表一个最简单的模板，我们将在本书前几章中使用它。而其他模板提供了额外的代码和（或）资源来创建一些常用的iPhone和iPad应用程序界面，这些都将在后面的章节介绍。

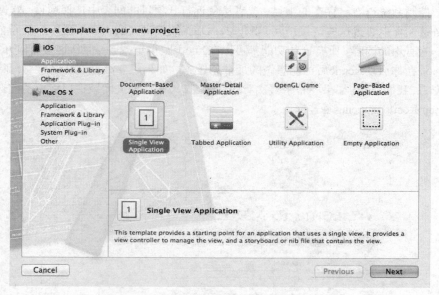

图2-2　通过项目模板选择表单，可以在创建新项目时选择各种模板

　　单击Single View Application图标（参见图2-2），然后单击Next按钮，这将显示项目选项表单（参见图2-3）。在这个表单中，需要为项目指定Product Name（项目名）和Company Identifier（公司标识）。Xcode会将这两项结合起来为你的项目生成一个唯一的Bundle Identifier（束标识符）。将项目命名为Hello World，并且在Company Identifier字段里键入com.apress（如图2-3所示）。之后，在你注册了开发人员计划，并且了解了provisioning profiles的相关内容后，你可以使用自己的公司标识。本章稍后将会更详细地讨论束标识符。

　　下一个文本框标为Class Prefix，这里应该至少填入3个大写字母，这些字符将会被添加在Xcode为我们创建的所有类的类名前面。这么做是为了避免与Apple（保留使用两个字符的前缀）以及可能会使用到的其他开发人员的代码发生命名冲突。在Objective-C中，拥有多个同名的类将会导致构建失败。

　　在本书的项目中，我们使用BID作为前缀（代表Beginning iPhone Development）。例如，可能有很多类都叫做ViewController，然而同样被命名为BIDMyViewComtroller的可能性就小很多了，这就大大降低了命名冲突的可能性。

　　我们还需要指定Device Family。也就是说，Xcode需要知道我们所要创建的是iPhone、iPod touch应用，还是iPad应用，又或者是能够运行在所有iOS设备上的通用应用。在Device Family中选择iPhone（如果还没选择），这就告诉Xcode我们将创建的特定应用适用于iPhone和iPod touch

（它们具有相同的屏幕尺寸）。在本书的第一部分中，我们将始终使用iPhone作为开发面向设备。不过不用担心，后面会介绍iPad开发。

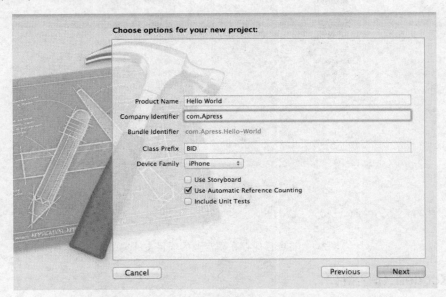

图2-3 为项目选择项目名和公司标识。目前使用如图设置即可

表单底部有三个复选框，选择中间那项：Use Automatic Reference Counting，不要选择其他两项。自动引用计数（Automatic Reference Counting，ARC）是Objective-C语言的一个新特性，iOS 5引入了这项特性，使你的开发工作更轻松。我们将在下一章简要介绍ARC。

Use Storyboard选项将在第10章中介绍。另一个选项Include Unit Tests，如果创建项目时指定了该选项，那么项目可以包含一些**单元测试**（unit test）代码，你可以在其中添加自己的测试代码，虽然它们不是发布在应用程序中的一部分，但应该在每次构建应用时执行它们来进行功能性测试。你能够通过单元测试来确认对代码的改动是否破坏了先前能够正常运行的代码。尽管它是一个很有用的工具，但是本书不使用自动化单元测试，所以可以不选中这个选项。

再次单击Next按钮，此时需要使用一个标准保存表单来指定新项目的保存路径（参见图2-4），如果你尚未为本书的项目创建新的主目录，那么转到Finder创建一个。然后回到Xcode，导航至该目录。先要确保没有选中Create local git repository for this project复选框，然后再单击Create按钮创建新项目。

说明　源代码控制库（source control repository）用于在构建应用程序时跟踪其代码以及资源的变更。它提供了一些工具以解决多个开发人员同时工作于同一个应用时可能引起的冲突。本书不使用源码控制，所以无需选中Create local git repository for this project复选框。

图2-4 将项目保存在硬盘上的项目文件夹中

2.1.1 Xcode工作区窗口

保存表单移出之后Xcode将会创建并打开项目，显示如图2-5所示的新工作区窗口。该窗口包含许多信息，它是iOS开发时的主要窗口。

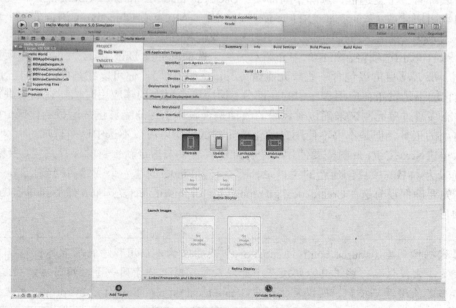

图2-5 Xcode中的Hello World 项目

1. 工具栏

Xcode工作区窗口的顶部区域是**工具栏**（参见图2-6）。工具栏左侧依次是用于启动和停止运行项目的控制按钮、用于选择运行方案的弹出菜单，以及用于启用和禁用断点的按钮。**运行方案**（scheme）将目标和构建设置结合在一起，而工具栏的弹出菜单方便开发者仅通过一次点击就能选择一种特定的设置。

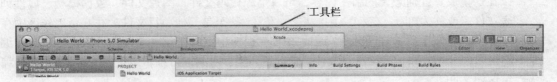

图2-6　Xcode工具栏

工具栏中间的大方框称为**活动视图**（activity view）。一如其名，活动视图显示当前发生的操作或进程。例如，当运行项目时，活动视图中会显示构建应用所采取的各种步骤运行时的说明。如果你碰到了任何错误或警告，这些信息也会在活动视图中显示。如果用户点击了其中的警告或错误，则会直接跳转到问题导航，这个导航器为警告或者错误提供了更为详细的信息，下一节就会介绍这部分内容。

在工具栏右侧有三组按钮。左侧那组按钮标为Editor，可供开发者从三种不同的编辑器配置中进行选择。

- □ **标准视图**（standard view）提供了一个单独的窗格，专用于编辑文件或者编辑特定于项目的配置项。
- □ **辅助视图**（assistant view）非常强大，它将编辑器窗格分为左右两个窗格。右侧窗格通常用于显示与左侧文件相关的文件，或者在开发者编辑左侧文件时，显示可能需要引用的文件。可以手动指定每个窗格中的显示内容，也可以让Xcode来决定最符合当前任务的显示内容。例如，如果你正在编辑一个Objective-C类的实现文件（.m文件），Xcode则会自动在右侧窗格中显示该类的头文件(.h文件)。如果你正在左侧窗格中设计用户界面,Xcode就会在右侧显示该用户界面能够与之交互的代码。在本书中，你会看到很多使用辅助视图的例子。
- □ 版本按钮将编辑窗格转换为一个类似Time Machine那样的对照视图，它与一些源代码管理系统协同工作，比如Subversion和Git。你可以将一个源文件的当前版本与之前提交的版本进行比较，或者对两个早期版本进行比较。

在编辑器（Editor）按钮的右侧是另一组按钮，用于显示、隐藏位于编辑窗格左右两侧的导航窗格和实用工具窗格（utility pane）。点击这些按钮可以看到相应的窗格。

最后，最右侧的按钮用于打开Organizer窗口，在这里你可以找到大量非特定于项目的功能。它被用作Apple的API文档的文档浏览器，其中包含所有Xcode所知道的源代码资源、一个列出了所有已打开项目的列表，并且维护一个包含所有与这台计算机同步的设备的列表。

2. 导航视图

在工具栏正下方，工作区窗口左侧的部分是**导航视图**（navigator view）。导航视图提供了7种配置以供开发者在不同的视图中进行查看。点击导航视图顶部的图标可以在下列导航器中进行切换，从左至右分别如下所示。

❑ **项目导航**（project navigator），这个视图包含项目所使用的文件（参见图2-7）。开发者可以在这里放置任何想要的引用内容，可以是源代码文件、图片文件、数据模型、属性列表文件（或称为Plist，在2.1.2节中将会讨论），甚至是其他项目文件。在一个工作区中存放多个项目便于项目之间共享资源。在导航视图中点击任意一个文件，该文件都会在编辑窗格中显示。除了能浏览该文件，开发者还能够对其进行编辑（只要Xcode知道如何编辑这种文件）。

图2-7　Xcode导航视图中显示的项目导航。点击视图顶部的7个图标切换导航器

❑ **符号导航**（symbol navigator），一如其名，这个导航器集中了所有在工作区中定义的**符号**（symbol），如图2-8所示。从根本上说，符号是编译器能识别的项，例如Objective-C类、枚举、结构和全局变量等。

❑ **搜索导航**（search navigator），使用这个导航器对工作区中的所有文件执行搜索（参见图2-9）。可以从Find弹出菜单中选择Replace，从而对搜索结果进行全部替换或者仅对所选部分进行替换。对于更丰富的搜索，可以从搜索字段的放大镜所关联的弹出菜单中选择Show Find Options。

❑ **问题导航**（issues navigator），构建项目过程中出现的任何错误或者警告都会在这个导航器中显示，而且窗口顶部的活动视图中会显示一条列出了错误数量的消息（参见图2-10）。点击问题导航中的错误就会跳转到编辑窗格中相应的代码行上。

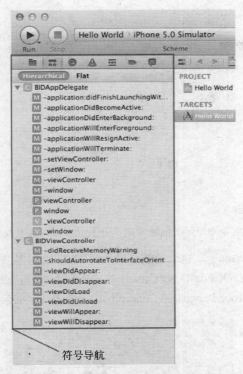

图2-8　Xcode导航视图显示的符号导航。打开展开三角探索每一组中定义的文件和符号

图2-9　Xcode导航视图显示的搜索导航。一定要检查Find和搜索字段中的放大镜下
隐藏的弹出菜单

图2-10　Xcode导航视图显示的问题导航。开发者可以在这里找到编译错误和警告

□ **调试导航**（debug navigator），这个导航是进入调试过程的主视图（参见图2-11）。如果你对调试很陌生，可以查阅"Xcode 4 User Guide"文档的以下部分：http://developer.apple.com/library/mac/#documentation/ToolsLanguages/Conceptual/Xcode4UserGuide/Debugging/Debugging.html

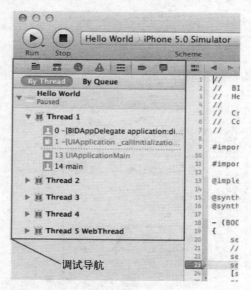

图2-11　Xcode导航视图显示的调试导航。一定要试用一下窗口底部的细节滑动条，
　　　　可以通过它指定想要查看的调试细节的等级

　　调试导航为每个活动线程都列出了栈结构。**栈结构**（stack frame）是一个列出了之前调用过的函数或方法的列表，以其调用顺序来排列。点击某个方法，与之对应的代码则会在编辑窗格中显示。在编辑器中，还有另一个结构，开发者可以在其中控制调试过程、显

示和修改数据值以及访问底层调试器。另外还可以通过调试导航底部的滑动条控制其追踪细节的等级。滑动到最右边可以看到所有内容，包括所有系统调用。而滑至最左边则只能看到开发者自己的调用。默认情况下设为正中央位置，这对初学者是个不错的切入点。

☐ **断点导航**（breakpoint navigator），开发者可以通过断点导航查看设置的所有断点（参见图2-12）。顾名思义，**断点**就是在代码中指出应用将要在该处停止运行（或者跳出循环）的地方，这样便于开发者查看变量中的值，做一些调试应用所需的其他任务。这个导航器中的断点列表是以文件来组织的。在列表中点击一个断点，该行则会在编辑窗格中出现。当你位于断点导航时，一定要看一下工作区窗口左下角的弹出菜单。开发者可以通过加号弹出菜单添加异常或者符号断点，而通过减号弹出菜单删除选定的断点。

图2-12　Xcode导航视图显示的断点导航。断点列表以文件来组织

☐ **日志导航**（log navigator），这个导航器中保留了开发人员最近的构建结果和运行日志的历史记录（参见图2-13）。点击一项日志，编辑窗格就会显示构建指令和构建问题。

图2-13　Xcode导航视图显示的日志导航。日志导航显示构建列表，
而编辑窗格中显示所选视图的详细信息

3. 跳转栏

通过**跳转栏**（jump bar），只需要一次单击，开发人员就能跳转到当前导航的层次结构中的某个指定元素。例如，图2-14显示了一个正在编辑窗格中进行编辑的源代码文件，跳转栏就在源代码上方，以下是其构成。

- 在跳转栏最左侧有一个看起来很特别的图标，它实际上是一个弹出菜单，其中显示的子菜单包括最近的文件、未保存的文件、对应文件、父类和子类、同级文件、类别、包含文件，以及包含当前文件的文件。
- 在弹出菜单右边是一对向左和向右的箭头，分别用于指示开发人员回到上一个文件和下一个文件。
- 跳转栏包含一个分段弹出框，显示可以在当前编辑器中显示的当前项目的文件。在图2-14中，我们正处于源代码编辑器中，所以可以看到项目中所有的源代码文件。在跳转栏最后是一个显示当前所选文件所包含的方法和其他符号的弹出菜单。图2-14所示的跳转栏显示了BIDAppDelegate.m文件，其中的子菜单列出了该文件定义的符号。

图2-14　Xcode编辑窗格显示的跳转栏，当前选择了一个源代码文件。子菜单中显示了所选文件的方法列表

跳转栏非常强大，在你查看组成Xcode 4的各种界面元素时一定要找到它用一下。

提示　如果开发人员是在Lion（Mac OS X 10.7）下运行Xcode，则完美支持全屏模式。点击项目窗口右上角的全屏按钮，全神贯注地在全屏模式下进行编程的感觉非常爽吧！

Xcode键盘快捷键

如果你喜欢使用键盘快捷键来进行导航，而不是使用鼠标在屏幕上进行控制，那么你肯定会喜欢Xcode提供的方式。大部分在Xcode中进行的常规操作都有对应的快捷键，比如⌘B用于构建应用，⌘N用于创建新文件。

你可以更改所有的Xcode快捷键，也可以通过Xcode的首选项Key Bindings为尚无快捷键的指令分配一个快捷键。

　　一个非常好用的快捷键是⇧⌘O，对应Xcode的Open Quickly特性。按下该快捷键后，键入一个文件名、设置项名称或者符号名，Xcode就会向你显示选出项的列表，找到所需的文件后就能敲击return键在编辑窗格中打开它，这种方式让你仅靠一些键盘操作就能切换文件。

4. 实用工具窗格

　　之前提过，Xcode工具栏右侧倒数第二个按钮用于打开、关闭实用工具窗格。和检查器类似，实用工具窗格也是上下文相关的，它的内容会根据编辑窗格中的显示内容发生变化。在本书中，你可以看到很多这样的例子。

5. Interface Builder

　　Xcode的早期版本包含一个称为Interface Builder的界面设计工具，用于构建、自定义开发者的项目界面。Xcode 4带来的一项重大改变是将Interface Builder集成到了工作区中。Interface Builder不再是一个独立的应用程序了，这就意味着你在编写代码和设计界面时，不再需要反复在Xcode和Interface Builder之间进行切换了。这真是太棒了！

　　本书中我们将会广泛使用Xcode的界面创建功能，并深入探讨其细节。本章稍后就会开始进行界面创建。

6. 新的编译器和调试器

　　Xcode带来的最重要的一项变更是：一个全新的编译器和低级调试器，它们比其前任更快更智能。

　　新的编译器LLVM 3生成的代码比GCC生成的更快（GCC是Xcode早期版本的默认编译器）。除了创建更快的代码，LLVM还知道更多代码相关的信息，所以它能生成更智能、更精确的错误信息和警告。

　　LLVM还能提供更精确的代码补全，而且当它产生一个警告，提供可能修正项的弹出菜单时，它可以对代码的实际意图作出有把握的猜测。这样就能很容易地找到并修正符号名称拼写错误、括号匹配错误、分号遗漏等问题。

　　此外，LLVM还有一种复杂的**静态分析器**（static analyzer），它可以扫描你的代码以查找各种潜在问题，包括Objective-C内存管理问题。事实上，LLVM在这方面确实相当智能，所以它可以为你处理大多数内存管理任务，不过前提是你在编写代码时遵守一些简单的规则。我们将在下一章开始讨论之前提到过的出色的ARC特性。

2.1.2　深入研究项目

　　我们已经讨论了Xcode工作区窗口，现在来看看Hello World项目中的文件。单击工作区左侧7个导航图标的最左边那个图标（参见本章前面“导航视图”一节）或者按下⌘1，切换到项目导航。

项目导航的第一项与项目同名，在本例中为Hello World。该项代表了整个项目，在这里可以完成一些特定于项目的配置，单击它就能在Xcode的编辑器中对项目配置进行编辑。不用担心那些特定于项目的设置，目前保留默认设置即可。

回过去看一下图2-7，Hello World左侧的三角形是展开的，其中包括一些子文件夹（在Xcode中称为组），简单介绍如下。

❏ Hello World，这是第一个文件夹，它总是以项目名来命名。你将在这个文件夹上花很多时间，它包含了你编写的大部分代码以及组成应用程序用户界面的文件。你可以自由地在这个文件夹下创建子文件夹来帮助组织代码，如果你偏好不同的组织方式，你甚至可以使用其他组。这个文件夹下的大部分文件都将留到下一章介绍。下一节使用Interface Builder时将讨论以下这个文件：

■ BIDViewController.xib，该文件包含特定于项目主视图控制器的用户界面元素。

❏ Supporting Files，该文件夹包含了项目中所需的非Objective-C类的源代码文件和资源文件。通常，Other Sources文件夹不会占用你太多时间。创建一个新的iPhone应用程序时，该文件夹包含以下4个文件。

■ Hello_World-Info.plist，这是一个包含应用程序相关信息的属性列表。2.3节中将会讨论它。

■ InfoPlist.strings，这是一个文本文件，其中包含可能被属性列表引用的可读字符串。不同于属性列表，该文件可以本地化。通过该文件，开发人员可以在应用中包含多语言翻译（将在第21章介绍该主题）。

■ main.m，包含应用程序的main()方法。通常不需要编辑或修改该文件。事实上，如果你不知道自己在做什么，最好不要碰它。

■ Hello_World_Prefix.pch，包含项目中用到的来自外部框架的一些头文件（扩展名.pch表示预编译头文件）。从这个文件中引用的头文件是典型的不属于项目的内容，通常也不需要频繁更改。Xcode将预编译这些头文件，在之后的程序构建中持续使用预编译的版本，从而减少了选择Build或Run菜单项编译项目所需的时间。暂时无需担心这个文件，因为它已经包含了最常用的头文件。

❏ Frameworks，这是一种特殊的库，其中可以包含代码，也可以包含图像和声音文件等资源。任何添加到这个文件夹中的框架或者库都会被链接到应用程序中，而你的代码能够使用包含在该框架或库中的对象、函数和资源。项目中已经默认链接了最常用的框架和库，所以大多数情况下，你不用添加任何内容。如果需要一些不常使用的库和框架，可以很容易地将它们添加到Frameworks文件夹中。第7章将介绍如何进行此操作。

❏ Products，这个文件夹包含项目构建时所生成的应用程序。展开Products文件夹，可以看到一个名为Hello World.app的文件，它是这个特定项目所创建的应用，也是这个项目唯一的产物。由于我们尚未编译项目，所以Hello World.app显示为红色，Xcode用这种方式告诉你一个文件引用了不存在的内容。

说明 导航区域中的"文件夹"并不一定与Mac文件系统上的文件夹相对应。Xcode对它们进行了逻辑分组，以保持所有内容井然有序，便于你开发应用时更快更容易地找到需要的内容。通常，包含在两个项目文件夹中的文件是直接保存在项目根目录下的，但是可以将它们保存在任何位置，甚至可以在项目文件夹外部。Xcode内部的层次结构与文件系统的层次结构完全无关，比如，在Xcode中将一个文件移出Classes文件夹并不会更改它在硬盘上的位置。
　　使用实用工具窗格可以配置一个组来使用特定的文件系统目录，但是默认情况下，新加入项目的组完全独立于文件系统，这些组所包含的内容可以存在于任何地方。

2.2 Interface Builder 简介

在工作区窗口的项目导航中展开Hello World组（如果尚未展开），然后选择BIDViewController.xib文件，此时该文件将在编辑窗格中打开（参见图2-15）。你将看到一个方格纸背景，它构成了一个绝佳的编辑界面背景。这就是Xcode的Interface Builder（有时被称为IB），你将在这里设计应用程序的用户界面。

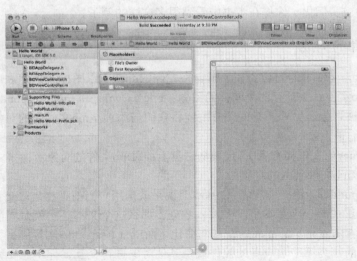

图2-15　在项目导航中选择BIDViewController.xib，这将在Interface Builder中打开该文件。请注意编辑窗格中的方格纸背景。方格纸左边的灰色竖直栏称为"dock"

Interface Builder历史悠久，它于1988年面世，曾用于为NeXTSTEP、OpenStep、Mac OS X开发应用，现在也用于iPhone、iPad这些iOS设备。之前已经提过，在Xcode 4之前，Interface Builder是一个与Xcode一起安装的独立的应用程序，它与Xcode协同工作。而现在，Interface Builder完全与Xcode整合在了一起。

Interface Builder支持两种文件类型：使用.nib扩展名的旧格式和使用.xib扩展名的新格式。iOS项目模板全都默认使用.xib扩展名，但是在最初的20年里，所有的Interface Builder文件都使用.nib扩展名。因此，大多数开发人员将Interface Builder文件称为"nib文件"。这种叫法，与该文件实际使用的是.xib扩展名还是.nib扩展名无关。事实上，苹果公司仍然在其文档中使用术语"nib"和"nib文件"。

方格纸左边的灰色竖直栏称为dock。dock包含nib文件中每一个顶层对象的图标。如果点击dock右下方的带圈三角形，就可以看到一个代表那些对象的列表视图。再次点击三角图标就能回到图标视图。

nib文件顶部的两个图标称为File's Owner（文件拥有者）和First Responder（第一响应者），它们是每个nib文件都拥有的特殊项，我们稍后会详细讨论它们。而剩下的图标，每一个都代表了Objective-C类的一个实例，它们将在加载nib文件时自动创建。除了必需的File's Owner和First Responder之外，nib文件还有另外一个图标，这第三个图标（位于水平线下方）代表一个视图对象。当应用启动时将会显示这个视图，它是在我们选择Single View Application模板时被创建的。

现在，假设你想创建一个按钮实例，你可以编写代码来创建它，但是，从库中拖出一个按钮并设置它的属性会更容易。而且这与在运行时使用代码创建按钮是完全一样的。

BIDViewController.xib文件将在应用程序启动时自动加载（目前不用担心这是如何实现的），因此它很适合用于添加应用程序用户界面的对象。当你在Interface Builder中创建对象时，它们会在加载nib文件时被实例化。你将在本书中看到很多这样的例子。

2.2.1　nib文件的构成

之前提过，nib文件中的内容会在编辑窗格左侧的dock中以图标或是列表形式呈现（参见图2-15）。每一个nib文件开头都有两个同样的图标：File's Owner 和 First Responder，它们是自动创建的，而且不能被删除。另外，有一条分割线将它们与添加至nib文件中的对象分隔开。由此，你也许会猜到它们很重要。

❑ **File's Owner**（文件拥有者），代表从磁盘上加载nib文件的对象。换言之，File's Owner是"拥有"该nib文件副本的对象。

❑ **First Responder**（第一响应者），基本上说来就是用户当前正在与之交互的对象。例如，如果用户正在向一个文本字段中输入数据，那么这个文本字段就是当前的第一响应者。第一响应者随着用户与界面的交互而变化，而First Responder图标则提供了一种便捷的方式来与当前作为第一响应者的控件或是其他对象进行交互，你不需要编写代码来判断当前操作的是哪个控件或者视图。

我们将从下一章开始更为详细地讨论这些对象，所以如果现在你对应在何时使用First Responder，或者对nib"拥有者"的组成感到疑惑的话，不用担心。

这个窗口中除了这两个特殊类别，其他图标都代表了将在加载nib文件时创建的对象实例（就像是用alloc和init创建了新的Objective-C对象）。在本例中，第三个图标是View。

View图标代表UIView类的一个实例。UIView对象是用户能够看到并能与之交互的区域，本例只有一个视图，所以这个图标代表了用户在这个应用中所能看到的所有内容。稍后，我们将创建更为复杂的、拥有多个视图的应用。初学者刚开始只需要把它想象成打开应用程序时会看到的画面内容就可以了。

> 说明　从技术上来说，这个应用实际上不止包含一个视图。显示在屏幕上的所有界面元素（包括按钮、文本字段、标签等）都继承于UIView。本书中使用的术语"视图"（view），通常指的是UIView的实际实例，在本应用中只有一个。

点击View图标，将会打开一个iPhone尺寸大小的屏幕（如果尚未打开），你可以在这里通过图形化方式来设计你想要的用户界面。

2.2.2　库

如图2-16所示，工作区右侧的utility视图被分为了两部分。如果现在你看不到这个utility视图，可以单击工具栏上三个View按钮中最右边的按钮，选择View→Utilities→Show Utilities，或者按下⌥⌘0（option-command-zero）。

utility视图的下半部分称为**库窗格**（library pane），或者简称为**库**（library）。库是可重用对象的集合，你可以在自己的程序中使用它们。库窗格顶部工具栏的4个图标将它分成了4个部分。

- **文件模板库**（file template library），包含一些文件模板，如果需要在项目中添加一个新文件，可以使用它们。例如，如果你想在项目中添加一个新的Objective-C类，就可以从文件模板库中拖出一个Objective-C类文件。
- **代码片段库**（code snippet library），包含一些代码片段，可以在源代码中使用它们。记不住Objective-C的快速枚举语法？没关系，就从库里拖出这个特定的代码片段，压根不需要查看。写了一些以后还想使用的代码？那就在文本编辑器中选中它，将它拖到代码片段库中。
- **对象库**（object library），包含各种可重用对象，比如文本字段、标签、滑动条、按钮等你可能需要用来设计iOS界面的任何对象。在本书中我们将广泛使用对象库来为示例程序创建界面。
- **媒体库**（media library），顾名思义，这个库包括用户的所有媒体文件，有图片、声音和影片文件等。

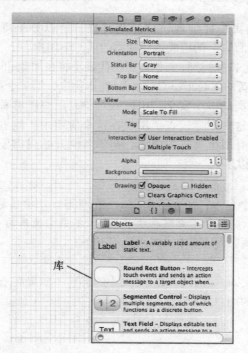

图2-16   库中包含UIKit中的内置对象，可以在Interface Builder中使用它们。
在库上方、工具栏下方的所有内容都被称为检查器

说明   对象库中的项目主要来自于iOS UIKit（它是用于创建应用程序用户界面的对象框架）。
UIKit在Cocoa Touch中的作用与AppKit在Cocoa中的作用相同。这两个框架在概念上很相
似，但由于平台之间的差异，它们之间也存在很多明显的不同。另一方面，像NSString、
NSArray这样的Foundation框架类，是Cocoa和Cocoa Touch所共有的。

　　注意库窗格底部的搜索框，想要找一个按钮？那就在搜索框里键入button，那么库就只会显
示名字包含button的项。搜索完成后，不要忘了清空它。

2.2.3   在视图中添加标签

　　现在来试着使用Interface Builder。单击库顶部的对象库图标（它看起来像个立方体），打开
对象库。拖动滚动条，在库中寻找Table View。它在那里，继续滚动，找到它了！哦，等等，有
个更好的方法：只要在搜索框里键入Table View就可以了，这不是更容易吗？

提示   有个很好用的快捷键：按下 ⌃ ⌥ ⌘3，就能跳转到搜索栏，并且高亮显示它的内容。

　　在库中找到Label（它大致靠近列表顶部）。接着，将label拖动到之前看到过的视图中。（如果在编辑窗格看不到这个视图，在Interface Builder的dock中单击View图标）。当你把光标移到该图标上面时，它会变成绿色加号形状，在Finder中它表示"我正在复制某些内容"。将标签拖到视图中央，当该图标居中时，将会出现两条蓝色的引导线，一条垂直，一条水平。标签是否居中无关紧要，重要的是知道引导线的存在。图2-17显示了在放开鼠标之前工作区的情况。

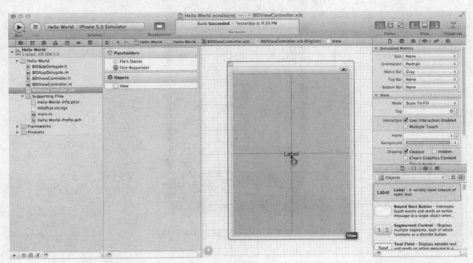

图2-17　在库中找到了标签，将它拖到视图中。注意，我们在库的搜索框里键入了
　　　　 label，从而限制了对象列表中的项仅包含单词label

　　用户界面对象具有层次结构。大多数视图都有**子视图**，但也有例外，比如按钮、以及其他很多控件。Interface Builder很智能，如果一个对象不接受子视图，那么就无法将其他对象拖到它上面。

　　我们将标签作为子视图添加到主视图（叫做View的视图）中，它将在视图呈现给用户时自动显示。从库中将一个Label拖到View视图中，就会添加一个UILabel的实例作为应用程序主视图的子视图。

　　现在我们来编辑这个标签的显示文本，双击刚才创建的标签，键入文本"Hello, World!"，接着在标签外点击鼠标，然后再重新选中它，再次将它居中放置，或是放到屏幕上你希望的任何地方。

　　接下来呢？只要保存应用程序就完成了。选择File → Save（或者按下 ⌘S）。然后点击Xcode工作区窗口左上方的弹出菜单，选择iPhone Simulator（弹出项可能还包含一个版本号，选择其中最新、最大的那项），这样我们的应用就将在这个模拟器中运行。如果你是苹果公司的付费iOS开发人员计划的成员，则可以尝试在你的设备上运行该应用。本书中，我们尽可能只使用模拟器，因为在模拟器中运行不需要任何费用。

　　准备好了？那么选择Product → Run（或者按下 ⌘R），Xcode将编译该应用并且在iPhone模拟器中启动它，如图2-18所示。

图2-18   iPhone中的Hello,World程序

说明   如果在构建、运行应用程序时，你的iOS设备已经连接到Mac，则可能会不太顺利。总而
言之，要在iPhone、iPad或者iPod touch上构建、运行应用，你必须注册苹果公司的iOS开
发人员计划并为此支付一些费用，然后才能适当配置Xcode。加入该计划后，苹果公司将
向你发送完成配置所需的信息。不过，本书中的大部分程序都能很好地运行在iPhone或者
iPad模拟器中。

欣赏完你自己的作品后，可以回到Xcode。Xcode和模拟器是独立的应用程序。

提示   检查完应用后，你可以退出模拟器，但过不了多久你就要重新启动它。如果让模拟器一
直运行着，然后再次要求Xcode运行该应用，Xcode将会询问你是要先停止当前已存在的
应用，还是将这个应用作为第二个实例运行，同时保持第一个实例继续运行。如果这让
你觉得困惑，那就在每次测试完应用后退出模拟器。没人会知道的！

等一下！就这么简单？但我们并没有编写代码——确实如此！
很美妙吧？
那么，如果我们想要修改标签的一些属性，比如文本大小或者颜色，应该如何实现呢？我们
需要编写代码，是吧？哦，根本不用。让我们来看看完成这些修改是多么容易。

2.2.4 属性修改

返回Xcode，单击Hello World标签以选中它。现在将注意力转向库窗格上方的区域，utility 窗格的这一部分称为**检查器**（inspector）。与库类似，检查器窗格顶部也有一些图标，每一个图标都可以改变检查器的内容以显示特定类型的数据。要改变标签的属性，需要使用左起第四个图标，它代表对象属性检查器（object attributes inspector），如图2-19所示。

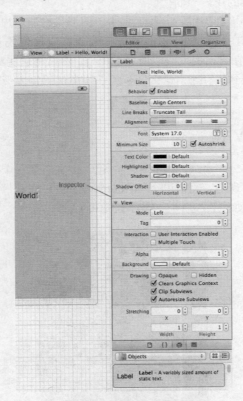

图2-19 对象属性检查器中显示的标签属性

提示 检查器与项目导航类似，每个图标都有对应的键盘快捷键。检查器最左边的图标对应 ⌥⌘1，⌥⌘2对应第二个图标，以此类推。与项目导航不同的是，检查器图标的数字是上下文相关的，将会根据在导航窗口和（或）编辑窗口中所选择的对象而改变。

我们继续，根据你的喜好修改标签的外观，请随意修改文本的字体、大小以及颜色。注意，如果加大了字号，你可能需要调整标签的大小以容纳更大的文本。完成后，保存文件，再次选择 Run。所做的修改将会在应用程序中显示出来，同样，这次也没有编写任何代码。

说明	不用太过担心对象属性检查器中所有字段的含义，如果不能显示出所做的某一项更改，也不用着急。在本书的学习过程中，你将了解到很多对象属性检查器的内容，以及每个字段的作用。

Interface Builder支持以图形化方式设计用户界面，从而使你能够专注于编写特定于应用的代码，而不用花时间编写复杂的用户界面代码。

大多数现代应用开发环境都提供了一些工具用于图形化构建用户界面，而Interface Builder与其他很多工具的区别之一在于，Interface Builder不会生成任何需要维护的代码，而是创建Objective-C对象，就像用户在自己的代码中所做的那样，然后将这些对象序列化到nib文件中，以便在运行时将它们直接加载到内存中。这么做避免了很多代码生成带来的问题。总而言之，这是种更为强大的方法。

2.3   美化 iPhone 应用

现在我们进入最后一部分，对应用进行一些润色，使它更像一个真实的iPhone应用。首先，运行项目，当模拟器窗口出现后，点击iPhone的home键（窗口底部带有白色方框的黑色按钮）。这将返回iPhone的主屏幕，如图2-20所示，是不是觉得有点单调？

图2-20   Hello,World的图标太单调了，它需要一个真实的图标

　　看一下屏幕顶部的Hello World图标，这是个空白的图标。要解决这个问题，需要创建一个图标，并将它保存为可移植网络图形（.png）文件。事实上，你应该创建两个图标，一个大小为114像素×114像素，另一个57像素×57像素。为什么要两个？这是因为，iPhone 4引入了Retina显示技术，分辨率是早期iPhone的整整两倍。所以，较小的图标用于非Retina显示屏设备，而较大的图标用于具有Retina显示屏的设备。

　　创建图标时不必试图与iPhone上已有按钮的风格相匹配，iPhone将自动为图标调整圆角边缘，并为它加上相当不错的玻璃质感。只要创建一个普通的正方形图像。如果你不想创建自己的图标，可以直接使用我们提供的两个，它们位于项目归档文件的02-Hello World文件夹下，分别名为icon.png和icon@2x.png。较大文件名中的@2x是一种特殊的命名规则，指明将此文件用于Retina显示屏设备。

说明　必须使用.png图像作为应用程序的图标，实际上iOS项目中所有的图像都应该使用这种格式。Xcode在构建应用时会自动优化.png图像，这使得.png格式成为iOS应用中最快最有效的图像格式。尽管大多数其他的常用图像格式也可以正确显示，但是，除非有不可抗拒的原因，否则都应该使用.png文件。

　　设计完应用程序图标后，按下⌘1打开项目导航，然后点击导航最上方的一行（蓝色图标、名为Hello World）。现在，将注意力转向编辑窗格。

　　在编辑窗格左侧，可以看到一个白色栏，其中包含名为PROJECT、TARGETS的列表选项。确保选中Hello World目标，在该栏右侧有一个较大的灰色设置窗格。在窗格的顶部有5个标签，选择Summary标签。在Summary中，拖动滚动条，找到名为App Icons的部分（参见图2-21），我们要将新添加的图标拖进去。

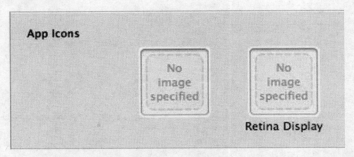

图2-21　项目的Summary标签中的App Icon框，在这里设置应用程序图标

　　从Finder中将icon.png拖动到左边的方框中，这将把icon.png复制到项目中并将其设置为应用程序的图标。接着，再将icon@2x.png拖到右边的方框，将它设置为Retina显示屏图标。

　　回到项目导航，可以看到项目中添加了两个图片,但它们并不在任何文件夹中(参见图2-22)。为了保持项目有序，选择icon.png和icon@2x.png，将它们拖到Supporting Files组中。

图2-22   当在项目中添加图标时，它们没有被放置在子文件夹中，要保持项目有序，
          用户必须自己移动它们

我们来看看Xcode在后台是如何处理这些图标的。在Xcode的项目导航中，单击Supporting
Files文件夹下的Hello_World-Info.plist文件。这是个**属性列表**文件，其中包含了应用的一些常规
信息，包括这个项目的图标文件的具体信息。

选中Hello_World-Info.plist文件后，编辑窗格中将会显示该属性列表。在属性列表左列中找到
标有Icon files的行，该行右列应显示为（2 items）。该行持有一个数组，这意味着它可以包含多个
值。在本例中，每一行对应一个指定的图标。单击Icon Files左侧的三角形，就可以看到数组里的
两个元素（参见图2-23）。

Key	Type	Value
Localization native development region	String	en
Bundle display name	String	${PRODUCT_NAME}
Executable file	String	${EXECUTABLE_NAME}
▼ Icon files	Array	(2 items)
Item 0	String	icon.png
Item 1	String	icon@2x.png
▶ Icon files (iOS 5)	Diction...	(2 items)
Bundle identifier	String	com.Apress.${PRODUCT_NAME:rfc1034identifier}
InfoDictionary version	String	6.0
Bundle name	String	${PRODUCT_NAME}
Bundle OS Type code	String	APPL
Bundle versions string, short	String	1.0
Bundle creator OS Type code	String	????
Bundle version	String	1.0
Application requires iPhone environmer	Boolean	YES
▶ Supported interface orientations	Array	(3 items)

图2-23   展开三角形，显示出Icon Files数组的内容，在数组中，可以看到每一行
          对应之前创建的两个图标文件

查看如图2-23所示的属性列表中的内容，你可能会注意到有一行标为Icon Files（iOS 5）。点击旁边的三角，可以看到其中包含两个选项：Primary Icon和Newsstand Icon。展开Primary Icon，你会发现里面的内容与Icon Files是相同的。不用太关心这个，如果你按照之前介绍的方法使用Xcode来设置图标，那么Xcode总会正确配置属性列表。

相同的图标信息之所以会出现两次，是因为在iOS 5之前，一个应用只有一种图标，所以以用一个数组（Icon Files）来保存图标就已经足够了。而在iOS 5中，苹果引入了一种方式，可以为应用程序指定其他类型的图标。例如，用于苹果的Newsstand应用的图标。本书不讨论Newsstand，所以你不必担心何时或者为何要为此指定图标。只要知道iOS 5引入了一种新的方式来指定图标，而目前，应用程序同时支持新旧两种方式。

> **说明** 如果你只是把两个图标图像复制到Xcode项目中，而没有进一步操作，该图标仍然会显示出来。这是为什么？因为在默认情况下，如果没有提供任何图标文件名，SDK将会搜索名为icon.png的资源并使用它。而且你也不需要告诉它该图标的@2x版本。iOS知道如何在具备Retina显示屏的设备上找到它。但是安全起见，你应该确保应用能正确显示其图标，所以应该始终在属性列表中显式定义应用程序图标。

现在，看一下Hello_World-Info.plist文件中的其他行。大多数设置保留默认即可，但是有一行需要注意：束标识符（Bundle identifier）。这是我们在创建项目时输入的唯一标识符，必须要设置。束标识符的标准命名规则是：顶级Internet域名（比如com、org），之后是一个点号，然后是公司名或者组织名，再是一个点号，最后是应用名。

创建这个应用时，曾经提示我们输入束标识符，当时我们键入了com.apress。该字符串最后一个值是一个特殊代码，构建应用时将会用应用名来替换它，从而将应用的束标识符与应用名绑定在一起。如果需要在创建项目之后修改应用的束标识符，就在这里进行。

现在，编译并运行应用程序。启动模拟器之后，按下白色方框按钮回到主屏幕，现在可以看到这个漂亮的新图标了（参见图2-24）。

图2-24 应用程序现在有一个漂亮的图标了

> **说明** 如果想从iPhone模拟器的主屏幕上清除早期的应用程序，可以从iPhone模拟器的应用菜单中选择iPhone Simulator → Reset Content and Settings...。

2.4   小结

现在可以缓口气了。虽然本章并没能让你学到所有内容，但我们确实也介绍了不少。你了解了iOS项目模板，创建了一个应用程序，学习了Xcode 4很多方面的内容，开始使用Interface Builder，还学习了如何设置应用程序的图标和束标识符。

但是，这个Hello, World程序是一个完完全全的单向应用，我们只是向用户显示一些信息，而没有从用户那里接收信息。如果你准备好了，我们就进入下一章，看看如何获取iOS用户的输入，并根据输入作出决策。做个深呼吸，然后翻到下一页。

第 3 章

处理基本交互

上一章的Hello World应用程序很好地演示了如何使用Cocoa Touch进行iOS开发，但它缺少了一项至关重要的功能：与用户交互。如果没有良好的交互性，应用程序的功能将受到极大限制。

本章将编写一个稍微复杂的应用程序，它具备两个按钮和一个标签（参见图3-1）。当用户按下任意一个按钮时，标签的文本将随之变化。这看上去是一个相当简单的示例，但它演示了iOS应用中实现用户交互所需的关键概念。

图3-1 本章将构建的简单应用程序，它具备两个按钮

3.1 MVC 范型

首先，让我们了解一些基本理论。Cocoa Touch设计者们采用MVC（模型-视图-控制器）范型作为指导原则。MVC是用于拆分GUI应用程序代码的逻辑方法。目前，几乎所有面向对象框架多少都会采用MVC模式来实现，但很少有像Cocoa Touch这样忠实于MVC的。

MVC模型将所有功能划分为3种。

❑ **模型**。保存应用程序数据的类。

❑ **视图**。窗口、控件和其他用户可以看到并能与之交互的元素。

❑ **控制器**。将模型和视图绑定在一起，确定如何处理用户输入的应用程序逻辑。

MVC的目标是实现3类代码尽可能分离。编写的任何对象都应该能很明显地归为其中一类，并且其功能大部分不属于或完全不属于另外两类。例如，实现某个按钮的对象不应包含处理按下按钮事件时的数据，而实现银行账户的代码不应包含绘制表格以显示交易情况的代码。

MVC可以帮助确保实现最大可重用性。实现普通按钮的类可以在任何应用程序中使用。如果某个类实现的按钮将在被单击时执行一些特定的计算，那么此类仅能在其最初的应用程序中使用。

在编写Cocoa Touch应用程序时，我们将主要使用Interface Builder来创建视图组件，但有时仍然需要在代码中修改界面，或者需要继承已有的视图和控件。

创建模型的方法是设计一些Objective-C类来保存应用程序数据，或者利用Core Data构建数据模型（将在第13章介绍）。本章的应用程序不会创建任何模型对象，因为我们不需要存储或保留数据。但在后面的章节中，随着应用程序变得更加复杂，我们将引入模型对象。

控制器组件通常由开发人员创建的类和特定于应用程序的类组成。控制器可以是完全自定义的类（NSObject子类），但更多情况下，它们一般是UIKit框架中已有通用控制器类（如UIViewController，稍后介绍）的子类。通过继承其中的一个已有类，你可以免费获取大量功能，并且基本上不再需要重新设计类的结构。

随着对Cocoa Touch的深入了解，你会很快发现UIKit框架中的类是如何遵循MVC原则的。如果在开发时遵循这个概念，你将能够创建更加简洁、更易于维护的代码。

3.2　创建项目

现在可以开始创建下一个Xcode项目了。我们将使用与上一章相同的模板：Single View Application。从这个简单的模板入手，便于你了解视图和控制器对象在iOS应用中的协作。在以后的章节中我们将会用到一些其他的模板。

启动Xcode，选择File → New → New Project...（或者按下⇧⌘N）。选择Single View Application模板，然后点击Next。

你将看到与上一章相同的选项表单。在Product Name字段中，键入Button Fun作为这个新应用的名字。Company Identifier字段中包含的值应该与上一章中使用的相同，所以可以保留它。在Class Prefix字段中，同样使用上一章中设置的值：BID。

和Hello, World一样，我们将要编写的是iPhone应用，所以在Device Family中选择iPhone。我们不使用storyboard、单元测试，所以不用选中这两个选项。另外我们想要使用ARC，所以选中Use Automatic Reference Counting复选框，本章稍后将介绍ARC。完成后的选项表单如图3-2所示。

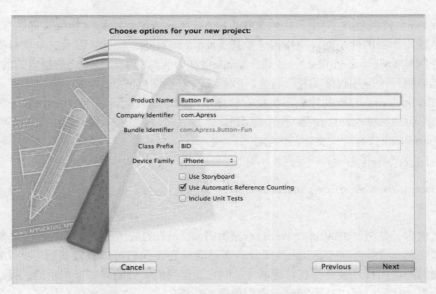

图3-2 为项目命名以及选择选项

点击Next，将会提示你选择项目路径，你可以不选Create git repository复选框。将这个项目与本书其他的项目保存在一起。

3.3 查看视图控制器

在本章稍后，我们将与上一章一样，使用Interface Builder为应用程序设计一个视图（用户界面）。在此之前，先来看看那些Xcode为我们创建的源代码文件，并且对它们进行一些修改。是的，我们将在本章中编写一些代码。

在修改之前，先来看看这些已经创建好的文件。在项目导航中，Button Fun组应该已经展开了，如果还没有，点击旁边的三角展开它（参见图3-3）。

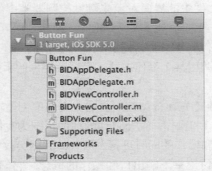

图3-3 项目导航中显示了项目模板为我们创建的类文件。注意类
文件名前自动加上了类名前缀

Button Fun文件夹包含了4个源代码文件（以.h或者.m结尾）以及一个nib文件。这4个源代码文件实现了应用所需的两个类：应用程序委托（application delegate），以及这个项目唯一一个视图的视图控制器（view controller）。注意，Xcode自动为所有的类加上了之前指定的前缀。

本章稍后将讨论应用程序委托。首先，我们来看看视图控制器类。

名为BIDViewController的控制器类负责管理应用程序的视图，名字中的BID部分源自之前指定的前缀，而ViewController部分则表明该类是一个视图控制器。在项目导航里选择BIDViewController.h，查看头文件的内容：

```
#import <UIKit/UIKit.h>

@interface BIDViewController : UIViewController

@end
```

没什么内容，是吧。BIDViewController是UIViewController的子类，它是我们之前提过的通用控制器类中的一个。它是UIKit的一部分，通过继承它，我们可以直接获取一些功能。Xcode并不知道我们的应用程序会有哪些特定功能，但它知道我们需要的那些基本功能，所以它为我们创建了这个类，让我们可以补充特定于应用程序的功能。

3.3.1   理解输出口和操作

第2章中使用了Xcode的Interface Builder来创建用户界面，刚才也看到了一个视图控制器类的框架。那么一定有某种方式可以将视图控制器类中的代码与nib文件中的对象进行交互，对不对？

非常正确！控制器类可以通过一种特殊的属性来引用nib文件中的对象，这种属性称为**输出口**（outlet）。可以把输出口看成是指向nib文件中的对象的指针。例如，假设你在Interface Builder中创建了一个文本标签（正如我们在第2章中所做的），并且希望能在代码中改变该标签的文本。通过声明一个输出口，并且将它与该标签对象关联起来，你就能在代码中使用这个输出口来修改标签所显示的文本。很快你就能看到如何实现。

另一方面，可以设置nib文件中的界面对象来触发控制器类中的特殊方法。这些特殊方法称为**操作方法**（action method），或简称为**操作**（action）。例如，你可以命令Interface Builder，当用户点击一个按钮时，应该调用代码中某个特定的操作方法。甚至还能命令Interface Builder，当用户第一次触碰一个按钮时，会调用某个操作方法，而稍后用户的手指离开该按钮时，则会调用另一个操作方法。

在Xcode 4之前，我们需要首先在视图控制器的头文件中创建输出口和操作方法，然后才能到Interface Builder中关联输出口和操作。而Xcode 4的辅助视图为我们提供了一种更快更直观的方式，使我们可以在创建输出口和操作的同时进行关联。稍后就会教你如何进行设置。不过在进行关联之前，我们先要来进一步讨论一下输出口和操作的概念。它们是创建iOS应用时使用到的两个最基础的模块，所以理解它们的含义以及原理非常重要。

1. 输出口

输出口是一种特殊的Objective-C类的属性，用关键字IBOutlet来声明。输出口是在控制器类的头文件中声明的，如下所示：

```
@property (nonatomic, retain) IBOutlet UIButton *myButton;
```

这个例子中声明了一个名为myButton的输出口，可以设置它指向Interface Builder中的任何按钮。

IBOutlet关键字的定义如下所示：

```
#ifndef IBOutlet
#define IBOutlet
#endif
```

感到困惑了吗？就编译器而言，IBOutlet并未执行任何操作。它唯一的作用就是告诉Xcode，这个属性将用于关联nib文件中的对象。对于你所创建的任何需要关联至nib文件中的对象的属性，都必须在其前面加上IBOutlet关键字。幸好，现在Xcode能够自动为我们创建输出口了。

输出口变化

随着时间的推移，苹果公司改变了输出口的定义方式和使用方式。你有时可能会运行早期的代码，所以我们来看看输出口发生了哪些变化。

在第1版中，我们为输出口同时声明了属性和底层实例变量，那时，属性是Objective-C语言的一个新的机制，并且要求你必须声明与之对应的实例变量，例如：

```
@interface MyViewController : UIViewController
{
    UIButton *myButton;
}
@property (nonatomic, retain) UIButton *myButton;
@end
```

那时，我们在实例变量声明前加上IBOutlet关键字，例如：

```
IBOutlet UIButton *myButton;
```

这是当时苹果公司的示例代码中所写的，也是IBOutlet关键字在Cocoa和NeXTSTEP中的传统使用方式。

在编写第2版的时候，苹果从实例变量的声明中去掉了IBOutlet关键字，将它移到了属性声明中，这成为了一种标准。例如：

```
@property (nonatomic, retain) IBOutlet UIButton *myButton;
```

尽管这两种方法都有效（现在仍是如此），但我们遵循苹果公司的方法，修改了书中的代码，将IBOutlet关键字放到了属性声明中而不是实例变量声明中。

最近，苹果将默认编译器从GCC转换为LLVM[1]，从此不再需要为属性声明实例变量了。

---

[1] LLVM（Low Level Virtual Machine），LLVM编译器应用了苹果公司的下一代编译器技术，它的功能远不止于链编应用程序。LLVM技术与整个开发体验紧密结合。——译者注

如果LLVM发现一个没有匹配实例变量的属性，它将自动创建一个。因此，在这个版本中，我们不再为输出口声明实例变量。

所有的这些方法实际上都做了同一件事情，就是让Interface Builder知道输出口的存在。将IBOutlet关键字放在属性声明中是苹果公司目前推荐的方式，所以我们遵循这一方式。但你可能会接触到早期的代码（实例变量以IBOutlet关键字开头），所以我们希望你能了解它的历史。

要了解Objective-C属性的更多信息，可以阅读由Mark Dalrymple和Scott Knaster编著的 *Learn Objective-C on the Mac* [①]一书（Apress, 2009），以及苹果公司开发人员网站上的文档 "Introduction to the Objective-C Programming Language"，网址为：

　　　http://developer.apple.com/documentation/Cocoa/Conceptual/ObjectiveC

2. 操作

简单来说，操作是由特殊返回类型IBAction声明的方法，该返回类型告诉Interface Builder，这个方法可以被nib文件中的控件触发。操作方法的声明如下所示：

```
- (IBAction)doSomething:(id)sender;
```

或者

```
- (IBAction)doSomething;
```

该方法的实际命名没有任何限制，但它的返回类型必须是IBAction，这与声明为void返回类型相同。声明为void返回类型的方法不返回任何值。这个方法要么不接受任何参数，要么接受一个通常命名为sender的参数。当该操作方法被调用时，sender将包含一个指针，指向调用该方法的对象。例如，如果在用户按下按钮时触发了这个操作方法，那么sender就指向这个被按下的按钮。sender参数的作用是让开发人员能够使用一个操作方法来响应多个控件，能够通过它来确定是哪个控件调用了这个操作方法。

提示　事实上还存在第三种声明IBAction的方式，这种方式很少使用：

```
- (IBAction)doSomething:(id)sender
                forEvent:(UIEvent *)event;
```

　　　我们将在下一章讨论控件事件。

如果声明了一个带有sender参数的操作方法，而后又忽略了这个参数，这并不会带来任何坏处。你可能会看到很多代码其实都是这么做的。Cocoa和NeXTSTEP中的操作方法都需要接受sender参数，而不管是否会用到它。所以很多iOS代码（尤其是早期的代码）都以这种形式编写。

[①] 中文版《Objective-C基础教程》已由人民邮电出版社出版，参考图灵社区本书页面：http://www.ituring. com.cn/book/303。——编者注

现在，你已经了解了操作和输出口的基本概念，接下来你将看到如何在设计用户界面时使用它们。在开始之前，我们要先做些清理工作，以保持代码整洁、有序。

3.3.2 清理视图控制器

在项目导航中单击BIDViewController.m以打开该实现文件。如你所见，该文件包含了一些项目模板为我们提供的模板代码。这些方法通常需要在UIViewController的子类中使用，所以Xcode提供了它们的基本实现，我们可以直接在这些方法中添加代码。但在这个项目中我们基本不需要使用这些实现，它们既占用了空间，又让代码更难阅读。为了简化之后的工作，我们可以删除那些不需要的代码。

只需要保留viewDidUnload方法，删除所有其他的方法。完成后，实现文件应如下所示：

```
#import "BIDViewController.h"
@implementation BIDViewController

- (void)viewDidUnload
{
    [super viewDidUnload];
    // Release any retained subviews of the main view.
    // e.g. self.myOutlet = nil;
}

@end
```

现在简洁多了，是不是？不用担心那些删除的文件，在本书的学习过程中，你会了解它们中的大部分方法。

我们留下的那个方法是每个使用输出口的视图控制器都应该实现的。卸载视图时（可能在系统需要额外的内存时发生），有必要将输出口设为nil。不这么做则无法释放该输出口所使用的内存。幸好，我们所要做的只是将这个空实现方法放在那里，Xcode会为我们处理所创建的输出口的释放问题。本章稍后将会介绍。

3.3.3 设计用户界面

确认保存了刚才所做的修改，然后单击BIDViewController.xib，在Xcode的Interface Builder中打开应用程序的视图（参见图3-4）。你可能还记得在上一章中，编辑窗格中显示的灰色窗口代表该应用唯一的一个视图。回头看一下图3-1，本例中我们要在这个视图中添加两个按钮和一个标签。

先来考虑一下这个应用，我们将要在用户界面中添加两个按钮和一个标签，这个过程与上一章类似，然而，我们还需要使用输出口和操作方法来实现交互。

每个按钮都需要在控制器上触发一个操作方法。可以选择让每个按钮调用不同的操作方法，但由于它们本质上做的是同一件事（更改标签的文本），所以我们调用同一个操作方法。我们将使用sender参数（在"操作"一节中讨论过）来区分两个按钮。除了操作方法，我们还需要一个与标签关联的输出口，用以修改标签所显示的文本。

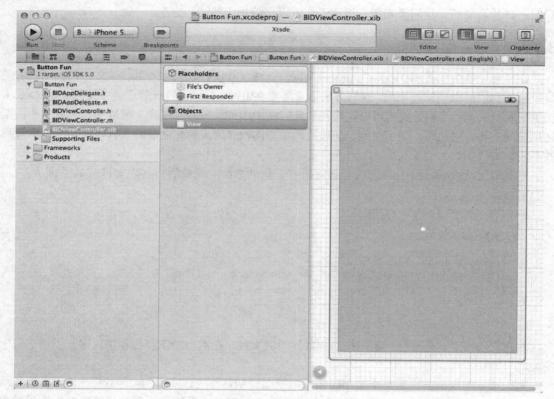

图3-4   在Xcode的Interface Builder中打开BIDViewController.xib以便编辑

首先添加按钮，然后再添加标签。我们将在设计用户界面时创建对应的操作方法和输出口。也可以手动声明操作方法和输出口，然后将用户界面元素与它们关联起来，但是为什么要额外做些Xcode会为我们完成的工作呢？

1. 添加按钮和操作方法

第一步是向用户界面添加两个按钮。随后让Xcode为我们创建一个空的操作方法，并且将两个按钮都关联至该操作方法。用户点击按钮就会调用该操作方法。此时，所有添加在该操作方法中的代码都将被执行。

选择View → Utilities → Show Object Library（或按下^⌥⌘3）打开对象库。在对象库的搜索框中键入UIButton（实际上，只需要输入开头4个字母UIBu就能缩短列表）。完成输入后，对象库中只会显示一项：Round Rect Button（参见图3-5）。

将Round Rect Button从库中拖到灰色视图中，这样就会在应用程序视图中添加一个按钮。将该按钮放置在视图左侧，使用蓝色引导线将按钮放在离左边缘距离合适的位置。在竖直方向上，使用蓝色引导线将按钮放在视图一半以下的地方。你可以参照图3-1来放置。

图3-5 对象库中显示的Round Rect Button

说明 当你在Interface Builder中移动对象时所出现的蓝色引导线可以帮助你遵循iOS Human Interface Guidelines（通常简称为HIG）。苹果公司提供HIG是为了帮助用户设计iPhone和 iPad应用程序。HIG告诉你应该如何（以及不应该如何）设计用户界面。你真应该读读，因为它包含了每个iOS开发人员都需要了解的宝贵信息。可以在以下网址找到该文档：http://developer.apple.com/iphone/library/documentation/UserExperience/Conceptual/MobileHIG/

双击新添加的按钮，可以编辑按钮标题，将其设为Left。

现在，来看看Xcode 4的神奇之处。选择View → Assistant Editor → Show Assistant Editor（或者按下⌥⌘↩）打开辅助编辑器。注意项目窗口右上方的7个按钮，也可以通过按钮组中间的那个按钮来显示或者隐藏辅助编辑器（参见图3-6）。

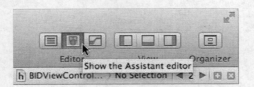

图3-6 Show the Assistant editor按钮

除非你明确指定辅助编辑器的位置（参见Assistant Editor菜单选项），否则它将出现在编辑窗格的右边。辅助编辑器左侧将始终显示Interface Builder，而右侧则显示BIDViewController.h，它是"拥有"这个nib文件的视图控制器类的头文件。

提示 打开辅助编辑器之后，或许需要调整窗口大小以获得足够的工作空间。如果你的显示器屏幕比较小（比如MacBook Air），那么可以关闭utility视图和（或者）项目导航，从而获得足够的空间来有效使用辅助编辑器。可以简单地通过项目导航右上角的3个视图按钮来完成这个操作（参见图3-6）。

还记得上一章提到的File's Owner图标吗？加载nib文件的对象被视为该nib的**拥有者**，本例中这种为应用程序视图定义用户界面的nib文件的拥有者就是与它对应的视图控制器类。由于我们的视图控制器类是nib文件的拥有者，所以辅助编辑器知道要向我们显示该视图控制器类的头文件，我们就在这里关联操作和输出口。

你之前已经看到，BIDViewController.h文件中并没多少内容。它只是一个空的UIViewController子类，但它很快就不会再是一个空的子类了！

现在，我们要让Xcode为我们自动创建一个新的操作方法，并将它与之前创建的按钮关联起来。

首先，点击新按钮以选中它，然后按下键盘上的control键，按着鼠标不放，从按钮拖向辅助编辑器中的源代码上。你应该能看到一条蓝色线条，从按钮一直连到光标（参见图3-7）。我们就是通过这条蓝色线条将nib文件中的对象连接到代码或是其他对象上的。

提示   可以将这条蓝色线条拖动到任何你想关联至该按钮的地方，比如，辅助编辑器中的头文件、File's Owner图标、编辑窗格左侧的其他图标，甚至是nib文件中的其他对象。

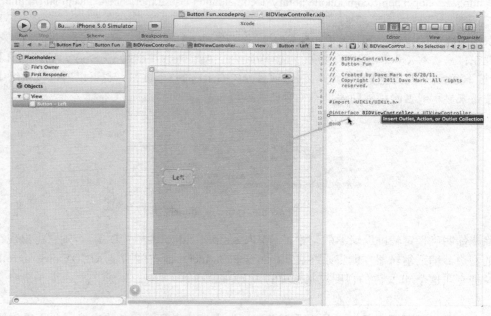

图3-7   按下control键拖动鼠标至源代码上，可以选择创建一个输出口、操作或是输出口集合

如果你将光标移动到@interface和@end关键字之间（如图3-7所示），将会出现一个灰色弹出框，告诉你当你放开鼠标按键后将会为你插入一个输出口、一个操作或是一个输出口集合。

> **说明** 本书中,我们使用操作和输出口,很少会使用输出口集合。输出口集合允许开发者将多个同一类型的对象与一个NSArray属性关联起来,而不是为每个对象单独创建一个属性。

要完成关联,只需放开鼠标,此时将出现一个浮动弹出框,如图3-8所示。通过这个窗口,开发者可以自定义一个新操作。在该窗口中,点击名为Connection的弹出菜单,将选择项从Outlet改为Action。这就告诉Xcode,我们想创建一个操作方法,而不是输出口。

图3-8 按下control拖动鼠标至源代码后出现的浮动弹出框

现在,弹出框发生了变化,如图3-9所示,在Name字段中,键入buttonPressed。完成后不要按return键。按下return键将会结束操作方法的设置,而我们尚未完成此操作。现在移到Type字段,键入UIButton,替换掉默认值id。

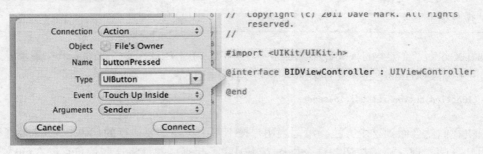

图3-9 将连接类型改成Action后,弹出框的选项也改变了

> **说明** 你可能还记得,id是一种泛型指针,它能指向任何Objective-C类。在这里我们可以将Type字段中的值保留为id,它也能正常工作。但是,如果将它更改为期望调用该方法的类,当我们尝试通过一个错误类型的对象调用该方法时编译器就能发出警告。然而在有些情况下,你会希望保留这种灵活性,以便能够从不同类型的控件来调用同一个操作方法,此时,保留默认设置id即可。然而在本例中,我们只从按钮对象来调用该方法,所以需要更改设置告诉Xcode和LLVM。现在,如果我们不小心将其他对象关联到该方法,就会得到警告消息。

在Type下面还有两个字段，保留它们的默认值即可。Event字段指定该操作方法的调用时间。默认值Touch Up Inside仅会在用户的手指离开屏幕（且用户的手指在离开屏幕之前依然位于按钮内部）时触发。这是按钮所使用的标准事件。这为用户提供一个重新考虑的机会。如果用户的手指在离开屏幕之前从按钮上移到了别处，那么该方法将不会被触发。

Arguments字段可以从3个不同的方法签名中选择一个用于操作方法。本例中我们需要sender参数以便判断调用该方法的按钮。这是默认的，所以保留该值即可。

按下return按键，或者点击Connect按钮，则Xcode将为你插入操作方法。现在BIDViewController.h文件应如下所示：

```
#import <UIKit/UIKit.h>

@interface BIDViewController : UIViewController
- (IBAction)buttonPressed:(id)sender;

@end
```

说明   随着时间的推移，苹果会对Xcode以及我们一直在使用的代码模板进行一些调整。在这种情况下，你可能需要对我们的分步指导做些修改。在本例中，我们可能希望看到buttonPressed声明中的参数类型是UIButton，而不是id。这种情况以后可能会得到调整，而你现在需要做些小改动来适应这种方式。但这并不是什么大问题，id可以指向任何数据类型。

现在Xcode已经在类的头文件中添加了方法声明。单击BIDViewController.m来看看这个实现文件，可以看到Xcode还为开发者添加了一个方法存根。

```
- (IBAction)buttonPressed:(id)sender {
}
```

很快我们就会回到这个方法，编写当用户按下每个按钮需要执行的代码。Xcode除了创建方法声明和方法实现，还将按钮与这个操作方法关联了起来，并且将这些信息存储在nib文件中。这意味着当应用运行时，我们无需为让按钮调用该方法执行任何操作。

回到BIDViewController.xib文件，拖出另一个按钮，这次把它放在屏幕的右侧。完成后，双击它，将它的标题改为Right。使用出现的蓝色引导线将该按钮与右边缘对齐，并且与另一个按钮水平对齐。

提示   除了可以从库中拖出一个新对象，还可以按下option键不放，然后从原始对象（本例中为Left按钮）上拖出一个新对象。按住option键就是告诉Interface Builder，要为拖动的对象创建一个副本。

这次，我们并不想创建一个新的操作方法，而是想把这个按钮与Xcode之前为我们创建的那个操作方法关联起来。应该怎么做呢？其实，创建过程与之前为第一个按钮创建操作方法是基本相同的。

修改完按钮名称之后，按下control键点击新按钮，然后从该按钮拖向头文件。这次，当光标接近buttonPressed:方法声明时，该方法将被高亮显示，并且出现一个灰色弹出信息，提示"Connect Action"（参见图3-10）。看到这个弹出信息后，松开鼠标按键，Xcode则会将该按钮与已存在的操作方法关联起来。点击该按钮就会触发与前一个按钮相同的操作方法。

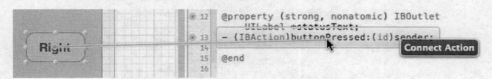

图3-10 从按钮拖向一个已存在的操作上，将会关联该按钮和已存在的操作

注意，如果使用这种方式从按钮拖向实现文件中的操作方法，同样也是有效的。也就是说，可以按住control，从按钮拖向BIDViewController.h文件中的buttonPressed声明，或者也可以拖向BIDViewController.m文件的buttonPressed方法实现。Xcode 4真是太聪明了！

2. 添加标签和输出口

在对象库的搜索框里键入Label，找到用户界面元素Label（参见图3-11）。将Label拖动到用户界面中两个按钮的上方。放好后，调整它的大小，从左边缘拉伸到右边缘。这样就能给它足够的空间来容纳我们将要向用户显示的文本。

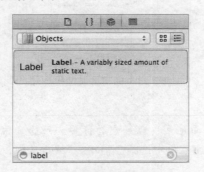

图3-11 对象库中的标签

Label中的文本默认是左对齐的，但是我们希望它居中对齐。选择View → Utilities → Show Attributes Inspector（或者按下⌥⌘4）打开属性检查器（参见图3-12）。确保选中该标签，然后在属性检查器中找到Alignment按钮组。选择中间那个按钮，以使标签中的文本居中显示。

在用户按下按钮之前，我们不希望标签显示任何文本，所以双击该标签（这样就选中了它包含的文本），按下键盘上的delete键，删除当前的标签文本。按下return键提交更改。尽管未选中标签的时候看不到它，但是不用担心，它仍然在那里。

图3-12　标签的属性检查器

提示　如果有不可见的用户界面元素，比如空的标签，而你又希望能看到它们所处的位置，那么可以在Assistant Editor菜单中选择Canvas，然后从弹出的子菜单中选上Show Bounds Rectangles。

　　最后剩下的工作就是为该标签创建输出口。这与之前创建、连接操作方法完全相同。确保打开了辅助编辑器，并且显示了BIDViewController.h文件。如果需要改变当前显示的文件，可以使用辅助编辑器上方的弹出框。

　　接着，选择Interface Builder中的标签，按下control键，从标签拖向头文件，直到光标位于已存在的操作方法的上方。当看到如图3-13所示的画面时，放开鼠标，你将再次看到弹出窗口（之前在图3-8中已经显示过了）。

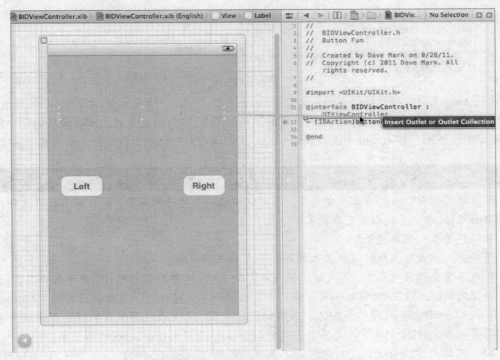

图3-13 按下control键拖动鼠标，创建一个输出口

要创建的是一个输出口，所以保留Connection中的默认值Outlet。我们需要为这个输出口选择一个描述名，以便我们在编写代码时能够记住该输出口的作用。在Name字段中键入statusText，设置Type字段的值为UILabel。最后一个字段Storage，保留默认值即可。

按下return键提交更改，Xcode将会在代码中插入输出口属性。现在控制器类的头文件应如下所示：

```
#import <UIKit/UIKit.h>

@interface BIDViewController : UIViewController
@property (strong, nonatomic) IBOutlet UILabel *statusText;
- (IBAction)buttonPressed:(id)sender;
@end
```

现在，我们有了一个输出口，而且Xcode也已经自动将标签与该输出口关联了起来。这意味着我们在代码中对statusText所做的任何更改，都将影响用户界面中的标签。例如，如果我们在statusText上设置了text属性，那么就会改变显示给用户的文本。

在项目导航中单击BIDViewController.m，看一下控制器类的实现。可以看到Xcode为所创建的属性插入了一条@synthesize语句。此外，它还做了些别的事。还记得我们之前在删除模板方法时保留下来的那个方法吗？现在来看一看它：

```
- (void)viewDidUnload {
    [self setStatusText:nil];
    [super viewDidUnload];
    // Release any retained subviews of the main view.
    // e.g. self.myOutlet = nil;
}
```

看到super上面的那行代码了吧。这也是Xcode自动添加的。当视图被卸载时，必须释放所有的输出口，否则就无法释放它们的内存。将输出口的值设为nil就是将其之前的值从内存中释放。

事实上，使用"按下control拖动鼠标"的方式创建输出口已经为我们做了所有必需的工作。

自动引用计数

如果你已经对Objective-C很熟悉了，或者你读过本书的早期版本，你可能已经注意到，这里没有dealloc方法。我们没有释放实例变量！

警报！警报！这很危险！

事实上，你大可放松。这里没有问题，一点儿也不危险，真的。

再也不需要释放对象了。其实这么说并不完全正确，需要释放对象，但是苹果公司在iOS 5中开始使用的LLVM 3.0编译器相当智能，它能通过一个新特性——自动引用计数（Automatic Reference Counting），或简称为ARC，为我们释放对象，来完成这项繁重的任务。这就意味着不需要再调用dealloc方法了，也不需要再担心release或者autorelease的调用了。

ARC只适用于Objective-C对象，并不能用于Core Foundation对象，或是使用malloc()来分配内存的对象，会有一些警告和陷阱妨碍你。但是大多数情况下，已经没有必要担心内存管理了。

要了解更多关于ARC的信息，可以在以下网址查看ARC的发布说明：

https://developer.apple.com/library/ios/#releasenotes/ObjectiveC/RN-TransitioningToARC/

ARC确实很酷，但它并非万能。你仍然需要理解Objective-C内存管理的基础概念，才能避免在使用ARC时陷入困境。要想复习Objective-C内存管理机制，可以阅读苹果公司的"Memory Management Programming Guide"，它的网址是：

https://developer.apple.com/library/ios/#documentation/Cocoa/Conceptual/MemoryMgmt/

3. 编写操作方法

至此，我们设计了用户界面，并且对用户界面关联了输出口和操作。最后要做的就是，使用操作方法和输出口来设置按下按钮时标签的显示文本。BIDViewController.m应该还打开着（如果没有，在项目导航中单击该文件，在编辑器中打开它）。找到Xcode先前为我们创建的空的buttonPressed:方法。

为了区分这两个按钮，需要用到sender参数。我们使用该参数检索被按下按钮的标题，并根据该标题创建一个新的字符串，然后将它赋给标签的文本。在该空方法中添加如下粗体显示的代码：

```
- (IBAction)buttonPressed:(UIButton *)sender {
    NSString *title = [sender titleForState:UIControlStateNormal];
    statusText.text = [NSString stringWithFormat:@"%@ button pressed.", title];
}
```

这段代码很简单。第一行使用sender参数获取被按下按钮的标题。由于按钮根据当前所处的状态可以有不同的标题，因而我们使用UIControlStateNormal参数来指明我们需要按钮在正常状态下（未被按下）的标题。这是在请求控件（按钮是控件的一种）的标题时最常用的一种状态。我们将在第4章深入讨论控件状态。

下面一行创建了一个新的字符串，在前一行中获取到的标题后面再加上文本"button pressed."。因此，如果按下标题为"Left"的按钮，则会创建一个值为"Left button pressed."的字符串。然后将这个新的字符串赋给标签的text属性。这就是我们改变标签显示文本的方式。

消息嵌套

一些开发人员经常会嵌套Objective-C消息。你可能会看到这样的代码：

```
statusText.text = [NSString stringWithFormat:@"%@ button pressed.",
    [sender titleForState:UIControlStateNormal]];
```

这段仅有一行的代码在功能上完全等价于之前buttonPressed:方法中的那两行代码。这是因为Objective-C方法可以被嵌套，本质上就是：嵌套方法替代了该方法被调用后所返回的值。

考虑到代码的简洁性，本书的代码示例中通常不会嵌套Objective-C消息，除非是alloc和init的调用，长期以来它们的嵌套已经成为惯例。

3.3.4 测试项目

怎么样？基本上完成了。准备好测试该应用了吗？我们来试试！

选择Product → Run，如果碰到了任何编译错误或是链接错误，请回到本章前面部分对照一下你的代码。代码构建正确之后，Xcode将会启动iPhone模拟器，并运行该应用。点击右边的按钮标签显示"Right button pressed."（参见图3-1）。如果再点击左边的按钮，则标签将变为"Left button pressed."。

3.4 理解应用程序委托

很好，应用程序运行起来了！在进入下一个主题之前，我们花点时间来看看两个还没提及的源代码文件：BIDAppDelegate.h和BIDAppDelegate.m。这两个文件实现了**应用程序委托**（application delegate）。

Cocoa Touch广泛使用**委托**（delegate），它是负责为其他对象处理特定任务的类。通过应用程序委托，我们能够在某些预定义时间内为UIApplication做一些工作。每个iOS应用都有且只有一个UIApplication实例，它负责应用程序的运行循环，以及处理应用级的功能，如将输入发送给合适的控制器类。UIApplication是UIKit的标准部分，它主要在后台处理任务，所以一般来说不需要担心它。

在应用执行过程中的某些特定时间内，UIApplication将会调用特定的委托方法（前提是有委托，并且实现了该方法）。例如，如果需要在程序退出时触发一段代码，可以在应用程序委托中实现applicationWillTerminate:方法，并将终止代码放置其中。这种委托方式可以让开发者实现通用的应用级行为，而不需要继承UIApplication类，也不需要了解它的任何内部机制。

在项目导航中单击BIDAppDelegate.h，查看该应用程序委托的头文件，它应该如下所示：

```
#import <UIKit/UIKit.h>

@class BIDViewController;

@interface BIDAppDelegate : UIResponder <UIApplicationDelegate>
@property (strong, nonatomic) UIWindow *window;

@property (strong, nonatomic) BIDViewController *viewController;

@end
```

其中一行代码需要注意：

```
@interface BIDAppDelegate : UIResponder <UIApplicationDelegate>
```

注意到尖括号里面的值了吗？它表示这个类遵循UIApplicationDelegate协议。按下option键，光标应该变成了十字形。将光标移到UIApplicationDelegate上，现在光标应该变成了中间带有问号的手形，并且UIApplicationDelegate被高亮显示，类似于浏览器中的链接（参见图3-14）。

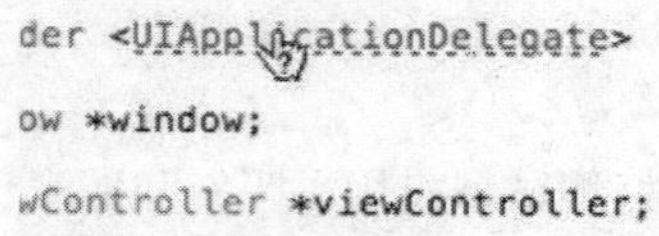

```
der <UIApplicationDelegate>

ow *window;

wController *viewController;
```

图3-14　在Xcode中按下option键，并且指向代码中的某个符号时，该符号就会被高亮
　　　　显示，而且光标变成了带有问号的手形

仍然按着option键，单击这个链接，将会打开一个小弹出窗口，其中显示了UIApplicationDelegate协议的概要（参见图3-15）。

注意这个新弹出的文档窗口右上角的两个图标（参见图3-15）。单击左边的图标可以查看该符号的完整文档，单击右边的图标可以在头文件中查看该符号的定义。此技巧也适用于类、协议、类别名称，以及编辑窗格中显示的方法名。只要按下option键并点击某个单词，Xcode就会在文档浏览器中搜索该词。

了解如何快速查找文档中的内容绝对是大有裨益的，而查看此协议的定义可能更为重要。开发人员可以从中了解这个应用程序委托能够实现哪些方法，以及这些方法将在何时被调用。有必要花些时间来阅读这些方法的说明。

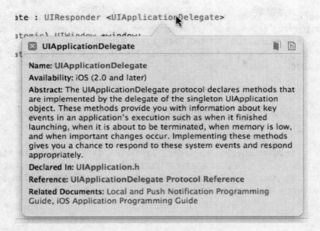

图3-15 按住option并点击源代码中的<UIApplicationDelegate>，Xcode就会弹出此
窗口（称为Quick Help面板），其中描述了协议相关内容

说明 如果你之前使用过Objective-C，但没有用过Objective-C 2.0，那么你应该意识到协议现在
可以指定可选方法。UIApplicationDelegate包含很多可选方法。但是除非有特殊原因，
否则不需要在应用程序委托中实现任何可选方法。

回到项目导航，单击BIDAppDelegate.m来看看应用程序委托的实现。它应该如下所示：

```
#import "BIDAppDelegate.h"

#import "BIDViewController.h"

@implementation BIDAppDelegate

@synthesize window = _window;
@synthesize viewController = _viewController;

- (BOOL)application:(UIApplication *)application
didFinishLaunchingWithOptions:(NSDictionary *)launchOptions
{
    self.window = [[UIWindow alloc] initWithFrame:[[UIScreen mainScreen] bounds]];
    // Override point for customization after application launch.
    self.viewController = [[BIDViewController alloc]
initWithNibName:@"BIDViewController" bundle:nil];
    self.window.rootViewController = self.viewController;
    [self.window makeKeyAndVisible];
    return YES;
}

- (void)applicationWillResignActive:(UIApplication *)application
{
  /*
```

```
    Sent when the application is about to move from active to inactive state. This can occur for certain
types of temporary interruptions (such as an incoming phone call or SMS message) or when the user quits the
application and it begins the transition to the background state.
    Use this method to pause ongoing tasks, disable timers, and throttle down OpenGL ES frame rates.
Games should use this method to pause the game.
    */
}

- (void)applicationDidEnterBackground:(UIApplication *)application
{
  /*
    Use this method to release shared resources, save user data, invalidate timers, and store enough
application state information to restore your application to its current state in case it is terminated later.
    If your application supports background execution, this method is called instead of
applicationWillTerminate: when the user quits.
    */
}

- (void)applicationWillEnterForeground:(UIApplication *)application
{
  /*
    Called as part of the transition from the background to the inactive state; here you can undo many
of the changes made on entering the background.
    */
}

- (void)applicationDidBecomeActive:(UIApplication *)application
{
  /*
    Restart any tasks that were paused (or not yet started) while the application was inactive. If the
application was previously in the background, optionally refresh the user interface.
    */
}

- (void)applicationWillTerminate:(UIApplication *)application
{
  /*
    Called when the application is about to terminate.
    Save data if appropriate.
    See also applicationDidEnterBackground:.
    */
}
@end
```

在该文件的顶部，可以看到应用程序委托实现了文档中列出的一个协议方法：application:
didFinishLaunchingWithOptions:。说不定你看到它的名字就已经猜到了，当应用程序完成了所有
初始化工作，并且准备好与用户交互时，就会触发该方法。

application:didFinishLaunchingWithOptions:委托方法首先创建了一个窗口，然后通过加载
包含应用中视图的nib文件来创建一个控制器类实例。之后将该控制器视图作为子视图添加到应
用程序窗口中，以便该视图可见。我们设计的视图就是以这种方式向用户显示的。开发者不需要
为此执行任何操作，所有的代码都是由构建此项目的模板自动生成的，不过最好还是应该知道其
工作流程。

　　这里我们只希望你了解一些应用程序委托的背景知识，并且在结束本章之前说明一下所有这些内容是如何相互关联的。

3.5　小结

　　在本章中，我们通过一个简单的应用程序介绍了MVC，并学习了如何创建和连接输出口及操作，实现视图控制器，以及使用应用程序委托。还学习了如何在按下按钮时触发操作方法，以及如何在运行时更改标签的文本。虽然这是一个简单的应用程序，但我们在构建过程中所使用的概念同样适用于iOS中的所有控件，而不仅仅是按钮。事实上，我们在本章中使用按钮和标签的方式适用于iOS中的大多数标准控件。

　　理解本章的所有知识点及其原理非常重要。对于没有完全理解的部分，请回头重新阅读。本章的内容非常重要！如果尚未完全理解本章内容，那么在稍后创建比较复杂的界面时，你将会感到更加迷惑。

　　在下一章中，我们将介绍其他一些标准iOS控件。你还将了解如何使用报警向用户通知重要事宜，以及如何通过操作表指示用户需要在继续之前作出选择。做好准备之后，深吸一口气，开始学习下一章的内容吧！

3

第 4 章

更丰富的用户界面 4

第3章讨论了MVC的概念，并依照它构建了一个实际的应用程序。我们学习了输出口和操作，并使用它们将按钮控件与文本标签绑定在一起。本章将构建一个更加复杂的应用程序，让你对控件的理解更上一层楼。

本章将实现一个图像视图、一个滑块、两个不同的文本字段、一个分段控件、两个开关和一个更符合iOS风格的按钮。你将了解如何设置和检索各种控件中的值，这可以使用输出口或使用操作方法的sender参数来完成。然后，我们将介绍如何使用操作表强制用户作出选择，并向用户显示重要反馈。还将介绍控件状态，以及如何使用可拉伸图像让按钮的显示效果更加美观。

本章的应用程序将使用大量的用户界面项，因此讲解方式与前两章有所不同。我们会将应用程序分成若干小块，每次实现其中的一块，你要往返于Xcode和iOS模拟器之间，每完成一块都要进行测试，然后再继续开发。把构建复杂界面的过程划分为小块，这样可以简化它，并且更加接近于实际的应用程序构建流程。"编码—编译—调试"是软件开发人员日常工作的主要组成部分。

4.1　满是控件的屏幕

前面已经提到，本章构建的应用程序要比第3章稍微复杂一些。我们仍然只使用一个视图和控制器，但这个视图中的元素将更加丰富，如图4-1所示。

iPhone屏幕顶部的徽标是一个**图像视图**。并且在此应用程序中，它的作用仅仅是显示一个静态图像。徽标下方是两个**文本字段**，一个允许输入字母和数字形式的文本，另一个只允许输入数字。位于文本字段下方的是一个**滑块**。当用户更改滑块时，其左侧标签的值将会随之更改，它反映了滑块的值。

滑块下方是一个**分段控件**和两个**开关**。分段控件将在其下方区域中的两种不同类型的控件之间切换。当应用程序首次启动时，每个分段控件下方将有两个开关。更改任一开关的值都会导致另一个开关更改其值，以与之匹配。这并不是你希望在真实应用程序中出现的，但它将演示如何通过代码更改控件的值，以及Cocoa Touch如何实现特定操作的动画，而你不需要做任何工作。

图4-2显示了当用户单击分段控件右侧时发生的情况。下方的两个开关将会消失，出现一个按钮。当这个Do Something按钮被按下时，将弹出一个操作表，询问用户是否确定要单击按钮（参

见图4-3）。这是具有潜在危险或会导致严重后果的输入的标准响应方式，可使用户远离潜在危险。如果选择"Yes, I'm Sure!"，应用程序将使用警报通知用户一切正常（参见图4-4）。

图4-1　Control Fun应用程序，包含文本字段、标签、滑块和若干其他备用的iOS控件

图4-2　单击分段控件左侧会显示两个开关，单击右侧会显示一个按钮

图4-3　应用程序使用操作表请求用户回应

图4-4　使用警报向用户通知重要事件。此处使用的警报用于确认一切是否正常

4.2   活动、静态和被动控件

用户界面控件共有三种基本形式：活动、静态（又叫非活动）和被动。上一章所使用的按钮都是典型的活动控件。单击按钮便会发生一些事情——通常是触发一段代码。

虽然大多数控件都能直接触发操作方法，但并非所有控件都是如此。本章中我们将要实现的图像视图就是静态控件的一个典型示例。尽管也可以配置UIImageView控件，使其能够触发操作方法，但在本章的应用中，图像视图是被动的，用户不能对其执行任何操作。文本字段和图像控件通常都以这种方式使用。

一些控件可以被动运行，仅用于存储用户输入的值，直到用户完成为止。这些控件不触发任何操作方法，但用户可以与之交互，并修改它们的值。被动控件的典型例子是网页上的文本字段。虽然可以在移出字段时触发验证代码，但网页上的大多数文本字段都只是用作保存数据的容器，这些数据在用户单击提交按钮时被提交给服务器。文本字段自身不会触发任何代码，但是在单击提交按钮时，文本字段的数据将可以传递。

在iOS设备上，许多可用控件都可以通过这三种方式加以使用，几乎所有的控件都可以根据开发人员的需求选择使用其中一种或多种模式。所有iOS控件都是UIControl的子类，因此它们能够触发操作方法。大多数控件还可以设置为被动控件，且都可设置为静态和不可见。例如，某个控件可用来触发另一个静态控件，使之成为活动控件。但是，包括按钮在内的一些控件，除了在活动方式下用来触发代码以外，实际上并没有其他用途。

iOS和Mac上的控件在行为上存在一些差异，下面给出了一些例子。

- 由于多点触控界面的引入，所有iOS控件都可以根据其接触方式触发多种操作。用户可以通过按压按钮来触发一个操作，而通过滑动操作来触发不同的操作。
- 可以让用户按下按钮时触发一个操作，当用户手指离开按钮时触发另一个操作。
- 可以让单个控件对单一事件调用多个操作方法。可以让Touch Up Inside事件触发两个不同的操作方法，这意味着，当用户的手指离开按钮时将调用两个方法。

说明   虽然在iOS中控件可以触发多个操作方法，但在大多数情况下，开发者最好只实现一个操作方法来完成某个控件需要实现的特定功能。通常不会使用这项特性，但是在使用Interface Builder时，最好还是牢记，如果一个控件已经关联了某个操作方法，而后又将同一个控件的事件再次关联至其他操作方法Interface Builder，并不会取消前一次的关联。应用中的控件触发多个操作方法，可能会导致意想不到的错误行为。在Interface Builder中重新关联事件时务必留神，确保在关联新操作前，取消之前的关联。

---

iOS与Mac之间的另一个主要区别是，iOS设备没有物理键盘（当然，你可以自己连接一个外部键盘）。iOS标准键盘实际上是一个满是按钮控件的视图。代码可能永远都不会直接与iOS键盘交互。

4.3 创建应用程序

如果未打开Xcode，请打开它，然后创建一个名称为Control Fun的新项目。我们将再次使用
Single View Application模板选项，仍按照前两章的方法创建项目。

创建项目之后，找到将在图像视图中使用的图像。需要将图像导入到Xcode中，然后才能在
Interface Builder内部使用，因此先导入图像。你可以在04 - Control Fun目录的项目归档中找到一
个符合条件的.png图像，或者使用自己所选的图像——确保所选图像为.png格式，且大小不超过
可用的空间。图像的高度应小于100像素，宽度应小于300像素，以适应视图布局，而不需要重新
调整大小。

将图像添加到项目的Supporting Files文件夹，可以将图像从Finder拖到项目导航中的
Supporting Files文件夹来完成这个操作。在提示框中选上Copy items into destination group's folder
（if needed）复选框，然后点击Finish。

4.4 实现图像视图和文本字段

将图像添加到项目中之后，接下来需实现应用程序屏幕顶部的5个界面元素：图像视图、两
个文本字段和两个标签（参见图4-5）。

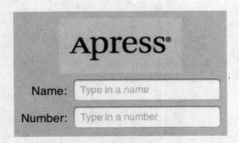

图4-5　最先需要实现的图像视图、标签和文本字段

4.4.1 添加图像视图

在项目导航中单击BIDViewController.xib，在Interface Builder（Xcode的nib编辑器）中打开它。
你将看到熟悉的方格纸背景和一个灰色视图，可以在该视图中放置应用程序的界面元素。

如果对象库还没有打开，那么选择View → Utilities → Show Object Library打开它。拖动滚
动条，在列表1/4左右的地方找到Image View（参见图4-6），或者直接在搜索框中键入image view。
记住，对象库是库窗格顶部的第三个图标。在其他图标下是无法找到Image View的。

将一个图像视图拖动到nib编辑区域中。注意，当你从库中拖出图像视图时，它的大小会发
生两次变化。当把它从库窗格中拖出来时，它的形状是一个横向矩形。当把它拖动到视图中时，
图像视图的大小将被调整为除去顶部状态栏的大小。这种行为是正常的，而且在大部分情况下，

这也正是你需要的，因为第一个放入视图的图像通常都是作为背景的。在视图中松开鼠标，确保UIImageView与视图的边缘对齐。在本例中，我们实际上并不希望图像视图占据整个视图空间，所以需要使用拖动手柄调整它的大小，使其与导入Xcode的图像大小大致相同。目前不用担心如何使它精确匹配原图，我们将在下一节中看到如何做到这一点。图4-7显示了调整后的UIImageView。

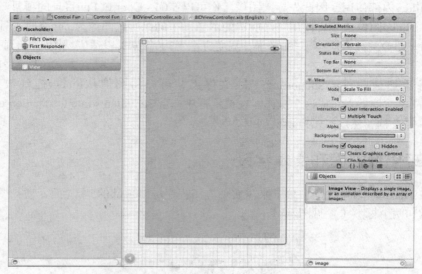

图4-6   Interface Builder库中的Image View

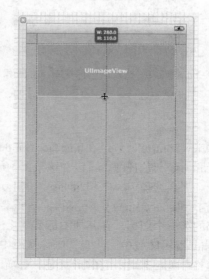

图4-7   调整后的UIImageView，使其适应将要放置其中的图片

如果你在选择nib编辑区域中的控件时遇到了困难，记住，可以将nib编辑区域的dock切换为列表视图（点击dock下方的小三角图标）。现在就可以在列表中点击你想选择的项，毫无疑问，该项会在nib编辑区域中被选中。

要选取一个嵌套在另一个对象中的对象，可以点击包含该嵌套对象的对象左侧的三角图标，从而展开其中包含的嵌套对象。在本例中，要选择图像视图，首先点击view对象左边的三角图标，然后点击出现在dock中的image view，这样，对应的图像视图就会在nib编辑区域中被选中了。

选中图像视图之后，按⌥⌘4调出检查器，应该能看到UIImageView类的可编辑选项，如图4-8所示。

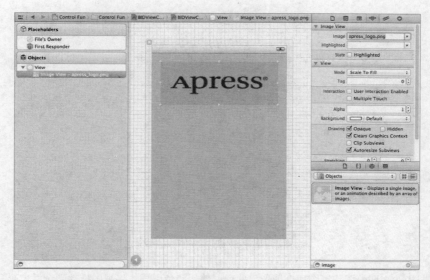

图4-8　图像视图属性检查器。从检查器顶部的Image弹出菜单中选择图像，之后该
　　　　图像就会出现在图像视图中

图像视图中重要的设置就是位于检查器最顶部的Image属性。如果单击该字段右侧的小箭头，则会弹出一个菜单并显示可用的图像，其中应包括添加到Xcode项目中的所有图像。选择之前添加的图像。该图像现在应该出现在图像视图中。

4.4.2　调整图像视图

事实上，我们所使用的图片比容纳它的图像视图小了很多。然而，如果你再看一下图4-8，就能注意到该图片被放大至完全填满了整个图像视图。实现这种操作的关键在于，属性检查器中的Mode属性被设置为Scale To Fill。

虽然我们可以始终以这种方式设计应用界面，但是更好的方法通常是在运行前缩放图像。这是因为图像缩放既耗时，又占用处理器周期。现在，我们来调整图像视图，使它的大小与图像完全一致。

确保选中图像视图，这时你可以看到大小调节手柄。再次选择图像视图，应该可以看到其轮廓变成了灰色的粗边框。最后，按下⌘=或者选择Editor → Size to Fit Content。这样就可以将图像视图的大小调整至匹配其所包含的内容。

图像视图已经调整好了，现在将它移动到目标位置。首先取消选择，然后点击它以再次选中。现在拖动视图图像，使其顶部与视图顶部的蓝色引导线对齐，并且使用中间的蓝色引导线使其居中对齐（参见图4-9）。注意，还可以选择Editor → Alignment → Align Horizontal Center in Container，将视图包含的内容居中。

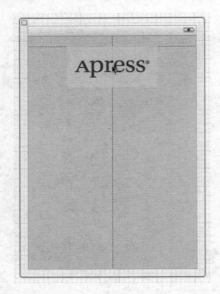

图4-9   调整图像视图适合图像尺寸后，使用蓝色引导线将视图拖动到合适位置

提示   在Interface Builder中拖动和重新调整视图需要一些技巧。不要遗忘了nib主窗口中的分层列表模式，由dock底部的三角形图标激活。在重新调整视图大小时，可以按下option键。Interface Builder将在屏幕上绘制一些有用的红线，以便开发人员掌握图像视图的大小。此技巧不适用于拖动操作，因为option键会促使Interface Builder复制拖动对象。但是如果选择Editor→Canvas→Show Bounds Rectangles，Interface Builder将会围绕所有界面项绘制一条线，使这些项更醒目。再次选择Show Bounds Rectangles可以关闭这些线。

4.4.3   设置视图属性

选择图像视图，然后将注意力转向属性检查器。在检查器的Image View下面的是View部分。你也许已经猜到了，特定于所选对象的属性列在检查器的顶部，之后则是更为通用的属性（它们用于所选对象的父类）。在本例中，UIImageView的父类是UIView，所以，下一部分的属性就标为View，其中包含了任何视图类都具有的属性。

1. Mode属性

图像视图检查器中的第一个选项是Mode弹出菜单。Mode菜单用于定义图像在视图内部的对齐方式，以及是否缩放以适应视图。开发者可以随意尝试各种选项，但默认值Scale To Fill可能最符合你的需求。

记住，选择任何让图像缩放的选项都可能增加处理开销，因此最好避开这些选项，并在导入图像之前调整好它们的大小。如果希望以多种尺寸显示同一图像，最好在项目中为该图像创建不同大小的多个副本，而不是强制iOS系统在运行时对它们执行缩放。当然，有时在运行时缩放图像可能更好，我们这里只是一般情况下的做法，而不是硬性规定。

2. tag属性

tag选项值得注意，尽管本章并不会使用它。UIView的所有子类，包括所有视图和控件，都有一个tag属性，该属性只是与图像视图绑定在一起的一个数值。标记是供开发人员使用的，系统永远不会设置或修改它的值。如果为某控件或视图分配了一个标记值，则可以确定的是，该标记始终为这个值，除非你又修改了它。

通过标记来识别界面上对象的方法不必考虑语言的区别且非常简单。假设你有5个不同的按钮，每个按钮都有一个不同的标签（label），但你希望使用一个操作方法来处理这5个按钮。在这种情况下，你可能需要通过某种方式在调用操作方法时区分这些按钮。当然，可以查看按钮的标题，但是当应用程序的文本因本地语言变换（比如从斯瓦希里语变为梵文）之后，执行此操作的代码可能会失效。与标签不同，标记永远都不会更改，因此，如果在Interface Builder中设置了一个标记值，则随后可以使用它快速可靠地确定通过sender参数传递给操作方法的控件。

3. Interaction复选框

Interaction部分的两个复选框与用户交互有关。第一个复选框User Interaction Enabled指定用户能否对此对象进行操作。对于大多数控件，都应该选中此复选框，否则控件将永远不能触发操作方法。但是，图像视图默认都未选中此复选框，因为它们经常仅用作显示静态信息。我们在这里只是在屏幕上显示一张图像，因此不需要启用它。

另一个复选框是Multiple Touch，由它确定此控件是否能够接收多点触摸事件。多点触摸事件支持各种复杂的手势，如许多iOS应用程序中用于缩放的双指捏合等操作。我们将在第13章中讨论有关手势和多点触摸事件的更多信息。此图像视图完全不接受用户交互，因此没有必要开启多点触摸事件，将它保留为默认值即可。

4. Alpha值

检查器中的下一项是Alpha，此选项需要格外小心。Alpha定义图像的透明度，也就是图像背后的内容的可见度。Alpha的取值范围是0.0~1.0的浮点数，0.0完全透明，而1.0完全不透明。如果使用任何小于1.0的值，则iSO设备会将此视图绘制得具有一定程度的透明性，这样其背后的任何对象都将可见。如果值小于1.0，即使图像背后没有任何内容，也会使应用程序花费处理器周期来计算透明度。因此，除非有足够的理由，否则一般要将该值设置为1.0。

5. 背景

下面一项Background，是继承自UIView的属性，它用于确定视图的背景颜色。对于图像视图来说，只有当图像没有填满整个视图或者部分图像透明时才会受到该属性的影响。由于我们已经调整了视图大小，使其完全匹配图像，因此这项设置不会产生任何明显的效果，可以忽略它。

6. Drawing复选框

Background下方有一系列Drawing复选框。第一个复选框的标签为Opaque。默认情况下该项已选中，如果没有，单击选中它，这将通知iOS视图后面的任何内容都不应绘制，并且允许iOS的绘图方法通过一些优化来加速绘图。

你可能想知道为何需要选中Opaque复选框，因为已经将Alpha的值设定为了1.0（不透明）。其原因是，Alpha值适用于将被绘制的图像部分，但是，如果某个图像未完全填充图像视图，或者图像上存在一些洞（由Alpha通道所致），则其下方的对象将仍然可见，而与Alpha的值无关。选中Opaque复选框之后，iOS就会知道视图下方的任何内容都不需要绘制出来，我们就不必浪费时间在对象下方的任何东西上。我们可以放心地选中Opaque复选框，因为我们之前选中了Size to Fit，该选项使图像视图与它所包含的图像大小相匹配。

Hidden复选框的作用显而易见，选中它之后，用户将不能看到此控件。有时，隐藏控件是非常有用的，比如本章稍后需要隐藏开关和按钮。但在大多数情况下，开发人员都不会选中此选项。我们可以将其保留为默认值。

下一个复选框Clears Graphics Context，这一项基本上不需要选中。选中它之后，iOS将使用透明黑色绘制控件覆盖的所有区域，然后才实际绘制控件。考虑到性能问题，并且适用情况很少，它默认为关闭状态，你应确保该复选框未被选中。

Clip Subviews是一个有趣的选项。如果你的视图有子视图，并且这些子视图并没有完全包含在其父视图中，则此复选框将确定子视图的绘制方式。如果选中了Clip Subviews，只有在父视图范围内的子视图部分将被绘制出来。如果未选中Clip Subviews，则全部子视图都将绘制出来，而不管它是否在父视图内部。

看上去，默认行为应与实际情况相反：默认禁用Clip Subviews。从数学上说，计算裁剪区域并仅显示子视图的部分是比较占用资源的操作，并且在一般情况下，子视图不会位于父视图的外部。如果确实需要，可以启用Clip Subviews，但出于性能的考虑，它在默认情况下是关闭的。

最后介绍一下Autoresize Subviews复选框，它能在自身尺寸发生改变时让iOS自动调整子视图的大小。选中该复选框，因为我们不允许调整该视图的大小，所以该设置实际上没什么作用。

7. 拉伸

下一个部分是Stretching。可以忽略这一项，因为只有当在屏幕上调整矩形视图大小并且需要重绘该视图时，才会需要拉伸。该选项用于将视图的外边缘（例如按钮的边框）保持不变，仅拉伸中间部分，而不是均匀拉伸视图的全部内容。

这里需要设置4个浮点值，通过指定视图的左上角坐标点以及可拉伸区域的大小来声明矩形的可拉伸部分，这4个浮点数的取值从0.0到1.0，代表整个视图大小的一部分。例如，如果你希望每条边的10%是不可拉伸的，那么就将X和Y都指定为0.1，而将Width和Height都设为0.8。在本例中，我们保留默认值：X和Y为0.0，Width和Height为1.0。大多数情况下不需要改变这些值。

4.4.4 添加文本字段

完成图像视图之后，从库中拖出一个文本字段并将其移动到View窗口上。将它放置在图像视图下方，需使用蓝色引导线保持它与右边缘对齐（参见图4-10）。

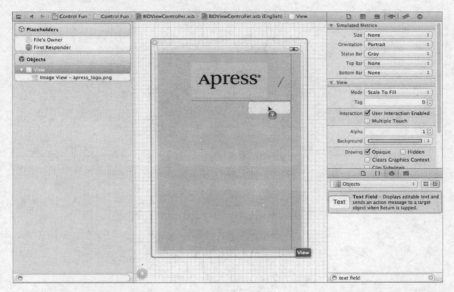

图4-10 从库中拖出文本字段，将其移到View窗口上，位于图像视图下方，且右边缘
与蓝色引导线对齐

当将文本字段移动到非常接近图像视图底部时，该字段上方将出现一条水平的蓝色引导线。该引导线告诉你已经离另一个对象足够近了。虽然可以将文本字段放在此位置上，但是为了获得更加平衡的外观，将它下移一点会比较好。记住，随时可以回到Interface Builder中修改界面元素的位置和大小，而不需要修改代码或重新建立连接。

放置好文本字段之后，从库中拖出一个标签，移动它，使它与视图左侧对齐，并与之前放置的文本字段水平对齐。注意，移动标签时会弹出多条蓝色引导线，这样可以方便地使用顶部、底部、中间引导线来对齐文本字段与标签。这里使用中间引导线来对齐标签和文本字段，如图4-11所示。

双击刚才放置的标签，键入Name:作为标签名（注意后面的冒号），然后按return键提交更改。

接下来，从库中另外拖动一个文本字段到视图中，并使用引导线将它放置在第一个文本字段的下方（参见图4-12）。

放置第二个文本字段之后，从库中再拖出一个标签，将其置于已有标签的左下方。再次使用蓝色中间引导线将它与第二个文本字段对齐。双击新添加的标签，键入Number:（不要忘记冒号）。

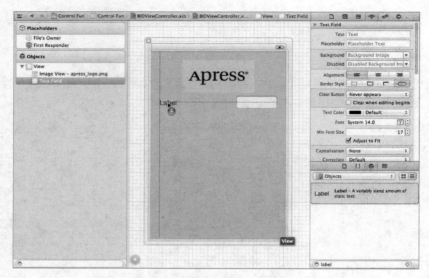

图4-11　使用中间引导线对齐标签和文本字段

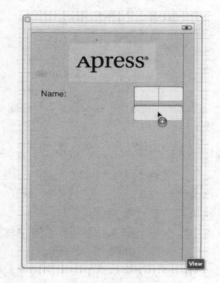

图4-12　添加第二个文本字段

现在，向左侧扩展底部的文本字段，使其紧靠右侧的标签。为什么首先调整下面那个文本字段呢？这是因为，我们想要两个文本字段大小相同，而底部的标签比较长。

单击下面那个文本字段，向左拖动该文本字段的左侧调节点，直到出现一条蓝色引导线，表示该字段已经离标签很近了（参见图4-13）。这条特殊的引导线稍微小了些，它仅跟文本字段一样长，所以，睁大眼睛仔细看。

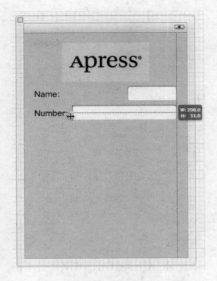

图4-13　扩展底部文本字段的大小

现在，采用相同的方法扩展顶部的文本字段，使它与底部文本字段的大小保持一致。蓝色引导线再次出现以向你提供帮助，而且这一次更容易看到。

我们基本上已经构建完了文本字段，剩下的只是处理一些细节。回头看一下图4-5。看看Name:和Number:是如何右对齐的。刚才，两个标签都靠近左侧边缘。要对齐两个标签的右边，单击Name:标签，按住Shift键并单击Number:标签，这样就同时选中了两个标签。选择Editor→Align→Right Edges。

完成之后，界面应该与图4-5所示的界面非常相似。唯一的区别在于每个文本字段中的浅灰色文本，这是我们接下来要添加的。

选择上面那个文本字段，按下⌥⌘4打开属性检查器（参见图4-14）。文本字段是iOS控件中最复杂的控件之一，同时也是最常用的控件之一。我们来看一下其中的设置项，从检查器的顶部开始。

1. 文本字段检查器设置

在第一个字段Text中，可以将其设置为默认值。键入的任何内容都将在应用程序启动时在该字段中显示。

第二个字段是Placeholder，它用于指定将在文本字段中以灰色显示的文本，但前提是该字段没有值。如果空间不足的话，可以使用占位符来代替标签，或者使用它告诉用户应在此字段中键入的值。对于此字段，可以键入Type in a name作为占位符，然后按回车键进行更改。

接下来的两个字段仅在需要定制文本字段的外观时使用，多数情况下，完全不必要也不建议使用它们。用户希望文本字段以预期的方式显示。因此，我们将略过Background和Disabled字段，并将它们保留为空。

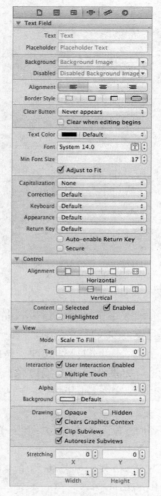

图4-14   显示默认值的文本字段检查器

位于这些字段下方的是3个按钮，用于控制字段中文本的对齐方式。我将保留此字段为默认值，即左对齐（最左侧的按钮）。

接着是4个Border Style按钮。它们用于更改文本字段边框的绘制方式。默认值（最右边的按钮）所创建的文本字段样式是iOS应用中最惯用的。可以随意尝试这4种不同的样式。但在尝试完之后，将其重新设为最右边的按钮。

在边框设置下面的是Clear Button弹出按钮，可以从中选择清除按钮应在何时出现。清除按钮是可以出现在文本字段最右边的一个小的X按钮。它通常用在搜索字段和其他需要频繁改变值的字段中。在持久保存数据的文本字段中，一般不包含清除按钮。所以这里保留默认值Never appears。

Clear when editing begins复选框指定用户触摸此字段时的操作。如果选中了该复选框，则之前该字段中的任何值都将被删除，并且用户能够重新输入。如果未选中该复选框，则之前的值仍然保留在此字段中，并且用户能够编辑它。可以取消选中此复选框。

之后是一系列用于设置字体、字体颜色、最小字号的字段。我们将Text Color保留为默认值：黑色。注意，Text Color弹出菜单被分成了两部分。右边部分可以让你从一些预设的颜色中选择，而左边是一个调色板，能让你更精确地指定所需的颜色。

Font设置分为三部分。右边是用于增加或减小文本大小（每次一点）的控制器。左边一项让你能够手动编辑字体名称和字体大小。最后，点击字母为T的方格图标可以打开一个弹出窗口，其中可以设置各种字体属性。我们将Font的设置保留为默认的System 14.0。

Font设置下面是一个用于设置文本最小字号的控件，文本字段将使用该值来显示其文本。目前保留默认值即可。

Adjust to Fit复选框指定文本的大小是否应随文本字段尺寸的减小而减小。此选项将确保整个文本在视图中都可见，即使文本大于所分配的空间。此复选框的右侧是一个文本字段，用于指定最小字号。复选框与最小字号协同工作，无论字段大小如何，文本的大小都不会低于此最小值。指定最小值可以确保文本不会因为过小而影响可读性。

接下来的部分，定义在使用此文本字段时键盘的外观及行为。我们期望文本是姓名，因此将Capitalization弹出选项更改为Words，此选项将所有单词自动转换为首字母大写，而这正符合姓名的要求。

之后三个弹出选项：Correction、Keyboard、Appearance，都可以保留为默认值。可以花点时间看看这些设置的作用。

接着是Return Key弹出选项。return key是键盘右下方的一个键，它的标签会根据用户的操作发生变化。例如，如果你正在向Safari的搜索框中键入文本，那么它会显示Search。而在我们这种文本字段与其他控件共享屏幕的应用程序中，Done是正确的选择。这里就改为Done。

如果选中了Auto-enable Return Key复选框，return键将被禁用，直到至少在文本字段中键入一个字符。取消选中此复选框，因为我们希望允许文本字段保留为空（如果用户什么也不输入）。

Secure复选框指定是否在文本字段中显示键入的字符。如果此文本字段要用作一个密码字段，那么应该选中此复选框。保留其未选中状态。

接下来的部分用于设置继承自UIControl的一般控件属性，但它们通常不适用于文本字段（除Enabled复选框之外），并且也不会影响字段的外观。我们希望启用这些文本字段，以便用户能够与它们交互，因此保留所有设置不变。

检查器上的最后一部分对你来说应该会比较熟悉，它与之前介绍的图像视图检查器上的同名部分是相同的。它们是继承自UIView类的属性，并且由于所有控件都是UIView的子类，它们都具有此部分中的属性。注意，对于文本字段，选中Opaque，不要选中Clears Graphics Context和Clip Subviews，原因之前我们已经讨论过了。

2. 设置第二个文本字段的属性

接下来，单击View窗口中的第二个文本字段，然后返回检查器。在Placeholder字段中，键入
Type in a number，确保Clear when editing begins未选中。单击下方的Keyboard弹出菜单。我们希
望用户只输入数字，而不包括字母，因此选中Number Pad。完成这些设置之后，用户所使用的键
盘将只包含数字，这意味着不能输入字母字符、符号等数字之外的其他内容。我们不需要为数字
键盘设置Return Key值，因为这种样式的键盘没有return键，所以检查器上的任何选项都可保留默
认值。跟之前一样，选中Opaque，而Clears Graphics Context和Clip Subviews都不需要选中。

4.4.5　创建和连接输出口

我们已经基本准备好对该应用进行第一次测试了。在界面设计的第一个部分中，剩下的工作
只需要创建和关联输出口。界面上的图像视图和标签并不需要输出口，因为无需在运行时改变它
们。而两个文本字段，它们是被动控件，其中保存了代码中需要用到的数据，所以需要为它们分
别创建输出口。

你可能还记得上一章中所提到的，Xcode 4让我们能够在辅助编辑器中同时完成输出口的创
建和关联工作。现在选择Editor中间的工具栏按钮或者选择View → Assistant Editor → Show
Assistant Editor进入辅助编辑器。

确保在项目导航中选择了nib文件。如果没有足够的屏幕空间，你需要通过View → Utilities →
Hide Utilities在这个环节中隐藏实用工具窗格。打开辅助编辑器后，nib编辑窗格被分成了两部分，
一半是Interface Builder，另一半是BIDViewController.h（参见图4-15）。这个新的编辑区域（显示
BIDViewController.h的部分）是辅助区域。

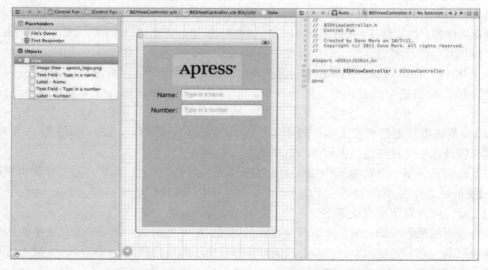

图4-15　打开了辅助编辑器的编辑区域。可以在右边看到辅助区域，其中显示了
　　　　BIDViewController.h的代码

可以看到辅助编辑器的顶端部分包含一个跳转栏（类似于普通的编辑窗格）。该跳转栏有一个重要的附加功能，它包含一组新的"智能"选择项，你可以从大量Xcode认为与主视图中的内容相关的文件中进行选择。默认情况下，它显示一组标为Top Level Objects的文件，其中包括你自己的控制器类代码（因为它是nib文件的顶级对象之一），以及UIResponder和UIView的头文件（因为它们也代表nib文件的顶层对象）。花些时间随意点击辅助编辑器顶部跳转栏中的内容，以对其有所认识。了解了跳转栏及其所示的文件后，我们继续。

有趣的部分开始了。确保辅助编辑器中仍然显示着BIDViewController.h文件（如果需要的话，可以使用跳转栏返回该文件）。现在按下control键拖动鼠标，从视图中上面那个文本字段拖向BIDViewController.h源代码，拖到@interface一行的下面，可以看到一个灰色的弹出信息，它显示Insert Outlet, Action, or Outlet Collection（参见图4-16）。放开鼠标按键，你将看到一个与上一章相同的弹出窗口。我们想要创建一个名为nameField的输出口，因此在Name字段中键入nameField（说过好几遍了），然后按下return键。

现在，在BIDViewController中拥有了一个叫做nameField的属性，而且它与上面那个文本字段关联了起来。以同样的方式为第二个文本字段创建、关联输出口，将其命名为numberField。

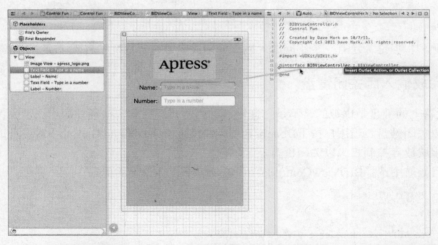

图4-16　打开辅助编辑器，按下control键拖动鼠标，将nameField字段与输出口关联起来

4.5 关闭键盘

下面再来看看应用程序的运行情况。从Xcode的Product菜单中选择Run。应用程序应出现在iPhone模拟器中。单击Name文本字段。此时会出现传统的键盘。现在，单击Number字段，键盘将切换为数字面板（参见图4-17）。只要将文本字段添加到界面中，Cocoa Touch就会自动为我们提供所有这些功能。

图4-17 触摸文本或数字字段时键盘将自动显示

非常顺利！但是，还有一个小问题。应该如何关闭键盘界面呢？且看下文分解。

4.5.1 完成输入后关闭键盘

iOS设备上的键盘是虚拟的，不是物理键盘，因此我们需要一些额外的步骤来确保用户完成输入后可以关闭键盘。当用户按下Done按钮时，将生成一个Did End On Exit事件，此时，我们需要让文本字段放弃控制权，以关闭键盘。

在项目导航中选择BIDViewController.h，添加以下粗体显示的代码：

```
#import <UIKit/UIKit.h>


@interface BIDViewController : UIViewController
@property (strong, nonatomic) IBOutletUITextField *nameField;
@property (strong, nonatomic) IBOutletUITextField *numberField;

- (IBAction)textFieldDoneEditing:(id)sender;

@end
```

当你在项目导航中选择了头文件后，可能会注意到，先前打开的辅助编辑器能根据主编辑窗格中所选择的源代码文件改变，自动显示了与所选文件相对应的文件。如果选择的是.h文件，那么辅助编辑器将自动显示与之对应的.m文件，反之亦然。这是Xcode 4新增的一项非常便捷的功能。因此，现在辅助视图中显示了BIDViewController.m文件，以供我们实现该方法。

在BIDViewController.m底部（@end之前）添加以下操作方法：

```
- (IBAction)textFieldDoneEditing:(id)sender {
    [sender resignFirstResponder];
}
```

在第2章中已经了解到，第一响应者是用户当前正在与之交互的控件。在这个新方法中，我们通知该控件放弃作为第一响应者的控制权，并将其返还给用户之前操作的控件。当一个文本字段失去了第一响应者状态后，与之关联的键盘也将消失。

保存刚才编辑的两个文件，回到nib文件，通过这两个文本字段触发此操作。

在项目导航中选择BIDViewController.xib，单击Name文本字段，按下⌥⌘6打开连接检查器。这次，我们不想要上一章中所使用的Touch Up Inside事件，而是想要Did End On Exit事件，因为该事件将在用户按下文本键盘上的Done按钮时触发。

从Did End On Exit旁边的圆圈拖向File's Owner图标，将其关联到textFieldDoneEditing:操作。也可以将它拖向辅助视图中的textFieldDoneEditing:方法。对另一个文本字段重复以上步骤，然后保存所做的修改，按下⌘R再次运行该应用。

当模拟器出现之后，单击Name字段，键入一些内容，然后按下Done按钮。不出所料，键盘将随之消失。那么Number字段也是这样吗？可是该字段的Done按钮在哪里呢（参见图4-17）？

并非所有键盘布局都有Done按钮。我们可以强制用户按下Name字段，然后再按Done按钮，但这不是较佳的用户体验。我们显然希望应用程序具有很好的用户体验。

4.5.2 通过触摸背景关闭键盘

还记得苹果公司的iOS应用程序在这种情况下是如何做的吗？在大部分存在文本字段的地方，点击视图中没有活动控件的任何地方都将导致键盘消失。我们如何实现此功能呢？

答案可能会令你惊讶，因为它非常简单。我们的视图控制器有一个view属性，它继承自UIViewController。这个view属性对应于nib文件中的View图标。此属性指向nib文件中的一个UIView实例，该实例充当着用户界面中所有项的容器。它在用户界面中没有外观，但涵盖了整个iPhone窗口，位于所有其他用户界面对象"之下"。它有时称为nib文件的**容器视图**（container view），因为它的主要用途是持有其他视图和控件。该容器视图是我们的用户界面的背景。

使用Interface Builder，我们可以更改view所指向的对象类，将它的底层类由UIView更改为UIControl。因为UIControl是UIView的子类，所以非常适合用于将view属性连接到UIControl实例。请记住，当一个类将另一个对象作为子类时，该对象只是该类的一个更加具体的版本，所以UIControl是一个UIView。如果将创建的实例由UIView更改为UIControl，我们将能够触发操作方法。但在这么做之前，需要创建在点击背景时将调用的操作方法。

我们需要将另外一个操作添加到我们的控制器类。将以下代码添加到BIDViewController.h文件中：

```
#import <UIKit/UIKit.h>

@interface BIDViewController : UIViewController
```

```
@property (strong, nonatomic) IBOutletUITextField *nameField;
@property (strong, nonatomic) IBOutletUITextField *numberField;

- (IBAction)textFieldDoneEditing:(id)sender;

- (IBAction)backgroundTap:(id)sender;

@end
```

保存头文件。

接下来打开实现文件，在文件结尾（@end之前）添加以下方法：

```
- (IBAction)backgroundTap:(id)sender {
    [nameField resignFirstResponder];
    [numberField resignFirstResponder];
}
```

该方法只是简单地告诉两个文本字段取消第一响应者状态（如果它们处于该状态的话）。即使控件并非第一响应者，对其调用resignFirstResponder方法也是非常安全的。所以我们可以在这两个文本字段上调用该方法，而不需要检查它们是否为第一响应者。

提示   在编码时将多次在头文件和实现文件之间切换。幸运的是，除了帮助工具所提供的方便性，Xcode还提供了一个组合键，在对应文件之间迅速切换。默认的组合键是^⌘⇧，但可以使用Xcode的首选项将它更改为任何组合键。

保存文件，再次选择nib文件。确保dock处于列表模式（可以点击dock右下方的三角图标切换到列表视图）。单击View以选中它。不要选择视图的子项，我们需要的是容器视图本身。

接着，按下⌥⌘3打开**身份检查器**（参见图4-18），在这里，你可以更改nib文件中任何对象实例的底层类。

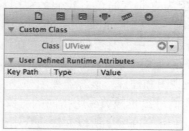

图4-18   将Interface Builder切换到列表视图，选择View。然后切换到标识检查器，
在这里可以修改nib文件中任何对象实例的底层类

标有Class的字段目前显示为UIView，如果不是，你可能没有选中容器视图。此处，将其更改为UIControl，按下return提交修改。能够触发操作方法的所有控件都是UIControl的子类，所以通过更改底层类，此视图将能够触发操作方法。可以按⌥⌘6调出连接检查器（参见图4-17）来验证这一点。现在应该会看到在上一章中将按钮连接到操作时看到的所有事件。

从Touch Down事件拖到File's Owner图标（参见图4-19），然后选择backgroundTap:操作。现在，触摸视图中没有活动控件的任何位置都将触发新的操作方法，这将导致关闭键盘。关联至第一响应者与关联至代码中的方法所需采取的步骤是完全相同的，对于视图控制器的nib文件来说，第一响应者就是视图控制器类，所以这只是一种能得到完全相同的结果的不同方式。

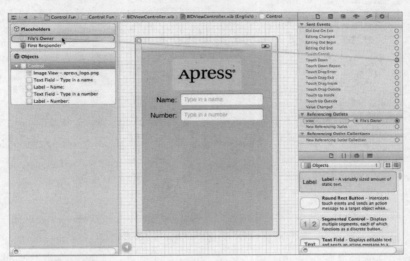

图4-19　通过将视图的类从UIView改为UIControl，我们能够在任何标准事件上触发
操作方法。此外将视图的Touch Down事件关联到background Tap:操作

说明　你可能想知道为什么我们选择Touch Down，而不是像上一章那样选择Touch Up Inside。
答案是后台不是一个按钮。它不是用户眼中的控件，所以它不需要用户尝试滑动手指来
取消操作。

保存nib文件，再次编译和运行应用程序。这一次，可以通过两种方式来关闭键：按Done按钮或单击无活动控件的任何区域，用户比较喜欢后一种方式。

非常好！解决了键盘的问题之后，我们将继续创建下一组控件。

4.5.3　添加滑块和标签

现在是时候添加一个滑块及其附属标签了。记住，使用滑块时，标签的值将随之发生改变。在项目导航中选择BIDViewController.xib，我们将为应用程序界面添加更多控件。

在添加滑块之前，先为我们的设计腾出一点空间。我们用于确定顶部文本字段与其上方的图像之间的间距的蓝色引导线实际上已给出了最小的建议间距。换句话说，蓝色引导线告诉你"间距不要小于此距离"。参照图4-1，将两个文本字段和它们的标签稍微向下拖动。接下来添加滑块。

从库中拖出一个滑块，并将其放置在Number文本字段的下方，让它占用大部分（不是全部）

水平空间。在左侧留一点空间给标签。可以参照图4-1进行操作。单击新添加的滑块以选中它，如果它还不可见，就按⌥⌘4返回检查器，检查器应如图4-20所示。

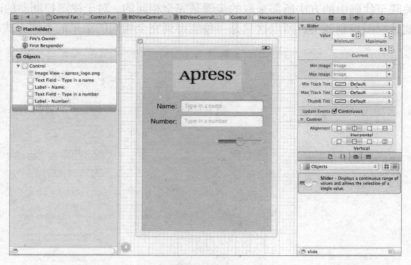

图4-20 显示滑块默认属性的检查器

用户可以通过滑块选择特定范围内的数值。此处，我们在Interface Builder中设置滑块范围和初始值。输入1作为最小值，100作为最大值，50作为初始值。选中Update Events旁边的Continuous复选框，确保滑块的值改变时可以正常触发一系列后续事件。目前只需要了解这些设置。

在滑块旁边放置一个标签，需使用蓝色引导线保持它与滑块水平对齐，并保持其左侧边缘与视图的左侧边缘对齐（参见图4-21）。

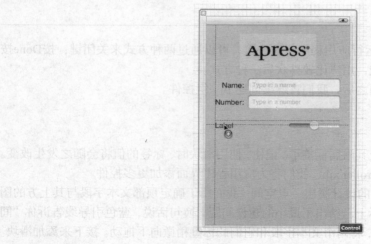

图4-21 放置滑块和标签

双击新添加的标签，将其文本从Label更改为100。这是滑块可以支持的最大值，并且我们可以使用它确定滑块的正确宽度。由于"100"比"Label"短，因此应该调整标签的大小，方法是将正中间的调整点向左拖动。确保不要让文本变小。如果它开始变小，应将调整点往右回拖一点，回到原来的位置。还可以使用之前讨论的Size to Fit选项，方法是按⌘＝或从Editor菜单中选择Size to Fit Content。

接下来，调整滑块的大小，单击滑块以选中它并将其左侧调整点向左拖动，直到与蓝色引导线靠齐。

现在，再次双击标签，将其值改回滑块的初始值50，因为我们需要确保界面在启动时能正确显示。使用滑块之后，刚才编写的代码将确保标签继续显示正确的值。

4.5.4 连接操作和输出口

最后要为这两个控件关联输出口和操作。我们需要一个指向该标签的输出口，以便使用滑块时能够更新该标签的值，另外我们还需要一个操作方法，它将在滑块发生变化时被调用。

确保正在使用辅助编辑器编辑BIDViewController.h文件，然后按下control键，从滑块拖向辅助编辑器中@end声明上方位置处。当弹出窗口出现后，将Connection弹出菜单改为Action，在name字段中键入sliderChanged。然后按下return，完成该操作的创建和关联。

接着，按下control键，从新添加的标签拖向辅助编辑器，这次，拖到最后一个属性的下方、第一个操作方法的上方位置处。当弹出窗口出现后，在Name文本字段中键入sliderLabel，然后按下return键创建和关联该输出口。

4.5.5 实现操作方法

虽然Xcode为我们创建和关联了操作方法，但是仍然需要我们自己来编写实现该操作方法的代码，从而使该方法完成它应该实现的功能。保存nib文件，然后在项目导航中单击BIDViewController.m，找到sliderChanged:方法（它应该是空的），添加如下代码：

```
- (IBAction)sliderChanged:(id)sender {
  UISlider *slider = (UISlider *)sender;
  int progressAsInt = (int)roundf(slider.value);
  sliderLabel.text = [NSString stringWithFormat:@"%d", progressAsInt];
}
```

该方法的第一行将sender赋给一个UISlider指针，这样编译器就会让我们使用UISlider的方法和属性，而不会发出警告。接着我们获取滑块的当前值，将其四舍五入为最接近的整数，然后赋给一个整型变量。代码的最后一行创建一个字符串，使其包含该数值，并将字符串赋给标签。

保存文件，然后按下⌘R，在iPhone模拟器中构建、运行该应用，使用一下滑块，移动滑块时，应该可以看到标签的文本会实时变化。又解决了一个问题。现在来看看开关的实现。

4.6   实现开关、按钮和分段控件

再次返回到Xcode。是否有点头晕目眩了？这种来回切换可能看起来有点奇怪，但在开发过程中常常这样反复切换，如在Xcode中编辑源代码，在iOS模拟器中测试应用程序。

我们的应用程序将有两个开关，它们是只有两个状态（开和关）的小控件。我们还将添加一个分段控件来隐藏和显示开关。除了该控件，我们还将添加一个按钮，当点击分段控件的右侧时将显示该按钮。接下来实现这些功能。

回到nib文件，从对象库中拖出一个分段控件（参见图4-22），将其放置在View窗口滑块的稍下位置。

提示   为了让你对控件之间的间距有所了解，来看一下带有Apress标识的图像视图，我们设法使它上方的间距和它下方的间距大致相等。我们同样对滑块也这么做，使它上方的距离大致等于下方的距离。这只是一个建议。

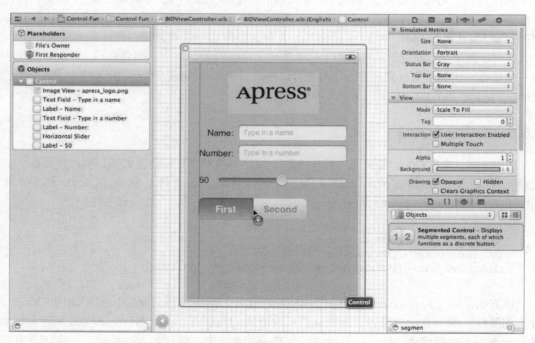

图4-22   从库中拖出一个分段控件，将其置于父视图的左侧。然后调整分段控件的
大小，将其拉伸到视图的右侧

扩大分段控件的宽度，使其从视图左边缘拉伸至右边缘。双击分段控件上的First标签，将其改为Switches。完成之后，对Second分段重复此步骤，将其重命名为Button（参见图4-23）。

图4-23 在分段控件中对分段进行重命名

4.6.1 添加两个带标签的开关

从库中拖出一个开关，将其放在视图中，分段控件下方，靠近左侧边缘。拖出第二个开关并放在靠近右侧边缘的位置，与第一个开关水平对齐（参见图4-24）。

图4-24 将开关添加到视图

提示　在Interface Builder中，按下option键并拖动对象会创建该对象的副本。如果要创建同一
对象的许多实例，只需从库中拖出一个对象，然后再重复此操作即可。这种方式比较
快捷。

4.6.2　连接开关输出口和操作

添加按钮之前，我们先创建两个输出口并将开关连接到输出口。我们稍后要添加的按钮实际
上将位于开关顶部，这样就很难按住control并拖动它们，所以我们希望在添加该按钮之前进行开
关连接。由于按钮和开关不会同时可见，所以将它们放在同一个物理位置不会存在问题。

使用辅助编辑器，按下control键，从左边的开关拖向头文件中最后一个输出口的下方。出现
弹出窗口后，将输出口命名为leftSwitch，然后按下return。对另一个开关重复此步骤，将其输出
口命名为rightSwitch。

现在，单击左边的开关再次选中它，然后按下control键再次拖向辅助编辑器。这一次，在
释放鼠标前拖到@end声明上方。弹出窗口出现后，将Connection弹出项改为Action，并将该操
作命名为switchChanged:，然后按下return创建一个新操作。对右边的开关重复此操作，但是我
们并不为该开关创建新的操作方法，而是将它拖向之前已经创建的switchChanged:操作方法，
以便与该操作关联起来。正如上一章中所做的那样，我们将使用同一个操作方法来处理这两个
开关。

最后，按下control，从分段控件拖向辅助编辑器中的@end声明上方，插入名为toggleControls:
的操作方法。

4.6.3　实现开关的操作方法

保存nib文件，然后单击BIDViewController.m，找到自动添加的switchChanged:方法，添加如
下代码：

```
- (IBAction)switchChanged:(id)sender {
  UISwitch *whichSwitch = (UISwitch *)sender;
  BOOL setting = whichSwitch.isOn;
  [leftSwitch setOn:setting animated:YES];
  [rightSwitch setOn:setting animated:YES];
}
```

用户按下任何一个开关都会调用switchChanged:方法。在该方法中，我们简单地获取sender
参数的值，它代表被按下的那个开关，然后使用该值来设置两个开关。sender始终是leftSwitch
或rightSwitch的其中之一，所以你可能会感到奇怪，为什么要同时设置它们两个？原因之一是
考虑到实践性。比起判断调用该方法的开关，然后设置另一个开关，每次都同时设置两个开
关所需的工作量更少。正确设置调用该方法的开关后，再次为它设置相同的值并不会造成任
何影响。

4.6.4 添加按钮

接下来，从库中拖出一个Round Rect Button到视图中。将此按钮添加到最左侧按钮的顶部，将其与左侧边缘对齐，将其中心与两个开关竖直对齐（参见图4-25）。

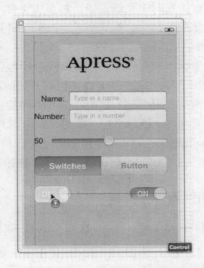

图4-25 将一个圆角矩形按钮添加到现有开关顶部

现在按住右侧中心调整手柄并一直向右拖动，直到到达指示右侧边缘的蓝色引导线。按钮应该完全覆盖两个开关（参见图4-26）。

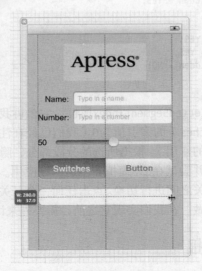

图4-26 圆角矩形被调整好后，将完全覆盖两个开关

双击按钮并为其添加一个标签Do Something。

4.6.5 为按钮创建并关联输出口和操作

按下control，从新创建的按钮拖向辅助编辑器，拖至头文件中最后一个输出口下方位置处。当弹出窗口出现后，创建一个新的输出口，将其命名为doSomethingButton。完成之后，再次按下control，拖至@end声明的上方。这一次不是创建输出口，而是一个操作方法，名为buttonPressed:。

如果现在保存更改，并且测试该应用程序，你将发现分段控件是活动的，但它并没有做什么有用的工作。我们需要为其添加一些逻辑，以实现按钮和开关的隐藏和显示。

我们还需要在应用刚启动时隐藏此按钮。之前我们并不希望这么做，因为这样会使我们在关联输出口和操作时更加困难。而现在，既然已经关联好了，就可以隐藏该按钮了。当用户按下分段控件右边部分时，我们将显示此按钮；而当应用刚启动时，将它隐藏。按下⌥⌘4打开属性检查器，向下滚动到View的部分，选中Hidden复选框。这样，按钮将会消失。

4.6.6 实现分段控件的操作方法

保存nib文件，然后单击BIDViewController.m，找到Xcode为我们创建的toggleControls:方法，添加如下代码：

```
- (IBAction)toggleControls:(id)sender {
    // 0 == switches index
    if ([sender selectedSegmentIndex] == 0) {
        leftSwitch.hidden = NO;
        rightSwitch.hidden = NO;
        doSomethingButton.hidden = YES;
    }
    else {
        leftSwitch.hidden = YES;
        rightSwitch.hidden = YES;
        doSomethingButton.hidden = NO;
    }
}
```

这段代码检索sender的selectedSegmentIndex属性，它告诉我们当前选择的是分段控件的哪一部分。第一部分（名为switches）的索引值为0（我们已经在注释中注明了，这样当我们以后重读这段代码时，就能知道它的作用）。根据所选的分段部分，隐藏或者显示适当的控件。

现在，保存所做的修改，并尝试在iOS模拟器中运行该应用。如果输入没有错误，你应该能使用分段控件在按钮和那对开关之间进行切换。点击任何一个开关，另一个开关也会改变它的值。而这个按钮，仍然什么也没有做。在我们实现它之前，需要先来讨论一下操作表和警报。

4.7 实现操作表和警报

操作表和警报都用于向用户提供反馈。

□ 操作表会使用户在两个或更多项之间作出选择。操作表从屏幕底部弹出，显示一系列按钮供用户选择（参见图4-3）。用户只有单击了一个按钮之后才能继续使用应用程序。操作表通常用于确认潜在的危险或不能撤销的操作，比如删除一个对象。

□ 警报以蓝色圆角矩形的形式出现在屏幕中央（参见图4-4）。与操作表类似，警报迫使用户在继续使用应用程序之前作出响应。警报更多地用于通知用户发生了一些重要或不正常的事情。与操作表不同，警报可能显示为单个按钮，但是如果多个响应更合适，也可以选择显示多个按钮。

说明 迫使用户在继续使用应用程序之前进行选择的视图称为**模型视图**。

4.7.1 遵从操作表委托方法

还记得在第3章中讨论的应用程序委托吗？UIApplication不是Cocoa Touch中使用委托的唯一类。实际上，委托是Cocoa Touch中一项非常常见的设计模式。操作表和警报都使用委托，所以它们知道在完成显示时应该通知哪个对象。在我们的应用程序中，需要在操作表退出时获得通知。我们无需知道警报何时退出，因为我们只是使用它来通知用户某件事情，而不是实际要求进行选择。

为了让控制器类充当操作表的委托，控制器类需要遵从UIActionSheetDelegate协议。我们通过在类声明的超类之后的尖括号中添加协议名称来实现，为此，在BIDViewController.h中添加以下代码：

```
#import <UIKit/UIKit.h>

@interface BIDViewController : UIViewController <UIActionSheetDelegate>
@property (strong, nonatomic) IBOutlet UITextField *nameField;
@property (strong, nonatomic) IBOutlet UITextField *numberField;
. . .
```

4.7.2 显示操作表

切换回BIDViewController.m，实现按钮的操作方法。除了现有的操作方法之外，我们实际上还需要实现另一个方法：UIActionSheetDelegate方法。操作表将在被按下时使用它来通知我们。

首先，找到Xcode创建的空buttonPressed:方法，向该方法添加以下代码来创建、显示操作表。

```
- (IBAction)buttonPressed:(id)sender {

    UIActionSheet *actionSheet = [[UIActionSheet alloc]
        initWithTitle:@"Are you sure?"
        delegate:self
        cancelButtonTitle:@"No Way!"
        destructiveButtonTitle:@"Yes, I'm Sure!"
        otherButtonTitles:nil];
    [actionSheet showInView:self.view];
}
```

接下来将这个方法添加到BIDViewControl.m中的buttonPressed:方法下：

```
- (void)actionSheet:(UIActionSheet *)actionSheet
    didDismissWithButtonIndex:(NSInteger)buttonIndex
{
    if (buttonIndex != [actionSheet cancelButtonIndex])
    {
        NSString *msg = nil;

        if (nameField.text.length > 0)
        msg = [[NSString alloc] initWithFormat:
            @"You can breathe easy, %@, everything went OK.",
            nameField.text];
        else
            msg = @"You can breathe easy, everything went OK.";

        UIAlertView *alert = [[UIAlertView alloc]
                        initWithTitle:@"Something was done"
                        message:msg
                        delegate:self
                        cancelButtonTitle:@"Phew!"
                        otherButtonTitles:nil];
        [alert show];
    }
}
```

我们究竟做了些什么？首先，我们在doSomething:操作方法中分配了一个UIActionSheet对象并进行了初始化，这个对象用于表示操作表（也许你自己想不到这一点）。

```
UIActionSheet *actionSheet = [[UIActionSheet alloc]
            initWithTitle:@"Are you sure?"
            delegate:self
            cancelButtonTitle:@"No Way!"
            destructiveButtonTitle:@"Yes, I'm Sure!"
            otherButtonTitles:nil];
```

初始化方法接受多个参数。让我们依次介绍这些参数。第一个参数是要显示的标题。如图4-3所示，我们提供的标题将显示在操作表的顶部。

第二个参数是操作表的委托，它将在该表上的按钮被按下时收到通知。更确切地说，委托的actionSheet:didDismissWithButtonIndex:方法将被调用。通过将self作为委托参数传递给该方法，我们可以确保本程序的actionSheet:didDismissWithButtonIndex:方法将被调用。

接下来的参数是取消按钮的标题，用户可以单击此按钮以表明不希望继续操作。所有操作表都应有一个取消按钮，但你可以根据需要为它指定合适的标题。如果没有选择，则不必使用操作表。如果只希望通知用户，而不让用户作出选择，则警报表会比较合适。

下一个参数是destructive按钮，可以将它理解为"继续"按钮。你仍然可以根据需要为它指定合适的标题。

最后一个参数用于指定希望在表单上显示的其他按钮的数量。该参数可以使用各种值，这是Objective-C语言中的一个非常好的特性。如果我们希望操作表上还有另外两个按钮，可以编写以下代码：

```
UIActionSheet *actionSheet = [[UIActionSheet alloc]
    initWithTitle:@"Are you sure?"
    delegate:self
    cancelButtonTitle:@"No Way!"
    destructiveButtonTitle:@"Yes, I'm Sure!"
    otherButtonTitles:@"Foo", @"Bar", nil];
```

这样，操作表将提供4个按钮供用户选择。你可以在otherButtonTitles参数中传递任意数量的参数，只要nil作为最后一个变量传递即可。但根据可用屏幕空间的大小，按钮的数量将受到实际限制。

创建操作表之后，使用以下代码显示它。

```
[actionSheet showInView:self.view];
```

操作表始终有一个父视图，即当前对用户可见的视图。在本例中，我们希望使用在Interface Builder中设计的视图作为父视图，因此使用self.view。注意Objective-C点表示法的使用。self.view相当于[self view]，使用访问方法返回视图属性的值。

为什么我们不简单地使用view来代替self.view呢？因为view是UIViewController类的一个私有实例变量，必须通过访问方法来访问。

很好，这并不难，是吧？在寥寥数行代码中，我们显示了一个操作表，并且要求用户作出一项决定。iOS甚至为显示该表单创建了动画，而这并不需要我们做任何额外的工作。现在，我们只需要找到用户按下的按钮。刚才实现的另一个方法actionSheet:didDismissWithButtonIndex，是UIActionSheetDelegate委托方法中的一个，由于我们已经指定了self作为操作表的委托，所以该方法将会在用户按下按钮时自动被操作表调用。

参数buttonIndex将告诉我们用户实际按下的那个按钮，但是，我们如何知道哪个按钮索引代表cancel按钮，而哪个按钮索引又代表destructive按钮呢？很幸运，该委托方法接受一个指向UIActionSheet对象（它代表操作表）的指针，而该操作表对象知道哪个按钮是cancel按钮。我们只需要查看它的cancelButtonIndex属性：

```
if (buttonIndex != [actionSheet cancelButtonIndex])
```

这行代码确保用户不会按下cancel按钮。由于我们只给用户提供了两个选项，因此我们知道，如果用户没有按下cancel按钮，那么一定是按下了destructive按钮，也就是表示继续操作。知道了用户并没有取消操作之后，我们首先做的是创建一个将要向用户显示的新字符串。在一个实际的应用中，将在这里处理用户的请求。现在假设我们已经执行了一些操作，然后使用警报来通知用户。

如果用户在顶部的文本字段中键入了姓名，我们将获取该值，并且在警报消息中使用它。否则，就只显示一条普通的消息。

```
NSString *msg = nil;

if (nameField.text.length > 0)
    msg = [[NSString alloc] initWithFormat:
        @"You can breathe easy, %@, everything went OK.",
```

```
                nameField.text];
        else
            msg = @"You can breathe easy, everything went OK.";
```

下一行看上去很熟悉。警报的创建和使用方式与操作表很相似。

```
        UIAlertView *alert = [[UIAlertView alloc]
            initWithTitle:@"Something was done"
            message:msg
            delegate:nil
            cancelButtonTitle:@"Phew!"
            otherButtonTitles:nil];
```

同样，我们传递了一个需要显示的标题，和一个更为详细的消息，它就是刚才我们创建的字符串。警报视图也有委托，如果我们需要知道用户何时关闭了警报，或者用户按下了哪个按钮，则可以将self指定为委托（正如之前在操作表中所做的那样）。如果我们这么做了，那么现在还需要使该类遵循UIAlertViewDelegate协议，并且实现该协议中的一个或多个方法。在本例中，我们只向用户通知一些消息，而且只提供一个按钮。我们并不关心用户何时按下按钮，而且我们也已经知道哪个按钮将被按下，所以这里就指定为nil，表示当用户结束了对警报视图的操作后，我们不需要做任何处理。

与操作表不同，警报视图并没有与特定的视图绑定在一起，所以我们只需要显示该警报，而不用指定父视图。之后，只需要做一些内存清理工作就完成了。保存文件，然后构建、运行并且测试一下完整的应用。

4.8 美化按钮

比较运行中的应用程序与图4-2，你可能会注意到一个有趣的差异。Do Something按钮的外观不一样，它与操作表或其他iPhone应用程序中的按钮也不一样。这是因为默认的圆角按钮的外观本来就不太美观，因此我们在完成应用程序之前再稍微处理一下该按钮。

iOS设备中的大多数按钮都是使用图像绘制的。不必担心，你不需要在图像编辑器中为每个按钮都创建一个图像。只需要指定iOS在绘制按钮时所使用的模板图像类型。

需要记住，你的应用程序是沙盒化的。你不能访问iOS设备上的其他应用程序所使用的模板图像，或iOS本身所使用的图像，因此，你需要确保所有需要的图像都位于应用程序的束中。那么，可以从何处获取这些图像模板呢？

好在苹果公司提供了一个束。你可以从iOS示例应用程序UICatalog中获取它们，地址为：http://developer.apple.com/library/ios/#samplecode/UICatalog/index.html（iOS Developer Libraty），也可以从本书项目归档的04 - Control Fun文件夹将它们复制出来。没错，你可以在自己的应用程序中使用这些图像，苹果公司的示例代码许可证特别允许开发者使用和分发它们。

所以，从04 - Control Fun文件夹或者UICatalog项目的Images子文件夹中，将blueButton.png和whiteButton.png添加到Xcode项目中。

如果在项目导航中点击任何一个按钮图像，你将看到它们并没有什么特别之处。但在按钮中使用图像需要一点技巧。

　　返回nib文件，单击Do Something按钮。按钮目前不可见，因为我们将其标记为了"隐藏"，但你应该能看到重影。此外，可以在dock列表中单击该按钮。

　　选中按钮，按下⌥⌘4打开属性检查器。在属性检查器中，从第一个弹出菜单中将其类型从Rounded Rect改成Custom。在检查器中，你可以为按钮指定图像，但是这里我们先不这么做，因为这些图像模板需要采用稍微不同的处理方式。

4.8.1　viewDidLoad方法

　　如果需要修改在nib中创建的任何对象，我们可以覆盖控制器父类UIViewController中的viewDidLoad方法。由于在Interface Builder中并不能完成一切任务，因此我们将利用viewDidLoad方法。

　　保存nib文件，然后切换到BIDViewController.m，找到viewDidLoad方法。Xcode项目模板已经创建了该方法的空实现版本。找到它之后添加如下代码，完成之后，我们将分析这段代码。

```
- (void)viewDidLoad{
    [super viewDidLoad];
    // Do any additional setup after loading the view, typically from a nib.
    UIImage *buttonImageNormal = [UIImage imageNamed:@"whiteButton.png"];
    UIImage *stretchableButtonImageNormal = [buttonImageNormal
                        stretchableImageWithLeftCapWidth:12 topCapHeight:0];
    [doSomethingButton setBackgroundImage:stretchableButtonImageNormal
                        forState:UIControlStateNormal];

    UIImage *buttonImagePressed = [UIImage imageNamed:@"blueButton.png"];
    UIImage *stretchableButtonImagePressed = [buttonImagePressed
                        stretchableImageWithLeftCapWidth:12 topCapHeight:0];
    [doSomethingButton setBackgroundImage:stretchableButtonImagePressed
                        forState:UIControlStateHighlighted];
}
```

　　此代码根据添加到项目中的模板图像为按钮设置背景图像。它指定按钮被触摸时应从白色图像转换为蓝色图像。这个简短的方法引入了两个概念：**控件状态**和**可拉伸图像**。接下来我们将依次介绍这两个概念。

4.8.2　控件状态

　　每个iOS控件都有4种不同的控件状态，并且它任何时候都处于并仅能处于其中的一种状态。
- **普通**。最常见的状态是默认的普通控件状态。控件在未处于其他状态时都为这种状态。
- **突出显示**。突出显示状态是控件在使用时的状态。对于按钮来说，这表示用户将手指放在其上。
- **禁用**。禁用状态是控件被关闭时的状态。要禁用控件，可以在Interface Builder中取消选中Enabled复选框，或将控件的enabled属性设置为NO。
- **选中**。最后一种状态是选中，它通常用于指示该控件已启用或被选中。选中状态与突出显示状态类似，但控件可以在用户不再直接使用它时继续保持选中状态。

某些iOS控件的属性可以根据其状态接受不同的值。举例来说，通过为UIControlState Normal指定一个图像，并为UIControlStateHighlighted指定另一个图像，我们告诉iOS在加亮状态（用户将手指放在按钮上时）和其他状态下分别使用这两个不同的图像。

4.8.3   可拉伸图像

可拉伸图像是一个有趣的概念。可拉伸图像是可调整大小的图像，它知道如何智能地重新调整大小，以维持恰当的外观。对于这些按钮模板，我们不希望边缘也被均匀拉伸。端帽（end cap）是一个图像的一部分，以像素为单位进行度量，它就不应该被调整。我们希望边缘保存原样，而与按钮的大小无关，因此我们将左侧端帽的大小设置为12。

由于我们为按钮指定了新的可拉伸图像，而未使用图像模板，因此iOS知道如何正确绘制任意大小的按钮。现在，我们可以在nib文件中更改按钮的大小，它仍然会正确绘制它。如果我们在nib文件中直接指定了按钮图像，则它将均匀地调整整个图像，这样按钮在大部分尺寸下看起来会比较奇怪。

提示   我们应该如何确定端帽的值呢？非常简单：复制苹果公司的示例代码。

何不保存该文件，然后运行一下该应用呢？现在Do Something按钮应该看起来更有iPhone按钮的感觉了，而所有的功能还是相同的。

4.9   小结

本章内容比较多。我们并没有讲述太多新概念，而是着重介绍了许多控件的用法，以及各种实现的细节。你应该熟悉了输出口和操作的实际用法，并了解了如何利用视图的分层属性。你学习了控件状态和可拉伸图像，以及如何使用操作表和警报表。

这个小应用程序包含众多元素，因此可以尝试更改各属性的值，或者尝试添加和修改代码，看Interface Builder中的不同设置会有哪些不同效果。我们无法逐一介绍iOS中可用的每一个控件，但本章中的应用程序是了解每个控件的一个很好的起始点，涵盖了许多基础知识。

下一章将介绍用户在纵向模式和横向模式之间来回旋转iOS设备时会发生什么情况。你可能已经知道许多应用程序会根据用户握持设备的方式来更改其显示风格，而我们将介绍如何在你自己的应用程序中实现此功能。

第 5 章
自动旋转和自动调整大小

应该说，iPhone、iPad和其他iOS设备是工程设计历史上的奇迹。苹果公司的工程师竭尽所能在口袋大小的设备中实现了最丰富的功能。比如，支持在纵向模式（长而窄）或横向模式（短而宽）下使用应用程序，支持在旋转设备时更改应用程序的方向。这种行为称为**自动旋转**，iOS的Web浏览器Mobile Safari就是一个典型的例子（参见图5-1）。

图5-1　与许多iOS应用程序一样，Mobile Safari能够根据握持设备的方式来更改显示效果，以充分利用可用的屏幕空间

本章将详细介绍自动旋转，首先来看看它的复杂细节。然后讨论在应用中实现该功能的几种不同方法。

5.1　自动旋转机制

并非所有应用程序都支持自动旋转。苹果公司的一些iPhone应用程序仅支持单方向模式。例如，时钟信息只能在纵向模式下编辑。但iPad并非如此，苹果公司推荐iPad上的所有应用程序（有些设计成特殊外观的游戏可能例外）都应该支持所有的方向。

实际上，苹果公司自己的所有iPad应用程序在两个方向上都能很好地运行。其中许多应用程序使用不同的方向来显示不同的数据视图。例如，Mail和备忘录使用横向模式在左侧显示一组列表项（文件夹、消息或笔记），在右侧显示所选的项，而纵向模式使你能够将注意力集中在所选项的细节上。

对于iPhone应用，基本原则是，如果自动转屏能够增强用户体验，那么应该将它添加到应用中。而对于iPad应用，除非有不可抗拒的原因，否则都应该添加自动转屏功能。幸好，苹果公司在iOS和UIKit中出色地隐藏了自动旋转的复杂性，因此开发者在自己的iOS应用程序中实现这种行为实际上非常容易。

可以在视图控制器中指定自动旋转，如果用户旋转设备，活动视图控制器将被询问是否可以旋转到新的方向（本章稍后将介绍如何操作）。如果视图控制器认为应该旋转，则会旋转应用程序的窗口和视图，调整窗口和视图的大小以适应新的方向。

在iPhone和iPod touch上，对于在纵向模式下启动的视图，其宽度和高度分别为320像素和480像素，iPad上纵向模式视图的宽度和高度分别为768像素和1024像素。如果应用程序显示了状态栏，则屏幕上可供应用程序使用的空间将在垂直方向上减少20像素。状态栏位于屏幕顶部，其宽度为20像素（参见图5-1），用于显示信号强度、时间以及电池电量等信息。

将设备切换到横向模式时，视图和应用程序的窗口也会随之旋转，它们将调整大小以适应新的方向，也就是调整为480像素宽和320像素高（iPhone和iPod touch）或1024像素宽和768像素高（iPad）。与之前一样，如果显示了状态栏（大多数应用程序都会显示），实际可供应用程序使用的垂直空间将减少20像素。

5.1.1　点、像素和 Retina 显示屏

你可能想知道，为什么我们说的是"点"（point）而不是像素。在本书的早期版本中，我们实际上是用像素来代表屏幕大小的，而并不是"点"。这项更改的原因在于苹果引入了Retina显示屏。

Retina显示屏是苹果公司针对iPhone 4、iPhone 4S以及最新一代iPod touch的高分辨率屏幕的销售术语。将原本320像素×480像素的屏幕分辨率翻了一倍，达到了640像素×960像素。

幸好，大多数情况下，你不需要为此做任何工作。当我们操作屏幕上的界面元素时，使用点而非像素来指定其大小和距离。在早期的iPhone和iPad[①]上，点和像素是相等的，一个点等于一个像素。然而，在较新的iPhone和iPod touch上，一个点等于4个像素，而屏幕依然是320×480点，但实际的分辨率为640像素×960像素。可以将点视为"虚拟分辨率"（virtual resolution），iOS会自动将点映射为屏幕的物理像素。我们将在第16章中深入讨论。

在典型的应用程序中，在屏幕中调整像素的大部分实际工作都是由iOS负责的。而应用程序的主要工作是，确保所有的界面元素能够很好地匹配调整后的窗口，并且正确地显示出来。

---

① 最近苹果新发布的The new iPad也支持Retina显示屏。一代、二代分辨率为1024像素×768像素，The new iPad为2048像素×1536像素。——译者注

5.1.2 自动转屏方法

应用程序可以采用3种常用方法来管理旋转。具体使用哪种方法依界面的复杂度而定,本章稍后将介绍这3种方法。

对于较简单的界面,可以为界面中的所有对象指定合适的**自动调整**属性。在调整视图时,自动调整属性将通知iOS设备中的控件应该采用哪种行为方式。如果你曾经在Mac OS X上使用过Cocoa,那么应该熟悉这个基本过程,因为这也是用户在调整窗口时,指定其中包含的Cocoa控件的行为方式的过程。

自动调整既快速又简单,但并非所有应用程序都适用。较复杂的界面必须采用不同的方式来处理自动旋转。对于较复杂的视图,可以采用两种附加方法来处理自动旋转。

❑ 第一种方法是在看到视图旋转提示时,手动调整视图中的对象位置。

❑ 第二种方法是在Interface Builder中为视图设计两种不同版本,一种适用于纵向模式,而另一种适用于横向模式。

无论使用哪种方法,都需要覆盖视图控制器类的**UIViewController**中的方法。

让我们开始吧,准备好了吗?首先看一下自动调整。

5.2 使用自动调整属性处理旋转

我们将创建一个简单的应用来演示自动调整属性的使用。在Xcode中创建一个新项目,将其命名为Autosize。此应用程序选择iPhone作为目标设备,并使用ARC特性。在nib文件中设计GUI之前,需要告诉iOS该视图支持自动旋转。可以通过修改视图控制器类来实现这一点。

5.2.1 配置应用支持的方向

首先,我们需要指定应用程序所支持的屏幕方向。当工作窗口出现后,应该已经打开了项目设置。如果尚未打开,点击项目导航中的第一行(以项目名命名的那项),然后确保选中Summary标签。在summary提供的选项中,应该可以看到标为iPhone/iPod Deployment Info的部分,其中有一项为Supported Device Orientations(参见图5-2)。

图5-2 项目Summary标签中显示了所支持的设备方向

这就是指定应用程序所支持的方向的方法。这并非意味着应用中的每一个视图都以被选中的方向显示,但如果你想在任何一个视图中支持某个方向,都必须在这里选中该方向。

说明 图5-2所示的4个按钮实际上只是一种用以在应用的Info.plist文件中添加、删除相关项的便捷方式。如果单击项目导航中Supporting Files文件夹下的Autosize-Info.plist文件，你应该能看到一项名为UISupportedInterfaceOrientations或者Supported interface orientations的属性，其中包含三个子项，对应当前选择的三个方向。在summary中选择或是取消选择那些按钮，就是在该数组中添加、删除项。使用这些按钮更便捷，而且不容易犯错。所以我们强烈建议使用上述按钮，但我们认为你应该知道它们的作用。

你是否注意到，默认情况下Upside Down方向是不被选中的？这是因为，如果在iPhone倒置的时候接到来电，那么在接听电话时，手机仍然可能处于倒置状态。而iPad应用项目默认支持所有方向，因为在任何方向上都应该能够使用iPad。由于我们的项目是针对iPhone的，所以保留这些按钮的默认设置。

我们已经确定了应用将要支持的方向，但是我们所要做的并不止这些。我们还必须为每一个视图控制器指定它自己所支持的方向，而且还必须是这里所选方向的子集。

5.2.2 指定旋转支持

单击BIDViewController.m。如果查看该文件中已有的代码，你会看到模板已经提供了一个名为shouldAutorotateToInterfaceOrientation:的方法。

```
- (BOOL)shouldAutorotateToInterfaceOrientation:
                    (UIInterfaceOrientation)interfaceOrientation{

    // Return YES for supported orientations
    return (interfaceOrientation != UIInterfaceOrientationPortraitUpsideDown);
}
```

系统通过调用此方法询问视图控制器是否应该旋转到指定方向。系统共定义了4种方向，分别对应握持iOS设备的4种常见方式：

❑ UIInterfaceOrientationPortrait

❑ UIInterfaceOrientationPortraitUpsideDown

❑ UIInterfaceOrientationLandscapeLeft

❑ UIInterfaceOrientationLandscapeRight

对于iPhone，模板默认支持除第二个方向之外的其他三种方向。如果在这里创建了一个iPad项目，模板创建的shouldAutorotateToInterfaceOrientation:方法的默认版本将有所不同。在这种情况下，该方法将返回YES。

当iOS设备的方向改变时，系统将从视图控制器中调用此方法。interfaceOrientation参数将包含上述4个值之一，并且此方法需要返回YES或NO，以指示是否应该旋转应用程序的窗口以匹配新的方向。由于每个视图控制器子类实现此方法的方式各不相同，因此一个应用程序可能仅支持旋转一部分视图，而不支持旋转其他视图。或者一个视图控制器能够在某些特定的情况下支持某些方向。

代码感知

注意，iPhone中定义的系统常量采用以下命名方式：彼此相关的值都使用相同的字母开头。UIInterfaceOrientationPortrait、UIInterfaceOrientationPortraitUpsideDown、UIInterfaceOrientationLandscapeLeft和UIInterfaceOrientationLandscapeRight都以UIInterfaceOrientation开头的一个原因，是为了充分利用Xcode的**代码感知**（Code Sense）特性。

你可能注意到，在Xcode中输入代码时，Xcode经常会尝试自动完成要输入的字符串。这就是代码感知特性的一种实际应用。

开发人员不可能记住系统中定义的所有常量，但可以记住常用变量集的开头形式。当需要指定方向时，只需输入UIInterfaceOrientation（或者只是UIInterf），然后按下escape键便可显示所有匹配元素的列表（可以在Xcode的首选项中更改键设置）。可以使用箭头键来导航出现的列表，并按下tab或return键进行选择。这比在文档或头文件中查找值要快得多。

项目模板再一次预知了我们所需的功能，所以现在我们可以不用更改这段代码。但是也可以随意修改该方法，为不同的方向返回YES或者NO。

说明 iOS实际上有两个不同类型的方向。这里讨论的是**界面方向**（interface orientation）。另一个独立但相关的概念是**设备方向**（device orientation）。设备方向指明设备当前是如何被持握的。而界面方向则是指屏幕上元素的旋转方向。如果你将一个标准的iPhone应用程序倒置，那么设备方向就是倒置的，但是界面方向将是其他三种方向之一，因为iPhone应用默认不支持倒置。

5.2.3 使用自动调整属性设计界面

在Xcode中，单击BIDViewController.xib，在Interface Builder中打开该文件。使用自动调整属性的一个好处在于，它们需要的代码极少。我们必须指定要支持的方向，但是实现此技术所需的其他所有工作将在Interface Builder中完成。

要了解如何指定方向，从库中拖出6个Round Rect Button，并将它们放置到视图上，摆放位置如图5-3所示。双击各按钮并分别为它们指定一个标题，以便于区分。将左上角的按钮命名为UL，右上角的为UR，中间靠左的为L，中间靠右的为R，左下角的为LL，右下角的为LR。

现在看一下发生了什么，我们指定了支持的方向，但是还没有设置任何自动调整属性。构建并运行应用程序。当iPhone模拟器出现之后，从Hardware菜单中选择Rotate Left，这会模拟将iPhone切换到横向模式的情况，参见图5-4。

在默认情况下，大部分控件都会设置为保持其与屏幕左侧和上侧的相对位置。也有例外，但通常都是这样。这种设置适合于某些控件。例如，左上角的按钮（UL）可能就处在我们想要的位置，但是其他按钮却不是这样。

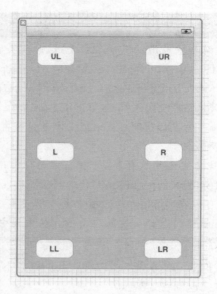

图5-3   将6个带有文本标签的按钮添加到界面

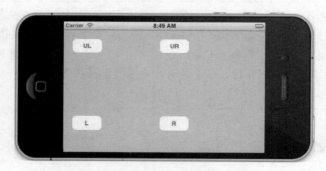

图5-4   显示效果不太理想，按钮LL和按钮LR在哪儿呢

退出模拟器，并返回到Interface Builder。让我们调整GUI，让它适合屏幕尺寸。

5.2.4   大小检查器的自动调整属性

单击视图左上方的按钮，然后按⌘5调出大小检查器，其外观与图5-5类似。

大小检查器用于设置对象的**自动调整属性**。图5-6显示了大小检查器中控制对象的自动调整属性的部分。图5-6中左侧的框就是实际设置属性的地方，右侧的框是一个小动画，显示对象在调整大小时的行为方式。只有当光标在动画区域移动时，才会播放动画。在左侧的框中，内部的正方形表示当前的对象。如果选定了某个按钮，则内部的正方形代表该按钮。

内部正方形中的红色箭头表示选定对象内部的水平和垂直空间。单击任意箭头都可将其由实线变为虚线或由虚线变为实线。如果水平箭头是实线，则可在调整窗口大小时自由更改对象的宽度；如果水平箭头是虚线，则iOS会尽可能将对象的宽度保持为原始值。对象的高度和垂直箭头的关系也是如此。

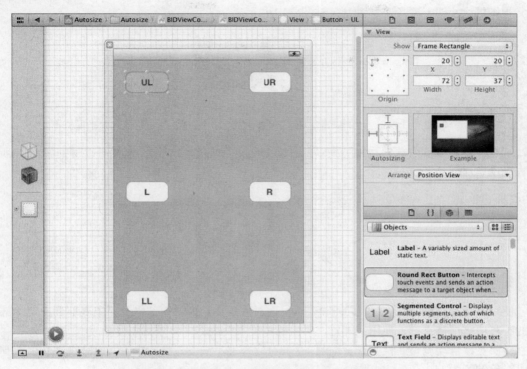

图5-5　大小检查器用于设置对象的自动调整属性

图5-6　大小检查器的自动调整部分

内部正方形四周的4个红色"I"形表示选定对象的边与包含它的视图的同侧边之间的距离。如果"I"是虚线，那么距离就是灵活可变的；如果"I"是红色实线，则间距的值应尽可能保持不变。

如果实际操作一下，你应该更容易理解。参见图5-6，其中显示了默认的自动调整设置。这些默认设置指定当调整包含对象的视图大小时，对象的大小将保持不变，对象的左边和顶边与视图的对应边之间的距离也保持不变。把光标移到自动调整控件旁边的动画，就会看到对象在调整大小期间的行为方式。注意，当父视图大小发生更改时，内部框相对于父视图左边和顶边的位置保持不变。

你可以自动动手实验一下，选中UL按钮，单击两个红色的实线"I"形（内部框的上方和左侧），使其变为虚线，如图5-7所示。将所有线都设置为虚线之后，对象的大小将保持不变，当调整父视图的大小时，对象将移动到父视图的中央。

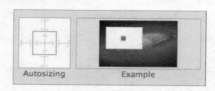

图5-7   将所有线设置为虚线之后，控件将移动到父视图的中央，并且其大小保持不变

现在，单击方框内部的垂直箭头以及方框上侧和下侧的"I"形，这样可以得到如图5-8所示的自动调整属性。

图5-8   此配置支持更改对象的垂直高度

使用此配置，可以更改对象的垂直高度，而对象顶部到窗口顶部以及对象底部到窗口底部之间的距离应该保持不变。使用此配置，对象的宽度不会改变，但是其高度会改变。

多次更改自动调整属性并查看动画，这样可以理解不同设置如何影响在旋转视图和更改其大小时对象的行为方式。

5.2.5   设置按钮的自动调整属性

现在，设置6个按钮的自动调整属性。继续前进，看看能否正确设置这些属性。如果不能进行正确设置，可以看一下图5-9，其中显示了在旋转电话时使每个按钮都出现在屏幕上所需的自动调整属性。

按照图5-9设置属性之后，保存nib文件，然后构建和运行应用程序。现在，当iPhone模拟器出现时，应该能够从Hardware菜单中选择Rotate Left或Rotate Right，而且所有按钮都会在屏幕上显示出来（参见图5-10）。如果将电话旋转回原来的方向，这些按钮应该返回到原来的位置。这种技术适用于许多应用程序。

在此示例中，所有按钮的大小都是相同的，因此它们都可见且可以使用，但是屏幕上还存在大量未使用的空白空间。如果支持更改按钮的宽度或高度会更好一些，这样可以减少界面上的空白空间。可以自由调整这6个按钮的自动调整属性，并根据需要添加其他按钮。多次实践之后，你就会适应自动调整属性的工作方式。

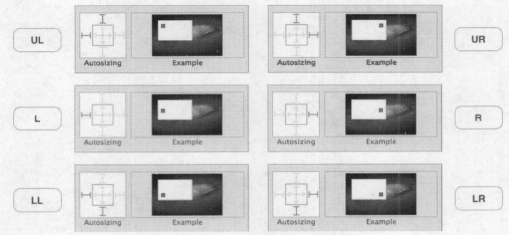
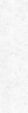

图5-9　6个按钮的自动调整属性

图5-10　按钮在旋转屏幕之后的新位置

　　在实践过程中，你一定会注意到，有时候没有哪种自动调整属性组合能够完全满足需要。有时候，可能需要彻底改变界面的布局。对于这些情形，需要编写更多代码。让我们看一下这类情形。

5.3　在旋转时重构视图

　　返回nib文件，单击各按钮，并使用大小检查器将Width和Height字段更改为125，这会将按钮的宽度和高度分别设置为125点。如果你喜欢，还可以同时选中6个按钮，使用大小检查器，对它们同时进行修改。完成之后，使用蓝色引导线重新排列按钮，使视图与图5-11类似。

　　现在，让我们看一下旋转屏幕时会发生什么。如果将按钮的自动调整属性设置回图5-9中所示的设置，那么将产生的结果很可能不是我们想要的。按钮将会彼此重叠，如图5-12所示，因为在横向模式下，屏幕上没有足够的高度来容纳3个高度为125点的按钮。

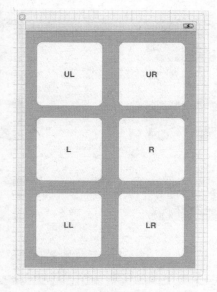

图5-11   调整所有按钮之后的视图

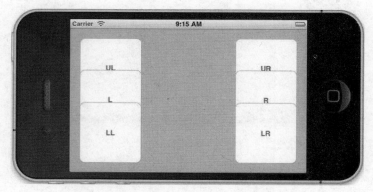

图5-12   得到的结果不理想，重叠得太多，需要另想办法

我们可以使用自动调整属性来解决此问题，即允许更改按钮的高度。但是这样不能充分利用屏幕空间，因为屏幕中间存在很大的空白空间。如果界面处于纵向模式时，屏幕能容纳6个正方形按钮，那么在横向模式下也应该能容纳6个正方形按钮，我们只需将这些按钮稍稍移动一下。一种方法是指定每个按钮在旋转视图之后的新位置。

5.3.1   创建和连接输出口

编辑BIDViewController.xib，并且打开辅助编辑器（正如上一章中所做的）。除了GUI布局区域之外，确保还打开了BIDViewController.h，然后按下control，分别从上述6个按钮拖向右边的头文件以创建6个输出口，将它们分别命名为buttonUL、buttonUR、buttonL、buttonR、buttonLL和buttonLR。确保每个新的输出口都被指定为weak。

完成6个按钮与新输出口的关联之后，保存nib文件。现在头文件应如下所示：

```
# import <UIKit/UIKit.h>

@interface BIDViewController : UIViewController
@property (weak, nonatomic) IBOutlet UIButton *buttonUL;
@property (weak, nonatomic) IBOutlet UIButton *buttonUR;
@property (weak, nonatomic) IBOutlet UIButton *buttonL;
@property (weak, nonatomic) IBOutlet UIButton *buttonR;
@property (weak, nonatomic) IBOutlet UIButton *buttonLL;
@property (weak, nonatomic) IBOutlet UIButton *buttonLR;

@end
```

5.3.2　在旋转时移动按钮

要移动按钮以便充分利用空间，需要覆盖BIDViewController.m中的willAnimateRotation-ToInterfaceOrientation:duration:。此方法将在旋转开始之后，最后的旋转动画发生之前自动调用。

在BIDViewController.m底部，@end之前添加以下方法：

```
- (void)willAnimateRotationToInterfaceOrientation:(UIInterfaceOrientation)
                    interfaceOrientation duration:(NSTimeInterval)duration {

    if (UIInterfaceOrientationIsPortrait(interfaceOrientation)) {
        buttonUL.frame = CGRectMake(20, 20, 125, 125);
        buttonUR.frame = CGRectMake(175, 20, 125, 125);
        buttonL.frame = CGRectMake(20, 168, 125, 125);
        buttonR.frame = CGRectMake(175, 168, 125, 125);
        buttonLL.frame = CGRectMake(20, 315, 125, 125);
        buttonLR.frame = CGRectMake(175, 315, 125, 125);
    } else {
        buttonUL.frame = CGRectMake(20, 20, 125, 125);
        buttonUR.frame = CGRectMake(20, 155, 125, 125);
        buttonL.frame = CGRectMake(177, 20, 125, 125);
        buttonR.frame = CGRectMake(177, 155, 125, 125);
        buttonLL.frame = CGRectMake(328, 20, 125, 125);
        buttonLR.frame = CGRectMake(328, 155, 125, 125);
    }
}
```

所有视图（包括按钮等控件）的大小和位置都在frame属性中指定，该属性是一个类型为CGRect的结构。CGRectMake是苹果公司提供的一个函数，支持通过指定x和y的位置以及width和height来轻松创建CGRect。

保存代码。现在构建并运行代码，以查看其实际效果。尝试旋转电话，观察按钮如何移动到它们的新位置。

5.4   切换视图

将控件移动到不同位置（就像上一节所做的）是一个非常乏味的过程，特别是对于复杂的界面。那么能否分别设计横向模式和纵向模式视图，然后在旋转电话时在它们之间进行切换呢？

当然，我们可以这么做。但是这种方式比较复杂，你只会在最复杂的界面上使用它。

当两个视图中的控件可以触发同一个操作时，我们必须认清以下事实：多个输出口将指向执行相同功能的对象。例如，如果我们将一个按钮命名为foo，我们实际上将拥有该按钮的两个副本（一个是在横向布局中，还有一个在纵向布局中），对其中任意一个按钮所做的修改必须也应用在另一个按钮上。因此，如果我们希望禁用或者隐藏该按钮，那么我们就必须禁用或隐藏两个foo按钮。

可以通过使用多个输出口来处理该问题，例如，创建两个输出口fooPortrait和fooLandscape，分别指向与其对应的按钮。事实上，以前版本正是这么做的。而现在有了更好的方法，iOS有一个新功能，称为**输出口集合**（outlet collection），使用该功能可以编写较简洁、较易管理的代码。输出口集合与输出口除了有一处不同之外，其他方面都是完全相同的。一个输出口只能指向一个元素，而一个输出口集合实际上是一个数组，它可以指向任意数量的对象。从而我们就能够拥有一个属性来指向同一个按钮的两个版本。

为了演示其工作原理，我们将构建一个横向与纵向为不同视图的应用程序。虽然将在此应用程序中生成的界面不够复杂，不足以充分施展我们所使用的技术。但是，我们希望确保流程清晰，因此，我们将使用一个非常简单的界面。

在Xcode中，使用基于视图的应用程序模板创建一个新项目（下一章将使用其他模板），将此项目命名为Swap。当编写的这个应用程序启动时，它将处于纵向模式。应用程序中包含两个垂直排列的按钮（参见图5-13）。

图5-13   启动时的Swap应用程序，这是纵向模式，有两个按钮

当旋转电话时，我们将切换到在横向模式下显示的完全不同的视图。该视图同样包含两个按钮，它们的标签与纵向模式下完全相同（参见图5-14），因此用户不会发现他们看到的是两个不同的视图。

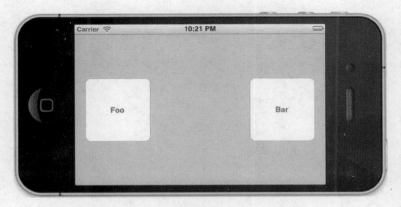

图5-14　这是横向模式，两种视图相似，但不同，两个按钮也不同

按下一个按钮，它将显示一个警报指出哪一个按钮被按下了。但是我们不再像第3章所做的那样从sender参数获取按钮的名字。而是使用输出口集合来判断被按下的按钮。

5.4.1　设计两个视图

我们需要在nib文件中添加两个视图。可以将Xcode创建的那个已存在的视图作为其中之一，而我们还需要添加第二个视图。最简单的方法是复制已有视图，然后对其做必要的修改。

选择BIDViewController.xib以便在Interface Builder中编辑该文件。在nib编辑器dock中应该有三个图标。最下面的图标代表了Xcode为我们创建的视图。在键盘上按下option键，然后点击该图标并将它向下拖动。当图标上出现一个绿色加号时，就表示已经移动了足够的距离，能够为该视图创建一个副本了。放开鼠标即可复制该视图。

单击新添加的视图，然后按下⌥⌘4打开属性检查器，在顶部的Simulated Metrics中找到Orientation弹出菜单，将其值从Portrait改为Landscape。

我们需要在代码中访问这两个视图，以便能够在它们之间进行切换，所以我们需要一对输出口。确保打开了辅助编辑器，并且显示了BIDViewController.h。按下Control，从纵向视图拖向BIDViewController.h，当出现提示后，创建一个名为portrait的输出口。确保在Storage弹出菜单中指定了Strong。为横向视图重复以上步骤，创建一个名为landscape的输出口。

下一步是拖入按钮。进入对象库，从中拖出一对Rounded Rect Button，分别放入每一个视图中（参见图5-15）。分别点击每个按钮，使用大小检查器（View → Utilities → Size）将其Width和Height属性改为125。将每个按钮都居中放置，并将其拖至靠近视图边缘的蓝色引导线处。分别双击每一个按钮，将其标签改为Foo或Bar（可以参考图5-15）。

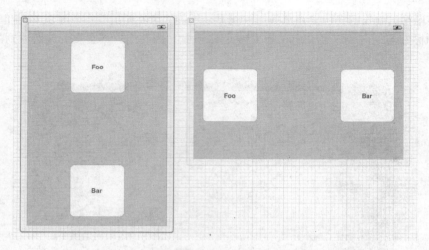

图5-15　分别向两个视图拖入按钮,并将其标签改为Foo和Bar

　　现在来创建和关联按钮的输出口。再一次确保打开了辅助编辑器并且显示了BIDViewController.h。按下control从横向视图的Foo按钮拖向右边的头文件。出现提示后,将Connection弹出菜单的值从Outlet改为Outlet Collection,并将它命名为foos。接着,从纵向视图的Foo按钮拖动至已存在的foos输出口集合,与之关联。重申一下,第一次按下control从横向视图中的Foo按钮拖向头文件是为了创建输出口集合,而之后拖动另一个视图的Foo按钮则是将它关联至同一个输出口集合。

　　对Bar按钮重复以上步骤。按下control键将其中一个拖向头文件以创建一个新的输出口集合,将其命名为bars,然后按下control键将另一个Bar按钮拖向该输出口集合,从而将它关联至同一个输出口集合。

　　最后,我们需要创建一个操作方法,并且将4个按钮都与它关联起来。按下control键从横向视图的Foo按钮拖向BIDViewController.h,出现提示后,将关联类型从Outlet改为Action。将该操作命名为buttonTapped:。然后将其他三个按钮都关联至该操作,完成后保存nib文件。

5.4.2　实现交换

　　单击BIDViewController.m以打开该视图控制器的实现文件以供编辑。首先在文件顶部添加如下C宏:

```
#define degreesToRadians(x) (M_PI * (x) / 180.0)
```

　　该宏只是用于在角度和弧度之间转换,我们将在代码中使用弧度来处理视图旋转切换。稍向下滚动,在最后一个@sythesize之后添加如下方法。该方法看起来有点可怕,但是不用担心,输入完成后我们将解释其原理。

```
- (void)willAnimateRotationToInterfaceOrientation:(UIInterfaceOrientation)
interfaceOrientation duration:(NSTimeInterval)duration {
```

```
        if (interfaceOrientation == UIInterfaceOrientationPortrait) {
            self.view = self.portrait;
            self.view.transform = CGAffineTransformIdentity;
            self.view.transform =
            CGAffineTransformMakeRotation(degreesToRadians(0));
            self.view.bounds = CGRectMake(0.0, 0.0, 320.0, 460.0);
        }
        else if (interfaceOrientation == UIInterfaceOrientationLandscapeLeft) {
            self.view = self.landscape;
            self.view.transform = CGAffineTransformIdentity;
            self.view.transform =
            CGAffineTransformMakeRotation(degreesToRadians(-90));
            self.view.bounds = CGRectMake(0.0, 0.0, 480.0, 300.0);
        }
        else if (interfaceOrientation ==
                UIInterfaceOrientationLandscapeRight) {
            self.view = self.landscape;
            self.view.transform = CGAffineTransformIdentity;
            self.view.transform =
            CGAffineTransformMakeRotation(degreesToRadians(90));
            self.view.bounds = CGRectMake(0.0, 0.0, 480.0, 300.0);
        }
    }
```

willAnimateRotationToInterfaceOrientation:duration:方法来自我们重写的一个超类,这个方法在旋转开始之后、旋转实际发生之前被调用。我们在此方法中采用的操作将是旋转动画的一部分。

在此方法中,我们看一下旋转的目标方向,并根据新方向将view属性设置为landscape或portrait。然后调用CGAffineTransformMakeRotation(Core Graphics框架的一部分)来创建一个**旋转变换**。

变换是对对象大小、位置或角度的更改的数学描述。一般情况下,iOS在旋转设备时自动设置变换值。但只有视图处于视图层次结构中时,iOS才会才样做,也就是说只有已经显示出来的视图才能自动更新变换值。

但是在这里,当切换到新视图时,我们必须确保为其提供了正确的值,以不至于使操作系统混淆。这就是willAnimateRotationToInterfaceOrientation:duration:方法在每次设置视图的transform属性时所做的工作。旋转视图之后,调整其框架,使其与处于当前方向的窗口完美结合。

接下来是button Tapped:方法,Xcode已经创建了该方法的基本实现,只需向已有方法中添加如下粗体代码即可:

```
- (IBAction)buttonTapped:(id)sender {
    NSString *message = nil;

    if ([self.foos containsObject:sender])
        message = @"Foo button pressed";
    else
        message = @"Bar button pressed";

    UIAlertView *alert = [[UIAlertView alloc] initWithTitle:message
                                            message:nil
```

```
                                           delegate:nil
                                   cancelButtonTitle:@"Ok"
                                   otherButtonTitles:nil];
    [alert show];
}
```

这段代码并无奇特之处，我们所创建的指向这些按钮的输出口集合是标准的NSArray对象。要确定sender是否为Foo按钮之一，只需检查foos是否包含它。如果foos中不包含它，那么它一定是Bar按钮。

现在，编译并运行该应用。

5.4.3   修改输出口集合

这个视图切换应用显然是个非常简单的例子。在更复杂的用户界面中，你可能需要对用户界面元素进行更改。这种情况下，确保对纵向和横向版本都做了相同的更改。

我们来看看这是如何实现的。我们要修改buttonTapped:方法以实现如下功能：当一个按钮被按下时，它就会消失。不能只用sender参数来实现，因为我们也需要隐藏另一个方向上与之对应的按钮。

将buttonTapped:中的已有实现替换为如下代码：

```
- (IBAction)buttonTapped:(id)sender {
    if ([self.foos containsObject:sender]) {
        for (UIButton *oneFoo in foos) {
            oneFoo.hidden = YES;
        }
    }
    else {
        for (UIButton *oneBar in bars) {
            oneBar.hidden = YES;
        }
    }
}
```

再次构建并运行该应用，并且测试该应用。按下其中一个按钮，然后旋转到另一个方向。如果按下了Foo按钮，那么不管在横向还是纵向方向上，都应该看不到这个Foo按钮。这是因为我们遍历了输出口集合中的元素，并将它们全部隐藏了起来。

说明   如果不慎点了两个按钮，那么要让它们重新显示出来的唯一方法是退出模拟器，重新运行该应用。不要在自己的应用中出现这种问题。

5.5   小结

本章介绍了在应用程序中支持自动旋转的3种完全不同的方法，还有自动调整属性以及如何编写代码在旋转iOS设备时重构视图。我们探讨了在旋转设备时如何在两个完全不同的视图之间切换。

　　本章首次尝试在一个应用程序中使用多个视图，在同一个nib文件中的两个视图之间进行切换。下一章将介绍真实的多视图应用程序。

　　目前为止，我们编写的每个应用程序都仅使用了一个视图控制器，并且除最后一个应用程序以外，所有应用程序都仅使用了一个内容视图。然而，许多复杂的iOS应用程序（如Mail和通讯录）必须使用多个视图和视图控制器才能实现，我们将在第6章介绍如何使用多个视图和视图控制器。

5

第 6 章

多视图应用程序

目前为止，我们编写的应用程序都只有一个视图控制器。尽管使用一个视图可以实现许多功能，但是iOS平台的真正强大之处在于可以根据用户输入切换视图。多视图应用程序具有各种不同的风格，但是它们的底层机制都是相同的，无论它们在屏幕上的显示方式如何。

本章将重点介绍多视图应用程序的结构和切换内容视图的基本知识，从头开发一个多视图应用程序。我们将编写自定义控制器类来在两个不同的内容视图之间切换，这将使你能够充分利用苹果公司所提供的各种多视图控制器。

但在开始开发应用程序之前，让我们看看多视图应用程序有哪些用途。

6.1　多视图应用程序的常见类型

严格来讲，我们在之前的应用程序中处理过多个视图，因为按钮、标签和其他控件都是UIView的子类，都是视图层次结构的一部分。但是当苹果公司在文档中使用术语"视图"时，它通常指的是具有相应类控制器的UIView或其子类。这些视图类型有时也被称为**内容视图**，因为它们是应用程序内容的主要容器。

utility（工具）是最简单的多视图应用程序，它主要使用一个视图，还提供了一个视图用于配置应用程序或提供除主视图之外的更多信息。iPhone附带的Stocks应用程序就是一个很好的例子（参见图6-1）。单击右下角的i小图标可以弹出第二个视图，用于配置应用程序所跟踪的股票列表。

iPhone还随带了几个标签栏应用程序，如Phone（电话）应用程序（参见图6-2）和Clock（时钟）应用程序。标签栏应用程序是一种多视图应用程序，它在屏幕底部显示了一行按钮（**标签栏**）。单击某个按钮就会激活一个新的视图控制器，并显示一个新视图。例如，在Phone应用程序中，单击Contacts（通讯录）时显示的视图与单击Keypad（拨号键盘）时显示的视图不同。

另一个常见的多视图iPhone应用程序类型是基于导航的应用程序，这类应用程序使用**导航栏**控制一系列分层的视图。Settings（设置）应用程序就是一个很好的例子。在Settings中，第一个视图是一系列行，每行对应一些设置或某个应用程序。触摸某行，将会进入一个新的视图，你可以更改某些设置。有些视图表示一个列表，允许你进入更深的层次。导航控制器跟踪你的深度，并且你可以通过按钮回到之前的视图。

图6-1　iPhone随带的Stocks应用程序包含两个视图，一个用于显示数据，另一个用于配置股票列表

图6-2　电话应用程序是使用标签栏的多视图应用程序的例子

例如，如果选择Sounds首选项，将显示一个视图，其中包含一组与声音相关的选项。在该视图的顶部是一个导航栏，其中包含一个向左箭头，点击它可返回到上一个视图。声音选项中包含一个标为Ringtone的行。单击Ringtone将调出一个新视图（参见图6-3），其中包含一组铃声和一个导航栏，导航栏可用于返回到Sounds首选项主视图。在希望显示视图层次结构时，使用基于导航的应用程序非常有用。

图6-3   iPhone Settings应用程序是使用导航栏的多视图应用程序的例子

在iPad上，大部分基于导航的应用程序（比如Mail）都是使用**分割视图**（Split View）实现的，其中导航元素显示在屏幕左侧，选择查看或编辑的项显示在右侧。第10章将更详细地介绍分割视图和其他特定于iPad的GUI元素。

由于视图在本质上是分层的，因此甚至可以在一个应用程序中结合使用不同的视图交换机制。例如，iPhone的iPod应用程序使用标签栏来切换组织音乐的不同方法，使用导航控制器和相关的导航栏来支持基于所选方法浏览音乐。如图6-4所示，标签栏和导航栏分别位于屏幕的底部和顶部。

一些应用程序使用了一个**工具栏**，人们通常会将它与标签栏混淆。标签栏用于从两个或更多选项中选择一个且只能选择一个选项。工具栏可以拥有按钮和其他一些控件，但这些项不会相互排斥。工具栏的一个完美的例子就是Safari主视图的底部（参见图6-5）。如果将Safari视图底部的工具栏与iPhone或iPod[①]应用程序底部的标签栏相比较，将会发现它们很容易区分。标签栏划分为几个明确定义的部分，而工具栏通常没有划分。

———————

① 从iOS 5开始，iPod英文名改成了Music。中文翻译为"音乐"。——编者注

图6-4　iPod应用程序同时使用了导航栏和标签栏　　图6-5　移动版 Safari底部有一个工具栏，其中可以
包含各种控件，它形式自由

6

所有这些多视图应用程序都使用UIKit提供的特定控制器类。标签栏界面是使用UITabBarCon-troller类来实现的，而导航界面是使用UINavigationController实现的。

6.2　多视图应用程序的体系结构

本章将构建的View Switcher应用程序在外观上非常简单，但是从将要编写的代码上讲，它是目前为止我们碰到的最复杂的应用程序。View Switcher由3个不同的控制器、3个nib文件和1个应用程序委托组成。

在首次启动时，View Switcher将与图6-6类似，屏幕底部包含一个工具栏，工具栏中仅包含一个按钮。视图的其余部分包括一个蓝色的背景和一个等待按下的按钮。

当按下Switch Views按钮时，背景将会变为黄色，按钮的名称将会更改（参见图6-7）。

无论按下Press Me还是Press Me, Too按钮，都会弹出一个警告，指示按下了哪个视图的按钮（参见图6-8）。

尽管可以编写一个单视图应用程序来实现相同的功能，但我们采用这种比较复杂的方法来演示多视图应用程序的机制。在这个简单的应用程序中，实际上有3个视图控制器在交互，1个控制器控制蓝色视图，一个控制黄色视图，而第三个特殊的控制器用于在按下Switch Views按钮时在这两个视图之间切换。

在开始构建应用程序之前，我们先来了解一下iPhone多视图应用程序的组成方式。几乎所有多视图应用程序都使用相同的基本模式。

图6-6　启动应用程序后会看到　　图6-7　按下Switch Views按钮之　　图6-8　按下Press Me按钮或者
　　　　视图，包含一个按钮和　　　　　后，蓝色视图会翻转过　　　　　Press Me，Too按钮将
　　　　一个带按钮的工具栏　　　　　　来，显示黄色视图　　　　　　会显示一个警告

6.2.1　根控制器

在这里，nib文件扮演着重要角色。创建View Switcher项目之后，你可以在项目窗口的Resources[①]文件夹中找到MainWindow.xib文件。在该文件中，除了应用程序委托和应用程序的主窗口之外，还有File's Owner和First Responder图标。我们将添加一个控制器类实例，它负责管理当前向用户显示哪个视图。我们将这个控制器称为**根控制器**，因为它是用户看到的第一个控制器，也是应用程序加载时所加载的控制器。这个根控制器通常是一个UINavigationController或UITabBarController实例，但也可以是UIViewController的自定义子类。

在多视图应用程序中，根控制器的任务是获取两个或更多其他视图，并根据用户输入向用户提供适当的视图。例如，标签栏控制器会根据最后单击的标签栏项，在不同的视图和视图控制器之间进行切换。当用户在层级中前进或返回时，导航控制器也能起到同样的作用。

说明　根控制器是应用程序的主要视图控制器，也是指定是否应该自动旋转到新方向的视图。
　　　　　但根控制器可以将这类任务转交给当前活动的控制器。

在多视图应用程序中，大部分屏幕都由一个内容视图组成，而每个内容视图都有自己的控制器以及输出口和操作。例如，在标签栏应用程序中，触摸标签栏将会转到标签栏控制器中，但是触摸屏幕上其他任何位置都将会转到与当前显示的内容视图相对应的控制器中。

---

①　最新Xcode使用项目名称代替resources。——译者注

6.2.2 内容视图剖析

在多视图应用程序中，每个视图控制器都控制一个内容视图，应用程序的用户界面就是在这些内容视图中构建的。每个内容视图通常至多由3个部分组成：视图控制器、nib文件以及一个可选的UIView子类。除非所做的工作非常特殊，否则内容视图将始终具有一个相关联的视图控制器，通常具有一个nib文件，有时还会有一个UIView子类。尽管可以不使用nib文件，而在代码中创建界面，但很少有人选择这种方法，因为这种方法更加耗时且难以维护。本章仅将为每个内容视图创建一个nib和一个控制器类。

在View Switcher项目中，根控制器控制一个内容视图，这个内容视图包含一个位于屏幕底部的工具栏。根控制器然后加载一个蓝色的视图控制器，将蓝色内容视图加载为根控制器视图的子视图。当按下根控制器的切换视图按钮（Switch Views，该按钮位于工具栏中）时，根控制器切换出蓝色视图控制器并加载一个黄色视图控制器，然后实例化黄色视图控制器（如果需要）。被弄糊涂了？别担心，当你查看代码时就会明白了。

6.3 构建 View Switcher

理论已经足够了。现在开始着手构建项目。选择File → New → New Project...或者按下⇧⌘N。当模板选择表单打开后，选择Empty Application（参见图6-9），然后点击Next按钮。在向导的下一页，在Product Name中键入View Switcher，将Class Prefix保留为BID，然后将Device Family弹出按钮设为iPhone。另外确保不要选中Use Core Data和Include Unit Tests复选框，但是要选中Use Automatic Reference Counting复选框。然后点击Next按钮继续。在下一个页面中，导航至硬盘上保存该项目的位置，最后点击Create按钮，创建一个新的项目目录。

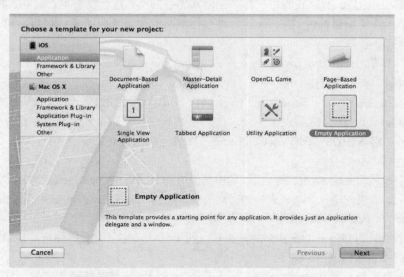

图6-9   使用Empty Application项目模板创建新项目

刚才选择的模板实际上比我们以前使用的模板更加简单。这个模板仅提供一个窗口和一个应用程序委托，没有视图，没有控制器。

说明　窗口是iOS中最基本的容器。每个应用程序仅拥有一个属于它的窗口，但一次可以在屏幕上看到多个窗口。例如，如果你的应用程序在运行时收到了一条SMS消息，你将看到该SMS消息在自己的窗口中显示。你的应用程序无法访问这个覆盖的窗口。它属于SMS应用程序。

在创建应用程序时，你不会很频繁地使用Empty Application模板，通过从头开始创建，你会真正体会多视图应用程序是如何组装在一起的。

展开项目导航中的View Switcher文件夹及其中的Supporting Files文件夹，看一下其中包含哪些内容。在View Switcher文件夹中，你会看到实现应用程序委托的两个文件。在Supporting Files文件夹中，可以看到View_Switcher-Info.plist文件和InfoPlist. strings 文件（其中包含本地化的Info. Plist文件），以及标准的main. m文件和预编译的头文件（View Switcher-Prefix. pch）。应用程序所需的所有其他内容都需要自己创建。

6.3.1　创建视图控制器和nib文件

对于从头创建多视图应用程序，一个麻烦之处就是必须创建若干个互相连接的对象。我们将创建组成应用程序的所有文件，然后才在Interface Builder中进行操作以及编写代码。首先创建所有文件，我们可以使用Xcode的代码感知功能更快地编写代码。如果某个类未声明，代码感知功能将无法知道该类的信息，所以我们每次都必须键入完整的类，这会花费更长时间，并且容易出错。

幸运的是，除了项目模板，Xcode还为许多标准文件类型提供了文件模板，这使得创建应用程序的基本框架非常简单。

单击项目导航中的View Switcher文件夹，然后按下⌘N或从File菜单中选择New→New File...。打开的窗口如图6-10所示。

从左侧窗格选择Cocoa Touch，可以看到大量用于常用的Cocoa Touch类的模板。选择UIViewController subclass，然后点击Next。在向导的下一页将看到一个文本字段，可以在其中输入新类的名字。键入BIDSwitchViewController，然后将注意力转向其他3个选项，它们用于配置该子类。

- 第一个是名为Subclass of的组合框，其中的值可能是UIViewController和UITableViewController。例如，如果想创建一个基于表格的布局，就可以将它改为UITableViewController。在本例中，需要设为UIViewController。
- 第二个是名为Targeted for iPad的复选框。如果默认选中了它，那你现在应该把它取消（因为我们并非构建iPad GUI）。
- 第三个复选框标有With XIB for user interface。如果该复选框处于被选中状态，则单击它以取消选择。如果选择该选项，Xcode还将创建一个与此控制器类相关联的nib文件。我们将在下一章开始使用该选项，但是现在我们只想展示一下如何单独创建应用程序的各个部分并将它们组合在一起。

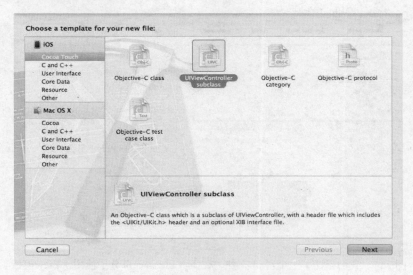

图6-10　用于创建新的视图控制器类的模板

点击Next，此时将出现一个窗口，让你选择保存该文件的特定目录，并为该文件选择一个组和目标。默认情况下，该窗口将会显示与你在项目导航中所选择的文件夹最相关的目录。考虑到一致性，应该将这个新类保存在View Switcher文件夹下，该文件夹是创建项目时Xcode所创建的。其中应该已经包含了**BIDAppDelegate**类。Xcode在该文件夹下放置了所有作为项目一部分所创建的Objective-C类，要存放你自己的类，该文件夹也是一个理想的位置。

在窗口的下半部分，可以找到Group弹出列表，你可以将该新文件添加至View Switcher组中。最后，在按下Save按钮前，确保在Targets列表中选择了View Switcher目标。

Xcode应该将两个文件（BIDSwitchViewController.h和BIDSwitchViewController.m）添加到View Switcher 文件夹。BIDSwitchViewController将是根控制器——切换其他视图的控制器。现在我们需要为将要切换的两个内容视图创建控制器。重复相同步骤两次，创建BIDBlueViewController.m、BIDYellowViewController.m和它们对应的.h文件，将它们添加到ViewSwitcher组中并且也保存在项目文件夹中的View Switcher文件夹中。

警告　请确保检查了拼写，因为这里的录入错误将创建与本章后面的源代码不匹配的类。

我们的下一步是为刚刚创建的两个内容视图创建一个nib文件。单击项目导航中的View Switcher文件夹，然后再次按下⌘N或选择File→New→New File...。这一次，选择左侧窗格中iOS

标题下的User Interface（参见图6-11）。接下来，选择View模板的图标，这将创建一个nib文件，其中包含一个内容视图。然后从Device Family弹出窗口中选择iPhone，并单击Next按钮。

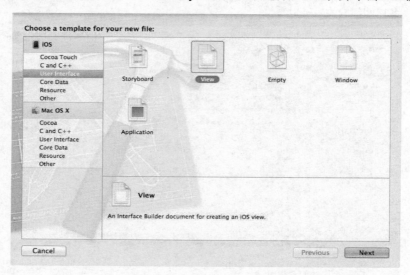

图6-11   我们创建了一个新nib文件，在User Interface部分中使用了View模板

当提示输入文件名时，键入SwitchView.xib。正如之前所做的，你应该选择View Switcher文件夹作为保存位置。选中View Switcher，确保在Group弹出菜单中选择了View Switcher，而且也选择了View Switcher目标，然后点击Save。当项目导航的View Switcher组中出现了SwitchView.xib文件时，就表示创建成功了。

现在重复以上步骤，再创建两个nib文件：BlueView.xib和YellowView.xib。完成之后，就拥有了所需的所有文件。现在是时候将所有部分衔接起来了。

6.3.2   修改应用程序委托

多视图直通车的第一站是应用程序委托。单击项目导航中的BIDAppDelegate.h文件（确保它是应用程序委托而不是SwitchViewController.h），并对文件进行以下更改：

```
#import <UIKit/UIKit.h>
@class BIDSwitchViewController;
@interface BIDAppDelegate : UIResponder<UIApplicationDelegate>

@property (strong, nonatomic) UIWindow *window;
@property (strong, nonatomic) BIDSwitchViewController
    *switchViewController;
@end
```

刚才添加的BIDSwitchViewController声明是一个属性，它指向应用程序的根控制器。这个属性必不可少，因为我们将编写代码来将根控制器的视图添加应用程序的主窗口（当应用程序启动时）。

现在，我们需要将根控制器的视图添加到应用程序的主窗口。单击BIDAppDelegate.m并添加
以下代码：

```
#import "BIDAppDelegate.h"
#import "BIDSwitchViewController.h"
@implementation BIDAppDelegate

@synthesize window = _window;
@synthesize switchViewController;

- (BOOL)application:(UIApplication *)application
        didFinishLaunchingWithOptions:(NSDictionary *)launchOptions
{
    self.window = [[UIWindow alloc] initWithFrame:[[UIScreen mainScreen] bounds]];
    // Override point for customization after application launch
    self.switchViewController = [[BIDSwitchViewController alloc]
        initWithNibName:@"SwitchView" bundle:nil];
    UIView *switchView = self.switchViewController.view;
    CGRect switchViewFrame = switchView.frame;
    switchViewFrame.origin.y += [UIApplication
        sharedApplication].statusBarFrame.size.height;
    switchView.frame = switchViewFrame;
    [self.window addSubview:switchView];
    self.window.backgroundColor = [UIColor whiteColor];
    [self.window makeKeyAndVisible];
    return YES;
}

    .
    .
    .

@end
```

除了生成switchViewController属性，我们还创建了它的一个实例，并且从SwitchView.xib加
载其对应的视图。接着，我们修改了该视图的形状，使其不被隐藏在状态栏后面。如果我们编辑
的是一个已经在窗口中包含了视图的nib文件，就不需要做这项修改，但是由于我们需要从头创
建整个视图层次结构，所以必须手动调整视图的frame属性，以使它紧靠状态栏的底部。

视图调整完成之后，将它添加到窗口中，将switchViewController作为根控制器。记住，窗
口是用户访问应用的唯一途径，所以，任何需要向用户显示的内容都必须添加为应用窗口的子
视图。

如果返回到第5章的Swap项目并检查SwapAppDelegate.m中的代码，将会看到该模板将视图
控制器的视图添加到了应用程序窗口中。因为我们为此项目使用了一个简单得多的模板，我们需
要负责自行衔接各部分。

6.3.3   修改 BIDSwitchViewController.h

由于我们将在SwitchView.xib中添加一个BIDSwitchViewController实例，因此现在是时候将所需的任何输出口或操作添加到BIDSwitchViewController.h头文件中了。

我们需要通过一个操作方法在两个视图之间进行切换。我们不需要任何输出口，但需要两个指针，分别指向将要交换的两个视图控制器。这些指针不需要输出口，因为我们将在代码中而不是在nib中创建它们。将以下代码添加到BIDSwitchViewController.h：

```
#import <UIKit/UIKit.h>

@class BIDYellowViewController;
@class BIDBlueViewController;

@interface BIDSwitchViewController : UIViewController

@property (strong, nonatomic) BIDYellowViewController *yellowViewController;
@property (strong, nonatomic) BIDBlueViewController *blueViewController;

-(IBAction)switchViews:(id)sender;

@end
```

现在，我们已经声明了所需操作，接下来可以将此类的一个实例添加到SwitchView.xib。

6.3.4   添加视图控制器

保存源代码，点击SwitchView.xib，为应用程序编辑GUI。nib的dock中应该显示3个图标：File's Owner、First Responder以及View（参见图6-12）。

图6-12   SwitchView.xib，dock显示File's Owner、First Responder和View三个默认图标

默认情况下，File's Owner被配置为NSObject的实例。需要将它改为BIDSwitchViewController，这样Interface Builder就能让我们构建File's Owner与BIDSwitchViewController输出口和操作之间的关联。单击nib文件dock中的File's Owner图标，然后按下⌥⌘3打开身份检查器（参见图6-13）。

借助身份检查器，开发者可以指定当前选定对象的类。当前File's Owner被指定为NSObject，且未定义任何操作。单击标签为Class的组合框，也就是检查器顶部现在显示为NSObject的组合框。将Class改为BIDSwitchViewController。

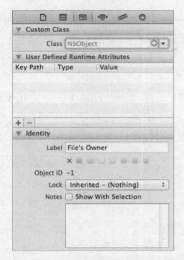

图6-13 注意，File's Owner Class字段在身份检查器中被设置为NSObject，我们需要将
它修改为BIDSwitchViewController

完成更改之后按下⌥⌘6切换到连接检查器，你会看到switch Views:操作方法出现在Received Actions部分（参见图6-14）。连接检查器的Received Actions部分显示了为当前类定义的所有操作。当我们将File's Owner改为BIDSwitchViewController时，它的操作switchViews:就可以用来连接了。下一节将介绍如何使用此操作。

警告 如果没有在弹出窗口中看到如图6-14所示的switchViews:操作，请检查类文件名的拼写。如果没有得到正确的名称，可能有些内容不匹配。一定要注意拼写！

保存nib文件并进入下一步。

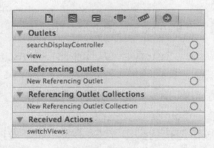

图6-14 连接检查器显示switchViews:操作已经添加到了Received Actions部分

6.3.5 构建包含工具栏的视图

我们现在需要构建一个视图并添加到BIDSwitchViewController中。提醒一下，这个新视图控

制器将是我们的根视图控制器——在启动应用程序时运行的控制器。`BIDSwitchViewController`的内容视图将包含一个位于屏幕底部的工具栏。它的作用是在蓝色视图和黄色视图之间切换,所以用户将需要一种方式来更改这些视图。为此,我们将使用一个包含按钮的工具栏。接下来构建该工具栏视图。

仍然位于SwitchView.xib文件中,在该nib的dock中,点击View图标在编辑窗口中打开该视图(如果该视图尚未打开)。这样也将选中该视图。它是`UIView`的一个实例,如图6-15所示,它目前是一片空白。我们将在这里构建应用程序GUI(图形用户界面)。

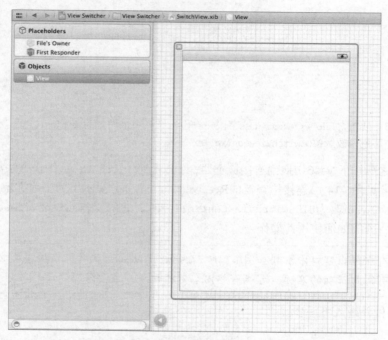

图6-15   将一个视图拖到`BIDSwitchViewController`的视图上,替换默认视图

现在,让我们向视图底部添加一个工具栏。从库中将一个Toolbar拖到视图上并放在底部,使它类似于图6-16。

该工具栏带有一个按钮。我们使用该按钮来让用户在不同的内容视图之间切换。双击该按钮,将其标题改为Switch Views。按下return键提交更改。

现在,我们可以将工具栏按钮链接到操作方法。在此之前,应该注意:工具栏按钮与其他iOS控件不同。它们仅支持一个目标操作,并且仅符合条件时才触发该操作,相当于其他iOS控件上的Touch Up Inside事件。

在Interface Builder中选择工具栏按钮需要一定的技巧。单击视图,以便从相同位置开始。现在单击工具栏按钮。请注意,这会选择工具栏,而不是按钮。现在再次单击按钮。这应该会选择按钮本身。要确认选择了按钮,可以切换到属性检查器(⌥⌘4)并确保它显示Bar Button Item。

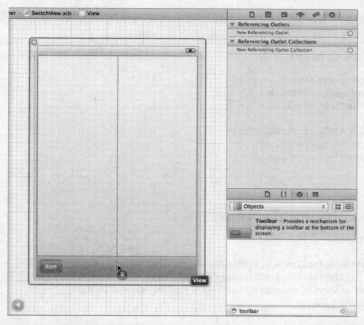

图6-16 将一个Toolbar拖到新视图上。请注意该Toolbar包含一个标签为Item的按钮

　　选定Switch Views按钮之后，按住control键并将该按钮拖到File's Owner图标上，然后选择switchViews:操作。如果未弹出switchView:操作，而是看到一个名为delegate的输出口，这很可能是因为按住control键拖动的是工具栏而不是按钮。要解决此问题，只需确保选定的是按钮而不是工具栏，然后重新按住control键并进行拖动就可以了。

提示　记住，可以以列表模式查看nib的dock，并且可以使用展开的三角形深层次查看视图结构中的任何元素。

　　在这个nib文件中还要做一项工作，就是要将BIDSwitchViewController的视图输出口与nib中的视图关联起来。该视图输出口是从父类UIViewController继承的，并且使控制器能够访问其管理的视图。当我们改变了File's Owner的底层类时，已有的输出口关联遭到了破坏，所以我们需要重新建立从控制器至其视图的关联。按下control键，从File's Owner图标拖向View图标，然后选择view输出口来完成这项工作。

　　至此任务就完成了，保存nib文件，下一步我们就来实现BIDSwitchViewController。

6.3.6 编写根视图控制器

　　现在可以编写根视图控制器。当用户单击Switch Views按钮时，根视图控制器负责在黄色视图与蓝色视图之间切换。

在BIDSwitchViewController.m中，首先删除viewDidLoad方法周围的注释，我们随后就将替换该方法。如果想让代码短点，你可以删除模板中被注释掉的方法。

首先在文件开头添加如下方法：

```
#import "BIDSwitchViewController.h"
#import "BIDYellowViewController.h"
#import "BIDBlueViewController.h"

@implementation BIDSwitchViewController
@synthesize yellowViewController;
@synthesize blueViewController;
.
.
.
```

接下来。用以下代码替换viewDidload方法：

```
- (void)viewDidLoad
{
    self.blueViewController = [[BIDBlueViewController alloc]
            initWithNibName:@"BlueView" bundle:nil];
    [self.view insertSubview:self.blueViewController.view atIndex:0];
    [super viewDidLoad];
}
```

现在，在swichViews:方法中添加以下代码：

```
- (IBAction)switchViews:(id)sender{
    if (self.yellowViewController.view.superview == nil){
        if (self.yellowViewController == nil){
            self.yellowViewController =
            [[BIDYellowViewController alloc] initWithNibName:@"YellowView"
                                                      bundle:nil];
        }
        [blueViewController.view removeFromSuperview];
        [self.view insertSubview:self.yellowViewController.view atIndex:0];
    }else{
        if (self.blueViewController == nil){
            self.blueViewController =
            [[BIDBlueViewController alloc] initWithNibName:@"BlueView"
                                                    bundle:nil];
        }
        [yellowViewController.view removeFromSuperview];
        [self.view insertSubview:self.blueViewController.view atIndex:0];
    }
}
.
.
.
```

将以下代码添加到已有的didReceiveMemoryWarning方法中：

```
- (void)didReceiveMemoryWarning {
    // Releases the view if it doesn't have a superview
    [super didReceiveMemoryWarning];
```

```
    // Release any cached data, images, etc, that aren't in use
    if (self.blueViewController.view.superview == nil) {
        self.blueViewController = nil;
    } else {
        self.yellowViewController = nil;
    }
}
```

我们添加的第一个方法viewDidLoad覆盖了从UIViewController类继承的方法，它将在载入nib文件时被调用。我们如何区分？按住Option并单击方法名称，查看出现的文档（参见图6-17）。也可以在View菜单中选择Utilities → Show Quick Help Inspector，从而在Quick Help面板中查看同样的内容。该方法在我们的超类中定义，并在子类（也就是视图加载完成后会调用的类）中被覆盖。

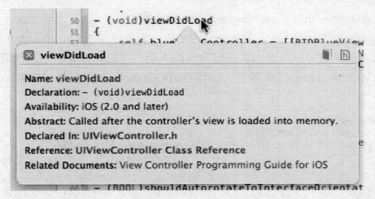

图6-17　当你按住Option键并单击viewDidLoad方法时，将显示文档窗口

这个viewDidLoad创建了一个BIDBlueViewController实例。我们使用initWithNibName:bundle:方法从nib文件BlueView.xib加载BIDBlueViewController实例。注意，为initWithNibName:bundle:提供的文件名未包含.xib扩展名。创建BIDBlueViewController之后，我们将这个新实例分配给blueViewController属性。

```
    self.blueViewController = [[BIDBlueViewController alloc]
        initWithNibName:@"BlueView" bundle:nil];
```

接下来，插入蓝色视图作为根视图的一个子视图。将其插入在索引0的位置，这将告诉iOS将此视图放在其他所有视图之后。这可以确保刚才在Interface Builder中创建的工具栏在屏幕上始终可见，因为我们将内容视图放在了它的后面。

```
    [self.view insertSubview:self.blueViewController.view atIndex:0];
```

那么，现在为何不在此处加载黄色视图呢？我们需要在某个时刻加载它，那么为什么不是现在呢？这个问题非常好。答案是，用户可能不会单击Switch Views按钮。用户可能进入窗口，使用应用程序启动时出现的视图，然后退出。在这种情形下，为什么还要浪费资源来加载黄色视图及其控制器呢？

相反，我们将在第一次实际需要黄色视图的时候加载它。这种行为称为**延迟加载**（lazy loading），是降低内存开销的常用方式。黄色视图的实际加载在switchViews:方法中进行，那么让我们看一下该方法。

switchViews:首先通过检查属性yellowViewController的view的超视图是否为nil，从而检查使用了哪个视图。以下两种情况将返回true。

❑ 如果yellowViewController存在，但其视图没有向用户显示，则该视图将没有超视图，因为它目前没有在视图层次结构中，等式的值将计算为true。

❑ 如果没有创建yellowViewController或者它已从内存中擦除，那么yellowViewController将不存在，这也会返回true。

然后检查yellowViewController是否为nil。

```
if (self.yellowViewController.view.superview == nil){
```

如果是，则表明没有yellowViewController实例，我们需要创建一个。发生这种情况可能是因为该按钮是第一次被按下，或者因为系统的内存不足，它已被擦除。在这种情况下，我们需要创建一个BIDYellowViewController实例，就像在viewDidLoad方法中创建BIDBlueViewController实例一样：

```
if (self.yellowViewController == nil){
    self.yellowViewController =
    [[BIDYellowViewController alloc] initWithNibName:@"YellowView"
                                    bundle:nil];
}
```

现在，我们已经有了一个yellowViewController实例（要么本来就有，要么刚才已创建了一个）。然后，从视图层次结构中删除blueViewController的视图，添加yellowViewController的视图：

```
[blueViewController.view removeFromSuperview];
[self.view insertSubview:self.yellowViewController.view atIndex:0];
```

如果 self.yellowViewController.view.superview 不为 nil，那么我们必须对blueViewController执行上述操作。尽管我们在viewDidLoad中创建了一个blueViewController实例，但仍然有可能因为内存不足而擦除该实例。在此应用程序中，内存不足的可能性很小，但是我们仍将很好地利用内存，确保在继续之前拥有了一个实例：

```
} else{
    if (self.blueViewController == nil){
        self.blueViewController =
        [[BIDBlueViewController alloc] initWithNibName:@"BlueView"
                                        bundle:nil];
    }
    [yellowViewController.view removeFromSuperview];
    [self.view insertSubview:self.blueViewController.view atIndex:0];
}
```

除了在按下Switch Views按钮之前不会使用黄色视图及其控制器的资源以外，延迟加载还能够释放没有显示的视图，以释放相应的内存。当内存减少到系统设定的一个水平时，iOS将调用

UIViewController方法didReceiveMemoryWarning，该方法由每个视图控制器继承。

因为我们知道，每个视图都会在下次向用户显示时重新加载，所以我们可以安全地释放每个控制器。我们通过在现有的didReceiveMemoryWarning方法中添加几行代码来完成此任务：

```
- (void)didReceiveMemoryWarning {
    [super didReceiveMemoryWarning]; // Releases the view if it
                                     // doesn't have a superview
    // Release anything that's not essential, such as cached data
    if (self.blueViewController.view.superview == nil)
        self.blueViewController = nil;
    else
        self.yellowViewController = nil;
}
```

新添加的代码检查当前向用户显示的是哪个视图，并释放另一个视图的控制器（通过将其属性设置为nil来实现）。这将导致控制器以及它控制的视图被解除分配，释放它们占用的内存。

提示　延迟加载是iOS上一个关键的资源管理组件，应该尽可能实现它。在复杂的多视图应用程序中，负责地擦除内存中未使用的对象，可以使应用程序顺利运行，而不致因内存不足而定期崩溃。

6.3.7　实现内容视图

我们在此应用程序中创建的两个内容视图极其简单。每个视图都包含一个操作方法，该方法由一个按钮触发，而且两个视图都不需要输出口。这两个视图几乎完全相同。实际上，它们可以用一个类来表示。我们选择用两个独立的类来表示它们，因为大多数多视图应用程序就是这样构造的。

在每个头文件中声明一个操作方法。首先，在BIDBlueViewController.h中，添加以下声明：

```
#import <UIKit/UIKit.h>
@interface BIDBlueViewController : UIViewController
- (IBAction)blueButtonPressed;
@end
```

保存代码，在BIDYellowViewController.h中添加以下代码：

```
#import <UIKit/UIKit.h>

@interface BIDYellowViewController : UIViewController
- (IBAction)yellowButtonPressed;
@end
```

保存代码，然后单击BlueView.xib，在Interface Builder中打开它，以进行一些更改。首先，我们需要告诉BlueView.xib，将从文件系统加载此nib的类是BIDBlueViewController，因此单击File's Owner图标，并按下⌥⌘3打开身份检查器。File's Owner默认为NSObject，请将其更改为BIDBlueViewController。

在dock中单击名为View的图标，然后按⌥⌘4调出属性检查器。在检查器的View部分，单击标有Background的颜色，使用弹出的颜色选取器将此视图的背景颜色改为蓝色。如果你对自己选择的蓝色满意，就关闭颜色选取器。

接下来，我们将在nib文件中更改视图的大小。属性检查器的顶部标有Simulated Metrics（参见图6-18）。如果设置这些下拉列表来反映在应用程序中使用的顶部和底部元素，Interface Builder将自动计算剩余空间的大小。

状态栏已经指定，但有个地方需要注意一下。因为这个视图要包含在我们在SwitchView. xib中创建的视图中，实际上我们不应该指定状态栏，指定后会造成我们的内容的一小部分移到包含视图内。因此，点击Status Bar弹出按钮，然后选中None。下一步，选择Bottom Bar弹出窗口，可以选择Toolbar来指示包含它的视图拥有一个工具栏。

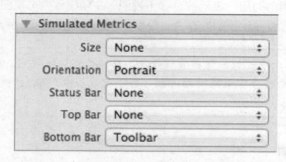

图6-18　视图属性检查器的Simulated Metrics

通过此设置，Interface Builder将自动计算视图的正确大小，让你知道还有多少空间可供使用。可以按⌥⌘5调出大小检查器，以确认这一事实。更改之后，窗口的高度现在应为436像素，宽度应该仍然为320像素。

从库中拖出一个Round Rect Button到视图上，通过蓝色引导线将按钮在视图中居中。双击该按钮，将其标题改为Press Me。然后，选中按钮的同时切换到连接检查器（按下⌥⌘6），将Touch Up Inside事件拖到File's Owner图标，并连接到blueButtonPressed:操作方法。

我们还需要在此nib中做一件事情，那就是将BIDBlueViewController的view输出口连接到nib中的视图，像之前在SwitchView. Xib中的操作一样。按住control键并将File's Owner图标拖到View图标，然后选择view输出口。

保存nib并返回到项目导航，单击YellowView.xib。我们对此nib文件进行几乎一样的更改。

首先，单击dock中的File's Owner图标，需要使用身份检查器将它的类更改为BIDYellowView-Controller。

接着，选择该视图并切换到属性检查器。在属性检查器中，单击背景色并选择亮黄色，然后关闭颜色选取器。此外，从Simulated Metrics部分的Bottom Bar弹出窗口中选择Toolbar，并将Status Bar弹出窗口设为None。

接下来，从库中拖出一个圆角矩形按钮添加到此视图中央，将其标签更改为Press Me, Too。

选中此按钮，然后使用连接检查器将该按钮的Touch Up Inside事件连接到File's Owner中的yellowButtonPressed:操作方法。

最后，按住control键并将File's Owner图标拖动到View图标，并连接到view输出口。

完成之后，保存nib，准备好输入更多的代码。

我们将要实现的两个操作方法仅用于显示一个警告（就像第4章的Control Fun应用程序那样）。这非常简单，将以下代码添加到BIDBlueViewController.m即可：

```
#import "BIDBlueViewController.h"

@implementation BIDBlueViewController

- (IBAction)blueButtonPressed{
    UIAlertView *alert = [[UIAlertView alloc]
        initWithTitle:@"Blue View Button Pressed"
              message:@"You pressed the button on the blue view"
             delegate:nil
    cancelButtonTitle:@"Yep, I did."
    otherButtonTitles:nil];
    [alert show];
}
...
```

保存代码，切换到BIDYellowViewController.m，将以下代码添加到该文件：

```
#import "BIDYellowViewController.h"

@implementation BIDYellowViewController

- (IBAction)yellowButtonPressed{
    UIAlertView *alert = [[UIAlertView alloc]
        initWithTitle:@"Yellow View Button Pressed"
              message:@"You pressed the button on the yellow view"
             delegate:nil
    cancelButtonTitle:@"Yep, I did."
    otherButtonTitles:nil];
    [alert show];
}
...
```

保存代码，现在可以运行我们的应用程序了。如果应用程序在启动或打开视图时崩溃，返回前面查看三个视图输出口是否均连接成功。

当应用程序启动时，它将显示在BlueView.xib中构建的视图。当单击Switch Views按钮时，它将显示在YellowView.xib中构建的视图。再次单击Switch Views按钮，将会重新显示在BlueView.xib中构建的视图。无论单击蓝色还是黄色视图上的按钮，都会获得一个警告视图，指示按下的是哪个按钮。此警告表明为显示的视图调用了正确的控制器类。

两个视图之间的转换过程比较生硬。那么，有没有使转换过程更加优美的方法呢？

当然，有一种方法可以让转换过程更加优美。这就是制作转换动画，为用户提供一种视图在变换的视觉反馈。

6.3.8   制作转换动画

可以调用UIView中的几个类方法来指示应该制作转换动画，指示应该使用的转换类型以及转换应该持续的时间。

回到BIDSwitchViewController.m，将switchViews:方法替换为以下新版本：

```objc
- (IBAction)switchViews:(id)sender{
    [UIView beginAnimations:@"View Flip" context:nil];
    [UIView setAnimationDuration:1.25];
    [UIView setAnimationCurve:UIViewAnimationCurveEaseInOut];

    if (self.yellowViewController.view.superview == nil) {
        if (self.yellowViewController == nil) {
            self.yellowViewController =
            [[BIDYellowViewController alloc] initWithNibName:@"YellowView"
                                                       bundle:nil];
        }
        [UIView setAnimationTransition:
         UIViewAnimationTransitionFlipFromRight
                               forView:self.view cache:YES];

        [self.blueViewController.view removeFromSuperview];
        [self.view insertSubview:self.yellowViewController.view atIndex:0];
    } else {
        if (self.blueViewController == nil) {
            self.blueViewController =
            [[BIDBlueViewController alloc] initWithNibName:@"BlueView"
                                                     bundle:nil];
        }
        [UIView setAnimationTransition:
         UIViewAnimationTransitionFlipFromLeft
                               forView:self.view cache:YES];

        [self.yellowViewController.view removeFromSuperview];
        [self.view insertSubview:self.blueViewController.view atIndex:0];
    }
    [UIView commitAnimations];
}
```

编译这个新版本并运行应用程序。单击Switch Views按钮之后，新视图将会以翻页的形式显示，而不只是简单地出现，如图6-19所示。

为了告诉iOS，我们想要将一个更改制作为动画，我们需要声明一个**动画块**（animation block）并指定动画的持续时间。动画块通过使用UIView类方法beginAnimations:context:来声明，例如：

```objc
[UIView beginAnimations:@"View Flip" context:NULL];
[UIView setAnimationDuration:1.25];
```

beginAnimations:context:接受两个参数，第一个是一个动画块标题。此标题只有在更直接地使用Core Animation（此动画背后的框架）时才会用到。对于我们而言，可以使用nil。第二个参数是一个(void *)，它支持指定你希望将其指针与此动画块关联的对象（或任何其他C数据类型）。我们在此处使用NULL，因为我们没有必要指定对象。

图6-19 使用翻页动画,将一个视图转换到另一个

然后,设置**动画曲线**,这决定了动画的持续时间。默认情况下,动画曲线是一条线性曲线,动画匀速地发生。我们在此处设置的选项(UIViewAnimationCurveEaseInOut)指示动画应该更改其速度,开始和结束时速度较慢,中间速度较快。这使动画看起来更加自然,不再那么呆板。

```
[UIView setAnimationCurve:UIViewAnimationCurveEaseInOut];
```

接下来,需要指定要使用的转换类型。在编写本书时,iOS上提供了4种视图转换类型:

❏ UIViewAnimationTransitionFlipFromLeft
❏ UIViewAnimationTransitionFlipFromRight
❏ UIViewAnimationTransitionCurlUp
❏ UIViewAnimationTransitionCurlDown

我们可以选择两种不同的效果,具体选择哪一种,取决于要显示的视图。为一种转换使用向左翻转,为另一种转换使用向右翻转,这会使人感觉视图在前后翻页。

缓存选项在动画开始时生成一个快照,并在动画的每个步骤中使用该图像,而不是重新绘制视图,这能够加快绘制的速度。应该始终缓存动画,除非视图外观在动画期间需要改变。

```
[UIView setAnimationTransition:UIViewAnimationTransitionFlipFromRight
                       forView:self.view cache:YES];
```

于是我们从控制器的视图中移除了当前显示的视图,替换为另一个视图。

当指定了要制作成动画的所有更改之后,在UIView上调用commitAnimations。从启动动画块到调用commitAnimations的任何动作都会被制作为动画。

由于Cocoa Touch在后台使用了Core Animation，因此我们能够使用极少的代码制作出非常复杂而精美的动画。

6.4   小结

终于大功告成！创建自己的多视图控制器是一项繁重的工作，对吗？我们从头构建了一个多视图应用程序，现在，你应该掌握了构建多视图应用程序的方法。

尽管Xcode包含最常用的多视图应用程序项目模板，但仍然需要理解这些应用程序的总体结构，这样才能按部就班地构建自己的应用程序。已提供的这些模板能够节省大量时间，但是有时候，它们并不符合要求。

在接下来的几章中，我们将继续构建多视图应用程序，以强化本章中介绍的概念，并介绍如何构建更加复杂的应用程序。第7章将构造一个标签栏应用程序，让我们准备好开始吧！

第 7 章

标签栏与选取器

在上一章中，我们构建了第一个多视图应用程序。本章将构建一个完整的标签栏应用程序，它包含5个不同的标签和5个不同的内容视图。构建此应用程序能够巩固上一章介绍的知识，但是用一整章的篇幅来学习已经掌握的操作似乎有点浪费，所以本章将通过这5个内容视图展示如何使用至今未曾涉及的一种iOS控件。该控件就是**选取器视图**（picker view），简称**选取器**。

你可能还不熟悉这个名称，但你只要用过iPhone或iPod touch 10分钟以上，就应该用了选取器。选取器是带有能够旋转的刻度盘的控件。它们用于在Calendar应用程序（日历）中输入日期，或者在Clock应用程序中设置计时器（参见图7-1）。在iPad上，选取器视图不是那么常用，因为iPad屏幕较大，你可以用其他方式在多个项中作出选择，但即便在iPad中，Calendar应用程序使用的也是选取器。

图7-1　Clock应用程序中的选取器

选取器是本书目前为止介绍的最复杂的iOS控件，因此，理所应当受到更多关注。选取器可以配置为显示一个或多个刻度盘。默认情况下，选取器显示文本列表，但是它们也能够显示图像。

7.1　Pickers 应用程序

　　本章的Pickers应用程序包含一个标签栏。在构建该应用程序时，我们将更改默认的标签栏，使其包含5个标签，向每个标签栏项添加一个图标，然后创建一系列内容视图，并将每个视图连接到每个标签。

　　应用程序的内容视图将有5种不同的选取器。

　　❏ **日期选取器**。我们将构建的第一个内容视图包含一个日期选取器，这是最容易实现的选取器类型（参见图7-2）。该视图还将有一个按钮，单击该按钮时，视图中将弹出警告，显示选取的日期。

图7-2　第一个标签显示日期选取器

　　❏ **单组件选取器**。第二个标签中的选取器包含一组值（参见图7-3）。此选取器的实现比日期选取器稍微难一些。本章将介绍如何使用委托和数据源在选取器中指定要显示的值。

　　❏ **多组件选取器**。在第三个标签中，我们将创建带有两个独立滚轮的选取器。从技术上说，滚轮应该称为**选取器组件**，也就是说，我们将在其中创建带有两个组件的选取器。我们将了解如何使用数据源和委托向选取器提供两个独立的数据列表（参见图7-4）。此选取器的每个组件都可以在不影响对方的情况下进行更改。

　　❏ **包含依赖组件的选取器**。在第四个内容视图中，我们将创建另一个带有两个组件的选取器。但是这一次，右侧组件中显示的值将根据左侧组件中选定值的变化而变化。在我们的示例中，左侧组件中将显示一组州，右侧组件中将显示该州的邮政编码（参见图7-5）。

　　❏ **利用图像自定义选取器**。最后，我们还将创建第五个内容视图。我们将了解如何将图像数据添加到选取器，并编写一个小游戏来演示，该游戏使用一个带有5个组件的选取器。在苹果公司的文档中的许多位置，都将选取器的外观描述为类似老虎机的样子。那么，还有比"小型老虎机"更适合的例子吗（参见图7-6）？对于此选取器，用户无法手动更改组件的值，但是能够通过点击Spin按钮来使5个滚轮各自旋转到一个新的、随机选定的值。如果在一行中出现了3个完全一样的图片，则表明用户获胜。

图7-3　此选取器显示一组值

图7-4　此选取器包含两个组件，并以警告的方式显示我们选择的内容

图7-5　在此选取器中，一个组件依赖于另一个组件。当在左侧组件中选定一个州时，右侧组件将显示该州的邮政编码

图7-6　包含5个组件的选取器。注意，我们可不提倡你将iPhone当成赌博工具

7.2   委托和数据源

在开始构建应用程序之前，先看一下为什么选取器比之前所使用的控件都要复杂。要使用选取器，并不是从Interface Builder中挑选一个选取器并放在内容视图上，然后进行配置就行了，但是日期选取器是个例外。除此之外，还需要为选取器提供**选取器委托**（picker delegate）和**选取器数据源**（picker data source）。

现在，你应该已经熟悉委托的用法了。我们已经使用过应用程序委托和操作表委托，这里的基本思想与它们一样。选取器将一些工作分配给它的委托。其中最重要的任务是，确定要为每个组件中的每一行绘制的实际内容。选取器要求委托在特定组件上的特定位置绘制一个字符串或一个视图。选取器从委托获取数据。

除了委托之外，选取器还需要包含一个数据源。在本例中，名称"数据源"可能有点词不达意。选取器通过数据源获知组件数和每个组件中的行数。数据源的工作原理与委托类似，因为它的方法将在预先指定的时刻被调用。如果未指定数据源和委托，选取器就无法工作，甚至无法绘制选取器。

在很多情况下，数据源和委托是同一个对象，该对象也是包含选取器视图的视图控制器，我们将在本章的应用程序中采用这种方法。每个内容窗格的视图控制器都将是其选取器的数据源和委托。

说明   很多人存在这样的疑问：选取器数据源是应用程序的模型、视图，还是控制器部分呢？
这是一个难以回答的问题。数据源似乎应该是模型的一部分，但是实际上，它是控制器的一部分。数据源并不总是一个用于保存数据的对象。虽然在简单的应用程序中，数据源可能保存数据，但它真正的工作是从模型中检索数据，并传递给选取器。

让我们打开Xcode，开始构建我们的应用程序。

7.3   建立标签栏框架

由于Xcode没有为标签栏应用程序提供模板，因此我们将从头构建自己的模板。这不需要太多工作，而且是一个很好的实践机会。

创建一个新项目，再次选择Empty Application模板，点击Next进入下一个界面。在Product Name字段键入Pickers，确保Use Core Data for storage复选框是未选中状态。将Device Family弹出选项设为iPhone。再次点击Next，Xcode会让你选择保存项目的文件夹。

接下来将介绍构建应用程序的完整步骤，如果在构建过程中，遇到难以理解和掌握的步骤，一定要坚持下去。如果遇到难以解决的问题，随时可以返回再来。如果不愿意直接跳到后面的步骤也没有关系，我们将详细介绍每一步。

7.3.1 创建文件

在上一章中，我们创建了一个根控制器来管理切换应用程序其他视图的过程。这次还将创建一个根视图控制器，但是无需为其创建一个类，因为苹果公司提供了一个非常不错的类来管理标签栏视图，所以我们将使用UITabBarController实例作为根控制器。

首先，需要在Xcode中创建5个新类：根控制器进行切换的5个视图控制器。

在项目导航中展开Pickers文件夹。这里有Xcode创建的用来启动项目的源代码文件。单击Pickers文件夹，按⌘N或从File菜单中选择New→New File...。

在新文件向导的左侧窗格中选择Cocoa Touch，然后选择图标UIViewController subclass，点击Next继续。在Class字段输入BIDDatePickerViewController。在为类文件命名时不要忘了检查拼写，拼写错误会生成命名错误的新类。你还会看到一个控件，让你选择或输入新创建类的父类，保留UIViewController即可。控件下方是一个标有With XIB for user interface的复选框（参见图7-7）。在单击Next之前请确保选中了该复选框（只能选中它，取消选中Targeted for iPad）。

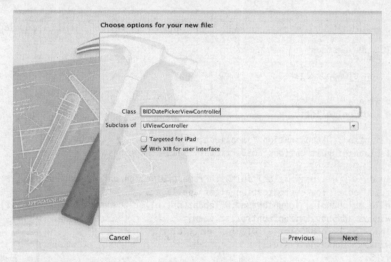

图7-7 当创建UIViewController的一个子类时，如果选择了With XIB for user interface，
　　　　Xcode将创建一个对应的.xib文件

最后，将会显示一个文件夹选择窗口，通过它选择保存该类的位置。选择Pickers目录，其中已经包含了BIDAppDelegate类和一些其他的文件。确保在Group弹出框中选择了Pickers文件夹，并且在Targets中选中了Pickers复选框。

在单击Create按钮之后，Pickers文件夹中将出现3个新文件：BIDDatePickerViewController.h、BIDDatePickerViewController.m和BIDDatePickerViewController.xib。

重复此步骤，将余下的类分别命名为BIDSingleComponentPickerViewController、BIDDouble-ComponentPickerViewController、BIDDependentComponentPickerViewController和BIDCustomPicker-

ViewController。确保每次创建新文件时都在项目导航中选择了Pickers文件夹，这样新创建的文件才能很好地组织起来。

7.3.2 添加根视图控制器

我们将在Interface Builder中创建自己的根视图控制器，这将是一个UITabBarController实例。但是在创建根控制器之前，我们应该为其声明一个输出口。单击BIDAppDelegate.h，添加以下代码：

```
#import <UIKit/UIKit.h>

@interface BIDAppDelegate : UIResponder<UIApplicationDelegate>

@property (strong, nonatomic) IBOutlet UIWindow *window;
@property (strong, nonatomic) IBOutlet UITabBarController *rootController;

@end
```

在Interface Builder中创建根视图控制器之前，将以下代码添加到BIDAppDelegate.m中：

```
#import "BIDAppDelegate.h"

@implementation BIDAppDelegate

@synthesize window = _window;
@synthesize rootController;

- (BOOL)application:(UIApplication *)application
    didFinishLaunchingWithOptions:(NSDictionary *)launchOptions
{
    self.window = [[UIWindow alloc] initWithFrame:[[UIScreen mainScreen] bounds]];
    // Override point for customization after app launch
    [[NSBundle mainBundle] loadNibNamed:@"TabBarController" owner:self options:nil];
    [self.window addSubview:rootController.view];
    self.window.backgroundColor = [UIColor whiteColor];
    [self.window makeKeyAndVisible];
    return YES;
}

    .
    .
    .
```

你应该不会对这些内容感到惊奇。我们在上一章也曾执行过同样的操作，但是这里没有使用苹果公司提供的控制器类，而是使用我们自己编写的控制器类（我们没有在代码中直接创建新的视图控制器，而是上载了一个包含视图控制器的nib文件，这又是一个新方法）。下一节我们会创建.xib文件，然后进行配置，这样，当它载入时，我们的应用程序委托的rootController变量就会与UITabBarController连接，然后后者就可以插入应用程序窗口了。

标签栏使用图标来表示每个标签，因此在为该类编辑nib文件之前，我们应该添加要使用的图标。可以在本书附带的项目归档文件中找到合适的图标，这些图标位于07 Picker/Tab Bar Icons/文件夹中。将所有这5个图标添加到项目中。你可以从Finder中拖出文件夹，放到项目导航的Pickers文件夹上。出现选择提示时，选择Create groups for any added folders，Xcode将把Tab Bar Icons子文件夹添加到Pickers文件夹中。

图标大小应该是24像素×24像素，并采用.png格式。图标文件应该有一个透明的背景。一般而言，浅灰色图标最适合标签栏。不要为设置合适的标签栏外观发愁。iOS会自动设置合适的图标外观，就像设置应用程序的图标一样。

7.3.3　创建TabBarController.xib

现在我们开始创建包含标签栏控制器的.xib文件。在项目导航中选择Pickers文件夹，按下⌘N创建一个新文件。当标准的文件创建向导出现后，选择左边iOS部分中的User Interface，然后在其右边选择Empty模板，点击Next。在下一个页面中，将Device Family的值保留为iPhone，再次点击Next，进入向导最后一个页面，这里要求为该文件命名，将其命名为TabBarController.xib，确保文件名的拼写与之前在代码中输入的完全一致，否则应用将无法定位和加载该nib文件。确保选择了Pickers目录、Pickers组以及Pickers目标。默认情况下应该都已经选择了，但是也应该再次检查一下。

完成后点击Create，Xcode将会创建TabBarController.xib文件，可以看到它出现在了项目导航中。选中它，就会出现你已熟悉的Interface Builder编辑视图。

目前该nib文件中什么也没有。让我们来为它添加些内容，从对象库中拖出一个Tab Bar Controller（参见图7-8），将它置于nib的主窗口中。

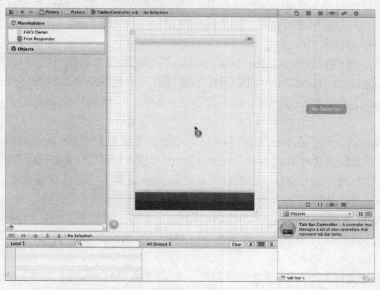

图7-8　从库中将Tab Bar Controller拖至nib编辑区域中

　　将该标签栏控件放到nib的主窗口中之后，将显示一个表示UITabBarController的新窗口（参见图7-9），你将在Interface Builder dock中看到一个新图标。如果你在列表模式下查看dock（点击dock右下方的带圈小三角图标），可以展开标签栏控制器图标，其中默认包含了标签栏、两个视图控制器，以及与视图控制器相关联的标签项。

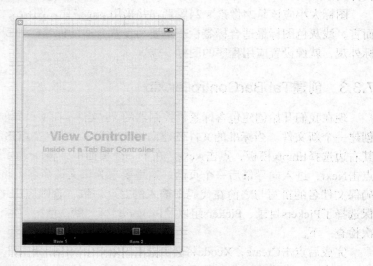

图7-9　标签栏控制器窗口。请注意窗口底部的标签栏，它包含两个独立的标签。
同时注意视图区的文本，指出视图控制器在标签栏控制器内部

　　此标签栏控件将是我们的根控制器。回想一下，根控制器控制用户在程序运行时将看到的第一个视图，负责与其他视图进行切换。因为我们将把每个视图连接到一个标签栏标签，所以标签栏控件是根控制器的合理选择。

　　在上一节中，我们在BIDAppDelegate类中添加了一些代码来加载当前正在创建的这个nib文件、并且使用rootController输出口向应用程序窗口添加了根控制器的视图。现在的问题是这个nib文件对BIDAppDelegate类一无所知。它不知道自己的File's Owner，所以我们无法进行任何关联工作。

　　打开身份检查器，然后在dock中选择File's Owner。身份检查器的Custom Class中的Class字段显示为NSObject，我们需要将其改为BIDAppDelegate，只要将应用程序委托作为该nib文件的File's Owner，我们就能将rootController输出口关联至新的控制器了。现在继续，在Class字段中键入BIDAppDelegate，或者从弹出列表中选择该项。

　　按下return键确保设置了新值，然后切换到连接检查器，可以看到File's Owner有了一个名为rootController的输出口，现在就可以开始进行关联了。从rootController输出口的小连接圈拖向dock中的Tab Bar Controller。

　　下一步是自定义标签栏以反映我们的需要。我们将需要5个标签（如图7-2所示），每个标签表示5个选取器中的一个。

在nib编辑器中，如果dock没有在列表视图中，通过点击dock右下方的带圈三角形图标打开它。打开Tab Bar Controller左侧的扩展三角形，以显示Tab Bar和两个View Controller条目。下一步，打开每个视图控制器左侧的扩展三角形，以显示与每个控制器相关联的Tab Bar Item（参见图7-10）。通过打开每一项，可以更好地理解自定义此标签栏时所发生的事情。

图7-10　Tab Bar Controller显示它内部嵌套的所有项

让我们向标签栏添加另外3个标签栏项。你将会看到，在拖放新标签栏项时将自动添加视图控制器。

打开对象库（View→Utilities→Show Object Library）。找到一个标签栏项并将它拖到标签栏上（参见图7-11）。请注意插入点。它告诉你新项将插入到标签栏上的位置。因为我们将自定义所有标签栏项，所以可以随意放置这个标签栏项。

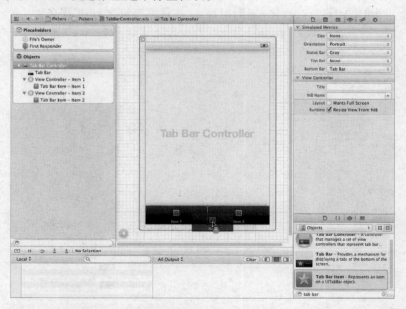

图7-11　将一个标签栏项从库中拖到标签栏上。请注意插入点，它显示了新项最终插入的位置

现在拖出另外两个标签栏项，总共得到5项。如果看一下dock，将看到标签栏现在包含5个视图控制器，每个控制器具有自己的标签栏项。打开每个视图控制器左侧的扩展三角形，以便看到所有这些项（参见图7-12）。

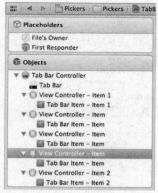

图7-12   Tab Bar Controller显示了5个视图控制器和它们的关联标签栏项

接下来自定义每个视图控制器。在dock中，选择5个视图控制器中的第一个，然后调出属性检查器（View→Utilities→Show Attributes Inspector）。每个标签的视图控制器与恰当的nib就是在这里相关联的。

在属性检查器中，将Title字段保留为空（参见图7-13）。标签栏视图控制器不使用这个标题。将NIB Name指定为BIDDatePickerViewController，注意不要包含.xib扩展名。

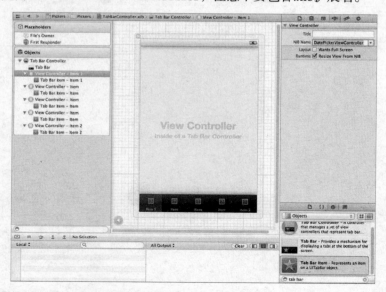

图7-13   我们选择了5个视图控制器中的第一个，并将名为BIDDatePickerViewController.xib的nib与该控制器相关联。请注意我们省略了扩展名.xib，它会自动添加到nib名称上

在NIB Name字段正下方有一个名为Wants Full Screen的复选框，它的作用是：当你选择该标签后，所出现的视图将会与标签栏重叠并将其隐藏。如果选中了该复选框，那你必须提供一种替代机制以从该标签项返回。在本例中不要选中它。此外，选中Resize View From NIB复选框。因为我们设计的视图大小符合我们的需要，无需进行调整，所以这个复选框不会产生任何影响。

现在打开与最左侧的标签相关联的视图控制器的身份检查器，将检查器中的Custom Class中的Class字段改为BIDDatePickerViewController，然后按下return或者tab键提交设置。可以看到dock中所选控件的名称变成了Date Picker View Controller-Item 1，它反映了你所做的更改。

现在对剩下的4个视图控制器重复相同的过程。在每个控制器的属性检查器中，正确配置复选框，并分别输入nib名称BIDSingleComponentPickerViewController、BIDDoubleComponentPicker-ViewController、BIDDependentComponentPickerViewController和BIDCustomPickerViewController。对于每个视图控制器，也使用身份检查器将类更改为在NIB Name字段中键入的名称。一定要首先访问每个视图控制器的属性检查器，然后访问身份检查器。

刚才进行了许多更改。检查一下所做的工作并保存。现在自定义5个标签栏项，使它们具有合适的图标和标签。

在dock中，选择Date Picker View Controller 的子项Tab Bar Item。按⌥⌘4返回到属性检查器（参见图7-14）。

图7-14　标签栏项属性检查器

Tab Bar Item部分中的第一个字段标为Badge。它可用于在标签栏项上放置一个红色图标，类似于Mail图标上放置的红色数字（指示有多少封未读电子邮件）。本章不打算使用Badge字段，所以可以将它保留为空。

在该字段下方，有一个名为Identifier的弹出按钮。此字段可用于从一组常用标签栏项名称和图标（比如Favorites和Search）中进行选择。如果选择其中一个，标签栏将根据你的选择提供该项的名称和图标。我们不使用标准标签栏项，所以将此设置保留为Custom。

下面两个字段可用于为标签栏项指定标题和自定义标签图标。将Title从Item 1更改为Date。接下来单击Image组合框并选择dockicon.png图像。如果使用自己的图标集，请选择你提供的一个.png文件。本章后面的内容将假设使用了我们的资源。请根据需要调整一下思路。

如果查看Tab Bar Controller窗口，将看到最左侧的标签栏项现在显示为Date并拥有一个时钟图片（参见图7-15）。

图7-15   我们的第一个标签栏项将标题更改为了Date，并添加了一个时钟图标。非常酷

对其他4个标签栏项重复此过程。

❑ 将第二个标签栏项的标题更改为Single并指定图像singleicon.png。

❑ 将第三个标签栏项的标题更改为Double并指定图像doubleicon.png。

❑ 将第四个标签栏项的标题更改为Dependent并指定图像dependenticon.png。

❑ 将第五个标签栏项的标题更改为Custom并指定图像toolicon.png。

图7-16显示了完成后的标签栏。

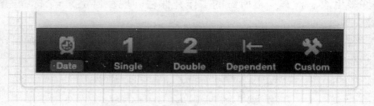

图7-16   完成后的标签栏，其中设置了5个标题和图标

说明   不要担心视图控制器的Title字段。此应用程序中不会使用它们。无论它们是空的还是包含
       文本都不会有任何影响。但是，我们要使用标签栏项Title字段。不要混淆这两个字段。

在进行下一步nib编辑之前，保存nib文件。

我们这里描述的都是基于dock的列表视图来选择某项，但是也可以在图形布局区域进行选择。现在暂时将你的注意力转向该区域。双击nib窗口中的Tab Bar Controller，这将在Interface Builder编辑窗格中打开Tab Bar Controller（如果尚未打开）。在Tab Bar Controller中点击一个标签项，注意属性检查器。第一次点击该标签项时，你所选择的其实是该项的视图控制器；再次点击它，你就选中了该标签项本身。

可以看到在dock的列表视图中选择所需的项更不易混淆，但是知道这种技巧（点击一次、点击两次对应不同的选择项）也是很重要的。这种方式也同样适用于其他嵌套的nib元素。实践这种方式，并且使用检查器来确认是否正确选择了自己想要选择的内容。

7.3.4   连接输出口，然后运行

现在，标签栏和内容视图应该都衔接起来，并且能够正常工作了。返回到Xcode，编译并运

行应用程序，启动之后的应用程序应该包含一个能够正常工作的工具栏，单击一个标签应该会将其选中，每一个标签都应可选。

现在，内容视图中还没有任何内容，因此，更改将不会很大。但是如果所有组成部分都运行良好，那么多视图应用程序的基本框架现在就已经建立并能够运行了。接下来可以开始设置每个内容视图了。

提示 如果在单击某个标签时，模拟器出了问题，请不要惊慌！这很可能是因为漏掉了一个步骤，或者出现了输入错误。返回去检查一下所有nib文件名，确保所有连接都正确，并确保所有类名都设置正确。

如果想要进一步确保所有元素都能够正常工作，可以在重新启动应用程序之前，向每个内容视图添加另一个标签或某个其他对象。如果所有元素都运行良好，将会看到不同视图的内容会在选择不同标签时发生改变。

7.4 实现日期选取器

要实现日期选取器，需要一个输出口和一个操作。输出口用于从日期选取器提取值。操作将由一个按钮触发并抛出一个警告，显示从选取器抓取的日期值。单击BIDDatePickerViewController.h，并添加以下代码：

```
#import <UIKit/UIKit.h>

@interface BIDDatePickerViewController : UIViewController

@property (strong, nonatomic) IBOutlet UIDatePicker *datePicker;
- (IBAction)buttonPressed;

@end
```

保存此文件，单击BIDDatePickerViewController.xib，编辑第一个标签的内容视图。

需要做的第一件事是适当调整视图，使其适合于可用空间。单击View图标，按⌥⌘4调出属性检查器。可以使用Simulated Metrics，将Buttom Bar弹出栏设置为Tab Bar。这将使Interface Builder自动将视图高度降为411像素，并显示一个仿真标签栏。

接下来，在库中查找Date Picker，并将其拖到View窗口。将日期选取器放在视图顶部状态栏的正下方。它应该会占用内容视图的整个宽度和大部分高度。不要为选取器使用蓝色的引导线，它会与视图边缘完美接合（参见图7-17）。

如果还没有选中日期选取器，单击它并返回属性检查器。从图7-18中可以看到，可以配置日期选取器的许多属性。我们将保留大部分值的默认设置，如果要查看每个选项的用途，可以自由选择各种选项。我们将要做的一件事是，将选取器的范围限定在合理日期。找到名为Constraints的标题，选中复选框Minimum Date，保留其为默认的1/1/1970。还要选中复选框Maximum Date，将其设置为12/31/2200。

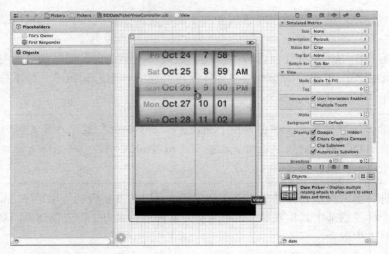

图7-17   从库中拖出一个Data Picker。它会占据视图的整个宽度。我们将它放在了
　　　　　视图顶部，状态栏正下方

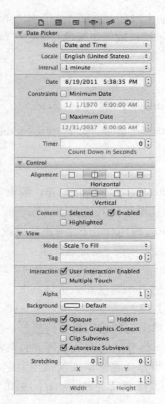

图7-18   日期选取器的属性检查器，我们将设置最小日期和最大日期，让其余设置保留默认值

　　接下来，从库中拖出一个Round Rect Button，并将其放在日期选取器之下。双击它，将其标题设置为Select。

　　保持按钮为选中状态，按下⌥⌘6切换到连接检查器。将Touch Up Inside事件旁边的圆拖到File's Owner图标，并连接到buttonPressed操作。然后按住control键，并将File's Owner图标拖到日期选取器，选择datePicker输出口。最后，将更改内容保存到nib文件，因为我们已经完成了GUI的这部分工作。

　　现在只需要实现BIDDatePickerViewController，单击BIDDatePickerViewController.m，在文件顶部添加以下代码：

```
#import "BIDDatePickerViewController.h"

@implementation BIDDatePickerViewController
@synthesize datePicker;

- (IBAction)buttonPressed {
    NSDate *selected = [datePicker date];
    NSString *message = [[NSString alloc] initWithFormat:
        @"The date and time you selected is: %@", selected];
    UIAlertView *alert = [[UIAlertView alloc]
            initWithTitle:@"Date and Time Selected"
                  message:message
                 delegate:nil
        cancelButtonTitle:@"Yes, I did."
        otherButtonTitles:nil];
    [alert show];
}
    .
    .
    .
```

接下来，向viewDidload:方法添加设置代码：

```
- (void)viewDidLoad {
    [super viewDidLoad];
    // Do any additional setup after loading the view from its nib.
    NSDate *now = [NSDate date];
    [datePicker setDate:now animated:NO];
}
    .
    .
    .
```

再向现有的viewDidUnload:方法添加一行代码：

```
- (void)viewDidUnload {
    [super viewDidUnload];
    // Release any retained subviews of the main view.
    // e.g. self.myOutlet = nil;
    self.datePicker = nil;
}
```

我们做的第一件事是合成datePicker输出口的存取方法和修改方法，然后添加buttonPressed的实现，并覆盖viewDidLoad。在buttonPressed中，我们使用datePicker输出口从日期选取器获取当前的日期值，然后根据该日期构造一个字符串，并使用该字符串显示警告。

在viewDidLoad中，我们创建了一个新的NSDate对象。通过这种方式创建的NSDate对象将包含当前的日期和时间。然后将datePicker设置为该日期，这可以确保每次从nib中加载此视图时，选取器都会重置为当前的日期和时间。

编译并运行应用程序，确保选中了日期选取器。如果一切都运行良好，那么应用程序应该与图7-2中所示类似。如果单击Select按钮，将会弹出一个警告，显示当前在日期选取器中选定的日期和时间。

说明   尽管日期选取器不允许指定秒或时区，但显示选定日期和时间的警告也会显示秒和时区偏移值。我们可以添加一些代码来简化警告中显示的字符串，但由于本章篇幅所限，不再赘述这方面内容。如果你有兴趣定制日期格式，可以看看NSDateFormatter类。

7.5 实现单组件选取器

接下来看一下如何使用支持从一组值中进行选择的选取器。在本示例中，我们将创建一个NSArray来保存想要在选取器中显示的值。

选取器本身不会保存任何数据。它们调用其数据源和委托上的方法来获取需要显示的数据。选取器不会关心底层数据位于何处。它在需要时才会请求数据，数据源和委托（在实际中，它们经常是同一个对象）将通过相互协作来提供该数据。因此，数据可以来自一个静态列表，比如本节中使用的数据，也可以从一个文件或URL载入，甚至随时地组合或计算而来。

7.5.1 声明输出口和操作

通常，在GUI上工作之前，我们需要确保输出口和操作已经位于控制器的头文件中。在项目导航中，单击BIDSingleComponentPickerViewController.h。此控制器类将同时充当选取器的数据源和委托，因此我们需要确保它符合这两个角色的协议。此外，还需要声明一个输出口和一个操作。添加以下代码：

```
#import <UIKit/UIKit.h>

@interface BIDSingleComponentPickerViewController : UIViewController
    <UIPickerViewDelegate, UIPickerViewDataSource>

@property (strong, nonatomic) IBOutlet UIPickerView *singlePicker;
@property (strong, nonatomic) NSArray *pickerData;
- (IBAction)buttonPressed;

@end
```

首先，确保控制器类符合两个协议：UIPickerViewDelegate和UIPickerViewDataSource。然后，为选取器声明一个输出口和一个指向NSArray的指针，NSArray将用于保存在选取器中显示的数据项。最后，声明按钮的操作方法，就像对日期选取器的操作一样。

7.5.2 构建视图

保存源代码，单击BIDSingleComponentPickerViewController.xib，打开标签栏中第二个标签的内容视图。单击View图标，并按⌥⌘4调出属性检查器，以便在Simulated Metrics部分将Bottom Bar设置为Tab Bar。接下来，从库中找到一个Picker View（参见图7-19），将其添加到nib的View窗口中，放置在靠近视图顶部的位置，就像对日期选取器视图所做的一样。

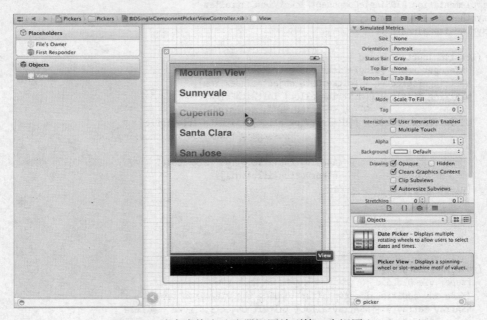

图7-19 从库中拖出选取器视图放到第二个视图上

放好选取器之后，按下Control键从Files's Owner拖到选取器，然后选择single Picker输出口。

选中选取器，按下⌥⌘6打开连接检查器。如果查看选取器视图可用的连接，将会看到前两项是DataSource和Delegate。如果你没有看到这些输出口，再检查一下，确保选中的是选取器，而不是包含选取器的UIView。将DataSource旁边的圆拖到File's Owner图标。然后再次将Delegate旁边的圆拖到File's Owner图标。现在，此选取器知道nib中BIDSingleComponentPickerViewController类的实例就是它的数据源和委托，并且会要求该实例提供要显示的数据。换句话说，当选取器需要用到将要显示的数据信息时，它将向控制此视图的BIDSingleComponentPickerViewController实例请求该信息。

拖动一个Round Rect Button到该视图，双击该按钮，将其标题设置为Select。按下return键提交更改。在连接检查器中，将Touch Up Inside旁边的圆拖到File's Owner图标，选择buttonPressed操作。现在我们完成了GUI第二个标签的创建，保存并关闭nib文件，然后返回到Xcode。

7.5.3　将控制器实现为数据源和委托

要让控制器充当选取器的数据源和委托，我们先从你熟悉的代码开始，再添加一些你从未见过的新方法。

单击BIDSingleComponentPickerViewController.m，并在文件开头添加以下代码：

```
#import "BIDSingleComponentPickerViewController.h"

@implementation BIDSingleComponentPickerViewController
@synthesize singlePicker;
@synthesize pickerData;

- (IBAction)buttonPressed {
    NSInteger row = [singlePicker selectedRowInComponent:0];
    NSString *selected = [pickerData objectAtIndex:row];
    NSString *title = [[NSString alloc] initWithFormat:
                        @"You selected %@!", selected];
    UIAlertView *alert = [[UIAlertView alloc] initWithTitle:title
                                        message:@"Thank you for choosing."
                                        delegate:nil
                            cancelButtonTitle:@"You're Welcome"
                            otherButtonTitles:nil];
    [alert show];
}
.
.
.

- (void)viewDidLoad {
    [super viewDidLoad];
    // Do any additional setup after loading the view from its nib.
    NSArray *array = [[NSArray alloc] initWithObjects:@"Luke", @"Leia",
            @"Han", @"Chewbacca", @"Artoo", @"Threepio", @"Lando", nil];
    self.pickerData = array;
}
.
.
.
```

你现在应该熟悉这两个方法了。buttonPressed方法与日期选取器中使用的对应方法几乎一样。

与日期选取器不同，常规的选取器无法告诉我们它包含的数据，因为它没有维护这些数据。它将此工作交由委托和数据源处理。我们需要询问选取器哪一行已被选中，然后从pickerData数组提取相应的数据。以下是询问选取器所选行的方法：

```
NSInteger row = [singlePicker selectedRowInComponent:0];
```

注意，我们需要指定想要了解的组件。此选取器中只有一个组件，因此我们传入0，这是第一个组件的索引。

说明 注意到NSInteger与row之间没有星号了吗？在大部分iOS SDK中，虽然前缀NS通常表示来自Foundation框架的Objective-C类，但此处是这个一般规则的一个例外。NSInteger始终定义为整数数据类型，无论是int还是long。我们使用NSInteger，而没有使用int或long，因为当使用NSInteger时，编译器将自动选择最适合目标平台的整数类型。当针对32位处理器编译时，编译器将创建一个32位int，当针对64位体系结构编译时，它将创建一个64位long。目前还没有64位的iOS设备，但是谁知道以后会不会有呢？也可以为iOS应用程序编写类，便于以后在面向Mac OS X的Cocoa应用程序中使用，Mac OS X能够同时支持32位和64位应用程序。

在viewDidLoad中，我们创建了一个包含几个对象的数组，用于向选取器提供数据。通常而言，数据来自于其他数据源，比如项目的Resources文件夹中的属性列表。利用此处的方式在代码中嵌入一组项，将难以更新此列表或将应用程序转换为其他语言。但出于演示目的，这种方法是将数据获取到数组中的最快和最简单的方式。但你通常不会采用这种方式创建数组，而是将使用的数据缓存到viewDidLoad方法中的一个数组中，这样就不必在选取器每次请求数据时都访问磁盘或网络。

提示 如果不打算像我们刚才在viewDidLoad中做的那样，在代码中创建一个包含一组对象的数组，那么应该如何操作呢？将对象列表嵌入到属性列表文件中，并将这些文件添加到项目的Resources文件夹中。无需重新编译源代码就可以更改属性列表文件，这意味着在更改时不会引入新的错误。你也可以为不同语言提供不同的列表版本，第20章将介绍这种方法。可以使用Xcode来创建属性列表，Xcode会提供模板，以供我们在新建文件帮助页面的Resource部分创建属性列表；同时Xcode还支持在编辑器窗格中编辑属性列表。NSArray和NSDictionary都提供了一个名为initWithContentsOfFile:的方法，以支持初始化属性列表文件中的实例，本章稍后在实现Dependent标签时将采用这种方法。

接下来，将以下代码插入到现有的viewDidUnload方法中：

```
- (void)viewDidUnload {
    [super viewDidUnload];
    // Release any retained subviews of the main view.
    // e.g. self.myOutlet = nil;
    self.singlePicker = nil;
    self.pickerData = nil;
}
```

这里要注意的一点是，我们已将singlePicker和pickerData都设置为nil。在大多数情况下，仅会将输出口设置为nil，不会将其他实例变量设置为nil。但是，这里将pickerData设置为nil

是合适的，因为每次重新加载视图时都会重新创建pickerData数组，并且我们希望在释放视图时释放内存。在viewDidLoad方法中创建的任何内容都将从viewDidUnload中擦除，因为viewDidLoad会在重新加载视图时再次触发。

最后，将以下代码插入到文件末尾：

```
.
.
.
#pragma mark -
#pragma mark Picker Data Source Methods

- (NSInteger)numberOfComponentsInPickerView:(UIPickerView *)pickerView {
    return 1;
}


- (NSInteger)pickerView:(UIPickerView *)pickerView
numberOfRowsInComponent:(NSInteger)component {
    return [pickerData count];
}

#pragma mark Picker Delegate Methods
- (NSString *)pickerView:(UIPickerView *)pickerView
            titleForRow:(NSInteger)row
            forComponent:(NSInteger)component {
    return [pickerData objectAtIndex:row];
}

@end
```

文件底部包含实现选取器所需的新方法。前两个方法来自UIPickerViewDataSource协议，所有选取器（除了日期选取器）都需要它们。下面是第一个方法：

```
- (NSInteger)numberOfComponentsInPickerView:(UIPickerView *)pickerView {
    return 1;
}
```

选取器可以包含多个旋转滚轮或组件，这就是选取器会询问应该显示几个组件的原因。这一次，我们只想显示一个列表，因此返回1。注意，UIPickerView将作为参数传入。此参数指向询问此问题的选取器视图，这使同一个数据源能够控制多个选取器。在本例中，我们知道只有一个选取器，可以放心地忽略此参数，因为我们已经知道需要哪个选取器。

选取器使用第二种数据源方法询问给定组件包含多少行数据：

```
- (NSInteger)pickerView:(UIPickerView *)pickerView
numberOfRowsInComponent:(NSInteger)component {
    return [pickerData count];
}
```

#pragma是什么

注意到BIDSingleComponentPickerViewController.m中的以下代码了吗？
```
#pragma mark -
#pragma mark Picker Data Source Methods
```

从技术上讲，任何以#pragma开头的代码都是一条编译器指令，具体来讲，是一个**特定于程序**或特定于编译器的指令，它们不一定适用于其他编译器或其他环境。如果编译器不能识别该指令，则会将其忽略，但可能会生成一个警告。在这种情况下，#pragma指令实际上是针对IDE的指令，而与编译器无关，它们告诉Xcode的编辑器，要在编辑器窗格顶部的方法和函数弹出菜单中将代码分隔开。第一个指令在菜单中添加了一个分隔符。第二条指令创建一个文本条目，其中包含该行中剩余的内容，可以将该文本条目用作源代码中各组方法的某种描述性标题。

一些类(尤其是一些控制器类)可能很长，方法和函数弹出菜单便于代码导航。加入#pragma指令并对代码进行逻辑组织，可以使弹出菜单变得更加有效。

再一次，我们被告知哪个选取器视图正在请求哪个组件。因为我们知道只有一个选取器和一个组件，所以不用担心每个参数，只需从唯一的数据数组返回对象计数即可。

在两个数据源方法之后，我们实现了一个委托方法。与数据源方法不同，所有委托方法都是可选的。"可选"这个词带有一定的欺骗性，因为实际上必须至少实现一个委托方法。通常会实现我们在这里实现的方法。在介绍自定义选取器时我们将会看到，要想在选取器中显示除文本以外的内容，必须实现一种不同的方法。

```
- (NSString *)pickerView:(UIPickerView *)pickerView
            titleForRow:(NSInteger)row
            forComponent:(NSInteger)component {
    return [pickerData objectAtIndex:row];
}
```

在此方法中，选取器要求提供关于指定组件中指定行的数据。我们提供一个指向请求数据的选取器的指针，以及它请求的组件和行。因为我们的视图只有一个选取器，且该选取器只有一个组件，因此可以忽略除row参数之外的其他参数，并使用row参数返回数据数组中的合适项。

再次编译并运行应用程序。当模拟器出现时，切换到第二个标签(标有Single的标签)，并检查新的自定义选取器，它应该与图7-3类似。

温习一下刚才介绍的所有内容，然后返回Xcode，我们将讨论如何实现带有两个组件的选取器。如果想要挑战一下自己，那么第二个内容视图实际上是一个很好的演练机会。你已经知道此选取器需要的所有方法，因此可以实际练习一下。你可能首先想实现图7-4所示的外观，那么只需回顾刚才介绍的方法。然后继续阅读，你将会看到我们如何解决这个问题。

7.6 实现多组件选取器

下一个内容窗格将包含一个带有两个组件或滚轮的选取器。每个滚轮之间彼此独立。左侧的滚轮将包含一个三明治馅料列表，右侧的滚轮包含各种面包类型。刚才已经提到，要编写的数据源和委托方法与为单个组件选取器编写的方法相同。我们只需在一些方法中编写少量代码，以确保为每个组件返回正确的值和行数。

7.6.1   声明输出口和操作

单击BIDDoubleComponentPickerViewController.h，并添加以下代码：

```
#import <UIKit/UIKit.h>

#define kFillingComponent 0
#define kBreadComponent   1

@interface BIDDoubleComponentPickerViewController : UIViewController
    <UIPickerViewDelegate, UIPickerViewDataSource>

@property(strong, nonatomic) IBOutlet UIPickerView *doublePicker;
@property(strong, nonatomic) NSArray *fillingTypes;
@property(strong, nonatomic) NSArray *breadTypes;

-(IBAction)buttonPressed;
@end
```

可以看到，我们首先定义了两个常量，它们表示两个组件，这会使代码更容易阅读。为组件分配编号，最左侧的组件的编号为0，向右依次递增。

接下来，使控制器类符合委托和数据源协议，为选取器声明一个输出口，声明两个数组来保存两个选取器组件的数据。声明了每个实例变量的属性之后，为按钮声明一个操作方法，就像在前面两个内容窗格中那样。保存工作，单击BIDDoubleComponentPickerViewController.xib，在Interface Builder中打开该nib文件。

7.6.2   构建视图

选择View图标，使用属性检查器将Simulated Metrics部分中的Bottom Bar设置为Tab Bar。

在视图中添加一个选取器和一个按钮，将按钮标签改为Select，然后创建必要的连接。我们不再讨论连接过程，如果需要逐步指导，可以参考7.5节，因为两个应用程序的nib文件都是一样的。下面总结需要做的工作。

(1) 将File's Owner上的doublePicker输出口连接到选取器。

(2) 将选取器视图上的DataSource和Delegate连接到File's Owner（使用连接检查器）。

(3) 将按钮的Touch Up Inside事件连接到File's Owner上的buttonPressed操作（使用连接检查器）。

确保保存并关闭了nib文件，然后返回Xcode。可以在这一页上做个标记（如果喜欢，可以添加一个书签），以后用得着。稍后将会参考本页内容。

7.6.3   实现控制器

单击BIDDoubleComponentPickerViewController.m，并在文件开头添加以下代码：

```
#import "BIDDoubleComponentPickerViewController.h"

@implementation BIDDoubleComponentPickerViewController
@synthesize doublePicker;
@synthesize fillingTypes;
@synthesize breadTypes;

-(IBAction)buttonPressed
{
    NSInteger fillingRow = [doublePicker selectedRowInComponent:
                            kFillingComponent];
    NSInteger breadRow = [doublePicker selectedRowInComponent:
                            kBreadComponent];


    NSString *bread = [breadTypes objectAtIndex:breadRow];
    NSString *filling = [fillingTypes objectAtIndex:fillingRow];

    NSString *message = [[NSString alloc] initWithFormat:
            @"Your %@ on %@ bread will be right up.", filling, bread];

    UIAlertView *alert = [[UIAlertView alloc] initWithTitle:
                                        @"Thank you for your order"
                                                message:message
                                                delegate:nil
                                    cancelButtonTitle:@"Great!"
                                    otherButtonTitles:nil];
    [alert show];
}
.
.
.
```

将以下代码添加到现有的viewDidload方法中：

```
- (void)viewDidLoad {
    [super viewDidLoad];
    // Do any additional setup after loading the view from its nib.
    NSArray *fillingArray = [[NSArray alloc] initWithObjects:@"Ham",
                    @"Turkey", @"Peanut Butter", @"Tuna Salad",
                    @"Chicken Salad", @"Roast Beef", @"Vegemite", nil];
    self.fillingTypes = fillingArray;

    NSArray *breadArray = [[NSArray alloc] initWithObjects:@"White",
        @"Whole Wheat", @"Rye", @"Sourdough", @"Seven Grain",nil];
    self.breadTypes = breadArray;
}
```

同时，将以下代码添加到已有的viewDidUnload方法中：

```
- (void)viewDidUnload {
    [super viewDidUnload];
    // Release any retained subviews of the main view.
```

```
        // e.g. self.myOutlet = nil;
        self.doublePicker = nil;
        self.breadTypes = nil;
        self.fillingTypes = nil;
    }
```

将委托和数据源添加到底部：

```
    .
    .
    .
#pragma mark -
#pragma mark Picker Data Source Methods
- (NSInteger)numberOfComponentsInPickerView:(UIPickerView *)pickerView {
    return 2;
}

- (NSInteger)pickerView:(UIPickerView *)pickerView
numberOfRowsInComponent:(NSInteger)component {
    if (component == kBreadComponent)
        return [self.breadTypes count];

    return [self.fillingTypes count];
}

#pragma mark Picker Delegate Methods
- (NSString *)pickerView:(UIPickerView *)pickerView
              titleForRow:(NSInteger)row
            forComponent:(NSInteger)component {
    if (component == kBreadComponent)
        return [self.breadTypes objectAtIndex:row];
    return [self.fillingTypes objectAtIndex:row];
}

@end
```

这一次，buttonPressed 方法稍微有点复杂，但是其中绝大部分代码都是我们所熟悉的，我们只需使用前面定义的 kBreadComponent 和 kFillingComponent 常量指定选定行所对应的组件。

```
NSInteger breadRow = [doublePicker selectedRowInComponent:
        kBreadComponent];
NSInteger fillingRow = [doublePicker selectedRowInComponent:
        kFillingComponent];
```

可以看到，这里使用了两个常量来代替0和1，这使代码更具有可读性。后面使用的 buttonPressed 方法与我们编写的上一个版本基本相同。

viewDidLoad: 也与前一个选取器中编写的版本非常类似。唯一的区别在于，我们载入了两个包含数据的数组，而不是一个。再一次，我们从硬编码的字符串列表创建数组，你一般不应该在自己的应用程序中这么做。

接下来看一下数据源方法，从这里开始，将对代码进行较大的更改。在第一个方法中，指定选取器应该拥有两个组件，而不是一个：

```
- (NSInteger)numberOfComponentsInPickerView:(UIPickerView *)pickerView {
    return 2;
}
```

这一次，当要求提供行数时，我们必须检查选取器询问的是哪个组件，并返回相应数组的正确行数：

```
- (NSInteger)pickerView:(UIPickerView *)pickerView
numberOfRowsInComponent:(NSInteger)component {
    if (component == kBreadComponent)
        return [self.breadTypes count];

    return [self.fillingTypes count];
}
```

然后，在委托方法中执行相同的操作。检查组件，并使用正确的数组供被请求的组件提取和返回正确的值。

```
- (NSString *)pickerView:(UIPickerView *)pickerView
            titleForRow:(NSInteger)row
          forComponent:(NSInteger)component {
    if (component == kBreadComponent)
        return [self.breadTypes objectAtIndex:row];
    return [self.fillingTypes objectAtIndex:row];
}
```

这不是很难，对吗？编译并运行应用程序，并确保Double内容窗格与图7-4类似。

注意，各个滚轮之间是完全独立的。旋转一个滚轮不会影响到另一个。这正适合此处的情形。但有时候，一个组件将依赖于另一个。日期选取器就是一个典型的例子。当更改月份时，显示每月天数的刻度盘可能需要更改，因为不是所有月份都拥有相同的天数。只要知道操作方法，实现这项功能实际上并不难，但是独自解决此问题并不容易，所以接下来我们将看一下如何操作。

7.7 实现依赖组件

在本节中，我们不打算详细讨论前面已经介绍过的内容。我们将主要介绍一些新知识。新选取器将在左侧组件中显示一组美国的州，在右侧组件中显示与当前在左侧选定的州相对应的邮政编码。

左侧组件中的每个项都需要一个独立的邮政编码列表。与上一节一样，我们将声明两个数组，分别对应每个组件。还需要一个NSDictionary字典。在字典中，每个州都有一个对应的NSArray（参见图7-20）。随后，实现一个委托方法，该方法将在选取器的选定项改变时通知我们。如果左侧的值改变，我们将从字典中提取正确的数组，并将其分配给右侧组件所使用的数组。如果未能获取所有数组，不要担心，我们将在深入分析代码时讨论这一点。

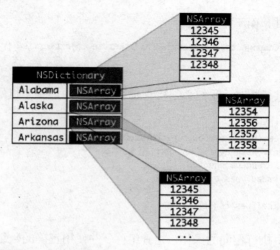

图7-20　应用程序的数据：对于每个州，字典里都有与之对应的、使用州名作为键的条
　　　　目。该键存储的是一个NSArray实例，其中包含该州的所有邮政编码

将以下代码添加到BIDDependentComponentPickerViewController.h文件中：

```
#import <UIKit/UIKit.h>
#define kStateComponent    0
#define kZipComponent      1

@interface BIDDependentComponentPickerViewController : UIViewController
    <UIPickerViewDelegate, UIPickerViewDataSource>

@property (strong, nonatomic) IBOutlet UIPickerView *picker;
@property (strong, nonatomic) NSDictionary *stateZips;
@property (strong, nonatomic) NSArray *states;
@property (strong, nonatomic) NSArray *zips;

- (IBAction) buttonPressed;
@end
```

现在构建一个内容视图。构建过程与构建前面两个组件视图的过程大体相同。如果忘记了具
体操作，可以查看7.5.2节，并按照其中的分步说明进行操作。这里要注意一点：首先应打开
BIDDependentComponentPickerViewController.xib。然后重复本章对所有其他内容视图的基本步
骤。完成之后，保存nib文件。

接下来，我们将实现这个控制器类。刚开始可能会觉得此实现有点怪异。通过让一个组件依
赖于另一个组件，我们使控制器类的复杂度变得更高了。虽然选取器一次只能显示两个列表，但
控制器类必须管理51个列表。此处所使用的技巧可以简化这个过程。数据源方法看起来与实现
DoublePicker视图的方法几乎相同。增加的所有复杂度都在viewDidLoad和一个新的委托方法
pickerView:didSelectRow:inComponent:之间进行处理。

在编写代码之前，我们需要创建要显示的数据。目前为止，我们已经通过指定一列字符串在代码中创建了一些数组。但是现在，我们不再打算采用这种方式。我们不希望输入数千个值，而是希望通过其他更合适的方式解决这个问题，我们将从一个属性列表载入数据。前面已经提到，NSArray和NSDictionary对象都可以通过属性列表创建。我们已经在项目归档文件的07 Pickers文件夹中包含了一个属性列表statedictionary.plist。

将该文件导入Xcode项目中的Pickers文件夹，单击项目窗口中的plist文件，可以查看甚至编辑其中的数据（参见图7-21）。

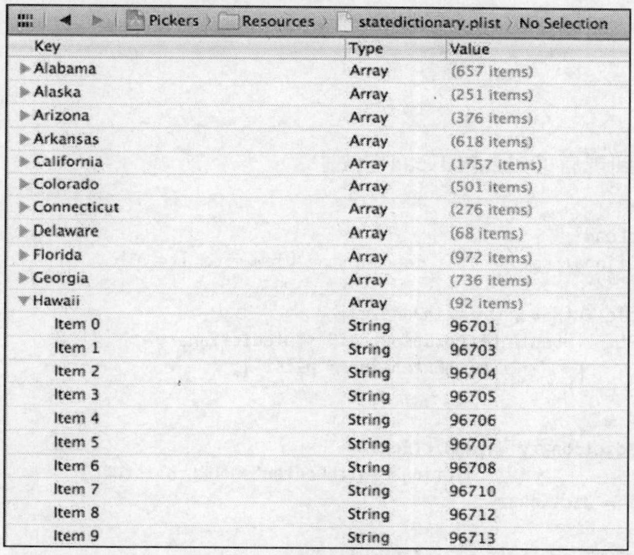

Key	Type	Value
▶ Alabama	Array	(657 items)
▶ Alaska	Array	(251 items)
▶ Arizona	Array	(376 items)
▶ Arkansas	Array	(618 items)
▶ California	Array	(1757 items)
▶ Colorado	Array	(501 items)
▶ Connecticut	Array	(276 items)
▶ Delaware	Array	(68 items)
▶ Florida	Array	(972 items)
▶ Georgia	Array	(736 items)
▼ Hawaii	Array	(92 items)
Item 0	String	96701
Item 1	String	96703
Item 2	String	96704
Item 3	String	96705
Item 4	String	96706
Item 5	String	96707
Item 6	String	96708
Item 7	String	96710
Item 8	String	96712
Item 9	String	96713

Pickers > Resources > statedictionary.plist > No Selection

图7-21　statedictionary.plist文件，显示州列表。在Hawaii一栏中能看到一列邮政编码的开头

现在编写一些代码。将以下代码添加到BIDDependentComponentPickerViewController.m，然后我们将分块进行讨论。

```
#import "BIDDependentComponentPickerViewController.h"

@implementation BIDDependentComponentPickerViewController
@synthesize picker;
@synthesize stateZips;
@synthesize states;
@synthesize zips;

- (IBAction) buttonPressed {
    NSInteger stateRow = [picker selectedRowInComponent:kStateComponent];
    NSInteger zipRow = [picker selectedRowInComponent:kZipComponent];

    NSString *state = [self.states objectAtIndex:stateRow];
    NSString *zip = [self.zips objectAtIndex:zipRow];
```

```
        NSString *title = [[NSString alloc] initWithFormat:
                            @"You selected zip code %@.", zip];
        NSString *message = [[NSString alloc] initWithFormat:
                             @"%@ is in %@", zip, state];

        UIAlertView *alert = [[UIAlertView alloc] initWithTitle:title
                                                  message:message
                                                  delegate:nil
                                        cancelButtonTitle:@"OK"
                                        otherButtonTitles:nil];
        [alert show];
}
        .
        .
        .
```

将以下代码添加到现有的viewDidload方法中：

```
- (void)viewDidLoad {
    [super viewDidLoad];
    // Do any additional setup after loading the view from its nib.

    NSBundle *bundle = [NSBundle mainBundle];
    NSURL *plistURL = [bundle URLForResource:@"statedictionary"
                              withExtension:@"plist"];

    NSDictionary *dictionary = [NSDictionary
                               dictionaryWithContentsOfURL:plistURL];
    self.stateZips = dictionary;

    NSArray *components = [self.stateZips allKeys];
    NSArray *sorted = [components sortedArrayUsingSelector:
                      @selector(compare:)];
    self.states = sorted;

    NSString *selectedState = [self.states objectAtIndex:0];
    NSArray *array = [stateZips objectForKey:selectedState];
    self.zips = array;
}
```

然后，将下面几行代码添加到已有的viewDidUnload方法中：

```
- (void)viewDidUnload {
    [super viewDidUnload];
    // Release any retained subviews of the main view.
    // e.g. self.myOutlet = nil;
    self.picker = nil;
    self.stateZips = nil;
    self.states = nil;
    self.zips = nil;
}
```

最后，将委托和数据源方法添加到文件底部：

```
    .
    .
    .
#pragma mark -
#pragma mark Picker Data Source Methods
- (NSInteger)numberOfComponentsInPickerView:(UIPickerView *)pickerView {
    return 2;
}


- (NSInteger)pickerView:(UIPickerView *)pickerView
numberOfRowsInComponent:(NSInteger)component {
    if (component == kStateComponent)
        return [self.states count];
    return [self.zips count];
}

#pragma mark Picker Delegate Methods
- (NSString *)pickerView:(UIPickerView *)pickerView
             titleForRow:(NSInteger)row
            forComponent:(NSInteger)component {
    if (component == kStateComponent)
        return [self.states objectAtIndex:row];
    return [self.zips objectAtIndex:row];
}

- (void)pickerView:(UIPickerView *)pickerView
       didSelectRow:(NSInteger)row
        inComponent:(NSInteger)component {
    if (component == kStateComponent) {
        NSString *selectedState = [self.states objectAtIndex:row];
        NSArray *array = [stateZips objectForKey:selectedState];
        self.zips = array;
        [picker selectRow:0 inComponent:kZipComponent animated:YES];
        [picker reloadComponent:kZipComponent];
    }
}

@end
```

无需再讨论buttonPressed方法了，它与上一个版本基本一样。但是，我们应该看一下viewDidLoad方法。这里有一些内容需要理解，所以我们将仔细讨论。

在这个新的viewDidLoad方法中，我们做的第一件事情就是提取对应用程序的**主束**（main bundle）的引用。

```
NSBundle *bundle = [NSBundle mainBundle];
```

那么什么是束呢？**束**只是一种特定的文件夹类型，其中的内容遵循特定的结构。应用程序和框架都是束，此调用返回的束对象表示我们的应用程序。

NSBundle的一个主要作用是获取添加到项目的Resources文件夹的资源。在构建应用程序时，这些文件将被复制到应用程序的束中。我们已经在项目中添加了图像等资源，但是到现在为止，我们还只是在Interface Builder中使用它们。如果想要在代码中使用这些资源，则通常需要使用NSBundle。我们将使用主束来获取需要的资源路径：

```
NSURL *plistURL = [bundle URLForResource:@"statedictionary"
                              withExtension:@"plist"];
```

这将返回一个URL，其中包含statedictionary.plist文件的位置。然后可以使用该路径创建一个NSDictionary对象。当这样做时，属性列表的所有内容将被载入到新创建的NSDictionary对象中。然后，将该对象分配给stateZips。

```
NSDictionary *dictionary = [NSDictionary
                            dictionaryWithContentsOfURL:plistURL];
self.stateZips = dictionary;
```

刚才载入的字典使用州名作为键，并且包含一个NSArray，其中包含所选州的邮政编码。为了填充左侧组件的数组，我们从字典获取所有键的列表，并将这些键分配给states数组。在分配数组之前，对其中的值按字母顺序进行排序。

```
NSArray *components = [self.stateZips allKeys];
NSArray *sorted = [components sortedArrayUsingSelector:
    @selector(compare:)];
self.states = sorted;
```

除非将选择设置为另一个值，否则选取器一开始将选中第一行（行的索引值为0）。为了获取与states数组中的第一行相对应的zips数组，我们从states数组提取索引为0的对象。这将返回启动时默认选择的州名。然后使用这个州名提取该州的邮政编码数组，将这个数组分配给zips数组，zips数组将用于向右侧组件提供数据。

```
NSString *selectedState = [self.states objectAtIndex:0];
NSArray *array = [stateZips objectForKey:selectedState];
self.zips = array;
```

两个数据源方法实际上都与其上一个版本相同，用于返回合适数组中的行数。我们实现的第一个委托方法也与其上一个版本相同。而第二个委托方法是全新的，这正是魔力所在：

```
- (void)pickerView:(UIPickerView *)pickerView
    didSelectRow:(NSInteger)row
     inComponent:(NSInteger)component {
  if (component == kStateComponent) {
     NSString *selectedState = [self.states objectAtIndex:row];
     NSArray *array = [stateZips objectForKey:selectedState];
     self.zips = array;
     [picker selectRow:0 inComponent:kZipComponent animated:YES];
     [picker reloadComponent:kZipComponent];
  }
}
```

只要选取器的选择发生变化，就会调用这个方法。我们看一下该组件，并看看左侧的组件是否发生了改变。如果它改变了，我们就提取对应于新选择的数组，并将其分配给zips数组。然后，将右侧组件设置为第一行，并告诉它重新加载自己。通过在州改变时交换zips数组，可以使余下的代码与DoublePicker示例中的代码保持一样。

我们的工作还没完成。编译并运行应用程序，检查Dependent标签，如图7-22所示。是否存在不合意的地方？

图7-22　是否要将两个组件设置成相同的大小？注意，剪掉一个长长的州名

两个组件的大小相同。即使邮政编码不超过5个字符，它也会与州占用同样的空间。一半的选取器宽度无法完全显示Mississippi（密西西比州）和Massachusetts（马萨诸塞州）这样的州，这似乎不太理想。幸运的是，可以实现另一个委托方法来指定每个组件应该占用的宽度。在纵向模式下，选取器组件的可用宽度大约为295像素，但是对于添加的每个附加组件，可能没有空间绘制新组件的边缘。也许需要调整组件的值以获得最佳的显示效果。将以下方法添加到BIDDependentComponentPickerViewController.m的委托部分：

```
- (CGFloat)pickerView:(UIPickerView *)pickerView
    widthForComponent:(NSInteger)component {
    if (component == kZipComponent)
        return 90;
    return 200;
}
```

在这个方法中，我们返回了一个数字，代表每个组件应该具有的宽度（以像素为单位），选取器将尽可能适应这个宽度值。保存应用程序，编译并运行，Dependent标签上的选取器将与图7-5更加类似。

现在，你应该对选取器和标签栏应用程序有了一定的了解。对于选取器，我们还有一些工作要做，接下来的工作将更加有趣。下一节将创建一个简单的老虎机游戏。

7.8   使用自定义选取器创建简单游戏

现在，我们将创建一个实际的老虎机游戏。当然，虽然这个老虎机不会给我们吐出大把钱来，但它确实是一个不错的游戏。先看一下图7-6，了解一下将要构建的视图是什么样子的。

7.8.1   编写控制器头文件

将以下代码添加到BIDCustomPickerViewController.h：

```
#import <UIKit/UIKit.h>

@interface BIDCustomPickerViewController : UIViewController
        <UIPickerViewDataSource, UIPickerViewDelegate>

@property(strong, nonatomic) IBOutlet UIPickerView *picker;
@property(strong, nonatomic) IBOutlet UILabel *winLabel;
@property(strong, nonatomic) NSArray *column1;
@property(strong, nonatomic) NSArray *column2;
@property(strong, nonatomic) NSArray *column3;
@property(strong, nonatomic) NSArray *column4;
@property(strong, nonatomic) NSArray *column5;

- (IBAction)spin;
@end
```

我们将声明两个输出口，一个用于选取器视图，另一个用于标签。该标签将用于在用户获胜之后告诉他们，也就是在同一行中出现3个相同的符号时。

我们还将创建5个指向NSArray对象的指针。这些指针用于保存图像视图，这些视图包含我们想要选取器绘制的图像。虽然5列都使用相同的图像，但我们仍然需要将每列对应的数组分开，使其拥有自己的图像视图集，因为每个视图一次只能在选取器中的一个位置绘制。我们也声明了一个操作方法，这次将其命名为spin。

7.8.2   构建视图

尽管图7-6中的图片比我们构建的其他视图更漂亮，但设计nib的方式实际上没有太大的区别。所有其他工作都在控制器的委托方法中完成。

确保保存了新的源代码，然后单击项目导航中的BIDCustomPickerViewController.xib以编辑GUI。设置Simulated Metrics以在视图底部模拟一个标签栏，然后添加一个选取器视图，在其下方添加一个标签，在标签下添加一个按钮。使用视图底部的蓝色引导线作为按钮底边，然后将标签和按钮居中。将按钮的标题命名为Spin。

现在，移动标签以使它与视图的左侧引导线对齐，并接触选取器视图底部下方的引导线。接下来，调整标签，使它填满至右侧引导线和按钮顶部上方的引导线的空间。

选中标签，调出属性检查器。将Alignment设置为居中。然后单击Text Color以更改文本颜色，将颜色设置为某种喜庆的颜色，比如亮紫红色（我们实际上不知道这是什么颜色，但它看起来比较喜庆）。

接下来，我们要将文本设大一些。在检查器中查找Font设置，点击它内部的图标（看起来像字母T圈在一个小方框中）会弹出字体选择器。使用该控件可将设备的标准系统字体设为你喜欢的其他类型；或者仅改变字号。这里，我们只将字体大小更改为48。获得了想要的文本格式之后，从中删除单词Label，因为我们不希望在用户第一次获胜之前显示任何文本。

然后，建立所有到输出口和操作的连接。需要将文件所有者的picker输出口连接到选取器视图，winLabel输出口连接到标签，将按钮的Touch Up Inside事件连接到spin操作。然后，确保指定了选取器的委托和数据源。

最后，还有一件事情需要做。选择选取器并打开属性检查器。需要取消选中View设置底部的User Interaction Enabled复选框，这样，用户就不能够手动更改刻度盘进行作弊了。完成之后，保存对nib文件的修改。

---

iOS设备支持的字体

请谨慎使用Interface Builder中的字体面板来设计iOS界面。属性检查器的字体选择器允许开发者从大量字体中指定字体类型，但不同的iOS设备可用的字体集可能不同。例如，在本书写作期间，一些在iPad上可用的字体，iPhone和iPod touch却不能使用。应该将字体选择限制为目标iOS设备上的一个字体集。Jeff LaMarche的iOS博客中的一篇文章介绍了如何以编程方式获取此列表：http://iphonedevelopment.blogspot.com/2010/08/fonts-and-font-families.html。

简单来讲，只需创建基于视图的应用程序并将此代码添加到应用程序委托中的application:-didFinishLaunchingWithOptions:方法中：

```
for (NSString *family in [UIFontfamilyNames]){
    NSLog(@"%@", family);
    for (NSString *font in [UIFontfontNamesForFamilyName:family]){
        NSLog(@"\t%@", font);
    }
}
```

在恰当的模拟器中运行项目，你的字体将显示在项目的控制台日志中。

7.8.3 添加图像资源

现在需要添加将要在游戏中使用的图像。我们在项目归档文件的07 Pickers/Custom Picker Images文件夹中包含了6个图像文件（seven.png、bar.png、crown.png、cherry.png、lemon.png和apple.png）。和处理标签栏图像一样，将所有这些文件添加到项目的Pickers文件夹。在提示是否要创建副本时，最好将这些文件复制到项目文件夹中。

7.8.4 实现控制器

在这个控制器的实现过程中，我们添加了许多新内容。将以下代码添加到BIDCustomPickerView-

Controller.m文件。

```objc
#import "BIDCustomPickerViewController.h"

@implementation BIDCustomPickerViewController
@synthesize picker;
@synthesize winLabel;
@synthesize column1;
@synthesize column2;
@synthesize column3;
@synthesize column4;
@synthesize column5;

- (IBAction)spin {
    BOOL win = NO;
    int numInRow = 1;
    int lastVal = -1;
    for (int i = 0; i < 5; i++) {
        int newValue = random() % [self.column1 count];

        if (newValue == lastVal)
            numInRow++;
        else
            numInRow = 1;

        lastVal = newValue;
        [picker selectRow:newValue inComponent:i animated:YES];
        [picker reloadComponent:i];
        if (numInRow>= 3)
            win = YES;
    }
    if (win)
        winLabel.text = @"WIN!";
    else
     winLabel.text = @"";
}
.
.
.
```

接下来，将以下代码添加到viewDidload方法中：

```objc
- (void)viewDidLoad {
    [super viewDidLoad];
    // Do any additional setup after loading the view from its nib.
    UIImage *seven = [UIImage imageNamed:@"seven.png"];
    UIImage *bar = [UIImage imageNamed:@"bar.png"];
    UIImage *crown = [UIImage imageNamed:@"crown.png"];
    UIImage *cherry = [UIImage imageNamed:@"cherry.png"];
    UIImage *lemon = [UIImage imageNamed:@"lemon.png"];
    UIImage *apple = [UIImage imageNamed:@"apple.png"];

    for (int i = 1; i <= 5; i++) {
```

```
        UIImageView *sevenView = [[UIImageView alloc] initWithImage:seven];
        UIImageView *barView = [[UIImageView alloc] initWithImage:bar];
        UIImageView *crownView = [[UIImageView alloc] initWithImage:crown];
        UIImageView *cherryView = [[UIImageView alloc]
                                initWithImage:cherry];
        UIImageView *lemonView = [[UIImageView alloc] initWithImage:lemon];
        UIImageView *appleView = [[UIImageView alloc] initWithImage:apple];
        NSArray *imageViewArray = [[NSArray alloc] initWithObjects:
                                sevenView, barView, crownView, cherryView,
                                lemonView,appleView, nil];

        NSString *fieldName =
            [[NSString alloc] initWithFormat:@"column%d", i];
        [self setValue:imageViewArray forKey:fieldName];
    }

    srandom(time(NULL));
}
```

接下来，向viewDidUnload方法中添加几行新代码：

```
- (void)viewDidUnload {
    [super viewDidUnload];
    // Release any retained subviews of the main view.
    // e.g. self.myOutlet = nil;
    self.picker = nil;
    self.winLabel = nil;
    self.column1 = nil;
    self.column2 = nil;
    self.column3 = nil;
    self.column4 = nil;
    self.column5 = nil;
}
```

最后，将以下代码添加到文件末尾：

```
.
.
.
#pragma mark -
#pragma mark Picker Data Source Methods
- (NSInteger)numberOfComponentsInPickerView:(UIPickerView *)pickerView {
    return 5;
}


- (NSInteger)pickerView:(UIPickerView *)pickerView
    numberOfRowsInComponent:(NSInteger)component {
    return [self.column1 count];
}

#pragma mark Picker Delegate Methods
- (UIView *)pickerView:(UIPickerView *)pickerView
        viewForRow:(NSInteger)row
        forComponent:(NSInteger)component reusingView:(UIView *)view {
    NSString *arrayName = [[NSString alloc] initWithFormat:@"column%d",
        component+1];
```

```
    NSArray *array = [self valueForKey:arrayName];
return [array objectAtIndex:row];
}

@end
```

这段代码中包含许多新内容。接下来逐一分析这些新方法。

1. spin方法

spin方法将在用户触摸Spin按钮时被触发。在该方法中，我们首先声明了一些变量，这些变量有助于跟踪用户的胜负情况。使用win确定一行中的3个图像是否一样，如果是，则将win设置为YES。使用numInRow跟踪到目前为止我们在一行中获得同一个值的次数，我们还将在lastVal中跟踪以前的组件的值，以便比较当前值与以前的值。将lastVal初始化为-1，因为我们知道，-1不会与任何真实的值匹配：

```
    BOOL win = NO;
    int numInRow = 1;
    int lastVal = -1;
```

接下来，通过循环将所有5个组件都设置为一个新的、随机生成的行选择。我们使用column1数组的计数来完成此工作，这是一种非常便捷的方法，因为我们知道，这5列都具有相同数量的值：

```
    for (int i = 0; i < 5; i++) {
        int newValue = random() % [self.column1 count];
```

将新值与上一个值进行比较，如果它们匹配，则将numInRow加1。如果它们不匹配，则将numInRow重置为1。然后将新值分配给lastVal，这样，可以在下一次循环中使用它来进行比较：

```
        if (newValue == lastVal)
            numInRow++;
        else
            numInRow = 1;
        lastVal = newValue;
```

然后，将相应的组件设置为新值，告诉该组件制作更改动画，并告诉选取器重新载入该组件：

```
        [picker selectRow:newValue inComponent:i animated:YES];
        [picker reloadComponent:i];
```

每次循环要做的最后一件事就是，查看是否在一行中得到了3个相同的图像，如果是，则将win设置为YES：

```
        if (numInRow>= 3)
            win = YES;
    }
```

完成循环之后，设置显示结果是胜还是负的标签：

```
    if (win)
        winLabel.text = @"Win!";
    else
        winLabel.text = @"";
```

2. viewDidLoad方法

新的viewDidLoad方法稍微有点复杂。但是不要担心，当我们将其分解之后，它就不再那么令人生畏了。

我们做的第一件事情是载入6个不同的图像。UIImage类提供的imageNamed:便利方法可以轻松地完成此任务。

```
UIImage *seven = [UIImage imageNamed:@"seven.png"];
UIImage *bar = [UIImage imageNamed:@"bar.png"];
UIImage *crown = [UIImage imageNamed:@"crown.png"];
UIImage *cherry = [UIImage imageNamed:@"cherry.png"];
UIImage *lemon = [UIImage imageNamed:@"lemon.png"];
UIImage *apple = [UIImage imageNamed:@"apple.png"];
```

载入6个图像之后，需要创建一些UIImageView实例，分别对应每个图像以及5个选取器组件中的每一个。我们将通过一个循环来完成此任务：

```
for (int i = 1; i <= 5; i++) {
    UIImageView *sevenView = [[UIImageView alloc] initWithImage:seven];
    UIImageView *barView = [[UIImageView alloc] initWithImage:bar];
    UIImageView *crownView = [[UIImageView alloc] initWithImage:crown];
    UIImageView *cherryView = [[UIImageView alloc]
        initWithImage:cherry];
    UIImageView *lemonView = [[UIImageView alloc] initWithImage:lemon];
    UIImageView *appleView = [[UIImageView alloc] initWithImage:apple];
```

创建了图像视图之后，将这些视图放到一个数组中。此数组将用于向选取器的每个组件提供数据。

```
NSArray *imageViewArray = [[NSArray alloc] initWithObjects:
                            sevenView, barView, crownView, cherryView,
                            lemonView, appleView, nil];
```

现在，只需将此数组分配给5个数组之一。为此，我们将创建一个字符串，该字符串与一个数组的名称匹配。第一次循环时，此字符串为column1，这是一个数组的名称，我们将使用该数组为选取器中第一个组件提供数据。第二次循环时，字符串将变为column2，以此类推：

```
NSString *fieldName = [[NSString alloc]
            initWithFormat:@"column%d", i];
```

为5个数组指定名称之后，可以使用一个非常方便的setValue:forKey:方法将此数组分配给该属性。此方法允许根据属性名称设置属性。因此，如果使用值"column1"调用此方法，其结果将与调用模拟器方法setColumn1:完全一样。

```
[self setValue:imageViewArray forKey:fieldName];
```

此方法的最后一项任务是提供一个随机数生成器。如果不提供随机数生成器，则每次游戏的结果都是一样的，这就失去了游戏的意义了。

```
srandom(time(NULL));
}
```

不是那么糟糕，是吗？但是，向这5个数组填充了图像视图之后，我们还能够对它们做什么呢？如果向下浏览刚才输入的代码，将会发现，两个数据源方法与前面的版本几乎一样，但是如果继续往下查看委托方法，将会发现我们使用了一个完全不同的委托方法来向选取器提供数据。我们前面使用的委托方法返回一个NSString *，但是这个方法返回UIView *。

使用此方法，我们可以为选取器提供任何能够在UIView中绘制的内容。当然，由于选取器的尺寸较小，所以既能够正常工作又比较美观的内容少之又少。但是此方法使我们在选择显示的内容上拥有更多自由，只是需要做更多的工作。

```
- (UIView *)pickerView:(UIPickerView *)pickerView
        viewForRow:(NSInteger)row
    forComponent:(NSInteger)component
    reusingView:(UIView *)view {
```

此方法从5个数组中的一个返回某个图像视图。为此，我们再次使用某个数组的名称创建一个NSString。由于component的索引为0，所以我们将component加1，这会提供一个介于column1与column5之间的值，这个值与一个组件对应，选取器将请求这个组件的数据。

```
NSString *arrayName = [[NSString alloc] initWithFormat:@"column%d",
    component+1];
```

有了要使用的数组名称之后，我们使用方法valueForkey:检索该数组。该方法相当于我们在viewDidLoad中使用的setValue:forKey:方法。使用valueForkey:方法相当于调用所指定的属性的访问方法。因此，调用valueForkey:并指定"column1"的结果与使用column1访问方法相同。有了与组件对应的正确的数组之后，返回该数组中与选定的行对应的图像视图。

```
NSArray *array = [self valueForKey:arrayName];
return [array objectAtIndex:row];
}
```

现在该放松一下了。我们一口气学习了viewDidLoad方法的所有内容，你现在可以玩一玩这个游戏了。

7.8.5　最后的细节

这个小游戏非常有趣，但它的构建方法却非常简单。接下来需要对两个地方进行一些调整。现在，还有两个地方不太令人满意。

☐ 它没有声音，老虎机竟然如此安静！

☐ 刻度盘旋转还未结束，游戏就告诉我们已经获胜了，这虽然是个小问题，但是它使游戏缺少了猜测的乐趣。为了实践一下，再次运行应用程序。它很灵敏，但标签确实在转轮停止旋转之前就出现了。

本书附带的项目归档文件中的07 Pickers/Custom Picker Sounds文件夹包含两个声音文件：crunch.wav和win.wav。将这两个文件都添加到项目的Pickers文件夹中。这两个声音分别在用户单击旋转按钮和获胜时播放。

要使用声音，我们需要访问iOS Audio Toolbox类。在BIDCustomPickerViewController.m开头插入这一行代码：

```
#import <AudioToolbox/AudioToolbox.h>
```

接下来，我们需要添加一个将指向该按钮的输出口。在滚轮旋转的过程中，我们将隐藏该按钮。我们不希望用户在当前循环全部完成之前再次点击该按钮。将以下代码添加到BIDCustomPickerViewController.h：

```
#import <UIKit/UIKit.h>

@interface BIDCustomPickerViewController : UIViewController
        <UIPickerViewDataSource, UIPickerViewDelegate>

@property(strong, nonatomic) IBOutlet UIPickerView *picker;
@property(strong, nonatomic) IBOutlet UILabel *winLabel;
@property(strong, nonatomic) NSArray *column1;
@property(strong, nonatomic) NSArray *column2;
@property(strong, nonatomic) NSArray *column3;
@property(strong, nonatomic) NSArray *column4;
@property(strong, nonatomic) NSArray *column5;
@property(strong, nonatomic) IBOutlet UIButton *button;

-(IBAction)spin;

@end
```

输入代码之后，保存文件，双击BIDCustomPickerViewController.xib，编辑nib文件。打开该文件之后，按住control键并将File's Owner拖到Spin按钮，将其连接到我们刚才创建的新按钮输出口。保存nib文件。

现在，在实现控制器类的过程中，我们需要做一些事情。首先，需要将访问方法和新输出口的修改方法结合起来，因此打开BIDCustomPickerViewController.m并添加以下代码：

```
@implementation BIDCustomPickerViewController
@synthesize picker;
@synthesize winLabel;
@synthesize column1;
@synthesize column2;
@synthesize column3;
@synthesize column4;
@synthesize column5;
@synthesize button;
.
.
.
```

我们还需要向控制器类添加两个方法。将以下两个方法添加到BIDCustomPickerViewController.m，作为该类的前两个方法：

```
-(void)showButton {
    self.button.hidden = NO;
}
```

```
-(void)playWinSound {
    NSURL *soundURL = [[NSBundle mainBundle] URLForResource:@"win"
                                             withExtension:@"wav"];
    SystemSoundID soundID;
    AudioServicesCreateSystemSoundID((__bridge CFURLRef)soundURL, &soundID);
    AudioServicesPlaySystemSound(soundID);
    winLabel.text = @"WINNING!";
    [self performSelector:@selector(showButton) withObject:nil
        afterDelay:1.5];
}
```

第一个方法用于显示按钮。我们将在用户单击该按钮之后将其隐藏，因为如果滚轮仍在旋转，则不可能让它们在停止之前继续旋转。

第二个方法将在用户获胜时被调用。该方法的第一行向主束请求声音文件win.wav的路径，这和我们之前为Dependent选取器视图加载属性列表时的做法相同。获取到该资源的路径后，接下来的3行代码就加载该声音文件并播放它。然后，我们将标签设置为WINNING!，并调用showButton方法，但是我们使用一个名为performSelector:withObject:afterDelay:的方法，通过一种特殊方式调用showButton方法。所有对象都可以非常方便地使用此方法，它允许在未来某个时候调用该方法。在本例中，将在1.5秒之后调用该方法，这会使游戏在刻度盘旋转到最终位置之后才告诉用户结果。

说明　你可能注意到调用AudioServicesCreateSystemSoundID方法的方式有点奇怪。该方法接受一个URL作为其第一个参数，但它需要的并非是NSURL的实例，而是一个CFURLRef结构。苹果通过Core Foundation框架为很多常用组件提供了C接口（比如URL、数组、字符串等）。通过这种方式，甚至是完全用C编写的应用程序也能访问一些通常基于Objective-C的功能。有趣的是，这些C组件与对应的Objective-C组件之间是"桥接"的，例如，CFURLRef在功能上与NSURL指针相同。这意味着Objective-C创建的某些对象可以使用C语言的API，反之亦然。这是通过C语言的强制类型转换实现的，将你需要的类型放在一对括号中，置于该变量名之前。从iOS 5开始，要使用ARC，必须在类型名之前加上_bridge，这样ARC才能知道应该如何处理这个传递给C语言API调用的Objective-C对象。

我们还需要对spin:方法进行一些更改。需要编写代码来播放声音，并在游戏者获胜之后调用playerWon方法。现在对代码进行以下更改：

```
-(IBAction)spin {
    BOOL win = NO;
    int numInRow = 1;
    int lastVal = -1;
    for (int i = 0; i < 5; i++) {
        int newValue = random() % [self.column1 count];

        if (newValue == lastVal)
            numInRow++;
        else
```

```
            numInRow = 1;

        lastVal = newValue;
        [picker selectRow:newValue inComponent:i animated:YES];
        [picker reloadComponent:i];
        if (numInRow>= 3)
            win = YES;
    }

    self.button.hidden = YES;
    NSString *path = [[NSBundle mainBundle] pathForResource:@"crunch"
        ofType:@"wav"];
    SystemSoundID soundID;
    AudioServicesCreateSystemSoundID(
        (__bridge CFURLRef)[NSURL fileURLWithPath:path], &soundID);
    AudioServicesPlaySystemSound (soundID);

    if (win)
        [self performSelector:@selector(playWinSound)
            withObject:nil
            afterDelay:.5];
    else
        [self performSelector:@selector(showButton)
            withObject:nil
            afterDelay:.5];

    winLabel.text = @"";

    if (win)
        winLabel.text = @"WIN!";
    else
        winLabel.text = @"";
}
```

　　我们添加的第一行代码用于隐藏Spin按钮。接下来的4行代码用于播放已加载的声音，让游戏者知道他们已经旋转了滚轮。然后，我们并不是在知道用户胜利时将标签设置为WINNING!，而是采用了另外一种技巧。我们调用刚才创建的两个方法之一，但是在使用performSelector:afterDelay:进行延迟之后才调用。如果用户获胜了，程序则在0.5秒之后调用playWinSound方法，这提供了足够的时间让刻度盘旋转到终点；如果用户失败了，程序将等待0.5秒，然后重新启用Spin按钮。

　　最后需要做的就是释放button输出口，因此对viewDidUnload方法进行以下更改：

```
- (void)viewDidUnload {
    [super viewDidUnload];
    // Release any retained subviews of the main view.
    // e.g. self.myOutlet = nil;
    self.picker = nil;
    self.winLabel = nil;
    self.column1 = nil;
    self.column2 = nil;
    self.column3 = nil;
    self.column4 = nil;
    self.column5 = nil;
    self.button = nil;
}
```

7.8.6   链接Audio Toolbox框架

如果现在尝试编译应用程序，将会得到另一个链接错误。事实表明，这个错误与用于载入和播放声音的函数有关。是的，它们未包含在任何默认链接的框架中。按住command并双击AudioServicesCreateSystemSoundID函数，这将转到声明该函数的头文件。在该文件的顶部，你会看到下面的内容。

```
/*========================================================================
     File: AudioToolbox/AudioServices.h

     Contains: API for general high level audio services.

     Copyright: (c) 2006 - 2008 by Apple Inc., all rights reserved.
  ...
```

这告诉我们，我们尝试调用的函数是Audio Toolbox的一部分，因此我们必须手动将项目链接到该框架。

这很容易做到。在项目导航中，点击Pickers目标（位于列表顶部的图标）。在出现的编辑窗格中，找到TARGETS区域，点击Pickers，随后在出现的窗格中点击Build Phases标签，展开其中的Link Binary With Libraries旁的三角图标，注意加号形状的Add items图标（参见图7-23）。

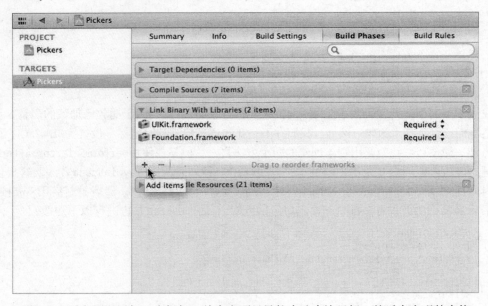

图7-23   要向项目添加一个框架，首先在项目导航中选中该目标，然后在出现的窗格中选择相应的目标，最后选择Build Phases标签，展开Link Binary With Libraries三角图标。注意此时光标正位于Add items加号图标上方

点击Add items图标，将会弹出一个下拉列表，其中列出了可用的框架。选择AudioToolbox.

framework，然后点击Add按钮（参见图7-24）。

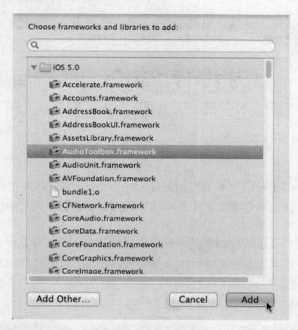

图7-24 从现有框架列表中选择AudioToolbox.framework

现在你的应用程序应该成功链接到了AudioToolbox框架。运行时，单击Spin按钮会播放一种声音，胜利时会播放胜利音乐。

7.9 小结

现在，你应该已经掌握了标签栏应用程序和选取器的基础知识。在本章中，我们从头构建了一个完善的标签栏应用程序，它包含5个不同的内容视图。你学习了如何在各种不同配置下使用选取器，如何创建带有多个组件的选取器，以及如何使某个组件中的值依赖于另一个组件中的选定值。最后还学习了如何让选取器显示图像，而不仅仅是文本。

本章还介绍了选取器委托和数据源，介绍了如何载入图像、载入声音、通过属性列表创建字典，以及将项目链接到其他框架。本章很长，恭喜你掌握了本章的知识！如果已经准备好学习表视图，那么请继续学习下一章。

第8章

表视图简介

下一章将构建一个基于分层导航的应用程序，它类似于iOS设备随带的邮件应用程序。通过这个应用程序，用户可以访问数据嵌套列表和编辑数据。不过，在此之前，需要先掌握表视图的基本概念。这正是本章将要介绍的内容。

表视图是用于向用户显示数据列表的一种最常见的机制。它们是高度可配置的对象，可以被配置为用户所需的任何形式。电子邮件使用表视图显示账户、文件夹和消息的列表，但是表视图并不仅限于显示文本数据。还可以在YouTube、Settings和Music应用程序中使用表视图，尽管这些应用程序具有十分不同的外观（参见图8-1）。

图8-1 虽然看起来各自不同，但Settings、Music和YouTube应用程序都使用表视图来显示数据

8.1 表视图基础

表用于显示数据列表。数据列表中的每项都由行表示。iOS表没有限制行数，行数仅受可用存储空间的限制。iOS表只能有一列。

8.1.1　表视图和表视图单元

表视图是显示表数据的视图对象，它是UITableView类的一个实例。表中的每个可见行都由UITableViewCell类实现。因此，表视图是显示表中可见部分的对象，表视图单元负责显示表中的一行（参见图8-2）。

图8-2　每个表视图都是UITableView的一个实例，每个可见行都是UITableViewCell的一个实例

表视图并不负责存储表中的数据。它们只存储足够绘制当前可见行的数据。表视图从遵循UITableViewDelegate协议的对象获取配置数据，从遵循UITableViewDataSource协议的对象获得行数据。本章稍后介绍的示例应用程序将展示如何实现这些操作。

如前所述，所有的表都只有1列。但是，图8-1右边所示的YouTube应用程序外观确实至少拥有2列，如果数一数图标，甚至会发现原来有3列。不过情况并非如此。表中的每一行都由一个UITableViewCell表示，可以使用一个图像、一些文本和一个可选的辅助图标来配置每个UITableViewCell对象。其中辅助图标是指位于右边的一个小图标，下一章将对它进行详细的介绍。

如果需要的话，可以向UITableViewCell添加子视图，从而在一个单元中放置更多的数据。可以通过两种基本方法来完成此操作。一种方法是在创建单元时通过编程添加子视图，另一种方法是从nib文件中加载它们。你可以按照任何喜欢的方式展示表视图单元，也可以添加任何想要的子视图。这样看来，单列限制并不像开始听起来那样可怕。如果这些让你感到迷惑，别担心，本章稍后将介绍这方面的技巧。

8.1.2   分组表和无格式表

表视图有两种基本样式。

☐ **分组表**。分组表中的每个组都由嵌入在圆角矩形中的多个行组成，如图8-3最左边的图片所示。注意，一个分组表可以只包含一个组。

☐ **无格式表**。无格式表是默认的样式。任何没有圆角矩形属性的表都是无格式表视图。在使用索引的场合又称为**索引表**。

如果数据源提供了必要的信息，通过表视图，用户可以使用右侧的索引来导航列表。图8-3显示了一个分组表、一个不带索引的无格式表和一个带有索引的无格式表（索引表）。

图8-3   相同的表视图分别显示为分组表（左）、不带索引的无格式表（中间）和
         一个带有索引的无格式表（右）

表中的每个部分称为数据源中的**分区**（section）。在分组表中，每个分组都是一个分区。在索引表中，数据的每个索引分组都是一个分区。例如，在图8-3所示的索引表中，以A开头的所有名称都是一个分区，以B开头的那些名称则是另一个分区，以此类推。

分区主要有两个作用。在分组表中，每个分区表示一个组。在索引表中，每个分区对应一个索引条目。因此，如果你希望显示一个按字母顺序列出索引且每个字母作为一个索引条目的列表，那么你将拥有26个分区，每个分区包含以特定字母开头的所有值。

注意   从技术上来说，可以创建带有索引的分组表。即便如此，也不应该为分组表视图提供索引。*iPhone Human Interface Guideline*（《iPhone人性化界面指南》）这本书中明确指出分组表不应该提供索引。

8.2 实现一个简单的表

下面通过一个最简单的示例来了解表视图的工作原理。本示例将显示一个文本值列表。

在Xcode中创建一个新项目。对于本章来说，我们将使用Single View Application模板，因此选择这一项，将项目命名为Simple Table，在Class Prefix中输入BID，并将Device Family设为iPhone。确保没有选中Use Storyboard和Include Unit Tests复选框。

8.2.1 设计视图

在项目导航中，展开Simple Table项目和Simple Table文件夹。这是一个极为简单的应用程序，它不需要任何输出口或操作，单击BIDViewController.xib，编辑GUI。如果View窗口不可见，则双击其在dock中的图标打开它。在库中找到Table View（参见图8-4），并将它拖到View窗口中即可。

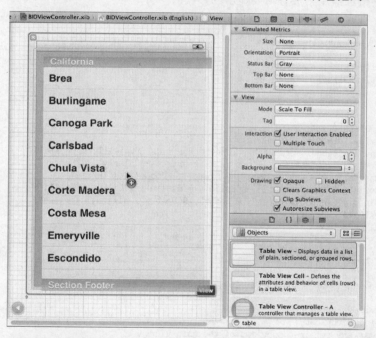

图8-4　从库中拖出表视图放到主视图上。注意，表视图会自动调整到视图的全尺寸

表视图会自动将其高度和宽度调整为View窗口的高度和宽度。这正是我们所希望的。将表视图设计为占据屏幕的整个宽度，以及除应用程序导航栏、工具栏或标签栏之外的高度。

将表视图拖到View窗口上状态栏下面，它应该仍然处于选中状态，如果不是，那么通过单击操作来选定它。然后按下⌥⌘6打开连接检查器。你会注意到，表视图的前两个可用连接和选取器视图的前两个连接一样，都是数据源和委托。从每个连接旁边的圆圈拖到File's Owner图标。这样一来，控制器类就成为此表的数据源和委托。

完成上述操作之后，保存nib文件，准备深入UITableView代码。

8.2.2 编写控制器

下面是控制器类的头文件。单击BIDViewController.h，并添加以下代码：

```
#import <UIKit/UIKit.h>

@interface BIDViewController : UIViewController
        <UITableViewDelegate, UITableViewDataSource>

@property (strong, nonatomic) NSArray *listData;
@end
```

上述代码的作用是让类遵从两个协议，类需要使用这两个协议来充当表视图的委托和数据源，然后声明一个数组用于放置将要显示的数据。

保存文件。现在切换到BIDViewController.m，将以下代码添加到文件的开头：

```
#import "BIDViewController.h"

@implementation BIDViewController
@synthesize listData;
.
.
.
- (void)viewDidLoad {
    [super viewDidLoad];
    // Do any additional setup after loading the view, typically from a nib.
    NSArray *array = [[NSArray alloc] initWithObjects:@"Sleepy", @"Sneezy",
        @"Bashful", @"Happy", @"Doc", @"Grumpy", @"Dopey", @"Thorin",
        @"Dorin", @"Nori", @"Ori", @"Balin", @"Dwalin", @"Fili", @"Kili",
        @"Oin", @"Gloin", @"Bifur", @"Bofur", @"Bombur", nil];
    self.listData = array;
}
.
.
.
```

接下来，将以下代码添加到现有的viewDidUnload方法中：

```
- (void)viewDidUnload {
    [super viewDidUnload];
    // Release any retained subviews of the main view.
    // e.g. self.myOutlet = nil;
    self.listData = nil;
}
```

最后，将以下代码添加到文件的末尾：

```
.
.
.
#pragma mark -
#pragma mark Table View Data Source Methods
```

```
- (NSInteger)tableView:(UITableView *)tableView
    numberOfRowsInSection:(NSInteger)section {
    return [self.listData count];
}

- (UITableViewCell *)tableView:(UITableView *)tableView
        cellForRowAtIndexPath:(NSIndexPath *)indexPath {

    static NSString *SimpleTableIdentifier = @"SimpleTableIdentifier";

    UITableViewCell *cell = [tableView dequeueReusableCellWithIdentifier:
        SimpleTableIdentifier];
    if (cell == nil) {
        cell = [[UITableViewCell alloc]
            initWithStyle:UITableViewCellStyleDefault
            reuseIdentifier:SimpleTableIdentifier];
    }

    NSUInteger row = [indexPath row];
    cell.textLabel.text = [listData objectAtIndex:row];
    return cell;
}

@end
```

我们为控制器添加了3个方法。你可能对第一个方法viewDidLoad感到很熟悉，因为我们前面使用过类似的方法。此方法只创建了一个要传递给表的数据的数组。在实际应用程序中，此数组很可能来自于另一个源，如文本文件、属性列表或URL。

继续往下看，你会看到添加了两个数据源方法。第一个方法是tableView:numberOf-RowsInSection:，表使用它来查看指定分区中有多少行。正如你所希望的，默认的分区数量为1，此方法用于返回组成列表的表分区中的行数。只需返回数组中数组项的数量即可。

下一个方法可能需要一些解释，让我们更仔细地看一下此方法：

```
- (UITableViewCell *)tableView:(UITableView *)tableView
        cellForRowAtIndexPath:(NSIndexPath *)indexPath {
```

当表视图需要绘制其中一行时，则会调用此方法。你会注意到此方法的第二个参数是一个NSIndexPath实例。表视图正是使用此机制把分区和行绑定到一个对象中的。要从NSIndexPath中获得一行或一个分区，只需要调用row方法或section方法就可以了，这两个方法都返回一个int值。

第一个参数tableView是对发起请求的表的引用。通过它，我们可以创建充当多个表的数据源的类。

下面，声明一个静态字符串实例：

```
static NSString *SimpleTableIdentifier = @"SimpleTableIdentifier";
```

此字符串充当表示某种表单元的键。在此表中，我们将只使用一种单元。

表视图在iPhone的小屏幕上一次只能显示几行，但是表自身能够保存相当多的数据。记住，表中的每一行都由一个UITableViewCell实例表示，该实例是UIView的一个子类，这就意味着每一行都能拥有子视图。对于大型表来说，如果视图为表中的每一行都分配一个表视图单元，不管该行当前是否正被显示，这都将带来大量开销。幸好表并不是这样工作的。

相反，因滚动操作离开屏幕的一些表视图单元，将被放置在一个可以被重用的单元队列中。如果系统运行比较慢，表视图就从队列中删除这些单元，以释放存储空间，不过，只要有可用的存储空间，表视图就会重新获取这些单元，以便以后再次使用它们。

当一个表视图单元滚出屏幕时，另一个表视图单元就会从另一边滚动到屏幕上。如果滚动到屏幕上的新行重新使用从屏幕上滚动下来的其中一个单元，系统就会避免与不断创建和释放那些视图相关的开销。要充分利用此机制，我们需要让表视图为我们提供之前使用过的指定类型的表视图单元。注意，我们现在正在使用前面声明的NSString标识符。实际上，我们需要的是SimpleTableIdentifier类型的可重用单元：

```
UITableViewCell *cell = [tableView dequeueReusableCellWithIdentifier:
    SimpleTableIdentifier];
```

现在，表视图中可能没有任何多余的单元了，我们来检查调用后的这些cell，看一下它是否为nil。如果是，则使用上面提到的标识符字符串手动创建一个新的表视图单元。从某种程度上来说，我们将不可避免地重复使用此处创建的单元，因此需要确保它具有正确的类型。

```
if (cell == nil) {
    cell = [[UITableViewCell alloc]
        initWithStyle:UITableViewCellStyleDefault
        reuseIdentifier:SimpleTableIdentifier];
}
```

对UITableViewCellStyleDefault很好奇吧？保持你的好奇心，我们介绍表视图单元样式时会深入探讨它。

现在，我们拥有了一个可以返回给表视图的表视图单元。下面所有要做的就是把需要在单元中显示的信息放在该表视图单元中。在表的一行内显示文本是很常见的任务，因此表视图单元提供了一个名称为textLabel的UILabel属性，我们可以设置此属性以显示字符串。对于这种情况，我们需要从listData数组中获取正确的字符串，然后使用它设置表视图单元的textLabel属性。

要获得正确的值，需要知道表视图需要显示哪些行。可以从indexPath变量获取该信息，如下所示：

```
NSUInteger row = [indexPath row];
```

我们使用表的行数从数组获取相应的字符串，将它分配给单元的textLabel.text属性，然后返回该单元。

```
    cell.textLabel.text = [listData objectAtIndex:row];
    return cell;
}
```

情况并不那么糟糕，对吗？下面编译并运行应用程序，你将看到显示在表视图中的数组值（参见图8-5）。

图8-5　简单的表应用程序，未添加任何装饰元素

8.2.3　添加一个图像

要是可以向每一行添加一个图像就好了。我们需要创建一个UITableViewCell子类或子视图来添加图像吗？不用。实际上，如果能够让图像位于每一行的左侧就不需要这么做了。默认的表视图单元会把这个情况处理好。下面我们来看一看。

在项目归档文件的08 - Simple Table文件夹中，找到名为star.png的文件，然后把它添加到项目的Simple Table文件夹中。star.png是为此项目准备的一个小图标。

下面看看代码部分。在BIDViewController.m文件中，在tableView:cellForRowAtIndexPath:方法中添加以下代码：

```
- (UITableViewCell *)tableView:(UITableView *)tableView
        cellForRowAtIndexPath:(NSIndexPath *)indexPath {

    static NSString *SimpleTableIdentifier = @" SimpleTableIdentifier ";

    UITableViewCell *cell = [tableView dequeueReusableCellWithIdentifier:
                            SimpleTableIdentifier];
    if (cell == nil) {
        cell = [[UITableViewCell alloc]
            initWithStyle:UITableViewCellStyleDefault
            reuseIdentifier:SimpleTableIdentifier];
    }

    UIImage *image = [UIImage imageNamed:@"star.png"];
    cell.imageView.image = image;
```

```
        NSUInteger row = [indexPath row];
        cell.textLabel.text = [listData objectAtIndex:row];

        return cell;
    }
    @end
```

大功告成！每个单元都有一个imageView属性。每个imageView都有一个image属性，以及一个highlightedImage属性。图像出现在单元文本左侧，并且在选中单元时会被替换为highlightedImage（如果已提供）。刚才我们只需把单元的image属性设置为任何想要显示的图像就可以了。

如果编译并运行应用程序，出现的列表每一行的左侧都有一个漂亮的小星星图标（参见图8-6）。当然，如果愿意的话，可以为表中的每一行设置不同的图像。或者，费些工夫，为所有行分别应用不同的图标。

图8-6   使用单元的image属性，为每个表视图单元添加一个图像

如果愿意，可以复制star.png，调节一下它的颜色并将它添加到项目中，使用imageNamed:来加载它，设置imageView.hightlightedImage。现在，如果单击单元，将绘制新的图像。如果不打算调节颜色，可以使用项目归档文件中提供的star2.png。

说明   UIImage使用一种基于文件名的缓存机制，所以它不会在每次调用imageNamed:时都加载新图像属性，而是使用已经缓存的版本。

8.2.4 表视图单元样式

目前对表视图所做的工作使用了如图8-6所示的默认单元格样式（由常量`UITableView-CellStyleDefault`表示）。但`UITableViewCell`类包含其他几个预定义的单元格样式，支持向表视图轻松添加更多样式。这些单元格样式使用了3种不同的单元格元素。

❑ **图像**。如果指定样式中包含图像，那么该图像将显示在单元文本左侧。

❑ **文本标签**。这是单元的主要文本。在我们之前使用的样式`UITableViewCellStyleDefault`中，文本标签是唯一在单元中显示的文本。

❑ **详细文本标签**。这是单元的辅助文本，通常用作解释性的说明或标签。

要查看这些新样式的外观，将以下代码添加到`BIDViewController.m`中的`tableView:cellForRowAtIndexPath:`

```
- (UITableViewCell *)tableView:(UITableView *)tableView
         cellForRowAtIndexPath:(NSIndexPath *)indexPath {

    static NSString *SimpleTableIdentifier = @"SimpleTableIdentifier";

    UITableViewCell *cell = [tableView dequeueReusableCellWithIdentifier:
                               SimpleTableIdentifier];
    if (cell == nil) {
        cell = [[UITableViewCell alloc]
            initWithStyle:UITableViewCellStyleDefault
            reuseIdentifier: SimpleTableIdentifier];
    }

    UIImage *image = [UIImage imageNamed:@"star.png"];
    cell.imageView.image = image;

    NSUInteger row = [indexPath row];
    cell.textLabel.text = [listData objectAtIndex:row];

    if (row < 7)
        cell.detailTextLabel.text = @"Mr. Disney";
    else
        cell.detailTextLabel.text = @"Mr. Tolkien";

    return cell;
}
```

我们在这里所做的只是设置单元的详细文本。我们在前7行中使用字符串`@"Mr. Disney"`，在其余行中使用`@"Mr. Tolkein"`。当运行此代码时，每个单元的外观与以前一样（参见图8-7）。这是因为我们使用了样式`UITableViewCellStyleDefault`，它未使用详细文本。

✳ **Sneezy**

图8-7 默认单元样式在一行中显示图像和文本标签

现在，将UITableViewCellStyleDefault更改为UITableViewCellStyleSubtitle并再次运行。对于子标题样式，两个文本元素都会显示，其中一个位于另一个之下（参见图8-8）。

Sneezy
Mr. Disney

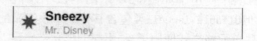

图8-8 子标题样式在文本标签之下以较小的灰色字体显示详细文本

将UITableViewCellStyleSubtitle更改为UITableViewCellStyleValue1，然后编译并运行。此样式将文本标签和详细文本标签放在同一行上，分别位于单元的一端（参见图8-9）。

Sneezy
Mr. Disney

图8-9 Style Value 1将文本标签放在左侧，以黑色字体形式显示。将详细文本放在右侧，以蓝色字体显示

最后将UITableViewCellStyleValue1更改为UITableViewCellStyleValue2。此格式通常用于显示信息和一个描述性标签。它将详细文本标签放在文本标签的左侧（参见图8-10）。在此布局中，详细文本标签用于描述文本标签中保存的数据类型。

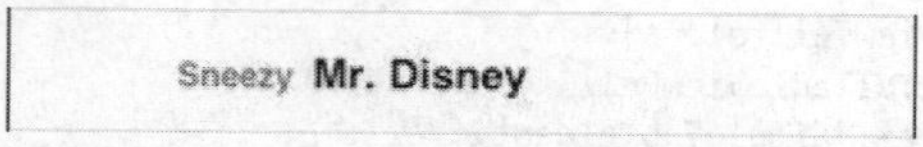
Sneezy
Mr. Disney

图8-10 Style Value 2不显示图像，以蓝色字体显示详细文本标签，并将其放在文本标签左侧

现在你已经了解了可用的单元样式，在继续之前，更改为之前使用的UITableViewCell-StyleDefault。稍后你将会看到如何自定义表格的外观。但是在这样做之前，请确保有一种可用样式能够满足需求。

你会注意到我们使用控制器作为此表视图的数据源和委托，不过到现在为止，还没有真正实现UITableViewDelegate的任何方法。与选取器视图不同，较简单的表视图不需要委托代替它们完成一些功能。数据源提供了绘制表所需要的所有数据。委托只是用于配置表视图的外观并处理某些用户交互。现在，让我们看一下几个配置选项。下一章将更详细地介绍此内容。

8.2.5 设置缩进级别

可以使用委托指定缩进某些行。在BIDViewController.m文件中，在代码中的@end声明上方添加以下方法：

```
#pragma mark -
#pragma mark Table Delegate Methods

- (NSInteger)tableView:(UITableView *)tableView
    indentationLevelForRowAtIndexPath:(NSIndexPath *)indexPath {
```

```
        NSUInteger row = [indexPath row];
    return row;
}
```

此方法把每一行的**缩进级别**设置为其行号,所以第0行的缩进级别为0,第1行的缩进级别为1,以此类推。缩进级别是一个整数,它会告诉表视图把一行向右移动一点。缩进级别的数量越大,行向右缩进得就越多。例如,可以使用这项技术来表示一行从属于另一行,就好像在邮件中表示子文件夹一样。

再次运行应用程序,可以看到每一行都在上一行的基础上向右移动了一些距离(参见图8-11)。

图8-11   表中的每一行都比上一行具有更高的缩进级别

8.2.6 处理行的选择

表的委托可以使用两个方法确定用户是否选择了特定的行。一个方法在一行被突出显示之前调用,并且可以用于阻止选中此行,甚至改变被选中的行。让我们来实现这个方法,并指定第一行是不能被选中的。将以下方法添加到BIDViewController.m的尾部,位于在@end声明之前:

```
-(NSIndexPath *)tableView:(UITableView *)tableView
    willSelectRowAtIndexPath:(NSIndexPath *)indexPath {
    NSUInteger row = [indexPath row];

    if (row == 0)
        return nil;

    return indexPath;
}
```

这个方法获取传递过来的indexPath,它表示哪项将被选中。我们的代码着眼于哪一行将被选中。如果这一行是第一行,其索引将始终为零,那么它将返回nil,表示实际上没有行被选中。

否则，它返回indexPath，表示可以继续选择。

　　在编译和运行应用程序之前，我们还要实现委托方法，在一行被选中之后调用该方法，通常它也是实际处理选择的地方。用户选中一行时，可以在这里执行任何操作。在下一章中，我们将使用此方法处理更深入的问题。本章将只使用此方法抛出一个警告以显示哪一行被选中了。将下面的方法添加到BIDViewController.m的尾部，位于@end声明之前。

```
- (void)tableView:(UITableView *)tableView
      didSelectRowAtIndexPath:(NSIndexPath *)indexPath {
    NSUInteger row = [indexPath row];
    NSString *rowValue = [listData objectAtIndex:row];

    NSString *message = [[NSString alloc] initWithFormat:
        @"You selected %@", rowValue];
    UIAlertView *alert = [[UIAlertView alloc]
        initWithTitle:@"Row Selected!"
              message:message
              delegate:nil
    cancelButtonTitle:@"Yes I Did"
    otherButtonTitles:nil];
    [alert show];

    [tableView deselectRowAtIndexPath:indexPath animated:YES];
}
```

　　添加此方法之后，编译并运行应用程序。看一下你是否能够选中第一行（应该不能），然后选择其他行。被选中的行应该会突出显示，然后当所选行在背景中消失时会弹出警告通知你选择的是哪一行（参见图8-12）。

图8-12　在本示例中，第一行是不可选的。当选中其他任意行时会显示一个警告。
　　　　此功能是使用委托方法完成的

注意,你还可以在传递回indexPath之前修改索引路径,这将导致不同的行和/或分区被选中。你不会经常这样做,因为没有什么理由需要更改用户的选择。在大多数情况下,使用此方法时将返回indexPath或nil,分别代表允许或禁止某个选择。

8.2.7 更改字体大小和行高

假设我们希望更改表视图中使用的字体大小。在大多数情况下,尽量不要修改默认的字体,因为这是按良好的用户体验来设计的。不过有时候我们有合适的理由这样做。在tableView:-cellForRowAtIndexPath:方法中添加下面的代码:

```
- (UITableViewCell *)tableView:(UITableView *)tableView
        cellForRowAtIndexPath:(NSIndexPath *)indexPath
{
    static NSString *SimpleTableIdentifier = @"SimpleTableIdentifier";

    UITableViewCell *cell = [tableView dequeueReusableCellWithIdentifier:
                            SimpleTableIdentifier];
    if (cell == nil) {
        cell = [[UITableViewCell alloc]
            initWithStyle:UITableViewCellStyleDefault
            reuseIdentifier: SimpleTableIdentifier];
    }

    UIImage *image = [UIImage imageNamed:@"star.png"];
    cell.image = image;

    NSUInteger row = [indexPath row];
    cell.textLabel.text = [listData objectAtIndex:row];
    cell.textLabel.font = [UIFont boldSystemFontOfSize:50];

    if (row < 7)
        cell.detailTextLabel.text = @"Mr. Disney";
    else
        cell.detailTextLabel.text = @"Mr. Tolkein";
    return cell;
}
```

现在运行应用程序,列表中的值会变得很大,但是它们的大小并不适合行(参见图8-13)。

好,现在只能靠表视图委托了!表视图委托可以指定表中的行高。实际上,如果需要的话,它可以为每一行指定唯一值。下面向控制器类中添加此方法,代码位于@end之前。

```
- (CGFloat)tableView:(UITableView *)tableView
    heightForRowAtIndexPath:(NSIndexPath *)indexPath {
    return 70;
}
```

在上面的代码中,表视图把所有行高都设置为70像素。编译并运行应用程序,现在表中的行应该高多了(参见图8-14)。

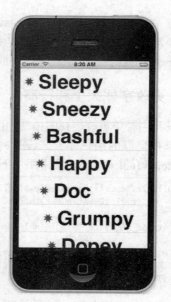

图8-13 大字体效果不错！不过如果我们能看见   图8-14 使用委托更改行大小
所有内容就更好了

委托还能处理更多任务，下一章在介绍分层数据时会用到这些任务中的大多数。要了解更多内容，请使用文档浏览器查看UITableViewDelegate协议，然后看一下还有什么可用的其他方法。

8.3 定制表视图单元

你可以直接使用苹果提供的默认样式来设置表视图，不过一般来说，你会希望除了用基本的UITableView之外还可以有其他的方式来定制每一行的格式。对于这种情况，可以采用两种基本方法。一种方法是在创建单元时通过编程向UITableViewCell添加子视图，另一种方法是从nib文件中加载一组子视图。下面我们来看一下这两种方法。

8.3.1 向表视图单元添加子视图

要展示如何使用自定义单元，我们将使用另一个表视图创建一个新的应用程序。在每一行中，将显示两行信息和两个标签（参见图8-15）。应用程序将显示一系列常见计算机模型的名称和颜色。通过向表视图单元添加子视图，我们将在同一个表单元中显示这两组信息。

使用Single View Application模板创建一个新的Xcode项目，其设置跟前一个项目完全相同，将它命名为Cells。双击BIDViewController.xib，在Interface Builder中编辑nib文件。

向主视图添加一个Table View，然后像在Simple Table应用程序中那样，把委托和数据源设置为File's Owner。保存nib文件。

图8-15   向表视图单元添加子视图，可以让一个单元持有多行数据

8.3.2   创建 UITableViewCell 子类

至此，我们所使用的标准表视图单元为我们处理了所有单元布局的细节。我们的控制器代码并不关心应在何处放置标签和图像等细节问题，只是将需要显示的值传递给表单元，从而将表现逻辑与控制器分离，开发者应该始终坚持这种优良设计。在这个项目中，我们将要创建一个新的表视图单元子类，处理新布局的细节内容，以使控制器尽可能简洁。

1. 添加新的单元

在项目导航中选择Cells文件夹，按下⌘N创建一个新文件。在弹出的向导中，从Cocoa Touch部分中选择Objective-C class，然后点击Next。在下一个页面中，键入BIDNameAndColorCell作为新类的名字，在Subclass of弹出列表中选择UITableViewCell，然后再次点击Next。在最后一个页面中，选择已经包含了其他源代码的Cells文件夹，确保在下面的Group和Target选项中都选择了Cells，最后点击Create。

选择BIDNameAndColorCell.h，添加如下代码：

```
#import <UIKit/UIKit.h>
@interface BIDNameAndColorCell : UITableViewCell

@property (copy, nonatomic) NSString *name;
@property (copy, nonatomic) NSString *color;

@end
```

这里，我们定义了两个属性，我们的控制器将使用它们来向每一个单元传递值。注意，我们使用copy语义来声明NSString属性，而不是strong。对于NSString类型的属性，这种做法通常更好，因为传递给属性设置方法的字符串有可能实际上是NSMutableString类型，而这种类型的字符串值之后可能会被修改，以致引起一些问题。将每个传递给属性的字符串复制一份副本，我们就可以在调用设置方法时得到一个不能被改变的字符串。

这些就是所有需要在头文件中完成的内容，现在来看看BIDNameAndColorCell.m，在该文件开头添加如下代码：

```
#import "BIDNameAndColorCell.h"

#define kNameValueTag    1
#define kColorValueTag   2

@implementation BIDNameAndColorCell

@synthesize name;
@synthesize color;
.
.
.
```

注意，这里我们定义了两个常量，作为即将添加的表视图单元中的某些子视图的tag属性。我们将为表视图单元添加4个子视图，其中两个在每一行中都需要改变。为此，我们需要一种机制，以便在之后使用特定行的数据更新某个单元的内容时，能够从该单元中获取这两个字段。如果为每个将要再次使用的标签设置一个唯一的tag值，那么我们就能够从表视图单元中获取这些标签，并且设置它们的值。我们还声明了name和color属性，控制器将使用它们来设置应该在单元中显示的值。

现在修改已存在的initWithStyle:reuseIdentifier:方法，创建需要显示的视图：

```
- (id)initWithStyle:(UITableViewCellStyle)style reuseIdentifier:(NSString *)reuseIdentifier
{
    self = [super initWithStyle:style reuseIdentifier:reuseIdentifier];
    if (self) {
        // Initialization code
        CGRect nameLabelRect = CGRectMake(0, 5, 70, 15);
        UILabel *nameLabel = [[UILabel alloc] initWithFrame:nameLabelRect];
        nameLabel.textAlignment = UITextAlignmentRight;
        nameLabel.text = @"Name:";
        nameLabel.font = [UIFont boldSystemFontOfSize:12];
        [self.contentView addSubview: nameLabel];

        CGRect colorLabelRect = CGRectMake(0, 26, 70, 15);
        UILabel *colorLabel = [[UILabel alloc] initWithFrame:colorLabelRect];
        colorLabel.textAlignment = UITextAlignmentRight;
        colorLabel.text = @"Color:";
        colorLabel.font = [UIFont boldSystemFontOfSize:12];
        [self.contentView addSubview: colorLabel];

        CGRect nameValueRect = CGRectMake(80, 5, 200, 15);
        UILabel *nameValue = [[UILabel alloc] initWithFrame:
```

```
                         nameValueRect];
         nameValue.tag = kNameValueTag;
         [self.contentView addSubview:nameValue];

         CGRect colorValueRect = CGRectMake(80, 25, 200, 15);
         UILabel *colorValue = [[UILabel alloc] initWithFrame:
                             colorValueRect];
         colorValue.tag = kColorValueTag;
         [self.contentView addSubview:colorValue];
    }
    return self;
}
```

这段代码相当直观，我们创建了4个UILabel，并将它们添加到表视图单元中。表视图单元已经拥有了一个名为contentView的UIView子视图，`contentView`用于管理它的所有子视图，这种方式类似于第4章中我们在一个UIView中组织两个开关的方式。因此，我们并没有将标签直接作为表视图单元的子视图，而是将其作为contentView的子视图。

```
[self.contentView addSubview:colorValue];
```

这些标签中有两个用于存放静态文本，名为nameLabel的标签包含文本"Name:"，而colorLabel标签包含文本"Color:"。我们不会修改它们。而另两个标签则用于显示特定于行的数据。记住，我们需要通过某种方式在之后获取这两个字段，所以我们分别为它们赋了一个tag值，例如，我们将nameValue的tag字段赋值为常量kNameValueTag。

```
nameValue.tag = kNameValueTag;
```

现在，对BIDNameAndColorCell作最后一处修改，在@end之前添加两个设置方法。

```
- (void)setName:(NSString *)n {
    if (![n isEqualToString:name]) {
        name = [n copy];
        UILabel *nameLabel = (UILabel *)[self.contentView viewWithTag:
                             kNameValueTag];
        nameLabel.text = name;
    }
}

- (void)setColor:(NSString *)c {
    if (![c isEqualToString:color]) {
        color = [c copy];
        UILabel *colorLabel = (UILabel *)[self.contentView viewWithTag:
                             kColorValueTag];
        colorLabel.text = color;
    }
}
```

你已经知道使用@synthesize会为每个属性创建获取方法和设置方法（我们在该文件开头正是这么做的），然而，这里我们为name和color定义了自己的设置方法。这么做没有任何问题，一个类一旦定义了自己的获取和设置方法，就会覆盖@synthesize提供的默认方法。在这个类中，我们使用了默认生成的获取方法，但是定义了我们自己的设置方法，因此，当传递name或color

属性的新值时，则会更新之前创建的标签的显示内容。

2. 实现控制器代码

现在来实现这个简单的控制器，在新的表视图单元中显示内容。选择BIDViewController.h，在其中添加如下代码：

```
#import <UIKit/UIKit.h>

@interface BIDViewController : UIViewController
    <UITableViewDataSource, UITableViewDelegate>

@property (strong, nonatomic) NSArray *computers;
@end
```

在控制器中设置要用到的一些数据，然后通过实现表数据源方法将这些数据反馈给表。单击BIDCellsViewController.m，然后在文件开头添加以下代码：

```
#import "BIDViewController.h"
#import "BIDNameAndColorCell.h"

@implementation ViewController
@synthesize computers;
.
.
.
- (void)viewDidLoad {
    [super viewDidLoad];
    // Do any additional setup after loading the view, typically from a nib.

    NSDictionary *row1 = [[NSDictionary alloc] initWithObjectsAndKeys:
                    @"MacBook", @"Name", @"White", @"Color", nil];
    NSDictionary *row2 = [[NSDictionary alloc] initWithObjectsAndKeys:
                    @"MacBook Pro", @"Name", @"Silver", @"Color", nil];
    NSDictionary *row3 = [[NSDictionary alloc] initWithObjectsAndKeys:
                    @"iMac", @"Name", @"Silver", @"Color", nil];
    NSDictionary *row4 = [[NSDictionary alloc] initWithObjectsAndKeys:
                    @"Mac Mini", @"Name", @"Silver", @"Color", nil];
    NSDictionary *row5 = [[NSDictionary alloc] initWithObjectsAndKeys:
                    @"Mac Pro", @"Name", @"Silver", @"Color", nil];

    self.computers = [[NSArray alloc] initWithObjects:row1, row2,
                    row3, row4, row5, nil];
}
.
.
.
```

将以下更改添加到现有的viewDidUnload方法中：

```
- (void)viewDidUnload {
    [super viewDidUnload];
    // Release any retained subviews of the main view.
    // e.g. self.myOutlet = nil;
    self.computers = nil;
}
```

将以下代码添加到文件结尾处@end声明的上面：

```
        .
        .
        .
#pragma mark -
#pragma mark Table Data Source Methods
- (NSInteger)tableView:(UITableView *)tableView
    numberOfRowsInSection:(NSInteger)section {
    return [self.computers count];
}

-(UITableViewCell *)tableView:(UITableView *)tableView
    cellForRowAtIndexPath:(NSIndexPath *)indexPath {
    static NSString *CellTableIdentifier = @"CellTableIdentifier";

    BIDNameAndColorCell *cell = [tableView dequeueReusableCellWithIdentifier:
                        CellTableIdentifier];
    if (cell == nil) {
        cell = [[BIDNameAndColorCell alloc]
                initWithStyle:UITableViewCellStyleDefault
                reuseIdentifier:CellTableIdentifier];
    }

    NSUInteger row = [indexPath row];
    NSDictionary *rowData = [self.computers objectAtIndex:row];

    cell.name = [rowData objectForKey:@"Name"];
    cell.color = [rowData objectForKey:@"Color"];

    return cell;
}

@end
```

在这里，viewDidLoad方法创建了一系列字典。每个字典都包含表中某行的名称和颜色信息。行名称在字典的Name键下，颜色在Color键下。我们把所有的字典放到了同一个数组里，这就是此表的数据。

说明 还记得Mac早期有各种不同的颜色（比如米色、银灰色、黑色、白色）吗？这里并没有列出早期拥有漂亮的彩虹色种类的iMac和MacBook系列。现在只有一种颜色：银白色。

让我们着重看一下tableView:cellForRowWithIndexPath:，此方法中真正添加了新内容。代码的前两行像前面介绍过的一样，先创建一个标识符，然后，如果表提供了出列的表视图单元，则要求表将该单元退出队列。这里唯一的不同之处在于，我们声明的cell变量是BIDNameAndColorCell类的实例，而不是标准类UITableViewCell的实例。这么做我们就能够访问所添加的特定于表视图单元子类的属性。

如果表中尚无可重用的单元，我们需要创建一个新的单元。这与之前所用的技巧本质上相同，但这里我们使用自定义的类，而不是UITableViewCell。我们指定了默认的样式，尽管这种样式并不起什么作用（因为我们将添加自己的子视图来显示数据，而不是使用默认提供的视图）。

```
cell = [[BIDNameAndColorCell alloc]
    initWithStyle:UITableViewCellStyleDefault
    reuseIdentifier:CellTableIdentifier];
```

创建新单元之后，使用传入的indexPath参数确定表正在请求单元的哪一行，然后使用该行的值为请求的行获取正确的字典。记住，该字典有两个键/值对，一个是名称，一个是颜色。

```
NSUInteger row = [indexPath row];
NSDictionary *rowData = [self.computers objectAtIndex:row];
```

最后要做的就是使用从所选行中获取的数据来填充单元，使用在子类中定义的属性即可实现这一目的。

```
cell.name = [rowData objectForKey:@"Name"];
cell.color = [rowData objectForKey:@"Color"];
```

编译并运行应用程序，你会得到带有两行数据的行，如图8-15所示。

向表视图添加视图比单独使用标准的表视图单元具有更大的灵活性，不过，通过编程创建、定位和添加所有的子视图是一项单调乏味的工作。如果我们能使用Xcode的nib编辑器设计表视图单元就好了，不是吗？刚才说过，可以使用Interface Builder设计表视图单元，然后在创建新单元时从nib文件中加载视图。

8.3.3　从 nib 文件加载 UITableViewCell

我们将使用Interface Builder的可视化布局功能重新创建与刚才使用代码构建的界面相同的两行界面。要达到此目的，可以创建一个包含表视图单元的新nib文件，使用Interface Builder布局视图外观。然后，当我们需要一个表视图单元来表示一行时，不是向标准的表视图单元添加子视图，而是从nib文件加载子类，并使用单元子类中已定义的属性设置名称和颜色。除了使用Interface Builder的可视化布局，我们还将在其他一些方面简化代码。

首先，我们对BIDNameAndColorCell类作一些修改。由于我们将要在nib编辑器中关联相关项，所以我们需要添加输出口以指向需要在代码中获取的标签。在BIDNameAndColorCell.h的@interface声明中添加以下代码：

```
@interface BIDNameAndColorCell : UITableViewCell

@property (copy, nonatomic) NSString *name;
@property (copy, nonatomic) NSString *color;

@property (strong, nonatomic) IBOutlet UILabel *nameLabel;
@property (strong, nonatomic) IBOutlet UILabel *colorLabel;

@end
```

既然我们有了这些输出口，就不再需要这些标签的tag值了。切换到BIDNameAndColorCell.m，删除tag的定义，并且为新的输出口添加方法合成。

```
#import "BIDNameAndColorCell.h"

#define kNameValueTag    1
#define kColorValueTag   2

@implementation BIDNameAndColorCell

@synthesize name;
@synthesize color;
@synthesize nameLabel;
@synthesize colorLabel;
```

提供了输出口也就意味着可以从两个设置方法中删除一些代码以简化这些方法：

```
- (void)setName:(NSString *)n {
    if (![n isEqualToString:name]) {
        name = [n copy];
        UILabel *nameLabel = (UILabel *)[self.contentView viewWithTag:
                                         kNameValueTag];
        nameLabel.text = name;
    }
}

- (void)setColor:(NSString *)c {
    if (![c isEqualToString:color]) {
        color = [c copy];
        UILabel *colorLabel = (UILabel *)[self.contentView viewWithTag:
                                          kColorValueTag];
        colorLabel.text = color;
    }
}
```

　　最后，还记得initWithStyle:reuseIdentifier:用于创建标签中的代码吗？这些都不需要了。事实上，应该删除整个方法，因为这些标签的所有创建工作都将在Interface Builder中完成。

　　完成之后，这个单元子类就比之前的简洁多了。它现在唯一的功能就是向标签中填入数据。现在我们需要在Interface Builder中重新创建标签。

　　在Xcode中右击Cells文件夹，然后在弹出的关联菜单中选择New File...。在新文件向导的左侧窗格中点击User Interface（确保在iOS部分中选择，而不是在Mac OS X中选择）。在右上方的窗格中选择Empty，然后点击Next。在下一个页面中，将Device Family的值保留为iPhone，再次点击Next。然后键入BIDNameAndColorCell.xib作为该nib的名称。确保文件浏览器中选择了主项目目录，并且在Group弹出框中选择了Cells组。

1. 在Interface Builder中设计表视图单元

　　下一步，单击项目导航中的BIDNameAndColorCell.xib，打开文件进行编辑。这个dock中只有两个图标：File's owner和First Responder。在库中找到一个Tabel View Cell（参见图8-16），然后把它拖到GUI布局区中。

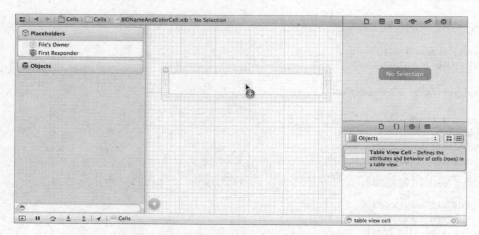

图8-16   从库中拖出表视图单元放到nib编辑器的GUI布局区

确保选中了表视图单元，然后按下⌥⌘5，打开大小检查器，将表视图单元的高度从44改为65。这会让我们有更多的活动空间。

接下来，按下⌥⌘4，打开属性检查器（参见图8-17）。其中第一个字段是Identifier，它是我们在代码中使用过的可重用的标识符。如果记不起来这一内容，请查阅本章前面的内容并找到CellTableIdentifier。将Identifier设置为CellTableIdentifier。

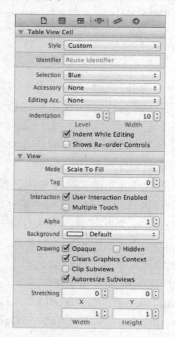

图8-17   表视图单元的属性检查器

这里的想法是，当我们获取一个单元格以便重用时，可能由于要将新单元格滚动到视图中，我们希望确保获得了正确的单元格类型。当这个特定的单元格从nib文件实例化时，可以向它的重用标识符实例变量预先填充你在Identifier字段中输入的NSString。在本例中，NSString为Cell TableIdentifier。

想象这样一种场景，你创建一个具有标题的表，然后创建一系列"中间"单元格。如果将一个中间单元格滚动到视图中，需要获取一个中间单元格以供重用，而不是获取标题单元格。Identifier字段用于适当标记单元格。

下一步是编辑表单元格的内容视图。从库中拖出4个Label按钮，将它们放在内容视图中，参照图8-18。由于标签之间靠得很近，顶部和底部的引导线基本上没有什么用了，但左侧引导线和对齐引导线我们还是用得到的。如果你觉得这样做更方便的话，也可以使用这种方式：拖出一个标签，按住option键以创建其副本。

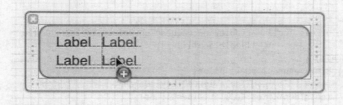

图8-18　表视图单元格的内容视图，其中拖入了4个标签

接下来，双击左上侧的标签并将它更改为Name:，将左下侧的标签更改为Color:。

现在将Name:和Color:标签都选中，按下Font字段的属性检查器中的小T按钮，这会打开一个包括Font弹出按钮的小型面板。打开面板，选择System Bold作为字样。如果需要，选择右侧的两个未更改的标签字段，将它们稍微向右拖动以使设计更加合理。

最后，调整右侧的两个标签，使它们拉伸至右侧的引导线。从图8-19中应该可以了解我们最终的单元格内容视图。

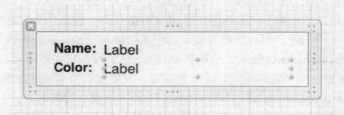

图8-19　表视图单元格的内容视图，其中左侧标签名称已更改并设置为了粗体，
右侧标签进行了细微的移动和调整

现在，我们需要告诉Interface Builder，这个表视图单元不是一个普通的单元，而是我们的特殊子类，否则，我们无法将输出口关联至相关的标签。选择这个表视图单元，按下⌥⌘3打开身

份检查器，在Class选项中选择BIDNameAndColorCell。

接着按下⌥⌘6打开连接检查器，你将在这里看到colorLabel和nameLabel输出口。分别将它们拖至GUI中的相应标签上。

2. 使用新的表视图单元

要使用我们设计的单元，必须对BIDViewController.m中的tableView:cellForRowAt IndexPath:方法作一些改动（既有删除，也有添加）。

```
-(UITableViewCell *)tableView:(UITableView *)tableView
       cellForRowAtIndexPath:(NSIndexPath *)indexPath {
    static NSString *CellTableIdentifier = @"CellTableIdentifier";
    static BOOL nibsRegistered = NO;
    if (!nibsRegistered) {
        UINib *nib = [UINib nibWithNibName:@"BIDNameAndColorCell" bundle:nil];
        [tableView registerNib:nib forCellReuseIdentifier:CellTableIdentifier];
        nibsRegistered = YES;
    }

    BIDNameAndColorCell *cell = [tableView dequeueReusableCellWithIdentifier:
                                CellTableIdentifier];
    if (cell == nil) {
        cell = [[BIDNameAndColorCell alloc]
                    initWithStyle:UITableViewCellStyleDefault
                    reuseIdentifier:CellTableIdentifier];
    }

    NSUInteger row = [indexPath row];
    NSDictionary *rowData = [self.computers objectAtIndex:row];

    cell.name = [rowData objectForKey:@"Name"];
    cell.color = [rowData objectForKey:@"Color"];

    return cell;
}
```

这里首先添加了一个新的静态BOOL类型的变量。该变量维护该方法调用的状态，它仅在第一次调用该方法时被初始化为NO。这样我们就可以插入一些只被调用一次（该方法第一次被调用时）的代码，我们在这里添加了用于向表视图注册nib文件的代码。这是什么意思呢？

从iOS 5开始，一个表视图可以跟踪与特定的可重用标识符相关联的nib文件。UITableView的dequeueReusableCellWithIdentifier:方法现在很智能，就算没有可用的单元，它也可以使用这个注册了的nib文件来加载一个新的单元。这就意味着，只要我们为表视图注册了所有将要使用到的可重用标识符，dequeueReusableCellWithIdentifier:方法就会始终返回一个单元，它决不会返回nil。因此，我们可以删除那些用于检查cell为nil的代码行，因为这种情况永远不会发生。

此外还需要做一件事。我们已经在BIDNameAndColorCell.xib修改了表视图单元的默认高度，但这还不够，我们还必须将这一事实告诉表视图，否则，它不会保留足够的空间来正确显示表视图单元的内容。为此，最简单的方法是添加一个可以指定高度值的表视图委托方法。在BIDViewController.m的类定义底部添加如下新方法：

```
- (CGFloat)tableView:(UITableView *)tableView
       heightForRowAtIndexPath:(NSIndexPath *)indexPath {
    return 65.0; // Same number we used in Interface Builder
}
```

这就好了。编译并运行程序。现在，两行的表单元都是基于Interface Builder设计技术的。

现在你已经看到了两种表视图设计的方式，觉得如何？很多iOS开发人员一开始遇到的困惑主要集中在Interface Builder上，但是正如你所见的，它确实做了很多工作。除了让你能够可视化设计GUI之外，使用Interface Builder还促进了nib文件的合理使用，这样可以帮助你坚持遵循MVC架构模式。另外，你也可以使应用程序代码更简洁、更具模块化、更容易编写。正如我们的合作者Mark Dalrymple所说的："不写代码是最好的编程方式！"（No code is the best code！）

8.4 分组分区和索引分区

下一个项目将探讨表的另一个基本内容。仍然使用一个表视图（没有分层），不过我们将把数据分为几个分区。再次使用Single View Application模板创建一个新的Xcode项目，这一次将它命名为Sections。

8.4.1 构建视图

打开Sections文件夹，单击BIDViewController.xib，编辑文件。与之前一样，把表视图拖到View窗口中。然后按下⌥⌘6，将数据源和委托连接到File's Owner图标。

下一步，确保选中表视图，按下⌥⌘4，打开属性检查器。把表视图的Style从Plain改为Grouped（参见图8-20）。这里可以看到表视图展示的示例表中反映的修改。保存nib继续。（我们在本章开头讨论过索引类型和分组类型之间的差别。）

图8-20　表视图的属性检查器，它显示了弹出列表中选中的是Grouped

8.4.2 导入数据

要完成此项目需要大量的数据。我们提供了另一个属性列表，为你节省几个小时敲键盘的时间。从本书随附的项目归档文件的08 Sections/Sections子文件夹中找到名为Sortednames.plist的文件，把它添加到项目的Sections文件夹中。

完成添加以后，单击sortednames.plist，看一下它到底是什么样子（参见图8-21）。它是包含字典的一个属性列表，其中字母表中的每个字母都有一个条目。每个字母下面是以该字母开头的名称列表。

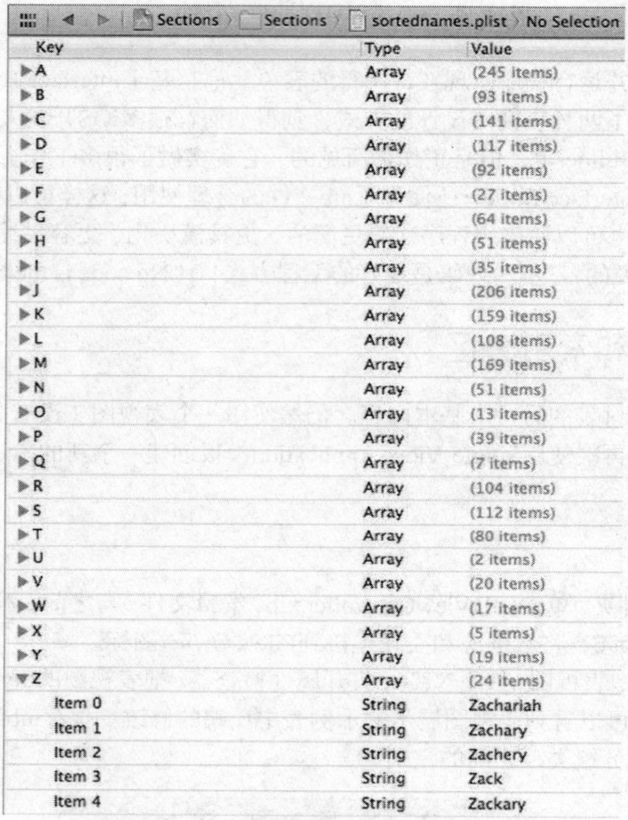

Key	Type	Value
▶ A	Array	(245 items)
▶ B	Array	(93 items)
▶ C	Array	(141 items)
▶ D	Array	(117 items)
▶ E	Array	(92 items)
▶ F	Array	(27 items)
▶ G	Array	(64 items)
▶ H	Array	(51 items)
▶ I	Array	(35 items)
▶ J	Array	(206 items)
▶ K	Array	(159 items)
▶ L	Array	(108 items)
▶ M	Array	(169 items)
▶ N	Array	(51 items)
▶ O	Array	(13 items)
▶ P	Array	(39 items)
▶ Q	Array	(7 items)
▶ R	Array	(104 items)
▶ S	Array	(112 items)
▶ T	Array	(80 items)
▶ U	Array	(2 items)
▶ V	Array	(20 items)
▶ W	Array	(17 items)
▶ X	Array	(5 items)
▶ Y	Array	(19 items)
▼ Z	Array	(24 items)
Item 0	String	Zachariah
Item 1	String	Zachary
Item 2	String	Zachery
Item 3	String	Zack
Item 4	String	Zackary

图8-21　sortednames.plist属性列表文件。我们展开字母Z这一项，你会觉得它是字典中
　　　　的一个字母

我们将使用这个属性列表中的数据填充表视图，并为每个字母创建一个分区。

8.4.3　实现控制器

单击BIDViewController.h文件，添加NSDictionary和NSArray实例变量及其相应的属性声明。
字典将保存所有数据。数组将保存以字母顺序排序的分区。还需要让类遵循UITableView-
DataSource和IUITableViewDelegate协议：

```
#import <UIKit/UIKit.h>

@interface BIDViewController : UIViewController
    <UITableViewDataSource, UITableViewDelegate>

@property (strong, nonatomic) NSDictionary *names;
```

```
@property (strong, nonatomic) NSArray *keys;
@end
```

现在，切换到BIDViewController.m，并在文件开头添加以下代码：

```
#import "BIDViewController.h"

@implementation BIDViewController
@synthesize names;
@synthesize keys;
.
.
.
- (void)viewDidLoad {
    [super viewDidLoad];
    // Do any additional setup after loading the view, typically from a nib.
    NSString *path = [[NSBundle mainBundle] pathForResource:@"sortednames"
                                                     ofType:@"plist"];
    NSDictionary *dict = [[NSDictionary alloc]
                          initWithContentsOfFile:path];
    self.names = dict;

    NSArray *array = [[names allKeys] sortedArrayUsingSelector:
                      @selector(compare:)];
    self.keys = array;
}
.
.
.
```

将以下代码插入到现有的viewDidUnload方法中：

```
- (void)viewDidUnload {
    [super viewDidUnload];
    // Release any retained subviews of the main view.
    // e.g. self.myOutlet = nil;
    self.names = nil;
    self.keys = nil;
}
```

将以下代码添加到文件末尾@end声明的上面：

```
.
.
.
#pragma mark -
#pragma mark Table View Data Source Methods
- (NSInteger)numberOfSectionsInTableView:(UITableView *)tableView {
    return [keys count];
}
- (NSInteger)tableView:(UITableView *)tableView
        numberOfRowsInSection:(NSInteger)section {
    NSString *key = [keys objectAtIndex:section];
    NSArray *nameSection = [names objectForKey:key];
    return [nameSection count];
```

```
        }

        - (UITableViewCell *)tableView:(UITableView *)tableView
            cellForRowAtIndexPath:(NSIndexPath *)indexPath {
            NSUInteger section = [indexPath section];
            NSUInteger row = [indexPath row];

            NSString *key = [keys objectAtIndex:section];
            NSArray *nameSection = [names objectForKey:key];

            static NSString *SectionsTableIdentifier = @"SectionsTableIdentifier";
            UITableViewCell *cell = [tableView dequeueReusableCellWithIdentifier:
                SectionsTableIdentifier];
            if (cell == nil) {
                cell = [[UITableViewCell alloc]
                    initWithStyle:UITableViewCellStyleDefault
                    reuseIdentifier:SectionsTableIdentifier];
            }

            cell.textLabel.text = [nameSection objectAtIndex:row];
            return cell;
        }

        - (NSString *)tableView:(UITableView *)tableView
            titleForHeaderInSection:(NSInteger)section {
            NSString *key = [keys objectAtIndex:section];
            return key;
        }

    @end
```

上面的大部分代码和我们以前看到的没有多大区别。在viewDidLoad方法中，从添加到项目的属性列表中创建了一个NSDictionary实例，并将这个值赋给属性names。然后，获取字典中的所有键，按照字典中字母表的顺序对键值进行排序，将会得到一个有序的NSArray。记住，NSDictionary使用字母表中的字母作为它的键，因此这个数组将拥有26个字母，从A到Z。我们将通过这个数组来了解分区。

下面看一下数据源方法。我们添加的第一个方法指定了分区的数量。上次没有实现此方法是因为默认设置为1已经很合适了。这一次，我们需要告诉表视图，字典中的每个键都有一个分区。

```
        - (NSInteger)numberOfSectionsInTableView:(UITableView *)tableView {
            return [keys count];
        }
```

第二个方法用于计算特定分区中的行数。上一次，只有一个分区，所以只返回数组中拥有的行数。这次，我们将以分区为单位返回行数。可以检索与当前使用的分区对应的数组，并从该数组返回行的数量，从而达到目的。

```
        - (NSInteger)tableView:(UITableView *)tableView
                numberOfRowsInSection:(NSInteger)section {
            NSString *key = [keys objectAtIndex:section];
            NSArray *nameSection = [names objectForKey:key];
```

```
    return [nameSection count];
}
```

在tableView:cellForRowAtIndexPath:方法中，必须从索引路径获取分区和行，用它们来确定要使用哪一个值。分区会告诉我们从names字典中取出哪个数组，然后可以使用行指出要使用该数组中的哪个值。方法中的其他内容基本上和前一章构建的Simple Table应用程序代码中的相同。

可以通过tableView:titleForHeaderInSection方法为每个分区指定一个可选的标题值，然后只返回这一组的字母就可以了。

```
- (NSString *)tableView:(UITableView *)tableView
   titleForHeaderInSection:(NSInteger)section {
   NSString *key = [keys objectAtIndex:section];
   return key;
}
```

现在可以编译并运行项目，然后慢慢地欣赏它了。记住，我们已经把表的样式改为Grouped了，因此最终拥有一个带有26个分区的分组表，如图8-22所示。

作为比较，让我们把表视图再次改为普通风格，然后看一下带有多个分区的无格式表视图是什么样子。选中BIDViewController.xib文件，并在Interface Builder中再次编辑它。选中表视图，使用属性检查器将视图改为Plain。保存项目，编译并运行，得到的表数据相同，外观不一样（参见图8-23）。

图8-22　有多个分区的分组表

图8-23　带有分区没有索引的无格式表

8.4.4　添加索引

当前表的一个问题是行数太多了。此列表中有2000个名称，要找到Zachariah或Zayne，你的手指会非常累，更别说Zoie了。

这个问题的一个解决方案是，在表视图的右侧添加一个索引。既然我们已经把表视图样式改成了普通类型，要添加一个索引相对来说也很容易。在BIDViewController.m文件尾部，@end前面添加如下方法：

```
- (NSArray *)sectionIndexTitlesForTableView:(UITableView *)tableView {
    return keys;
}
```

这就完成了。在这个方法中，委托请求一个值数组在索引中显示。要使用索引必须保证表视图中的分区数量大于1，而且此数组中的条目必须对应于这些分区。返回的数组拥有的条目数必须与拥有的分区数相同，且值必须对应于适当的分区。也就是说，此数组中的第一项带给用户的是第一个分区，即分区0。

再次编译并运行，你将得到一个很好的索引（参见图8-24）。

图8-24　带有一个索引的索引表视图

8.5　实现搜索栏

索引是很有用的，即便如此，此处我们仍然有非常多的名称。例如，如果要查看名称Arabella是否存在于列表中，使用索引之后仍然需要拖动滚动条。如果能够通过指定搜索项简化该列表就好了，对不对？这样对用户更友好。那只是一点额外的工作，并不是特别糟糕。我们将实现一个标准的iOS搜索栏，如图8-25所示。

图8-25 带有搜索栏的应用程序

8.5.1 重新考虑设计

在我们开始着手做之前，需要考虑一下应用程序是如何工作的。当前，我们拥有一个包含多个数组的字典，其中字母表中的每个字母都占有一个数组。该字典是不可改变的，这就意味着不能从字典添加或删除值，它包含的数组也是如此。当用户取消搜索或者删除搜索项时，还必须能够返回到源数据集。

我们能做的就是创建两个新的字典：一个包含完整数据集的不可改变的字典、一个可以从中删除行的可变的字典副本。委托和数据源将从可变字典进行读取，当搜索条件更改或者取消搜索时，可以从不可改变的字典刷新可变字典。听起来像个好计划，下面就开始吧。

注意 下一个项目有些复杂，阅读得太快会让你感到有些不知所措。如果某些概念让你感到头疼，请查阅《Objective-C基础教程》，阅读此书中与类别和易变性有关的内容。

8.5.2 深层可变副本

要使用新方法，现在存在一个问题，NSDictionary遵循NSMutableCopying协议，该协议返回一个NSMutableDictionary，但是这个方法创建的是**浅副本**。也就是说，调用mutableCopy方法时，它将创建一个新的NSMutableDictionary对象，该对象拥有源字典所拥有的所有对象。它们并不是副本，而是相同的实际对象。如果我们所处理的字典仅存储字符串，这会很好，因为从副本中删除一个值不会对源字典产生任何影响。然而，由于字典中存有数组，如果我们从副本的数组中删除对象，这些对象也将从源字典的数组中被删除，因为副本和源都指向相同的对象。在这个例子中，源数组是不可改变的，所以其实你无法删除对象，我们的目的只是为了说明这一点。

要解决这一问题，需要为存有数组的字典创建一个深层可变副本。这并不难，不过我们应该把这项功能放在哪儿呢？

如果你说"在类别中"，那么好极了，你的想法是正确的。如果还没有想到，别担心，习惯这种语言需要花费一定的时间。通过类别可以向现有对象添加附加方法，而不需要子类化这些对象。类别经常会被Objective-C的新手忽略，因为这些特性是大多数其他语言所没有的。

通过类别，我们可以向NSDictionary添加一个方法来实现深层副本，返回的NSMutable-Dictionary拥有相同的数据，但不包含相同的实际对象。

说明　在你进入下一阶段的步骤之前，最好备份一下你的项目，这样就能在接下来的一系列更改出现问题时回退到一个能够正常运行的版本。

在项目窗口中，选择Sections文件夹，按下⌘N创建一个新文件。新文件向导出现后，在iOS部分的最顶部选择Cocoa Touch，在对应的右侧窗格中，选择Objective-C category，这正是我们想要创建的，然后点击Next。在下一页中，将该协议命名为MutableDeepCopy，并且在Category on字段中键入NSDictionary，然后再次点击Next。在最后一个页面中，确保文件浏览器、Group弹出框，以及Target选项中都选择了Sections。

将下面的代码添加到NSDdictionary+MutableDeepCopy.h中：

```
#import <Foundation/Foundation.h>

@interface NSDictionary (MutableDeepCopy)
- (NSMutableDictionary *)mutableDeepCopy;
@end
```

切换到NSDdictionary+MutableDeepCopy.m，并添加以下实现：

```
#import "NSDictionary+MutableDeepCopy.h"

@implementation NSDictionary (MutableDeepCopy)

- (NSMutableDictionary *)mutableDeepCopy {
    NSMutableDictionary *returnDict = [[NSMutableDictionary alloc]
        initWithCapacity:[self count]];
    NSArray *keys = [self allKeys];
    for (id key in keys) {
        id oneValue = [self valueForKey:key];
        id oneCopy = nil;

        if ([oneValue respondsToSelector:@selector(mutableDeepCopy)])
            oneCopy = [oneValue mutableDeepCopy];
        else if ([oneValue respondsToSelector:@selector(mutableCopy)])
            oneCopy = [oneValue mutableCopy];
```

```
        if (oneCopy == nil)
            oneCopy = [oneValue copy];
        [returnDict setValue:oneCopy forKey:key];
    }
    return returnDict;

}
@end
```

此方法创建一个新的可变字典，然后在源字典中的所有键中进行迭代，为它遇到的每个数组创建可变副本。由于此方法将表现得好像它是NSDictionary的一部分，所以对self的任何引用都是对调用到此方法上的字典的一个引用。此方法首先尝试创建深层可变副本，如果对象没有响应mutableDeepCopy消息，那么它将尝试创建可变副本，如果对象没有响应mutableCopy消息，它就回过头再创建常规副本，以确保对字典中包含的所有对象都创建了副本。通过这种方式，如果我们有一个包含字典（或支持深层可变副本的其他对象）的字典，则也将对所包含的内容创建深层副本。

对于大多数读者来说，这可能是第一次在Objective-C中看到如下语法：

```
for (id key in keys)
```

Objective-C 2.0还有一种新特性，叫做快速枚举。**快速枚举**是NSEnumerator的语言级替代品。可以通过快速枚举对集合（如NSArray）进行迭代，从而避免了创建附加对象或循环变量的麻烦。

所有已交付的Cocoa集合类，包括NSDictionary、NSArray和NSSet，都支持快速枚举。而且可以在任何需要的时候使用此语法对集合进行迭代。它将确保你获得效率最高的循环。

如果在其他类中包含NSDictionary+MutableDeepCopy.h头文件，我们将能够在任何NSDictionary对象上调用mutableDeepCopy。现在让我们使用这一功能。

8.5.3 更新控制器头文件

下一步，我们需要向控制器头文件添加一些输出口。表视图需要一个输出口。目前为止，我们还没有用到数据源方法之外指向表视图的指针，现在就需要一个，因为我们需要根据搜索的结果通知表重新加载它自己。我们还需要一个指向搜索栏的输出口，它是一个用于搜索的控件。

除了这两个输出口之外，还需要添加另一个字典。现有的字典和数组都是不可改变的对象，我们需要把它们改为相应的可变版本，这样，NSArray就变成了NSMutableArray，NSDictionary就变成了NSMutableDictionary。

在控制器中不再需要任何新的操作方法，不过我们需要几个新的方法。目前，仅对它们进行声明，输入代码之后再对它们进行详细的讨论。

还需要让类遵循UISearchBarDelegate协议。除了充当表视图的委托之外，我们还需要让它充当搜索栏的委托。

在BIDViewController.h文件中做如下更改：

```
#import <UIKit/UIKit.h>

@interface ViewController : UIViewController
<UITableViewDataSource, UITableViewDelegate, UISearchBarDelegate>

@property (strong, nonatomic) NSDictionary *names;
@property (strong, nonatomic) NSArray *keys;
@property (strong, nonatomic) IBOutlet UITableView *table;
@property (strong, nonatomic) IBOutlet UISearchBar *search;
@property (strong, nonatomic) NSDictionary *allNames;
@property (strong, nonatomic) NSMutableDictionary *names;
@property (strong, nonatomic) NSMutableArray *keys;
- (void)resetSearch;
- (void)handleSearchForTerm:(NSString *)searchTerm;
@end
```

这就是我们所做的更改。

❑ table输出口将指向表视图。

❑ search输出口将指向搜索栏。

❑ allNames字典将存有所有数据集。

❑ names字典将存有那些与当前搜索条件匹配的数据集。

❑ keys将存有索引值和分区名称。

如果清楚地理解了这些内容，下面让我们修改视图。

8.5.4   修改视图

每个表视图都支持在其顶部（在任何内容上方）放置一个视图。这个表头视图（header view）将随着其他内容一起滚动。UISearchBar是该视图的一个绝佳示例。如果从库中拖出一个Search Bar，并且将它放置在表视图的上方，那么Interface Builder将会调整该搜索栏，使其位于表视图的顶部并且随着该表视图一起滚动。

不幸的是，UISearchBar并不能很好地与右侧的索引功能协同工作。看一下图8-26就知道其原因了。注意，索引与搜索栏重叠了，它盖住了Cancel按钮的一部分。

幸好解决方法还是存在的，而且我们不用修改任何已有代码就能够实现它，只需要在Interface Builder中配置视图层次。这里的思想是将搜索栏放置在普通的UIView中。

图8-26   在应用的当前版本中，搜索栏的Cancel按钮与索引重叠了

这样，表视图就会确保UIView填满整个空间，而UIView的内容仍会按照我们创建的那样显示出来。

选择BIDViewController.xib，在Xcode的Interface Builder中编辑它。选择编辑区域的表视图，使用对象库找到View，并将它拖到表视图的顶部。

你正在尝试将它放在表视图的标题部分中，标题部分是表视图的一个特殊部分，位于第一分区之前。实现此目的的方式是将视图放在表视图顶部。在放开鼠标按钮之前，应该会在表视图顶部看到一个蓝色的圆角矩形（参见图8-27）。这表明如果现在放置视图，它将位于表的标题部分。当看到蓝色矩形时，释放鼠标按钮以放置视图。

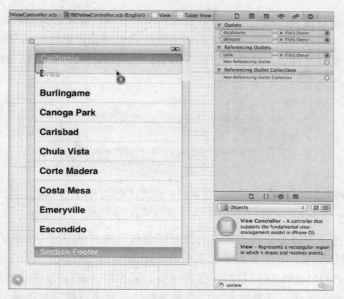

图8-27 将视图拖到表视图上。注意表视图上的圆角矩形，它表示视图将会添加到表的标题部分

现在，从库中拖出一个Search Bar，将它放置在刚添加的视图上。你可以看到一个熟悉的蓝色矩形，并且可以看到这个搜索栏完美匹配了该视图（参见图8-28）。

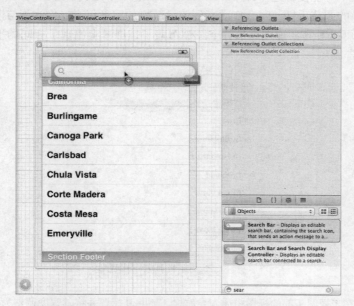

图8-28 将搜索栏拖到之前放在表视图头部的视图上

接着，我们来调整搜索栏的大小，为索引留出一些空间。首先选择搜索栏，然后拖动其右侧的调节手柄，向左拖动25像素。这样就能为表视图的索引部分留出足够的空间。当你在拖动时，可以看到一个小浮动尺寸面板。搜索栏最初占用了320像素的宽度，所以现在将它调整为295像素（参见图8-29）。

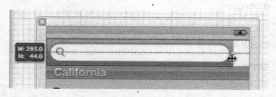

图8-29 拖动搜索栏右边缘，使其向左移动25像素。注意左侧的工具提示，它可以帮助你将搜索栏的宽度调整为295像素

目前很顺利。接下来需要处理搜索栏右侧那部分难看的白色间隙。很幸运，我们可以使用另一个类来填充这部分空间，它的背景看起来跟UISearchBar很相似。

导航栏（UINavigationBar）通常用于包含导航元素（你将在第9章中了解更多相关内容），但它的本质还是UIView的子类。这意味着可以像其他控件一样将它放置在屏幕的任意位置，并且调整其大小。

在库中找到Navigation Bar，将它拖动到表视图顶部的视图中。可以看到它也填满了整个UIView，遮住了搜索栏。双击Title文本，将它删除，只留下渐变的背景。现在，回到dock，选择该导航栏（删除文本可能使你选中Navigation Item，而这并不是我们想要的）。在选中导航栏的情况下，拖动左边缘的调节手柄，向右拖动直到该导航栏的宽度仅有25像素（与搜索栏右侧空白部分的大小相同）。可以看到，现在那部分空隙被覆盖了，屏幕上出现了相同的平滑渐变效果（参见图8-30）。大功告成！

图8-30 在表视图头部的视图中插入导航栏。删除其标题并将其宽度调整为25像素。看起来不错，搜索栏和索引互不影响

现在，按下control键并将File's Owner图标拖到表视图，然后选中表输出口。同样对搜索栏重复上述操作，然后选中search输出口。单击搜索栏，按下⌥⌘4键，打开属性检查器，如图8-31所示。

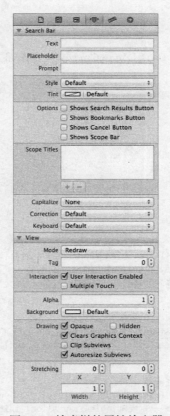

图8-31　搜索栏的属性检查器

在Placeholder字段中输入search。search字样将以非常淡的颜色出现在搜索字段中。

稍微往下你将在Options部分发现一系列复选框，用于在搜索栏的最右端添加搜索结果按钮和书签按钮。这些按钮自己不会执行任何操作（除了在用户点击它们时进行开关），但可以使用它们让委托依据开关按钮的状态来设置某种不同的显示内容。

不选中前两个复选框，但选择显示为Shows Cancel Button的复选框。在搜索字段右侧将显示一个Cancel按钮。用户可以点击此按钮来取消搜索。最后一个复选框用于启用范围栏，范围栏是一系列互连的按钮，用于让用户从各种可搜索内容类别（由它下方的一系列Scope Titles指定）中挑选。我们不会使用范围功能，所以不要管这些部分。

在复选框和Scope Button Titles下面，将标有Correction的弹出按钮设置为No，指示搜索按钮不应该尝试更正用户的拼写。

按下⌥⌘6，转到连接检查器，从delegate连接拖到File's Owner图标，以告知搜索栏视图控制器也是搜索栏的委托。

这就是我们所需要的所有设置，一定要保存好。下面让我们回到Xcode。

8.5.5   修改控制器实现

对搜索栏进行的更改非常大。对BIDViewController.m作如下更改：

```
#import "BIDViewController.h"
#import "NSDictionary+MutableDeepCopy.h"

@implementation ViewController
@synthesize names;
@synthesize keys;
@synthesize table;
@synthesize search;
@synthesize allNames;

#pragma mark -
#pragma mark Custom Methods
- (void)resetSearch {
    self.names = [self.allNames mutableDeepCopy];
    NSMutableArray *keyArray = [[NSMutableArray alloc] init];
    [keyArray addObjectsFromArray:[[self.allNames allKeys]
        sortedArrayUsingSelector:@selector(compare:)]];
    self.keys = keyArray;
}

- (void)handleSearchForTerm:(NSString *)searchTerm {
    NSMutableArray *sectionsToRemove = [[NSMutableArray alloc] init];
    [self resetSearch];

    for (NSString *key in self.keys) {
        NSMutableArray *array = [names valueForKey:key];
        NSMutableArray *toRemove = [[NSMutableArray alloc] init];
        for (NSString *name in array) {
            if ([name rangeOfString:searchTerm
                          options:NSCaseInsensitiveSearch].location == NSNotFound)
                [toRemove addObject:name];
        }
        if ([array count] == [toRemove count])
            [sectionsToRemove addObject:key];

        [array removeObjectsInArray:toRemove];
    }
    [self.keys removeObjectsInArray:sectionsToRemove];
    [table reloadData];
}
.
.
.
- (void)viewDidLoad {
    [super viewDidLoad];
```

```
    // Do any additional setup after loading the view, typically from a nib.
    NSString *path = [[NSBundle mainBundle] pathForResource:@"sortednames"
        ofType:@"plist"];
    NSDictionary *dict = [[NSDictionary alloc]
        initWithContentsOfFile:path];
    self.names = dict;
    self.allNames = dict;

    NSArray *array = [[names allKeys] sortedArrayUsingSelector:
        @selector(compare:)];
    self.keys = array;
    [self resetSearch];
    [table reloadData];
    [table setContentOffset:CGPointMake(0.0, 44.0) animated:NO];
}


- (void)viewDidUnload {
    [super viewDidUnload];
    // Release any retained subviews of the main view.
    // e.g. self.myOutlet = nil;
    self.table = nil;
    self.search = nil;
    self.allNames = nil;
    self.names = nil;
    self.keys = nil;
}
.
.
.
#pragma mark -
#pragma mark Table View Data Source Methods
- (NSInteger)numberOfSectionsInTableView:(UITableView *)tableView {
    return [keys count];
    return ([keys count] > 0) ? [keys count] : 1;
}


- (NSInteger)tableView:(UITableView *)aTableView
        numberOfRowsInSection:(NSInteger)section {
    if ([keys count] == 0)
        return 0;
    NSString *key = [keys objectAtIndex:section];
    NSArray *nameSection = [names objectForKey:key];
    return [nameSection count];
}


- (UITableViewCell *)tableView:(UITableView *)aTableView
        cellForRowAtIndexPath:(NSIndexPath *)indexPath {
    NSUInteger section = [indexPath section];
    NSUInteger row = [indexPath row];

    NSString *key = [keys objectAtIndex:section];
    NSArray *nameSection = [names objectForKey:key];

    static NSString *sectionsTableIdentifier = @"SectionsTableIdentifier";
```

```
        UITableViewCell *cell = [aTableView dequeueReusableCellWithIdentifier:
            sectionsTableIdentifier];
        if (cell == nil) {
            cell = [[[UITableViewCell alloc] initWithFrame:CGRectZero
                reuseIdentifier: sectionsTableIdentifier] autorelease];
        }

        cell.textLabel.text = [nameSection objectAtIndex:row];
        return cell;
}

- (NSString *)tableView:(UITableView *)tableView
    titleForHeaderInSection:(NSInteger)section {
    if ([keys count] == 0)
        return nil;

    NSString *key = [keys objectAtIndex:section];
    return key;
}

- (NSArray *)sectionIndexTitlesForTableView:(UITableView *)tableView {
    return keys;
}

#pragma mark -
#pragma mark Table View Delegate Methods
- (NSIndexPath *)tableView:(UITableView *)tableView
    willSelectRowAtIndexPath:(NSIndexPath *)indexPath {
    [search resignFirstResponder];
    return indexPath;
}

#pragma mark -
#pragma mark Search Bar Delegate Methods
- (void)searchBarSearchButtonClicked:(UISearchBar *)searchBar {
    NSString *searchTerm = [searchBar text];
    [self handleSearchForTerm:searchTerm];
}
- (void)searchBar:(UISearchBar *)searchBar
    textDidChange:(NSString *)searchTerm {
    if ([searchTerm length] == 0) {
        [self resetSearch];
        [table reloadData];
        return;
    }
    [self handleSearchForTerm:searchTerm];
}

- (void)searchBarCancelButtonClicked:(UISearchBar *)searchBar {
    search.text = @"";
    [self resetSearch];
    [table reloadData];
    [searchBar resignFirstResponder];
}
@end
```

键入上述所有代码之后，你还跟得上进度吗？让我们停下来看一看刚才的代码。先看一下添加的第一个方法。

1. 从allNames复制数据

取消搜索或更改搜索条件时将调用resetSearch方法。

```
- (void)resetSearch {
    self.names = [self.allNames mutableDeepCopy];
    NSMutableArray *keyArray = [[NSMutableArray alloc] init];
    [keyArray addObjectsFromArray:[[self.allNames allKeys]
            sortedArrayUsingSelector:@selector(compare:)]];
    self.keys = keyArray;
}
```

这个方法所做的是创建allnames的可变副本，将它赋值为names，然后刷新keys数组，使它包含字母表中的所有字母。

我们需要刷新keys数组，因为如果某搜索排除了某分区中的所有值，那么还需要除去这一分区。否则，屏幕将被标题和空的分区填满，这看起来很糟糕。我们也不希望为不存在的内容提供索引，因此根据搜索短语挑选名称时，还需要去除空的分区。

2. 实现搜索

另一个方法实现了实际的搜索：

```
- (void)handleSearchForTerm:(NSString *)searchTerm {
    NSMutableArray *sectionsToRemove = [[NSMutableArray alloc] init];
    [self resetSearch];

    for (NSString *key in self.keys) {
        NSMutableArray *array = [names valueForKey:key];
        NSMutableArray *toRemove = [[NSMutableArray alloc] init];
        for (NSString *name in array) {
            if ([name rangeOfString:searchTerm
                options:NSCaseInsensitiveSearch].location == NSNotFound)
                    [toRemove addObject:name];
        }

        if ([array count] == [toRemove count])
            [sectionsToRemove addObject:key];

        [array removeObjectsInArray:toRemove];
    }
    [self.keys removeObjectsInArray:sectionsToRemove];
    [table reloadData];
}
```

虽然我们将在搜索栏委托方法中进行搜索，但仍然要把handleSearchForTerm:拖到自己的方法中，因为我们将需要在两个不同的委托方法中使用相同的功能。通过在handleSearchForTerm:方法中嵌入搜索，我们将功能固定在一个位置，这样便于维护，然后只在需要时调用这个新的方法即可。这是此部分真正有趣的地方，让我们把这个方法分为几小段来看一下。

首先，创建一个数组，它将存有我们找到的空分区。后面使用此数组删除这些空分区，因为在一个集合中进行迭代时，从该集合中删除对象是不安全的。由于我们正使用快速枚举，这样做将引发异常。因此，我们不能在键中进行迭代时删除键，就把将要删除的分区存储在一个数组中，在完成所有枚举之后一次删除所有的对象。分配数组之后，重置搜索：

```
NSMutableArray *sectionsToRemove = [[NSMutableArray alloc] init];
[self resetSearch];
```

下一步，枚举新存储的keys数组中的所有键。

```
for (NSString *key in self.keys) {
```

每次进行循环时，获取对应于当前键的名称数组，并创建存有需要从names数组中删除的值的数组。记住，我们删除的是名称和分区，因此需要知道哪些键是空的，以及哪些名称与搜索条件不匹配。

```
NSMutableArray *array = [names valueForKey:key];
NSMutableArray *toRemove = [[NSMutableArray alloc] init];
```

接下来，在当前数组中对所有名称进行迭代。因此，如果当前正处理键"A"，那么此循环将迭代所有以"A"开头的名称。

```
for (NSString *name in array) {
```

此循环使用了一个返回字符串中子字符串位置的NSString方法。通过指定NSCaseInsensitiveSearch选项，表明我们不关心搜索短语的大小写。也就是说，"A"相当于"a"。此方法返回的值是一个NSRange结构，它带有两个成员：location和length。如果没有找到搜索短语，location将被设置为NSNotFound，因此只要检查有没有NSNotFound就可以了。如果返回的NSRange包含NSNotFound，就把名称添加到将要删除的对象数组中。

```
if ([name rangeOfString:searchTerm
    options:NSCaseInsensitiveSearch].location == NSNotFound)
        [toRemove addObject:name];
}
```

对给定字母的所有名称迭代完成之后，检查将要删除的名称数组的长度是不是和名称数组的长度相同，如果相同，则这个分区就是空的，我们将把它添加到键的数组中，以备将来删除。

```
if ([array count] == [toRemove count])
    [sectionsToRemove addObject:key];
```

下一步，从此分区的数组中删除不匹配的名称。

```
[array removeObjectsInArray:toRemove];
}
```

最后，删除空分区，释放用于存储空分区的数组，并告知表重新加载数据。

```
[self.keys removeObjectsInArray:sectionsToRemove];
[sectionsToRemove release];
[table reloadData];
}
```

3. 修改viewDidLoad

在viewDidLoad中，我们进行了一些更改。首先，把属性列表加载到allNames字典而不是names字典，删除加载keys数组的代码，因为现在使用resetSearch方法完成加载。然后调用resetSearch方法，它填充names可变字典和keys数组。然后，我们在tableView上调用reloadData。在正常的程序流程中，reloadData将在用户看到表之前被调用，所以大都没有必要在viewDidLoad:中调用它。但是，为了让其后面的代码行setContentOffset:animated:生效，我们需要确保在执行该语句之前表格已设置完毕，为此，我们在表格上调用reloadData。

```
[table reloadData];
[table setContentOffset:CGPointMake(0.0, 44.0) animated:NO];
```

那么，setContentOffset:animated:有什么用途呢？顾名思义，它设置表中内容的偏移量，在我们的例子中，偏移值为44像素（搜索栏的高度）。这导致在表格首次出现时，搜索栏会回滚至顶部。事实上，我们“隐藏”了顶部的搜索栏，用户在第一次滚动到最上方时可以发现它。这类似于Mail、Contacts和其他标准的iOS应用程序支持搜索的方式。用户最初不会看到搜索栏，但可以向下滑动来将它调入视图中。

隐藏搜索栏可能面临着这样的风险：用户最初无法发现搜索功能，甚至可能一直无法发现！不过许多iOS应用程序都面临着这种风险，搜索栏的这一用途现在非常常见，以至于完全没必要更明确地显示任何内容。我们将在稍后的“向索引添加放大镜”一节中更详细地探讨这一主题。

4. 修改数据源方法

如果跳转到数据源方法，你会发现我们只对该方法做了一些微小的修改，因为names字典和keys数组依然用于提供数据源，这些方法基本上和以前相同。

我们必须说明这样一个事实：表视图始终拥有分区的基本部分，而搜索可能把所有名称排除在所有分区之外。因此，我们添加了一些代码来检查删除了所有分区的情况，在那种情况下，我们为表视图提供了一个没有行且只有一个空白名称的分区。这避免了所有问题，不会给用户任何错误的反馈。

5. 添加表视图委托方法

我们已经在数据源方法下面添加了一个委托方法。如果用户在使用搜索栏时单击一行，我们希望键盘不再起作用。这是通过实现tableView:willSelectRowAtIndexPath:并告知搜索栏放弃第一响应者状态（这将关闭键盘）来完成的。下一步，返回未改变的indexPath。

```
- (NSIndexPath *)tableView:(UITableView *)tableView
    willSelectRowAtIndexPath:(NSIndexPath *)indexPath {
    [search resignFirstResponder];
    return indexPath;
}
```

我们还可以在tableView:didSelectRowAtIndexPath:中完成，不过由于这里是这样做的，键盘会取消得稍微快一些。

6. 添加搜索栏委托方法

搜索栏有许多在其委托上调用的方法。当用户单击键盘上的返回按钮或搜索键时，将调用

searchBarSearchButtonClicked:。此方法从搜索栏获取搜索短语，并调用我们的搜索方法，这个搜索方法将删除names中不匹配的名称和keys中的空分区。

```
- (void)searchBarSearchButtonClicked:(UISearchBar *)searchBar {
    NSString *searchTerm = [searchBar text];
    [self handleSearchForTerm:searchTerm];
}
```

每次使用搜索栏的时候都应该实现searchBarSearchButtonClicked:方法。

除此之外，我们还实现了另一个搜索栏委托方法，不过实现这个方法需要谨慎一些。这个方法用于实现现场搜索。每次更改搜索短语时，不管用户是否选中了搜索按钮或单击了返回按钮，我们都重新搜索。这种行为具有非常高的用户友好性，因为用户在键入时可以看见结果的改变。如果用户在键入第3个字符后减少了足够长的列表，那么他们可以停止键入，然后选择想要的行。

实现现场搜索会减弱应用程序的性能，尤其是在显示图像或拥有复杂数据模型的时候。在这种情况下，如果只有2000个字符串，没有图像或扩展图标，程序会运行得非常好，即使是在第一代iPhone或iPod touch上。

> **注意** 不要以为模拟器中的高性能可以转换为你的设备上的高性能。如果你打算实现这样的现场搜索，就需要在实际硬件上做大量测试，以确保应用程序保持响应。拿不定主意的时候不要使用它。或许用户很乐意敲击搜索按钮呢！

下面的代码将处理一个现场搜索。实现搜索栏委托方法searchBar:textDidChange:的代码如下所示：

```
- (void)searchBar:(UISearchBar *)searchBar
  textDidChange:(NSString *)searchTerm {
    if ([searchTerm length] == 0) {
        [self resetSearch];
        [table reloadData];
        return;
    }
    [self handleSearchForTerm:searchTerm];
}
```

注意，这里我们查找一个空的字符串。如果字符串为空，那么所有名称都将与它匹配，因此我们只要重置搜索并重新加载数据就可以了，而不需要枚举所有名称。

最后，我们实现一个方法，当用户在搜索栏上单击Cancel按钮时，我们能得到通知。

```
- (void)searchBarCancelButtonClicked:(UISearchBar *)searchBar {
    search.text = @"";
    [self resetSearch];
    [table reloadData];
    [searchBar resignFirstResponder];
}
```

当用户单击Cancel按钮时，程序会将搜索短语设置为空字符串，然后重置搜索，并重新加载数据以显示所有名称。此外，还需要让搜索栏放弃第一响应者状态，这样键盘就不再起作用，以便于用户重新处理表视图。

如果你已经完成上述步骤，那么可以试用一下搜索功能。请记住，搜索栏会滚至屏幕顶部，所以将其向下拖到视图中。在搜索字段中单击并键入，名称列表应该不断缩小以匹配键入的文字（如图8-32所示）。它生效了，对吧？

图8-32　我们的Sections应用已经实现得差不多了，跟预期的一样，
索引不会与取消按钮重叠

考虑下一个需要修改的地方，当你点击搜索框时，怎样让索引消失？这并不是必需的，完完全全是个设计上的决策，但是很值得了解它的实现方式。

首先，添加一个实例变量来跟踪用户当前是否在使用搜索栏。将以下代码添加到BIDViewController.h中：

```
@interface ViewController : UIViewController
<UITableViewDataSource, UITableViewDelegate, UISearchBarDelegate>

@property (strong, nonatomic) IBOutlet UITableView *table;
@property (strong, nonatomic) IBOutlet UISearchBar *search;
@property (strong, nonatomic) NSDictionary *allNames;
@property (strong, nonatomic) NSMutableDictionary *names;
@property (strong, nonatomic) NSMutableArray *keys;
@property (assign, nonatomic) BOOL isSearching;
- (void)resetSearch;
- (void)handleSearchForTerm:(NSString *)searchTerm;
@end
```

保存该文件，现在将注意力转向BIDViewController.m。首先为新属性添加方法合成：

```
@implementation ViewController
@synthesize names;
@synthesize keys;
@synthesize table;
@synthesize search;
@synthesize allNames;
@synthesize isSearching;
```

接着，需要修改sectionIndexTitlesForTableView:方法，当用户进行搜索时，该方法返回nil：

```
- (NSArray *)sectionIndexTitlesForTableView:(UITableView *)tableView {
    if (isSearching)
        return nil;
    return keys;
}
```

我们需要实现一个新委托方法，用于在开始搜索时将isSearching设置为YES。将下面的方法添加到BIDViewController.m的搜索栏委托方法：

```
- (void)searchBarTextDidBeginEditing:(UISearchBar *)searchBar {
    isSearching = YES;
    [table reloadData];
}
```

此方法在单击搜索栏时被调用。在此方法中，我们将isSearching设置为YES，然后告诉表格重新加载自身，这将使索引消失。还需要记住，当用户完成搜索时将isSearching设置为NO。搜索可能以两种方式结束：用户按下Cancel按钮，或者用户单击表格中的一行。因此，我们需要将以下代码添加到searchBarCancelButtonClicked:方法：

```
- (void)searchBarCancelButtonClicked:(UISearchBar *)searchBar {
    isSearching = NO;
    search.text = @"";
    [self resetSearch];
    [table reloadData];
    [searchBar resignFirstResponder];
}
```

也将以下代码添加到tableView:willSelectRowAtIndexPath:方法：

```
- (NSIndexPath *)tableView:(UITableView *)tableView
  willSelectRowAtIndexPath:(NSIndexPath *)indexPath {
    [search resignFirstResponder];
    isSearching = NO;
    search.text = @"";
    [tableView reloadData];
    return indexPath;
}
```

现在再次尝试搜索，当单击搜索栏时，索引将消失，直到完成搜索。

7. 向索引添加放大镜

由于我们偏移了表视图的内容，所以当应用程序首次启动时，搜索栏是不可见的，但是通过快速向下滑动可以在视图中显示搜索栏。也可以将搜索栏放在表视图上方，而不是表视图中，以使其始终可见，但这会占用宝贵的有限屏幕空间。让搜索栏随表格一起滚动，这可以更高效地利用iPhone的小屏幕。并且用户总是可以通过单击屏幕顶部的状态栏来访问搜索栏。

但是，不是所有人都知道单击状态栏会回到当前表格顶部。更理想的方法是，在索引顶部放置一个放大镜，就像Contacts应用程序一样（参见图8-33）。想不到我们也能够这样做吧？iOS中的一项新特性就是在表格索引中放置放大镜。我们现在在自己的应用程序中这样做。

图8-33 Contacts应用程序的索引中包含一个放大镜，可以通过它调出搜索栏。在iOS 3以前的版本中，这项功能无法在其他应用程序中实现，但是现在可以

只需3步就可以实现这一功能。
□ 向keys数组添加一个特殊值以指示我们需要一个放大镜。
□ 必须阻止iOS在表格中显示该特殊值的部分标题。
□ 告诉表格在该项被选中时滚至顶部。
我们依次执行这些步骤。

● 向keys数组添加特殊值
要将一个特殊值添加到键数组中，只需将一行代码添加到resetSearch方法：

```
- (void)resetSearch {
    self.names = [self.allNames mutableDeepCopy];
    NSMutableArray *keyArray = [[NSMutableArray alloc] init];
    [keyArray addObject:UITableViewIndexSearch];
    [keyArray addObjectsFromArray:[[self.allNames allKeys]
```

```
            sortedArrayUsingSelector:@selector(compare:)]];
    self.keys = keyArray;
}
```

● 禁止显示部分标题

现在，我们需要禁止该值显示为部分标题。为此，在现有tableView:titleForHeaderInSection:
方法中添加检查代码，使该方法在请求特殊搜索部分的标题时返回nil。

```
- (NSString *)tableView:(UITableView *)tableView
    titleForHeaderInSection:(NSInteger)section {
    if ([keys count] == 0)
        return nil;

    NSString *key = [keys objectAtIndex:section];
    if (key == UITableViewIndexSearch)
        return nil;
    return key;
}
```

● 告诉表视图如何做

最后，需要告诉表视图，当用户单击索引中的放大镜时如何做。当用户单击放大镜时，会调
用tableView:sectionForSectionIndexTitle:atIndex:委托方法（如果实现了该方法）。

将此方法添加到BIDViewController.m底部@end之上：

```
- (NSInteger)tableView:(UITableView *)tableView
        sectionForSectionIndexTitle:(NSString *)title
        atIndex:(NSInteger)index {
    NSString *key = [keys objectAtIndex:index];
    if (key == UITableViewIndexSearch) {
        [tableView setContentOffset:CGPointZero animated:NO];
        return NSNotFound;
    } else return index;
}
```

要告诉表视图转到搜索框，需要执行两个操作。首先，需要取消之前添加的内容偏移，然后
需要返回NSNotFound。当表视图收到此响应时，它就知道需要滚至顶部，那么现在我们已经取消
了偏移，所以表视图将滚至搜索栏而不是顶部。

说明　在tableView:sectionForSectionIndexTitle:atIndex:方法中，我们使用了一个特殊的常
　　　量：CGPointZero，它代表坐标系中的（0,0）。它简便、易读，但是这个常量需要用到Core
　　　Graphics框架。当你构建该项目时，如果遇到一个关于_CGPointZero引用的链接错误，就
　　　代表Xcode默认不包含这个框架，你需要自己手动添加它。要添加该框架，可以在项目导
　　　航中选择最顶层的Sections项，然后在主窗格顶部点击Build Phases标签，展开Link Binary
　　　With Libraries部分，点击加号按钮，在出现的列表中选择CoreGraphics.framework，最后
　　　点击Add按钮。

现在可以构建、运行该应用了。大功告成！借助索引中的放大镜，可以随时在iPhone表格中进行搜索了。

提示 iOS还添加了更加有趣的搜索功能。如果你感兴趣的话，请转到文档浏览器并搜索UISearchDisplay，仔细研究UISearchDisplayController和UISearchDisplayDelegate。学习了第9章之后，你将更容易理解这项功能。

8.6 小结

感觉怎么样？这一章的内容极其重要，你已经学习了很多！你应该对平面表（flat table）的工作方式有了非常好的理解，并了解了如何自定义表和表视图单元，以及如何配置表视图。你还了解了如何实现搜索栏，在任何呈现大量数据的iOS应用程序中，这都是一个至关重要的工具。要确保真正理解了本章中的所有内容，因为本章是后面章节的基础。

下一章将继续介绍表视图，你将学习如何使用表视图呈现分层数据。你将了解如何创建内容视图，以便用户能够编辑表视图中选中的数据，以及如何在表中呈现检验表，在表的行中嵌入控件和删除行。

8

第 9 章

导航控制器和表视图

9

在第8章中，你已经掌握了有关表视图的基础知识。在本章中，我们将共同探讨**导航控制器**，并完成更多的练习。

导航控制器和表视图密不可分。严格来说，要完成导航控制器的功能并不需要表视图。然而，在实际的应用程序中实现导航控制器时，几乎总是至少要实现一个表，通常是多个表，因为导航控制器的强大之处在于它能处理复杂的分层数据。在iPhone的小屏幕上，连续的表视图是表示分层数据最理想的方式。

本章将逐步地构建一个应用程序，这与第7章构建的选取器应用程序一样。我们先让导航控制器和第一个视图控制器工作起来，然后开始向分层结构添加更多的控制器和层。我们创建的每一个视图控制器都将增强表或配置的某些方面。

❑ 如何把表视图中（的数据）写入到子表中。
❑ 如何把表视图中的数据写入可以读取甚至编辑详细数据的内容视图中。
❑ 如何通过表清单来从多个值中进行选择。
❑ 如何使用编辑模式从表视图中删除行。

内容非常丰富吧？那我们还等什么，开始学习导航控制器吧！

9.1 导航控制器

`UINavigationController`是用于构建分层应用程序的主要工具，它在管理以及换入和换出多个内容视图方面与`UITabBarController`较为类似。两者之间的主要不同在于，`UINavigationController`是作为栈（stack）来实现的，这让它非常适合用于处理分层数据。

如果你已经了解了栈的来龙去脉，请快速浏览9.1.1节的内容，然后开始学习9.1.2节。你是第一次接触栈吗？非常幸运，它是一个非常简单的概念。

9.1.1 栈的性质

栈是一种常用的数据结构，采用后进先出的原则。不管你是否相信，Pez糖果盒（dispenser）是栈的一个极好的例子。想试一试吗？根据每个Pez糖果盒随带的说明书，一共有几个简单的步骤。第一步，打开Pez糖果包装。第二步，直接敲击糖果盒的顶部，打开它。第三步，抓紧糖果栈（注意这里我们巧妙地使用了"栈"这个字），在食指和拇指之间牢牢地握住它，然后将糖果栈插入打开的糖果盒内。第四步，捡起洒落一地的糖果，因为说明书根本没用。

这个例子并不是特别实用。不过，下面发生的事情会形象地说明栈的概念：当你捡起糖果并一次一个地把它们塞进糖果盒时，你所操作的就是一个栈。还记得吗？我们说过栈是后进先出的，也可以说是先进后出。放到糖果盒的第一个糖果将是最后一个出来的，最后一个被塞入的糖果将是第一个出来的。计算机栈遵循同样的规则。

- ❑ 向栈中添加对象的操作称为**入栈**（push），即把对象推到栈中。
- ❑ 第一个入栈的对象叫做**基栈**。
- ❑ 最后一个入栈的对象叫做**栈顶**（至少在你推入栈的下一个对象取代它之前）。
- ❑ 从栈中删除对象的操作称为**出栈**（pop）。要让一个对象出栈时，这个对象往往是最后一个入栈的。第一个入栈的对象往往最后一个出栈。

9.1.2　控制器栈

导航控制器维护一个视图控制器栈。任何类型的视图控制器都可以放入栈中。在设计导航控制器时，你需要指定用户看到的第一个视图。前几章讨论过，该视图是视图层次结构中最底层的视图，其控制器称为**根视图控制器**（root view controller）或者**根控制器**。当用户选择查看下一个视图时，栈中将加入一个新的视图控制器，它所控制的视图将展示给用户。我们把这些新的视图控制器称为**子控制器**（subcontroller）。可以看出，本章的Nav应用程序由一个导航控制器和6个子控制器组成。

查看图9-1。注意当前视图左上角的**导航按钮**。这个导航按钮类似于网页浏览器的后退按钮。当用户单击该按钮时，当前的视图控制器出栈，下一个视图成为当前视图。

图9-1　Settings应用程序使用了一个导航控制器。左上方是用于让当前视图控制器出栈的导航按钮，它返回分层结构的上一级。还显示了当前内容视图控制器的标题

我们热衷于这种设计模式。通过它，我们可以反复地构建复杂的分层应用程序。你不需要了解整个分层结构的复杂性。每个控制器只需要知道其子控制器，以便在用户选择时把适当的新的控制器对象加入到栈中。通过这种方式，你可以把若干小部件组合成一个大型应用程序，这正是本章所要介绍的内容。

导航控制器是许多iPhone应用程序最重要的部分，但在iPad应用程序中，导航控制器的作用没那么重要。一个典型的例子就是Mail应用程序，它拥有一个分层导航控制器来让用户在他们所有的邮件服务器、文件夹和消息中导航。在iPad版本的Mail中，导航控制器从不会填满整个屏幕，而显示为一个边栏或临时浮动窗口。在第11章中介绍特定于iPad的GUI功能时将详细介绍这一用法。

9.2 由 6 个部分组成的分层应用程序：Nav

我们构建的应用程序将向你展示有关如何显示有关分层数据的常见任务。应用程序运行后将显示一个选项列表（参见图9-2）。

图9-2 本章应用程序的顶级视图。注意视图右侧的扩展图标。这种特别的扩展图标被
称为扩展指示器，它用于告知用户触摸这一行将切换到另一个表视图

此顶级视图中的每一行分别表示一个不同的视图控制器，当选中其中一行时，对应的视图控制器将被加入到导航控制器栈中。每行右侧的图标是**扩展图标**（accessory icon）。这种特别的扩展图标（灰色箭头）被称为**扩展指示器**（disclosure indicator），用于告知用户触摸该箭头将切换到另一个表视图。

9.2.1 子控制器

开始Nav应用程序之前，快速看一下6个子控制器中显示的每个视图。

1. 展示按钮视图

触摸图9-2中表的第一行，将显示图9-3中的子视图。

图9-3 Nav应用程序的第一个子控制器实现了一个表，表中的每一行都
包含一个细节展示按钮

图9-3每行右边的扩展图标略有不同，它们是**细节展示按钮**（detail disclosure button），点击它们将显示有关当前行的更多详细信息，并允许你对它们编辑。

与扩展指示器不同，细节展示按钮不仅仅是一个图标，它还是一个可单击的控件，因此一个给定的行可以有两个不同的选项。当用户选择该行时触发一个操作，当用户单击展示按钮时触发另一个操作。

iPhone的Phone应用程序是恰当使用细节展示按钮的一个较好的例子。选择Favorites标签中的联系人将对该联系人发起呼叫，而选择联系人名字旁边的展示按钮将显示其详细联系信息。YouTube应用程序是另一个很好的例子。选择某行会播放相应视频，而单击细节展示按钮则会显示有关该视频的更多详细信息。在Contacts应用程序中，虽然选择一行会显示详细信息视图，但联系人列表中没有细节展示按钮。由于在Contacts应用程序中每一行只有一个可用的选项，因此不显示任何扩展图标。

下面概述了使用扩展指示器和细节展示按钮的时机。

❑ 如果希望为一次"行点击"提供一个选择，并且如果一次行点击仅会转到该行的更详细视图，那么不要使用辅助图标。

❑ 如果一次行点击将转到一个新视图（不是细节视图），那么使用扩展指示器（灰色箭头）标记该行。

❑ 如果希望为一行提供两种选择，那么使用细节展示按钮标记该行。这使用户能够点击该行以转到新视图或点击细节展示按钮获得更多细节。

2. 校验表视图

应用程序的第二个子控制器如图9-4所示。在图9-2中选择Check One将出现该视图。

图9-4　Nav应用程序的第二个子控制器允许执行"多选一"操作

该视图可用于呈现"多选一"列表。在iOS中，该列表的作用就如同Mac OS X中的单选按钮。此列表使用选中标记来标记当前选中的行。

3. 行控制视图

图9-5显示了应用程序的第三个子控制器。此视图在每一行的**扩展视图**中添加了一个可单击的按钮。扩展视图位于表视图单元的最右侧，它通常用于存放扩展图标，但其用途远不止于此。在讨论应用程序的这一部分时，你将了解如何在扩展视图中创建控件。

4. 可移动行视图

图9-6显示了应用程序的第四个子控制器。在这个视图中，通过将表切换为**编辑模式**（本章稍后将对这一概念进行详细介绍），用户可以对列表中的行重新排序。

5. 可删除行视图

图9-7显示了应用程序的第五个子控制器。在这个视图中，我们将展示编辑模式的另一种用法，即删除表中的行。

6. 可编辑详细信息视图

图9-8显示了应用程序的第六个子控制器，同时也是最后一个。它使用分组表显示了一个可

编辑的详细信息视图。详细信息视图这项技术在iPhone应用程序中得到了广泛应用。

图9-5　Nav应用程序的第三个子控制器在每个表
　　　　视图单元的扩展视图中都添加了一个按钮

图9-6　Nav应用程序的第四个子控制器允许用户
　　　　通过触摸和拖动图标对列表中的行重新排
　　　　序，还记得这些童谣吗

图9-7　Nav应用程序的第五个子控制器实现了
　　　　允许用户从表中删除项的编辑模式

图9-8　Nav应用程序的第六个子控制器使用分组
　　　　表实现了一个可编辑的详细信息视图

原来有这么多工作要做。现在让我们开始吧！

9.2.2　Nav应用程序的骨架

　　Xcode为创建基于导航的应用程序提供了一个极好的模板,常用于创建分层应用程序。但是,我们没有使用这个模板,而是从零开始构建基于导航的应用程序,以便于读者了解所有内容是如何组合起来的。这与第7章中构建标签栏控制器的方式没有多大区别,所以你能轻松地跟上我们的节奏。

　　在Xcode中,按下⌘⇧N创建一个新的项目,在iOS Application模板列表中选择Empty Application,然后点击Next。将Product Name设为Nav,Company Identifier设为com.apress,Class Prefix设为BID。确保没有选中Use Core Data和Include Unit Tests复选框,但是选中Use Automatic Reference Counting。并且将Device Family设置为iPhone。

　　选择项目导航并打开Nav文件夹,可以看到此模板只提供一个应用程序委托。现在还没有视图控制器和导航控制器。

　　要运行此应用程序,我们需要添加一个导航控制器,其中包含一个导航栏。我们还将需要添加一系列视图和视图控制器供导航栏显示。这些视图中的第一个是顶级视图,如图9-2所示。

　　该顶级视图中的每一行与一个子视图控制器相连接,如图9-3至图9-8所示。不要担心具体细节。本章后面将介绍这些连接的工作原理。

1. 创建顶级视图控制器

　　在本章中,我们将通过子类化UITableViewController而不是UIViewController来实现表视图。在子类化UITableViewController时,我们将从该类继承一些优秀的功能,以便创建一个不需要nib文件的表视图。我们可以像上一章那样在nib中提供表视图,但如果不采用这种方式,则UITableViewController会自动创建表视图,这将占用所有可用的空间,并且将连接到控制器类中适当的输出口,使控制器类成为该表的委托和数据源。如果某特定控制器只需要一个表,就应该采用子类化UITableViewController的方式。

　　我们将创建表示导航层级关系第一级的BIDFirstLevelController类。对于每个二级表视图,这个表只包含一行。这些二级表视图由BIDSecondLevelViewController类表示。本章中你将学到它们的工作方式。

　　在项目窗口中,在项目导航中选择Nav文件夹,然后按下⌘N或从File菜单中选择New→New File…。在出现新建文件向导后,依次选择Cocoa Touch和Objective-C class,然后单击Next。在Class字段中输入BIDFirstLevelController,并且在Subclass of字段中键入UITableViewController,和往常一样,在按下Next之前一定要仔细检查拼写。然后确保在文件浏览器、Group以及Target选项中选择了Nav文件夹或组,最后点击Create。

　　你可能注意到文件模板选择器中有一个名称为UIViewController的条目。该选项为我们创建视图控制器提供了大量空的存根方法,我们甚至还可以从中选择UIViewController的子类,如UITableViewController。它们提供了更多的空方法以便你添加额外的功能。在创建自己的应用程序时,请随意使用该模板。我们并未使用这里的视图控制器模板,这样,我们便不需要花时间在所有不必要的模板方法中进行挑选,以确定在何处插入或删除代码。通过创建一个普通的

Objective-C对象并在其声明中将超类更改为UITableViewController，我们获得了一个更小、更易于管理的文件。

文件创建完之后，单击BIDFirstLevelController.h，查看该文件：

```
#import <UIKit/UIKit.h>

@interface BIDFirstLevelController : UITableViewController

@end
```

由于我们选择继承的类是一个UIKit类，所以Xcode相应地导入了UIKit，而不是Foundation。我们刚创建的两个文件包含了顶层视图的控制器类，如图9-2所示。下一步要创建导航控制器。

2. 设置导航控制器

现在我们的目的是编辑应用程序委托，将导航控制器的视图添加到应用程序窗口。

首先，在BIDAppDelegate.h中为导航控制器添加一个输出口navController：

```
#import <UIKit/UIKit.h>

@interface BIDAppDelegate : UIResponder<UIApplicationDelegate>

@property (strong, nonatomic) UIWindow *window;
@property (strong, nonatomic) UINavigationController *navController;
@end
```

接着，我们需要转向其实现文件，这里我们要导入刚才创建的视图控制器类的头文件，并且为navController添加@synthesize语句。在application:didFinishLaunchingWithOptions:方法中，创建navController，设置将要显示的初始视图控制器，并且将其视图添加为应用程序窗口的子视图，从而将其显示给用户。我们稍后会解释每一个步骤。现在，选择BIDAppDelegate.m，作如下修改：

```
#import "BIDAppDelegate.h"
#import "BIDFirstLevelController.h"

@implementation BIDAppDelegate

@synthesize window = _window;
@synthesize navController;

#pragma mark -
#pragma mark Application lifecycle

- (BOOL)application:(UIApplication *)application
        didFinishLaunchingWithOptions:(NSDictionary *)launchOptions {
    self.window = [[UIWindow alloc] initWithFrame:[[UIScreen mainScreen] bounds]];
    // Override point for customization after application launch

    BIDFirstLevelController *first = [[BIDFirstLevelController alloc]
        initWithStyle:UITableViewStylePlain];
    self.navController = [[UINavigationController alloc]
```

```
        initWithRootViewController:first];
    [self.window addSubview:navController.view];

    self.window.backgroundColor = [UIColor whiteColor];
    [self.window makeKeyAndVisible];

    return YES;
}
.
.
.

@end
```

需要注意一下我们在application:didFinishLaunchingWithOptions:方法中添加的代码。首先我们创建了一个BIDFirstLevelController的实例。

```
    BIDFirstLevelController *first = [[BIDFirstLevelController alloc]
        initWithStyle:UITableViewStylePlain];
```

由于BIDFirstLevelController是UITableViewController的子类，所以它可以使用UITableView-Controller定义的方法，包括这个很好用的initWithStyle:方法，你可以用它来创建一个普通的或是分组的（这取决于你的选择）表视图控制器，而不用借助nib文件。很多iOS应用所构建的表视图都是直接显示其所包含的单元内容，而表视图自身并不需要任何自定义的nib文件。所以，使用initWithStyle:方法来实例化表视图控制器通常更为便捷，省去了很多麻烦。

接着我们创建一个导航控制器的实例。

```
    self.navController = [[UINavigationController alloc]
        initWithRootViewController:first];
```

这里，我们可以看到，UINavigationController与UITableViewController类似，也有它自己的特殊的初始化方法。我们可以向initWithRootViewController:方法传递顶层控制器，导航控制器将会用它来显示其初始内容（本例中就是first变量所引用的BIDFirstLevelController）。

最后，我们在窗口中添加navController的视图以将它显示出来。

```
    [self.window addSubview:navController.view];
```

考虑一下这个问题：传递给addSubview:方法的视图究竟是什么视图呢？其实它是一个由导航控制器所提供的复合视图，它由两项内容组合而成：屏幕顶部的导航栏（通常包含某个标题，并且其左侧通常有一个返回按钮），以及导航控制器当前所包含的视图控制器所需显示的内容。在本例中，下半部分所显示的内容将由与之前创建的BIDFirstLevelController实例所关联的表视图来提供。

稍后你将了解到关于如何使导航控制器在导航栏中显示内容的更多知识。你也将了解到导航控制器是如何从一个子视图控制器转向另一个子视图控制器的。现在，我们已经有了足够的知识，可以开始实现我们的自定义视图控制器所要完成的功能了。

现在我们需要一个用于显示BIDFirstLevelController的行列表。第8章使用了简单的字符串数组来填充表中的行。在此应用程序中，第一级视图控制器将管理本章即将构建的子控制器列表。

设计这个应用程序时，我们还希望第一级视图控制器能够在每一个子控制器名称旁边显示一个图标，因此创建一个UITableViewController子类（因为它的UIImage属性可以存放行图标），而不是将UIImage属性添加到创建的每个子控制器中。然后，我们将子类化这个新的类，而不是直接子类化UITableViewController，结果是所有的子类都拥有UIImage属性，这会让代码更加简洁明了。

注意 我们不会真正创建这个新类的实例。它是单独存在的，这样便可以向接下来编写的其他控制器添加常规项目。在许多语言中，可以把它声明为一个**抽象类**，不过Objective-C不支持抽象类。我们可以创建不需要实例化Objective-C的类，但编译器不会阻止我们采用与其他许多语言相同的方式创建这些类的实例。与其他多数流行语言相比，Objective-C是一种比较宽松的语言，你可能不太习惯这一点。

在Xcode中单击Nav文件夹，然后按下⌘N打开新建文件向导。从左侧窗格中选择Cocoa Touch，选择 Objective-C class，然后单击 Next。在下一个页面中，将这个新类命名为BIDSecondLevelViewController，在Subclass of中输入UITableViewController，点击Next，保存类文件。创建新文件之后，选择BIDSecondLevelViewController.h，并作如下更改：

```
#import <UIKit/UIKit.h>

@interface BIDSecondLevelViewController : UITableViewController

@property (strong, nonatomic) UIImage *rowImage;
@end
```

相应在BIDSecondLevelViewController.m中添加以下代码行：

```
#import "BIDSecondLevelViewController.h"

@implementation BIDSecondLevelViewController
@synthesize rowImage;
@end
```

要作为二级控制器实现的任何控制器类（也就是说，用户可以从应用程序根级别直接导航到的任何控制器类）都应该子类化BIDSecondLevelViewController，而不是UITableViewController。由于使用BIDSecondLevelViewController作为父类，因此所有子类都将拥有一个可用于存储行图像的属性，我们可以先在BIDFirstLevelController中编写代码，然后再使用BIDSecondLevelViewController作为占位符来实际编写具体的二级控制类。

下面开始实现BIDFirstLevelController。一定要保存对BIDSecondLevelViewController的更改。对BIDFirstLevelCotroller.h作如下更改：

```
#import <UIKit/UIKit.h>

@interface BIDFirstLevelController : UITableViewController
@property (strong, nonatomic) NSArray *controllers;
@end
```

刚才添加的数组将存放二级视图控制器的实例，并为表提供数据。

在BIDFirstLevelController.m中添加以下代码。稍后将具体解释它们。

```objc
#import "BIDFirstLevelController.h"
#import "BIDSecondLevelViewController.h"

@implementation BIDFirstLevelController
@synthesize controllers;

- (void)viewDidLoad {
    [super viewDidLoad];
    self.title = @"First Level";
    NSMutableArray *array = [[NSMutableArray alloc] init];
    self.controllers = array;
}


- (void)viewDidUnload {
    [super viewDidUnload];
    self.controllers = nil;
}

#pragma mark -
#pragma mark Table Data Source Methods
- (NSInteger)tableView:(UITableView *)tableView
 numberOfRowsInSection:(NSInteger)section {
    return [self.controllers count];
}


- (UITableViewCell *)tableView:(UITableView *)tableView
        cellForRowAtIndexPath:(NSIndexPath *)indexPath {

    static NSString *FirstLevelCell= @"FirstLevelCell";
    UITableViewCell *cell = [tableView dequeueReusableCellWithIdentifier:
                             FirstLevelCell];
    if (cell == nil) {
        cell = [[UITableViewCell alloc]
                initWithStyle:UITableViewCellStyleDefault
                reuseIdentifier: FirstLevelCell];
    }
    // Configure the cell
    NSUInteger row = [indexPath row];
    BIDSecondLevelViewController *controller =
        [controllers objectAtIndex:row];
    cell.textLabel.text = controller.title;
    cell.imageView.image = controller.rowImage;
    cell.accessoryType = UITableViewCellAccessoryDisclosureIndicator;
    return cell;
}

#pragma mark -
#pragma mark Table View Delegate Methods
- (void)tableView:(UITableView *)tableView
```

```
                didSelectRowAtIndexPath:(NSIndexPath *)indexPath {
    NSUInteger row = [indexPath row];
    BIDSecondLevelViewController *nextController = [self.controllers
                                          objectAtIndex:row];
    [self.navigationController pushViewController:nextController
                                    animated:YES];
}

@end
```

首先需要指出的是，这里导入了新的BIDSecondLevelViewController.h头文件。这样，我们可以在代码中使用BIDSecondLevelViewController类，以便编译器能知道rowImage属性。

下面是viewDidLoad方法。我们所做的第一件事是设置self.title。通过询问当前活动控制器的标题，导航控制器知道要在导航栏的标题中显示什么。因此，为基于导航应用程序的所有控制器实例设置标题很重要，因为这能让用户了解自己处于哪个阶段。

然后创建一个可变数组，并把它分配给前面声明的controllers属性。稍后，当我们准备好向表中添加行时，将向此数组添加视图控制器，并且它们会在表中自动显示。选择其中一行会自动将对应的视图呈现给用户。

提示　你是否注意到，我们将Controllers属性声明为NSArray，但是却创建了一个NSMutableArray？像这样将子类分配给某个属性是完全可以接受的。在本例中，我们在viewDidLoad中使用可变数组以迭代的方式添加新控制器，这种方法更加简单。但我们仍然将属性声明为不可变数组，以此通知其他代码不应该修改此数组。

---

viewDidLoad方法的最后一部分是对[super viewDidLoad]的调用。我们执行此操作的原因是需要子类化UITableViewController。在重写viewDidLoad方法时，应始终调用[super viewDidLoad]，因为无法确定父类是否在它自己的viewDidLoad方法中执行了一些重要的任务。

此处的tableView:numberOfRowsInSection:方法与你之前看到的完全相同，它仅返回数组控制器中的计数。tableView:cellForRowAtIndexPath:方法也与之前编写的版本非常类似。它获取出列单元（如果不存在则创建一个），然后从与相关行对应的数组中获取控制器对象。然后，它使用该控制器的title和rowImage设置单元的textLabel和image属性。注意在本例中，由于我们使用的是UITableViewCell的内置样式，而不是在nib文件中设计自己的子类，我们没有向表视图注册nib文件，因此就不能依赖dequeueReusableCellWithIdentifier:方法的返回值。所以，我们需要包含对nil的检查以及编写在该情况下的表单元创建代码，这在之前已有介绍。

注意，我假设从数组中检索出的对象是BIDSecondLevelViewController的一个实例，并将控制器的rowImage属性分配给了一个UIImage。稍后，我们声明第一个具体的二级控制器并将它添加到数组中时，此步骤的作用将得以体现。

添加的最后一个方法也是此处最重要的一个，它是新增的唯一功能。当然，你已经了解了tableView:didSelectRowAtIndexPath:方法。它是用户单击某行后调用的方法。如果需要在单击某行时触发信息展开，则可以使用此方法。首先，从indexPath中获取行：

```
NSUInteger row = [indexPath row];
```

下一步，从对应于该行的数组中获取正确的控制器：

```
BIDSecondLevelViewController *nextController =
    [self.controllers objectAtIndex:row];
```

下一步，我们使用navigationController属性（指向应用程序的导航控制器）将下一个控制器（从数组中取出的）放入到导航控制器栈中。

```
[self.navigationController pushViewController:nextController
                                    animated:YES];
```

这就是所有内容。层中的每个控制器只需要知道其子控制器。当选中一行时，活动的控制器负责获取或创建一个新的子控制器，如有必要，还会设置其属性（这里不需要设置），然后将新的子控制器加入到导航控制器栈中。完成这些操作之后，导航控制器就可以自动处理其他所有事情了。

至此，应用程序的骨架已经完成了。保存所有文件，构建并运行应用程序。如果一切正常，应用程序将启动，并显示一个带有First Level标题的导航栏。由于当前数组是空的，因此没有显示任何行（参见图9-9）。

图9-9   正在运行的应用程序骨架

9.2.3   向项目中添加图形

现在，我们已经准备好开始开发二级视图了。在此之前，从09 Nav文件夹中取出图像图标。名称为Images的子文件夹中包含8个.png图像，其中6个可以作为行图像，另外2个将用于美化按钮。

在项目导航中，确保能够看到Nav文件夹，然后从Finder中将Images文件夹拖到Nav文件夹中（注意: 不是在Nav文件夹正上方的Nav目标），这样就能将图片添加到项目中。

9.2.4 第一个子控制器: 展示按钮视图

现在，实现第一个二级视图控制器。首先需要创建一个BIDSecondLevelViewController子类。

在项目导航中，选择Nav文件夹，按下⌘N打开新文件向导。在左侧窗格中选择Cocoa Touch，然后选择Objective-C class，点击Next。在下一个页面中，将该类命名为BIDDisclosureButtonController，并且在Subclass of中键入BIDSecondLevelViewController。记住检查拼写！这个类用于管理当用户点击顶层视图的Disclosure Buttons项时将要显示的影片名称表（参见图9-3）。

1. 创建详细信息视图

当用户单击任意影片标题时，应用程序将展开另一个视图，这个视图会报告选中了哪一行。因此，我们还需要创建一个可展开的详细信息视图。重复上面的步骤创建另一个Objective-C类，将它命名为BIDDisclosureDetailController。这一次使用UIViewController作为父类。还是一样，一定要检查拼写。

说明 只是提醒一下: BIDDisclosureButtonController用于管理影片名称表，而BIDDisclosure-DetailController管理下一层的视图，也就是当选择了一个特定的影片名时，压入导航控制器栈的详细视图。

详细信息视图是一个非常简单的视图，我们只能在这个视图中设置一个标签。它是不可编辑的，我们使用它展示如何将值传递到子控制器中。因为这个控制器不对表视图负责，所以还要为控制器类创建一个nib文件。在创建nib之前，先为标签添加一个输出口。在BIDDisclosureDetailController.h中，添加以下代码:

```
#import <UIKit/UIKit.h>

@interface BIDDisclosureDetailController : UIViewController

@property (strong, nonatomic) IBOutlet UILabel *label;
@property (copy, nonatomic) NSString *message;
@end
```

为什么要同时添加一个标签和一个字符串呢？还记得延迟加载的概念吗？没错，视图控制器也将在幕后应用延迟加载。当我们创建自己的控制器时，它不会加载nib文件，直到nib文件被实际显示。当控制器被加入到导航控制器的栈中时，我们不能指望拥有要设置的label。如果未加载nib文件，则label只是指向nil的一个指针。不过没关系，我们会将message设置为需要的值。并且，在viewWillAppear:方法中，将根据message中的值设置标签。

为什么此处使用viewWillAppear:进行更新，而不是像以前一样使用viewDidLoad方法呢？问题是viewDidLoad只在第一次加载其视图的时候得到调用。而在此处，我们重用了BIDDisclosure-

DetailController的视图。不管怎样，当你单击展示按钮时，详细消息就出现在相同的BIDDis-closureDetailController视图中。如果我们使用viewDidLoad来管理更新，该视图将只在BIDDis-closureDetailController视图第一次出现的时候得到更新。在选取第二个Pixar按钮时，我们仍会看见来自第一个Pixar按钮的详细消息。这很不好，因为每次拖动视图时都调用viewWillAppear:方法，我们可以使用它进行更新。

返回到属性声明，可以看到message属性是使用copy关键字声明的，而不是使用strong。为什么这么做？为什么不管我们愿不愿意，都应该复制字符串？原因在于可能存在可变的字符串。

想象我们使用strong声明了该属性，一段外部代码传入了一个NSMutableString实例来设置message属性的值。这在处理用户在用户界面对象中输入的字符串时是非常常见的情况。如果原始调用方稍后决定更改该字符串的内容，BIDDisclosureDetailController实例最终将处于不一致的状态，其中message的值和文本字段中显示的值不相同！使用copy可以消除这一风险，因为在任何NSString（包括可变的子类）上调用copy始终会得到一个不可变的副本。而且，我们不需要太过担心性能影响。事实证明，将copy发送到任何不可变的字符串实例不会实际复制该字符串。相反，它在增加了引用计数之后返回相同的字符串对象。事实上，在不可变的字符串上调用copy也就是调用Strong，它适用于每个人，因为该对象始终无法改变。

在BIDDisclosureDetailController.m中添加以下代码：

```
#import "BIDDisclosureDetailController.h"

@implementation BIDDisclosureDetailController
@synthesize label;
@synthesize message;

- (void)viewWillAppear:(BOOL)animated {
    label.text = message;
    [super viewWillAppear:animated];
}

- (void)viewDidUnload {
    self.label = nil;
    self.message = nil;
    [super viewDidUnload];
}

@end
```

这很简单，是吗？很好，下面为此文件创建nib。请确保保存了对源代码的更改。

在项目导航中选择Nav文件夹，然后按下⌘N创建另一个新文件。这一次，从左侧窗格的iOS部分中选择User Interface，从右上窗格中选择View 单击Next，在下一个页面中将Device Family设为iPhone。进入下一个页面，将此nib文件命名为BIDDisclosureDetail.xib。当用户单击某一个movie按钮时，这个文件将显示视图。

在项目导航中打开BIDDisclosureDetail.xib文件以便编辑。文件打开后，单击File's Owner，并按下⌥⌘3打开身份检查器。将基础类改为BIDDisclosureDetailController。现在，按下control键并从File's Owner图标拖到View图标，选择view输出口重建控制器与视图之间的连接。

从库中拖出一个标签放在View窗口上。在视图中间比较好。调整大小，使它占据视图大部分宽度，使用蓝色引导线将它放到正确位置，然后使用属性检查器（⌥⌘4）将文本对齐方式改为居中。按住control键，从File's Owner拖到标签，然后选择label输出口。保存更改。

2. 修改展示按钮控制器

在本例中，列表将只显示来自数组的多个行，因此我们要声明一个名称为list的NSArray。还需要声明一个实例变量，用它来存放子控制器的一个实例，它指向刚才构建的BIDDisclosureDetail-Controller类的一个实例。用户每次单击详细展示按钮时，我们都会为该控制器类分配一个新实例。不过创建一个实例然后重复使用的效率会更高。下面对BIDDisclosureButtonController.h作如下更改：

```
#import "BIDSecondLevelViewController.h"

@interface BIDDisclosureButtonController : BIDSecondLevelViewController
@property (strong, nonatomic) NSArray *list;
@end
```

现在看看下面有趣的部分。对BIDDisclosureButtonController.m作如下更改。稍后，我们将对它进行讨论。

```
#import "BIDDisclosureButtonController.h"
#import "BIDAppDelegate.h"
#import "BIDDisclosureDetailController.h"

@interface BIDDisclosureButtonController ()
@property (strong, nonatomic) BIDDisclosureDetailController *childController;
@end

@implementation BIDDisclosureButtonController

@synthesize list;
@synthesize childController;
- (void)viewDidLoad {
    [super viewDidLoad];
    NSArray *array = [[NSArray alloc] initWithObjects:@"Toy Story",
                      @"A Bug's Life", @"Toy Story 2", @"Monsters, Inc.",
                      @"Finding Nemo", @"The Incredibles", @"Cars",
                      @"Ratatouille", @"WALL-E", @"Up", @"Toy Story 3",
                      @"Cars 2", @"Brave", nil];
    self.list = array;
}

- (void)viewDidUnload {
    [super viewDidUnload];
    self.list = nil;
    self.childController = nil;
```

```
}

#pragma mark -
#pragma mark Table Data Source Methods
- (NSInteger)tableView:(UITableView *)tableView
 numberOfRowsInSection:(NSInteger)section {
    return [list count];
}


- (UITableViewCell *)tableView:(UITableView *)tableView
         cellForRowAtIndexPath:(NSIndexPath *)indexPath {

    static NSString * DisclosureButtonCellIdentifier =
    @"DisclosureButtonCellIdentifier";

    UITableViewCell *cell = [tableView dequeueReusableCellWithIdentifier:
                             DisclosureButtonCellIdentifier];
    if (cell == nil) {
        cell = [[UITableViewCell alloc]
                initWithStyle:UITableViewCellStyleDefault
                reuseIdentifier: DisclosureButtonCellIdentifier];
    }
    NSUInteger row = [indexPath row];
    NSString *rowString = [list objectAtIndex:row];
    cell.textLabel.text = rowString;
    cell.accessoryType = UITableViewCellAccessoryDetailDisclosureButton;
    return cell;
}


#pragma mark -
#pragma mark Table Delegate Methods
- (void)tableView:(UITableView *)tableView
didSelectRowAtIndexPath:(NSIndexPath *)indexPath {
    UIAlertView *alert = [[UIAlertView alloc] initWithTitle:
            @"Hey, do you see the disclosure button?"
            message:@"If you're trying to drill down, touch that instead"
            delegate:nil
            cancelButtonTitle:@"Won't happen again"
            otherButtonTitles:nil];
    [alert show];
}


- (void)tableView:(UITableView *)tableView
accessoryButtonTappedForRowWithIndexPath:(NSIndexPath *)indexPath {
    if (childController == nil) {
        childController = [[BIDDisclosureDetailController alloc]
                           initWithNibName:@"BIDDisclosureDetail" bundle:nil];
    }
    childController.title = @"Disclosure Button Pressed";
    NSUInteger row = [indexPath row];
    NSString *selectedMovie = [list objectAtIndex:row];
    NSString *detailMessage = [[NSString alloc]
            initWithFormat:@"You pressed the disclosure button for %@.",
            selectedMovie];
```

```
    childController.message = detailMessage;
    childController.title = selectedMovie;
    [self.navigationController pushViewController:childController
                                        animated:YES];
}
```

```
@end
```

在这段代码的顶部附近，你可能会注意到如下所示的@interface声明部分，而你可能希望看到的是@implementation部分：

```
@interface BIDDisclosureButtonController ()
@property (strong, nonatomic) BIDDisclosureDetailController *childController;
@end
```

这里的类别声明中，圆括号中的内容为空，没有包含正在声明的类别名称，这种方式称为**类扩展**（class extension）。在类扩展中，你可以方便地声明将要在主@implementation部分中使用、但是又不想暴露在公有的头文件中的属性和方法。

类扩展是放置childController属性的好地方。我们想要在类的内部使用该属性，而且不想将它暴露给其他类，所以我们不在头文件中声明它。

到目前为止，你应该对每个问题都感到非常轻松，包括刚才添加的3个数据源方法。下面，让我们看一下两个新的委托方法。

第一个方法tableView:didSelectRowAtIndexPath:在选中一行时被调用，它会委婉地告诉用户要单击展示按钮而不是选中行。如果用户真的单击了细节展示按钮，则调用最后一个新增的委托方法tableView:accessoryButtonTappedForRowWithIndexPath:。

此方法所做的第一件事情是检查childController实例变量，查看它是否为nil。如果是，则说明还没有分配和初始化BIDDetailDisclosureController的新实例，接下来就会执行分配和初始化操作。

```
    if (childController == nil)
        childController = [[BIDDisclosureDetailController alloc]
                            initWithNibName:@"BIDDisclosureDetail" bundle:nil];
```

这为我们提供了一个新的控制器，可以将它放入到导航栈中，就像前面在BIDFirstLevel-Controller中所做的一样。在将它放入栈中之前，需要为它分配所显示的文本。

```
    childController.title = @"Disclosure Button Pressed";
```

这样，我们将设置message以反映单击的是哪些行的展示按钮。我们还根据选中的行设置了新视图的标题。

```
    NSUInteger row = [indexPath row];
    NSString *selectedMovie = [list objectAtIndex:row];
    NSString *detailMessage = [[NSString alloc]
            initWithFormat:@"You pressed the disclosure button for %@.",
            selectedMovie];
    childController.message = detailMessage;
    childController.title = selectedMovie;
```

最后，将详细信息视图控制器推入导航栈中：

```
[self.navigationController pushViewController:childController
                                    animated:YES];
```

现在，第一个二级控制器已经完成了，它是我们的细节控制器。接下来的任务就是创建一个二级控制器实例，并将它添加到BIDFirstLevelController的控制器中。

3. 添加一个展示按钮控制器实例

选择BIDFirstLevelController.m，我们需要在该文件顶部添加一行代码以导入新类的头文件，在@implementation声明前添加如下代码：

```
#import "BIDDisclosureButtonController.h"
```

然后在viewDidLoad方法中添加以下代码：

```
- (void)viewDidLoad {
    [super viewDidLoad];
    self.title = @"First Level";
    NSMutableArray *array = [[NSMutableArray alloc] init];

    // Disclosure Button
    BIDDisclosureButtonController *disclosureButtonController =
        [[BIDDisclosureButtonController alloc]
        initWithStyle:UITableViewStylePlain];
    disclosureButtonController.title = @"Disclosure Buttons";
    disclosureButtonController.rowImage = [UIImage
        imageNamed:@"disclosureButtonControllerIcon.png"];
    [array addObject:disclosureButtonController];

    self.controllers = array;
}
```

上面的代码创建了一个新的BIDDisclosureButtonController实例。通过指定UITableViewStylePlain，表示我们需要一个索引表，而不是分组表。下一步，设置标题，并将图像设置为添加到项目中的一个.png文件，将控制器添加到数组，并释放控制器。

保存文件，然后构建项目。如果一切正常，你的项目将可以通过编译，并在模拟器中运行。运行完成之后，表中应该只有一行（参见图9-10）。

如果触摸这一行，将导航到刚才实现的BIDDisclosureButtonController表视图（参见图9-11）。

注意，为控制器设置的标题现已显示在导航栏中，之前使用的视图控制器的标题（First Level）也包含在一个导航按钮中。单击该按钮将使用户返回到第一个级别。选中此表中的任意一行都会出现一个警告，提示你如果要展开视图，可以使用细节展示按钮（参见图9-12）。

触摸细节展示按钮会展开BIDDisclosureDetailController视图（参见图9-13）。新视图将显示我们传递给它的信息。虽然这是一个简单的例子，但任何时候需要显示详细信息视图时都应使用这个技巧。

图9-10 添加了第一个二级控制器之后的应用程序

图9-11 展示按钮视图

图9-12 当细节展示按钮可见时,选中行后不会
展开详细信息视图

图9-13 详细信息视图

注意,当我们展开详细信息视图时,标题再次更改,返回按钮也是如此。现在单击返回按钮将回到上一个视图而不是根视图。

　　这就完成了第一个视图控制器。现在，你已经了解了苹果公司设计导航控制器的方式，它使在小区块中构建应用程序成为可能。这看起来非常酷，不是吗？

9.2.5　第二个子控制器：校验表

　　我们将要实现的下一个二级视图也是一个表视图，不过这一次将使用扩展图标，以允许用户能且仅能从列表中选择一个项目。我们将使用扩展图标在当前选中行的旁边放置一个选中标记，而且当用户单击另一行时，将更改选项。

　　由于这个视图是一个表视图，它没有任何详细信息视图，因此不需要创建新nib，不过我们确实需要创建另一个BIDSecondLevelViewController子类。在项目导航中选择Nav文件夹，然后按下⌘N或从File菜单中选择New→New File...。选择Cocoa Touch，然后选择Objective-C class，单击Next按钮。将新类命名为BIDCheckListController，在Subclass of中输入BIDSecondLevelViewController，点击Next按钮。在最后一个页面上，确保选中了Nav文件夹、Group，以及Target（正如本项目其他类所做的那样）。

1. 创建校验表视图

　　要呈现校验表，需要通过一个方法来跟踪当前所选中的行。下面将声明一个NSIndexPath属性来跟踪最后选中的行。单击BIDCheckListController.h，并添加以下代码：

```
#import "BIDSecondLevelViewController.h"

@interface BIDCheckListController : BIDSecondLevelViewController

@property (strong, nonatomic) NSArray *list;
@property (strong, nonatomic) NSIndexPath *lastIndexPath;
@end
```

　　现在，切换到BIDCheckListController.m，并作如下更改：

```
#import "BIDCheckListController.h"

@implementation BIDCheckListController
@synthesize list;
@synthesize lastIndexPath;

- (void)viewDidLoad {
    [super viewDidLoad];
    NSArray *array = [[NSArray alloc] initWithObjects:@"Who Hash",
        @"Bubba Gump Shrimp Étouffée", @"Who Pudding", @"Scooby Snacks",
        @"Everlasting Gobstopper", @"Green Eggs and Ham", @"Soylent Green",
        @"Hard Tack", @"Lembas Bread", @"Roast Beast", @"Blancmange", nil];
    self.list = array;
}

- (void)viewDidUnload {
    [super viewDidUnload];
    self.list = nil;
```

```
        self.lastIndexPath = nil;
}


#pragma mark -
#pragma mark Table Data Source Methods
- (NSInteger)tableView:(UITableView *)tableView
 numberOfRowsInSection:(NSInteger)section {
    return [list count];
}


- (UITableViewCell *)tableView:(UITableView *)tableView
        cellForRowAtIndexPath:(NSIndexPath *)indexPath {
    static NSString *CheckMarkCellIdentifier = @"CheckMarkCellIdentifier";

    UITableViewCell *cell = [tableView dequeueReusableCellWithIdentifier:
                            CheckMarkCellIdentifier];
    if (cell == nil) {
        cell = [[UITableViewCell alloc]
            initWithStyle:UITableViewCellStyleDefault
            reuseIdentifier:CheckMarkCellIdentifier];
    }
    NSUInteger row = [indexPath row];
    NSUInteger oldRow = [lastIndexPath row];
    cell.textLabel.text = [list objectAtIndex:row];
    cell.accessoryType = (row == oldRow && lastIndexPath != nil) ?
    UITableViewCellAccessoryCheckmark : UITableViewCellAccessoryNone;

    return cell;
}

#pragma mark -
#pragma mark Table Delegate Methods
- (void)tableView:(UITableView *)tableView
didSelectRowAtIndexPath:(NSIndexPath *)indexPath {
    int newRow = [indexPath row];
    int oldRow = (lastIndexPath != nil) ? [lastIndexPath row] : -1;

    if (newRow != oldRow) {
        UITableViewCell *newCell = [tableView cellForRowAtIndexPath:
                                    indexPath];
        newCell.accessoryType = UITableViewCellAccessoryCheckmark;

        UITableViewCell *oldCell = [tableView cellForRowAtIndexPath:
                                    lastIndexPath];
        oldCell.accessoryType = UITableViewCellAccessoryNone;
        lastIndexPath = indexPath;
    }
    [tableView deselectRowAtIndexPath:indexPath animated:YES];
}

@end
```

首先看一下tableview:cellForRowAtIndexPath:方法，因为这个方法中有一些值得注意的新问题。你应该对前面的几行很熟悉：

```
static NSString *CheckMarkCellIdentifier = @"CheckMarkCellIdentifier";

UITableViewCell *cell = [tableView dequeueReusableCellWithIdentifier:
    CheckMarkCellIdentifier];
if (cell == nil) {
    cell = [[UITableViewCell alloc]
            initWithStyle:UITableViewCellStyleDefault
            reuseIdentifier:CheckMarkCellIdentifier];
}
```

不过，接下来才是有趣的地方。首先，从这个单元和当前选项中提取行：

```
NSUInteger row = [indexPath row];
NSUInteger oldRow = [lastIndexPath row];
```

从数组中获得这一行的值，并将它分配给单元的标题：

```
cell.textLabel.text = [list objectAtIndex:row];
```

然后，根据两行是否相同，将扩展图标设置为显示检验标记或者不显示任何东西。换句话说，如果某行的表正在请求单元，而这行正好是当前选中的行，我们就将扩展图标设置为一个选中标记；否则，将它设置为不显示任何东西。注意，还需要检查lastIndexPath来确保它不为nil。这样做是因为值为nil的lastIndexPath表示没有任何选项。但是，在nil对象上调用row方法将返回0，它是一个有效行，不过我们不希望在0行上放置一个检验标记，因为实际上没有任何选项。

```
cell.accessoryType = (row == oldRow && lastIndexPath != nil) ?
    UITableViewCellAccessoryCheckmark : UITableViewCellAccessoryNone;
```

现在跳转到最后一个方法。你之前看到过tableView:didSelectRowAtIndexPath:方法，不过这里有些新内容。我们不仅获取了刚才选中的行，还获取了上一次选中的行。

```
int newRow = [indexPath row];
int oldRow = [lastIndexPath row];
```

这样做是因为如果新行和旧行相同，就不作任何更改：

```
if (newRow != oldRow) {
```

下一步，获取刚才选中的单元，并指定一个检验标记作为它的扩展图标：

```
UITableViewCell *newCell = [tableView
    cellForRowAtIndexPath:indexPath];
newCell.accessoryType = UITableViewCellAccessoryCheckmark;
```

然后，获取上一次选中的单元，将它的扩展图标设置为无：

```
UITableViewCell *oldCell = [tableView cellForRowAtIndexPath:
    lastIndexPath];
oldCell.accessoryType = UITableViewCellAccessoryNone;
```

之后，存储刚才在lastIndexPath中选中的索引路径，以便在下一次选中一行时使用：

```
        lastIndexPath = indexPath;
    }
```

完成之后，告知表视图取消选中刚才选中的行，因为我们不希望该行一直保持突出显示。我们已经用选中标记标记了该行，把它保留为蓝色将是很麻烦的一件事。

```
    [tableView deselectRowAtIndexPath:indexPath animated:YES];
}
```

2. 添加校验表控制器实例

接下来，只需要添加此控制器的一个实例到BIDFirstLevelController的controllers数组。首先导入新的头文件，在文件开头#import语句后面添加以下代码：

```
#import "BIDCheckListController.h"
```

然后在BIDFirstLevelController.m的viewDidLoad方法中添加如下代码，创建一个BIDCheckListController实例：

```
- (void)viewDidLoad {
    [super viewDidLoad];
    self.title = @"First Level";
    NSMutableArray *array = [[NSMutableArray alloc] init];

    // Disclosure Button
    BIDDisclosureButtonController *BIDDisclosureButtonController =
        [[BIDDisclosureButtonController alloc]
        initWithStyle:UITableViewStylePlain];
    BIDDisclosureButtonController.title = @"Disclosure Buttons";
    BIDDisclosureButtonController.rowImage = [UIImage imageNamed:
        @"BIDDisclosureButtonControllerIcon.png"];
    [array addObject:BIDDisclosureButtonController];

    // Checklist
    BIDCheckListController *checkListController = [[BIDCheckListController alloc]
        initWithStyle:UITableViewStylePlain];
    checkListController.title = @"Check One";
    checkListController.rowImage = [UIImage imageNamed:
        @"checkmarkControllerIcon.png"];
    [array addObject:checkListController];

    self.controllers = array;
}
```

你还等什么呢？保存所有代码，编译并运行。如果一切正常，应用程序将再次在模拟器中运行，这一次更加让人高兴。屏幕上将出现两行（参见图9-14）。

如果单击Check One，就会转到刚才实现的视图控制器，如图9-15所示。当它第一次出现时，没有被选择的行，也没有可见的选中标记。如果单击某行，就会出现一个选中标记。如果再单击不同的行，选中标记就会转到新行。

图9-14 两个二级控制器，两行信息   图9-15 校验表视图。注意，一次只能选中一个项目

9.2.6 第三个子控制器：表行上的控件

上一章展示了如何向表视图添加子视图以自定义其外观，但是没有在内容视图中放置除标签之外的任何活动控件。这一次，我们试着在表视图单元中添加控件。

在本例中，我们将向每一行添加一个按钮，不过对大多数控件的操作方法基本相同。这一次将向扩展视图添加控件，在这个视图中，每行右侧都有本章前面创建的扩展图标。

要在BIDFirstLevelController的表中再添加一行，需要再创建一个控制器。你应该知道创建的步骤了：在项目导航中选择Nav文件夹，然后按下⌘N，或从File菜单中选择New→New File…。选择Cocoa Touch，选择Objective-C class，点击Next。将新类命名为BIDRowControlsController，在Subclass of中输入BIDSecondLevelViewController，将文件保存到Nav文件夹，跟之前一样，保存之前确保Target和Group都选中了Nav。就像前一个子控制器一样，一个表视图可以完全实现此控制器，不需要任何nib文件。

1. 创建行控件视图

单击BIDRowControlsController.h，并添加以下代码：

```
#import "BIDSecondLevelViewController.h"

@interface BIDRowControlsController : BIDSecondLevelViewController

@property (strong, nonatomic) NSArray *list;
- (IBAction)buttonTapped:(id)sender;
@end
```

内容并不多, 对吧? 我们修改了父类, 创建了一个数组来保存表数据, 然后为该数组定义了一个属性, 并声明了一个操作方法, 用于在按下行按钮时调用。

说明 严格来说, 我们并不需要通过指定IBAction将buttonTapped:方法声明为操作方法, 因为我们不会通过nib文件中的控件来触发它。但是, 由于它是一个操作方法, 并且将由某控件调用, 因此使用IBAction关键字仍然是一种不错的选择 (它向读者表明了这段代码的意图)。

切换到BIDRowControlsController.m, 并作如下更改:

```objc
#import "BIDRowControlsController.h"

@implementation BIDRowControlsController
@synthesize list;

- (IBAction)buttonTapped:(id)sender {
    UIButton *senderButton = (UIButton *)sender;
    UITableViewCell *buttonCell =
        (UITableViewCell *)[senderButton superview];
    NSUInteger buttonRow = [[self.tableView
        indexPathForCell:buttonCell] row];
    NSString *buttonTitle = [list objectAtIndex:buttonRow];
    UIAlertView *alert = [[UIAlertView alloc]
                    initWithTitle:@"You tapped the button"
                    message:[NSString stringWithFormat:
                        @"You tapped the button for %@", buttonTitle]
                    delegate:nil
                    cancelButtonTitle:@"OK"
                    otherButtonTitles:nil];
    [alert show];
}

- (void)viewDidLoad {
    [super viewDidLoad];
    NSArray *array = [[NSArray alloc] initWithObjects:@"R2-D2",
            @"C3PO", @"Tik-Tok", @"Robby", @"Rosie", @"Uniblab",
            @"Bender", @"Marvin", @"Lt. Commander Data",
            @"Evil Brother Lore", @"Optimus Prime", @"Tobor", @"HAL",
            @"Orgasmatron", nil];
    self.list = array;
}

- (void)viewDidUnload {
    [super viewDidUnload];
    self.list = nil;
}

#pragma mark -
#pragma mark Table Data Source Methods
- (NSInteger)tableView:(UITableView *)tableView
```

```objective-c
            numberOfRowsInSection:(NSInteger)section {
    return [list count];
}


- (UITableViewCell *)tableView:(UITableView *)tableView
        cellForRowAtIndexPath:(NSIndexPath *)indexPath {
    static NSString *ControlRowIdentifier = @"ControlRowIdentifier";

    UITableViewCell *cell = [tableView
        dequeueReusableCellWithIdentifier:ControlRowIdentifier];
    if (cell == nil) {
        cell = [[UITableViewCell alloc]
                    initWithStyle:UITableViewCellStyleDefault
                    reuseIdentifier:ControlRowIdentifier];
        UIImage *buttonUpImage = [UIImage imageNamed:@"button_up.png"];
        UIImage *buttonDownImage = [UIImage imageNamed:@"button_down.png"];
        UIButton *button = [UIButton buttonWithType:UIButtonTypeCustom];
        button.frame = CGRectMake(0.0, 0.0, buttonUpImage.size.width,
            buttonUpImage.size.height);
        [button setBackgroundImage:buttonUpImage
            forState:UIControlStateNormal];
        [button setBackgroundImage:buttonDownImage
            forState:UIControlStateHighlighted];
        [button setTitle:@"Tap" forState:UIControlStateNormal];
        [button addTarget:self action:@selector(buttonTapped:)
            forControlEvents:UIControlEventTouchUpInside];
        cell.accessoryView = button;
    }
    NSUInteger row = [indexPath row];
    NSString *rowTitle = [list objectAtIndex:row];
    cell.textLabel.text = rowTitle;

    return cell;
}

#pragma mark -
#pragma mark Table Delegate Methods
- (void)tableView:(UITableView *)tableView
        didSelectRowAtIndexPath:(NSIndexPath *)indexPath {
    NSUInteger row = [indexPath row];
    NSString *rowTitle = [list objectAtIndex:row];
    UIAlertView *alert = [[UIAlertView alloc]
                            initWithTitle:@"You tapped the row."
                            message:[NSString
                            stringWithFormat:@"You tapped %@.", rowTitle]
                            delegate:nil
                            cancelButtonTitle:@"OK"
                            otherButtonTitles:nil];
    [alert show];
    [tableView deselectRowAtIndexPath:indexPath animated:YES];
}

@end
```

首先来看新的操作方法。我们先声明了一个新的UIButton实例，并将它设置为发送者。这样，我们便不需要在方法中多次指定发送者。

```
UIButton *senderButton = (UIButton *)sender;
```

接下来，我们获取了按钮的父视图，它是所在行的表视图单元。然后，使用它确定被按下的行并检索该行的标题：

```
UITableViewCell *buttonCell =
    (UITableViewCell *)[senderButton superview];
NSUInteger buttonRow = [[self.tableView
    indexPathForCell:buttonCell] row];
NSString *buttonTitle = [list objectAtIndex:buttonRow];
```

然后，显示警告，通知用户他们已经按下了按钮：

```
UIAlertView *alert = [[UIAlertView alloc]
                initWithTitle:@"You tapped the button"
                message:[NSString stringWithFormat:
                    @"You tapped the button for %@", buttonTitle]
                delegate:nil
                cancelButtonTitle:@"OK"
                otherButtonTitles:nil];
[alert show];
```

tableView:cellForRowAtIndexPath:方法之前应该都是你比较熟悉的内容，因此直接可以跳到该方法。该方法用于设置按钮的表视图单元。我们遵循常规模式，首先声明一个标识符，然后使用它请求可重用单元：

```
static NSString *ControlRowIdentifier = @"ControlRowIdentifier";
UITableViewCell *cell = [tableView
    dequeueReusableCellWithIdentifier:ControlRowIdentifier];
```

如果没有可重用单元，则创建一个：

```
if (cell == nil) {
    cell = [[UITableViewCell alloc]
                initWithStyle:UITableViewCellStyleDefault
                reuseIdentifier:ControlRowIdentifier];
```

为了创建按钮，我们将载入之前导入到Images文件夹中的两个图像。一个用于表示正常状态下的按钮，另一个用于表示突出显示状态下的按钮，也就是按下的按钮：

```
UIImage *buttonUpImage = [UIImage imageNamed:@"button_up.png"];
UIImage *buttonDownImage = [UIImage imageNamed:@"button_down.png"];
```

接下来，我们创建了一个按钮。由于UIButton的buttonType属性被声明为只读，因此需要使用工厂方法buttonWithType:来创建按钮。不能使用alloc和init来创建它，因为不能将按钮的类型更改为UIButtonTypeCustom，而此操作的目的就是为了使用自定义按钮图像：

```
UIButton *button = [UIButton buttonWithType:UIButtonTypeCustom];
```

然后，设置按钮的大小，使之与图像匹配，指定两种状态下的图形，并指定按钮的标题：

```
button.frame = CGRectMake(0.0, 0.0, buttonUpImage.size.width,
    buttonUpImage.size.height);
[button setBackgroundImage:buttonUpImage
    forState:UIControlStateNormal];
[button setBackgroundImage:buttonDownImage
    forState:UIControlStateHighlighted];
[button setTitle:@"Tap" forState:UIControlStateNormal];
```

最后，我们通知按钮针对Touch Up Inside事件调用操作方法，并将它分配给单元的附加视图：

```
[button addTarget:self action:@selector(buttonTapped:)
    forControlEvents:UIControlEventTouchUpInside];
cell.accessoryView = button;
```

tableView:cellForRowAtIndexPath:方法中的其余内容都与之前的相似。

我们实现的最后一个方法是tableView:didSelectRowAtIndexPath:，它是一个委托方法，在用户选中一行后进行调用。这里我们所做的是查明哪一行被选中并从数组中获取相应的标题：

```
NSUInteger row = [indexPath row];
NSString *rowTitle = [list objectAtIndex:row];
```

然后创建另一个警告来通知用户，他们单击的是行，而不是按钮：

```
UIAlertView *alert = [[UIAlertView alloc]
                         initWithTitle:@"You tapped the row."
                         message:[NSString
                         stringWithFormat:@"You tapped %@.", rowTitle]
                         delegate:nil
                         cancelButtonTitle:@"OK"
                         otherButtonTitles:nil];
[alert show];
[tableView deselectRowAtIndexPath:indexPath animated:YES];
```

2. 添加一个行控件控制器实例

现在，将此控制器添加到BIDFirstLevelController的数组中。单击BIDFirstLevelController.m，为BIDRowControlsController类导入头文件，在@implementation一行之前添加如下代码：

#import "BIDRowControlsController.h"

然后继续，将以下代码添加到viewDidload方法中：

```
- (void)viewDidLoad {
    [super viewDidLoad];
    self.title = @"Root Level";
    NSMutableArray *array = [[NSMutableArray alloc] init];

    // Disclosure Button
    BIDDisclosureButtonController *BIDDisclosureButtonController =
        [[BIDDisclosureButtonController alloc]
        initWithStyle:UITableViewStylePlain];
    BIDDisclosureButtonController.title = @"Disclosure Buttons";
    BIDDisclosureButtonController.rowImage = [UIImage
        imageNamed:@"BIDDisclosureButtonControllerIcon.png"];
    [array addObject:BIDDisclosureButtonController];
    [BIDDisclosureButtonController release];
```

```
// Checklist
BIDCheckListController *checkListController = [[BIDCheckListController alloc]
        initWithStyle:UITableViewStylePlain];
checkListController.title = @"Check One";
checkListController.rowImage = [UIImage
    imageNamed:@"checkmarkControllerIcon.png"];
[array addObject:checkListController];
[checkListController release];

// Table Row Controls
BIDRowControlsController *rowControlsController =
    [[BIDRowControlsController alloc]
    initWithStyle:UITableViewStylePlain];
rowControlsController.title = @"Row Controls";
rowControlsController.rowImage = [UIImage imageNamed:
    @"rowControlsIcon.png"];
[array addObject:rowControlsController];

    self.controllers = array;
}
```

保存并编译程序。这一次，假定一切正常，应用程序运行后将出现另一行（参见图9-16）。
单击这个新行，它会打开一个新列表，其中每一行右侧都有一个按钮控件。单击按钮或行都
会显示一个警告，通知用户单击的是哪一行（参见图9-17）。

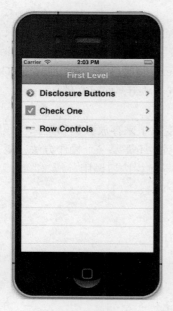

图9-16   添加到根级控制器的行控件控制器　　　　图9-17   扩展视图中带有按钮的表

单击一行中除开关外的任意位置将显示一个警告，告知该行开关的状态是开还是关。

现在，你应该对前面这些内容都了解得差不多了。那么让我们尝试一下稍微复杂一些的情况吧，好吗？下面看一下如何让用户对表中的行重新排序。

说明   你会怎么做？坚持不懈地学习？我们知道本章的篇幅比较长，有太多内容需要消化吸收。现在你已掌握了许多内容，为什么不休息一下，喝杯饮料，吃点点心呢？我们也将休息一下。在你恢复精神并准备继续学习时再回来。

9.2.7   第四个子控制器：可移动的行

移动并删除行，以及在表的指定位置插入行，所有这些任务都可以相当轻松地实现。可以通过使用表视图上的setEditing:animated:方法打开**编辑模式**（editing mode）来完成以上3个任务。

此方法带有两个Boolean类型的参数。第一个参数指示编辑模式是打开还是关闭，第二个参数指示表是否进行动画转换。如果把编辑模式设置为当前状态（也就是说，当编辑模式开启时仍为开启，当编辑模式关闭时仍为关闭），则不管在第二个参数中指定了什么，都不会执行动画转换。

开启编辑模式后，大量新的委托方法就开始发挥作用。表视图使用它们询问某一行是否可以被移除或编辑，并告知用户是否真正移除或编辑了特定行。这听起来有些复杂。让我们实际看一看吧。

由于我们不需要显示详细信息视图，因此实现的视图控制器可以不带nib文件，而只带有一个控制器类。在Xcode的项目导航中选择Nav文件夹，然后按下⌘N或从File菜单中选择New→New File...。选择Cocoa Touch，然后选择Objective-C class，单击Next。将类命名为BIDMoveMeController，在Subclass of控件中输入BIDSecondLevelViewController，点击Next，保存文件。

1. 创建可移动行视图

在头文件中，需要做两件事情。首先，需要用一个可变数组来存放数据和跟踪行顺序。它必须是可变的，因为我们要在获取移除通知时才能够移除项目。还需要一个操作方法，便于在编辑模式的开启和关闭之间切换。此操作方法将由随后创建的导航栏按钮调用。

单击BIDMoveMeController.h，并作如下更改：

```objectivec
#import "BIDSecondLevelViewController.h"

@interface BIDMoveMeController : BIDSecondLevelViewController

@property (strong, nonatomic) NSMutableArray *list;
- (IBAction)toggleMove;
@end
```

切换到BIDMoveMeController.m，添加以下代码：

```objectivec
#import "BIDMoveMeController.h"

@implementation BIDMoveMeController
```

```objc
@synthesize list;

- (IBAction)toggleMove{
    [self.tableView setEditing:!self.tableView.editing animated:YES];

    if (self.tableView.editing)
        [self.navigationItem.rightBarButtonItem setTitle:@"Done"];
    else
        [self.navigationItem.rightBarButtonItem setTitle:@"Move"];
}


- (void)viewDidLoad {
    [super viewDidLoad];
    if (list == nil) {
        NSMutableArray *array = [[NSMutableArray alloc] initWithObjects:
                    @"Eeny", @"Meeny", @"Miney", @"Moe", @"Catch", @"A",
                    @"Tiger", @"By", @"The", @"Toe", nil];
        self.list = array;
    }

    UIBarButtonItem *moveButton = [[UIBarButtonItem alloc]
                                    initWithTitle:@"Move"
                                    style:UIBarButtonItemStyleBordered
                                    target:self
                                    action:@selector(toggleMove)];
    self.navigationItem.rightBarButtonItem = moveButton;
}

#pragma mark -
#pragma mark Table Data Source Methods
- (NSInteger)tableView:(UITableView *)tableView
        numberOfRowsInSection:(NSInteger)section {
    return [list count];
}


- (UITableViewCell *)tableView:(UITableView *)tableView
        cellForRowAtIndexPath:(NSIndexPath *)indexPath {

    static NSString *MoveMeCellIdentifier = @"MoveMeCellIdentifier";
    UITableViewCell *cell = [tableView
        dequeueReusableCellWithIdentifier:MoveMeCellIdentifier];
    if (cell == nil) {
        cell = [[UITableViewCell alloc]
                initWithStyle:UITableViewCellStyleDefault
                reuseIdentifier:MoveMeCellIdentifier];
        cell.showsReorderControl = YES;
    }
    NSUInteger row = [indexPath row];
    cell.textLabel.text = [list objectAtIndex:row];

    return cell;
}
```

9

```
- (UITableViewCellEditingStyle)tableView:(UITableView *)tableView
        editingStyleForRowAtIndexPath:(NSIndexPath *)indexPath {
    return UITableViewCellEditingStyleNone;
}

- (BOOL)tableView:(UITableView *)tableView
        canMoveRowAtIndexPath:(NSIndexPath *)indexPath {
    return YES;
}

- (void)tableView:(UITableView *)tableView
    moveRowAtIndexPath:(NSIndexPath *)fromIndexPath
    toIndexPath:(NSIndexPath *)toIndexPath {
    NSUInteger fromRow = [fromIndexPath row];
    NSUInteger toRow = [toIndexPath row];

    id object = [list objectAtIndex:fromRow];
    [list removeObjectAtIndex:fromRow];
    [list insertObject:object atIndex:toRow];
}

@end
```

让我们逐步介绍。添加的第一段代码是操作方法的实现:

```
- (IBAction)toggleMove{
    [self.tableView setEditing:!self.tableView.editing animated:YES];

    if (self.tableView.editing)
        [self.navigationItem.rightBarButtonItem setTitle:@"Done"];
    else
        [self.navigationItem.rightBarButtonItem setTitle:@"Move"];
}
```

其任务就是切换到编辑模式,然后将按钮的标题设置为适当的值。非常简单,不是吗?

下一个方法是viewDidload。该方法的第一部分与之前完全相同,并未执行任何特别的操作。它检查list是否为nil,如果是(表示这是第一次调用该方法),则创建一个填充了值的可变数组,因此我们的表需要显示一些数据。然后,我们遇到了一些新内容。

```
        UIBarButtonItem *moveButton = [[UIBarButtonItem alloc]
                initWithTitle:@"Move"
                style:UIBarButtonItemStyleBordered
                target:self
                action:@selector(toggleMove)];
        self.navigationItem.rightBarButtonItem = moveButton;
```

此处创建了一个按钮栏项目,该按钮将被放置在导航栏上。将其标题设置为Move,并指定常量UIBarButtonItemStyleBordered表示需要一个标准的有边栏的按钮。最后两个变量target和action,告知按钮被单击时应该做什么。通过传递self作为目标,并为它提供一个到toggleMove方法的选择器作为操作,我们告知按钮无论何时被单击时都调用toggleMove方法。因此,任何时候用户单击按钮时,都将切换编辑模式。创建按钮之后,将它添加到导航栏的右侧,然后释放它。

与我们创建的多数视图控制器不同，此处没有viewDidUnload方法。这是有原因的。我们没有输出口，如果要刷新list数组，则用户在刷新视图时执行的所有重新排序操作都会丢失，而这是我们不想要的结果。因此，由于不需要在viewDidUnload方法中执行任何任务，因而就没有重写它。

现在，找到刚才添加的tableView:cellForRowAtIndexPath:方法。你注意到这一行新的代码了吗？

```
cell.showsReorderControl = YES;
```

可以通过设置单元的accessoryType属性来指定标准扩展图标。但是，重新排序控件不是标准扩展图标，它是一个特殊的例子，只在表处于编辑模式时才显示。要启动重新排序控件，必须在单元上设置一个属性。不过，需要注意的是，将此属性设置为YES不会真正显示重新排序控件，除非表进入编辑模式。此方法中的其他内容是以前看到过的。

下一个新方法虽然简短，但很重要。在表视图中，我们希望能够对行重新排序，不过不希望用户能够删除或插入行。因此，我们实现了tableView:editingStyleForRowAtIndexPath:方法。通过这个方法，表视图可以询问指定行是否可以被删除，或是否可以将新行插入到指定位置。通过为每一行返回UITableViewCellEditingStyleNone，表示我们不支持插入或删除任何行。

下面是tableView:canMoveRowAtIndexPath:方法。每一行都将调用此方法，可以通过它禁止移动指定的行。如果某行的此方法返回NO，那么该行将不显示重新排序控件，用户不能够从当前位置移动该行。此处允许对所有行进行重新排序，所以全部返回YES。

最后一个方法tableView:moveRowAtIndexPath:fromIndexPath:，是当用户移动一行时真正调用的方法。tableView旁边的两个参数都是NSIndexPath实例，它们指定被移动的行和行的新位置。表视图已经移动了表中的行，用户应该看到了正确的结果，不过我们需要更新数据模型以保持两者同步，并避免出现显示问题。

首先，检索需要移动的行。然后检索行的新位置。

```
NSUInteger fromRow = [fromIndexPath row];
NSUInteger toRow = [toIndexPath row];
```

现在，我们需要从数组中移除指定的对象，并在新位置重新插入该对象。

```
id object = [list objectAtIndex:fromRow];
[list removeObjectAtIndex:fromRow];
```

移除它之后，需要将它重新插入到指定的新位置：

```
[list insertObject:object atIndex:toRow];
```

大功告成！我们实现了一个支持对行进行重新排序的表。

2. 添加一个Move Me控制器实例

现在，只需要向BIDFirstLevelController的控制器数组添加这个新类的一个实例。你对此可能已经非常熟悉了，不过此处将再次复习这一过程。

在BIDFirstLevelController.m文件中，通过在@implementation声明之前添加以下代码行导入新视图的头文件：

```
#import "BIDMoveMeController.h"
```

下面，向同一个文件的viewDidLoad方法中添加以下代码：

```
- (void)viewDidLoad {
    [super viewDidLoad];
    self.title = @"First Level";
    NSMutableArray *array = [[NSMutableArray alloc] init];

    // Disclosure Button
    BIDDisclosureButtonController *BIDDisclosureButtonController =
        [[BIDDisclosureButtonController alloc]
        initWithStyle:UITableViewStylePlain];
    BIDDisclosureButtonController.title = @"Disclosure Buttons";
    BIDDisclosureButtonController.rowImage = [UIImage
        imageNamed:@"BIDDisclosureButtonControllerIcon.png"];
    [array addObject:BIDDisclosureButtonController];

    // Checklist
    BIDCheckListController *checkListController = [[BIDCheckListController alloc]
        initWithStyle:UITableViewStylePlain];
    checkListController.title = @"Check One";
    checkListController.rowImage = [UIImage
        imageNamed:@"checkmarkControllerIcon.png"];
    [array addObject:checkListController];

    // Table Row Controls
    BIDRowControlsController *rowControlsController =
        [[BIDRowControlsController alloc]
        initWithStyle:UITableViewStylePlain];
    rowControlsController.title = @"Row Controls";
    rowControlsController.rowImage = [UIImage imageNamed:
        @"rowControlsIcon.png"];
    [array addObject:rowControlsController];

    // Move Me
    BIDMoveMeController *moveMeController = [[BIDMoveMeController alloc]
        initWithStyle:UITableViewStylePlain];
    moveMeController.title = @"Move Me";
    moveMeController.rowImage = [UIImage imageNamed:@"moveMeIcon.png"];
    [array addObject:moveMeController];

    self.controllers = array;
}
```

接下来，编译程序，看一下会发生什么。如果一切正常，在模拟器中运行应用程序后，根级表中将包含4行（参见图9-18）。如果单击名为Move Me的新行，程序将导航到一个行列表，其中的每一行代表了一首我们熟悉的童谣（参见图9-6）。

图9-18 添加到表中的Move Me视图控制器

如果要对行重新排序，单击右上角的Move按钮，将会出现重新排序控件。如果单击重新排序控件并拖动它，行会按照你拖动的方式进行移动，如图9-6所示。根据自己的喜好移动行，选好位置后，松开按键。行会很好地适应它的新位置。你甚至可以回到顶级视图，然后再返回，这些行将会留在你调整的位置。如果退出并重新回来，这些行将恢复到原来的位置，不过别担心，在后面几章中，我们将向你介绍如何持久化保存和恢复数据。

说明　如果发现难以连接移动控件，不要惊慌。此手势实际上需要一点耐心。尝试单击鼠标按钮并按住控件（如果使用的是模拟器）或者用手指按住该控件（如果使用的是设备）较长时间之后再移动它，拖动并重新排序的手势才能生效。

现在，让我们看一下第5个子控制器，它演示了编辑模式的另一种用法。这一次，我们将允许用户删除前面的行。

9.2.8　第五个子控制器：可删除的行

实际上，允许用户删除行比允许用户移动行复杂不了多少。下面让我们看一下其过程。

这一次，我们并没有通过对象的硬编码列表来创建数组，而是加载属性列表文件，用于保存一些键入信息。你可以从本书随附的项目归档文件的09 Nav文件夹中获取名为computers.plist的文件，并将它添加到Xcode项目的Nav文件夹中。

在项目导航中选择Nav文件夹，然后按下⌘N，或从File菜单中选择New→New File…。选择

Cocoa Touch，然后选择Objective-C class，点击Next。将新类命名为BIDDeleteMeController，在
Subclass of中输入BIDSecondLevelViewController。

1. 创建可删除行视图

对BIDDeleteMeController.h文件要作的更改看起来应该很熟悉，因为它们和上一个视图控制
器中的更改几乎相同。更改如下：

```
#import "BIDSecondLevelViewController.h"

@interface BIDDeleteMeController : BIDSecondLevelViewController

@property (strong, nonatomic) NSMutableArray *list;
- (IBAction)toggleEdit:(id)sender;
@end
```

不奇怪，对吗？我们声明了一个存放数据的可变数组和一个切换编辑模式的操作方法。

在上一个控制器中，我们使用编辑模式让用户对行重新排序。在这一版本中，编辑模式将允
许用户删除行。如果喜欢，可以把两者结合到相同的表中。此处，我们将分开介绍这两个方面，
以便于读者的理解。不过将删除和重新排序操作结合起来的效果确实很好。

当表处于编辑模式时，支持重新排序的行将显示重新排序图标。单击行左侧的红色圆形图标
时（参见图9-7），将弹出Delete按钮，这会遮蔽重新排序图标，不过只是暂时的。

切换到BIDDeleteMeController.m，并添加以下代码：

```
#import "BIDDeleteMeController.h"

@implementation BIDDeleteMeController
@synthesize list;

- (IBAction)toggleEdit:(id)sender {
    [self.tableView setEditing:!self.tableView.editing animated:YES];

    if (self.tableView.editing)
        [self.navigationItem.rightBarButtonItem setTitle:@"Done"];
    else
        [self.navigationItem.rightBarButtonItem setTitle:@"Delete"];
}


- (void)viewDidLoad {
    [super viewDidLoad];
    if (list == nil){
        NSString *path = [[NSBundle mainBundle]
            pathForResource:@"computers" ofType:@"plist"];
        NSMutableArray *array = [[NSMutableArray alloc]
                                 initWithContentsOfFile:path];
        self.list = array;
    }
    UIBarButtonItem *editButton = [[UIBarButtonItem alloc]
                                   initWithTitle:@"Delete"
                                   style:UIBarButtonItemStyleBordered
                                   target:self
```

```
                              action:@selector(toggleEdit:)];
    self.navigationItem.rightBarButtonItem = editButton;
}


#pragma mark -
#pragma mark Table Data Source Methods
- (NSInteger)tableView:(UITableView *)tableView
        numberOfRowsInSection:(NSInteger)section {
    return [list count];
}


- (UITableViewCell *)tableView:(UITableView *)tableView
         cellForRowAtIndexPath:(NSIndexPath *)indexPath {
    static NSString *DeleteMeCellIdentifier = @"DeleteMeCellIdentifier";

    UITableViewCell *cell = [tableView dequeueReusableCellWithIdentifier:
                             DeleteMeCellIdentifier];

    if (cell == nil) {
        cell = [[UITableViewCell alloc]
            initWithStyle:UITableViewCellStyleDefault
            reuseIdentifier:DeleteMeCellIdentifier];
    }
    NSInteger row = [indexPath row];
    cell.textLabel.text = [self.list objectAtIndex:row];
    return cell;
}

#pragma mark -
#pragma mark Table View Data Source Methods
- (void)tableView:(UITableView *)tableView
    commitEditingStyle:(UITableViewCellEditingStyle)editingStyle
    forRowAtIndexPath:(NSIndexPath *)indexPath {

    NSUInteger row = [indexPath row];
    [self.list removeObjectAtIndex:row];
    [tableView deleteRowsAtIndexPaths:[NSArray arrayWithObject:indexPath]
                    withRowAnimation:UITableViewRowAnimationAutomatic];
}

@end
```

　　新的操作方法toggleEdit:和上一版本中的基本相同。如果当前编辑模式状态为关闭，它将开启编辑模式，反之亦然。然后设置按钮的标题。viewDidLoad方法也和上一个视图控制器中的类似。此处没有创建viewDidUnload方法，这是因为没有输出口，并且我们希望在编辑模式中保留对可变数组的更改。唯一的区别是从属性列表中加载数组，而不是为数组提供字符串的硬编码列表。我们使用的属性列表是一个由字符串组成的平面数组，该数组包含许多常用的计算机模型名称。这一次，我们还为编辑按钮指定了一个不同的名称Delete，这样用户就能明显地知道这个按钮的作用。

　　两个数据源方法没有添加任何新内容，不过类中的最后一个方法是以前没有见过的，因此我们着重看一下这段代码：

```
- (void)tableView:(UITableView *)tableView
    commitEditingStyle:(UITableViewCellEditingStyle)editingStyle
    forRowAtIndexPath:(NSIndexPath *)indexPath {
```

当用户完成一项编辑（删除或插入）操作时，表视图将调用此方法。第一个参数指出在哪个表视图的行上进行编辑。第二个参数editingStyle是一个常量，它指示编辑的类型。目前，我们定义了3种编辑类型。

❑ UITableViewCellEditingStyleNone。我们在前面的控制器中使用它指示行不能被编辑。它不会被传入这个方法中，因为它用于指定行不能被编辑。

❑ UITableViewCellEditingStyleDelete（默认选项）。本例忽略了此参数，因为行的默认编辑类型是删除类型，因此每一次调用此方法时，它都请求一项删除操作。可以使用此参数在一个表中同时允许插入和删除操作。

❑ UITableViewCellEditingStyleInsert。通常用于需要让用户在列表中的一个指定位置插入行。在顺序由系统来维护的列表中，比如一个按字母顺序排序的名称列表，用户通常会单击工具栏或导航栏来请求系统在详细信息视图中创建一个新的对象。只要用户指定好新的对象，系统就会把它放在合适的行。

最后一个参数indexPath，表示当前正在编辑哪一行。对于删除操作，此索引路径表示将要被删除的行。对于插入操作，它表示新行插入位置的索引。

注意   这里不再对插入的使用做介绍，不过插入的功能基本上和我们将要实现的删除操作相同。唯一的区别就是，需要创建一个新的对象并把它插入到指定位置，而不是从数据模型中删除指定的行。

在我们的方法中，首先在indexPath中检索正被编辑的行：

```
NSUInteger row = [indexPath row];
```

然后，从前面创建的可变数组中删除该对象：

```
[self.list removeObjectAtIndex:row];
```

最后，我们通知表删除该行，其中设置了常量UITableViewRowAnimationAutomatic，该常量用于设置行消失时的动画，该行的上一行或者下一行会渐渐向该行原本所在的位置滑动。表视图将自行决定滑动动画的方向（这取决于被删除的行）。

```
[tableView deleteRowsAtIndexPaths:[NSArray arrayWithObject:indexPath]
    withRowAnimation:UITableViewRowAnimationAutomatic];
}
```

注意   还有其他几个动画类型可用于表视图。可以查看Xcode文档浏览器中的UITableViewRow-Animation，看一下还有什么其他可用的动画。

以上就是这个类中添加的所有新内容。

2. 添加一个Delete Me控制器实例

下面让我们向根视图控制器添加它的一个实例，并进行测试。在BIDFirstLevelController.h中，首先需要导入新控制器类的头文件，因此在@implementation声明之前添加以下代码行：

```
#import "BIDDeleteMeController.h"
```

现在，在viewDidLoad方法中添加以下代码：

```
- (void)viewDidLoad {
    [super viewDidLoad];
    self.title = @"First Level";
    NSMutableArray *array = [[NSMutableArray alloc] init];

    // Disclosure Button
    BIDDisclosureButtonController *disclosureButtonController =
        [[BIDDisclosureButtonController alloc]
        initWithStyle:UITableViewStylePlain];
    disclosureButtonController.title = @"Disclosure Buttons";
    disclosureButtonController.rowImage = [UIImage imageNamed:
        @"disclosureButtonControllerIcon.png"];
    [array addObject:disclosureButtonController];

    // Checklist
    BIDCheckListController *checkListController = [[BIDCheckListController alloc]
        initWithStyle:UITableViewStylePlain];
    checkListController.title = @"Check One";
    checkListController.rowImage = [UIImage imageNamed:
        @"checkmarkControllerIcon.png"];
    [array addObject:checkListController];

    // Table Row Controls
    RowControlsController *rowControlsController =
        [[RowControlsController alloc]
        initWithStyle:UITableViewStylePlain];
    rowControlsController.title = @"Row Controls";
    rowControlsController.rowImage = [UIImage imageNamed:
        @"rowControlsIcon.png"];
    [array addObject:rowControlsController];

    // Move Me
    BIDMoveMeController *moveMeController = [[BIDMoveMeController alloc]
        initWithStyle:UITableViewStylePlain];
    moveMeController.title = @"Move Me";
    moveMeController.rowImage = [UIImage imageNamed:@"moveMeIcon.png"];
    [array addObject:moveMeController];

    // Delete Me
    BIDDeleteMeController *deleteMeController = [[BIDDeleteMeController alloc]
        initWithStyle:UITableViewStylePlain];
    deleteMeController.title = @"Delete Me";
    deleteMeController.rowImage = [UIImage imageNamed:@"deleteMeIcon.png"];
    [array addObject:deleteMeController];

    self.controllers = array;
}
```

9

保存并编译。模拟器出现后，根级视图总共有5行信息。如果选中新的Delete Me行，程序将呈现一个计算机模型列表（参见图9-19）。你现在拥有多少计算机模型呢？

注意，导航栏右侧也有一个按钮，它被标记为Delete。如果单击该按钮，表将进入编辑模式，如图9-20所示。

图9-19　第一次运行时的Delete Me视图，
认识这些计算机吗

图9-20　处于编辑模式的Delete Me视图

每个可编辑的行旁边都有一个小图标，看上去类似"禁止进入"的标志。如果单击该图标，它会转向一边，并出现一个标记为Delete的按钮（参见图9-7）。单击该按钮，将会通过指定的动画类型删除底层模型和表中的相应行。

并且，当你为编辑模式实现删除支持时，已经免费获得了一个额外的功能。用手指水平扫过某个行。可以看到，此时会出现一个针对该行的删除按钮，就像Mail应用程序那样。

我们正处于拐角处，终点线已经在望，不过还有一定的距离。如果你还跟随着我们，给自己打打气，本章的内容冗长而复杂。

9.2.9　第六个子控制器：可编辑的详细窗格

我们将要探讨的下一个主题是，如何实现一个可重用且可编辑的详细信息视图。你在浏览iPhone上的多种应用程序时会注意到，许多应用程序（包括Contacts应用程序）都把它们的详细信息视图实现为一个分组表（参见图9-21）。

图9-21　一个用于呈现可编辑表视图的分组表视图示例

现在让我们看看这是如何做到的。开始之前，需要显示一些数据，我们需要的不仅仅是一个字符串列表。在前两章中，当我们需要更复杂的数据（比如第8章中的多行表或第7章中的邮政编码代码选取器）时，都使用NSArray来保存一组已填充数据的NSDictionary实例。这种方式具有很大的灵活性，不过实现起来有些困难。而对于此表中的数据，我们将创建一个自定义Object-C数据对象来存放将在列表中显示的各个实例。

1. 创建数据模型对象

本节中应用程序所使用的属性列表包含有关美国总统的数据：每个总统的姓名、所属的政党、就职年份及卸任年份。下面将创建存放这些数据的类。

再次在Xcode中单击Nav文件夹选中它，然后按下⌘N打开新建文件向导。从左侧窗格中选择Cocoa Touch，然后选择Objective-C class，点击Next。将新类命名为BIDPresident，在Subclass of中选择NSObject。

单击BIDPresident.h，并作如下更改：

```
#import <Foundation/Foundation.h>

#define kPresidentNumberKey        @"President"
#define kPresidentNameKey          @"Name"
#define kPresidentFromKey          @"FromYear"
#define kPresidentToKey            @"ToYear"
#define kPresidentPartyKey         @"Party"

@interface BIDPresident : NSObject
@interface BIDPresident : NSObject <NSCoding>
```

```
@property int number;
@property (nonatomic, copy) NSString *name;
@property (nonatomic, copy) NSString *fromYear;
@property (nonatomic, copy) NSString *toYear;
@property (nonatomic, copy) NSString *party;
@end
```

从文件系统中读取字段时，这5个常量用于标识这些字段。通过让此类遵循NSCoding协议，可以将此对象写入文件，或者从文件中读取它。此头文件中添加的其余新内容用来实现存放数据所需的属性。切换到BIDPresident.m，并作如下更改：

```
#import "BIDPresident.h"

@implementation BIDPresident
@synthesize number;
@synthesize name;
@synthesize fromYear;
@synthesize toYear;
@synthesize party;

#pragma mark -
#pragma mark NSCoding
- (void)encodeWithCoder:(NSCoder *)coder {
    [coder encodeInt:self.number forKey:kPresidentNumberKey];
    [coder encodeObject:self.name forKey:kPresidentNameKey];
    [coder encodeObject:self.fromYear forKey:kPresidentFromKey];
    [coder encodeObject:self.toYear forKey:kPresidentToKey];
    [coder encodeObject:self.party forKey:kPresidentPartyKey];
}

- (id)initWithCoder:(NSCoder *)coder {
    if (self = [super init]) {
        number = [coder decodeIntForKey:kPresidentNumberKey];
        name = [coder decodeObjectForKey:kPresidentNameKey];
        fromYear = [coder decodeObjectForKey:kPresidentFromKey];
        toYear = [coder decodeObjectForKey:kPresidentToKey];
        party = [coder decodeObjectForKey:kPresidentPartyKey];
    }
    return self;
}

@end
```

不要过于担心encodeWithCoder:和initWithCoder:方法。第13章将更详细地介绍有关内容。你只需要知道这两个方法是NSCoding协议（用于将对象保存到磁盘中，以后加载使用）的一部分。encodeWithCoder:方法把对象编码为归档文件；initWithCoder:方法用于从归档文件创建新的对象。通过这两个方法，我们可以通过属性列表归档文件创建BIDPresident对象。这个类中的其他内容应该不再需要解释了。

我们为你提供了一个属性列表文件，它包含所有美国总统的数据，可用于创建刚才编写的BIDPresident对象的新实例。我们将在下一节中使用它，所以不必键入大量的数据。在项目归档文件的09 Nav文件夹中找到Presidents.plist文件，并将它添加到项目的Nav文件夹中。

下面，开始编写两个控制器类。

2. 创建详细信息视图列表控制器

应用程序的这一部分需要两个新的控制器，一个用于显示被编辑的列表，另一个用于查看和编辑该列表中选中项目的详细信息。由于这两个视图控制器都以表为基础，因此不需要创建任何nib文件，不过我们需要两个独立的控制器类。现在，让我们开始创建这两个类的文件并实现它们。

在项目导航中选择Nav文件夹，然后按下⌘N或从File菜单中选择New→New File...。选择Cocoa Touch，在对应的窗格中选择Objective-C class，然后点击Next。将新类命名为BIDPresidentsViewController，在Subclass of中输入BIDSecondLevelViewController。一定要确保拼写正确。

再次重复以上步骤，这次将新类命名为BIDPresidentDetailController，在Subclass of字段中输入UITableViewController。

说明 你可能会感到疑惑，BIDPresidentDetailController是单数（与BIDPresidentsDetail-Controller相反），因为它只处理与一个总统相关的详细信息。是的，关于这个小细节，我们之间确实有些冲突，不过以后就会冰释前嫌。

首先创建显示总统列表的视图控制器。单击BIDPresidentsViewController.h，并作如下更改：

```
#import "BIDSecondLevelViewController.h"

@interface BIDPresidentsViewController : BIDSecondLevelViewController

@property (strong, nonatomic) NSMutableArray *list;
@end
```

切换到BIDPresidentsViewController.m，并作如下更改：

```
#import "BIDPresidentsViewController.h"
#import "BIDPresidentDetailController.h"
#import "BIDPresident.h"

@implementation BIDPresidentsViewController
@synthesize list;

- (void)viewDidLoad {
    [super viewDidLoad];
    NSString *path = [[NSBundle mainBundle] pathForResource:@"Presidents"
                                                     ofType:@"plist"];
    NSData *data;
    NSKeyedUnarchiver *unarchiver;

    data = [[NSData alloc] initWithContentsOfFile:path];
    unarchiver = [[NSKeyedUnarchiver alloc] initForReadingWithData:data];
    NSMutableArray *array = [unarchiver decodeObjectForKey:@"Presidents"];
    self.list = array;
    [unarchiver finishDecoding];
```

9

```objc
}

- (void)viewWillAppear:(BOOL)animated {
    [super viewWillAppear:animated];
    [self.tableView reloadData];
}

#pragma mark -
#pragma mark Table Data Source Methods
- (NSInteger)tableView:(UITableView *)tableView
 numberOfRowsInSection:(NSInteger)section {
    return [list count];
}


- (UITableViewCell *)tableView:(UITableView *)tableView
        cellForRowAtIndexPath:(NSIndexPath *)indexPath {

    static NSString *PresidentListCellIdentifier =
        @"PresidentListCellIdentifier";

    UITableViewCell *cell = [tableView
        dequeueReusableCellWithIdentifier:PresidentListCellIdentifier];
    if (cell == nil) {
        cell = [[UITableViewCell alloc]
            initWithStyle:UITableViewCellStyleSubtitle
            reuseIdentifier:PresidentListCellIdentifier];
    }
    NSUInteger row = [indexPath row];
    BIDPresident *thePres = [self.list objectAtIndex:row];
    cell.textLabel.text = thePres.name;
    cell.detailTextLabel.text = [NSString stringWithFormat:@"%@ - %@",
        thePres.fromYear, thePres.toYear];
    return cell;
}

#pragma mark -
#pragma mark Table Delegate Methods
- (void)tableView:(UITableView *)tableView
didSelectRowAtIndexPath:(NSIndexPath *)indexPath {
    NSUInteger row = [indexPath row];
    BIDPresident *prez = [self.list objectAtIndex:row];

    BIDPresidentDetailController *childController =
    [[BIDPresidentDetailController alloc] initWithStyle:UITableViewStyleGrouped];

    childController.title = prez.name;
    childController.president = prez;

    [self.navigationController pushViewController:childController
        animated:YES];
}

@end
```

刚才键入的大部分代码都是以前出现过的。`viewDidLoad`方法中有一项新内容，此处使用`NSKeyedUnarchiver`方法通过属性列表文件创建了一个填充有`BIDPresident`类实例的数组。不必完全理解这些代码，你只要知道我们加载了一个填满`BIDPresident`实例的数组就可以了。

首先，获取属性列表的路径：

```
NSString *path = [[NSBundle mainBundle] pathForResource:@"Presidents"
    ofType:@"plist"];
```

下一步，声明一个数据对象和一个`NSKeyedUnarchiver`。该数据对象将临时存放未编码的归档文件，`NSKeyedUnarchiver`将用于实际存储归档文件中的对象：

```
NSData *data;
NSKeyedUnarchiver *unarchiver;
```

将属性列表加载到data中，然后使用data初始化unarchiver：

```
data = [[NSData alloc] initWithContentsOfFile:path];
unarchiver = [[NSKeyedUnarchiver alloc] initForReadingWithData:data];
```

现在，从归档文件中解码数组数据。`@"Presidents"`键与创建此归档文件的值相同：

```
NSMutableArray *array = [unarchiver decodeObjectForKey:@"Presidents"];
```

然后，把此解码数组分配给list属性，结束解码过程：

```
self.list = array;
[unarchiver finishDecoding];
```

我们还需要通知tableView重新加载`viewWillAppear:`方法中的数据。如果用户更改了详细信息视图中的某些内容，则需要确保父视图会显示这些新数据。我们并未执行测试，而是强制父视图重新加载其数据并在每次出现时进行重绘。

```
- (void)viewWillAppear:(BOOL)animated {
    [super viewWillAppear:animated];
    [self.tableView reloadData];
}
```

上次创建详细信息视图之后，还有一处需要更改。这项更改针对最后一个方法`tableView:didSelectRowAtIndexPath:`。创建Disclosure Button视图时，每次都会重用相同的子控制器，而只需更改它的值。当得到的nib文件带有输出口时，这种方式相对来说比较容易。当你使用表视图来实现详细信息视图时，第一次触发和后面触发的方法是不同的。另外，用于显示和更改数据的表单元也将被重用。如果你试图让它每次都以相同的方式表现，并确保能够跟踪所有的更改，那么这两个细节的结合意味着你的代码会非常非常复杂。因此，花费一些额外开销是值得的，即通过分配和释放新控制器对象来减小控制器类的复杂性。

让我们看一下这个细节控制器，它是新添加的内容。当用户单击`BIDPresidentsViewController`表中的行以允许输入总统的有关数据时，这个新的控制器将被加入到导航栈中。下面将实现这个详细信息视图。

3. 创建详细信息视图控制器

女士们先生们，请系好安全带，前方的路有些麻烦。

下一个控制器有些复杂，不过我们会顺利地排除障碍。请坐在你的座位上不要动。单击
BIDPresidentDetailController.h，并作如下更改：

```
#import <UIKit/UIKit.h>

@class BIDPresident;
#define kNumberOfEditableRows      4
#define kNameRowIndex              0
#define kFromYearRowIndex          1
#define kToYearRowIndex            2
#define kPartyIndex                3

#define kLabelTag                  4096

@interface BIDPresidentDetailController : UITableViewController
        <UITextFieldDelegate>

@property (strong, nonatomic) BIDPresident *president;
@property (strong, nonatomic) NSArray *fieldLabels;
@property (strong, nonatomic) NSMutableDictionary *tempValues;
@property (strong, nonatomic) UITextField *currentTextField;

- (IBAction)cancel:(id)sender;
- (IBAction)save:(id)sender;
- (IBAction)textFieldDone:(id)sender;
@end
```

究竟发生了什么事？这是全新的内容。在以前所有的表视图示例中，表中的每一行都对应数
组中的一行。数组提供表所需的所有数据。例如，Pixar影片的表由一个字符串数组来控制，每
个字符串都包含一个Pixar影片的标题。

前面的总统信息示例有两个不同的表。一个是总统的姓名列表，数组的每一行对应一个总统
姓名。第二个表实现选中总统后显示的详细信息视图。由于这个表包含固定数量的字段，因此我
们没有使用数组为此表提供数据，而是定义了一系列常量，我们将在表数据源方法中使用它们。
这些常量定义了可编辑字段的数量，以及保存这些属性的行的索引值。

还有一个名称为kLabelTag的常量，我们将使用它从单元中检索UILabel，以便可以正确地
设置行的标签。UITextField还应该有另一个标记吧？通常是这样。不过我们需要将文本字段的
tag属性用于其他目的。在设置文本字段的值时，我们必须使用另一个稍微方便一些的机制来
获取文本字段。如果这看起来很让人迷惑，请不要担心。实际编写代码的时候，一切都会变得
很清楚。

你应该注意到了，该类此次遵循3个协议：表数据源和委托协议（此类由此继承，因为它是
UITableViewController的子类），以及一个新的协议UITextFieldDelegate。通过遵循这个新协议，
当用户对某个文本字段作出更改时，我们会得到通知，以保存字段的值。此应用程序没有足够的
行能让表上下滚动，不过在许多应用程序中，文本字段可以移出屏幕，而且可以被再次分配和再

次使用。如果文本字段没有了，它存储的值也会相应地消失。因此用户作出更改时需要保存文本字段的值。

再往下，我们声明了一个指向BIDPresident对象的指针。我们将实际使用此视图编辑这个对象，并根据选中的行在父控制器的tableView:didSelectRowAtIndexPath:中设置它。当用户单击Thomas Jefferson这一行时，BIDPresidentsViewController将创建一个BIDPresidentDetailController实例。然后，BIDPresidentsViewController将该实例的president属性设置为代表Thomas Jefferson的对象，并把新创建的BIDPresidentDetailController实例加入到导航栈中。

第二个实例变量fieldLabels是用于存放标签列表的数组。这些标签对应常量kNameRowIndex、kFromYearRowIndex、kToYearRowIndex和kPartyIndex。例如，kNameRowIndex被定义为0，那么显示总统姓名那一行的标签在fieldLabels数组中被存储在索引0的位置。你将在稍后的代码中看到其实际应用。

下面，我们定义了一个可变字典tempValues，用于存入用户更改后的字段值。我们不希望直接对president对象作出更改，因为如果用户选择了Cancel按钮，还需要让用户能够返回源数据。我们要做的是将更改后的任意值存储在新可变字典tempValues中。例如，如果用户编辑了Name:字段，然后单击Party:字段并开始编辑它，BIDPresidentDetailController将在Name:字段编辑完成后得到通知，因为它是文本字段的委托。

当BIDPresidentDetailController得到更改的通知后，它把这个新的值存储在字典中，并以属性名称作为键。在我们的示例中，使用键@"name"存储对Name:字段的更改。这样，不管用户进行保存还是取消，我们都拥有需要的数据。如果用户取消，我们只需丢弃此字典即可；如果用户保存，我们就把更改的值复制到president中。

下面是一个指向UITextField的指针，名称为currentTextField。当用户在一个BIDPresidentDetailController文本字段中单击时，currentTextField被设置为指向该文本字段。为什么需要这个文本字段指针呢？因为这里存在一个有趣的时间问题，而currentTextField正是解决方法。

用户可以采取两种基本方法来结束对一个文本字段的编辑。第一种方法是，触摸另一个成为第一响应者的控件或文本字段。这样，正被编辑的文本字段就失去了第一响应者状态，且委托方法textFieldDidEndEditing:被调用。在这种情况下，textFieldDidEndEditing:获取文本字段的新值并把它存储在tempValues中。

用户结束对一个文本字段编辑的第二种方法是通过单击Save或Cancel按钮。进行这样的操作时，将调用save:或cancel:操作方法。在这两个方法中，必须使BIDPresidentDetailController视图出栈，因为保存和取消操作都会结束当前的编辑会话。这就会出现一个问题，save:和action:操作方法很难找到刚才编辑的文本字段并保存数据。

我们前面讨论的委托方法textFieldDidEndEditing:，确实可以访问文本字段，因为文本字段是作为一个参数传入的。这就是使用currentTextField的原因所在。cancel:操作方法忽略了currentTextField，因为用户不需要保存更改，所以可以丢掉它们。但是，save:方法关心这些更改，它需要通过一种方法来保存它们。

由于currentTextField被用作指向当前正被编辑的文本字段的指针，save:方法使用该指针把文本字段中的值复制到tempValues中。现在，save:可以进行工作并使BIDPresidentDetailController视图出栈了，这将把我们的总统列表放回栈的顶部。当视图出栈时，文本字段和它的值就丢失了。没关系，我们已经对它们进行了保存。

单击BIDPresidentDetailController.m，作如下更改：

```objc
#import "BIDPresidentDetailController.h"
#import "BIDPresident.h"

@implementation BIDPresidentDetailController
@synthesize president;
@synthesize fieldLabels;
@synthesize tempValues;
@synthesize currentTextField;

- (IBAction)cancel:(id)sender {
    [self.navigationController popViewControllerAnimated:YES];
}

- (IBAction)save:(id)sender {
    if (currentTextField != nil) {
        NSNumber *tagAsNum= [NSNumber numberWithInt:currentTextField.tag];
        [tempValues setObject:currentTextField.text forKey:tagAsNum];
    }
    for (NSNumber *key in [tempValues allKeys]) {
        switch ([key intValue]) {
            case kNameRowIndex:
                president.name = [tempValues objectForKey:key];
                break;
            case kFromYearRowIndex:
                president.fromYear = [tempValues objectForKey:key];
                break;
            case kToYearRowIndex:
                president.toYear = [tempValues objectForKey:key];
                break;
            case kPartyIndex:
                president.party = [tempValues objectForKey:key];
            default:
                break;
        }
    }
    [self.navigationController popViewControllerAnimated:YES];

    NSArray *allControllers = self.navigationController.viewControllers;
    UITableViewController *parent = [allControllers lastObject];
    [parent.tableView reloadData];
}

- (IBAction)textFieldDone:(id)sender {
    [sender resignFirstResponder];
```

```
}

#pragma mark -
- (void)viewDidLoad {
    [super viewDidLoad];
    NSArray *array = [[NSArray alloc] initWithObjects:@"Name:", @"From:",
                        @"To:", @"Party:", nil];
    self.fieldLabels = array;

    UIBarButtonItem *cancelButton = [[UIBarButtonItem alloc]
                                        initWithTitle:@"Cancel"
                                        style:UIBarButtonItemStylePlain
                                        target:self
                                        action:@selector(cancel:)];
    self.navigationItem.leftBarButtonItem = cancelButton;

    UIBarButtonItem *saveButton = [[UIBarButtonItem alloc]
                                        initWithTitle:@"Save"
                                        style:UIBarButtonItemStyleDone
                                        target:self
                                        action:@selector(save:)];
    self.navigationItem.rightBarButtonItem = saveButton;

    NSMutableDictionary *dict = [[NSMutableDictionary alloc] init];
    self.tempValues = dict;
}

#pragma mark -
#pragma mark Table Data Source Methods
- (NSInteger)tableView:(UITableView *)tableView
 numberOfRowsInSection:(NSInteger)section {
    return kNumberOfEditableRows;
}

- (UITableViewCell *)tableView:(UITableView *)tableView
        cellForRowAtIndexPath:(NSIndexPath *)indexPath {
    static NSString *PresidentCellIdentifier = @"PresidentCellIdentifier";

    UITableViewCell *cell = [tableView dequeueReusableCellWithIdentifier:
                            PresidentCellIdentifier];
    if (cell == nil) {

        cell = [[UITableViewCell alloc]
            initWithStyle:UITableViewCellStyleDefault
            reuseIdentifier:PresidentCellIdentifier];
        UILabel *label = [[UILabel alloc] initWithFrame:
                    CGRectMake(10, 10, 75, 25)];
        label.textAlignment = UITextAlignmentRight;
        label.tag = kLabelTag;
        label.font = [UIFont boldSystemFontOfSize:14];
        [cell.contentView addSubview:label];

        UITextField *textField = [[UITextField alloc] initWithFrame:
                            CGRectMake(90, 12, 200, 25)];
```

9

```
            textField.clearsOnBeginEditing = NO;
            [textField setDelegate:self];
            textField.returnKeyType = UIReturnKeyDone;
            [textField addTarget:self
                            action:@selector(textFieldDone:)
                forControlEvents:UIControlEventEditingDidEndOnExit];
            [cell.contentView addSubview:textField];
        }
        NSUInteger row = [indexPath row];

        UILabel *label = (UILabel *)[cell viewWithTag:kLabelTag];
        UITextField *textField = nil;
        for (UIView *oneView in cell.contentView.subviews) {
            if ([oneView isMemberOfClass:[UITextField class]])
                textField = (UITextField *)oneView;
        }
        label.text = [fieldLabels objectAtIndex:row];
        NSNumber *rowAsNum = [NSNumber numberWithInt:row];
        switch (row) {
            case kNameRowIndex:
                if ([[tempValues allKeys] containsObject:rowAsNum])
                    textField.text = [tempValues objectForKey:rowAsNum];
                else
                    textField.text = president.name;
                break;
            case kFromYearRowIndex:
                if ([[tempValues allKeys] containsObject:rowAsNum])
                    textField.text = [tempValues objectForKey:rowAsNum];
                else
                    textField.text = president.fromYear;
                break;
            case kToYearRowIndex:
                if ([[tempValues allKeys] containsObject:rowAsNum])
                    textField.text = [tempValues objectForKey:rowAsNum];
                else
                    textField.text = president.toYear;
                break;
            case kPartyIndex:
            if ([[tempValues allKeys] containsObject:rowAsNum])
                textField.text = [tempValues objectForKey:rowAsNum];
            else
                textField.text = president.party;
            default:
                break;
        }
        if (currentTextField == textField) {
            currentTextField = nil;
        }
        textField.tag = row;
        return cell;
}

#pragma mark -
#pragma mark Table Delegate Methods
```

```
- (NSIndexPath *)tableView:(UITableView *)tableView
  willSelectRowAtIndexPath:(NSIndexPath *)indexPath {
    return nil;
}

#pragma mark Text Field Delegate Methods
- (void)textFieldDidBeginEditing:(UITextField *)textField {
    self.currentTextField = textField;
}

- (void)textFieldDidEndEditing:(UITextField *)textField {
    NSNumber *tagAsNum = [NSNumber numberWithInt:textField.tag];
    [tempValues setObject:textField.text forKey:tagAsNum];
}

@end
```

第一个新方法是cancel:操作方法。用户单击Cancel按钮时会调用此方法。单击Cancel按钮时，当前视图将出栈，下一个视图就上升到栈的顶部。通常，这项任务由导航控制器处理，不过在稍后的代码中，我们将手动设置左边栏的按钮项目。可以通过获取对导航控制器的一个引用，来告知它使当前视图出栈。

```
- (IBAction)cancel:(id)sender {
    [self.navigationController popViewControllerAnimated:YES];
}
```

下一个方法是save:，用户单击Save按钮时会调用此方法。单击Save按钮时，用户输入的值已经存储在tempValues字典中了，除非键盘仍然可见，并且光标仍然位于一个文本字段中。如果是那样的话，可能还没有把对该文本字段的一些更改放入到tempValues字典中。为了搞清楚这一点，save:方法做的第一件事就是检查当前是否有正被编辑的文本字段。只要用户开始编辑文本字段，我们就把指向该文本字段的指针存储在currentTextField中。如果currentTextField不为nil，就获取它的值并放入tempValues中。

```
if (currentTextField != nil) {
    NSNumber *tfKey= [NSNumber numberWithInt:currentTextField.tag];
    [tempValues setObject:currentTextField.text forKey:tfKey];
}
```

然后，通过快速枚举遍历字典中的所有键值，它使用行号作为键。我们不能在NSDictionary中存储int这样的数据类型，因此创建了基于行号的NSNumber对象，并使用它们。我们使用intValue把key表示的数字转换为int类型，然后使用前面定义的常量在该值上使用一个switch，并把来自tempValues数组的适当的值分配给president对象上指定的字段。

```
for (NSNumber *key in [tempValues allKeys]) {
    switch ([key intValue]) {
        case kNameRowIndex:
            president.name = [tempValues objectForKey:key];
            break;
        case kFromYearRowIndex:
            president.fromYear = [tempValues objectForKey:key];
```

```
                break;
        case kToYearRowIndex:
                president.toYear = [tempValues objectForKey:key];
                break;
        case kPartyIndex:
                president.party = [tempValues objectForKey:key];
        default:
                break;
        }
    }
```

现在，已经更新了president对象，我们需要在视图层中上升一个级别。在详细信息视图上单击Save或Done按钮，用户会升到上一级，因此我们获取应用程序委托，并使用它的navController输出口使自己离开导航栈，同时把用户送回总统列表：

```
[self.navigationController popViewControllerAnimated:YES];
```

现在还有另一个问题需要处理，即告知父视图表重新加载数据。因为用户可以编辑的一个字段是名称字段，它显示在BIDPresidentsViewController表中，如果不让表重新加载其数据，那么它将继续显示原始值。

```
UINavigationController *navController = [delegate navController];
NSArray *allControllers = navController.viewControllers;
UITableViewController *parent = [allControllers lastObject];
[parent.tableView reloadData];
```

用户单击键盘上的Done按钮时会调用第三个操作方法。如果没有此方法，当用户单击Done后，键盘不会关闭。此方法在我们的应用程序中并不是十分必要，因为此处可被编辑的4行正好适合键盘上面的区域。也就是说，如果再添加一行或者未来的应用程序需要更多屏幕空间时，可以采用此方法。保持应用程序之间行为的一致性是一个好主意，尽管这对应用程序的功能无关紧要。

```
-(IBAction)textFieldDone:(id)sender {
    [sender resignFirstResponder];
}
```

viewDidLoad方法还是和以前一样，没有任何令人惊奇的内容。创建字段名称数组，把fieldLabels属性分配给它。

```
NSArray *array = [[NSArray alloc] initWithObjects:@"Name:",
        @"From:", @"To:", @"Party:", nil];
self.fieldLabels = array;
```

下一步，创建两个按钮并将它们添加到导航栏。我们把Cancel按钮放置在左栏按钮项目的位置，自动取代导航按钮。我们把Save按钮放置在右边的位置，并把它指定为UIBarButton-ItemStyleDone类型。这一类型专用于一种按钮：当用户对他们的更改很满意，并准备离开视图时单击的按钮。此类型的按钮是蓝色的，不是灰色的，而且通常带有Save或Done标签。

```
UIBarButtonItem *cancelButton = [[UIBarButtonItem alloc]
        initWithTitle:@"Cancel"
        style:UIBarButtonItemStylePlain
        target:self
        action:@selector(cancel:)];
self.navigationItem.leftBarButtonItem = cancelButton;

UIBarButtonItem *saveButton = [[UIBarButtonItem alloc]
        initWithTitle:@"Save"
        style:UIBarButtonItemStyleDone
        target:self
        action:@selector(save:)];
self.navigationItem.rightBarButtonItem = saveButton;
```

最后，创建一个新的可变字典并将它分配给tempValues，更改后的值将存放在此处。如果直接对president对象进行更改，当用户单击Cancel按钮时，我们将很难回滚到源数据。

```
NSMutableDictionary *dict = [[NSMutableDictionary alloc] init];
self.tempValues = dict;
```

我们可以跳过第一个数据源方法，因为这个方法中没有什么新内容。不过，我们确实需要讨论一下tableView:cellForRowAtIndexPath:方法，因为这里有几个难点。方法的第一部分和前面编写的其他tableView:cellForRowAtIndexPath:方法非常类似。

```
- (UITableViewCell *)tableView:(UITableView *)tableView
  cellForRowAtIndexPath:(NSIndexPath *)indexPath {
  static NSString *PresidentCellIdentifier = @"PresidentCellIdentifier";

  UITableViewCell *cell = [tableView dequeueReusableCellWithIdentifier:
      PresidentCellIdentifier];
  if (cell == nil) {
      cell = [[UITableViewCell alloc] initWithFrame:CGRectZero
                  reuseIdentifier:PresidentCellIdentifier];
```

在创建一个新单元时，我们会创建一个标签，使它右对齐、加粗并为它分配一个标记，以便我们以后能够再次对它进行检索。下一步，把该标签添加到单元的contentView中，并释放它：

```
UILabel *label = [[UILabel alloc] initWithFrame:
    CGRectMake(10, 10, 75, 25)];
label.textAlignment = UITextAlignmentRight;
label.tag = kLabelTag;
label.font = [UIFont boldSystemFontOfSize:14];
[cell.contentView addSubview:label];
```

之后，创建一个新的文本字段。用户在此字段中输入值。我们将它设置为：编辑时不清除当前值，这样我们就不会丢失现有数据。然后将self设置为文本字段的委托。通过将文本字段的委托设置为self，文本字段会告知我们，实现来自UITextFieldDelegate协议的适当的方法时发生的某些事件。稍后你会看到，在这个类中，我们实现了两个文本字段委托方法。当用户开始或结束编辑文本字段包含的文本时，这些方法将被所有行上的文本字段所调用。我们还设置了键盘的**返回键类型**（return key type），通过它指定键盘右下方的键的文本。返回键类型默认值为Return，不过由于只有一行文本，我们希望返回键类型为Done，因此此处传递UIReturnKeyDone。

```
UITextField *textField = [[UITextField alloc] initWithFrame:
    CGRectMake(90, 12, 200, 25)];
textField.clearsOnBeginEditing = NO;
    [textField setDelegate:self];
textField.returnKeyType = UIReturnKeyDone;
```

之后，我们告知文本字段针对Did End on Exit事件调用textFieldDone:方法。这样做的效果类似于：从Interface Builder的连接检查器中的Did End on Exit事件拖到File's Owner，并选择一个操作方法。因为我们没有nib文件，因此必须用编程的方法来实现，不过结果是一样的。

配置文本字段之后，将它添加到单元的内容视图中。不过，值得注意的是，我们在将它添加到该视图之前没有设置tag。

```
[textField addTarget:self
                action:@selector(textFieldDone:)
                forControlEvents:UIControlEventEditingDidEndOnExit];
[cell.contentView addSubview:textField];
}
```

至此，我们知道已经得到了一个全新的单元或者一个重用的单元，但不知道是哪一个。要做的第一件事是指出这个单元将要表示哪一行：

```
NSUInteger row = [indexPath row];
```

下一步，我们需要从此单元内部获取对标签和文本字段的引用。标签很简单，只要使用分配给它的标记从cell中检索就可以了：

```
UILabel *label = (UILabel *)[cell viewWithTag:kLabelTag];
```

然而，文本字段就不是那么简单了。因为我们需要通过标记告知文本字段委托，哪一个文本字段正在调用它们。我们将依赖于这样一个事实：只有一个文本字段是单元contentView的子视图。此处将通过快速枚举遍历所有的子视图，在找到文本字段时，就将它分配给前面声明的指针。循环完成之后，textField指针将指向此单元中仅有的一个文本字段。

```
UITextField *textField = nil;

for (UIView *oneView in cell.contentView.subviews) {
    if ([oneView isMemberOfClass:[UITextField class]])
        textField = (UITextField *)oneView;
}
```

既然有了指向标签和文本字段的指针，就可以根据此行表示的是来自president对象的哪个字段，来为它们分配正确的值。标签再次从fieldLabels数组中获取它的值：

```
label.text = [fieldLabels objectAtIndex:row];
```

为文本字段分配值并不是那么容易。首先必须检查tempValues字典中是否有对应于此行的值。如果有，则将它分配给文本字段。如果tempValues中没有任何对应的值，那么我们可以得知此字段未经过更改，因此将president中对应的值分配给它。

```
    NSNumber *rowAsNum = [NSNumber numberWithInt:row];
    switch (row) {
            case kNameRowIndex:
                if ([[tempValues allKeys] containsObject:rowAsNum])
                    textField.text = [tempValues objectForKey:rowAsNum];
                else
                    textField.text = president.name;
                break;
            case kFromYearRowIndex:
                if ([[tempValues allKeys] containsObject:rowAsNum])
                    textField.text = [tempValues objectForKey:rowAsNum];
                else
                    textField.text = president.fromYear;
                break;
            case kToYearRowIndex:
                if ([[tempValues allKeys] containsObject:rowAsNum])
                    textField.text = [tempValues objectForKey:rowAsNum];
                else
                    textField.text = president.toYear;
                break;
            case kPartyIndex:
                if ([[tempValues allKeys] containsObject:rowAsNum])
                    textField.text = [tempValues objectForKey:rowAsNum];
                else
                    textField.text = president.party;
            default:
                break;
    }
```

如果正在使用的字段是当前正在编辑的字段，这就表示currentTextField中存放的值不再有效，因此将currentTextFeild设置为nil。如果文本字段没有被释放或重用，则调用文本字段委托方法，且正确的值已经存在于tempValues字典中。

```
    if (currentTextField == textField) {
        currentTextField = nil;
    }
```

下一步，将文本字段的tag设置为它所表示的行，这样我们就能知道哪一个字段正在调用文本字段委托方法，最后，返回cell：

```
    textField.tag = row;
    return cell;
}
```

这里确实实现了一个表委托方法，即tableView:willSelectRowAtIndexPath:。记住，此方法将在行被选中时调用，并且允许禁止选中行。在此视图中，我们不希望将要显示的行被选中。我们需要知道用户选中了一行，以便可以在旁边放置一个检验标记，但是不希望该行真正突出显示。别担心。要使某一行的文本字段可编辑，不需要选中此行，此方法的作用仅仅是不让行在选中之后呈突出显示。

```
- (NSIndexPath *)tableView:(UITableView *)tableView
  willSelectRowAtIndexPath:(NSIndexPath *)indexPath {
    return nil;
}
```

现在剩下的就是两个文本字段委托方法了。我们实现的第一个方法是**textFieldDidBegin-Editing:**，当文本字段成为第一响应者时调用此方法。因此，如果用户单击某字段并打开键盘，我们将获取通知。在这个方法中，我们在当前正被编辑的字段中存放了一个指针，以便能够获取单击Save按钮之前所作的最后更改。

```
- (void)textFieldDidBeginEditing:(UITextField *)textField {
    self.currentTextField = textField;
}
```

当用户通过单击不同的文本字段或按下Done按钮来停止编辑当前文本字段时，或者当另一个字段成为第一响应者（例如，当用户导航回总统列表时就会发生）时，会调用最后一个方法。此处，我们将该字段的值保存在tempValues字典中，以便用户单击Save按钮以确认更改时拥有这些值。

```
- (void)textFieldDidEndEditing:(UITextField *)textField {
    NSNumber *tagAsNum = [NSNumber numberWithInt:textField.tag];
    [tempValues setObject:textField.text forKey:tagAsNum];
}
```

就这么简单。我们完成了这两个视图控制器。

4. 添加一个可编辑详细信息视图控制器实例

接下来要做的就是向顶级视图控制器添加此类的一个实例。现在你应该知道怎么做了。单击BIDFirstLevelController.m。

首先，在@implementation声明之前添加以下代码行，从新的二级视图中导入头文件：

```
#import "BIDPresidentsViewController.h"
```

然后，在viewDidLoad方法中添加以下代码：

```
- (void)viewDidLoad {
    [super viewDidLoad];
    self.title = @"Top Level";
    NSMutableArray *array = [[NSMutableArray alloc] init];

    // Disclosure Button
    BIDDisclosureButtonController *BIDDisclosureButtonController =
        [[BIDDisclosureButtonController alloc]
            initWithStyle:UITableViewStylePlain];
    BIDDisclosureButtonController.title = @"Disclosure Buttons";
    BIDDisclosureButtonController.rowImage = [UIImage
        imageNamed:@"BIDDisclosureButtonControllerIcon.png"];
    [array addObject:BIDDisclosureButtonController];

    // Checklist
    BIDCheckListController *checkListController = [[BIDCheckListController alloc]
        initWithStyle:UITableViewStylePlain];
    checkListController.title = @"Check One";
```

```
checkListController.rowImage = [UIImage
    imageNamed:@"checkmarkControllerIcon.png"];
[array addObject:checkListController];

// Table Row Controls
RowControlsController *rowControlsController =
    [[RowControlsController alloc]
    initWithStyle:UITableViewStylePlain];
rowControlsController.title = @"Row Controls";
rowControlsController.rowImage =
    [UIImage imageNamed:@"rowControlsIcon.png"];
[array addObject:rowControlsController];

// Move Me
BIDMoveMeController *moveMeController = [[BIDMoveMeController alloc]
    initWithStyle:UITableViewStylePlain];
moveMeController.title = @"Move Me";
moveMeController.rowImage = [UIImage imageNamed:@"moveMeIcon.png"];
[array addObject:moveMeController];
[moveMeController release];

// Delete Me
BIDDeleteMeController *deleteMeController = [[BIDDeleteMeController alloc]
        initWithStyle:UITableViewStylePlain];
deleteMeController.title = @"Delete Me";
deleteMeController.rowImage = [UIImage imageNamed:@"deleteMeIcon.png"];
[array addObject:deleteMeController];

// BIDPresident View/Edit
BIDPresidentsViewController *presidentsViewController =
    [[BIDPresidentsViewController alloc]
    initWithStyle:UITableViewStylePlain];
presidentsViewController.title = @"Detail Edit";
presidentsViewController.rowImage = [UIImage imageNamed:
    @"detailEditIcon.png"];
[array addObject:presidentsViewController];

self.controllers = array;
}
```

　　保存，然后构建应用程序。如果一切正常，模拟器将运行，并显示第6行，也就是最后一行信息，如图9-2所示。单击此行将显示美国总统列表（参见图9-22）。

　　单击任何一行将显示刚才构建的详细信息视图（参见图9-8），你可以编辑值。如果单击键盘中的Done按钮，键盘就会关闭。单击可编辑的值，键盘会再次出现。作一些更改并单击Cancel，应用程序将返回总统列表。如果再次访问刚才取消更改的总统信息，更改将消失。另一方面，如果作出更改并单击Save按钮，这些更改将反映在父表中，当你返回到详细信息视图时，新的值将仍然存在。

图9-22   最后一个子控制器显示美国总统列表。单击其中一行，将显示详细信息视图
（或者一位特工将你摔倒在地）

9.2.10   其他内容

我们还需要添加一项内容，以使应用程序能够按照预期运行。在刚才构建的版本中，键盘加入了一个Done按钮，单击此按钮会让键盘关闭。如果视图上有用户可能需要的其他控件，这样做是合适的。然而，由于表视图上的每一行都是一个文本字段，我们需要采用一种稍微不同的解决方案。键盘应该拥有一个Return按钮而不是Done按钮。单击Return按钮时，用户将导航到下一行文本字段。

要完成上述过程，需要做的第一件事就是用Return按钮代替Done按钮。可以通过从BIDPresident-DetailController.m中删除一行代码来实现此目的。在tableView:cellForRowAtIndexPath:方法中，删除以下代码行：

```
- (UITableViewCell *)tableView:(UITableView *)tableView
    cellForRowAtIndexPath:(NSIndexPath *)indexPath {
  static NSString *PresidentCellIdentifier = @"PresidentCellIdentifier";
  UITableViewCell *cell = [tableView dequeueReusableCellWithIdentifier:
    PresidentCellIdentifier];
  if (cell == nil) {

      cell = [[UITableViewCell alloc] initWithFrame:CGRectZero
                  reuseIdentifier:PresidentCellIdentifier];
      UILabel *label = [[UILabel alloc] initWithFrame:
          CGRectMake(10, 10, 75, 25)];
      label.textAlignment = UITextAlignmentRight;
```

```
        label.tag = kLabelTag;
        label.font = [UIFont boldSystemFontOfSize:14];
        [cell.contentView addSubview:label];

        UITextField *textField = [[UITextField alloc] initWithFrame:
            CGRectMake(90, 12, 200, 25)];
        textField.clearsOnBeginEditing = NO;
        [textField setDelegate:self];
        textField.returnKeyType = UIReturnKeyDone;
        [textField addTarget:self
                    action:@selector(textFieldDone:)
                    forControlEvents:UIControlEventEditingDidEndOnExit];
        [cell.contentView addSubview:textField];
    }
    NSUInteger row = [indexPath row];
...
```

下一个步骤并不是那么简单。在textFieldDone:方法中，不是简单地告知sender放弃第一响应者状态，而是通过某种方式指出下一个字段并让该字段成为第一响应者。用这个新版本代替当前的textFieldDone:版本，然后我们将讨论其运行原理：

```
- (IBAction)textFieldDone:(id)sender {
    UITableViewCell *cell =
        (UITableViewCell *)[[sender superview] superview];
    UITableView *table = (UITableView *)[cell superview];
    NSIndexPath *textFieldIndexPath = [table indexPathForCell:cell];
    NSUInteger row = [textFieldIndexPath row];
    row++;
    if (row >= kNumberOfEditableRows) {
        row = 0;
    }
    NSIndexPath *newPath = [NSIndexPath indexPathForRow:row inSection:0];
    UITableViewCell *nextCell = [self.tableView
        cellForRowAtIndexPath:newPath];
    UITextField *nextField = nil;
    for (UIView *oneView in nextCell.contentView.subviews) {
        if ([oneView isMemberOfClass:[UITextField class]])
            nextField = (UITextField *)oneView;
    }
    [nextField becomeFirstResponder];
}
```

遗憾的是，单元并不知道它们表示哪一行。但是，表视图知道给定单元当前表示的是哪一行。因此，我们获取对表视图单元的引用。我们知道触发此操作方法的文本字段是表单元视图的内容视图的一个子视图，因此只需要获取sender的超视图的超视图。

如果对上面的内容感到疑惑，可以这样考虑：在本例中，Sender是正在编辑的文本字段；Sender的超视图是对文本字段及其标签进行分组的内容视图；Sender的超视图的超视图是包含该内容视图的单元。

```
UITableViewCell *cell = (UITableViewCell *)[[(UIView *)sender
    superview] superview];
```

我们还需要访问单元的封闭表视图，这很简单，因为它是单元的超视图：

```
UITableView *table = (UITableView *)[cell superview];
```

然后向表询问：该单元所表示的是哪一行。表的回答是NSIndexPath，因此从中获取行：

```
NSIndexPath *textFieldIndexPath = [table indexPathForCell:cell];
NSUInteger row = [textFieldIndexPath row];
```

下一步，使row增加1，这表示表中的下一行。如果新行号大于最后一行的行号，则将row重置为0：

```
row++;
if (row >= kNumberOfEditableRows) {
    row = 0;
}
```

然后，构建一个新的NSIndexPath来表示下一行，并使用该索引路径获取对当前表示下一行的单元的引用：

```
NSIndexPath *newPath = [NSIndexPath indexPathForRow:row inSection:0];
UITableViewCell *nextCell = [self.tableView
    cellForRowAtIndexPath:newPath];
```

请注意，无需使用alloc和init方法创建NSIndexPath，我们使用了一个特殊的工厂方法，该方法仅用于创建指向UITableView中的一行的索引路径。创建NSIndexPath的正常方式是，首先创建一个C数组，然后将它与数组长度一起传递给initWithIndexes:length:方法。我们这里所采取的方法简单得多。

对于文本字段来说，tag已经用于另一个用途，因此我们需要遍历单元内容视图的子视图来查找文本字段，而不是使用tag来检索：

```
UITextField *nextField = nil;
for (UIView *oneView in nextCell.contentView.subviews) {
    if ([oneView isMemberOfClass:[UITextField class]])
        nextField = (UITextField *)oneView;
}
```

最后，通知新的文本字段成为第一响应者：

```
[nextField becomeFirstResponder];
```

现在，编译并运行应用程序。你展开详细信息视图之后，单击Return按钮会导航到表中的下一个字段，这样更便于用户输入数据。

9.3　小结

本章就像是一场马拉松比赛，如果你还没累趴下，应该会感到非常惬意。仔细研究这些神秘的表视图和导航控制器对象很重要，因为它们是许多大型iOS应用程序的支柱，但如果没有真正理解它们，其复杂性一定会给你带来许多麻烦。

开始构建自己的表时，请参考本章和上一章的内容，以及苹果公司的文档。表视图极其复杂，我们不可能涵盖所有内容，不过你在设计和构建自己的应用程序时，可以使用本章提供的表视图构建块。与往常一样，你可以随意在应用程序中重用这些代码。它是我们送给你的礼物。好好享受吧！

在下一章中，我们将要介绍iOS 5带给开发人员的最大的一项新功能：storyboard。storyboard的理念并非是真正意义上的终端用户功能，而是向Xcode提供的一系列增强功能，以及在UIKit中添加的新API，以便开发人员用一种全新的方式设计复杂的基于导航的应用程序的结构。使用storyboard可以使开发工作更为简单，并且充满更多乐趣！

9

storyboard

10

通过以上几章的学习，你已经熟悉了nib文件、UITableView类，知道该如何使用UINavigationViewController在不同视图间进行导航。这些构建块组成了创建移动应用的健壮、灵活的工具集，过去几年无数iPhone和iPad应用充分证明了这一点。

然而，改进的空间依然存在。随着越来越多的人使用这些工具，其中的缺陷渐渐暴露出来，成为开发中的负担。在学习的过程中，或许你自己也意识到了以下几个问题。

- ❏ 通过委托/数据源模式来指定UITableView内容的方式对于创建动态表来说非常好用，但是如果你已经确切知道了表内所包含的内容，使用这种模式就显得有些冗余了。如果能够用更直观的方式来指定表内容（跳过所有的方法调用以及当前系统需要对此作出的响应），是否会更好？
- ❏ 就目前而言，使用nib文件来存储"冻结"对象图是不错的做法。但是如果你的应用中有不止一个视图控制器（大部分应用其实都是这样），那么要在它们之间进行切换，总要花费些精力来编写冗余而乏味的代码。对此，能否加以改进呢？
- ❏ 对于拥有多个视图控制器的复杂应用，很难有个整体把握。需要在每个控制器类中编写代码以实现控制器之间的通信和过渡，这样不仅导致源代码难以阅读（需要研究每个控制器的委托和操作方法，来弄清楚它是如何跟其他控制器关联的），而且也使代码变得十分脆弱，易于出错。如果能采用一种方式，在视图控制器的外部描述它们之间的交互，使开发者可以在一个地方看到整体数据流以及它们之间的交互，情况又会如何呢？

如果你对上述问题有所关注，那么，你很幸运！苹果也关注了这些问题。iOS 5 SDK引入了一个新体系——storyboard，旨在解决上面这些问题。

storyboard建立在大家熟知的nib概念之上，使用Xcode的Interface Builder，以相同的方式来编辑。但是有别于nib，使用storyboard可以在一个单独的可视化工作区中和多个视图协作，每个视图与其自身的控制器相关联。可以对视图控制器之间应发生的过渡进行配置，也可以用固定的预定义单元来配置一个表视图。本章将会讨论这些新功能中的一部分，让你对storyboard有一定的认识，了解它们与nib文件的差别，并且理解在程序何处使用storyboard。

说明　你会看到，storyboard十分迷人。但是必须注意的是，目前storyboard只支持运行iOS 5及更高版本的设备。随着越来越多的人转向使用iOS 5，这个问题将会淡化。

10.1　创建一个简单的 storyboard

下面通过一个简单的项目来演示storyboard的一些基本特性。在Xcode中，选择File → New → New Project...，创建一个新的项目。在iOS下面的Application模板组中选择Single View Application，单击Next，将项目命名为Simple Storyboard，选中复选框Use Storyboard，再次单击Next，最后，为你的项目选择保存目录，然后单击Create。

创建完新项目，接着看一下项目的文件导航。你会看到一些熟悉的文件，比如BIDAppDelegate、BIDViewController类文件。你一定会注意到BIDViewController.xib文件不见了，而是出现了一个名为MainStoryboard.storyboard的文件。storyboard文件没有依据视图控制器来命名，这便于storyboard为多个视图控制器呈现内容（这一点不同于nib文件）。

选择MainStoryboard.storyboard文件，Xcode将切换到你所熟悉的Interface Builder界面，如图10-1所示。storyboard编辑界面和我们一直使用的nib编辑界面存在一些细微的差别。比如，在storyboard Interface Builder编辑器中没有图标模式，而是通过点击dock右下方的三角形可以收起整个dock，使其不可见。

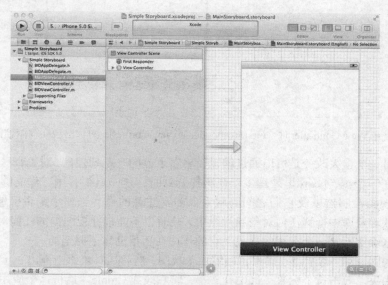

图10-1　storyboard中的视图控制器

另一个差别在于第一响应者（First Responder）和视图控制器（View Controller）图标。如果在dock中选择View Controller， First Responder和View Controller图标将会同时出现在视图控制器下方以及dock中（见图10-2）。在storyboard中，每一个视图和它对应的视图控制器都以这种方式同时出现，它们合起来被称为**场景**（scene）。

可以看到，有一个很大的箭头指向编辑区域中显示的一个视图，本章稍后在创建含有多个视图的storyboard时会用到它。这个箭头指向的视图控制器是应用程序加载storyboard时首先应加载

10

和显示的初始视图控制器。当storyboard中包含多个视图时，只需拖拽这个箭头，使其指向正确的初始视图控制器即可。现在，我们只有一个视图。如果随意拖动这个箭头，只要放开鼠标按键，它就会回到一开始所指向的控制器。

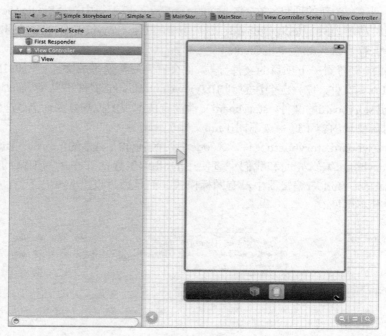

图10-2　选中View Controller时，First Responder和View Controller图标出现在视图控制器下方

　　编辑区域另一个重大改变是可以通过编辑窗格右下方的一系列控件，对编辑区域进行放大和缩小。当需要在一个storyboard里处理多个视图控制器时，这一点很有用，你能够通过这种方式同时看到多个视图控制器以及它们之间的联系。需要注意的是，当缩小编辑区域时，Interface Builder不允许从对象库中拖移任何对象到视图中，此时也不能选择视图中的任何对象。因此，对于编辑视图，这确实不是一个有用的模式。它的作用在于帮助你把握全局。

　　现在来为视图添加一个标签。确保正确缩放了视图，然后从对象库中拖出一个标签（Label），放置在视图的中央。双击这个标签，选中其文本，将它改成Simple。运行这个应用，程序启动后会展示刚刚创建的标签。

　　之前你已经见过了一些生成模板的应用，但是在storyboard中，情形稍微有些不同。让我们来看看项目的其他部分，了解一下基于storyboard的应用在后台究竟发生了些什么。

　　在项目导航中选择BIDViewController.m文件，浏览一下它的代码，除了自动旋转方法，其他方法都只向父类发送一个消息，然后返回。显然，这里没有任何有关storyboard的内容。

　　接着来看BIDAppDelegate.m文件，这里有一连串空方法。把注意力转向application:did-FinishLaunchingWithArguments:方法，我们在其他应用中已经实现过同样的方法，但这个版本看起来跟以前的有很大不同，在迄今为止我们所创建的应用中，这个方法用来创建UIWindow，也许还打开一个nib文件，等等，而这个，它居然是空的！那么，我们的应用怎样才能知道它是用来加载storyboard的？如何将初始化视图放入窗口中？这个问题的关键在于目标设置。

在项目导航里选择最上面的Simple Storyboard项（它代表了项目本身）。确保选中Simple Storyboard目标，以及上面的Summary标签，找到iPhone/iPod Deployment Info部分，可以看到，Main Storyboard一项中配置了MainStoryboard（参见图10-3）。

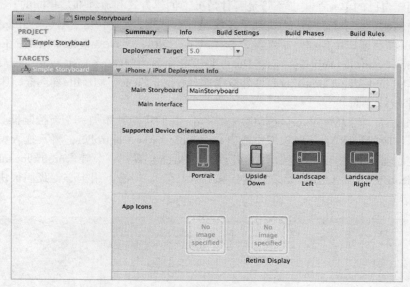

图10-3 Simple Storyboard目标的Summary

由此可见，这是让应用自动创建窗口、加载storyboard及其初始视图、创建在storyboard中所指定的初始视图控制器所要做的全部配置。这就意味着应用程序委托变得更简单了，窗口和初始视图的创建都已经被处理好了，你不必为此操心。所有的构建都在后台完成，如果你在项目中使用storyboard，就能轻易获得这种简化。

10.2 动态原型单元

你可能还记得第8章中学过，iOS 5能创建包含`UITableViewCell`的nib文件，创建任何想要包含在该单元中的对象，并且使用一个唯一标识符向表视图注册该单元。然后在运行时，可以要求表视图根据某个标识符返回一个单元，如果该标识符与之前注册的相符，那么就能获取与之对应的单元。

在storyboard中，这个概念得到了升华。现在，我可以将所有类型的表单元全部创建在一个storyboard中，而不需要为它们创建单独的nib文件，并且可以直接将这些单元置于将要显示它们的表视图中！我们来看看这是如何实现的。

10

10.2.1 使用storyboard的动态表内容

我们将要创建一个控制器来显示一个列表。根据每个表项的内容，使用普通样式或者更为引人注意的样式（以提醒用户注意该项）来显示它们。为了更具体地描述这个问题，我们将这些表项想象成待办列表事项，我们希望提醒用户注意紧急事项。为了简化工作，我们并不定义任何单元子类，仅使用普通的UITableViewCell来显示每一个可显示的单元。而在更复杂的真实应用中，你可能需要创建自己的单元子类。不管是哪种情况，创建方式和流程都是相同的。

我们已经创建了一个新项目，而且几乎还没做什么修改，现在继续使用这个Simple Storyboard项目。在Xcode项目窗口中创建一个新类，选择File → New → New File...，然后在Cocoa Touch部分选择UIViewController subclass，点击Next，将该类命名为BIDTaskListController，在Subclass of弹出框中选择UITableViewController。另外取消选择creating a new XIB file复选框，因为我们要使用storyboard来设计界面。

类创建完成后，转回MainStoryboard.storyboard，我们将向其添加一个新控制器类的实例（当然，还有一个相应的视图）。从对象库中拖出一个Table View Controller，将其拖入编辑区域，置于先前那个控制器的右侧。现在应如图10-4所示。你可能会看到一个警告prototype table cells must have reused identifiers（原型表单元必须拥有重用标识符），但是不用担心，我们很快就会来解决这个问题。

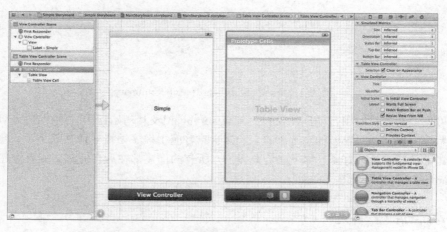

图10-4 新的表视图控制器，就在原视图控制器的右边

现在需要配置这个表视图控制器，使其成为我们的控制器类的实例，而不是默认的UITableViewController的实例。选择新插入的表视图控制器，确保选中了控制器本身而不是它所包含的表视图。最简单的方式是点击表视图下方的图标栏或是在dock中点击Table View Controller一行。如果表视图和它下面的图标栏都显示了蓝色边框，那就表明你正确选择了表视图控制器。打开身份检查器，将该控制器的class改为BIDTaskListController，这样表视图就能知道应该从哪里获取数据了。

10.2.2 编辑原型单元

可以看到表视图顶部有一个只有一个表项的组：Prototype Cells。开发者可以在这里根据自己的需要以图形化方式来布局表单元，并且为它们设置唯一标识符，以便之后在代码中获取它们。

首先，选择已存在的那个空白单元，打开属性检查器。将其Identifier设为plainCell，然后从对象库中拖出一个Label，直接放入该单元。将该标签拖至单元左边缘直至出现蓝色引导线，然后调整它的宽度，将该标签的右边缘拖至单元右侧，直至出现蓝色引导线。最后，在仍然选中该标签的情况下，使用属性检查器将其Tag值设为1（参见图10-5）。这么做让我们能够在代码中检索该标签。

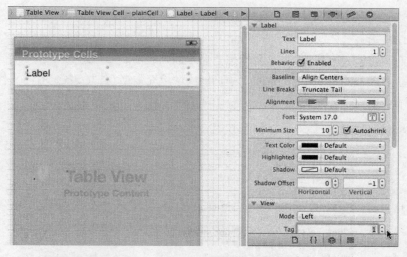

图10-5　仍使标签处于选中状态，使用属性检查器将该标签的Tag设为1。注意，Tag字段在检查器底部的View部分中。光标正指向了该字段

现在选择表视图单元（不是它所包含的标签），然后选择Edit → Duplicate。这将在原单元正下方放置一个新的副本。

说明　选择表视图单元需要一些技巧。在编写本章时我们所用的Xcode版本需要确实点击表单元才能复制它，单单在dock中选择该单元是不够的。这一点以后可能会有所改变。

选中新的单元，使用属性检查器将其identifier设为attentionCell。然后选择这个新单元的标签，使用属性检查器，将该标签的Text Color改为红色，然后将Font设为System Bold。

现在我们有了两个能够在表视图中使用的原型单元了。在我们编写代码填充表格之前，需要对storyboard进行另一处更改。还记得那个指向原视图的浮动箭头吗？拖动该箭头将其指向新的视图。然后保存storyboard。

10

10.2.3   实现表视图数据源

转向 BIDTaskListController.m，我们将在这里添加一些代码以在表中填充数据。这里很多内容都很基础，之前你已经见过多次了，所以我们打算略过这些内容，只解释最新的部分。在该文件顶部附近添加如下粗体所示代码：

```
#import "BIDTaskListController.h"

@interface BIDTaskListController ()
@property (strong, nonatomic) NSArray *tasks;
@end

@implementation BIDTaskListController

@synthesize tasks;
```

这里仅仅是创建一个属性以包含我们想要显示的列表项。

现在在viewDidLoad中添加如下代码，为tasks属性填充数据。注意，我们省略了代码中的注释。

```
- (void)viewDidLoad
{
    [super viewDidLoad];

    self.tasks = [NSArray arrayWithObjects:
                @"Walk the dog",
                @"URGENT:Buy milk",
                @"Clean hidden lair",
                @"Invent miniature dolphins",
                @"Find new henchmen",
                @"Get revenge on do-gooder heroes",
                @"URGENT: Fold laundry",
                @"Hold entire world hostage",
                @"Manicure",
                nil];
}
```

当然，我们还需要在视图不再显示时清理该列表：

```
- (void)viewDidUnload
{
    [super viewDidUnload];
    // Release any retained subviews of the main view.
    // e.g. self.myOutlet = nil;

    self.tasks = nil;
}
```

现在，我们进入该控制器的核心部分，来实现那些向表视图提供内容的方法。首先从最简单的方法开始，该方法告诉表视图存在多少分块和行：

```
- (NSInteger)numberOfSectionsInTableView:(UITableView *)tableView
{
#warning Potentially incomplete method implementation.
    // Return the number of sections.
    return 0;
    return 1;
}

- (NSInteger)tableView:(UITableView *)tableView numberOfRowsInSection:(NSInteger)section
{
#warning Incomplete method implementation.
    // Return the number of rows in the section.
    return 0;
    return [tasks count];
}
```

接着，替换如下方法的内容，该方法用于向每个单元填充内容：

```
- (UITableViewCell *)tableView:(UITableView *)tableView
cellForRowAtIndexPath:(NSIndexPath *)indexPath
{
    static NSString *CellIdentifier = @"Cell";

    UITableViewCell *cell = [tableView dequeueReusableCellWithIdentifier:
                                CellIdentifier];
    if (cell == nil) {
        cell = [[UITableViewCell alloc] initWithStyle:UITableViewCellStyleDefault
                                reuseIdentifier:CellIdentifier];
    }

    NSString *identifier = nil;
    NSString *task = [self.tasks objectAtIndex:indexPath.row];
    NSRange urgentRange = [task rangeOfString:@"URGENT"];
    if (urgentRange.location == NSNotFound) {
        identifier = @"plainCell";
    } else {
        identifier = @"attentionCell";
    }
    UITableViewCell *cell = [tableView dequeueReusableCellWithIdentifier:identifier];

    // Configure the cell...

    UILabel *cellLabel = (UILabel *)[cell viewWithTag:1];
    cellLabel.text = task;

    return cell;
}
```

首先，我们从数组中获取一项任务，检查它是否包含字符串"URGENT"。这并非是一种查找紧急待办事项的高级算法，但在这里已经足够了。我们根据查找结果来确定想要加载的单元，并且设置相应的单元标识符。

回顾一下第8章，我们展示了如何使表视图根据nib文件给定的标识符来查找单元。在storyboard的表视图中放置动态单元原型也是类似的，不同之处在于，你不需要编写任何代码来告诉表视图这些单元原型。任何从storyboard加载的表视图都能够自动获取与之相关联的单元原型。这与注册nib类似，当你使用dequeueReusableCellWithIdentifier:方法请求单元时，表视图将会自动创建一个，所以不需要检查返回值是否为nil，从而简化了该方法。

点击Run按钮运行该应用（参见图10-6）。应用启动后会显示整个任务列表，并且标记为URGENT的事项显示为红色。注意，代码并不知道、也不关心每个单元显示的文本的颜色和字体，事实上，它几乎完全不知道它所使用的单元的任何细节！它只假定每个单元包含一个tag为1的UILabel。使用这种方式，GUI与控制器代码得以充分解耦，这意味着我们可以轻易改变表视图单元的外观，而不用担心会影响源代码。

图10-6　运行自定义单元的storyboard应用。注意两种不同单元类型的使用

10.2.4　它会加载吗

这里需要提一下，BIDTaskListController及其对应视图的创建方式与你已经熟悉的方式有所不同。迄今为止，每次想要显示一个视图控制器时，我们都会在代码的某一处显式创建它，告诉它从nib文件中加载其视图（除了表视图控制器，它们通常不在nib中创建，这就致使它们从头开始创建自己的视图）。

在一些最简单的应用程序中，我们创建一个视图控制器，并且在应用程序委托中加载它的nib文件。在另外一些例子中，我们在响应用户操作的时候创建它们，将它们压入导航栈中。然而在当前这个例子中，视图控制器是在应用启动时自动创建的，就如开始时生成模板的BIDViewController那样。这一过程是在应用程序启动时发生的，但是也可以用编程方式在应用程序运行期间从storyboard中获取任何视图控制器。我们将在本章稍后部分介绍。

10.3 静态单元

接着，我们来看看可以在storyboard中使用的一种新的表视图配置方式：静态单元（static cell）。你目前所见到的表视图单元（本章以及前几章中）都是在控制器的UITableViewDataSource提供的方法中动态创建和填充数据的。这种方式对于显示长度在运行时可变的列表相当出色，但有时我们很确切的知道想要显示的表项。如果事先已经完全知道了所含项的数量和单元的类型，那么实现dataSource就显得有些繁琐。

幸好，storyboard提供了一种替代动态单元的选择：静态单元！我们可以在表视图中定义单元集，它们将在应用程序运行时显示出来，而且与在Interface Builder中显示的完全相同。注意，这些单元所谓的"静态"是指每次运行应用时，单元自身都是恒定不变的。但是它们的内容可以在后台改变。事实上，你可以为它们关联输出口，从而在控制器中访问它们并且设置它们的内容。现在让我们开始吧！

在Xcode项目浏览器中选择Simple Storyboard文件夹，选择File → New → New File...。在文件创建向导的iOS的Cocoa Touch部分，选择UIViewController subclass，然后点击Next。将该新类命名为BIDStaticCellsController，在Subclass of弹出框中选择UITableViewController，确保那个用于创建匹配的XIB文件的复选框没有被选中，然后创建这个新文件。我们将在配置完GUI之后对这个控制器的实现代码做一些修改。

返回MainStoryboard.storyboard，从对象库中拖出另一个UITableViewController，将它放置在先前两个视图控制器旁。现在，将那个大箭头（指向初始视图控制器）拖至指向我们的新控制器。

现在我们已经有了3个视图控制器，但是只有一个是被显示出来的，如果你对此感到疑虑，不用担心！在构建真正的应用时，我们通常是不会让storyboard充满不需要的视图和控制器。但是现在，我们只是做一些探究性的编程。在本章稍后，将会展示如何在一个storyboard中使用多个视图控制器。

现在，回到静态单元上。

10.3.1 实现静态单元

选择刚才拖入的控制器的表视图，打开属性检查器。点击最上方名为Content的弹出框，将其值从Dynamic Prototypes改为Static Cells。这么做就改变了表视图的基本功能，尽管看上去几乎没有什么区别。现在，当从storyboard加载该表视图及其控制器时，你添加的表单元将会以指定的顺序创建。

为了使这个表看起来跟任务列表有所不同，使用Style弹出框选择Grouped。表视图最初只有一个分块，可以看到现在它有个典型分组表视图的圆形外框。点击以选中这个分块（不是其中某个单元，而是分块本身），对象检查器中将会显示一些能够设置的选项。将行数设为2，并且将header设为Silliest Colck Ever，因为这是该控制器将要实现的功能。

现在，选择第一个单元，使用属性检查器将Style设为Left Detail。这是你之前已经见过的内置表视图单元样式的一种。它在单元的左侧放置一个描述性的标签，而它旁边是一个更大的标签以容纳真正想要显示的内容。双击以选择左边标签的文本，将其改为The Date。为第二个单元重复以上步骤，将其文本改为The Time（参见图10-7）。

图10-7   在新的表视图中修改静态单元

接下来创建一对输出口，将控制器和详细标签关联起来，以便在应用运行时设置它们的值。首先，在dock中选择新的视图控制器，打开身份检查器，将它的Class改为BIDStaticCellsController。按下return键提交更改。你应该看到dock中该视图控制器的名字变成了Static Cells Controller。

在dock中点击Static Cells Controller的图标以选中它，打开辅助编辑器，确保其中显示了BIDStaticCellsController.h文件。

在表视图的第一个单元中选择右侧的标签（Date标签旁边），然后按下control键，从该标签拖向头文件，在@interface和@end之间任意位置处松开鼠标。在出现的弹出窗口中，将其Name设为dateLabel，其余选项都保留为默认值。然后为表视图的第二个单元重复上述过程，这次将其命名为timeLabel。通过这些简单的步骤，你就创建了新的输出口属性，同时也正确地关联了它们。

接着，我们来实现BIDStaticCellsController.m，令其显示日期和时间。

10.3.2   实现表视图数据源

首先需要删除BIDStaticCellsController.m中那些熟悉的dataSource方法，3个都要删除！否则，我们的表视图可能会疑惑它究竟应该显示什么内容。将这些方法全部删除，包括花括号里的内容（这里我们没有显示）。

```
- (NSInteger)numberOfSectionsInTableView:(UITableView *)tableView
{
    ...
}

- (NSInteger)tableView:(UITableView *)tableView numberOfRowsInSection:(NSInteger)section
```

```
{
    ...
}

- (UITableViewCell *)tableView:(UITableView *)tableView
cellForRowAtIndexPath:(NSIndexPath *)indexPath
{
    ...
}
```

删除这些方法后，要让这个傻瓜时钟显示日期和时间非常简单，只需要在viewDidLoad方法底部添加以下几行代码：

```
- (void)viewDidLoad
{
    [super viewDidLoad];

    // Some comments you can safely ignore right now!

    NSDate *now = [NSDate date];
    dateLabel.text = [NSDateFormatter localizedStringFromDate:now
                                        dateStyle:NSDateFormatterLongStyle
                                        timeStyle:NSDateFormatterNoStyle];
    timeLabel.text = [NSDateFormatter localizedStringFromDate:now
                                        dateStyle:NSDateFormatterNoStyle
                                        timeStyle:NSDateFormatterLongStyle];
}
```

这里，我们获取了当前日期，然后使用方便的NSDateFormatter类方法分离出日期和时间，并分别将其传递给恰当的标签。这就是我们所要做的全部工作！点击Run按钮，这个美妙的新时钟就运行起来了（参见图10-8）。

图10-8　我们的傻瓜时钟

10

如你所见，对于这里我们想要实现的内容，使用一个具有静态单元的表视图比采用基于数据源的方式简单多了，因为我们的设计是要使用一个固定的单元集。要想显示更为开放的数据集，就需要使用dataSource方法，但对于创建一些特定类型的显示项（例如菜单、详细说明），静态单元提供了一种更为便捷的方式。

10.4   大话 segue

现在，是时候来看看苹果公司为iOS 5提供的另一项新功能了：**segue**。使用segue，开发者可以在Interface Builder中定义如何从一个场景过渡到另一个场景。这只能在storyboard中使用，nib并不支持。

这里的思想是，开发者可以使用一个单独的storyboard来显示应用的多个GUI，所有的场景以及将它们关联起来的segue都在图形化布局视图中显示。这带来了一些很棒的副作用，其中之一就是你可以在一个地方查看、编辑应用的整体流程，从而更易于把握应用程序的整体结构。另外，它还简化了视图控制器的一些代码，很快你就能看到这一点了。

说明   我们注意到，关于单词segue及其发音存在一些疑惑。这是个英语单词（源自意大利语），与"过渡"（transition）同义。它多用于新闻业和音乐行业，相对来说不太常用。它的发音为"seg-way"，如Segway运输设备（它的名字现在应该清楚了，基本上就是对segue的重新拼写）。

---

segue在基于导航的应用（通过前几章的学习你应该已经很熟悉这类应用了）中最有用。这里，我们不打算构建一个像第9章中所创建的那样大的应用，但是我们将展示如何结合使用segue和静态表。

10.4.1   创建segue导航

使用Xcode创建一个新的iOS应用项目，选择Empty Application模板，将该项目命名为Seg Nav。这将创建一个你在前几章中已经见过的空应用，其中包括在应用程序委托中用于创建窗口的非storyboard代码。由于我们想要跟上一个项目一样，创建一个自动加载的storyboard，所以选择BIDAppDelegate.m，找到application:didFinishLaunchingWithOptions:方法，删除该方法中最后一行以外的所有代码。

```
- (BOOL)application:(UIApplication *)application
didFinishLaunchingWithOptions:(NSDictionary *)launchOptions
{
    self.window = [[UIWindow alloc] initWithFrame:[[UIScreen mainScreen] bounds]];
    // Override point for customization after application launch.
    self.window.backgroundColor = [UIColor whiteColor];
    [self.window makeKeyAndVisible];
    return YES;
}
```

在项目导航中选择Seg Nav文件夹，选择File → New → New File...创建一个新文件。从User Interface部分中选择Storyboard，然后点击Next。将新文件命名为MainStoryboard.storyboard。

文件创建完成后，为了要在应用程序启动时加载这个storyboard，我们需要对这个项目进行配置。在项目导航顶部选择代表Seg Nav项目的图标，在该目标的Summary标签中，可以找到用于设置Main Storyboard的弹出按钮。点击该按钮，从弹出框中选择MainStoryboard（这是列表中唯一的一项）。

10.4.2 设计storyboard

在项目导航中选择MainStoryboard.storyboard，这时将会出现你已熟悉的布局区域，但是现在它是完全空白的。在对象库中找到Navigation Controller，将它拖至布局区域中以创建应用程序的初始场景。

你可能还记得，UINavigationController类本身并不显示任何内容，它仅仅显示导航栏。所以当你将UINavigationController放入storyboard中时，Interface Builder同时还为你创建了一个UIViewController及其对应的视图。可以看到这两个控制器并排放置，而一个特殊的箭头从导航控制器指向视图控制器。这个箭头代表导航控制器的rootViewController属性，它关联至视图控制器以便开发者加载一些内容。

现在可以开始设计视图的内容了，在这个例子中，让我们创建一个功能类似于第9章中构建的Nav应用、且基于storyboard的应用，这会对我们有一些启发。插入一个表视图控制器作为起始界面，选择右侧的视图控制器（箭头指向的那个，与箭头指出的导航控制器相对），按下delete键将它删除。然后从对象库中拖出一个Table View Controller放入布局区域，将其置于导航控制器右侧，就如原先那个视图那样。

现在，导航控制器不知道应在哪里找到它的rootViewController，所以我们需要重新建立它与新视图控制器之间的关联。按下control键，从导航控制器拖向表视图控制器，你将看到一个类似于之前关联输出口和操作那样的弹出框（参见图10-9）。然而这一次，显示的并非输出口或者操作，而是一组名为Storyboard Segues的关联项。其中包含一个名为Relationship-rootViewController的项，之后是Push、Modal和Custom三项。最后三项用于在场景之间创建segue，我们很快就会介绍它们。现在，选择rootViewController来建立它们之间的关系。

现在我们要让表视图显示一个菜单。我们想使它与第9章的Nav应用中的根表视图相同。然而使用静态表单元将会更容易。

使用dock选择表视图（不是表视图控制器），然后使用属性检查器将其Content改为Static Cells。可以看到表视图立刻获得了3个单元，我们只要用两个，所以选择一个将它删除。

依次选择剩下的这两个表视图单元，使用检查器将它们的Style改为Basic，然后将它们的标题分别改为Single view和Sub-menu（参见图10-10）。

现在，我们来提供一些标题，以使表视图与导航控制器良好协作。选择表视图顶部所显示的导航项（看上去像一个空的工具栏），使用属性检查器将其Title设为Segue Navigator，而Back Button

设为Seg Nav。注意，Back Button所设置的值不会在这个视图显示时出现，它所定义的值将会显示在子视图控制器的返回按钮上，该按钮用于返回根视图。

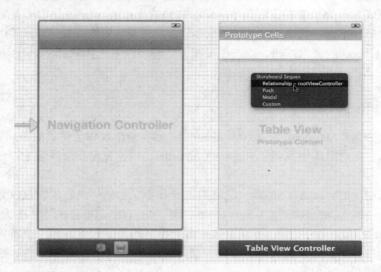

图10-9 这张图显示了按下control键，从导航控制器拖向新的表视图控制器后所出现的弹出框。我们选择将表视图控制器作为根视图控制器的那个选项

图10-10 两个更改了标题的静态单元

运行该应用，感受一下目前为止所做的更改有些什么效果。你应该可以看到刚刚创建的根表视图，其中包含了两个指定标题的单元。

　　这就是所有需要为根视图做的工作，而且所有这些工作都在Interface Builder中完成，我们不需要为此编写任何代码! 回忆一下第9章的Nav应用，我们编写了一个自定义的`UITableViewController`子类，其中包含了调用和初始化其他视图控制器的代码。每次添加一个新的二级控制器，我们都需要导入其头文件，并且添加代码创建它的实例。多亏了storyboard，我们不需要再这么做了。

　　当我们向storyboard添加二级控制器时，我们将在Interface Builder中使用segue将一个根表视图单元与它关联起来。我们的根控制器类不需要知道任何其他控制器的情况，因为它不直接参与创建或者显示那些控制器。这就是为什么在这里我们可以使用普通的`UITableViewController`，而不用创建一个我们自己的子类。

10.4.3　第一个segue

　　是时候创建我们的第一个segue了。首先从对象库中拖出一个View Controller放入布局区域，将它置于其他视图的右侧。我们不打算在这里显示任何特别的内容，因为我们只是想切入segue。话虽如此，你还是需要通过某种方式直观地确认是否显示了正确的视图，所以现在从对象库中拖出一个UILabel放入新视图中，将其文本改为Single View，并且将它放置在视图的正中央。

　　现在来创建segue。按下control键，鼠标点中中间那个表视图控制器的Single view单元并拖向刚才添加的新视图，你将再次看到Storyboard Segues弹出窗口，这次没有之前看到过的`rootViewController`关联关系了。里面只包含了Interface Builder所支持的3种segue：Push、Modal和Custom。选择Push，因为这里我们想要实现的是标准的导航控制器模式：将控制器压栈。完成之后，你将看到一个新的连接箭头出现了，它从根视图控制器指向新的控制器。同时，你还能看到在根视图控制器的Single view行的右边出现了一个展开箭头，用以告知用户点击该单元可以进入下一级视图。

　　再次运行该应用，可以看到顶部的单元现在包含了之前看到的展开箭头，点击该行则将进入刚才所创建的那个新视图。在这里你将看到之前添加的标签、屏幕顶部的标题，以及标为Seg Nav的返回按钮（这是在一两页之前配置的）。按下返回按钮，确保返回了根视图。

　　现在我们有了好几个视图导航，却没有编写任何代码。摒弃这些乏味的代码是使用segue的最大的优势之一。当然，你不可能完全不编写任何代码。现在要在一个普通的动态表视图中显示列表项，并且要在选择了某一项之后进入显示了更加详细的内容的视图，让我们来看看应该如何创建GUI以完成这些工作。注意，这里需要一些代码以使列表控制器将所选项传递给细节控制器。相较于之前所用的方式，使用segue来处理这种类型的问题更为简单，你很快就能看到这一点。

10.4.4　更为实用的任务列表

　　我们将构建一个比之前Simple Storyboard示例中的任务列表稍有改进的版本。在这个版本中，你将看到一个任务列表，而且你可以点击其中的某项，对其进行编辑。幸好，我们可以基于之前创建的项目来构建这个应用，这样可以简化我们的工作。

10

打开本章前面创建的Simple Storyboard项目，并且将那个项目中的BIDTaskListController.h和BIDTaskListController.m文件拖至Seg Nav项目的Seg Nav文件夹中。在弹出的提示框中，确保选择了用于将这些文件复制到此项目中的复选框。这样就会将这些文件从硬盘上的Simple Storyboard项目文件夹复制到硬盘上的Seq Nav文件夹中，并且将这两个文件添加到Seq Nav项目中。

接着，在项目导航中选择Seg Nav文件夹，选择File → New → New File...创建一个新文件。在左侧选择Cocoa Touch部分，然后选择UIViewController subclass，点击Next。将该类命名为BIDTaskDetailController，选择UIViewController作为其父类。不要让Xcode创建对应的nib文件。创建完该类后，暂时不要编辑它。我们将在完成GUI的设计后再回到该类。

现在转向MainStoryboard.storyboard。现在是时候在storyboard中创建下一个场景了，它将用于显示任务列表。从对象库中拖出一个UITableViewController放入布局区域，置于其他控制器的右侧。使用身份检查器将这个新控制器的class改为BIDTaskListController。

在dock中，选择与新控制器关联的表视图，现在，打开属性检查器看一下Content弹出菜单。由于我们添加的这个表视图用于显示动态列表，所以我们将它的设置保留为Dynamic Prototypes，而不是将它设为Static Cells。

我们将使用与10.2节中所描述的两个原型单元相同的原型单元，你可以回到那一节查看它们的配置，或者打开Simple Storyboard将它们复制到这个新表中。这里我们稍作回顾，配置要点是确保每个单元有一个标签，每个标签设有一个值为1的tag，它们的标识符分别设为plainCell和attentionCell。

如果你不想重新创建这两个单元，而是想直接从Simple Storyboard项目将它们复制过来，可以切换到Simple Storyboard项目，在Task List Controller Scene中找到这两个表视图单元（它们应该标为plainCell和attentionCell）。关闭展开三角，选择这两个单元（这样你也选中了其中的标签）。复制它们，然后切换到Seg Nav项目，选择新的表视图，然后粘贴。现在这些单元以及标签应该出现在这个新的控制器中了。删除原先的那个单元，留下两个原型单元（而不是三个）。

10.4.5　查看任务详情

现在，我们准备添加另一个场景，用于管理当用户选择了任务列表的某一行后，将要显示的详细信息。从对象库中拖出一个View Controller（不是Table View Controller），将其拖至布局区域，放置在前一个场景的右侧。使用身份检查器将其class改为BIDTaskDetailController。

这个场景用于编辑所选任务的详细信息，在我们这个简单的例子中，仅仅意味着编辑一个字符串。要实现这个功能，我们需要使用一个UITextView（iOS中功能全面的多行文本编辑器）。从对象库中拖出一个UITextView放入新场景中，此时它将填满整个空间。由于我们想要让用户编辑其文本，所以我们不希望它占满整个屏幕。我们需要一个小一些的文本视图，不致让屏幕上的键盘挡住它。使用底边缘中间的调节手柄，将其向上拖动直至文本视图的高度为200像素。当你开始拖动时，视图顶部将会出现一个坐标显示框，这样调节起来可以更容易一些。

接着，我们需要向控制器添加一个输出口，以便找到这个文本视图，从而可以对它所包含的字符串进行设置和检索。我们可以使用Interface Builder的特性一次性完成输出口的创建、关联工作。我们开始吧。首先打开辅助编辑器，在布局编辑器中选择BIDTaskDetailController，或者选择视图中的任何部分，这样辅助编辑器将会显示该控制器的头文件：BIDTaskDetailController.h。如果没有显示，那么可能是辅助编辑器没有处于自动模式。可以使用辅助编辑器上方的跳转栏来解决这个问题，点击箭头右边的图标，然后选择Automatic。

现在选择文本视图，按下control，从它拖向代码中@interface和@end之间的任意位置。在出现的弹出窗口中，在Connection类型中选择Outlet，并将其命名为textView。另外确保Storage设为Weak，然后点击Connect。这样就在BIDTaskDetailController.h中创建了一个新的输出口，并且同时在BIDTaskDetailController.m中生成了获取和设置方法。

10.4.6 设置更多segue

我们已经为新场景创建了基本的GUI，是时候使用segue来连接它们了。首先回到根表视图中（包含Simple View和Sub-menu单元的表视图）。选择Sub-menu单元，然后按下control，将其拖向任务列表控制器，在dock中完成这项工作是最简单的。注意，这么做需要跳过Simgle View场景。在出现的弹出框中选择Push，这样当Sub-menu被按下时，segue就会将该任务列表场景压入栈。

现在，在任务列表控制器场景中选择第一个原型单元（在dock中，它叫做Table View Cell-plainCell，你可能需要打开展开三角才能看到它），然后按下control键，从该单元拖向Task Detail Controller，同样选择Push。为第二个原型单元（在dock中为Table View Cell-attentionCell）重复以上步骤，现在这两个单元都与Task Detail Controller关联了起来。这样就有两个箭头从任务列表指向任务详细信息。每一个箭头代表一个segue，而且分别来自于一个特定的原型单元。当你之后运行这个应用时，所有为任务列表创建的单元都会从这两个原型中的一个复制而来，因此，每个单元都会有一个segue，用以让它们创建、激活任务细节控制器。

到此为止，GUI的创建就完成了。剩下来要做的是实现一些方法，将所选任务从列表视图传递给详细视图，然后在用户查看、编辑完该任务后返回前一个视图。

10.4.7 从列表中传递任务

选择BIDTaskListController.m，在@end之前添加如下方法：

```
- (void)prepareForSegue:(UIStoryboardSegue *)segue sender:(id)sender {
    UIViewController *destination = segue.destinationViewController;
    if ([destination respondsToSelector:@selector(setDelegate:)]) {
        [destination setValue:self forKey:@"delegate"];
    }
    if ([destination respondsToSelector:@selector(setSelection:)]) {
        // prepare selection info
        NSIndexPath *indexPath = [self.tableView indexPathForCell:sender];
        id object = [self.tasks objectAtIndex:indexPath.row];
        NSDictionary *selection = [NSDictionary dictionaryWithObjectsAndKeys:
                                    indexPath, @"indexPath",
                                    object, @"object",
```

10

```
                                          nil];
        [destination setValue:selection forKey:@"selection"];
    }
}
```

当一个segue被激活时，将会使当前的控制器视图被另一个控制器视图替代，此时就将调用这个新的prepareForSegue:sender:方法。在我们这个例子中，这就意味着，当用户选择了表视图中的任何一个单元时，该单元将会激活与之关联的segue，从而就会在控制器中调用该方法。通过这个方法，我们能够准备一些数据传递给下一个控制器。在过去，我们通过表视图委托方法（将在选择某一行时调用）来完成这项工作，但这种新的方式更为灵活。例如，我们可以将表视图单元替换为按钮，只要这些按钮使用segue来启动其他视图控制器，这个方法就会以同样的方式被调用。

这里有一些新内容，所以我们来一起看一下prepareForSegue:sender:方法。通过给定的segue参数，我们可以获得destinationViewController（即将显示的视图控制器）以及sourceViewController（即将从屏幕上移去的视图控制器）。本例中使用destinationViewController属性配置详细视图控制器，所以我们将它存入局部变量中以便于使用：

```
    UIViewController *destination = segue.destinationViewController;
```

接着，我们配置destination的delegate属性，如果destination拥有该属性，则将其设为指向当前控制器，这样，当从destination返回时，就能将数据传回。目前，我们的详细视图控制器还没有delegate属性，但是很快就会有了。

```
    if ([destination respondsToSelector:@selector(setDelegate:)]) {
        [destination setValue:self forKey:@"delegate"];
    }
```

键-值编码

这里我们没有调用setDelegate:方法，而是使用了"键-值编码"（Key-Value Coding，KVC），通过这种方式间接使用对象的获取方法和设置方法（使用字符串而非方法名）。KVC是Cocoa Touch框架的一项核心功能，它的主要方法：setValue:forKey:和valueForKey:都在NSObject中创建，所以可用于其他任何类。本书不会详细讨论这个主题，但这里简单介绍一下。

为什么我们这里要用KVC，而不是直接设置delegate？使用KVC的一个优点是，我们可以不用知道其他类接口的细节，这样可以降低代码的耦合度。如果我们想直接调用该方法，需要声明一个包含setDelegate:方法的接口，然后将destination变量转换成实现了该方法的类型。而使用KVC，我们的代码不需要知道任何关于setDelegate:方法的内容（除了接收者将响应该方法），所以我们就不需要声明接口。

BIDTaskListController没有导入BIDTaskDetailController的头文件，而且事实上，它甚至不知道BIDTaskDetailController的存在，这非常好！一般来说，类之间的耦合度越低越好。使用得当的话，KVC可以帮助你达到这一目标。

接着，我们将所选任务和所选行的索引存放在一个字典中，并将其传递给详细视图控制器。在这里保存行索引是为了从详细视图返回时，它的控制器能够将这个索引值回传给我们，这样我们就能知道要修改哪个任务。否则，我们只能取回一个字符串，而不知道它在列表中的位置。

```
if ([destination respondsToSelector:@selector(setSelection:)]) {
    // prepare selection info
    NSIndexPath *indexPath = [self.tableView indexPathForCell:sender];
    id object = [self.tasks objectAtIndex:indexPath.row];
    NSDictionary *selection = [NSDictionary dictionaryWithObjectsAndKeys:
                                    indexPath, @"indexPath",
                                    object, @"object",
                                    nil];
    [destination setValue:selection forKey:@"selection"];
}
```

和设置 destination 的 delegate 一样，我们也是用 KVC 来设置它的 selection。目前详细视图控制器也还没有 selection 属性，但是我们马上就来解决这个问题。

10.4.8 处理任务细节

选择BIDTaskDetailViewController.h。可以看到textView属性已经在之前创建输出口时添加到了这个头文件中。现在添加另外两个属性，如下所示：

```
#import <UIKit/UIKit.h>

@interface BIDTaskDetailController : UIViewController
@property (weak, nonatomic) IBOutlet UITextView *textView;
@property (copy, nonatomic) NSDictionary *selection;
@property (weak, nonatomic) id delegate;

@end
```

注意，selection 属性指定为 copy（它常用于处理基于值的类，如 NSString、NSDictionary），而 delegate 指定为 weak。我们需要为 delegate 属性使用 weak 存储，以免意外保存我们的委托，因为它可能已经保存了。在本例中，我们知道委托并没有保存该对象。但是 Cocoa Touch 中使用的标准模式需要确保委托不被保存，所以在这里我们没理由不这么做。

转向BIDTaskDetailViewController.m，在该文件顶部附近添加以下代码，为新属性合成获取方法和设置方法：

```
@implementation BIDTaskDetailController
@synthesize textView;
@synthesize selection;
@synthesize delegate;
.
.
.
```

向下滚动一些，可以看到viewDidLoad方法被默认注释掉了。删除这些注释标记，插入以下代码：

```
- (void)viewDidLoad
{
    [super viewDidLoad];
    textView.text = [selection objectForKey:@"object"];
    [textView becomeFirstResponder];
}
```

在这段代码被调用时，segue已经准备好了，而且列表视图控制器也已经设置了selection属性。我们取出它所包含的值，将它传递给文本视图。然后使文本视图成为First Responder，这样键盘就立即出现在了屏幕上。

运行该应用，导航至任务列表，然后选择一个任务。应该可以看到它的值显示在了一个可编辑的文本字段中。到目前为止，一切顺利。

10.4.9   回传详细信息

剩下的工作是要让用户返回任务列表。不幸的是，当用户按下返回按钮时，详细视图不会调用prepareForSegue:sender方法。这个方法只有在segue将一个新的控制器压入栈时才会被调用，出栈时并不会调用。我们将使用标准的UIViewController方法来实现类似于BIDTaskListController中实现的功能。在viewDidLoad后面添加如下方法：

```
- (void)viewWillDisappear:(BOOL)animated {
    [super viewWillDisappear:animated];

    if ([delegate respondsToSelector:@selector(setEditedSelection:)]) {
        // finish editing
        [textView endEditing:YES];
        // prepare selection info
        NSIndexPath *indexPath = [selection objectForKey:@"indexPath"];
        id object = textView.text;
        NSDictionary *editedSelection = [NSDictionary dictionaryWithObjectsAndKeys:
                                          indexPath, @"indexPath",
                                          object, @"object",
                                          nil];
        [delegate setValue:editedSelection forKey:@"editedSelection"];
    }
}
```

这里，我们再次使用 KVC 设置了委托的 editedSelection 属性（如果有该属性）。和之前一样，运用这种方式我们就不需要了解任何其他控制器类的细节了。这里唯一一处新内容是[textView endEditing:YES]的调用，它强制文本视图完成用户所做的编辑以使（我们在之后获取的）文本值始终为最新。

10.4.10 让列表获取详细信息

最后，我们需要回到列表视图控制器，确保它可以获取editedSelection，并且对其作出响应。回到BIDTaskListController.m，并对其作如下修改：

```
@interface BIDTaskListController ()
@property (strong, nonatomic) NSArray *tasks;
@property (strong, nonatomic) NSMutableArray *tasks;
@property (copy, nonatomic) NSDictionary *editedSelection;
@end
.
.
.
```

第一处修改将tasks属性改成了可变数组，这样当用户编辑任务时，我们就能修改它了。editedSelection属性包含了从细节控制器回传的编辑过的值，这在之前已经介绍过了。

然后，为editedSelection合成获取方法和设置方法：

```
.
.
.
@implementation BIDTaskListController

@synthesize tasks;
@synthesize editedSelection;
```

接着对viewDidLoad方法做一些小改动，将之前的NSArray改为NSMutableArray：

```
- (void)viewDidLoad
{
    [super viewDidLoad];

    .
    .
    .
    self.tasks = [NSArray arrayWithObjects:
    self.tasks = [NSMutableArray arrayWithObjects:
    .
    .
    .
```

最后，我们要为editedSelection属性实现一个自定义的设置方法。这将覆盖之前由@synthesize声明所创建的隐式设置方法。你可以在文件末尾@end之前添加该方法：

```
- (void)setEditedSelection:(NSDictionary *)dict {
    if (![dict isEqual:editedSelection]) {
        editedSelection = dict;
        NSIndexPath *indexPath = [dict objectForKey:@"indexPath"];
        id newValue = [dict objectForKey:@"object"];
        [tasks replaceObjectAtIndex:indexPath.row withObject:newValue];
        [self.tableView reloadRowsAtIndexPaths:[NSArray arrayWithObject:indexPath]
                        withRowAnimation:UITableViewRowAnimationAutomatic];
    }
}
```

10

这个方法从传回的数据中取出行索引和字符串值（代表所编辑的项）。然后将该新值放入任务数组的正确位置，再重载相应的表单元以显示正确的值。

再次运行该应用，导航至任务列表，选择一个任务编辑它。当你按下返回按钮时，可以看到编辑后的值替代了列表中的旧值。另外，由于编辑过的单元实际上是被重新加载了，所以它的类型可以根据编辑过的值，在plainCell和attentionCell之间转换。试着为没有URGENT单词的任务添加该单词，或者从已有该单词的任务中删除它，然后看看所发生的变化。

10.4.11   小结

既然你已经了解了storyboard，你决定使用它了吗？我们认为storyboard适用于所有基于导航的应用，而且我们将会在本书中多次使用它。正如本章之前所提到的，在编写本书时，storyboard仅限于iOS 5及以上版本，这就意味着它的使用仅限于升级过系统，或是购买了新设备的人群。随着越来越多的人升级到iOS 5，这种情况将会得到改善。

让我们继续，当你在第11章中学习了特定于iPad的视图控制器时，就该考虑更多的导航问题了。

iPad开发注意事项

从技术角度讲，编写iPad程序与编写用于任何其他iOS设备的程序非常相似。除了屏幕大小，3G iPad与iPhone或Wi-Fi iPad与iPod touch之间几乎没什么区别。尽管iPhone和iPad在本质上很相似，但从用户角度看这些设备之间具有很大的不同。幸好苹果公司一开始就充分认识到了这一点，为iPad配备了额外的UIKit组件，以帮助创建能更好地利用iPad的屏幕大小和使用模式的应用程序。本章将介绍如何使用这些组件。让我们开始吧！

11.1 分割视图和浮动窗口

第9章花了较长篇幅介绍基于表视图中的选择实现应用程序导航，其中每个选择都会导致顶级视图（填满整个屏幕的视图）滑到左边并调出层次结构中的下一个视图，也可能是另一个表视图。许多iPhone和iPod touch应用程序都以这种方式工作，包括苹果公司自己的应用程序和第三方应用程序。

一个典型的例子是Mail，它支持在服务器和文件夹中下钻，直到最终找到邮件。从技术上讲，此方法也适用于iPad，但它会导致用户交互问题。

在iPhone或iPod touch这样大小的屏幕上，让一个屏幕大小的视图滑走以显示另一个屏幕大小的视图，这没有什么问题。然而在iPad这样大小的屏幕上，同样的交互让人感觉不太对劲，有点夸张，甚至有点让人窒息。此外，在这样大的显示屏上仅显示一个表视图在许多情况下有点浪费。所以，你会看到内置的iPad应用程序没有按此方式工作。相反，任何向下导航功能（比如Mail中所使用的），都归入了一个较窄的列中，当用户向下导航或者返回时，它的内容会向左或向右滑动。当iPad处于横向模式时，导航栏位于左侧固定位置，而所选项的内容则在右侧显示。这在iPad中称为**分割视图**（split view），如图11-1所示。

分割视图的左侧始终为320点宽（与纵向模式下的iPhone的宽度相同），分割视图本身并列显示导航栏和内容，并且仅在横向模式下显示。如果将iPad切换为纵向，分割视图仍然有效，但它的显示方式将不同。导航视图不再固定在一个位置，可以点击一个工具栏按钮来激活它，这会导致导航视图弹出一个视图，该视图漂浮在屏幕上所有其他内容的前方（参见图11-2）。这就是所谓的**浮动窗口**（popover）。

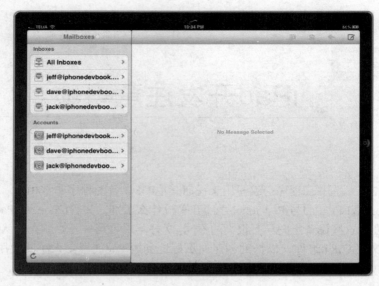

图11-1 此iPad处于横向模式，显示了一个分割视图。导航栏位于左侧。点击导航栏中的
一项（在本例中为特定的邮件账户），该项的内容会在右侧区域中显示

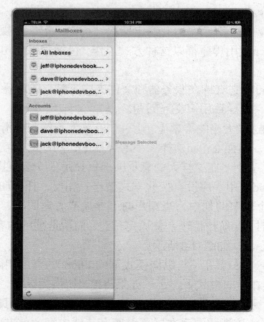

图11-2 此iPad处于纵向模式，没有显示相同的分割视图。横向模式下分割视图左侧的
信息嵌入到了一个浮动窗口中

在本章的示例项目中，将会介绍如何创建一个同时使用分割视图和浮动窗口的iPad应用程序。

11.1.1 创建 SplitView 项目

开始的步骤非常简单，利用Xcode预定义的一个模板创建一个分割视图项目。我们将构建一个应用程序，它以与第9章介绍的总统应用程序稍微不同的方式进行显示，列出所有美国总统并显示你所选择的总统的Wikipedia条目。

转到Xcode并选择File→New→New Project...。在iOS Application组中，选择Master-Detail Application，然后点击Next。在下一个页面中，将新项目命名为Presidents，Class Prefix设为BID，而Device Family设为iPad。确保选中了Use Storyboard和Use Automatic Reference Counting复选框，但是不要选择Use Core Data和Include Unit Tests复选框。点击Next，为该项目选择存储位置，最后点击Create。Xcode将会完成一些常规工作，为你创建一些类以及storyboard文件，然后显示该项目。如果还没有打开Presidents文件夹，那么展开它，查看一下其中的内容。

项目最初包含一个应用程序委托（和平常一样）、类BIDMasterViewController和BIDDetailViewController。这两个视图控制器分别表示将在分割视图左侧和右侧显示的视图。BIDMasterViewController定义导航结构的顶级视图，BIDDetailViewController定义在选择某个导航元素时在较大的区域中显示的内容。当应用程序启动时，这两部分都包含在分割视图内，你可能还记得，在旋转设备时它们会稍微调整一下形状。

要查看这个应用程序模板提供了哪些功能，可以在模拟器中构建并运行它。在横向模式（参见图11-3）和纵向模式（参见图11-4）之间切换，就会看到分割视图的实际应用。在横向模式下，分割视图在左侧显示导航视图，在右侧显示详细信息视图。在纵向模式下，详细信息视图占据了屏幕的大部分空间，导航元素被限制在浮动窗口中，点击视图左上角的按钮就会调出该窗口。

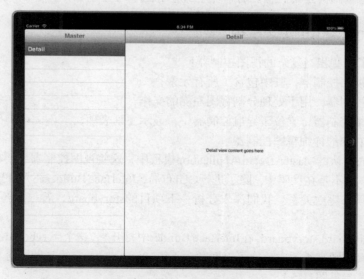

图11-3 此屏幕截图显示了横向模式下默认的Master-Detail Application模板。
请注意此图与图11-1之间的相似性

11

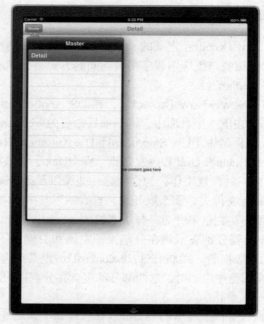

图11-4　此屏幕截图显示了纵向模式下默认的Master-Detail Application模板。
请注意此图与图11-2之间的相似性

我们将以此为基础构建我们想要的总统显示应用程序，但首先来了解一下已经存在的内容。

11.1.2　在storyboard中定义结构

现在，你有了一些相当复杂的视图控制器：

- □ 一个分割视图控制器，其中包含了所有元素；
- □ 一个导航控制器，用于处理分割视图左侧的操作；
- □ 一个主视图控制器，它位于导航控制器中，显示主列表项；
- □ 一个位于右侧的详细视图控制器。

在我们使用的默认的Master-Detail Application模板中，这些视图控制器主要在主storyboard文件中设置和互连，而不是在代码中。除了进行GUI布局，Interface Builder还允许连接不同的组件，无需编写大量代码来建立关系。我们深入分析一下项目的storyboard，看一下各项内容是如何设置的。

选择MainStoryboard.storyboard，在Interface Builder中打开它，这个storyboard包含了大量内容，你应该切换到列表视图来查看它（你可以回顾一下第10章storyboard的基础概念），这样可以更清楚地了解其结构（参见图11-5）。

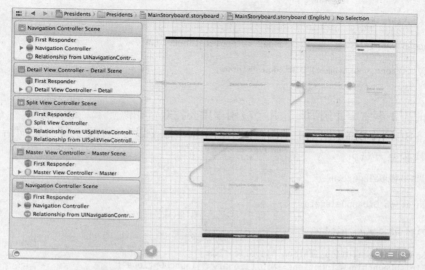

图11-5 在Interface Builder中打开的MainStoryboard.storyboard，最好在列表模式下
查看这些复杂的对象层次

打开连接检查器，花些时间点击每个视图控制器，以便更清晰地了解它们之间的关联关系。

分割视图控制器和两个导航控制器对象一开始都与一个或多个其他的控制器相关联，正如连接检查器中的Storyboard Segues部分所示的那样。在第10章中，你已经熟悉了这些关联类型，包括每个UINavigationController都有的rootViewController关系。这里你可以发现，UISplitViewController实际上与两个其他的控制器相关联：masterViewController和detailViewController。UISplitView-Controller用它们来显示左边栏或者弹出窗口中的内容（masterViewController），以及右边更大的显示区域中的内容（detailViewController）。

目前，MainStoryboard.storyboard中的内容实际上定义了应用中各个控制器之间的关联，正如很多使用storyboard的例子所体现出来的，使用storyboard可以减少大量的代码，这通常都是一件好事。如果你喜欢在代码中看到这样的配置，你可以这么做，但是在这个例子中，我们将坚持使用Xcode所提供的内容。

11.1.3 代码定义功能

在storyboard中完成视图控制器互连的一个主要原因在于，它使源代码免于受不必要的配置信息的影响，因此剩下的只是定义实际功能的代码。

首先看一下我们有哪些源代码。Xcode在创建项目时定义了多个类，我们将大概浏览一下它们，然后再进行更改。

1. 应用委托

首先是BIDAppDelegate.h，它类似于：

11

```
#import <UIKit/UIKit.h>

@interface BIDAppDelegate : UIResponder <UIApplicationDelegate>

@property (strong, nonatomic) UIWindow *window;

@end
```

它与目前为止本书中介绍的其他几个应用程序委托非常相似。

再看一下BIDAppDelegate.m中的实现，它看起来类似于以下形式（为了保持简洁，我们删除了大部分注释和空方法）：

```
#import "BIDAppDelegate.h"

@implementation BIDAppDelegate

@synthesize window = _window;

- (BOOL)application:(UIApplication *)application
    didFinishLaunchingWithOptions:(NSDictionary *)launchOptions {
    // Override point for customization after application launch.
    UISplitViewController *splitViewController =
        (UISplitViewController *)self.window.rootViewController;
    UINavigationController *navigationController =
        [splitViewController.viewControllers lastObject];
    splitViewController.delegate = (id)navigationController.topViewController;
    return YES;
}

@end
```

这段代码实际上就做了一件事：设置UISplitViewController的delegate属性，使其指向主要显示部分（图11-5中名为Detail的视图）的控制器。本章稍后深入讨论分割视图时，我们将会探讨UISplitViewController委托关联的逻辑。但是为什么这里要在代码中创建连接，而不是直接在storyboard中创建？毕竟能够去除乏味的代码（例如“将这个物体关联至那个物体”）是nib和storyboard的主要优势之一。而且你也已经多次看到在nib文件中进行这类关联了，那么为什么这里我们不能这么做呢？

要理解为什么这里不能使用storyboard来建立连接，你需要了解storyboard和nib文件的差别。nib文件实际上是静态对象图（frozen object graph）。当你向运行中的应用加载nib时，它所包含的对象全都会加载并且一直存在，包括nib文件中指定的所有连接。而storyboard则不完全是这样。

将storyboard中的每个场景都想象成一个相应的nib文件。当你添加了元数据以描述场景是如何通过segue来互相关联的之后，你就结束了一个storyboard。不像单个nib文件，一个复杂的stotyboard通常不会一次加载所有内容。相反，任何导致新场景获得焦点的行为都会停止从storyboard加载特定场景的静态对象图。这就意味着你在使用storyboard时看到的对象并不一定都是同时存在的。

由于Interface Builder不知道哪些场景将会共存，所以它其实禁止你从一个场景中的对象向另一个场景中的对象关联任何输出口或者目标/操作。事实上能在不同场景之间进行关联的只有segue。

不要只是相信我说的，自己动手实践一下吧！首先，在storyboard中选择Split View Controller（也可以在dock中的Split View Controller Scene中找到它）。打开连接检查器，试着从delegate输出口拖向另一个视图控制器或者对象。可以将它拖到布局视图和列表视图上面，但是你无法找到任何被高亮显示的项（这代表该项能够接受一项关联）。事实上，唯一一个能够接受关联的项是与Split View Controller包含在同一个场景中的First Responder（而在本例中这并不是我们所需要的）。

所以，我们需要在代码中将delegate输出口从UISplitViewController关联至目的控制器。回到BIDAppDelegate.m，接下来是：

```
UISplitViewController *splitViewController =
    (UISplitViewController *)self.window.rootViewController;
```

这行代码用于获取窗口的rootViewController，它就是在storyboard中通过自由浮动箭头所指向的UISplitViewController实例。下一行：

```
UINavigationController *navigationController =
    [splitViewController.viewControllers lastObject];
```

在这一行中，我们获取了UISplitViewController的viewControllers数组，我们恰好知道它总是包含2个视图控制器：一个用于左边栏，一个用于右边栏（稍后将详细介绍）。我们获取右边那个包含详细视图的控制器。最后：

```
splitViewController.delegate = (id)navigationController.topViewController;
```

这最后一行仅仅将详细视图控制器赋值给delegate。

总的来说，这一点额外代码相对于使用storyboard所省去的其他大量代码来说，确实微不足道。

2. 主视图控制器

现在，我们来看一下BIDMasterViewController，它用于创建包含应用程序导航的表视图。BIDMasterViewController.h如下所示：

```
#import <UIKit/UIKit.h>

@class BIDDetailViewController;

@interface BIDMasterViewController : UITableViewController

@property (strong, nonatomic) BIDDetailViewController *detailViewController;

@end
```

该头文件所对应的BIDMasterViewController.m文件如下所示（已经删除了非代码部分，以及仅仅调用父类实现的方法）：

```
#import "BIDMasterViewController.h"

#import "BIDDetailViewController.h"
```

11

```
@implementation BIDMasterViewController

@synthesize detailViewController = _detailViewController;

- (void)awakeFromNib
{
    self.clearsSelectionOnViewWillAppear = NO;
    self.contentSizeForViewInPopover = CGSizeMake(320.0, 600.0);
    [super awakeFromNib];
}
.
.
.
- (void)viewDidLoad
{
    [super viewDidLoad];
    // Do any additional setup after loading the view, typically from a nib.
    self.detailViewController = (BIDDetailViewController
    *)[[self.splitViewController.viewControllers lastObject] topViewController];
    [self.tableView selectRowAtIndexPath:[NSIndexPath indexPathForRow:0 inSection:0]
animated:NO scrollPosition:UITableViewScrollPositionMiddle];
}
.
.
.
- (BOOL)shouldAutorotateToInterfaceOrientation:
(UIInterfaceOrientation)interfaceOrientation
{
    // Return YES for supported orientations
    return YES;
}
.
.
.
@end
```

这里进行了大量配置，幸好，Xcode将这些配置作为分割视图模板的一部分提供给你了。这段代码包含了一些你之前可能没见过的iPad相关的内容。

首先，awakeFromNib方法开始于：

```
self.clearsSelectionOnViewWillAppear = NO;
```

clearsSelectionOnViewWillAppear属性是在UITableViewController类中（BIDMasterViewController的父类）定义的，用于稍微改变一下控制器的行为。默认情况下，UITableViewController在每次显示时都会取消选择所有行。这在iPhone应用中可能没问题，因为每个表视图的显示通常只依赖于其自身，但是在iPad应用中，表视图表现为一个分割视图，也许你并不希望所选项消失。回顾一下前面的例子，考虑Mail应用，用户在左侧栏选择一封邮件，并且期望即使在邮件列表消失后（可能因为旋转了iPad，或者关闭了包含该列表的弹出窗口），该选项也能保持选中状态。这一行代码就用于解决这个问题。

awakeFromNib方法中有一行用于设置视图的contentSizeForViewInPopover属性。你也许能猜到它的作用：设置视图的大小（如果需要使用该视图控制器为弹出控制器提供显示项）。这个矩形的宽度必须至少为320像素，除了这个限制，你可以随意设置其大小。我们将在本章稍后更详细地讨论弹出窗口的内容。

第二点需要提一下的是viewDidLoad方法。在前几章里，当你要实现一个相应用户选择的表视图控制器时，典型做法是创建一个新的视图控制器，然后将其压入导航控制器栈。然而在这个应用中，我们想要显示的视图控制器一开始就已经存在了，而且每当用户在左侧栏中选择某项时，都会重用该视图控制器。它是包含在storyboard文件中的BIDDetailViewController的实例。这里，我们获取该BIDDetailViewController实例，当我们有一些内容需要显示时，会需要使用它。

最后值得一提的是shouldAutorotateToInterfaceorientation:方法。在iPhone应用程序中，使用该方法来指定符合目的的特定设备方向。然而在iPad应用中，建议通常让你的用户自己选择设备方向。除非是设计一个游戏，你可能希望强制为某个特定方向，大多数情况下iPad应用都需要该方法返回YES。

3. 详细视图控制器

Xcode创建的最后一个类是BIDDetailViewController，它负责实际显示用户所选的项。BIDDetailViewController.h文件类似于以下形式：

```
#import <UIKit/UIKit.h>

@interface BIDDetailViewController : UIViewController <UISplitViewControllerDelegate>

@property (strong, nonatomic) id detailItem;

@property (strong, nonatomic) IBOutlet UILabel *detailDescriptionLabel;

@end
```

除了前面所引用的detailItem属性（在BIDMasterViewController类中），BIDDetailViewController有一个输出口用于连接到storyboard中的标签（detailDescription-Label）。

看一下BIDDetailViewController.m，在其中可以找到以下内容（再次声明，这里进行了一定的删减）：

```
#import "BIDDetailViewController.h"

@interface BIDDetailViewController ()
@property (strong, nonatomic) UIPopoverController *masterPopoverController;
- (void)configureView;
@end

@implementation BIDDetailViewController

@synthesize detailItem = _detailItem;
@synthesize detailDescriptionLabel = _detailDescriptionLabel;
@synthesize masterPopoverController = _masterPopoverController;
```

11

```objc
- (void)setDetailItem:(id)newDetailItem
{
    if (_detailItem != newDetailItem) {
        _detailItem = newDetailItem;

        // Update the view.
        [self configureView];
    }

    if (self.masterPopoverController != nil) {
        [self.masterPopoverController dismissPopoverAnimated:YES];
    }
}

- (void)configureView
{
    // Update the user interface for the detail item.

    if (self.detailItem) {
        self.detailDescriptionLabel.text = [self.detailItem description];
    }
}
.
.
.
- (void)viewDidLoad
{
    [super viewDidLoad];
    // Do any additional setup after loading the view, typically from a nib.
    [self configureView];
}
.
.
.
- (BOOL)shouldAutorotateToInterfaceOrientation:
(UIInterfaceOrientation)interfaceOrientation
{
    // Return YES for supported orientations
    return YES;
}

- (void)splitViewController:(UISplitViewController *)splitController
willHideViewController:(UIViewController *)viewController
withBarButtonItem:(UIBarButtonItem *)barButtonItem
forPopoverController:(UIPopoverController *)popoverController
{
    barButtonItem.title = NSLocalizedString(@"Master", @"Master");
    [self.navigationItem setLeftBarButtonItem:barButtonItem animated:YES];
    self.masterPopoverController = popoverController;
}

- (void)splitViewController:(UISplitViewController *)splitController
```

```
willShowViewController:(UIViewController *)viewController
invalidatingBarButtonItem:(UIBarButtonItem *)barButtonItem
{
    // Called when the view is shown again in the split view, invalidating the button
and popover controller.
    [self.navigationItem setLeftBarButtonItem:nil animated:YES];
    self.masterPopoverController = nil;
}

@end
```

你应该熟悉这段代码中的大部分内容，但是这个类包含一些值得注意的新内容。首先是一个所谓的**类扩展**，它在靠近文件顶部的地方声明：

```
@interface BIDDetailViewController ()
@property (strong, nonatomic) UIPopoverController *masterPopoverController;
- (void)configureView;
@end
```

之前我们已经提及过类扩展，不过有必要再提一下它们的用途。类扩展可创建来定义这样一些方法和属性：它们将在一个类中使用，但你不希望向头文件中的其他类公开它们。这里我们声明了popoverController属性和一个实用程序方法，popoverController属性使用之前声明的实例变量，在需要更新显示时调用该实用程序方法。我们还未告诉你masterPopoverController属性的用途，但你很快就会看到！

再往下可以看到此方法：

```
- (void)setDetailItem:(id)newDetailItem
{
    if (_detailItem != newDetailItem) {
        _detailItem = newDetailItem;

        // Update the view.
        [self configureView];
    }

    if (self.masterPopoverController != nil) {
        [self.masterPopoverController dismissPopoverAnimated:YES];
    }
}
```

你可能会对setDetailItem:方法感到惊奇。毕竟我们将detailItem定义为了一个属性，我们合成了它以创建getter和setter，那么为什么在代码中创建setter呢？在本例中，我们需要能够在用户调用setter时作出反应（选择左侧主列表中的一行），以便可以更新显示，这是达到此目的的一种不错途径。该方法的第一部分看起来很简单，但在最后它采用了一个调用来解除当前的masterPopoverController（如果存在）。虚构的masterPopupController来自何处？答案就在下一个方法中：

```
- (void)splitViewController:(UISplitViewController *)splitController
willHideViewController:(UIViewController *)viewController
withBarButtonItem:(UIBarButtonItem *)barButtonItem
```

11

```
forPopoverController:(UIPopoverController *)popoverController
{
    barButtonItem.title = NSLocalizedString(@"Master", @"Master");
    [self.navigationItem setLeftBarButtonItem:barButtonItem animated:YES];
    self.masterPopoverController = popoverController;
}
```

此方法是UISplitViewController的一个委托方法。当分割视图控制器不再固定显示分割视图左侧时（也就是当iPad旋转到纵向时）将调用它。这个方法首先使用NSLocalizedString函数配置barButtonItem中显示的标题，你可以通过该函数使用其他语言的文本字符串（如果你准备了的话）。我们将在第21章详细讨论本地化问题，但是目前，你只需要知道其中一个参数实际上是个键，该函数使用它从一个字典中获取本地化字符串，而另一个参数则是在找不到其他值时所使用的值。

分割视图控制器在委托中调用此方法并传递两个有趣的项：UIPopoverController和UIBarButtonItem。已预先配置UIPopoverController来包含分割视图左侧的内容，设置UIBarButtonItem来显示相同的浮动窗口。这意味着，如果GUI包含UIToolbar或者UINavigationItem（由UINavigationController显示的标准工具栏），我们只需要在工具栏上添加一个按钮，使用户点击该按钮即可调出包含在浮动窗口中的导航视图。

在这个例子中，由于该控制器本身被封装在UINavigationController中，我们可以直接访问UINavigationItem，在其中放置按钮。如果GUI未包含UINavigationItem或UIToolbar，我们还有传入的浮动窗口控制器，可以将它分配给GUI的其他某个元素，使该元素可以弹出该浮动窗口。我们还传入了包装好的UIViewController本身（在本例中为BIDMasterViewController），以防需要以完全不同的方式显示它的内容。

这就是浮动窗口控制器的来源。你可能已经预料到，下一个方法将解除该浮动窗口：

```
- (void)splitViewController:(UISplitViewController *)splitController
willShowViewController:(UIViewController *)viewController
invalidatingBarButtonItem:(UIBarButtonItem *)barButtonItem
{
    // Called when the view is shown again in the split view, invalidating the button
and popover controller.
    [self.navigationItem setLeftBarButtonItem:nil animated:YES];
    self.masterPopoverController = nil;
}
```

当用户切换回横向模式时将调用该方法，这时分割视图控制器希望重新在固定位置绘制左侧视图，所以它告诉我们删除之前提供的UIBarButtonItem。

Xcode的Master-Detail Application模板所提供的内容就大体介绍完了。乍看起来可能很难掌握，但通过一次展示一部分，我们希望你已经理解所有部分是如何结合在一起的。

11.2　显示总统信息

前面介绍了此应用程序的基本布局，是时候"填补空白"并将这个自动生成的应用程序转换为我们自己的东西了。首先看一下本书的源代码归档文件，其中的文件夹11 – Presidents包含一个名为PresidentList.plist的文件。将该文件拖到Xcode中你项目的Presidents文件夹中，将它添加到项目中，确保告诉Xcode复制文件本身的复选框处于选中状态。这个plist文件包含目前为止所有美国总统的信息，由每位总统的姓名和Wikipedia条目URL组成。

现在看一下BIDMasterViewController类，并看看我们需要如何修改它来恰当处理总统数据。只需要加载总统列表，在表视图中显示它们，以及向详细信息视图传递一个URL供显示。在BIDMasterViewController.h中，添加以下以粗体显示的代码：

```
#import <UIKit/UIKit.h>

@class BIDDetailViewController;

@interface BIDMasterViewController : UITableViewController

@property (strong, nonatomic) BIDDetailViewController *detailViewController;
@property (strong, nonatomic) NSArray *presidents;
@end
```

然后切换到BIDMasterViewController.m，这里的更改稍微复杂一点（不过并不是太难）。首先在靠近文件顶部的位置合成presidents属性：

```
@implementation BIDMasterViewController

@synthesize detailViewController = _detailViewController;
@synthesize presidents;
```

然后更新viewDidLoad方法，添加一些代码来加载总统列表：

```
- (void)viewDidLoad {
    [super viewDidLoad];
    // Do any additional setup after loading the view, typically from a nib.

    NSString *path = [[NSBundle mainBundle] pathForResource:@"PresidentList"
        ofType:@"plist"];
    NSDictionary *presidentInfo = [NSDictionary dictionaryWithContentsOfFile:path];
    self.presidents = [presidentInfo objectForKey:@"presidents"];

    self.detailViewController = (BIDDetailViewController
*)[[self.splitViewController.viewControllers lastObject] topViewController];
    [self.tableView selectRowAtIndexPath:[NSIndexPath indexPathForRow:0 inSection:0]
animated:NO scrollPosition:UITableViewScrollPositionMiddle];
}
```

进一步对viewDidUnload方法进行以下更改，完成此类的"编目"部分：

```
- (void)viewDidUnload {
    [super viewDidUnload];
    // Release any retained subviews of the main view.
    // e.g. self.myOutlet = nil;

    self.presidents = nil;
}
```

11

现在，你可能会对这个类感到奇怪，BIDMasterViewController虽然是一个用于显示列表项的表视图控制器，它却没有实现任何表视图委托或者数据源方法！由于它继承于UITableViewController，该父类简单地实现了一些必需的方法，所以我们可以暂时不去管它。现在是时候编写代码以显示一些数据了。

首先要让表视图知道它有多少个分段，在BIDMasterViewController.m末尾@end之前添加如下方法：

```
- (NSInteger)numberOfSectionsInTableView:(UITableView *)tableView {
    return 1;
}
```

从技术上来说，该方法并非必须。如果不实现它，表视图将默认分段数为1。然而从一致性的角度来看，实现该方法很有意义，该方法可以明确表明表视图中的分段数。

接下来添加告诉表视图要显示多少行的方法：

```
- (NSInteger)tableView:(UITableView *)tableView numberOfRowsInSection:(NSInteger)section
{
    return [self.presidents count];
}
```

在这之后修改tableView:cellForRowAtIndexPath:方法，让每个单元格显示一位总统的姓名：

```
- (UITableViewCell *)tableView:(UITableView *)tableView
        cellForRowAtIndexPath:(NSIndexPath *)indexPath {
    static NSString *Identifier = @"Master List Cell";
    UITableViewCell *cell = [tableView dequeueReusableCellWithIdentifier:Identifier];
    if (!cell) {
        cell = [[UITableViewCell alloc]
                initWithStyle:UITableViewCellStyleDefault
                reuseIdentifier:Identifier];
    }

    // Configure the cell.
    NSDictionary *president = [self.presidents objectAtIndex:indexPath.row];
    cell.textLabel.text = [president objectForKey:@"name"];

    return cell;
}
```

最后，是时候更新tableView:didSelectRowAtIndexPath:的行为了，以便将URL传递给详细信息视图控制器：

```
- (void)tableView:(UITableView *)aTableView
        didSelectRowAtIndexPath:(NSIndexPath *)indexPath {
    NSDictionary *president = [self.presidents objectAtIndex:indexPath.row];
    NSString *urlString = [president objectForKey:@"url"];
    self.detailViewController.detailItem = urlString;
}
```

这就是需要对BIDMasterViewController进行的所有修改。但在我们运行这个应用之前，还需要修改一下storyboard。从第10章我们知道，可以将UITableView配置为显示一组固定的单元，以取代从数据源获取的动态集合。而事实表明，在这个项目默认创建的storyboard中，UITableView就是这么配置的，所以我们需要对此进行修改。

选择MainStoryboard.storyboard，打开属性检查器，然后找到UITableView。可以通过以下方式找到它：在dock列表中找到Master View Controller-Master Scene，展开Master View Controller-Master项左边的三角图标，这样就会显示Table View。或者，也可以在dock底部的搜索框中键入table view。无论采用哪种方法，选中它即可。

选择了表视图之后，属性检查器第一组选项的顶部将会显示Table View。该组的第一个选项为Content，你需要将其中的值Static Cells改为Dynamic Prototypes。然后再将Prototype Cells改为0。我们不使用默认的单元，留下这些未定义的单元原型只会生成恼人的编译警告。

现在，可以构建并运行该应用了。点击左上角的Master按钮打开一个包含总统列表的弹出窗口（参见图11-6），然后点击一位总统的名字，在详细视图中显示该总统的Wikipedia页面URL。

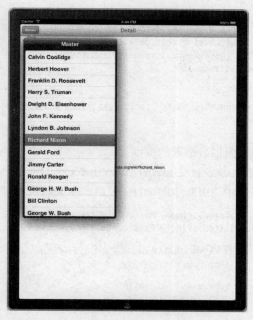

图11-6 Presidents应用的第一次运行。注意我们按下Master按钮打开了弹出窗口。
点击一位总统的名字，则会显示该总统的Wikipedia链接

在本节最后，让详细信息视图对该URL执行一些更加有用的操作。首先，在BIDDetailView-Contoller.h中，我们将添加一个Web视图输出口，显示所选总统的Wikipedia页面。添加以下粗体显示的代码：

```
#import <UIKit/UIKit.h>

@interface BIDDetailViewController : UIViewController < UISplitViewControllerDelegate>
```

```
@property (strong, nonatomic) id detailItem;

@property (strong, nonatomic) IBOutlet UILabel *detailDescriptionLabel;
@property (weak, nonatomic) IBOutlet UIWebView *webView;

@end
```

然后切换到BIDDetailViewController.m，在这里需要做的事情稍微多一些（实际上也不是很多）。在类顶部的@implementation块附近添加webView属性的合成：

```
@synthesize detailItem = _detailItem;
@synthesize detailDescriptionLabel = _detailDescriptionLabel;
@synthesize masterPopoverController = _masterPopoverController;
@synthesize webView;
```

然后向下滚动到configureView方法，添加以下粗体显示的方法：

```
- (void)configureView
{
    // Update the user interface for the detail item.
    NSURL *url = [NSURL URLWithString:self.detailItem];
    NSURLRequest *request = [NSURLRequest requestWithURL:url];
    [self.webView loadRequest:request];

    if (self.detailItem) {
        self.detailDescriptionLabel.text = [self.detailItem description];
    }
}
```

这些新代码用于让Web视图加载请求的页面。

接下来，向下移动到splitViewController:willHideViewController:withBarButtonItem:forPopover-Controller:方法，我们将在其中为UIBarButtonItem提供一个关联度更高的标题：

```
barButtonItem.title = NSLocalizedString(@"Master", @"Master");
barButtonItem.title = NSLocalizedString(@"Presidents", @"Presidents");
```

现在仅剩下清理工作了，在viewDidUnload方法中进行清理：

```
- (void)viewDidUnload {
    // Release any retained subviews of the main view.
    // e.g. self.myOutlet = nil;
    self.webView = nil;
}
```

无论你信不信，这些就是目前为止我们需要编写的所有代码。

最后需要在MainStoryboard.storyboard中进行更改。打开它，在右下方找到详细信息视图，首先看一下GUI中的标签（它显示为"Detail view content goes here"）。

首先选择该标签。在dock列表中选择它是最容易的，它位于Detail View Controller-Detail Scene部分中。在dock的搜索框中键入label可以快速找到它。

选择该标签后，将其拖到窗口顶部。注意这个标签应该从左侧开始一直延伸到右侧蓝色引导线处，并且恰好位于工具栏下方。这个标签用于显示当前URL。但是当应用刚启动、用户选择一位总统之前，我们想要用这个标签提示用户进行操作。

双击该标签，将其改为Select a President。你应该使用大小检查器以确保该标签的位置相对于左边、右边，以及上边缘都是固定的，并且可以在水平方向上调整大小，这样该标签就能够在横向和纵向之间调整自身的大小（参见图11-7）。

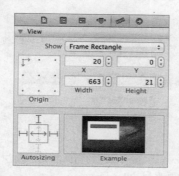

图11-7　尺寸检查器，显示Select a President标签的设置

然后使用库找到一个UIWebView，将它拖到刚才移动的标签下方的空间中。放置好之后，使用调整手柄使它适合标签下方剩余的视图空间。使它与左右两边对齐，覆盖从标签底部的蓝色参考线到窗口底部的空间。接下来，使用尺寸检查器将Web视图锚定到四个边缘，使它可以在水平和垂直方向上进行调整（参见图11-8）。

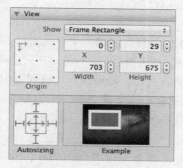

图11-8　尺寸检查器，显示Web视图的设置

最后还有一处需要修改。要连接创建的输出口，按住control键并从dock中的Detail View Controller图标（在Detail View Controller-Detail部分，就在First Responder图标下面）拖到我们的新Web视图，连接webView输出口（在同一个部分中，就在标签下方）。保存更改之后，你的工作就完成了！

现在可以构建并运行应用程序了，它将会显示每位总统的Wikipedia条目。在两个方向上旋转显示屏，将会看到分割视图控制器为你处理了所有事务，在一定程度上还借助了详细信息视图控制器来处理显示浮动窗口所需的工具栏项（就像在更改之前的原始应用程序中一样）。

11

本节最后要进行的更改实际上就是进行美化。当在横向模式下运行此应用程序时，左侧导航视图上方的标题为Master。切换到纵向模式并单击Presidents工具栏按钮，也会看到相同的标题。

要更改标题，可打开Main Storyboard.storyboard，双击窗口右上方表视图上的导航栏，然后双击视图上显示的文本，将它更改为Presidents（参见图11-9）。保存storyboard文件，构建并运行应用，应该会看到更改生效了。

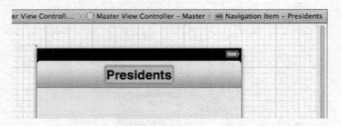

图11-9　Main Storyboard.storyboard的当前状态。请注意我们将表视图的
Master标题更改为了Presidents

11.3　创建浮动窗口

前面的进展非常顺利，但iPad GUI技术中还有一部分我们没有足够详细介绍：浮动窗口的创建和显示。到目前为止，我们仅仅从UISplitView委托方法获得了一个UIPopoverController，它使我们能够在实例变量中跟踪它，以便能够强制解除它，但在你希望呈现自己的视图控制器时，浮动窗口才会真正发挥作用。

为了了解这是如何实现的，我们将自行添加一个浮动窗口，它将由一个始终存在的工具栏项激活（与UISplitView委托方法所提供的浮动窗口不同，它只会自行显示并消失）。此浮动窗口将显示一个表视图，其中包含一个语言列表。如果用户从该列表中选择一种语言，Web视图将加载已使用该新语言显示的Wikipedia条目。这非常简单，因为要在Wikipedia中从一种语言切换到另一种，只需更改包含嵌入式国家代码的URL中的一小部分。

说明　本例中两种浮动窗口的用途都是显示UITableView，但不要让这误导了你，UIPopover-
　　　Controller可用于处理你想要的任何视图控制器内容的显示！我们在本例中坚持使用表视
　　　图，这是因为它是一种常见的使用情形，很容易使用相对较少的代码来显示，并且你应
　　　该已经对它很熟悉。

首先右击Xcode中的Presidents文件夹，从上下文菜单中选择New File ...。当出现向导时，依次选择Cocoa Touch和UIViewController subclass，然后点击Next。在下一个页面中，将新类命名为BIDLanguageListController，在Subclass of字段选择UITableViewController。勾选Targeted for iPad旁边的复选框，取消选中With XIB for user interface旁边的复选框。单击Next按钮，再次检查保存文件的路径，点击Create。

BIDLanguageListController是一个非常标准的表视图控制器类。它将显示一组列表项，使用详细信息视图控制器指针让详细信息视图控制器知道何时进行了选择。编辑BIDLanguageList-Controller.h，添加以下粗体显示的代码：

```
#import <UIKit/UIKit.h>

@class BIDDetailViewController;

@interface BIDLanguageListController : UITableViewController

@property (weak, nonatomic)BIDDetailViewController *detailViewController;
@property (strong, nonatomic) NSArray *languageNames;
@property (strong, nonatomic) NSArray *languageCodes;

@end
```

添加的这些代码定义了一个指回详细信息视图控制器的指针（我们将在显示语言列表时在详细信息视图控制器自身的代码中设置），以及两个数组，其中包含将显示的值（English、French等）和将用于从所选语言构建URL的基础值（en、fr等）。

如果从本书源代码归档文件（或电子版）中将该代码复制并粘贴到你自己的项目中，或者如果自行键入它时未加留意，你可能不会注意到detailViewController属性在声明方式上的重要区别。与大多数引用对象指针的属性不同，我们使用Weak而不是strong声明此属性。必须这样做才能避免保留周期。

什么是**保留周期**？它指的是这样一种情形：两个或更多对象以一种循环的方式相互保留。每个对象有一个保留计数值1或更大的值，因此从不释放它包含的指针，所以它们也从不会被解除分配。谨慎考虑对象的创建，通常通过确定谁"拥有"谁，可以避免大多数潜在的保留周期。在这种意义上，BIDDetailViewController的实例"拥有"BIDLanguageListController的实例，因为正是这个BIDDetailViewController实际创建BIDLanguageListController来完成部分工作的。只要有两个需要引用对方的对象，通常就希望"所有者"对象保留另一个对象，但另一个对象绝对不能保留它的所有者。由于我们使用了Apple在Xcode 4.2中引入的ARC特性，编译器会为我们做很多工作。不用关心释放和保留对象的细节问题，我们所要做的就是用weak关键字（而不是strong）来声明一个属性，ARC将为我们做余下的事！

现在切换到BIDLanguageListController.m，进行以下更改。在文件顶部，首先导入BIDDetail-ViewController的头文件，然后为所声明的属性合成获取方法和设置方法：

```
#import "BIDLanguageListController.h"
#import "BIDDetailViewController.h"

@implementation BIDLanguageListController

@synthesize languageNames;
@synthesize languageCodes;
@synthesize detailViewController;
.
.
.
```

然后向下滚动到viewDidLoad方法，并添加一些设置代码：

```
- (void)viewDidLoad {
    [super viewDidLoad];

    self.languageNames = [NSArray arrayWithObjects:@"English", @"French",
        @"German", @"Spanish", nil];
    self.languageCodes = [NSArray arrayWithObjects:@"en", @"fr", @"de", @"es", nil];
    self.clearsSelectionOnViewWillAppear = NO;
    self.contentSizeForViewInPopover = CGSizeMake(320.0,
        [self.languageCodes count] * 44.0);
}
```

这段代码设置语言数组，还定义了此视图在浮动窗口中显示时（我们知道它将在浮动窗口中显示）将使用的大小。如果没有定义该大小，所得到的浮动窗口会垂直拉伸几乎填满整个屏幕，即使它仅包含4个条目。

接下来，Xcode模板生成的两个方法没有包含有效的代码，而是一个警告和一些占位符文本。我们将这些文本替换为实用的代码：

```
- (NSInteger)numberOfSectionsInTableView:(UITableView *)tableView {
#warning Potentially incomplete method implementation.
    // Return the number of sections.
    return 0;
    return 1;
}


- (NSInteger)tableView:(UITableView *)tableView numberOfRowsInSection:(NSInteger)section
{
#warning Incomplete method implementation.
    // Return the number of rows in the section.
    return 0;
    return [self.languageCodes count];
}
```

然后在tableView:cellForRowAtIndexPath:末尾添加一行代码，将语言名称添加到单元格中：

```
    // Configure the cell.
    cell.textLabel.text = [languageNames objectAtIndex:[indexPath row]];
    return cell;
```

接下来，修正tableView:didSelectRowAtIndexPath:，删除它所包含的注释块并添加以下新代码：

```
- (void)tableView:(UITableView *)tableView didSelectRowAtIndexPath:(NSIndexPath
*)indexPath {
    detailViewController.languageString = [self.languageCodes objectAtIndex:
        [indexPath row]];
}
```

请注意BIDDetailViewController实际上没有languageString属性。我们稍后将探讨这一主题，首先完成BIDLanguageListController，进行以下更改：

```
- (void)viewDidUnload {
    [super viewDidUnload];

    self.detailViewController = nil;
    self.languageNames = nil;
    self.languageCodes = nil;
}
```

现在对BIDDetailViewController进行必要的更改，以便处理浮动窗口，以及在用户更改显示语言或挑选不同的总统时生成正确的URL。首先在BIDDetailViewController.h中进行以下更改：

```
#import <UIKit/UIKit.h>

@interface BIDDetailViewController : UIViewController <UISplitViewControllerDelegate>

@property (strong, nonatomic) id detailItem;

@property (strong, nonatomic) IBOutlet UILabel *detailDescriptionLabel;
@property (weak, nonatomic) IBOutlet UIWebView *webView;

@property (strong, nonatomic) UIBarButtonItem *languageButton;
@property (strong, nonatomic) UIPopoverController *languagePopoverController;
@property (copy, nonatomic) NSString *languageString;
- (IBAction)touchLanguageButton;
@end
```

现在需要做的是修复BIDDetailViewController.m，使它可以处理语言浮动窗口和URL的构造。首先将以下导入代码添加到顶部的某个位置：

```
#import "BIDLanguageListController.h"
```

然后在@implementation行下合成新属性：

```
@synthesize languageButton;
```

```
@synthesize languagePopoverController;
```

```
@synthesize languageString;
```

我们要添加的下一项是一个函数，它接受指向Wikipedia页面的URL以及一个双字母语言代码作为参数，并返回一个结合了这两部分的URL。我们稍后将在控制器代码中的恰当位置使用此URL。可以将此函数放在任何地方，包括类的实现内部。编译器非常聪明，始终能够将函数视为函数。为什么不将它放在文件顶部最后一个synthesize语句之后呢？

```
static NSString * modifyUrlForLanguage(NSString *url, NSString *lang) {
    if (!lang) {
        return url;
    }

    // We're relying on a particular Wikipedia URL format here. This
    // is a bit fragile!
    NSRange languageCodeRange = NSMakeRange(7, 2);
    if ([[url substringWithRange:languageCodeRange] isEqualToString:lang]) {
        return url;
    } else {
```

11

```
        NSString *newUrl = [url stringByReplacingCharactersInRange:languageCodeRange
            withString:lang];
        return newUrl;
    }
}
```

为什么要将它创建为函数，而不是方法呢？这有几点原因。但最重要的是，类中的实例方法通常用于执行涉及一个或多个实例变量的操作。此函数不使用任何实例变量。它仅在两个字符串上执行一项操作并返回另一个字符串。我们可以将它创建为类方法，但这让人感觉不太对劲，因为该方法所做的实际上与我们的控制器类没有明确的关联。有时所需的只是一个函数。

接下来需要更新setDetailItem:方法。此方法将使用刚才定义的函数，将传入的URL与所选的languageString结合在一起，生成正确的URL。它还可以确保第二个浮动窗口（如果有）像第一个浮动窗口（我们定义的浮动窗口）一样消失。

```
- (void)setDetailItem:(id)newDetailItem {
    if (detailItem != newDetailItem) {
        _detailItem = newDetailItem;
        _detailItem = modifyUrlForLanguage(newDetailItem, languageString);

        // Update the view.
        [self configureView;
    }

    if (self.masterPopoverController != nil) {
        [self.masterPopoverController dismissPopoverAnimated:YES];
    }
}
```

现在来更改viewDidLoad方法。这里我们将创建一个UIBarButtonItem，并将其置于屏幕顶部的UINavigationItem中。

```
- (void)viewDidLoad
{
    [super viewDidLoad];
    // Do any additional setup after loading the view, typically from a nib.
    self.languageButton = [[UIBarButtonItem alloc] init];
    languageButton.title = @"Choose Language";
    languageButton.target = self;
    languageButton.action = @selector(touchLanguageButton);
    self.navigationItem.rightBarButtonItem = self.languageButton;

    [self configureView];
}
```

接下来实现setLanguageString:。它也会调用modifyUrlForLanguage()函数，从而立即重新生成该URL（并加载新页面）。将此方法添加到文件底部的@end上方。

```
- (void)setLanguageString:(NSString *)newString {
    if (![newString isEqualToString:languageString]) {
        languageString = [newString copy];
        self.detailItem = modifyUrlForLanguage(_detailItem, languageString);
    }
    if (languagePopoverController != nil) {
```

```
        [languagePopoverController dismissPopoverAnimated:YES];
        self.languagePopoverController = nil;
    }
}
```

下面定义在用户单击Choose Language按钮时将发生的事件。为简单起见，我们创建一个BIDLanguageListController，将它包装在UIPopoverController中并显示它。将此方法添加到文件底部的@end上方。

```
- (IBAction)touchLanguageButton {
    if (self.languagePopoverController == nil) {
        BIDLanguageListController *languageListController =
            [[BIDLanguageListController alloc]init];
        languageListController.detailViewController = self;
        UIPopoverController *poc = [[UIPopoverController alloc]
            initWithContentViewController:languageListController];
        [poc presentPopoverFromBarButtonItem:languageButton
                permittedArrowDirections:UIPopoverArrowDirectionAny
                              animated:YES];
        self.languagePopoverController = poc;
    } else {
        if (languagePopoverController != nil) {
            [languagePopoverController dismissPopoverAnimated:YES];
            self.languagePopoverController = nil;
        }
    }
}
```

最后一项更改是将以下代码添加到viewDidUnload方法中：

```
    self.languageButton = nil;
    self.languagePopoverController = nil;
```

大功告成！你现在应该能够完美地运行该应用程序，在总统和语言之间随意切换了。从一种语言切换到另一种应该始终保持所选的总统不变，类似地，从一位总统切换到另一位总统应该保持所选语言不变。

11.4　小结

本章介绍了仅可用于iPad的主要GUI组件——浮动窗口和分割视图，还介绍了一个完全在Interface Builder中配置包含多个互连视图控制器的复杂iPad应用程序示例。有了这些宝贵的知识，你应该可以非常顺利地开发第一个优秀的iPad应用程序了。如果你想更进一步了解iPad开发的细节，可以阅读David Mark、Jack Nutting和Dave Wooldridge编著的*Beginning iPad Development for iPhone Developers*[①]一书（Apress, 2010）。

接着，我们进入下一章：应用程序设置和用户默认设置。

---

① 中文版《iPad开发基础教程》已由人民邮电出版社出版，请参阅图灵社区本书页面http://www.ituring.com.cn/book/50。

——编者注

11

第 12 章

应用程序设置和用户默认设置

现在，甚至最简单的计算机程序都包含首选项窗口，用户可以在其中设置特定的应用选项。在Mac OS X中，Preferences...菜单项通常包含在应用程序菜单中。选择该菜单项，会弹出一个窗口，用户可以在其中输入和更改各种选项。iPhone和其他iOS设备有一个专用的Settings应用程序，你一定已经使用过多次了。本章将介绍如何在Settings应用程序中添加设置，以及如何从应用程序内部访问这些设置。

12.1   设置束

通过Settings应用程序，用户可以输入和更改任何带有设置束（settings bundle）的应用程序的首选项。**设置束**是构建到应用程序中的一组文件，它告诉Settings应用程序，主应用程序希望从用户那里收集到哪些首选项。

在iOS设备上找到Settings图标。默认情况下，该图标位于主屏幕上（参见图12-1）。

图12-1   在iPhone上，最后一列第三个图标就是Settings应用程序图标。
该图标在其他设备上的位置可能稍有不同，但始终存在

单击此图标将启动Settings应用程序，如图12-2所示。

图12-2　Settings应用程序

在iOS的用户默认设置（User Defaults）机制下，Settings应用程序是一个通用的用户界面。用户默认设置是保存和获取首选项的系统的一部分。

在iOS应用程序中，用户默认设置由NSUserDefaults类实现。如果在Mac上开发过Cocoa程序，那么你可能很熟悉NSUserDefaults，因为在Mac上就是使用这个类保存和读取首选项的。与使用键从NSDictionary获取数据一样，应用程序通过NSUserDefaults使用键值读取和保存首选项数据。不同之处在于NSUserDefaults数据被持久化到文件系统中，而没有存储在内存中的对象实例中。

本章将创建一个应用程序，添加并配置一个设置束，然后从应用程序中访问并编辑这些首选项。

Settings应用程序的优势之一是无需为首选项设计用户界面。创建属性列表来定义应用程序的可用设置后，Settings应用程序会自动创建用户界面。

互动式应用程序，如游戏，通常应该提供首选项视图，使用户更改设置时无需退出应用程序。甚至实用工具和生产应用程序的首选项，也应该能够让用户在不离开应用程序的情况下进行更改。我们还将介绍如何从应用程序的用户处收集首选项，以及如何将其保存在iOS的用户默认设置中。

此外，学了处理iOS 4的基本知识之后，用户实际上可以转向Settings应用程序，改变首选项，然后切换回你的应用程序。我们将在本章末尾展示如何处理这种情况。

12.2　AppSettings 应用程序

接下来，我们将构建一个简单的应用程序。首先实现一个设置束，这样当用户启动Settings应用程序时，其中将包含我们的应用程序的一个条目（参见图12-3）。

如果用户选择我们的应用程序，他将看到一个视图，其中显示与我们的应用程序相关的首选项。如图12-4所示，Settings应用程序为用户提供了文本字段、安全文本字段、开关和滑块。

图12-3　Settings应用程序在模拟器中显示了一个　　　　图12-4　AppSettings应用程序的主设置视图
　　　　　AppSettings条目

此视图中有两项包含显示指示符。第一个是Protocol，它将用户引导至另一个表视图，其中显示该项的可用选项。用户只能在表视图中选择一个值（参见图12-5）。

在Settings应用程序的主视图上还有一个显示指示符，那就是More Settings，它将用户引导至另一组首选项（参见图12-6）。该子视图可能与主设置视图拥有相同类型的控件，它还可以有自己的子视图。Settings应用程序需要使用导航控制器，这是因为它支持构建多级首选项视图。

图12-5　从列表中选择一个首选项　　　　　　　　图12-6　AppSettings应用程序的子设置视图

实际启动AppSettings应用程序后，将会显示一组从Settings应用程序收集来的首选项（参见图12-7）。

为了介绍如何更新应用程序的首选项，我们还在右下角提供了一个较小的信息按钮，它将用户引导至另一个视图，以便显示应用程序的其他首选项并允许用户直接修改它们（参见图12-8）。

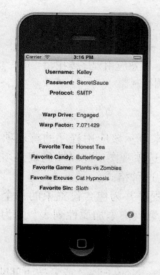

图12-7　AppSettings应用程序的主视图　　　　图12-8　直接设置应用程序中的首选项

让我们开始吧，准备好了吗？

12.2.1　创建项目

在Xcode中，按下⇧⌘N或从File菜单中选择New→New Project...。当新项目向导出现后，选择左侧窗格中iOS标题下的Application，单击Utility Application图标，点击Next。在下一个页面中，将新项目命名为AppSettings。将Device Family设为iPhone。接着选中Use Storyboard和Use Automatic Reference Counting复选框，取消选中Use Core Data和Include Unit Tests复选框，然后点击Next按钮。最后为该项目选择保存位置，点击Create。

我们以前没有使用过这个项目模板，所以在继续操作之前，让我们先熟悉一下这个新模板。Utility Application模板创建的应用程序与第6章中构建的多视图应用程序非常相似。此应用程序有一个主视图和一个辅助视图（称为flipside视图）。单击主视图中的信息按钮将进入flipside视图，单击flipside视图中的Done按钮将返回主视图。

实现这种类型的应用程序需要许多控制器和视图，该模板已将这些控制器和视图组织到一些分组中。展开AppSettings文件夹，你将发现常用的应用程序委托类以及两个控制器类，其中每个控制器类都有一个相关的storyboard文件以包含GUI，如图12-9所示。

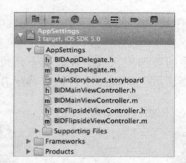

图12-9　使用Utility Application模板创建的项目。注意应用程序委托、
storyboard，注意主控制器和flipside视图控制器

12.2.2　使用设置束

Settings应用程序根据给定应用程序内部的设置束内容来显示该应用程序的首选项。每个设置束必须包含一个名为Root.plist的属性列表，它定义根级首选项视图。此属性列表必须遵循一种非常精确的格式，当我们为应用程序搭建属性列表时将讨论这种格式。

当Settings应用程序启动时，它检查设置束的每个应用程序并为包含设置束的每个应用程序添加设置组。如果想要首选项包含任何子视图，则必须向设置束中添加属性列表，并为每个子视图添加一个Root.plist条目。本章稍后将详细介绍如何操作。

1. 在项目中添加设置束

在项目导航中，点击AppSettings文件夹，然后选择File → New File ...或者按下⌘N。在左侧窗格中，选择iOS部分中的Resource，然后选择Settings Bundle图标（参见图12-10）。点击Next按钮，将其名字保留为默认值Settings.bundle，最后点击Create。

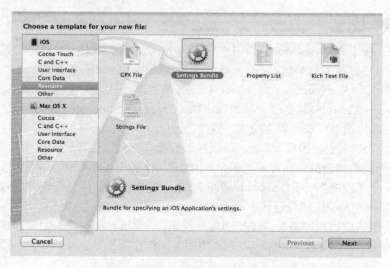

图12-10　在Xcode中创建设置束

现在应该在项目窗口中 Products 文件夹下看到一个新项，名为 Settings.bundle。展开 Settings.bundle，应该看到 Root.plist 图标和 en.lproj 文件夹（其中有名为 Root.strings 的文件）。我们将在第 21 章介绍本地化应用程序时讨论 en.lproj。现在，主要介绍 Root.plist。

2. 设置属性列表

单击 Root.plist，查看编辑器窗格，你将看到 Xcode 的属性列表编辑器（参见图 12-11）。此编辑器与 /Developer/Applications/Utilities 中的 Property List Editor 应用程序的功能相同。

Key	Type	Value
▶ PreferenceSpecifiers	Array	(4 items)
StringsTable	String	Root

图12-11　属性列表编辑器窗格中的 Root.plist。如果你的编辑窗格看起来不太一样，不要惊慌，在编辑窗格中按住 control 键单击，从弹出的上下文菜单中选中 ShowRawKeys/Values

请注意 plist 中各项的组织结构。属性列表在本质上就是字典，存储项的类型和值并使用键来检索它们，就像 NSDictionary 一样。

属性列表可以包含几种不同类型的节点。Boolean、Data、Date、Number 和 String 节点类型可以保存数据，你也可以使用多种方式来处理整个节点集合。除 Dictionary 节点（它允许使用键存储其他节点）外，还有 Array 节点，这类节点存储其他节点的一个有序列表，与 NSArray 类似。Dictionary 和 Array 是唯一能够包含其他节点的属性列表节点类型。

说明　在 NSDictionary 中可以使用大多数对象作为键，但属性列表 Dictionary 节点中的键必须为字符串类型。你可以自由选择任何节点类型作为该键的值。

创建一个设置属性列表时，必须遵循特定的格式。所幸，当在项目中添加设置束时，应用程序会创建一个具有适当格式的属性列表，名为 Root.plist。下面就来介绍一下它。

在 Root.plist 编辑器窗格中，键名可以以真实的、未经处理的形式显示，也可以以更易于阅读的形式显示。我们希望尽可能看到真实的数据，所以在编辑区域中任意位置右击鼠标，在弹出的菜单中选择 Show Raw Keys/Values 选项（参见图 12-12）。本章之后讨论的所有的键都使用真实的名字，所以这一步很重要。

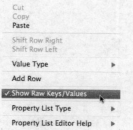

图12-12　在属性列表编辑窗格中的任意位置处右击，确保选中了 Show Raw Keys/Values 选项。这将保证在属性列表编辑器中使用真实名字，从而使你的编辑工作更为精确

警告　在本书编写期间，不论是因为编辑不同的文件还是因为退出Xcode而离开属性列表，都会导致Show Raw Keys/Values项取消选中。如果你的文本突然间变得不太一样，再次检查一下该项是否处于选中状态。

在Root.plist编辑器窗格中，根节点下的第一项为StringTable。字符串表用来将应用程序转换成另一种语言。在第21章介绍本地化时，我们将讨论字符串表。由于它是可选的，因此现在可以删除该条目，方法是单击它并按delete键。如果愿意，你可以保留它不动，因为它不会带来任何坏处。

StringsTable下的节点是PreferenceSpecifiers，它是一个数组。这个数组节点用于保存一组Dictionary节点，每个Dictionary节点都代表用户可输入的一个首选项或用户可以访问的一个子视图。

你将注意到Xcode的模板有4个节点（参见图12-13）。这些节点与我们实际的首选项没有任何联系，所以分别单击Item 1、Item 2和Item 3，并按delete键将它们删除，只留下Item 0。

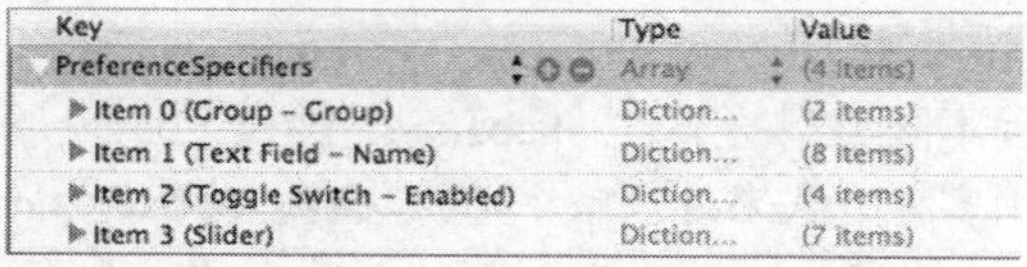
Key
Type
Value
PreferenceSpecifiers
Array
(4 items)
Item 0 (Group - Group)
Diction...
(2 items)
Item 1 (Text Field - Name)
Diction...
(8 items)
Item 2 (Toggle Switch - Enabled)
Diction...
(4 items)
Item 3 (Slider)
Diction...
(7 items)

图12-13　编辑器窗格中的Root.plist，这次展开了PreferenceSpecifiers

说明　要在属性列表中选择一项最好是单击Key列的一端或另一端，否则容易打开Key列的下拉菜单。

单击Item 0，但不要展开它。你可以在Xcode的属性列表中按下return键来添加新行。当前的选择状态（包括所选行以及该行是否被展开）决定了新行将会插入的位置。如果选择了一个没有被展开的数组或者字典，按下return键将会在该行后面添加一个同级节点。也就是说，将会添加一个与当前所选项同级的新节点。如果此时按下了return键（但是现在不要这么做），你将得到一个名为Item 1的新行，位于Item 0正下方。图12-14显示了按下return键创建新行的例子。注意，你可以通过下拉菜单指定该项所显示的首选项标识符的类型（稍后将会详细介绍）。

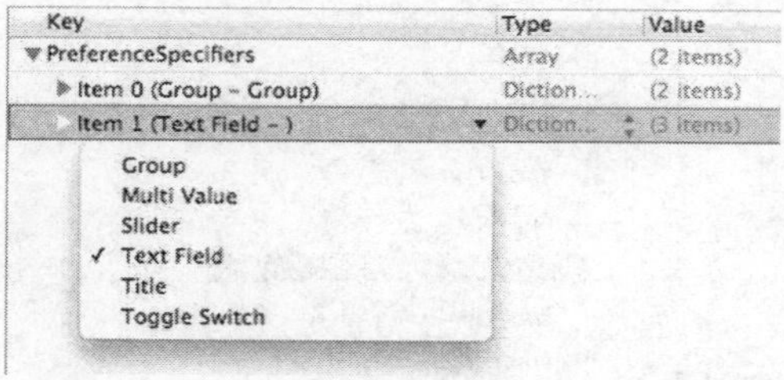
Key
Type
Value
PreferenceSpecifiers
Array
(2 items)
Item 0 (Group - Group)
Diction...
(2 items)
Item 1 (Text Field -)
Diction...
(3 items)
Group
Multi Value
Slider
✓ Text Field
Title
Toggle Switch

图12-14　选中Item0，按下return键可创建同级新行。注意弹出的下拉菜单，可以通过它指定该项所显示的首选项标识符的类型

展开Item 0看看其中包含什么（见图12-15）。编辑器正准备为选中条目添加子结点，如果按下return（在这里不要按）就会在Item 0中创建子结点。

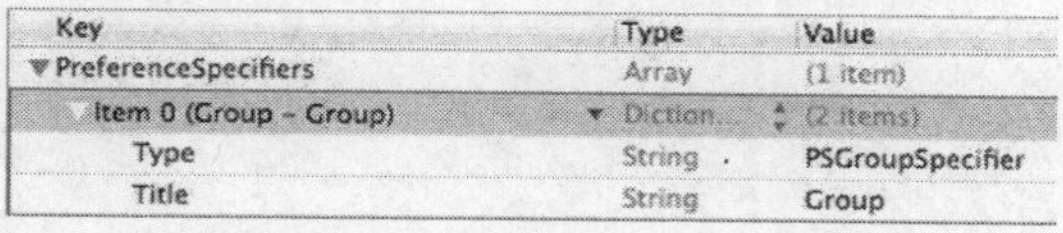

Key	Type	Value
▼ PreferenceSpecifiers	Array	(1 item)
▼ Item 0 (Group - Group)	Diction...	(2 items)
Type	String	PSGroupSpecifier
Title	String	Group

图12-15　展开Item 0，显示键为Type和Title的两行，Item 0代表名为Group的组

Item 0下面有一个Type键，并且PreferenceSpecifiers数组中的每一个属性列表节点都必须有一个带此键的条目。它通常位于第一个，但顺序在字典中并不重要，因此Type键不需要排在第一。Type键可以让Settings应用程序知道哪种类型的数据与此条目相关。

在Item 0中，此Type键的值PSGroupSpecifier用于指示该条目表示一个新分组的开始。其后的每个条目都将是此分组的一部分，直到Type值为PSGroupSpecifier的项目之前的项目。

从图12-4中可以看出，Settings应用程序在一个分组表中显示设置。PreferenceSpecifiers数组中的Item 0在设置束属性列表中应始终为PSGroupSpecifier类型，这样设置便会在一个新的分组中开始，因为每个Settings表中需要至少一个分组。

Item 0中唯一的另一个条目包含一个名为Title的键，它用于在启动的组上设置一个可选标题。

现在仔细看下Item 0行本身，可以看到它实际显示为Item 0 (Group-Group)。括号里的值代表Type项的值（第一个Group）和Title项的值（第二个Group）。这是Xcode提供的一种便捷方式，有助于你直观地查看设置束的内容。

如图12-4所示，我们将第一个组命名为General Info。双击Title旁的值，将其从Group改为General Info（参见图12-16）。键入这个新的标题后，你可能会注意到Item 0发生了些微变化。它现在显示为Item 0(Group-General Info)，反映了新标题。

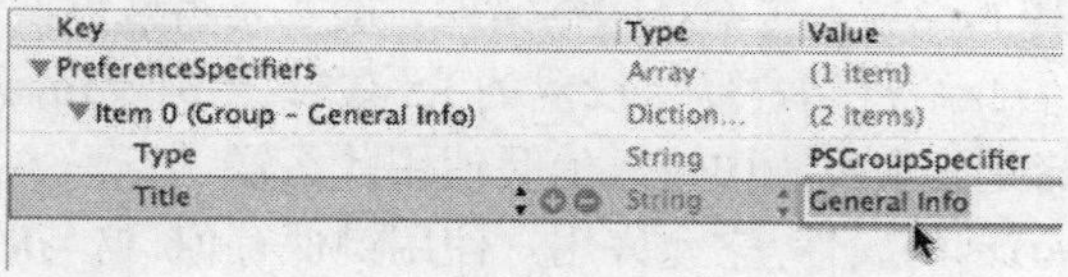

Key	Type	Value
▼ PreferenceSpecifiers	Array	(1 item)
▼ Item 0 (Group - General Info)	Diction...	(2 items)
Type	String	PSGroupSpecifier
Title	String	General Info

图12-16　我们将Item 0组的标题从Group改为了General Info

3. 添加文本字段设置

现在，需要在此数组中添加另一个项，它将表示第一个实际的首选项字段。我们将从一个简单的文本字段开始。

如果在编辑窗格中单击PreferenceSpecifiers（不要这么做，只要继续往下读），然后按下return键添加一个子项，那么新行将会插在列表的开头，这不是我们想要的，我们希望在数组末尾添加一行。

要添加该行，首先点击Item 0左边的扩展三角形以关闭它，然后选择Item 0按下return键，此时将会在当前行下方添加一行新的同级行（参见图12-17）。同样，当添加了一个新项后，将会出现一个下拉菜单，显示了默认值Text Field。

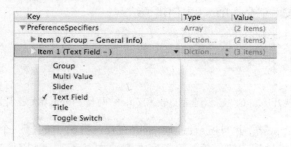

图12-17   添加一个与Item 0同级的新行

在下拉菜单外部点击以让它消失，然后点击Item 1旁的扩展三角形展开它。可以看到它包含了一个设置为PSTextFieldSpecifier的Type行，用于告诉Settings应用程序我们想要用户在一个文本字段中编辑这项设置。此外它还包含了两个Title和Key的空行（参见图12-18）。

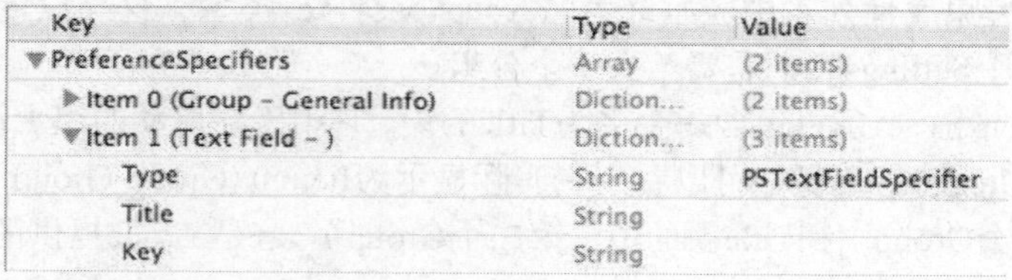

Key	Type	Value
▼ PreferenceSpecifiers	Array	(2 items)
▶ Item 0 (Group – General Info)	Diction...	(2 items)
▼ Item 1 (Text Field –)	Diction...	(3 items)
Type	String	PSTextFieldSpecifier
Title	String	
Key	String	

图12-18   我们的文本字段项，展开后，其中显示了Type、Title和Key

选择Title行，双击Value列的空白部分，键入Username以设置该Title值。该文本将会出现在Settings应用中。

现在对Key行进行同样的设置（这不是印刷错误，确实是将该键设置为了Key），将其值设为username。回想一下，我们介绍过用户默认设置的工作方式与Dictionary相似。这个新条目告诉Settings应用程序，在存储此文本字段中输入值时使用什么键。

再想一下NSUserDefaults的属性。它允许用户使用键保存值，这与NSDictionary类似。Settings应用程序将对为你保存的每个首选项进行同样的操作。如果你为其提供了一个键值foo，则稍后可以在应用程序中请求foo值，它会显示用户为该首选项输入的值。稍后，我们将使用这个键值从应用程序中的用户默认设置获取此设置。

说明   Title拥有值Username，而Key拥有值username。这种大小写差异将会经常出现。Title是在屏幕上显示的内容，所以使用大写字母U比较合适。而Key是一个文本字符串，用于从用户默认设置获取首选项，所以所有字母采用小写形式比较合适。我们是否可以将Title的内容全部小写，而将Key的内容全部大写？当然可以。只要其大小写方式与执行保存和检索操作时的方式相同，就可以为首选项键使用任意约定。

12

　　向Item 1 Dictionary中添加另一项，将其键设置为AutocapitalizationType，将其值设为None。这指定文本字段不要尝试自动大写用户输入的内容。注意，当你开始键入AutocapitalizationType时，Xcode会向你显示一些匹配项，你可以从中选择一个，而不用键入完整的名字。

　　创建最后一个新行，将其键设置为AutocorrectionType，将其值设为No，它告诉Settings应用程序不要尝试自动更正输入到该文本字段中的值。如果确实想要自动更改该文本字段的值，则需将其值更改为Yes。同样，Xcode会为你提供匹配项列表，输入几个字母后从中选择一个即可。

　　完成这些操作后，属性列表应该如图12-19所示。

Key	Type	Value
▼ PreferenceSpecifiers	Array	(2 items)
▶ Item 0 (Group – General Info)	Diction...	(2 items)
▼ Item 1 (Text Field – Username)	Diction...	(5 items)
Type	String	PSTextFieldSpecifier
Title	String	Username
Key	String	username
AutocapitalizationType	String	None
AutocorrectionType	String	No

图12-19　在Root.plist中指定的完成后的文本字段

4. 添加应用程序图标

　　在体验新设置之前，让我们向项目添加一个应用程序图标。在前面已经这么做过。

　　保存属性文件。然后找到源代码存档并打开12 - AppSettings文件夹。将文件icon.png拖到项目的AppSettings文件夹中，出现提示时让Xcode复制该图标。

　　接下来，打开Supporting文件夹，单击文件AppSettings-info.plist。当出现plist编辑器时，选择Icon file行，按下return键在其内部创建一个新行，并将它的值更改为icon.png。

　　从Product菜单中选择Run编译并运行应用程序。单击主按钮，然后单击Settings应用程序的图标，应该能够看到一个条目，它使用了我们先前添加的应用程序图标（参见图12-3）。如果单击AppSettings行，应该出现一个简单的设置视图，其中含有一个文本字段，如图12-20所示。

图12-20　Settings应用程序中添加了组和文本字段的根视图

退出模拟器，返回Xcode。虽然我们的工作还没有完成，但你应该已经意识到为应用程序添加首选项是很容易的。现在添加根设置视图的其他字段。我们将添加的第一项是用于设置用户密码的安全文本字段。

5. 添加安全文本字段设置

单击Root.plist，返回到设置标识符（不要忘了选中Show Raw Keys/Values，假设你朋友刚在XcodeCorp中重置过这一项）。折叠Item 0和Item 1。现在选择Item 1，按⌘C将其复制到剪贴板，再按⌘V将其粘贴回原来的位置，这将创建一个与Item 1相同的新项Item 2。展开Item 2，将Title改为Password，将Key改为password。（记住标题用大写字母P，键用小写字母p。）

接下来，向Item 2中添加一个子项。记住，项的顺序无关紧要，将新项放置在Key项目下方即可。

将这个新项的Key设为IsSecure（注意开头的大写字母I），并将其Type改为Boolean。现在将其Value从NO改为YES，这样就告诉了Settings应用程序，该字段应该是个密码字段，而不是一个普通的文本字段。完成后的Item 2如图12-21所示。

Key	Type	Value
▼ PreferenceSpecifiers	Array	(4 items)
▶ Item 0 (Group – General Info)	Diction...	(2 items)
▶ Item 1 (Text Field – Username)	Diction...	(5 items)
▼ Item 2 (Text Field – Password)	Diction...	(6 items)
Type	String	PSTextFieldSpecifier
Title	String	Password
Key	String	password
IsSecure	Boolean	YES
AutocapitalizationType	String	None
AutocorrectionType	String	No

图12-21　完成后的Item 2，其中的文本字段用于接受密码

6. 添加多值字段

我们将添加的下一项是一个多值字段。这种字段类型会自动生成带有显示指示符的行。单击显示指示符将进入另一个表，你可以在多行中进行选择。

折叠Item 2并选中该行，按下return添加Item 3。在Key字段的弹出菜单中选择Multi Value，单击显示三角形展开Item 3。

向Item 3中添加3个子行，每一行的键和值分别为：Type和PSMultiValueSpecifier、Title和Protocol、Key和protocol。接下来的操作有些麻烦，所以操作之前先介绍一下。

我们将向Item 3中添加另外两个子项，但它们的节点类型是Array，而不是String。

❑ Titles数组，用于保存可供用户选择的一组值。

❑ Values数组，用于保存用户默认设置中实际存储的一组值。

Values列表中的第一项与Titles数组中的第一项相对应。因此，如果用户选择第一项，Settings应用程序实际保存的是Values数组中的第一个值。这种Titles/Values对非常方便，为用户提供了易于理解的文本，而实际保存的却是其他文本，如数字、日期或不同的字符串。

　　这两个数组都是必需的。如果希望两个数组的内容相同，可以只创建一个数组，然后进行复制粘贴并更改副本的键，这样就会得到具有相同内容但保存在不同键下的两个数组。实际上我们将采用这种方法。

　　选择Item 3（将它保留为展开状态），然后按下return键添加一个新的子项。你将再次看到，Xcode知道我们正在编辑的文件的类型，而且也似乎预料到了我们想做的事情，因为这个新的子行的Key值已经被设为了Titles，而它本身也已被配置为一个Array。这正是我们所希望的！展开这个Titles行，按下return键添加一个子节点，重复4次，这样你就总共拥有了5个子节点。将这5个节点全部设为String类型，并将其值分别设为：HTTP、SMTP、NNTP、IMAP和POP3。

　　输入上述5个值后，折叠Titles并将其选中，按⌘C进行复制，然后按⌘V进行粘贴。这将创建一个新项，其键为Titles - 2。双击Titles - 2，将它改为Values。

　　到此，我们基本完成了多值字段的操作。唯一缺少是Dictionary中的一个必需值，即默认值。多值字段必须有且只有一行被选中，所以我们必须指定要使用的默认值，以防没有值被选中。而且默认值需要与Values数组中的项相对应（如果这两个数组不同的话，就不是Titles数组）。我们创建项目的Xcode自动添加了DefaultValue行，将其值设为SMTP即可。图12-22显示了最终完成的Item 3。

Key	Type	Value
▼PreferenceSpecifiers	Array	(4 items)
▶ Item 0 (Group – General Info)	Diction...	(2 items)
▶ Item 1 (Text Field – Username)	Diction...	(5 items)
▶ Item 2 (Text Field – Password)	Diction...	(6 items)
▼ Item 3 (Multi Value – Protocol)	Diction...	(6 items)
▼ Titles	Array	(5 items)
Item 0	String	HTTP
Item 1	String	SMTP
Item 2	String	NNTP
Item 3	String	IMAP
Item 4	String	POP3
▼ Values	Array	(5 items)
Item 0	String	HTTP
Item 1	String	SMTP
Item 2	String	NNTP
Item 3	String	IMAP
Item 4	String	POP3
Type	String	PSMultiValueSpecifier
Title	String	Protocol
Key	String	protocol
DefaultValue	String	SMTP

图12-22　最终完成的Item 3，其中的多值字段用于从5个可能值中选择一个

　　检验一下我们的工作。保存属性列表，编译并再次运行应用程序。当应用程序启动时，按下主按钮启动Settings应用程序。选择AppSettings，根级视图上应该显示3个字段（参见图12-23）。继续检验创建的多值字段，然后学习下一项任务。

图12-23 3个字段

7. 添加拨动开关设置

需要从用户处获取的下一项是一个Boolean值，该值表示拨动开关是否打开。为了获取首选项中的 Boolean 值，我们将通过向 PreferenceSpecifiers 数组中添加另一个类型为 PSToggle-SwitchSpecifier的项，告诉Settings应用程序使用一个UISwitch。

如果Item 3当前处于展开状态，折叠Item 3，单击以将其选中。按下return创建Item 4。单击显示三角图标展开 Item 4，其中已经创建了一个默认的子行，键和值分别设置为 Type 和PSToggleSwitchSpecifier，将空Title行的值设为Warp Drive，Key行的值设为warp。

这个字典中还有一个必填项：默认值。和Multi Value一样，Xcode已经为我们创建了DefaultValue行，我们通过将DefaultValue的值设为YES来默认开启warp引擎。图12-24显示了完成后的Item 4。

Key	Type	Value
▼PreferenceSpecifiers	Array	(5 items)
▶ Item 0 (Group – General Info)	Diction...	(2 items)
▶ Item 1 (Text Field – Username)	Diction...	(5 items)
▶ Item 2 (Text Field – Password)	Diction...	(6 items)
▶ Item 3 (Multi Value – Protocol)	Diction...	(6 items)
▼ Item 4 (Toggle Switch – Warp Drive)	Diction...	(4 items)
Type	String	PSToggleSwitchSpecifier
Title	String	Warp Drive
Key	String	warp
DefaultValue	Boolean	YES

图12-24 完成后的Iem 4，这是一个用于打开和关闭包引擎的开关

8. 添加滑块设置

接下来我们将添加的项是一个滑块。在Settings应用程序中，滑块两端可以各有一个小图像，

但它不能有标签。我们将滑块放置在一个带有自己的标题的组中，以便用户了解滑块的作用。

首先将Item 4折叠起来，然后单击Item 4并按下return键创建一个新行。使用弹出菜单将新项改为Group，然后点击旁边的扩展三角以展开它。可以看到，Type已经被设为了PSGroupSpecifier。这将告诉Settings应用程序在这个位置开始一个新组。双击Title行中的值，将该值改为Wap Factor。

折叠Item 5并将其选中，按下return添加一个新的同级行。使用弹出菜单将新项更改为Slider，它指示Settings应用程序应该使用UISlider从用户处获取此信息。展开Item 6，将另一行的键和值分别设为Key和warpFactor，这样，Settings应用程序就会知道存储该值时使用什么键。

我们允许用户输入1到10之间的一个值，并将默认值设置为warp 5。滑块需要有一个最小值、一个最大值和一个起始（或默认）值，所有这些值都需要以数字（而非字符串）的形式保存在属性列表中。幸好，Xcode为这些值创建了相应的行，我们只需将DefaultValue行的值设为5，MinimumValue行的值设为1，MaximumValue行的值设为10。

如果想要测试一下该滑块，那就测试吧，但测试之后应立即返回来。我们将对滑块进行一些定制工作。

大家应该注意到了，滑块可以有图片。滑块两端允许分别放置一个21像素×21像素的小图像。我们将提供一些小图标来指示向左滑动会降低速度，向右滑动会提高速度。

9. 向设置束添加图标

在本书附带的项目归档文件中的12 - AppSettings文件夹中有两个分别名为rabbit.png和turtle.png的图标。我们需要将这两个图标添加到设置束中。因为Settings应用程序需要使用这两个图标，因此不能仅将它们放在AppSettings文件夹中，而需要将其放在设置束中，这样Settings应用程序才能获取它们。

为此，在项目导航中找到Settings.bundle，我们需要在Finder中打开此束。按住control单击Settings.bundle图标，此时会弹出上下文菜单，选择**Show in Finder**（如图12-25所示）以在Finder中显示该束。

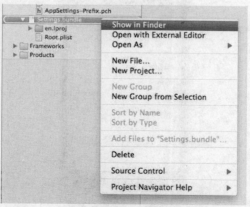

图12-25   Settings. bundle上下文菜单

记住，在Finder中，束看起来像文件，但实际上它们是文件夹，可以通过按住control键单击（或右击）束的图标，然后选择Show Package Contents来访问束的内容。这将打开一个新窗口，你应该能够在Xcode的Settings.bundle中看到两个图标。将图标文件rabbit.png和turtle.png从12 - AppSettings文件夹中复制到Settings.bundle包内容窗口中。

在Finder中将此窗口保留为打开状态，因为稍后我们还要在其中复制另一个文件。现在，返回Xcode，告诉滑块使用这两个图像。

返回到Root.plist，在Item 6下添加两个子行，将它们的键和值分别设为MinimumValueImage和turtle.png、MaximumValueImage和rabbit.png。完成后的Item 6如图12-26所示。

Key	Type	Value
▼ PreferenceSpecifiers	Array	(9 items)
▶ Item 0 (Group – General Info)	Diction...	(2 items)
▶ Item 1 (Text Field – Username)	Diction...	(5 items)
▶ Item 2 (Text Field – Password)	Diction...	(6 items)
▶ Item 3 (Multi Value – Protocol)	Diction...	(6 items)
▶ Item 4 (Toggle Switch – Warp Drive)	Diction...	(4 items)
▶ Item 5 (Group – Warp Factor)	Diction...	(2 items)
▼ Item 6 (Slider)	Diction...	(7 items)
Type	String	PSSliderSpecifier
Key	String	warpFactor
DefaultValue	Number	5
MinimumValue	Number	1
MinimumValueImage	String	turtle.png
MaximumValue	Number	10
MaximumValueImage	String	rabbit.png

图12-26   完成后的Item 6，其中的滑块分别用海龟和兔子图标表示慢和快

保存属性列表，编译并运行应用程序，以确保所有属性都能够生效。如果所有属性都能正常运行，则应该能够导航到Settings应用程序，找到两端分别带有酣睡的海龟和快乐的兔子图标的滑块（参见图12-27）。

图12-27   我们已经拥有文本字段、多值字段、拨动开关和滑块。应用程序快要完成了

10. 添加子设置视图

我们将添加另一个首选项标识符，告诉Settings应用程序，我们希望它显示一个子设置视图。此标识符将呈现一个带有显示指示符的行，单击该显示指示符会调出一个全新的首选项视图。

由于我们不希望新的首选项与滑块分到同一组，因此在添加此节点之前，我们将复制Item 0中的组标识符，并将其粘贴到PreferenceSpecifiers数组的末尾，为子设置视图创建一个新组。

在Root.plist中，折叠所有打开的项，然后单击Item 0以将其选中，并按⌘C将其复制到剪贴板。接下来，选择Item 6，然后按⌘V粘贴新项Item 7。展开Item 7，双击键Title旁边的Value列，将它由General Info改为Additional Info。

现在，再次折叠Item 7。选择Item 7，按下return添加Item 8，它将是实际的子视图。单击显示三角形将其展开。向其中添加两个子行，将它们的键和值分别设为Type和PSChildPaneSpecifier、Title和More Settings。完成后就可以忽略键了。

我们需要添加最后一行，它将告诉Settings应用程序，为More Settings视图加载哪个属性列表。添加另一个子行，并将其键和值分别设为File和More（参见图12-28）。假定文件扩展名为.plist，且不应包含在文件名中，否则Settings应用程序将找不到此属性列表文件。

Key	Type	Value
▼PreferenceSpecifiers	Array	(9 items)
▶ Item 0 (Group – General Info)	Diction...	(2 items)
▶ Item 1 (Text Field – Username)	Diction...	(5 items)
▶ Item 2 (Text Field – Password)	Diction...	(6 items)
▶ Item 3 (Multi Value – Protocol)	Diction...	(6 items)
▶ Item 4 (Toggle Switch – Warp Drive)	Diction...	(4 items)
▶ Item 5 (Group – Warp Factor)	Diction...	(2 items)
▶ Item 6 (Slider)	Diction...	(7 items)
▼ Item 7 (Group – Additional Info)	Diction...	(2 items)
Type	String	PSGroupSpecifier
Title	String	Additional Info
▼ Item 8 (Child Pane – More Settings)	Diction...	(4 items)
Type	String	PSChildPaneSpecifier
Title	String	More Settings
Key	String	
File	String	More

图12-28　完成的Item 7和Item 8，创建了新的Additional Info设置组，将子窗格键接到More. plist文件

现在，我们需要向主首选项视图中添加一个子视图。这种设置是在More.plist文件中指定的。我们需要将More.plist复制到设置束中。不能在Xcode中向设置束添加新文件，且属性列表编辑器的Save对话框不允许将新文件保存到设置束中。因此，必须创建一个新的属性列表，将它保存到其他某个地方，然后使用Finder将它拖入Settings.bundle窗口。

现在，你可以看到能够在设置束属性列表文件中使用的所有不同类型的首选项字段，因此为了节约编写代码的时间，可以使用本书附带的项目归档文件中的12 - AppSettings文件夹中的More.plist，将它拖入到之前打开的Settings.bundle窗口。

提示 创建子设置视图的最简单的方法是复制Root.plist，并重新命名副本。然后删掉除第一项以外的所有现有首选项标识符，将需要的任何首选项标识符添加到此新文件中。

现在我们已经完成设置束的相关操作。你可以编译、运行和测试Settings应用程序。你应该能够进入该子视图并设置所有其他字段的值。继续测试，还可以任意更改属性列表。

提示 我们涵盖了几乎所有可用的配置选项（至少在撰写本书时是这样），你也可以在iOS开发中心的"Settings Application Schema Reference"文档中找到设置属性列表格式的完整文档。可以在以下网页找到该文档以及许多其他有用的参考文档：http://developer.apple.com/library/ios/navigation/。

在继续讨论之前，我们将把项目归档文件中12 - AppSettings文件夹中的rabbit.png和turtle.png复制到项目的AppSettings文件夹中。然后，在应用程序中使用它们来显示当前设置的值。

你可能已经注意到刚才添加的两个图标与之前添加到设置束中的图标是完全相同的，这是为什么呢？记住：iOS上的应用程序不能从其他应用程序的沙盒中读取文件。设置束并不会成为此应用程序沙盒的一部分，它将成为Settings应用程序沙盒的一部分。由于我们还希望在自己的应用程序中使用这些图标，因此需要单独将它们添加到AppSetting文件夹中，这样它们便会复制到应用程序的沙盒中了。

12.2.3 读取应用程序中的设置

现在问题解决了一半。用户能够获取我们的首选项，但我们如何获取用户的首选项呢？方法非常简单。

1. 获取用户设置

我们将使用NSUserDefaults类读取用户设置。NSUserDefaults作为单一实例实现，这意味着应用程序中只有一个NSUserDefaults实例在运行。为了访问这个实例，我们调用类方法standardUserDefaults，如下所示：

```
NSUserDefaults *defaults = [NSUserDefaults standardUserDefaults];
```

有了指向标准用户默认设置的指针之后，可以像使用NSDictionary一样使用它。要获取标准用户默认设置的值，可以调用objectForKey:，它会返回一个Objective-C对象，如NSString、NSDate或NSNumber。如果想要以标量（如整型、浮点型或布尔型）的形式获取该值，我们可以使用intForKey:、floatForKey:、boolForKey:等其他方法。

在创建应用程序的属性列表时，将创建一个PreferenceSpecifiers数组。其中一些标识符用于创建组。另一些标识符用于创建用户进行设置时使用的接口对象。这些才是我们真正感兴趣的标识符，因为它们保存了实际数据。绑定到用户设置的每个标识符都有一个名为Key的键。回顾一下前面的内容。例如，滑块的键拥有值warpfactor。Password字段的键为password。我们将使用这些键获取用户设置。

现在我们已经拥有了显示设置的位置，接下来使用一组标签快速设置一下主视图。进入Interface Builder之前，先为我们需要的所有标签创建输出口。单击BIDMainViewController.h，并进行如下更改：

```objc
#import "BIDFlipsideViewController.h"
#define kUsernameKey        @"username"
#define kPasswordKey        @"password"
#define kProtocolKey        @"protocol"
#define kWarpDriveKey       @"warp"
#define kWarpFactorKey      @"warpFactor"
#define kFavoriteTeaKey     @"favoriteTea"
#define kFavoriteCandyKey   @"favoriteCandy"
#define kFavoriteGameKey    @"favoriteGame"
#define kFavoriteExcuseKey  @"favoriteExcuse"
#define kFavoriteSinKey     @"favoriteSin"

@interface BIDMainViewController : UIViewController
        <BIDFlipsideViewControllerDelegate>

@property (weak, nonatomic) IBOutlet UILabel *usernameLabel;
@property (weak, nonatomic) IBOutlet UILabel *passwordLabel;
@property (weak, nonatomic) IBOutlet UILabel *protocolLabel;
@property (weak, nonatomic) IBOutlet UILabel *warpDriveLabel;
@property (weak, nonatomic) IBOutlet UILabel *warpFactorLabel;
@property (weak, nonatomic) IBOutlet UILabel *favoriteTeaLabel;
@property (weak, nonatomic) IBOutlet UILabel *favoriteCandyLabel;
@property (weak, nonatomic) IBOutlet UILabel *favoriteGameLabel;
@property (weak, nonatomic) IBOutlet UILabel *favoriteExcuseLabel;
@property (weak, nonatomic) IBOutlet UILabel *favoriteSinLabel;

- (void)refreshFields;
@end
```

代码中没有涉及什么新知识。我们声明了一些常量。这些常量是我们在属性列表文件中为不同的首选项字段使用的键值。然后我们声明了10个输出口及其所有标签，并创建了每个标签的属性。最后，我们声明了一个方法，它将读取用户默认设置中的设置，并将这些值传送至各个标签。我们将此函数放在一个独立的方法中，因为我们要在多个位置完成这项任务。

保存修改。现在我们已经声明了各个输出口，下面转到storyboard文件来创建GUI。

2. 创建主视图

双击MainStoryboard.storyboard，在Interface Builder中编辑它。视图出现后，你会发现主视图在左，flipside在右，由segue连接，主视图的背景为暗灰色。我们将它改为白色。

单击归属Main View Controller的View图标，打开属性检查器。使用Background中的颜色将背景改为白色。请注意，色板也可以弹出菜单的形式使用。如果愿意，可以使用该菜单选择白色。

如果没有处于列表模式，单击小的三角图标，将布局区的dock置于列表模式。在dock的MainView Controller Scene中展开Main View Controller，然后在其中展开View，这会打开Button项（参见图12-29）。

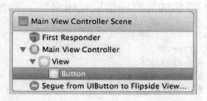

图12-29 在dock中找到Main View Controller Scene，展开Main View Controller，然后在其中展开View就能看到Button项了

提示 希望一次性打开复杂的Interface Builder列表模式层次结构吗？你不必单独展开各个项目。通过按下option键并单击列表的任意展开的三角符号，可以展开整个层次结构。

Button位于视图右下角，包含一个通常为白色的图标，因此在白色背景下难以看到它。我们将更改此图标，使它在白色背景下更显眼。单击Button图标以选中它，然后打开属性检查器。将按钮的Type从Info Light更改为Info Dark。

现在将要向View中添加一些标签，如图12-30所示。我们需要使用20个标签。其中一半是静态标签，它们为**粗体**且右对齐，另一半用于显示从用户默认设置获取的实际值，并使输出口指向这些标签。

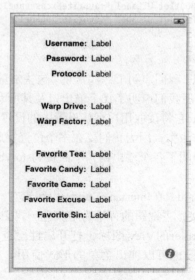

图12-30 Interface Builder中的Main View窗口，其中显示了添加的20个标签

依照图12-30创建此视图。创建的视图无需与图12-30精确匹配，但视图上必须有一个标签与我们声明的每个输出口对应。继续设计此视图。此处你不需要我的帮助。完成后返回，然后进行其他操作。提一下，这里所有的标签使用的字体都是15点System Font（或者System Font Bold），但是你可以随意使用自己的设计。

我们要完成的下一个任务是按住control键并从Main View Controller（在storyboard中它相当于之前的File's Owner）拖到每个用于显示设置值的标签。要将每个标签都设置为指向不同的输出口，需要按住control键并拖动10次。将所有10个输出口与标签相连之后，保存工作。

3. 更新主视图控制器

在Xcode中，选择BIDMainViewController.m，在文件开头添加以下代码：

```
#import "BIDMainViewController.h"

@implementation BIDMainViewController
@synthesize usernameLabel;
@synthesize passwordLabel;
@synthesize protocolLabel;
@synthesize warpDriveLabel;
@synthesize warpFactorLabel;
@synthesize favoriteTeaLabel;
@synthesize favoriteCandyLabel;
@synthesize favoriteGameLabel;
@synthesize favoriteExcuseLabel;
@synthesize favoriteSinLabel;

- (void)refreshFields {
    NSUserDefaults *defaults = [NSUserDefaults standardUserDefaults];
    usernameLabel.text = [defaults objectForKey:kUsernameKey];
    passwordLabel.text = [defaults objectForKey:kPasswordKey];
    protocolLabel.text = [defaults objectForKey:kProtocolKey];
    warpDriveLabel.text = [defaults boolForKey:kWarpDriveKey]
                             ? @"Engaged" : @"Disabled";
    warpFactorLabel.text = [[defaults objectForKey:kWarpFactorKey]
                             stringValue];
    favoriteTeaLabel.text = [defaults objectForKey:kFavoriteTeaKey];
    favoriteCandyLabel.text = [defaults objectForKey:kFavoriteCandyKey];
    favoriteGameLabel.text = [defaults objectForKey:kFavoriteGameKey];
    favoriteExcuseLabel.text = [defaults objectForKey:kFavoriteExcuseKey];
    favoriteSinLabel.text = [defaults objectForKey:kFavoriteSinKey];
}
.
.
.
- (void)viewDidAppear:(BOOL)animated {
    [super viewDidAppear:animated];
    [self refreshFields];
}
.
.
.
```

将以下代码添加到现有的**viewDidUnload**方法中：

```
- (void)viewDidUnload {
    [super viewDidUnload];
    // Release any retained subviews of the main view.
    // e.g. self.myOutlet = nil;
    self.usernameLabel = nil;
    self.passwordLabel = nil;
    self.protocolLabel = nil;
    self.warpDriveLabel = nil;
    self.warpFactorLabel = nil;
    self.favoriteTeaLabel = nil;
    self.favoriteCandyLabel = nil;
    self.favoriteGameLabel = nil;
    self.favoriteExcuseLabel = nil;
    self.favoriteSinLabel = nil;
}
```

当用户在flipside视图中完成对首选项的修改之后，控制器将获取相关通知。此后，我们需要确保标签更新以显示修改，这需要在已有的**flipsideViewControllerDidFinish:**方法中添加以下代码：

```
- (void)flipsideViewControllerDidFinish:
        (BIDFlipsideViewController *)controller {
    [self refreshFields];
    [self dismissModalViewControllerAnimated:YES];
}
```

上面的代码中需要解释的内容不是很多。新方法**refreshFields**仅用于抓取标准用户默认设置，并使用我们输入到属性文件中的键值，将所有标签的文本属性设置为用户默认设置中的适当对象。注意，对于**warpFactorLabel**，我们在返回的对象上调用**stringValue**。所有其他首选项都是字符串，它们都以**NSString**对象的形式从用户默认设置返回。但是，滑块存储的首选项以**NSNumber**的形式返回，因此我们调用该对象上的**stringValue**来获取它存储的字符串表示。

然后，我们添加了一个**viewDidAppear:**方法，它将调用**refreshFields**方法。获取flipside控制器被解除的通知之后，我们再次调用了**refreshFields**方法。其作用是，显示的字段会在视图加载时被设置为适当的首选项值，然后在flipside视图换出时刷新。由于flipside视图会将主视图作为其模式父视图进行处理，因此**BIDMainViewController**的**viewDidAppear:**方法不会在flipside视图被解除时调用。幸好我们选择的Utility Application模板提供了一个委托方法，可以实现此目的。

12.2.4　注册默认值

我们已经创建了一个设置束，包括一些值的默认设置，以便让Settings应用获取我们的应用程序的首选项。我们还创建了自己的应用程序以访问相同的信息，用户可以通过该应用的GUI查看和编辑这些信息。然而还有一件事没有做：我们的应用完全不知道设置束中指定的默认值。你可以自己来确认这一点，从iOS模拟器或者你正在运行的设备上删除AppSettings应用（从而也删除了存储在应用中的首选项），然后再次从Xcode运行它。在第一次运行时，这个应用显示的所有设置都是空值。甚至是在设置束中为warp drive指定的默认值也没有显示出来。如果你转到Settings应用程序，就可以看到默认值，但是除非你在Settings应用中实际修改了这些值，否则我们的AppSettings应用是不会显示它们的。

这些设置之所以会消失，是因为这个应用完全不知道其所包含的设置束。所以，当它尝试从NSUserDefaults中为warpFactor读取值，而没有在该键下找到任何已保存的值时，它就无法显示任何值。辛运的是，NSUserDefaults包含了一个叫做registerDefaulds:的方法，如果我们尝试查找一个还没有被设置的键-值，则可以通过该方法指定默认值。为了使该设置在整个应用中都有效，最好在应用程序启动时尽快调用它。选择BIDAppDelegate.m，在该文件顶部包含以下头文件，以便获取之前定义的键名：

```
#import "BIDMainViewController.h"
```

然后对application:didFinishLaunchingWithOptions:方法作如下修改：

```
- (BOOL)application:(UIApplication *)application
didFinishLaunchingWithOptions:(NSDictionary *)launchOptions
{
    // Override point for customization after application launch.
    NSDictionary *defaults = [NSDictionary dictionaryWithObjectsAndKeys:
                            [NSNumber numberWithBool:YES], kWarpDriveKey,
                            [NSNumber numberWithInt:5], kWarpFactorKey,
                            @"Greed", kFavoriteSinKey,
                            nil];
    [[NSUserDefaults standardUserDefaults] registerDefaults:defaults];
    return YES;
}
```

首先我们创建了一个包含3个键-值对的字典，其中每一项都对应一个在Settings中所提供的需要默认值的键。我们使用与之前定义的键相同的键名，以避免输入错误的键名。然后我们将整个字典传递给NSUserDefaults实例。由此，只要我们还没有在我们的应用中或者Settings应用中设置不同的值，NSUserDefaults就会提供这里设置的默认值。

完成！现在你可以编译，并且运行该应用了。运行结果如图12-7所示，当然，你的应用将会显示你在Settings应用中设置的值。非常简单，不是吗？

12.2.5 更改应用程序中的默认设置

现在我们的主视图已经完成并能够运行了，接下来创建flipside视图。如图12-31所示，flipside视图具有拨动开关和滑块。我们要使用的控件与Settings应用程序为这两项使用的控件相同：开关和滑块。除了声明输出口外，我们还要声明refreshFields方法（就像在BIDMainViewController中所做的那样）和两个操作方法，后者在用户触摸控件时触发。

图12-31　在Interface Builder中设计flipside视图

选择BIDFlipsideViewController.h，并进行如下更改：

```
#import <UIKit/UIKit.h>

@class BIDFlipsideViewController;

@protocol BIDFlipsideViewControllerDelegate
- (void)flipsideViewControllerDidFinish:(BIDFlipsideViewController *)controller;
@end

@interface BIDFlipsideViewController : UIViewController

@property (weak, nonatomic) id <BIDFlipsideViewControllerDelegate> delegate;
@property (weak, nonatomic) IBOutlet UISwitch *engineSwitch;
@property (weak, nonatomic) IBOutlet UISlider *warpFactorSlider;

- (void)refreshFields;
- (IBAction)engineSwitchTapped;
- (IBAction)warpSliderTouched;
- (IBAction)done:(id)sender;

@end
```

> 说明　不要过于担心此处的其他代码。如前所述，Utility Application模板将BIDMainViewController
> 设置为BIDFlipsideViewController的委托。此处的其他代码（不在我们曾使用过的其他文件
> 模板中）实现了该委托关系。

现在，保存更改并选中MainStoryboard.storyboard，在Interface Builder中编辑GUI，这次我们主
要看一下Flipside View Controller Scene。首先，按下option键展开Flipside View Controller和其子项，
然后双击标题栏的标题并将其改为Warp Settings。

接着，选择Flipside View Controller中的View，然后打开属性检查器。首先，使用Background弹出菜单将背景颜色改为Light Gray Color。默认的flipside视图背景颜色太黑，不利于黑色文本的显示，但是太白又不利于白色文本的显示。

然后从库中拖出两个Label，并将它们放置在View窗口中。双击一个标签并将其名称改为Warp Engines:。双击另一个标签并将其名称改为Warp Factor:。可以参考图12-31进行布局。

接下来，从库中拖出一个Switch，将它放置在视图右侧的Warp Engines标签旁边。按住control键并从Flipside View Controller图标拖到新开关，将其连接到engineSwitch输出口。然后按住control键并从开关拖回Flipside View Controller图标，将其连接到engineSwitchTapped操作方法。

现在从库中拖出一个Slider，将它放置在Warp Factor:标签下方。调整滑块的大小，将其从左侧的蓝色引导线拉伸到右侧的引导线，然后按住control键并从Flipside View Controller图标拖到滑块，将其连接到warpFactorSlider输出口。然后按住control键并从滑块拖到Flipside View Controller，选择warpSliderTouched操作。

如果未选中滑块，则单击滑块将其选中，然后调出属性检查器。将Minimum、Maximum和Current分别设为1.00、10.00和5.00。然后，分别选择turtle.png和rabbit.png作为Min Image和Max Image的图标。（可以将它们拖到项目中，对吧？）

接下来完成flipside视图控制器。选择BIDFlipsideViewController.m，进行如下更改：

```
#import "BIDFlipsideViewController.h"
#import "BIDMainViewController.h"

@implementation BIDFlipsideViewController

@synthesize delegate = _delegate;
@synthesize engineSwitch;
@synthesize warpFactorSlider;

.
.
.

- (void)viewDidLoad {
    [super viewDidLoad];
    // Do any additional setup after loading the view, typically from a nib.

    [self refreshFields];
}

- (void)refreshFields {
    NSUserDefaults *defaults = [NSUserDefaults standardUserDefaults];
    engineSwitch.on = [defaults boolForKey:kWarpDriveKey];
    warpFactorSlider.value = [defaults floatForKey:kWarpFactorKey];

}

- (IBAction)engineSwitchTapped {
    NSUserDefaults *defaults = [NSUserDefaults standardUserDefaults];
    [defaults setBool:engineSwitch.on forKey:kWarpDriveKey];
}
```

```
- (IBAction)warpSliderTouched {
    NSUserDefaults *defaults = [NSUserDefaults standardUserDefaults];
    [defaults setFloat:warpFactorSlider.value forKey:kWarpFactorKey];
}
    .
    .
    .
```

将以下代码添加到现有的viewDidUnload方法中：

```
- (void)viewDidUnload {
    [super viewDidUnload];
    // Release any retained subviews of the main view.
    // e.g. self.myOutlet = nil;
    self.engineSwitch = nil;
    self.warpFactorSlider = nil;
}
```

然后添加了对refreshFields方法的调用，其中的3行代码获取标准用户默认设置的引用，并使用开关和滑块的输出口将它们设置为用户默认设置中存储的值。

```
- (void)refreshFields {
    NSUserDefaults *defaults = [NSUserDefaults standardUserDefaults];
    engineSwitch.on = [defaults boolForKey:kWarpDriveKey];
    warpFactorSlider.value = [defaults floatForKey:kWarpFactorKey];
}
```

我们还实现了engineSwitchTapped和warpSliderTouched操作方法，所以在用户更改值时，可以从控件向用户默认设置中回填这些值。

12.2.6　实现逼真效果

现在应该能够运行应用程序，查看设置，然后按下home按钮并打开Settings应用程序来调整这里的一些值。再次按下home按钮，再次启动应用程序，你可能会对结果感到惊奇。如果在iOS设备或模拟器（你使用的一定是模拟器）上运行iOS 4.0或更新的版本，那么当返回到应用程序时，不会看到设置发生变化！它们将保持不变，显示以前的值。

如果使用iOS 4，在应用程序运行时按下home按钮不会实际退出应用程序。操作系统会在后台暂停该应用程序，这样，随时都可以再次迅速触发它。这项iOS功能非常适合于在应用程序之间来回切换，因为重新唤醒暂停的应用程序所花的时间比从头启动它所花的时间短得多。但是，在我们的例子中，我们希望执行更多的工作，以便在应用程序唤醒时，它会实际发生一些变化，重新加载用户首选项，并重新显示它们包含的值。

第15章将介绍关于后台应用程序的更多知识，现在我们仅大体介绍如何让应用程序获知自己已复活。为此，我们将注册我们的每个控制器类，以接收应用程序在从暂停执行状态唤醒时发送的通知。

通知是一种轻量型机制，对象可使用它彼此通信。任何对象都可以定义一个或多个通知，它们将这些通知发布到应用程序的**通知中心**，后者是唯一用于在对象之间传递这些通知的对象。通知通常是表明发生了某个事件的标志，发布通知的对象在它们的文档中包含一个通知列表。UIApplication类发布了许多通知（在Xcode文档查看器中可以找到它们，位于UIApplication页面的底部）。大部分通知的用途通常从其名称可以看出，如果发现某个通知的用途不那么明确，文档中会提供更详细的信息。

　　我们的应用程序需要在它即将返回前台时刷新它的显示界面，所以我们对UIApplicationWillEnterForegroundNotification通知感兴趣。当编写viewDidLoad方法时，我们将订阅该通知，并告诉通知中心在该通知发生时调用此方法。同时将此方法添加到BIDMainViewController.m和BIDFlipsideViewController.m中：

```
- (void)applicationWillEnterForeground:(NSNotification *)notification {
    NSUserDefaults *defaults = [NSUserDefaults standardUserDefaults];
    [defaults synchronize];
    [self refreshFields];
}
```

　　该方法本身非常简单。首先，它获取标准用户默认设置对象的引用并调用它的synchronize方法，这会强制User Defaults系统保存任何未保存的更改，另外从存储区重新加载任何未修改的首选项。实际上，我们是在强制它重新读取所存储的首选项，以便可以选出在Settings应用程序中所做的更改，然后它调用refreshFields方法，每个类使用该方法来更新自己的显示。

　　现在，我们需要让每个控制器订阅我们感兴趣的通知，方法是将以下代码添加到BIDMainViewController.m 和 BIDFlipsideViewController.m 中 的 viewDidLoad 方 法 底 部 。 BIDMainViewController.m中的代码如下所示：

```
- (void)viewDidLoad {
    [super viewDidLoad];
    // Do any additional setup after loading the view, typically from a nib.

    UIApplication *app = [UIApplication sharedApplication];
    [[NSNotificationCenter defaultCenter] addObserver:self
            selector:@selector(applicationWillEnterForeground:)
            name:UIApplicationWillEnterForegroundNotification
            object:app];
}
```

接着是BIDFlipsideViewController.m的版本：

```
- (void)viewDidLoad {
    [super viewDidLoad];
    // Do any additional setup after loading the view, typically from a nib.

    [self refreshFields];

    UIApplication *app = [UIApplication sharedApplication];
    [[NSNotificationCenter defaultCenter] addObserver:self
            selector:@selector(applicationWillEnterForeground:)
            name:UIApplicationWillEnterForegroundNotification
            object:app];
}
```

首先获取我们的应用程序实例的引用，使用该引用订阅UIApplicationWillEnterForeground-Notification，使用默认的NSNotificationCenter实例和一个名为addObserver: selector:name:object:的方法。然后将以下内容传递给此方法。

❑ 对于观察者，我们传递self。这表明我们的控制器类（它们中的每一个，因为此代码将添加到它们之中）是需要被通知的对象。

❑ 对于选取器，我们向刚刚编写的applicationWillEnterForeground:方法传递一个选取器，告诉通知中心在发布该通知时调用该方法。

❑ 第三个参数name:。是我们希望收到的通知名称。

❑ 最后一个参数object:。是我们希望从其中获取通知的对象。如果我们传递nil作为最后一个参数，那么任何方法在任何时候发布UIApplicationWillEnterForegroundNotification时我们都将被告知。

这段代码负责更新显示，但我们还需要考虑在用户操作应用程序中的控件时，添加到用户默认设置中的值会发生什么。我们需要确保在控件将它们传递给另一个应用程序之前，将它们保存到了存储区中。为此，最简单的方式是在设置更改后立即调用synchronize，这可通过向BIDFlipsideViewController.m中的每个新操作方法添加一行代码来实现：

```
- (IBAction)engineSwitchTapped {
    NSUserDefaults *defaults = [NSUserDefaults standardUserDefaults];
    [defaults setBool:engineSwitch.on forKey:kWarpDriveKey];
    [defaults synchronize];
}

- (IBAction)warpSliderTouched {
    NSUserDefaults *defaults = [NSUserDefaults standardUserDefaults];
    [defaults setFloat:warpFactorSlider.value forKey:kWarpFactorKey];
    [defaults synchronize];
}
```

说明 调用synchronize方法可能是一个比较耗资源的操作，因为必须将内存中的所有用户默认设置的内容与存储区中的内容相比较。当一次处理大量用户默认设置内容并希望确保所有内容同步时，最好尽量减少调用synchronize，以避免反复进行完整比较。但是，调用它一次来响应每个用户操作（就像我们这里所做的）不会导致任何明显的性能问题。

为了使此工作尽可能顺利完成，还有一点需要注意。你已知道必须在变量不再使用时释放它们，以及执行其他的清理任务，从而清理内存。通知系统是另一个需要自行清理的地方，方法是告诉默认的NSNotificationCenter你不希望再监听任何通知。在我们的例子中，我们注册了每个视图控制器来在其viewDidLoad方法中观察此通知，所以应该在对应的viewDidUnload方法中注销。在 BIDMainViewController.m 和 BIDFlipsideViewController.m 方法中，将以下代码添加到viewDidUnload方法顶部：

```
- (void)viewDidUnload {
    [[NSNotificationCenter defaultCenter] removeObserver:self];
    .
    .
    .
}
```

请注意,可以使用removeObserver:name:object:方法注销特定的通知,方法是传入最初用于注册观察者的值。但上面这行代码可以方便地确保通知中心完全遗忘我们的观察者,无论它注册了多少通知。

完成之后,是时候构建和运行应用程序了,看看当在你的应用程序与Settings应用程序之间切换时会发生什么。当切换回你的应用程序时,在Settings应用程序中所做的更改应该立即在其中反映出来。

12.3 小结

现在,你应该已经牢固掌握了Settings应用程序和用户默认设置,了解了如何向应用程序添加设置束,如何为应用程序的首选项构建多级视图。你还学会了如何使用NSUserDefaults读取和写入首选项,如何让用户从应用程序中更改首选项,你甚至还有机会在Xcode中使用新的项目模板。实际上,处理应用程序首选项的方式基本上没什么差别。

下一章将介绍在应用程序停止后,如何保持应用程序的数据不变。

第 13 章

保存数据

13

目前为止，我们重点介绍了模型-视图-控制器范型的控制器和视图。尽管我们的几个应用程序已经从应用程序包中读取了数据，但是没有一个应用程序将其数据持久地保存起来。持久存储就是某种形式的非易失性存储，这种存储在重新启动计算机或设备时也不会丢失数据。到目前为止，除了Settings应用程序外（参见第12章），每个示例应用程序都没有存储数据，也没有使用易失性存储或非持久性存储。每次启动其中一个示例应用程序时，显示的数据都与第一次启动时完全相同。

到现在为止，我们一直使用这种方法。但是在实际应用中，应用程序需要持久存储数据，以便用户进行更改时能够保存这些更改，并能在再次启动该程序时仍然保留上一次退出时的状态。

我们可以使用多种不同的机制将数据持久存储在iOS设备上。如果采用基于Mac OS X平台的Cocoa编程，则可能会使用其中一些或所有这些技术。

本章将介绍将数据持久存储到iOS的文件系统的4种不同的机制：

❑ 属性列表；
❑ 对象归档；
❑ iOS的嵌入式关系数据库（称为SQLite3）；
❑ 苹果公司提供的持久性工具Core Data。

我们将编写使用这4种机制的示例应用程序。

说明　要将数据持久存储在iOS上，并不是只有属性列表、对象归档、SQLite3和Core Data这几种方法。它们只是4种最常用且最简单的方法。你可以始终选择使用传统的C I/O调用（如fopen()）读取和写入数据。也可以使用Cocoa的低级文件管理工具。在这两种情况下，持久存储数据都将导致编写更多代码，而且这样做是不必要的，但是如果需要的话，也可以使用这些工具。

13.1　应用程序的沙盒

本章介绍的4种数据持久性机制都具备一个重要的共有元素，即应用程序的/Documents文件夹。每个应用程序都有自己的/Documents文件夹并且应用程序仅能读写各自的/Documents目录中的内容。

　　为了让你了解一些背景知识，我们先来查看一下iPhone模拟器所使用的文件夹布局，从而了解一下iOS中应用程序是如何组织的。为此，你需要查看主目录中所包含的Library目录。在Mac OS X 10.6以及之前版本中，这没有任何问题，但是从10.7开始，Apple决定默认将Library文件夹隐藏，所以要查看该目录需要一些额外工作。打开Finder窗口，导航至主目录，如果可以看到Library文件夹，那太好了。如果没有，那么选择Go → Go to Folder...打开一个提示你输入目录名的小表单。键入Library，按下return键，Finder就会打开该文件夹。

　　在Library文件夹中，向下导航至Application Support/iPhone Simulator/。在该目录中，你可以看到一些子目录，分别对应每一个当前Xcode所支持的iOS版本。例如，你可能看到一个名为4.3的目录和另一个名为5.0的目录。展开代表Xcode所支持的最新iOS版本的目录，现在，你应该可以看到4个子文件夹，其中包含一个名为Applications的文件夹（参见图13-1）。

Name	Date Modified
▶ Applications	Sep 17, 2011 3:01 PM
▶ Library	Sep 18, 2011 11:54 PM
▶ Media	Jul 24, 2011 8:44 PM
▶ Root	Jul 24, 2011 8:44 PM
▶ tmp	Sep 15, 2011 2:05 PM

图13-1　显示Applications文件夹的Library/Application Support/iPhone
Simulator/5.0/directory目录的布局

说明　如果已经安装了多个版本的SDK，你会在iPhone Simulator目录中看到其他一些文件夹，其名称表示iOS版本号，这是非常正常的。

　　虽然此清单代表的是模拟器，但实际设备上的文件结构与此相似。显而易见，Applications文件夹就是iOS存储其应用程序的文件夹。如果打开Applications文件夹，可以看到一系列文件夹和文件，它们的名称是较长的字符串。这些名称都是由Xcode自动生成的全局唯一标识符。这些文件夹中的每个文件夹都包含一个应用程序及其支持的文件夹。

　　如果打开其中一个应用程序子目录，应该会看到一些比较熟悉的内容。在这里，可以找到你构建的其中一个iOS应用程序及其支持的3个文件夹。

- ❑ Documents。应用程序将其数据存储在Documents中，但基于NSUserDefaults的首选项设置除外。
- ❑ Library。基于NSUserDefaults的首选项设置存储在Library/Preferences文件夹中。
- ❑ tmp。tmp目录供应用程序存储临时文件。当iOS设备执行同步时，iTunes不会备份/tmp中的文件，但当不再需要这些文件时，应用程序需要负责删除/tmp中的文件，以避免占用文件系统的空间。

13.1.1   获取Documents目录

既然我们的应用程序位于一个名称看上去是随机名称的文件夹中，那么如何检索Documents目录的完整路径以便读取和写入文件呢？实际上这非常容易。可以使用C函数NSSearch-PathForDirectoriesInDomain()来查找各种目录。它是Foundation函数，因此它可以与基于Mac OS X平台的Cocoa共享。它的很多可用选项都是专门为Mac OS X设计的，在iOS上不会返回任何值。其原因在于，这些位置并不存在于iOS（如Downloads文件夹）上，或者你的应用程序由于iOS的沙盒机制而没有访问该位置的权限。

下面是检索Documents目录路径的一些代码：

```
NSArray *paths = NSSearchPathForDirectoriesInDomains(NSDocumentDirectory,
    NSUserDomainMask, YES);
NSString *documentsDirectory = [paths objectAtIndex:0];
```

常量 NSDocumentDirectory 表 明 我 们 正 在 查 找 Documents 目 录 的 路 径 。 第 二 个 常 量 NSUserDomainMask表明我们希望将搜索限制于我们应用程序的沙盒。在Mac OS X中，此常量表示我们希望该函数查看用户的主目录，这解释了其名称古怪的原因。

尽管返回了一个匹配路径的数组，但是我们可以算出数组中位于索引0处的Documents目录。为什么呢？我们知道每个应用程序只有一个Documents目录，因此只有一个目录符合我们指定的条件。

我们可以通过在刚刚检索到的路径的结尾附加另一个字符串来创建一个文件名。我们将使用专为该目的设计的NSString方法，即stringByAppendingPathComponent:，如下所示：

```
NSString *filename = [documentsDirectory
    stringByAppendingPathComponent:@"theFile.txt"];
```

完成此调用之后，filename将包含theFile.txt文件的完整路径，该文件位于应用程序的Documents目录，我们可以使用filename来创建、读取和写入文件。

13.1.2   获取tmp目录

获取对应用程序临时目录的引用比获取对Documents目录的引用更加容易。名为NSTemporary-Directory()的Foundation函数将返回一个字符串，该字符串包含到应用程序临时目录的完整路径。若要为将存储在临时目录中的某个文件创建一个文件名，我们首先要找到该临时目录：

```
NSString *tempPath = NSTemporaryDirectory();
```

然后，通过在该路径的结尾附加一个文件名，在该目录中创建一个到该文件的路径，例如：

```
NSString *tempFile = [tempPath
    stringByAppendingPathComponent:@"tempFile.txt"];
```

13.2 文件保存策略

在本章中，我们将介绍实现数据持久性的4种不同方法，这4种方法都使用iOS的文件系统。如果是SQLite3，你将创建一个SQLite3数据库文件，并让SQLite3负责存储和检索数据。Core Data以其最简单的形式帮助你完成了所有文件系统的管理工作。使用其他两种持久性机制，即属性列表和归档，需要考虑是将数据存储在一个文件中，还是存储在多个文件中。

13.2.1 单个文件持久性

使用单个文件是最简单的方法，并且对于许多应用程序，这是非常容易接受的方法。首先创建一个根对象，通常是NSArray或NSDictionary，但也可以在使用归档文件时让根对象基于某个自定义类。接下来，使用所有需要保存的程序数据填充根对象。需要保存时，代码会将该根对象的全部内容重新写入单个文件。应用程序在启动时，会将该文件的全部内容读入内存，并在退出时注销全部内容。这就是本章将要使用的方法。

使用单个文件的缺点在于，你必须将全部应用程序数据加载到内存中，并且必须将所有数据全部写入文件系统，即使更改再少也是如此。如果应用程序不可能管理超过几兆字节的数据，则此方法可能非常好，而且它这么简单，一定会使我们的生活更加轻松。

13.2.2 多个文件持久性

使用多个文件是另一种实现持久性的方法。假设你要编写一个电子邮件应用程序，该程序将每封电子邮件都存储在其自己的文件中。

该方法具有明显的优势。它允许应用程序仅加载用户请求的数据（另一种形式的延迟加载），当用户进行更改时，只需保存更改的文件。此方法允许开发人员在收到内存不足通知时释放内存。因为可以刷新用于存储用户当前未查看的数据的任何内存，并且只需在下次需要时从文件系统重新加载即可。

多个文件持久性的缺点是它大大增加了应用程序的复杂性。到目前为止，我们还是坚持使用单个文件持久性。

接下来，我们将看看每个持久性方法的具体细节：属性列表、对象归档、SQLite3和Core Data。我们将依次探讨每个方面并构建一个应用程序，使用每种机制来将一些数据保存到设备的文件系统。首先从属性列表开始。

13.3 属性列表

我们的许多示例应用程序都使用了属性列表，比如说使用属性列表来指定应用程序首选项。属性列表非常方便，因为可以使用Xcode或Property List Editor应用程序手动编辑它们，并且只要字典或数组仅包含特定可序列化对象，就可以将NSDictionary和NSArray实例写入属性列表以及从属性列表创建它们。

13.3.1 属性列表序列化

序列化对象是指将对象转换为字节流，以便于存储到文件中或通过网络进行传输。尽管任何对象都可被序列化，但是只能将某些对象放置到某个集合类（如NSDictionary或NSArray）中，然后使用该集合类的writeToFile:atomically:方法将它们存储到属性列表。可以按照该方法序列化下面的Objective-C类：

- ❑ NSArray
- ❑ NSMutableArray
- ❑ NSDictionary
- ❑ NSMutableDictionary
- ❑ NSData
- ❑ NSMutableData
- ❑ NSString
- ❑ NSMutableString
- ❑ NSNumber
- ❑ NSDate

如果可以只从这些对象构建数据模型，则可以使用属性列表轻松保存和加载数据。

如果你打算使用属性列表持久保存应用程序数据，则可以使用NSArray或NSDictionary保存需要持久保存的数据。假设你放到NSArray或NSDictionary中的所有对象都是前面列出的可序列化对象，则可以通过对字典或数组实例调用writeToFile:atomically:方法来编写属性列表，如下所示：

```
[myArray writeToFile:@"/some/file/location/output.plist" atomically:YES];
```

说明 如果愿意，可以通过atomically参数让该方法将数据写入辅助文件，而不是写入指定位置。成功写入该文件之后，该辅助文件将被复制到第一个参数指定的位置。这是更安全的写入文件的方法，因为如果应用程序在保存期间崩溃，则现有文件（如果有）不会被破坏。尽管这增加了一点开销，但是多数情况下，它还是值得的。

属性列表方法的一个问题是无法将自定义对象序列化到属性列表中。也不能使用通过Cocoa Touch交付且未在之前的可序列化对象列表中指定的其他类，这意味着无法直接使用NSURL、UIImage和UIColor等类。

且不说序列化问题，将这些模型对象保存到属性列表中还意味着你无法轻松创建派生或计算的属性（例如，某两个属性之和的属性），并且必须将实际上应该包含在模型类中的某些代码移动到控制器类。而且，这些限制也适用于简单数据模型和简单应用程序。但是多数情况下，如果创建了专用的模型类，则应用程序更容易维护。

但是，在复杂的应用程序中，简单的属性列表仍然非常有用。它们是将静态数据包含在应用程序中的最佳方法。例如，当应用程序包含一个选取器时，将项目列表包含到选取器中的最佳方法是，创建一个属性列表文件并将其放在项目的Resources文件夹中，这会将其编译到应用程序中。

让我们构建一个使用属性列表存储数据的简单应用程序。

13.3.2　持久性应用程序的第一个版本

我们将构建一个程序，该程序允许你在4个文本字段中输入数据，应用程序退出时会将这些字段保存到属性列表文件，然后在下次启动时从该属性列表文件中重新加载该数据（参见图13-2）。

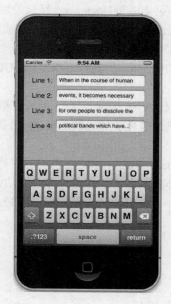

图13-2　Persistence应用程序

说明　在本章的应用程序中，我们不会花费时间设置所有用户界面（我们曾经这样做过）。例如，按return键既不会离开键盘，也不会带你进入下一字段。如果你希望向应用程序中添加此修饰，这样做是最佳做法，但我们不会对此进行介绍。

---

1. 创建持久性项目

在Xcode中，使用Single View Application模板创建一个新项目，命名为Persistence，然后保存。该项目包含构建应用程序所需的所有文件，这样我们可以潜心研究特定的事情。

稍后，我们将构建一个具有4个文本字段的视图。但是构建前需先创建所需的输出口，然后展开 Classes 文件夹。接着单击 BIDViewController.h 文件，并进行以下更改：

```
#import <UIKit/UIKit.h>

@interface BIDViewController : UIViewController

@property (weak, nonatomic) IBOutlet UITextField *field1;
@property (weak, nonatomic) IBOutlet UITextField *field2;
@property (weak, nonatomic) IBOutlet UITextField *field3;
@property (weak, nonatomic) IBOutlet UITextField *field4;
- (NSString *)dataFilePath;
- (void)applicationWillResignActive:(NSNotification *)notification;
@end
```

除了定义4个文本字段输出口之外，我们还为将要使用的文件名定义两个方法。一个方法是dataFilePath，该方法可以将文件名串联到Documents目录的路径，以创建并返回数据文件的完整路径名。第二个方法是applicationWillResignActive:（之后我们将讨论该方法），应用程序将在退出时调用该方法，并且将数据保存到属性列表文件。

接下来，选择BIDViewController.xib，将其打开以编辑GUI。

2. 设计持久性应用程序视图

启动Interface Builder之后，双击View图标，在nib编辑窗格中打开View窗口。从库中拖出一个Text Field，然后根据顶部和右侧的蓝色引导线放置它。打开属性检查器，取消选中标签为Clear When Editing Begins的复选框。

现在，向窗口中拖入一个Label，使用左侧的蓝色引导线将其置于文本字段的左边，并且使用水平居中引导线将该标签与文本字段对齐。双击标签将其值改为Line 1:。最后，使用文本字段左侧的调节手柄调整该字段的大小，使其靠近标签（参见图13-3）。

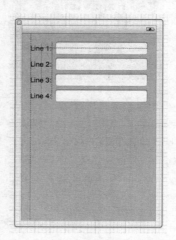

图13-3　设计持久性应用程序的视图

接着，选择标签和文本字段，按下option键，往下拖动以复制一份副本。使用蓝色引导线将其放置在适当位置。然后同时选中标签和文本字段，再次按下option向下拖动，现在就有了4个标签和旁边对应的4个文本字段。依次双击复制的标签，将它们的名字分别改为Line 2:、Line 3:、

Line 4。再次以图13-3作为参考。

　　添加4个文本字段和标签之后，按下control键的同时，将File's Owner图标拖放到每个文本字段中。将最上面的文本字段连接到名为field1的输出口，将下面一个文本字段连接到field2，将第三个文本字段连接到field3，将最底下的文本字段连接到field4。最后，保存对BIDViewController.xib所作的修改。

3. 编辑持久性类

在项目导航中，单击BIDViewController.m并将以下代码添加到文件开头：

```
#import "BIDViewController.h"

#define kFilename        @"data.plist"

@implementation BIDViewController
@synthesize field1;
@synthesize field2;
@synthesize field3;
@synthesize field4;

- (NSString *)dataFilePath {
    NSArray *paths = NSSearchPathForDirectoriesInDomains(
        NSDocumentDirectory, NSUserDomainMask, YES);
    NSString *documentsDirectory = [paths objectAtIndex:0];
    return [documentsDirectory stringByAppendingPathComponent:kFilename];
}
.
.
.
```

然后往下找到viewDidLoad和viewDidUnload方法，添加如下代码：

```
- (void)viewDidLoad {
    [super viewDidLoad];
    // Do any additional setup after loading the view, typically from a nib.
    NSString *filePath = [self dataFilePath];
    if ([[NSFileManager defaultManager] fileExistsAtPath:filePath]) {
        NSArray *array = [[NSArray alloc] initWithContentsOfFile:filePath];
        field1.text = [array objectAtIndex:0];
        field2.text = [array objectAtIndex:1];
        field3.text = [array objectAtIndex:2];
        field4.text = [array objectAtIndex:3];
    }

    UIApplication *app = [UIApplication sharedApplication];
    [[NSNotificationCenter defaultCenter] addObserver:self
        selector:@selector(applicationWillResignActive:)
        name:UIApplicationWillResignActiveNotification
        object:app];
}
- (void)viewDidUnload {
    [super viewDidUnload];
```

```
    // Release any retained subviews of the main view.
    // e.g. self.myOutlet = nil;
    self.field1 = nil;
    self.field2 = nil;
    self.field3 = nil;
    self.field4 = nil;

}
```

最后，在文件末尾的@end之前添加如下新方法：

```
- (void)applicationWillResignActive:(NSNotification *)notification {
    NSMutableArray *array = [[NSMutableArray alloc] init];
    [array addObject:field1.text];
    [array addObject:field2.text];
    [array addObject:field3.text];
    [array addObject:field4.text];
    [array writeToFile:[self dataFilePath] atomically:YES];
}
```

我们添加的第一个方法dataFilePath用于返回数据文件的完整路径名。它通过查找Documents目录并对其附加kFilename来执行该操作。需要加载或保存数据的任何代码都可以调用该方法。

```
- (NSString *)dataFilePath {
    NSArray *paths = NSSearchPathForDirectoriesInDomains(
        NSDocumentDirectory, NSUserDomainMask, YES);
    NSString *documentsDirectory = [paths objectAtIndex:0];
    return [documentsDirectory stringByAppendingPathComponent:kFilename];
}
```

在viewDidLoad方法中，我们做了几件事情。第一件事是检查数据文件是否存在。如果不存在，我们不希望尝试加载它。如果文件存在，就用该文件的内容实例化数组，然后将该数组中的对象复制到4个文本字段。由于数组是按顺序排列的列表，因此只要根据保存顺序来复制数组，就一定可以确保正确的字段获得正确的值。

```
- (void)viewDidLoad {
    [super viewDidLoad];
    NSString *filePath = [self dataFilePath];
    if ([[NSFileManager defaultManager] fileExistsAtPath:filePath]) {
        NSArray *array = [[NSArray alloc] initWithContentsOfFile:filePath];
        field1.text = [array objectAtIndex:0];
        field2.text = [array objectAtIndex:1];
        field3.text = [array objectAtIndex:2];
        field4.text = [array objectAtIndex:3];
    }
}
```

从属性列表中加载数据之后，我们获得了对应用程序实例的引用，并使用该引用订阅UIApplicationWillReSignActiveNotification，使用默认的NSNotificationCenter实例以及一个名为add-Observer:selector:name:object:的方法。我们传递观察者参数，即self，这意味着BIDViewController是需要通知的对象。对于selector，我们将一个选择器传递给刚才编写的applicationWillResignActive:

方法,告知通知中心在发布该通知时调用该方法。第三个参数name:是我们希望接收的通知的名称,最后一个参数object:是要从中获取通知的对象。

```
UIApplication *app = [UIApplication sharedApplication];
[[NSNotificationCenter defaultCenter] addObserver:self
        selector:@selector(applicationWillResignActive:)
        name:UIApplicationWillResignActiveNotification
    object:app];
```

最后一个新方法称为applicationWillResignActive:。请注意,它接受一个指向NSNotification的指针作为参数。你可能已在第12章中看到此模式。applicationWillResignActive:是一个通知方法,所有通知都接受一个NSNotification实例作为参数。

我们的应用程序首先需要保存它的数据,然后才能终止或发送到后台,所以我们需要使用名为UIApplicationWillResignActiveNotification的通知。只要用户不再与应用程序交互,就会发布此通知。这包括当用户退出应用程序和(在iOS 4和更新版本中)当将应用程序推送到后台(可能在以后会调回到前台)时。之前在viewDidLoad方法中,我们使用了通知中心来订阅这个具体的通知。当发生该通知时就会调用此方法:

```
- (void)applicationWillResignActive:(NSNotification *)notification {
    NSMutableArray *array = [[NSMutableArray alloc] init];
    [array addObject:field1.text];
    [array addObject:field2.text];
    [array addObject:field3.text];
    [array addObject:field4.text];
    [array writeToFile:[self dataFilePath] atomically:YES];
}
```

此方法非常简单。我们创建一个可变的数组,将所有4个字段的文本添加到数组中,然后将该数组的内容写入到一个属性列表文件中。使用属性列表保存数据就这么简单。

还好,不是太难吧?当主视图完成加载后,我们查找属性列表文件。如果该文件存在,则将其中的数据复制到文本字段中。接下来,应用程序将在终止(退出或退到后台)时通知我们。当应用程序终止时,我们收集4个文本字段中的值,将它们粘贴在可变数组中,并将该可变数组写入属性列表。

为什么没有编译和运行应用程序呢?应该先构建,然后在模拟器中启动。实现之后,你应该能够在4个文本字段中的任何一个字段中键入文本。在其中键入某些内容后,按home按钮(模拟器窗口底部具有圆角矩形的圆形按钮)。按home按钮非常重要,如果你只是退出模拟器,即等同于强制退出应用程序,则不会收到应用程序终止的通知,并且绝对不会保存你的数据。

说明 从iOS 4开始,按下home按钮通常不会退出应用程序,至少不会一开始就退出。应用程序将进入后台状态,并准备在用户切换回来之后迅速重新激活。第15章将深入介绍这些状态和它们对运行和退出应用程序的影响。与此同时,如果希望确认数据确实已保存,可以完整地退出iPhone模拟器,然后从Xcode重新启动应用程序。退出模拟器基本上相当于重新启动iPhone,所以当它再次启动时,你的应用程序将拥有新的重启体验。

　　属性列表序列化非常实用且易于使用，但它有一点限制，它只能将选择的一小部分对象存储在属性列表中。下面让我们看看比较强大的方法。

13.4　对模型对象进行归档

　　在第9章的最后一个部分中，我们在构建Presidents数据模型对象之后，给出了一个使用NSCoder加载归档数据的过程示例。在Cocoa世界中，术语归档是指另一种形式的序列化，但它是任何对象都可以实现的更常规的类型。专门编写用于保存数据的任何模型对象都应该支持归档。使用对模型对象进行归档的技术可以轻松将复杂的对象写入文件，然后再从中读取它们。

　　只要在类中实现的每个属性都是标量（如int或float）或都是符合NSCoding协议的某个类的实例，你就可以对对象进行完整归档。由于大多数支持存储数据的Foundation和Cocoa Touch类都符合NSCoding（不过有一些例外，如UIImage），因此对于大多数类来说，归档相对而言比较容易实现。

　　尽管对归档的使用没有严格要求，但是应该与NSCoding一起实现另一个协议，即NSCopying协议，该协议允许复制对象，这使你在使用数据模型对象时具备了更多的灵活性。例如，在第9章的Presidents应用程序中，我们不必编写复杂代码来存储用户所做的更改以便可以处理Cancel和Save按钮，我们可以生成president对象的副本，并将更改存储在该副本中。如果用户按下Save，我们只需复制更改后的版本来替换原来的版本。

13.4.1　符合NSCoding

　　NSCoding协议声明了两个方法，这两个方法都是必需的。一个方法将对象编码到归档中；另一个方法通过对归档解码来创建一个新对象。这两个方法都传递一个NSCoder实例，使用方式与上一章中的NSUserDefaults非常相似。你可以使用键/值编码对对象和本地数据类型（如int和float）进行编码和解码。

　　对某个对象编码的方法可能类似于以下内容：

```
- (void)encodeWithCoder:(NSCoder *)encoder {
    [encoder encodeObject:foo forKey:kFooKey];
    [encoder encodeObject:bar forKey:kBarKey];
    [encoder encodeInt:someInt forKey:kSomeIntKey];
    [encoder encodeFloat:someFloat forKey:kSomeFloatKey]
}
```

　　要在对象中支持归档，我们必须使用适当的编码方法将每个实例变量编码成encoder。因此，需要实现一个方法来初始化NSCoder中的对象，以还原以前归档的对象。如果要子类化某个也遵循NSCoding的类，还需要确保对超类调用encodeWithCoder:，这样你的方法将如下所示：

```
- (void)encodeWithCoder:(NSCoder *)encoder {
    [super encodeWithCoder:encoder];
    [encoder encodeObject:foo forKey:kFooKey];
    [encoder encodeObject:bar forKey:kBarKey];
```

```
    [encoder encodeInt:someInt forKey:kSomeIntKey];
    [encoder encodeFloat:someFloat forKey:kSomeFloatKey]
}
```

实现initWithCoder:方法比实现encodeWithEncoder:方法稍微复杂一些。如果你直接对NSObject进行子类化，或者对某些不符合NSCoding的其他类进行子类化，则你的方法将类似以下内容：

```
- (id)initWithCoder:(NSCoder *)decoder {
    if (self = [super init]) {
        foo = [decoder decodeObjectForKey:kFooKey];
        bar = [decoder decodeObjectForKey:kBarKey];
        someInt = [decoder decodeIntForKey:kSomeIntKey];
        someFloat = [decoder decodeFloatForKey:kAgeKey];
    }
    return self;
}
```

该方法使用[super init]初始化对象实例，如果初始化成功，则它通过解码在NSCoder的实例中传递的值来设置其属性。当为某个具有超类且符合NSCoding的类实现NSCoding时，initWithCoder:方法应稍有不同。它不再对super调用init，而是调用initWithCoder:，例如：

```
- (id)initWithCoder:(NSCoder *)decoder {
    if (self = [super initWithCoder:decoder]) {
        foo = [decoder decodeObjectForKey:kFooKey];
        bar = [decoder decodeObjectForKey:kBarKey];
        someInt = [decoder decodeIntForKey:kSomeIntKey];
        someFloat = [decoder decodeFloatForKey:kAgeKey];
    }
    return self;
}
```

基本就这些。只要你实现这两个方法，就可以对所有对象的属性进行编码和解码，然后便可以对对象进行归档，并且可以写入归档中以及从归档中读取。

13.4.2　实现NSCopying

如前所述，符合NSCopying对于任何数据模型对象来说都是非常好的事情。NSCopying有一个copyWithZone:方法，可用于复制对象。实现NSCopying与实现initWithCoder:非常相似。你只需创建一个同一类的新实例，然后将该新实例的所有属性都设置为与该对象属性相同的值。此处copyWithZone:方法的内容类似于以下内容：

```
- (id)copyWithZone:(NSZone *)zone {
    MyClass *copy = [[[self class] allocWithZone:zone] init];
    copy.foo = [self.foo copyWithZone:zone];
    copy.bar = [self.bar copyWithZone:zone];
    copy.someInt = self.someInt;
    copy.someFloat = self.someFloat;
return copy;
}
```

说明	不要过于担心NSZone参数。它指向系统用于管理内存的struct。只有在极少的情况下，开发人员才需要关注zone或者创建自己的zone。而在目前，还没有使用多个zone的说法。对某个对象调用copy的方法与使用默认zone调用copyWithZone:的方法完全相同，这几乎始终能满足你的需求。

13.4.3　对数据对象进行归档和取消归档

从符合NSCoding的一个或多个对象创建归档相对比较容易。首先，创建一个NSMutableData实例，用于包含编码的数据，然后创建一个NSKeyedArchiver实例，用于将对象归档到此NSMutableData实例中：

```
NSMutableData *data = [[NSMutableData alloc] init];
NSKeyedArchiver *archiver = [[NSKeyedArchiver alloc]
    initForWritingWithMutableData:data];
```

创建这两个实例之后，我们使用键/值编码来对希望包含在归档中的所有对象进行归档，例如：

```
[archiver encodeObject:myObject forKey:@"keyValueString"];
```

对所有要包含的对象进行编码之后，我们只需告知归档程序已经完成了这些操作，将NSMutableData实例写入文件系统。

```
[archiver finishEncoding];
BOOL success = [data writeToFile:@"/path/to/archive" atomically:YES];
```

如果写入文件时出现错误，会将success设置为NO。如果success为YES，则数据已成功写入指定文件。从该归档创建的任何对象都将是过去写入该文件的对象的精确副本。

要从归档重新组成对象，我们需要经历类似的过程。从归档文件创建一个NSData实例，并创建一个NSKeyedUnarchiver以对数据进行解码：

```
NSData *data = [[NSData alloc] initWithContentsOfFile:path];
NSKeyedUnarchiver *unarchiver = [[NSKeyedUnarchiver alloc]
    initForReadingWithData:data];
```

然后，使用之前用于对对象进行归档的相同密钥从解压程序中读取对象：

```
self.object = [unarchiver decodeObjectForKey:@"keyValueString"];
```

最后，我们告知归档程序已经完成了该操作：

```
[unarchiver finishDecoding];
```

如果你感觉对归档有点不知所措，不要担心，实际上它非常简单。我们将为Persistence应用程序添加归档功能，以便于你理解其内部原理。完成几次之后，归档将变成第二天性，因为你所有实际执行的操作就是使用键-值编码存储和检索对象的属性。

13.4.4　归档应用程序

我们将改进Persistence应用程序，让它使用归档而不是属性列表。我们将对Persistence源代码进行一些非常重要的更改，因此你可能希望在继续之前为项目创建一个副本。

1. 实现FourLines类

准备好继续执行操作并在Xcode中打开Persistence项目之后，单击Persistence文件夹，并按⌘N或从File菜单中选择New→New File...。当出现新建文件向导时，选择Cocoa Touch，然后选择Objective-C class，单击Next。将新类命名为BIDFourLines，并在Subclass of控件中选择NSObject，再次单击Next。选择Persistence文件夹保存文件，单击Create。该类将作为我们的数据模型，并且它将容纳当前存储在属性列表应用程序的字典中的数据。

单击BIDFourLines.h，并进行以下更改：

```
#import <Foundation/Foundation.h>

@interface BIDFourLines : NSObject
@interface BIDFourLines : NSObject <NSCoding, NSCopying>

@property (copy, nonatomic) NSString *field1;
@property (copy, nonatomic) NSString *field2;
@property (copy, nonatomic) NSString *field3;
@property (copy, nonatomic) NSString *field4;
@end
```

这是一个非常简单的数据模型类，它具有4个字符串属性。注意，我们已经让该类符合NSCoding和NSCopying协议了。现在切换到BIDFourLines.m，并添加以下代码：

```
#import "BIDFourLines.h"

#define    kField1Key    @"Field1"
#define    kField2Key    @"Field2"
#define    kField3Key    @"Field3"
#define    kField4Key    @"Field4"

@implementation BIDFourLines
@synthesize field1;
@synthesize field2;
@synthesize field3;
@synthesize field4;

#pragma mark NSCoding
- (void)encodeWithCoder:(NSCoder *)encoder {
    [encoder encodeObject:field1 forKey:kField1Key];
    [encoder encodeObject:field2 forKey:kField2Key];
    [encoder encodeObject:field3 forKey:kField3Key];
    [encoder encodeObject:field4 forKey:kField4Key];
}

- (id)initWithCoder:(NSCoder *)decoder {
    if (self = [super init]) {
```

```
        field1 = [decoder decodeObjectForKey:kField1Key];
        field2 = [decoder decodeObjectForKey:kField2Key];
        field3 = [decoder decodeObjectForKey:kField3Key];
        field4 = [decoder decodeObjectForKey:kField4Key];
    }
    return self;
}

#pragma mark -
#pragma mark NSCopying
- (id)copyWithZone:(NSZone *)zone {
BIDFourLines *copy = [[[self class] allocWithZone:zone] init];
    copy.field1 = [self.field1 copyWithZone:zone];
    copy.field2 = [self.field2 copyWithZone:zone];
    copy.field3 = [self.field3 copyWithZone:zone];
    copy.field4 = [self.field4 copyWithZone:zone];
    return copy;

}
@end
```

我们刚才实现了符合NSCoding和NSCopying所需的所有方法。我们在encodeWithCoder:中对所有4个属性进行编码，并在initWithCoder:中使用相同的4个键值对这些属性进行解码。在copyWithZone:中，我们创建了一个新的BIDFourLines对象，并将所有4个字符串复制到其中。看见了吗？这一点也不难。

2. 实现BIDViewController类

创 建 可 归 档 的 数 据 对 象 之 后 ，让 我 们 使 用 它 来 持 久 存 储 应 用 程 序 数 据 。单 击
BIDViewController.h，并进行以下更改：

```
#import "BIDViewController.h"
#import "BIDFourLines.h"

#define kFilename        @"data.plist"
#define kFilename        @"archive"
#define kDataKey         @"Data"

@implementation BIDViewController
@synthesize field1;
@synthesize field2;
@synthesize field3;
@synthesize field4;

- (NSString *)dataFilePath {
    NSArray *paths = NSSearchPathForDirectoriesInDomains(
        NSDocumentDirectory, NSUserDomainMask, YES);
    NSString *documentsDirectory = [paths objectAtIndex:0];
    return [documentsDirectory stringByAppendingPathComponent:kFilename];
}

#pragma mark -
- (void)viewDidLoad {
```

```
        [super viewDidLoad];
        // Do any additional setup after loading the view, typically from a nib.
        NSString *filePath = [self dataFilePath];
        if ([[NSFileManager defaultManager] fileExistsAtPath:filePath]) {
            NSArray *array =[[NSArray alloc]initWithContentsOfFile:filePath];
            field1.text = [array objectAtIndex:0];
            field2.text = [array objectAtIndex:1];
            field3.text = [array objectAtIndex:2];
            field4.text = [array objectAtIndex:3];

            NSData *data = [[NSMutableData alloc]
                initWithContentsOfFile:[self dataFilePath]];
            NSKeyedUnarchiver *unarchiver = [[NSKeyedUnarchiver alloc]
                initForReadingWithData:data];
            BIDFourLines *fourLines = [unarchiver decodeObjectForKey:kDataKey];
            [unarchiver finishDecoding];

            field1.text = fourLines.field1;
            field2.text = fourLines.field2;
            field3.text = fourLines.field3;
            field4.text = fourLines.field4;
        }

        UIApplication *app = [UIApplication sharedApplication];
        [[NSNotificationCenter defaultCenter] addObserver:self
                selector:@selector(applicationWillResignActive:)
                name:UIApplicationWillResignActiveNotification
                object:app];
}
    .
    .
    .
- (void)applicationWillResignActive:(NSNotification *)notification {
    NSMutableArray *array = [[NSMutableArray alloc] init];
    [array addObject:field1.text];
    [array addObject:field2.text];
    [array addObject:field3.text];
    [array addObject:field4.text];
    [array writeToFile:[self dataFilePath] atomically:YES];

    BIDFourLines *fourLines = [[BIDFourLines alloc] init];
    fourLines.field1 = field1.text;
    fourLines.field2 = field2.text;
    fourLines.field3 = field3.text;
    fourLines.field4 = field4.text;

    NSMutableData *data = [[NSMutableData alloc] init];
    NSKeyedArchiver *archiver = [[NSKeyedArchiver alloc]
        initForWritingWithMutableData:data];
    [archiver encodeObject:fourLines forKey:kDataKey];
    [archiver finishEncoding];
    [data writeToFile:[self dataFilePath] atomically:YES];
}
...
```

保存更改，先试运行一下这个版本的Persistence。

　　更改的东西不多。首先我们指定了一个新的文件名，以避免应用加载旧的属性列表作为归档。我们还定义了一个新的常量，作为编码和解码的键/值。然后我们重新编写加载和保存代码，使用BIDFourLines保存数据，并且使用NSCoding的方法完成实际的加载和保存工作。GUI与上一个版本完全相同。

　　新版本需要比属性列表序列化多实现几行代码，因此你可能想知道使用归档是否比使用序列化属性列表更有优势。对于该应用程序，答案非常简单：实际上并非如此。但是回想第9章中的最后一个示例，在该示例中，我们允许用户编辑总统列表，每个总统共有4个不同的可以编辑的字段。要使用属性列表处理对总统列表的归档，需要涉及迭代总统列表、为每个总统创建一个NSDictionary实例、将每个字段中的值复制到NSDictionary实例、将该实例添加到另一个数组，然后将该数组写入属性列表文件。当然，这是假设我们将自己局限于只使用可序列化的属性。否则，如果不做大量转换工作就根本不能使用属性列表序列化。

　　另一方面，如果我们拥有一个可归档对象的数组（如我们刚才构建的BIDFourLines类），则可以通过对数组实例本身进行归档来归档整个数组。归档集合类（如NSArray）时，也归档其包含的所有对象。只要放入数组或字典中的每个对象都符合NSCoding，你就可以归档数组或字典并还原它。另外，当你对其进行归档时，其中的所有对象都将位于已还原数组或字典中。

　　换句话说，该方法可以适当伸缩（至少对于代码多少而言），因为无论你添加多少对象，将这些对象写入磁盘的方式（假设你使用单个文件持久性）都完全相同。但使用属性列表，工作量会随着添加的每个对象而增加。

13.5　使用 iOS 的嵌入式 SQLite3

　　我们将要讨论的第三个持久性选项是iOS的嵌入式SQL数据库，名为SQLite3。SQLite3在存储和检索大量数据方面非常有效。它还能够对数据进行复杂的聚合，与使用对象执行这些操作相比，获得结果的速度更快。

　　例如，如果应用程序需要计算应用程序中所有对象中特殊字段的总和，或者如果需要只符合特定条件的对象的总和，SQLite3将可以执行该操作，而不需要将每个对象加载到内存中。从SQLite3获取聚合比将所有对象加载到内存中，然后计算它们值的总和要快几个数量级。作为一个羽翼丰满的嵌入式数据库，SQLite3包含使其速度更快（例如，通过创建可以加快查询速度的表索引）的工具。

说明　有关"SQL"和"SQLite"的发音，有两派意见。大多数正式文档将"SQL"读为"Ess-Queue-Ell"，将"SQLite"读为"Ess-Queue-Ell-Light"。很多人分别将它们读为"Sequel"和"Sequel Light"。少部分坚定的反对者喜欢称为"Squeal"和"Squeal Light"。请选择最适合你的叫法（如果选择"Squeal"叫法，随时可能受到持有异议的人的嘲讽和远离）。

SQLite3使用SQL（Structured Query Language，结构化查询语言）。SQL是与关系数据库交互的标准语言。整本书都是采用SQL语法（实际上有几百个）以及SQLite本身编写的。因此，如果你还不了解SQL并且想在应用程序中使用SQLite3，则需要提前做点工作。我们将介绍如何在iOS应用程序中进行设置并与SQLite数据库交互，并且你将在本章中看到一些基本语法。但是，要真正地充分利用SQLite3，你就需要进行一些额外的研究和探索。从http://www.sqlite.org/cintro.html上的"An Introduction to the SQLite3 C/C++ Interface"以及http://www.sqlite.org/lang.html上的"SQL As UnderstoodbySQLite"开始不错。

关系数据库（包括SQLite3）和面向对象的编程语言使用完全不同的方法来存储和组织数据。这些方法非常不同，因而出现了用于在两者之间转换的各种技术以及很多库和工具。这些不同的技术统称为**对象关系映射**（object-relational mapping，ORM）。目前有多种ORM工具可用于Cocoa Touch。实际上，我们将在下一节中讨论苹果公司提供的一种ORM解决方案，即Core Data。

本章将重点介绍基础知识，包括设置SQLite3，创建容纳数据的表以及利用应用程序中的数据库。很明显，在现实世界中，这么一个简单的应用程序无法保证在SQLite3方面的投资有相应的回报。但是，它的简单性确实使它成为一个非常好的学习示例。

13.5.1 创建或打开数据库

使用SQLite3之前，必须打开数据库。用于执行此操作的命令`sqlite3_open()`将打开一个现有数据库，如果指定位置上不存在数据库，则它会创建一个新的数据库。下面是打开新数据库的代码：

```
sqlite3 *database;
int result = sqlite3_open("/path/to/database/file", &database);
```

如果`result`等于常量`SQLITE_OK`，则表示数据库已成功打开。此处你应该记住的一件事情就是，数据库文件的路径必须作为C字符串（而非`NSString`）传递。SQLite3是采用可移植的C（而非Objective-C）编写的，它不知道什么是`NSString`。所幸，有一个`NSString`方法，该方法从`NSString`实例生成C字符串：

```
const char *stringPath = [pathString UTF8String];
```

当你对SQLite3数据库执行完所有操作时，通过调用以下内容来关闭数据库：

```
sqlite3_close(database);
```

数据库将其所有数据存储在表中。你可以通过SQL `CREATE`语句创建一个新表，并使用函数`sqlite3_exec`将其传递到打开的数据库，如下所示：

```
char *errorMsg;
const char *createSQL = "CREATE TABLE IF NOT EXISTS PEOPLE ↵
    (ID INTEGER PRIMARY KEY AUTOINCREMENT, FIELD_DATA TEXT)";
int result = sqlite3_exec(database, createSQL, NULL, NULL, &errorMsg);
```

执行该操作之前,需要检查result等于SQLITE_OK以确保命令成功运行。如果命令未成功运行, errorMsg将包含对所发生问题的描述。

函数sqlite3_exec用于针对SQLite3运行任何不返回数据的命令。它用于执行更新、插入和删除操作。从数据库中检索数据有点复杂。你必须首先通过向其输入SQL SELECT命令来准备该语法:

```
NSString *query = @"SELECT ID, FIELD_DATA FROM FIELDS ORDER BY ROW";
sqlite3_stmt *statement;
int result = sqlite3_prepare_v2(database, [query UTF8String],
    -1, &statement, nil);
```

说明　所有接受字符串的SQLite3函数都要求使用旧样式的C字符串。在示例中,我们创建并传递一个C字符串,但在该示例中,我们创建一个NSString并通过它的一个方法(名为UTF8String)派生一个C字符串。这两个方法都可行。如果你需要对字符串进行操纵,则使用NSString或NSMutableString将比较容易,但是将NSString转换为C字符串会导致一些额外开销。

如果result等于SQLITE_OK,则你的语句已准备成功,可以开始单步调试结果集。下面是一个单步调试结果集并从数据库中检索int和NSString的示例:

```
while (sqlite3_step(statement) == SQLITE_ROW) {
    int rowNum = sqlite3_column_int(statement, 0);
    char *rowData = (char *)sqlite3_column_text(statement, 1);
    NSString *fieldValue = [[NSString alloc] initWithUTF8String:rowData];
    // Do something with the data here
}
sqlite3_finalize(statement);
```

13.5.2　绑定变量

虽然可以通过创建SQL字符串来插入值,但常用的方法是使用**绑定变量**来执行数据库插入操作。正确处理字符串并确保它们没有无效字符(以及引号处理过的属性)是非常烦琐的事情。借助绑定变量,这些问题将迎刃而解。

要使用绑定变量插入值,只需按正常方式创建SQL语句,但是要在SQL字符串中添加一个问号。每个问号都表示一个需要在语句执行之前进行绑定的变量。然后,准备好SQL语句,将值绑定到各个变量,然后执行命令。

下面这个示例使用两个绑定变量预处理SQL语句,它绑定一个int到第一个变量,并绑定一个字符串到第二个变量,然后执行并完成语句:

```
char *sql = "insert into foo values (?, ?);";
sqlite3_stmt *stmt;
if (sqlite3_prepare_v2(database, sql, -1, &stmt, nil) == SQLITE_OK) {
```

```
        sqlite3_bind_int(stmt, 1, 235);
        sqlite3_bind_text(stmt, 2, "Bar", -1, NULL);
    }
    if (sqlite3_step(stmt) != SQLITE_DONE)
        NSLog(@"This should be real error checking!");
    sqlite3_finalize(stmt);
```

根据希望使用的数据类型，可以选择不同的绑定语句。大部分绑定函数都只有3个参数。

❑ 无论针对哪种数据类型，任何绑定函数的第一个参数都指向之前在sqlite3_prepare_v2()调用中使用的sqlite3_stmt。

❑ 第二个参数是所绑定的变量的索引。它是一个按序索引的值，这表示SQL语句中的第一个问号是索引1，而其后的每个问号都依次按序增加1。

❑ 第三个参数始终表示应该替换问号的值。

只有少数绑定函数，比如说用于绑定文本和二进制数据的绑定函数，还有另外两个参数。

❑ 第一个参数是在上面的第三个参数中传递的数据的长度。对于C字符串，可以传递-1来代替字符串的长度，而函数将使用整个字符串。对于所有其他情况，你需要指定所传递数据的长度。

❑ 最后一个参数是可选的函数回调，用于在语句执行后完成内存清理工作。通常，这种函数用于使用malloc()释放已分配的内存。

绑定语句后面的语法可能看起来有点奇怪，因为我们执行了一个插入操作。当使用绑定变量时，会将相同语法同时用于查询和更新。如果SQL字符串包含一个SQL查询，那么无需更新，我们需要多次调用sqlite3_step()，直到它返回SQLITE_DONE。因为这是一次更新，所以我们仅调用它一次。

13.5.3　SQLite3 应用程序

我们已经讲述了基本知识，下面介绍在实践中的工作原理。我们将再次改进Persistence项目，这次使用SQLite3来存储它的数据。它将使用一个表并将字段值存储在该表中4个不同的行中。我们将为每个行提供一个与其字段相对应的行，例如，field1中的值将存储在表中行号为1的行中。下面让我们开始吧！

1. 链接到SQLite3库

通过一个过程API来访问SQLite3，该API提供对很多C函数调用的接口。要使用此API，我们需要将应用程序链接到一个名为libsqlite3.dylib的动态库。在Mac OS X和iOS上，该库位于/usr/lib中。将动态库链接到项目中的过程与在框架中的链接完全相同。

使用Finder复制最后一个Persistence项目目录，然后打开新副本的.xcodeproj文件。在项目导航列表（最左边的窗格）顶部选择Persistence项，然后在主区域（中间的窗格，参见图13-4）的TARGETS部分中选择Persistence。注意要从TARGETS部分中选择Persistence，而不是从PROJECT部分中选择。

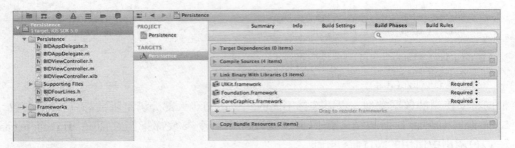

图13-4   在项目导航中选择Persistence项目，然后选择Persistence目标，最后选择
　　　　　Build Phases标签

在选中了Persistence目标后，在最右边的窗格中点击Build Phases标签。其中包含一些列表项，初始时都是收起的，它们代表Xcode构建应用的各个步骤。展开一行名为Link Binary With Libraries的项。其中包括了我们的应用程序创建时默认链接的标准框架：UIKit.framework、Foundation.framework和CoreGraphics.framework。

现在，我们来向项目添加SQLite3库。点击链接框架列表底部的+按钮，将会出现一个列出了所有可用框架和库的列表。在该列表中找到libsqlite3.dylib（或者使用搜索框），然后点击Add按钮。注意，该目录中可能有多个以libsqlite3开头的其他条目。务必选择libsqlite3.dylib。它是始终指向最新版本的SQLite3库的别名。在项目中添加了该库后，它将会出项在项目导航的顶层。为了使项目文件保持有序，你应该将它拖到项目的Frameworks文件夹中。

2. 修改Persistence视图控制器

现在是时候来修改代码了。这次我们使用SQLite来替换NSCoding的相应代码。同样，我们再一次修改文件名，以避免使用上一个版本中所用的文件，而文件名也适当反映了它所保存的数据的类型。然后我们修改用于保存和加载数据的方法。

选择BIDViewController.m，对其作如下修改：

```
#import "BIDViewController.h"
#import "BIDFourLines.h"
#import <sqlite3.h>

#define kFilename    @"archive.plist"
#define kDataKey     @"Data"
#define kFilename    @"data.sqlite3"

@implementation BIDViewController
@synthesize field1;
@synthesize field2;
@synthesize field3;
@synthesize field4;

- (NSString *)dataFilePath {
    NSArray *paths = NSSearchPathForDirectoriesInDomains(
        NSDocumentDirectory, NSUserDomainMask, YES);
    NSString *documentsDirectory = [paths objectAtIndex:0];
    return [documentsDirectory stringByAppendingPathComponent:kFilename];
```

```objc
}

#pragma mark -
- (void)viewDidLoad {
    [super viewDidLoad];
    // Do any additional setup after loading the view, typically from a nib.
    NSString *filePath = [self dataFilePath];
    if ([[NSFileManager defaultManager] fileExistsAtPath:filePath])
    {
        NSData *data = [[NSMutableData alloc]
            initWithContentsOfFile:[self dataFilePath]];
        NSKeyedUnarchiver *unarchiver =
            [[NSKeyedUnarchiver alloc] initForReadingWithData:data];
        BIDFourLines *fourLines = [unarchiver decodeObjectForKey:kDataKey];
        [unarchiver finishDecoding];

        field1.text = fourLines.field1;
        field2.text = fourLines.field2;
        field3.text = fourLines.field3;
        field4.text = fourLines.field4;
    }
    sqlite3 *database;
    if (sqlite3_open([[self dataFilePath] UTF8String], &database)
            != SQLITE_OK) {
        sqlite3_close(database);
        NSAssert(0, @"Failed to open database");
    }

    // Useful C trivia: If two inline strings are separated by nothing
    // but whitespace (including line breaks), they are concatenated into
    // a single string:
    NSString *createSQL = @"CREATE TABLE IF NOT EXISTS FIELDS "
                          "(ROW INTEGER PRIMARY KEY, FIELD_DATA TEXT);";
    char *errorMsg;
    if (sqlite3_exec (database, [createSQL UTF8String],
        NULL, NULL, &errorMsg) != SQLITE_OK) {
        sqlite3_close(database);
        NSAssert(0, @"Error creating table: %s", errorMsg);
    }
    NSString *query = @"SELECT ROW, FIELD_DATA FROM FIELDS ORDER BY ROW";
    sqlite3_stmt *statement;
    if (sqlite3_prepare_v2(database, [query UTF8String],
        -1, &statement, nil) == SQLITE_OK) {
        while (sqlite3_step(statement) == SQLITE_ROW) {
            int row = sqlite3_column_int(statement, 0);
            char *rowData = (char *)sqlite3_column_text(statement, 1);

            NSString *fieldName = [[NSString alloc]
                initWithFormat:@"field%d", row];
            NSString *fieldValue = [[NSString alloc]
                initWithUTF8String:rowData];
            UITextField *field = [self valueForKey:fieldName];
            field.text = fieldValue;
        }
        sqlite3_finalize(statement);
    }
}
```

```
        sqlite3_close(database);

    UIApplication *app = [UIApplication sharedApplication];
    [[NSNotificationCenter defaultCenter] addObserver:self
            selector:@selector(applicationWillResignActive:)
            name:UIApplicationWillResignActiveNotification
            object:app];
}

- (void)applicationWillResignActive:(NSNotification *)notification {
    BIDFourLines *fourLines = [[BIDFourLines alloc] init];
    fourLines.field1 = field1.text;
    fourLines.field2 = field2.text;
    fourLines.field3 = field3.text;
    fourLines.field4 = field4.text;

    NSMutableData *data = [[NSMutableData alloc] init];
    NSKeyedArchiver *archiver = [[NSKeyedArchiver alloc]
            initForWritingWithMutableData:data];
    [archiver encodeObject:fourLines forKey:kDataKey];
    [archiver finishEncoding];
    [data writeToFile:[self dataFilePath] atomically:YES];

    sqlite3 *database;
    if (sqlite3_open([[self dataFilePath] UTF8String], &database)
        != SQLITE_OK) {
        sqlite3_close(database);
        NSAssert(0, @"Failed to open database");
    }
    for (int i = 1; i <= 4; i++) {
        NSString *fieldName = [[NSString alloc]
                            initWithFormat:@"field%d", i];
        UITextField *field = [self valueForKey:fieldName];

        // Once again, inline string concatenation to the rescue:
        char *update = "INSERT OR REPLACE INTO FIELDS (ROW, FIELD_DATA)"
                    "VALUES (?, ?);";
        char *errorMsg;
        sqlite3_stmt *stmt;
        if (sqlite3_prepare_v2(database, update, -1, &stmt, nil)
                == SQLITE_OK) {
            sqlite3_bind_int(stmt, 1, i);
            sqlite3_bind_text(stmt, 2, [field.text UTF8String], -1, NULL);
        }
        if (sqlite3_step(stmt) != SQLITE_DONE)
            NSAssert(0, @"Error updating table: %s", errorMsg);
        sqlite3_finalize(stmt);

    }
    sqlite3_close(database);
}
    .
    .
    .
```

新增的第一段代码位于viewDidLoad方法中。我们首先打开数据库，如果在打开数据库时遇到了问题，则关闭它并生成一个断言。

```
sqlite3 *database;
if (sqlite3_open([[self dataFilePath] UTF8String], &database)
    != SQLITE_OK) {
    sqlite3_close(database);
    NSAssert(0, @"Failed to open database");
}
```

接下来，我们需要确保有一个表来持有我们的数据。可以使用SQL CREATE TABLE完成此任务。通过指定IF NOT EXISTS，可以防止数据库覆盖现有数据。如果已有一个具有相同名称的表，此命令会直接退出，不执行任何操作，所以可以在应用程序每次启动时安全地调用它，无需显式检查表是否存在。

```
NSString *createSQL = @"CREATE TABLE IF NOT EXISTS FIELDS"
                       "(ROW INTEGER PRIMARY KEY, FIELD_DATA TEXT);";
char *errorMsg;
if (sqlite3_exec (database, [createSQL UTF8String], NULL, NULL,
    &errorMsg) != SQLITE_OK) {
    sqlite3_close(database);
    NSAssert1(0, @"Error creating table: %s", errorMsg);
}
```

最后，我们需要加载数据。为此，使用SQL SELECT语句。在这个简单的例子中，我们创建一个SQL SELECT来从数据库请求所有行并要求SQLite3准备我们的SELECT。我们还告诉SQLite3按行号排序行，以便我们总是以相同顺序获取它们。否则，SQLite3将按在内部存储的顺序返回各行。

```
NSString *query = @"SELECT ROW, FIELD_DATA FROM FIELDS ORDER BY ROW";
sqlite3_stmt *statement;
if (sqlite3_prepare_v2( database, [query UTF8String],
    -1, &statement, nil) == SQLITE_OK) {
```

然后我们逐个看一下返回的每行：

```
while (sqlite3_step(statement) == SQLITE_ROW) {
```

抓取行号并将它存储在一个int中，然后以C字符串的形式抓取字段数据。

```
int row = sqlite3_column_int(statement, 0);
char *rowData = (char *)sqlite3_column_text(statement, 1);
```

接下来，基于行号创建一个字段名（比如针对第1行的field1），将C字符串转换为NSString，并使用该NSString和从数据库获取的值设置适当的字段。

```
NSString *fieldName = [[NSString alloc]
    initWithFormat:@"field%d", row];
NSString *fieldValue = [[NSString alloc]
    initWithUTF8String:rowData];
UITextField *field = [self valueForKey:fieldName];
field.text = fieldValue;
```

最后关闭数据库连接，所有操作到此就结束了。

```
}
sqlite3_finalize(statement);
```

```
    }
    sqlite3_close(database);
```

　　请注意，我们在创建表和加载它所包含的任何数据后立即关闭了数据库连接，而不是在应用程序运行的整个过程中保持它的打开状态。这是管理连接的最简单方式，在这个小应用程序中，我们可以在需要该连接时打开它。在需要更频繁地使用数据库的应用程序中，可能需要始终打开连接。

　　其他更改是在applicationWillResignActive:方法中，我们需要把应用程序数据保存在这里。由于数据库中的数据存储在一个表中，存储后应用程序的数据将看起来类似于表13-1。

表13-1　存储在数据库的FIELDS表中的数据

行	FIELD表中的数据
1	When in the course of human
2	events, it becomes necessary
3	for one people to dissolve the
4	political bands which have…

applicationWillRegnActive:方法再次打开数据库：

```
    sqlite3 *database;
    if (sqlite3_open([[self dataFilePath] UTF8String], &database)
        != SQLITE_OK) {
        sqlite3_close(database);
        NSAssert(0, @"Failed to open database");
    }
```

保存数据时，需要遍历所有4个字段并且发出一个分隔命令以更新数据库的每一行。

```
    for (int i = 1; i <= 4; i++) {
        NSString *fieldName = [[NSString alloc]
            initWithFormat:@"field%d", i];
        UITextField *field = [self valueForKey:fieldName];
```

　　我们在循环中要做的第一件事情就是创建一个字段名称，以便可以检索到正确的文本字段输出口。记住，使用valueForKey:可以根据其名称检索属性。我们将声明一个指针，当有错误产生时，错误消息会用到它。

　　我们设计了一条带两个绑定变量的INSERT OR REPLACE SQL语句。第一个变量代表所存储的行，第二个变量代表要存储的实际字符串值。通过使用INSERT OR REPLACE，而不是比较标准的INSERT，我们不需要担心某个行是否已经存在。

```
        char *update = "INSERT OR REPLACE INTO FIELDS (ROW, FIELD_DATA)"
                        "VALUES (?, ?);";
```

接下来声明一个指向语句的指针，然后为语句添加绑定变量，并将值绑定到两个绑定变量：

```
        sqlite3_stmt *stmt;
        if (sqlite3_prepare_v2(database, update, -1, &stmt, nil) == SQLITE_OK) {
            sqlite3_bind_int(stmt, 1, i);
            sqlite3_bind_text(stmt, 2, [field.text UTF8String], -1, NULL);
        }
```

然后调用sqlite3_step来执行更新，检查并确定其运行正常，然后完成语句，结束循环：

```
    if (sqlite3_step(stmt) != SQLITE_DONE) {
        NSAssert(0, @"Error updating table.");
    }
    sqlite3_finalize(stmt);
}
```

注意，我们在此处使用了一个断言用于检查错误条件。我们之所以会使用断言，而不使用异常或手动错误检查，是因为这种情况只有在开发人员出错的情况下才会出现。使用此断言宏将有助于我们调试代码，并且可以脱离最终的应用程序。如果某个错误条件是用户正常情况下可能遇到的条件，则可能应该使用某些其他形式的错误检查。

说明 有一个条件可能导致前面的SQLite代码中发生错误，但不是程序员错误。如果设备的存储区已满，SQLite无法将其更改保存到数据库，那么这里也会发生错误。但是，这种情况很少见，并且将可能为用户带来更深层次的问题，不过这已超出了应用程序数据的范围。如果系统处于这一状态，我们的应用程序甚至可能无法成功启动。所以我们将完全避开此问题。

完成循环之后，关闭数据库：

```
    sqlite3_close(database);
```

为什么不编译、运行它呢？输入一些数据，按iPhone模拟器的home按钮。然后退出模拟器，重新启动Persistence应用程序，启动后，该数据应该处于原来的位置。就用户所关心的内容而言，这3个不同版本的应用程序之间绝对没有任何差别，但每个版本都使用了截然不同的持久性机制。

13.6 使用 Core Data

本章将要演示的最后一项技术是如何使用Apple的Core Data框架实现持久性。Core Data是一款稳定、功能全面的持久性工具。这里，我们将展示如何使用Core Data重新创建与Persistence应用程序相同的持久性。

说明 有关Core Data较为全面的讨论，请阅读Alex Horovitz和Kevin Kim所著的 *More iOS 5 Development*（Apress，2011），其中有几章是专门讨论Core Data的。

在Xcode中，创建一个新项目。此次，选择Empty Application模板，单击Next。将产品命名为Core Data Persistence，从Device Family弹出框中选择iPhone，但先不要单击Next按钮查看Device Family弹出窗口的下面，应该能看到一个标签为Use Core Data的复选框。将Core Data添加到已有项目的操作有一定复杂性，因此苹果公司为此选项提供了一些应用程序项目模板，以帮助你完成大部分工作。

选中Use Core Date复选框（参见图13-5），然后单击Next按钮。在提示窗口中选择保存项目的目录，然后单击Create按钮。

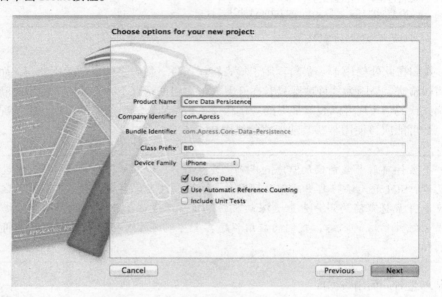

图13-5　一些项目模板（包括Empty Application）提供了使用Core Data的选项

在继续讨论代码之前，我们先来看项目窗口，其中包括一些全新的元素。展开Core Data Persistence和Supporting Files文件夹（参见图13-6）。

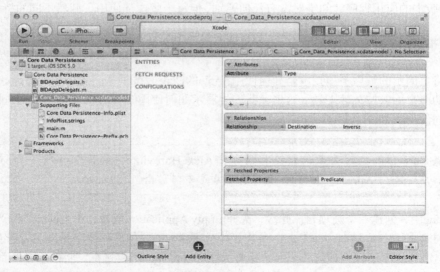

图13-6　项目模板提供了Core Data所需的文件。选中了Core Data模型，数据模型编辑　　　器显示在编辑窗格中

13

13.6.1 实体和托管对象

项目导航中显示的大部分内容你都应该很熟悉：应用程序委托、Supporting Files文件夹中的各种文件。此外，还有一个名为Core_Data_Persistence.xcdatamodeld的文件，这个文件包含我们的数据模型。在Xcode中，Core Data可用于直观地设计数据模型而无需编写代码，并将该数据模型存储在.xcdatamodeld文件中。

单击Core_Data_Persistence.xcdatamodel文件，以显示**数据模型编辑器**，如图13-6的右面部分所示。数据模型编辑器为你的数据模型提供了两种不同的视图，可以在项目窗口右下角的选项处进行设置。Table模式如图13-6所示，数据模型中所包含的数据项将会显示为一系列可编辑的表。在Graph模式中，数据项是以图形方式来表示的。目前，这两个视图都显示了同样的空数据模型。

在Core Data之前，创建数据模型的传统方式是创建一个NSObject的子类并让它们遵循NSCoding和NSCopying，以便能够像本章之前那样对它们进行归档。Core Data使用了一种完全不同的方法。你不需要创建类，而是在数据模型编辑器中创建一些**实体**，然后在代码中为这些实体创建**托管对象**。

说明　术语"实体"和"托管对象"可能有点令人混淆，因为两者都表示数据模型对象。术语"实体"表示对对象的描述，而"托管对象"表示在运行时创建的该实体的具体实例。因此，在数据模型编辑器中，你将创建实体；而在代码中，你将创建并检索托管对象。实体和托管对象之间的差异类似于类与类的实例之间的差异。

实体由属性（property）组成。属性分为3种类型：特性（attribute）、关系和提取属性。

❑ **特性**在Core Data实体中的作用与实例变量在Objective-C类中的作用完全相同。它们都用于保存数据。

❑ 顾名思义，**关系**用于定义实体之间的关系。举例来说，假设你希望定义一个Person实体。你可能首先会定义一些特性，比如说hairColor、eyeColor、height和weight。你可以定义地址特性，比如说state和ZIPC（邮政编码）。或者，可以将它们嵌入到单独的HomeAddress实体中。使用后面这种方法，你可能还希望在Person与HomeAddress之间创建一个关系。关系可以**一对一**或**一对多**。从Person到HomeAddress的关系可以是"一对一"，因为大多数人都只有一个家庭地址。从HomeAddress到Person的关系可以是"一对多"，因为可以多个Person住在同一个HomeAddress。

❑ **提取属性**是关系的备选方法。提取属性允许你创建一个可以在提取时被评估的查询，从而确定哪些对象属于这个关系。扩展我们之前的例子，一个Person对象可以拥有一个名为Neighbors的提取属性，该属性查找数据存储中与这个Person的HomeAddress拥有相同邮政编码的所有HomeAddress对象。由于提取属性的结构和使用方式，它们通常都是一对一关系。提取属性也是唯一一种能够让你跨越多个数据存储的关系。

通常，特性、关系和提取属性都是使用Xcode的数据模型编辑器定义的。在Core Data Persistence应用程序中，我们将构建一个简单的实体，以便于你了解其运行原理。

1. 键/值编码

在代码中，你不再使用存取方法和修改方法，而是使用**键/值编码**来设置属性或检索它们的已有值。键/值编码看上去有点令人望而生畏，但本书已经在多处使用了这种方法。举例来说，每次在使用NSDictionary时，我们都需要使用键/值编码，因为字典中的每个对象都保存在一个唯一的键值中。与NSDictionary相比，Core Data所使用的键/值编码更加复杂一些，但它们的基本概念都是相同的。

在操作托管对象时，用于设置和检索属性值的键就是希望设置的特性的名称。因此，要从托管对象中检索存储在name特性中的值，需要调用以下方法：

```
NSString *name = [myManagedObject valueForKey:@"name"];
```

同样，要为托管对象的属性设置新值，可以执行以下操作：

```
[myManagedObject setValue:@"Gregor Overlander" forKey:@"name"];
```

2. 在上下文中结合它们

那么，这些托管对象的活动区域在哪里呢？它们位于所谓的**持久库**中，有时也称为**后备库**。持久库可以采用多种不同的形式。默认情况下，Core Data应用程序将后备库实现为存储在应用程序Documents目录中的SQLite数据库。虽然数据是通过SQLite存储的，但Core Data框架中的类将完成与加载及保存数据相关的所有工作。如果使用Core Data，则不需要编写任何SQL语句。你只需要操作对象，而计算内部需求的工作将由Core Data完成。

除了SQLite之外，后备库还可以作为二进制平面文件实现，甚至是以XML形式存储。第三种选择是创建一个内存库，你在编写缓存机制时可以采用这种方法，但它在当前会话结束后无法保存数据。在几乎所有的情景中，你都应该采用默认设置，并使用SQLite作为持久库。

虽然大多数应用程序都只有一个持久库，但也可以在同一应用程序中使用多个持久库。如果你对后备库的创建和配置方式感到好奇，可以查看Xcode项目中的BIDAppDelegate.m文件。我们选择的Xcode项目模板提供了为应用程序设置单个持久库所需的所有代码。

除了创建它之外（在应用程序委托中实现），我们通常不会直接操作持久库，而是使用所谓的**托管对象上下文**（通常称为**上下文**）。上下文协调对持久库的访问，同时保存上次保存对象后修改过的属性的信息。上下文还通过撤销管理器来注册所有更改，这意味着你可以撤销单个操作或者回滚到上次保存的数据。

说明　可以将多个上下文指向相同的持久库，但大多数iOS应用程序都只会使用一个。有关使用多个上下文和撤销管理器的更多信息，请阅读Apress出版的 *More iOS 5 Development* 一书。

许多核心数据调用都需要NSManagedObjectContext作为参数，或者需要在上下文中执行。除了一些非常复杂、多线程的iOS应用程序之外，在应用程序委托中都可以只使用managedObjectContext属性——它是Xcode项目模板自动为应用程序创建的默认上下文。

你可能会发现，除了托管对象上下文和持久库协调者之外，所提供的应用程序委托还包含一个NSManagedObjectModel实例。该类负责在运行时加载和表示使用Xcode中的数据模型编辑器创建的数据模型。通常，你不需要直接与该类交互。该类由其他Core Data类在后台使用，因此它们可以确定数据模型中定义了哪些实体和属性。只要使用所提供的文件创建数据模型，就完全不需要担心这个类。

3. 创建新托管对象

创建托管对象的新实例非常简单，但没有使用alloc和init创建常规的对象实例那么直观。相反，这里使用NSEntityDescription类中的insertNewObjectForEntityForName: inManagedObjectContext: 工厂方法。NSEntityDescription的工作是跟踪在应用程序的数据模型中定义的所有实体。此方法返回一个实例，表示内存中的单个实体。它返回使用该特定实体的正确属性设置的NSManagedObject实例，或者如果将实体配置为使用NSManagedObject的特定子类实现，则返回该类的实例。请记住，实体类似于类。实体是对象的描述，用于定义特定的实体拥有哪些属性。

创建新对象的方法如下：

```
theLine = [NSEntityDescription
    insertNewObjectForEntityForName:@"EntityName"
            inManagedObjectContext:context];
```

这个方法的名称为insertNewObjectForEntityForName:inManagedObjectContext:，因为除了创建新对象外，它还将此新对象插入到上下文中，并返回自动释放后的对象。调用结束后，对象存在于上下文中，但还不是持久库的一部分。下一次托管对象上下文的save:方法被调用时，这个对象将被添加到持久库内。

4. 检索托管对象

要从持久存储中获取托管的对象，可以使用**抓取请求**（fetch request），这是Core Data处理预定义的查询的方式。例如，可以要求"提供其eyeColor为蓝色的每个Person"。

首次创建抓取请求之后，为它提供一个NSEntityDescription，指定希望检索的一个或多个对象实体。下面是一个创建抓取请求的例子：

```
NSFetchRequest *request = [[NSFetchRequest alloc] init];
NSEntityDescription *entityDescr = [NSEntityDescription
    entityForName:@"EntityName" inManagedObjectContext:context];
[request setEntity:entityDescr];
```

也可以使用NSPredicate类为抓取请求指定条件。**谓词**（predicate）类似于SQL WHERE子句，可定义用于确定抓取请求结果的条件。下面是一个简单的谓词示例：

```
NSPredicate *pred = [NSPredicate predicateWithFormat:@"(name = %@)", nameString];
[request setPredicate: pred];
```

第一行代码创建的谓词告诉抓取请求，无需获取指定实体的所有托管对象，仅获取其name属性设置为当前存储在nameString变量中的值的对象。所以，如果nameString是一个包含值@"Bob"的NSString，则会告诉抓取请求仅返回其name属性设置为"Bob"的托管对象。这是一个简单的例子，谓词可能复杂得多，还可以使用布尔逻辑来指定在大部分情形下可能需要的准确条件。

说明 Mark Dalrymple和Scott Knaster所著的《Objective-C基础教程》一书专门用一章介绍了NSPredicate的使用。

创建了提取请求并为它提供实体描述之后（可以选择为它指定一个谓词），使用NSManaged-ObjectContext中的实例方法来**执行提取请求**：

```
NSError *error;
NSArray *objects = [context executeFetchRequest:request error:&error];
if (objects == nil) {
    // handle error
}
```

executeFetchRequest:error:将从持久库中加载指定对象，并在一个数组中返回它们。如果遇到错误，则会获得一个nil数组，并且你所提供的错误指针将指向描述特定问题的**NSError**对象。如果没有遇到错误，则会获得一个有效的数组，但其中可能没有任何对象，因为可能没有对象满足指定标准。此后，托管对象上下文（你对它执行了请求）将跟踪你对该数组中返回的托管对象的任何更改。向该上下文发送一条**save:**消息可保存更改。

13.6.2　Core Data 应用程序

接下来，我们将讨论Core Data。我们将注意力转移回Xcode，开始创建数据模型。

1. 设计数据模型

单击Core_Data_Persistence.xcdatamodel，打开Xcode的数据模型编辑器。数据模型编辑窗格中列出了数据模型中的所有实体、抓取请求和配置。

说明　Core Data配置允许开发者定义一个或多个包含在数据模型中的实体的命名子集，在一些特定场合下，这一点很有用。例如，如果你想创建一些共享相同数据模型的应用，而另一些应用不能获取这些数据模型（比如一个应用提供给普通用户使用，而另一个给管理员使用），通过这种方式就可以做到。也可以在一个应用中使用多个配置，在不同操作模式之间进行切换。本书中，我们并不涉及配置，但是由于配置列表（包括在你的模型中包含所有内容的默认配置）使你得以接触实体和抓取请求的底层内容，所以我们认为有必要在这里提一下。

如图13-6所示，这些列表现在都是空的，因为我们还没有创建任何内容。单击实体窗格左下方的加号图标（标为Add Entity），选择创建一个名称为Entity的实体（参见图13-7）。

在你构建数据模型时，需要使用编辑区域右下方的选项在Table视图和Graph视图之间进行切换。现在切换到Graph视图 。Graph视图显示一个代表实体的小方框，它包含用于显示该实体的特性和关系的部分，现在也是空的（参见图13-8）。如果你的模型包含多个实体，那么Graph视图将会非常有用，它以图形化方式显示了所有实体之间的关系。

说明　如果你倾向于使用图形化方式工作，那么可以在Graph视图下构建实体模型。本章中我们使用Table视图，因为这种模式更容易解释。当你在创建自己的数据模型时，可以随意使用Graph视图（如果这种方式更适合你的话）。

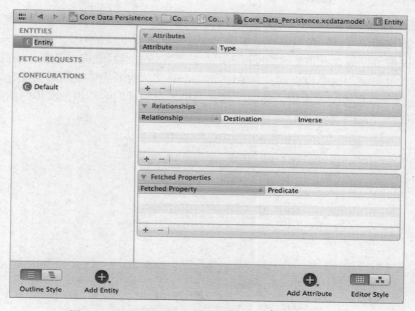

图13-7　数据模型编辑器，其中显示了刚添加的实体

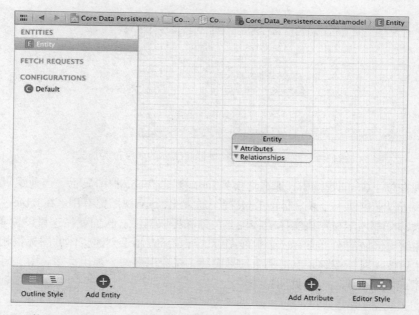

图13-8　使用右下方的控件将数据模型编辑器切换到Graph模式。注意，Graph模式
　　　　显示的实体与Table模式下的相同，只是以图形化方式显示。如果有多个相互
　　　　关联的实体，那么这种模式很有用

　　无论是使用Table视图还是Graph视图来设计数据模型，都需要打开Core Data数据模型检查器。通过这个检查器，可以对在数据模型编辑器中选中的项（可以是实体、特性、关系，或者其他内容）的相关细节进行查看和编辑。可以不用数据模型检查器就能查看已存在的模型，但是如果要编辑模型，就得使用这个检查器，就像你在编辑nib文件时要经常使用属性检查器一样。

　　按下Style打开数据模型检查器。此时，检查器中显示了我们刚添加的实体的信息。在Name字段中将Entity改为Line（参见图13-9）。

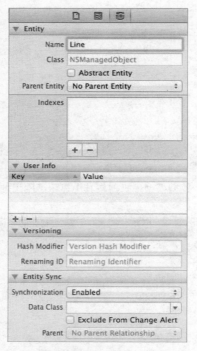

图13-9　使用数据模型检查器将实体的名字改为Line

　　如果你现在位于Graph视图中，那么切换到Table视图。Table视图显示了当前编辑实体的更为详细的信息，所以在创建一个新实体时Table视图通常比Graph视图更有用。在Table视图中，数据模型编辑器大部分都用于显示该实体的特性、关系和提取属性。我们就在这里设置实体。

　　注意，在编辑区域的右下方有一个加号图标，与左下方用于创建实体的图标很相似。如果你选择实体，然后按住鼠标按键并点击那个加号图标，将会出现一个弹出菜单，用于向你的实体添加特性、关系或者提取属性（参见图13-10）。

说明　不需要通过点击并按住鼠标按键来添加特性，直接点击该加号图标就可以了。这是种快捷方式！

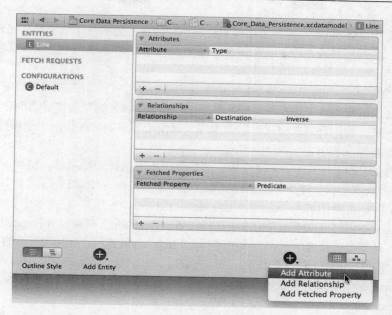

图13-10　选择一个实体，按住右下方加号图标，为该实体添加一个特性、关系或提取属性

用这种方式为Line实体添加一个特性。新创建的特性初始名为attribute，添加在表和所选项中的Attributes部分中。从表中可以看到，不仅是该行被选中了，特性名也被选中了。这意味着点击加号图标之后，可以立即为新特性键入名字，而不用另外再点击它。

将这个新特性的名字从attribute改为lineNum，然后点击名字旁边的弹出框，将其Type从Undefined改为Int16，从而将该特性转换为保存整型值的类型。我们将使用这个特性来标识托管对象中所保存的4个字段中的某一个。由于我们只有4个选择，所以选择最小的整型类型。

现在将注意力转向数据模型检查器，这里可以配置额外的详细信息。Name字段右下方的复选框Optional，默认处于选中状态，点击它以取消选择。我们不希望这个特性是可选的（在界面中没有对应的标签的行是没有用处的）。

选择Transient复选框可以创建一个瞬态特性，它用于将一个值指定为：当应用运行时托管对象会持有该值，但是不会将它保存在数据存储区中。我们想要行号保存在数据存储区中，所以不要选中Transient复选框。

选择Indexed复选框会在底层SQL数据库中为保存此特性的字段创建索引。同样不要选择该复选框，因为数据量很小，而且我们不会向用户提供搜索功能，所以不需要索引。

这些选项的下面还有更多设置，你可以在这里做一些简单的数据验证，为整数指定最小值和最大值、设置默认值，等等。在本例中我们不使用这里的任何设置。

现在，确保选择了Line实体，点击加号按钮添加另一个特性。将新特性命名为lineText，并将其Type改为String。这个特性用于保存文本字段中的实际数据。这次选中Optional复选框，因为用户不在给定字段中键入值是完全有可能的。

说明	将Type更改为String时，你会注意到一些额外的选项，它们用于设置默认值或限制字符串的长度。在此应用程序中，我们不会使用这些选项中的任何一个，但知道它们的作用是有好处的。

数据模型已经创建完毕。只需要一些单击操作，Core Data就能帮助你成功创建一个应用程序数据模型。接下来，我们将完成应用程序的构建，以便于了解如何在代码中使用数据模型。

2. 创建持久视图和控制器

由于我们选的是Empty Application模板，因此其中不包括视图控制器。回到项目导航，单击Core Data Persistence文件夹，按下⌘N或者从File菜单中选择New→New File...，打开新文件向导。从Cocoa Touch栏中选择UIViewController subclass单击Next。在下一个表单中，将新类命名为BIDViewController，并从Subclass of弹出框中选择UIViewController。确保标有Targeted for iPad的框处于未选中状态。还需要确保选中了With XIB for user interface复选框，这样系统会自动为你创建nib文件。单击Next按钮，选择文件保存目录。当你完成后，BIDViewController.h、BIDViewController.m和BIDViewController.xib应该位于Core Data Persistence文件夹中。

单击BIDViewController.h，并作出以下更改（你对此应该非常熟悉）：

```
#import <UIKit/UIKit.h>

@interface BIDViewController : UIViewController

@property (weak, nonatomic) IBOutlet UITextField *line1;
@property (weak, nonatomic) IBOutlet UITextField *line2;
@property (weak, nonatomic) IBOutlet UITextField *line3;
@property (weak, nonatomic) IBOutlet UITextField *line4;
@end
```

保存文件，双击BIDViewController.xib以在Interface Builder中编辑GUI。设计视图，并依照"设计持久性应用程序视图"节中的步骤连接输出口。设计完成后选中视图，调出属性检查器，从Background弹出菜单中选择Light Gray Color。回头看图13-3时你会发现它很有用。创建视图之后，保存nib文件。

在BIDViewController.m中，在文件顶部插入以下代码：

```
#import "BIDViewController.h"
#import "BIDAppDelegate.h"

@implementation BIDViewController
@synthesize line1;
@synthesize line2;
@synthesize line3;
@synthesize line4;
```

在已有的viewDidLoad和viewDidUnload方法中插入以下代码：

```
- (void)viewDidLoad {
    [super viewDidLoad];
    // Do any additional setup after loading the view from its nib.
```

```
    BIDAppDelegate *appDelegate =
        [[UIApplication sharedApplication] delegate];
    NSManagedObjectContext *context = [appDelegate managedObjectContext];
    NSEntityDescription *entityDescription = [NSEntityDescription
                entityForName:@"Line"
        inManagedObjectContext:context];
    NSFetchRequest *request = [[NSFetchRequest alloc] init];
    [request setEntity:entityDescription];

    NSError *error;
    NSArray *objects = [context executeFetchRequest:request error:&error];
    if (objects == nil) {
        NSLog(@"There was an error!");
        // Do whatever error handling is appropriate
    }

    for (NSManagedObject *oneObject in objects) {
        NSNumber *lineNum = [oneObject valueForKey:@"lineNum"];
        NSString *lineText = [oneObject valueForKey:@"lineText"];

        NSString *fieldName = [NSString
            stringWithFormat:@"line%d", [lineNum integerValue]];
        UITextField *theField = [self valueForKey:fieldName];
        theField.text = lineText;
    }

    UIApplication *app = [UIApplication sharedApplication];
    [[NSNotificationCenter defaultCenter] addObserver:self
        selector:@selector(applicationWillResignActive:)
        name:UIApplicationWillResignActiveNotification
        object:app];
}

- (void)viewDidUnload {
    [super viewDidUnload];
    // Release any retained subviews of the main view.
    // e.g. self.myOutlet = nil;
    self.line1 = nil;
    self.line2 = nil;
    self.line3 = nil;
    self.line4 = nil;
}
```

在@end之前添加如下新方法:

```
- (void)applicationWillResignActive:(NSNotification *)notification {
    BIDAppDelegate *appDelegate =[[UIApplication sharedApplication] delegate];
    NSManagedObjectContext *context = [appDelegate managedObjectContext];
    NSError *error;
    for (int i = 1; i <= 4; i++) {
        NSString *fieldName = [NSString stringWithFormat:@"line%d", i];
        UITextField *theField = [self valueForKey:fieldName];

        NSFetchRequest *request = [[NSFetchRequest alloc] init];
```

```
NSEntityDescription *entityDescription = [NSEntityDescription
    entityForName:@"Line"
    inManagedObjectContext:context];
[request setEntity:entityDescription];
NSPredicate *pred = [NSPredicate
    predicateWithFormat:@"(lineNum = %d)", i];
[request setPredicate:pred];

NSManagedObject *theLine = nil;

NSArray *objects = [context executeFetchRequest:request
    error:&error];

if (objects == nil) {
    NSLog(@"There was an error!");
    // Do whatever error handling is appropriate
}
if ([objects count] > 0)
    theLine = [objects objectAtIndex:0];
else
    theLine = [NSEntityDescription
            insertNewObjectForEntityForName:@"Line"
                    inManagedObjectContext:context];

[theLine setValue:[NSNumber numberWithInt:i] forKey:@"lineNum"];
[theLine setValue:theField.text forKey:@"lineText"];

}
[context save:&error];
}
.
.
.
```

现在讨论viewDidLoad方法。我们需要确定持久库中是否已经存在数据，如果有则加载数据并使用它填充字段。该方法首先获取对应用程序委托的引用，我们将使用这个引用获得为我们创建的托管对象上下文：

```
BIDAppDelegate *appDelegate =UIApplication sharedApplication] delegate];
NSManagedObjectContext *context = [appDelegate managedObjectContext];
```

接下来，创建一个实体描述：

```
NSEntityDescription *entityDescription = [NSEntityDescription
            entityForName:@"Line"
inManagedObjectContext:context];
```

下一个步骤是创建一个提取请求并将实体描述传递给它，以便请求知道要检索的对象类型：

```
NSFetchRequest *request = [[NSFetchRequest alloc] init];
[request setEntity:entityDescription];
```

由于我们希望检索持久库中的所有Line对象，因此没有创建谓词。通过执行没有谓词的请求，上下文将返回库中的每一个Line对象。

```
NSError *error;
NSArray *objects = [context executeFetchRequest:request error:&error];
```

确保返回的是有效数组，如果不是则记录它。

```
if (objects == nil) {
    NSLog(@"There was an error!");
    // Do whatever error handling is appropriate
}
```

接下来，我们使用快速枚举遍历已检索托管对象的数组，从中提取lineNum和lineText值，并使用该信息更新用户界面上的一个文本字段。

```
for (NSManagedObject *oneObject in objects) {
    NSNumber *lineNum = [oneObject valueForKey:@"lineNum"];
    NSString *lineText = [oneObject valueForKey:@"lineText"];

    NSString *fieldName = [NSString stringWithFormat:@"line%@",
        lineNum];
    UITextField *theField = [self valueForKey:fieldName];
    theField.text = lineText;
}
```

然后，与本章中的所有其他应用程序一样，我们需要在应用程序即将终止（无论是转到后台还是完全退出）的时候获取通知，以便能够保存用户对数据作出的任何更改：

```
UIApplication *app = [UIApplication sharedApplication];
[[NSNotificationCenter defaultCenter] addObserver:self
    selector:@selector(applicationWillResignActive:)
        name:UIApplicationWillResignActiveNotification
      object:app];
[super viewDidLoad];
```

我们接下来讨论applicationWillResignActive:。这里使用的方法和前面一样，先获取对应用程序委托的引用，然后使用此引用获取指向应用程序的默认上下文的指针。

```
BIDAppDelegate *appDelegate = [[UIApplication sharedApplication] delegate];
NSManagedObjectContext *context = [appDelegate managedObjectContext];
```

然后，使用循环语句为每个标签执行1次，共4次。

```
for (int i = 1; i <= 4; i++) {
```

我们通过在单词line后面附加i来表示4个字段之一，并结合使用valueForKey:来获取对正确字段的引用。

```
NSString *fieldName = [NSString stringWithFormat:@"line%d", i];
UITextField *theField = [self valueForKey:fieldName];
```

接下来，创建提取请求：

```
NSFetchRequest *request = [[NSFetchRequest alloc] init];
```

此后，为之前在数据模型编辑器中设计的Line实体创建一个实体描述，它将使用从应用程序委托中检索到的上下文。创建实体描述之后，我们需要将它发送给提取请求，以便请求能够知道要查找的实体类型。

```
NSEntityDescription *entityDescription = [NSEntityDescription
            entityForName:@"Line"
inManagedObjectContext:context];
[request setEntity:entityDescription];
```

接下来，需要确定持久库中是否存在与此字段相对应的托管对象，因此创建一个谓词来确定字段的正确对象：

```
NSPredicate *pred = [NSPredicate
    predicateWithFormat:@"(lineNum = %d)", i];
[request setPredicate:pred];
```

现在声明一个指向NSManagedObject的指针并将它设置为nil。执行此操作的原因是，我们还不知道是从持久库中加载托管对象，还是创建新的托管对象。我们还声明了一个NSError，当我们获得nil数组时，它可以将问题的性质通知给我们。

```
NSManagedObject *theLine = nil;
NSError *error;
```

接下来，再次在上下文中执行提取请求。

```
NSArray *objects = [context executeFetchRequest:request
    error:&error];
```

然后，检查以确保objects不为nil。如果为nil，则表示遇到错误，我们应该为应用程序执行合适的错误检测。对于此示例应用程序，我们仅仅记录错误并继续运行。

```
if (objects == nil) {
    NSLog(@"There was an error!");
    // Do whatever error handling is appropriate
}
```

检查是否返回了与标准相匹配的对象，如果有则加载它。如果没有，则创建一个新的托管对象来保存此字段的文本。

```
if ([objects count] > 0)
    theLine = [objects objectAtIndex:0];
else
    theLine = [NSEntityDescription
        insertNewObjectForEntityForName:@"Line"
                inManagedObjectContext:context];
```

接着，使用键/值编码来设置行号以及此托管对象的文本：

```
[theLine setValue:[NSNumber numberWithInt:i] forKey:@"lineNum"];
[theLine setValue:theField.text forKey:@"lineText"];
}
```

最后，完成循环之后，通知上下文保存其更改：

```
    [context save:&error];
}
```

3. 将持久视图控制器设置为应用程序的根控制器

由于我们使用Empty Application模板，而不是Single View Application模板，因此还需要一个步骤才能让新的 Core Data应用程序正常运行。我们需要创建一个BIDViewController实例来充当应用程序的根控制器，并将其视图添加为应用程序主窗口的子视图。现在就开始行动吧！

首先，我们需要在应用程序委托中添加一个指向视图控制器的特性。单击BIDAppDelegate.h，并作以下更改来声明该特性：

```
#import <UIKit/UIKit.h>

@class BIDViewController;

@interface BIDAppDelegate : UIResponder <UIApplicationDelegate>

@property (strong, nonatomic) IBOutlet UIWindow *window;

@property (readonly, strong, nonatomic)NSManagedObjectContext
    *managedObjectContext;
@property (readonly, strong, nonatomic)NSManagedObjectModel
    *managedObjectModel;
@property (readonly, strong, nonatomic)NSPersistentStoreCoordinator
    *persistentStoreCoordinator;
@property (strong, nonatomic) BIDViewController *rootController;

- (void)saveContext;
- (NSURL *)applicationDocumentsDirectory;

@end
```

要将根控制器的视图设置为应用程序窗口的子视图以便用户可能与之交互，打开BIDApp-Delegate.m并在该文件顶部作以下更改：

```
#import "BIDAppDelegate.h"
#import "BIDViewController.h"

@implementation BIDAppDelegate

@synthesize window = _window;
@synthesize managedObjectContext = __managedObjectContext;
@synthesize managedObjectModel = __managedObjectModel;
@synthesize persistentStoreCoordinator = __persistentStoreCoordinator;
@synthesize rootController;

- (BOOL)application:(UIApplication *)application
    didFinishLaunchingWithOptions:(NSDictionary *)launchOptions {
    self.window = [[UIWindow alloc] initWithFrame:[[UIScreen mainScreen] bounds]];
    // Override point for customization after application launch.
    self.rootController = [[BIDViewController alloc]
                        initWithNibName:@"BIDViewController" bundle:nil];
```

```
        UIView *rootView = self.rootController.view;
        CGRect viewFrame = rootView.frame;
        viewFrame.origin.y += [UIApplication
            sharedApplication].statusBarFrame.size.height;
        rootView.frame = viewFrame;
        [self.window addSubview:rootView];
        self.window.backgroundColor = [UIColor whiteColor];
        [self.window makeKeyAndVisible];
        return YES;
    }
    .
    .
    .
```

大功告成。编译并运行以确保程序正常运行。Core Data版本的应用程序应该与之前的版本具备完全相同的行为。

Core Data需要很大的工作量,并且对于这种简单的应用程序来说,它并没有提供很大的优势。但是,在比较复杂的应用程序中,Core Data可以显著减少设计和编写数据模型所需的时间。

13.7   小结

现在,你应该牢固掌握了在会话之间保存应用程序数据的4种不同方法,如果包括上一章介绍的用户默认值方法,则为5种方法。我们使用属性列表构建了持久保存数据的应用程序,并将该应用程序修改为使用对象归档来保存其数据。然后进行更改并使用iOS内置的SQLite3机制来保存应用程序数据。最后,我们使用Core Data重新构建了同样的应用程序。几乎所有iOS应用程序都使用这些机制来保存和加载数据的基本构建块。

准备好学习更多内容了吗?下一章中,我们将会继续讨论保存和加载数据,并且向你介绍iOS 5的文档系统。这个系统不仅为处理保存和加载存储在你的设备中的文档提供了良好的抽象,而且还允许你将文档存放在苹果的iCloud中,iCloud是iOS 5的一大新功能。

iCloud之旅

iOS 5大力宣传的一大新特性是苹果公司的iCloud服务，iCloud为iOS 5设备以及运行Mac OS X和Microsoft Windows系统的计算机提供云存储服务。大部分iOS用户都能在购买新设备或者将旧设备升级到iOS 5后，获得iCloud设备备份选项，并且很快就能发现它的自动备份优势——甚至不需要使用计算机就能完成备份。

不需要借助计算机就能完成备份是一项很强大的特性，但它对iCloud来说仅是小菜一碟。或许iCloud更强大的特性是为应用程序开发人员提供了一种能够轻松向苹果公司的云服务器透明存储数据的机制。你可以将应用中的数据存储在iCloud中，然后自动传输给注册为相同iCloud用户的其他设备。用户可能在iPad上创建了一份文档，而后就可以在他们的iPhone上浏览同一份文档，这不需要任何中间步骤，该文档就这么出现了。

系统进程负责验证用户是否正确登录了iCloud，并且管理文件传输，所以你完全不需要担心网络或者身份验证。只需要少量的应用配置，在保存文件、定位可用文件方面对方法进行一些小修改，你就能创建支持iCloud的应用了。

iCloud文件归档系统的一个关键组成部分是UIDocument类，它也是iOS 5新提出的。UIDocument通过处理一些读取、写入文件方面的常规工作，省去了一部分创建基于文档的应用的工作。通过这种方式，开发者可以更多地关注特定于应用的功能，而不是为创建的所有应用构建相同的内容。

无论你是否使用iCloud，UIDocument都为在iOS中管理文档文件提供了一些强大的工具。为了演示这些特性，本章的第一部分将创建TinyPix项目，一个将文件保存在本地存储器上的基于文档的简单应用。这种方式能够很好地运用于iOS上所有类型的应用中。

在本章稍后部分，我们将介绍如何使TinyPix支持iCloud。为此，你需要有一个或多个连接到iCloud的iOS设备。你还需要一个付费iOS开发人员账号，以便在设备上安装该应用，因为模拟器中运行的应用程序不能访问iCloud服务。

14.1 使用 UIDocument 管理文档存储

任何使用过台式计算机（除了仅用来网上冲浪）的人，都应该用过基于文档的应用。比如TextEdit、Microsoft Word、GarageBand、Xcode，任何可以处理多个数据集并将它们保存到单独文件中的应用，都可以被认为是基于文档的应用程序。通常，屏幕窗口和它所包含的文档是一一对应的，但是有时（比如Xcode），一个窗口可以通过某种方式显示多个相互关联的文件。

iOS设备上不支持多个窗口，但是大部分应用仍然受益于基于文档的方式。现在多亏有了UIDocument类（该类负责文档文件存储方面的大部分常规工作），iOS开发人员可以更加轻松地存储文档了。开发人员不需要直接处理文件（比如URL），所有必要的文件读写工作都在后台线程中进行，所以就算正在进行文件读取，应用也能保持响应。另外，它还自动定期保存编辑过的文档，当应用程序挂起时（比如关闭了设备，按下了home键，等等）也会自动保存，所以不再需要任何类型的保存按钮。所有这些都有助于使应用程序的行为符合用户的期望。

14.1.1 构建TinyPix

我们将要构建一个名为TinyPix的应用，该应用可以使用1位颜色编辑简单的8×8图像（参见图14-1）。为了方便用户，每个图像都在全屏方式下编辑。当然，我们将使用UIDocument来表示每个图像的数据。

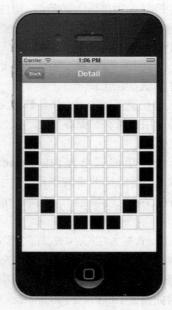

图14-1　在TinyPix中编辑相当低分辨率的图标

首先在Xcode中创建一个新项目。从iOS Application部分选择Master-Detail Application模板，然后点击Next。将这个新项目命名为TinyPix，将Device Family设为iPhone，确保选中了Use Storyboard复选框。然后再次点击Next，为该项目选择保存位置。

Xcode的项目导航中包含了BIDAppDelegate、BIDMasterViewController和BIDDetailViewController的相关文件，以及MainStoryboard.storyboard文件。这些文件中的大部分都需要作一些修改，此外，

我们还将创建一些新类。

14.1.2 创建BIDTinyPixDocument

首先要创建的是一个文档类，用于包含每个从文件存储器中加载的TinyPix图像的数据。在Xcode中选择TinyPix文件夹，按下⌘N创建一个新文件。在iOS Cocoa Touch部分中，选择Objective-C class，然后点击Next。在Class字段中键入BIDTinyPixDocument，Subclass of字段中键入UIDocument，然后点击Next。最后点击Create创建文件。

在深入实现细节之前，我们先来考虑一下该类的公共API。这个类将要显示一个8×8的像素网格，每个像素由一个表示开启或关闭的值构成。所以我们这里要创建三个方法，一个接收网格和列索引作为参数，返回BOOL值，一个为指定网格和列设置状态，还有一个仅仅切换特定位置处的状态。

选择BIDTinyPixDocument.h以编辑这个新类的头文件，添加如下粗体所示代码：

```
#import <UIKit/UIKit.h>

@interface BIDTinyPixDocument : UIDocument

// row and column range from 0 to 7
- (BOOL)stateAtRow:(NSUInteger)row column:(NSUInteger)column;
- (void)setState:(BOOL)state atRow:(NSUInteger)row column:(NSUInteger)column;
- (void)toggleStateAtRow:(NSUInteger)row column:(NSUInteger)column;

@end
```

现在转到BIDTinyPixDocument.m，我们要在这里存储8×8网格，实现在公共API中定义的方法，以及实现加载、保存文档所必需的UIDocument方法。

首先为8×8位图数据定义存储区。我们将在NSMutableData的实例中保存该数据，通过NSMutableData，我们可以直接使用包含在对象中的字节数据的数组，这样当我们不再使用该数据时，Cocoa内存管理将会为我们释放内存。现在添加如下类扩展和属性合成：

```
#import "BIDTinyPixDocument.h"

@interface BIDTinyPixDocument ()
@property (strong, nonatomic) NSMutableData *bitmap;
@end

@implementation BIDTinyPixDocument
@synthesize bitmap;

@end
```

UIDocument类指定了所有子类都应该使用的初始化方法。我们将要在该方法中创建初始位图。在真实的位图类型中，我们需要使用单字节来包含每一行，从而将内存的使用减到最小。字节中的每一位代表了行中每一个列索引的开/关值。我们的文档总共只包含8字节。

说明 这部分包含一小部分位操作，以及一些C指针和数组操作。这些内容对C开发人员来说很
　　　平常，但是如果你没有C语言开发经验，可能会感到迷惑或者完全无法理解。如果是这样
　　　的话，你可以纯粹地复制和使用这里所提供的代码（它们都可以正常运行）。如果你想要
　　　彻底理解其内涵，先要深入理解C语言，我们推荐你阅读Dave Mark编著的 *Learn C on the
　　　Mac*（Apress, 2009）一书。

在文档实现文件中添加如下方法，将其添加在文件底部@end之前：

```
- (id)initWithFileURL:(NSURL *)url {
    self = [super initWithFileURL:url];
    if (self) {
        unsigned char startPattern[] = {
            0x01,
            0x02,
            0x04,
            0x08,
            0x10,
            0x20,
            0x40,
            0x80
        };

        self.bitmap = [NSMutableData dataWithBytes:startPattern length:8];
    }
    return self;
}
```

这段代码将每个位图初始化为从一个角延伸到另一个角的对角线图案。

现在开始实现在头文件中定义的公共API方法。首先来实现读取单个位的状态的方法。实现
这个方法只要从字节数组中获取相关字节，然后对其进行移位操作和AND操作，检查给定位是否
被设置了，然后相应地返回YES或NO。在@end之前添加如下方法：

```
- (BOOL)stateAtRow:(NSUInteger)row column:(NSUInteger)column {
    const char *bitmapBytes = [bitmap bytes];
    char rowByte = bitmapBytes[row];
    char result = (1 << column) & rowByte;
    if (result != 0)
        return YES;
    else
        return NO;
}
```

下一个方法正好相反，它用于为给定行和列的位设置值。这里，我们再一次获取指向指定行
相关字节的指针，并且进行一些移位操作。但是这一次，我们不是用移位来检查行的内容，而是
用来设置或者清空行中某一位的值。在@end之前添加如下代码：

```
- (void)setState:(BOOL)state atRow:(NSUInteger)row column:(NSUInteger)column {
    char *bitmapBytes = [bitmap mutableBytes];
    char *rowByte = &bitmapBytes[row];
```

```
    if (state)
        *rowByte = *rowByte | (1 << column);
    else
        *rowByte = *rowByte & ~(1 << column);
}
```

现在我们来添加辅助方法，外部代码使用该方法来切换单个单元的状态。在@end 前添加以下方法：

```
- (void)toggleStateAtRow:(NSUInteger)row column:(NSUInteger)column {
    BOOL state = [self stateAtRow:row column:column];
    [self setState:!state atRow:row column:column];
}
```

要成为基于文档的应用，我们的文档类还需要实现最后两个方法：用于读取和写入的方法。以前也提到过，我们不需要直接处理文件，甚至也不用担心之前传递给initWithFileURL:方法的URL参数。只需要实现两个方法：一个用于将文档的数据结构转换成NSData对象，以便存储；另一个获取最近加载的NSData对象，从中取出对象的数据结构。由于我们的文档的内部结构已经包含在NSMutableData对象中了，而NSMutableData是NSData的子类，所以实现过程非常简单。在@end之前添加如下两个方法：

```
- (id)contentsForType:(NSString *)typeName error:(NSError **)outError {
    NSLog(@"saving document to URL %@", self.fileURL);
    return [bitmap copy];
}
```

```
- (BOOL)loadFromContents:(id)contents ofType:(NSString *)typeName
        error:(NSError **)outError {
    NSLog(@"loading document from URL %@", self.fileURL);
    self.bitmap = [contents mutableCopy];
    return true;
}
```

第一个方法contentsForType:error:，将会在保存文档时被调用。它返回我们的位图数据的一份不可变副本，之后系统负责存储它。

当系统从存储区加载了数据，并且准备将这个数据提供给我们的文档类的一个实例时，则会调用第二个方法loadFromContents:ofType:error:。这里，我们只是获取一份传递给该方法的数据的可变副本。我们还编写了一些日志语句，便于你之后在Xcode日志中查看执行结果。

你可以在这些方法中完成一些我们在应用中忽略的工作。它们都提供了typeName参数，你的文档可以从不同类型的数据存储器中加载数据，或者向它们保存数据，该参数就用于区分这些数据存储器的类型。这两个方法还有一个outError参数，当你向文档的内存数据结构保存数据或者加载数据时发生了错误的话，可以使用这个参数来指定。然而在本例中，我们所做的实在很简单，无需关心这些。

这些就是文档类所需的所有内容了。我们的文档类严格遵循MVC原则，是个完完全全的模型类，它对自己是如何被显示的一无所知。多亏了UIDocument父类，这个文档类甚至屏蔽了很多关于其存储方式的细节。

14.1.3 主代码

现在我们已经完成了文档类，是时候开始编写用户在运行该应用时最先看到的视图了，一个已存在的TinyPix文档的列表，它由BIDMasterViewController类负责。我们需要让这个类知道如何获取可用文档的列表；创建、命名新的文档；并且让用户选择一个已存在的文档。当用户创建或者选择了一个文档后，则将它传递给详细控制器以便显示。

首先选择BIDMasterViewController.h，我们将对其作一些修改。创建一个提示面板，用于让用户命名新文档，所以，我们要让该类实现一些相关的委托协议。

在GUI中还将包括一个分段控件，用于让用户选择TinyPix像素的显示颜色。虽然它本身并不是一个特别有用的功能，但是它有助于演示iCloud机制，你在一个设备上所设置的高亮颜色，也会显示在另一个运行了同一个应用的设备上。在这个应用的第一个版本中，每个设备所设置的颜色都是独立的。在本章后面部分，我们将会添加代码，以使颜色设置能够通过iCloud传递给该用户的另一些设备。

为了实现这个颜色分段控件，我们在代码中添加一个输出口和一个操作方法。对BIDMasterViewController.h作如下修改：

```objc
#import <UIKit/UIKit.h>

@interface BIDMasterViewController : UITableViewController
@property (weak, nonatomic) IBOutlet UISegmentedControl *colorControl;
- (IBAction)chooseColor:(id)sender;

@end
```

现在，转到BIDMasterViewController.m。首先导入文档类的头文件，在类扩展中添加一些私有属性和方法（以供之后使用），并且为刚添加的新属性合成访问方法。

```objc
#import "BIDMasterViewController.h"
#import "BIDTinyPixDocument.h"

@interface BIDMasterViewController () <UIAlertViewDelegate>
@property (strong, nonatomic) NSArray *documentFilenames;
@property (strong, nonatomic) BIDTinyPixDocument *chosenDocument;
- (NSURL *)urlForFilename:(NSString *)filename;
- (void)reloadFiles;
@end

@implementation BIDMasterViewController
@synthesize colorControl;
@synthesize documentFilenames;
@synthesize chosenDocument;
.
.
.
```

我们马上就来实现这些私有方法。第一个方法接收一个文件名作为参数，将它和应用的
Documents 目录的文件路径结合起来，然后返回一个指向该文件的 URL 指针。Documents 目
录是 iOS 另外设置的一个特殊的位置，iOS 设备上的每个应用都有一个 Documents 目录。你
可以用它来存放应用中创建的文档，当用户备份他们的 iOS 设备时（无论是在 iTunes 还是
iCloud 中备份），将会自动包含这些文档。

在实现文件中添加如下方法，置于文件底部@end之前：

```objc
- (NSURL *)urlForFilename:(NSString *)filename {
    NSArray *paths = NSSearchPathForDirectoriesInDomains(NSDocumentDirectory,
        NSUserDomainMask, YES);
    NSString *documentDirectory = [paths objectAtIndex:0];
    NSString *filePath = [documentDirectory stringByAppendingPathComponent:filename];
    NSURL *url = [NSURL fileURLWithPath:filePath];
    return url;
}
```

第二个私有方法有些长。它也用到了Documents目录，这次是用于查找代表已存在文档的文
件。该方法获取它所找到的文件，并将它们根据创建时间来排序，以便用户可以以"博客风格"
（blog-style）的排列顺序来查看文档列表（第一个文档是最新的）。文档文件名被存放在
documentFilenames属性中，然后重新加载表视图（我们尚未处理）。在@end前添加如下方法：

```objc
- (void)reloadFiles {
    NSArray *paths = NSSearchPathForDirectoriesInDomains(NSDocumentDirectory,
        NSUserDomainMask, YES);
    NSString *path = [paths objectAtIndex:0];
    NSFileManager *fm = [NSFileManager defaultManager];

    NSError *dirError;
    NSArray *files = [fm contentsOfDirectoryAtPath:path error:&dirError];
    if (!files) {
        NSLog(@"Encountered error while trying to list files in directory %@: %@",
            path, dirError);
    }
    NSLog(@"found files: %@", files);

    files = [files sortedArrayUsingComparator:
            ^NSComparisonResult(id filename1, id filename2) {
        NSDictionary *attr1 = [fm attributesOfItemAtPath:
                                [path stringByAppendingPathComponent:filename1]
                                                error:nil];
        NSDictionary *attr2 = [fm attributesOfItemAtPath:
                                [path stringByAppendingPathComponent:filename2]
                                                error:nil];
        return [[attr2 objectForKey:NSFileCreationDate] compare:
            [attr1 objectForKey:NSFileCreationDate]];
    }];
    self.documentFilenames = files;
    [self.tableView reloadData];
}
```

现在我们来处理一些老面孔：表视图的数据源方法。你应该对此已经相当熟悉了，在@end之前添加以下 3 个方法：

```
- (NSInteger)numberOfSectionsInTableView:(UITableView *)tableView {
    return 1;
}

- (NSInteger)tableView:(UITableView *)tableView
        numberOfRowsInSection:(NSInteger)section {
    return [self.documentFilenames count];
}

- (UITableViewCell *)tableView:(UITableView *)tableView
        cellForRowAtIndexPath:(NSIndexPath *)indexPath {
    UITableViewCell *cell = [tableView dequeueReusableCellWithIdentifier:@"FileCell"];

    NSString *path = [self.documentFilenames objectAtIndex:indexPath.row];
    cell.textLabel.text = path.lastPathComponent.stringByDeletingPathExtension;
    return cell;
}
```

这些方法都基于存储在documentFilenames属性中的数组内容。tableView:cellForRowAtIndexPath:方法依赖于一个标识符设为"FileCell"的表视图单元，所以我们必须保证之后在storyboard中创建该单元。

现在只差storyboard还没有设计，不然当前就可以运行至此所编写的代码并且查看其运行结果了，但是如果没有先前创建好的TinyPix文档，表视图就没有任何可以显示的内容。而且到目前为止，也还无法创建新文档。另外，我们也没有实现颜色选择控件（我们接下来就要处理这部分内容）。所以在运行该应用之前，我们先来实现这些内容。

用户选择的高亮颜色将会存储在NSUserDefaults中，以便之后获取。下面的操作方法实现了这项工作，它将分段控件的所选项索引传递给NSUserDefaults。在@end之前添加如下方法：

```
- (IBAction)chooseColor:(id)sender {
    NSInteger selectedColorIndex = [(UISegmentedControl *)sender selectedSegmentIndex];
    NSUserDefaults *prefs = [NSUserDefaults standardUserDefaults];
    [prefs setInteger:selectedColorIndex forKey:@"selectedColorIndex"];
}
```

我们还没有在storyboard中创建分段控件，但是很快就会进行这项工作。

当GUI中的分段控件被显示时，应该显示NSUserDefaults中的当前值。所以我们还需要在viewWillAppear:方法中添加以下几行代码：

```
- (void)viewWillAppear:(BOOL)animated
{
    [super viewWillAppear:animated];
    NSUserDefaults *prefs = [NSUserDefaults standardUserDefaults];
    NSInteger selectedColorIndex = [prefs integerForKey:@"selectedColorIndex"];
    self.colorControl.selectedSegmentIndex = selectedColorIndex;
}
```

　　现在，我们要在 viewDidLoad 方法中创建一些组件。首先在导航栏的右侧添加一个按钮，用户通过按下该按钮来创建新的 TinyPix 文档。在方法最后调用之前实现的 reloadFiles 方法。对 viewDidLoad:方法作如下修改：

```
- (void)viewDidLoad
{
    [super viewDidLoad];
    // Do any additional setup after loading the view, typically from a nib.

    UIBarButtonItem *addButton = [[UIBarButtonItem alloc]
        initWithBarButtonSystemItem:UIBarButtonSystemItemAdd
        target:self
        action:@selector(insertNewObject)];
    self.navigationItem.rightBarButtonItem = addButton;

    [self reloadFiles];
}
```

　　你可能已经注意到了，当我们在这个方法中创建UIBarButtonItem时，我们在该按钮被按下时告诉它调用insertNewObject方法。我们还没有编写该方法，现在我们就来实现它。在@end前添加如下方法：

```
- (void)insertNewObject {
    // get the name
    UIAlertView *alert =
    [[UIAlertView alloc] initWithTitle:@"Filename"
                               message:@"Enter a name for your new TinyPix document."
                              delegate:self
                     cancelButtonTitle:@"Cancel"
                     otherButtonTitles:@"Create", nil];
    alert.alertViewStyle = UIAlertViewStylePlainTextInput;
    [alert show];
}
```

　　这个方法创建了一个包含文本输入字段的警报面板，然后显示它。而创建新项的任务就交给了警报视图的委托方法（当从警报视图退出时将会调用该方法），现在我们就来实现它，在@end前添加如下方法：

```
- (void)alertView:(UIAlertView *)alertView
        didDismissWithButtonIndex:(NSInteger)buttonIndex {
    if (buttonIndex == 1) {
    NSString *filename = [NSString stringWithFormat:@"%@.tinypix",
                          [alertView textFieldAtIndex:0].text];
    NSURL *saveUrl = [self urlForFilename:filename];
    self.chosenDocument = [[BIDTinyPixDocument alloc] initWithFileURL:saveUrl];
    [chosenDocument saveToURL:saveUrl
            forSaveOperation:UIDocumentSaveForCreating
            completionHandler:^(BOOL success) {
        if (success) {
            NSLog(@"save OK");
            [self reloadFiles];
```

```
                    [self performSegueWithIdentifier:@"masterToDetail" sender:self];
                } else {
                    NSLog(@"failed to save!");
                }
            }];
        }
    }
```

这个方法前面部分相当简单。它检查buttonIndex来确定用户按下了哪一个按钮（0代表用户按下了Cancel按钮）。然后根据用户的输入创建一个文件名，根据该文件名创建一个URL（使用之前我们编写的urlForFilename:方法），然后使用该URL创建一个新的BIDTinyPixDocument实例。

接下来的部分就有些复杂了。这里有一点非常重要：仅仅使用一个给定的URL创建新文档，并不会创建文件。事实上，在调用initWithFileURL:方法时，文档并不知道这个给定的URL是指向一个已存在的文件，还是指向一个需要创建的新文件。所以我们必须告诉它应该怎么做。在本例中，我们通过以下代码告诉它使用这个给定的URL来保存一个新文件：

```
        [chosenDocument saveToURL:saveUrl
                forSaveOperation:UIDocumentSaveForCreating
                completionHandler:^(BOOL success) {
        .
        .
        .
        }];
```

我们来看一下作为最后一个参数传递给saveToURL:forSaveOperation:completionHandler:方法的代码块，它的目的和用法很有意思。这个方法没有提供返回值来告诉我们它是如何完成的，事实上，这个方法在调用后将会立即返回（远在文件实际被保存之前），它先进行文件保存工作，完成后调用我们传递的代码块，使用success参数告诉我们是否成功。为了使它尽可能稳定地工作，文件保存工作实际上是在后台线程中执行的。而我们传递的代码块是在主线程中调用的，所以我们可以安全地使用需要在主线程中执行的资源，比如UIKit。记住这些，然后再次看以下这段代码块的作用：

```
            if (success) {
                NSLog(@"save OK");
                [self reloadFiles];
                [self performSegueWithIdentifier:@"masterToDetail" sender:self];
            } else {
                NSLog(@"failed to save!");
            }
```

这就是我们向文件保存方法传的代码块内容，当文件操作完成后将会调用它。我们检查该操作是否成功，如果成功了，我们立即重载文件，然后初始化一个转向另一个视图控制器的segue。在第10章中没有涉及segue的这方面功能，但是这些内容相当直观。

storyboard文件中的segue可以拥有一个标识符，和表视图单元一样，可以使用该标识符通过编程触发segue。在本例中，我们只要记得在storyboard中配置该segue。在我们进行配置前，先在这个类中添加最后一个必需的方法，用于处理这个segue。在@end之前插入以下方法：

```objc
- (void)prepareForSegue:(UIStoryboardSegue *)segue sender:(id)sender {
    if (sender == self) {
        // if sender == self, a new document has just been created,
        // and chosenDocument is already set.

        UIViewController *destination = segue.destinationViewController;
        if ([destination respondsToSelector:@selector(setDetailItem:)]) {
            [destination setValue:self.chosenDocument forKey:@"detailItem"];
        }
    } else {
        // find the chosen document from the tableview
        NSIndexPath *indexPath = [self.tableView indexPathForSelectedRow];
        NSString *filename = [documentFilenames objectAtIndex:indexPath.row];
        NSURL *docUrl = [self urlForFilename:filename];
        self.chosenDocument = [[BIDTinyPixDocument alloc] initWithFileURL:docUrl];
        [self.chosenDocument openWithCompletionHandler:^(BOOL success) {
            if (success) {
                NSLog(@"load OK");
                UIViewController *destination = segue.destinationViewController;
                if ([destination respondsToSelector:@selector(setDetailItem:)]) {
                    [destination setValue:self.chosenDocument forKey:@"detailItem"];
                }
            } else {
                NSLog(@"failed to load!");
            }
        }];
    }
}
```

这个方法有两条清晰的执行路径，由顶部的条件来决定。从第10章中对于storyboard的讨论可知，当一个新的控制器将要压入导航栈时，将会对视图控制器调用该方法。sender参数指向初始化这个segue的对象，这里我们只用它来指出接着要做什么。如果segue是通过我们在警报视图委托方法中执行的方法调用来初始化的，那么sender参数为self。在这种情况下，我们知道chosenDocument属性已经被设置了，我们只要将它的值传递给目标视图控制器就可以了。

否则，我们知道用户触碰了表视图的某一行，我们需要对此作出响应，这种情况则稍微复杂一些。构建一个URL（这与创建文档时所做的类似），创建文档类的一个新实例，然后尝试打开该文件。可以看到，用于打开文件的方法openWithCompletionHandler:，与之前用来保存文件的方法很相似，我们向它传递一个代码块，用于之后执行。和文件保存方法相同，加载过程发生在后台，而传入的代码块将会在加载完成后在主线程中执行。此时，如果加载成功，我们就将该文档传递给详细视图控制器。

注意，这些方法都使用了键-值编码技术，我们在之前已经用过多次（比如第10章），通过这种技术，我们甚至不用包含segue的目标控制器的头文件，就能设置它的detailItem属性。这样就足够了，因为BIDDetailViewController（作为Xcode项目的一部分被创建的详细视图控制器类）正好包含了一个名为detailItem的属性，所以这样就可以了。

我们已经有了足够的代码，现在是时候来配置storyboard了，这样我们就能运行应用进行测试了。保存代码，然后继续。

14.1.4　初始化storyboard

在Xcode项目导航中选择MainStoryboard.storyboard，首先看一下里面已经存在的内容。其中包括导航控制器、主视图控制器和详细视图控制器（参见图14-2）。你可以完全忽略导航控制器，我们只会使用另外两个。

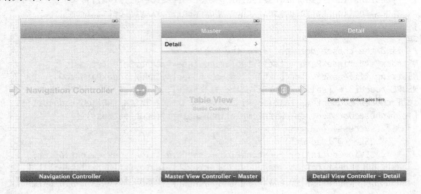

图14-2　TinyPix storyboard，显示了导航控制器、主视图控制器和详细视图控制器

首先我们来处理主视图控制器场景。我们在这里配置显示所有TinyPix文档的表视图。默认情况下，这个场景的表视图使用静态单元，而非动态单元（如果你需要复习这两种单元类型的区别，可以回顾第10章）。我们要让这个表视图从之前实现的数据源方法中获取内容，所以选择这个表视图（你可以首先在dock中找到名为Master View Controller-Master的项，然后打开它旁边的展开三角，选择它下面的Table View项）。选中之后，打开属性检查器，将Content弹出框设为Dynamic Prototypes。

这项更改会删除连接表视图单元和详细视图控制器之间的segue。所以我们需要重新创建它，首先在Table View中选择Table View Cell，按下control键，从该单元拖向详细视图控制器，然后从弹出的segue菜单中选择Push。

现在，选择刚才拖住的原型表视图单元，使用属性检查器将它的Style设为Basic，然后将其Identifier设为FileCell。这样我们之前编写的数据源代码就可以访问这个表视图单元了。

我们还需要创建一个在代码中触发的segue。按下control键，从主视图控制器的图标（该场景底部的橙色圆圈，或者dock中的Master View Controller-Master图标）拖向详细视图控制器，然后在storyboard的segues菜单中选择Push。

现在，你可以看到有两个segue关联了这两个场景。分别选择这两个segue可以区分出它们的起始场景。一个会高亮显示整个主场景，而另一个只会高亮显示表视图单元。选择那个高亮显示整个场景的segue，使用属性检查器将它的Identifier设为masterToDetail。

最后要为主视图控制器场景做的是：让用户选择一种颜色，用于在细节视图中代表一个"开启"的点。我们并不想实现某种复杂的颜色选取器，我们只是添加一个分段控件，让用户从预定义的颜色中进行选取。

从对象库中找到一个Segmented Control，将它拖至主视图顶部的导航栏中（参见图14-3）。

图14-3　TinyPix storyboard，显示了一个主视图控制器，在该控制器的导航栏中
　　　　　放置了一个分段控件

确保选中了分段控件，然后打开属性检查器。在检查器顶部的Segmented Control部分，使用stepper选项将Segments的数量从2改为3。然后依次双击每个分段的标题，将它们分别改为Black、Red和Green。

接着，按下control键，从分段控件拖向代表主控制器的图标（控制器底部的橙色圆圈，或者dock中标为Master View Controller-Master的图标），选择chooseColor:方法。然后再次按下control键，从主视图控制器拖向分段控件，选择colorControl输出口。

现在我们可以运行这个应用了，看看我们辛苦工作的成果！运行应用，它启动了，显示了一个空的表视图，视图顶部有一个分段控件，右上角有一个加号按钮（参见图14-4）。

图14-4　第一次启动后的TinyPix应用。单击加号图标添加一个新文档。应用会提示你
　　　　　为新文档输入名字。目前，细节视图所做的只是在标签中显示文档名

　　点击这个加号按钮，应用要求你为一个新文档输入名字。键入一个名字，然后按下 Create，现在应用切换到细节视图，好吧，它现在还在建设中。详细视图控制器所做的默认实现只是在一个标签中显示 detaiItem 的描述。当然，在控制台窗格中还有更多信息。内容并不多，但也不错了！

　　点击返回按钮回到主列表，你可以在这里看到刚刚添加的项。继续添加一两个项，看看它们是否正确地添加到列表中。然后回到 Xcode，我们还有很多工作要做。

14.1.5　创建 BIDTinyPixView

　　接下来要创建一个视图类，用于显示一个用户可编辑的网格。在项目导航中选择 TinyPix 文件夹，按下⌘N 创建一个新文件。在 iOS Cocoa Touch 部分中选择 Objective-C class，然后点击 Next。将新类命名为 BIDTinyPixView，在 Subclass of 弹出框中选择 UIView。点击 Next，确认保存位置正确，最后点击 Create。

　　说明　这个视图类的实现包括一些我们尚未提及的内容，比如绘制和触屏处理。这里我们暂时
　　　　　不讨论这些主题的细节内容，我们只是快速向你展示这些代码。我们将在第 16 章中详细
　　　　　讨论绘制问题，第 17 章中讨论触屏和拖移。

　　选择 BIDTinyPixView.h，作如下修改：

```
#import <UIKit/UIKit.h>
#import "BIDTinyPixDocument.h"

@interface BIDTinyPixView : UIView

@property (strong, nonatomic) BIDTinyPixDocument *document;
@property (strong, nonatomic) UIColor *highlightColor;

@end
```

这里我们只是添加了一对属性，这样控制器就可以传递文档，并且为网格中表示"开启"的正方形设置颜色。

　　现在，转向 BIDTinyPixView.m，这里要做大量的工作。首先在文件顶部添加一个类扩展，并合成所有属性：

```
#import "BIDTinyPixView.h"

typedef struct {
    NSUInteger row;
    NSUInteger column;
} GridIndex;

@interface BIDTinyPixView ()
@property (assign, nonatomic) CGSize blockSize;
@property (assign, nonatomic) CGSize gapSize;
```

```
@property (assign, nonatomic) GridIndex selectedBlockIndex;
- (void)initProperties;
- (void)drawBlockAtRow:(NSUInteger)row column:(NSUInteger)column;
- (GridIndex)touchedGridIndexFromTouches:(NSSet *)touches;
- (void)toggleSelectedBlock;
@end

@implementation BIDTinyPixView

@synthesize document;
@synthesize highlightColor;

@synthesize blockSize;
@synthesize gapSize;
@synthesize selectedBlockIndex;
    .
    .
    .
```

这里我们定义了一个名为GridIndex的C结构，作为一种便捷方式来处理行/列对。我们还定义了一个类扩展，包含一些之后要用到的属性和私有方法，然后在实现部分合成所有属性。

默认的空UIView子类包含一个initWithFrame:方法，它是UIView类的默认初始化方法。然而，由于该类将从storyboard中加载，所以需要使用initWIthCode:方法来进行初始化。我们将同时实现这两个方法，在每一个方法中都调用第三个方法来初始化属性。对initWithFrame:作如下修改，并且在它下面再添加一些代码：

```
- (id)initWithFrame:(CGRect)frame
{
    self = [super initWithFrame:frame];
    if (self) {
        // Initialization code
        [self initProperties];

    }
    return self;
}

- (id)initWithCoder:(NSCoder *)aDecoder {
    self = [super initWithCoder:aDecoder];
    if (self) {
        [self initProperties];
    }
    return self;
}

- (void)initProperties {
    blockSize = CGSizeMake(34, 34);
    gapSize = CGSizeMake(5, 5);
    selectedBlockIndex.row = NSNotFound;
    selectedBlockIndex.column = NSNotFound;
    highlightColor = [UIColor blackColor];
}
```

blockSize和gapSize值是根据横向310像素的视图来调整的。如果我们想在这里采用更为灵活的方式，可以根据视图的实际框架动态定义它们的值，但这里所用的是符合该示例的最简单的方式，所以我们就用这种方式。

现在，我们来看看绘制工作。我们重写了标准的UIView方法drawRect:，用于绘制网格中的所有方格，并且为每一个方格调用另一个方法。添加如下粗体所示代码，不要忘了删除drawRect:方法周围的注释记号：

```
/*
// Only override drawRect: if you perform custom drawing.
// An empty implementation adversely affects performance during animation.
- (void)drawRect:(CGRect)rect
{
    // Drawing code
    if (!document) return;

    for (NSUInteger row = 0; row < 8; row++) {
        for (NSUInteger column = 0; column < 8; column++) {
            [self drawBlockAtRow:row column:column];
        }
    }

}
/*

- (void)drawBlockAtRow:(NSUInteger)row column:(NSUInteger)column {
    CGFloat startX = (blockSize.width + gapSize.width) * (7 - column) + 1;
    CGFloat startY = (blockSize.height + gapSize.height) * row + 1;
    CGRect blockFrame = CGRectMake(startX, startY, blockSize.width, blockSize.height);
    UIColor *color = [document stateAtRow:row column:column] ?
        self.highlightColor : [UIColor whiteColor];
    [color setFill];
    [[UIColor lightGrayColor] setStroke];
    UIBezierPath *path = [UIBezierPath bezierPathWithRect:blockFrame];
    [path fill];
    [path stroke];
}
```

最后，我们添加一组响应用户触屏事件的方法。touchesBegan:withEvent:和touchesMoved:withEvent:方法都是每一个UIView子类都能实现的标准方法，它们用于捕获视图框架中发生的触屏事件。这两个方法用到了之前我们在类扩展中定义的方法，根据触屏位置来计算网格位置，并且切换文档中指定值的状态。在文件底部@end之前添加以下4个方法：

```
- (GridIndex)touchedGridIndexFromTouches:(NSSet *)touches {
    GridIndex result;
    UITouch *touch = [touches anyObject];
    CGPoint location = [touch locationInView:self];
    result.column = 8 - (location.x * 8.0 / self.bounds.size.width);
    result.row = location.y * 8.0 / self.bounds.size.height;
    return result;
}
```

```
- (void)toggleSelectedBlock {
    [document toggleStateAtRow:selectedBlockIndex.row column:selectedBlockIndex.column];
    [[document.undoManager prepareWithInvocationTarget:document]
     toggleStateAtRow:selectedBlockIndex.row column:selectedBlockIndex.column];
    [self setNeedsDisplay];
}

- (void)touchesBegan:(NSSet *)touches withEvent:(UIEvent *)event {
    self.selectedBlockIndex = [self touchedGridIndexFromTouches:touches];
    [self toggleSelectedBlock];
}

- (void)touchesMoved:(NSSet *)touches withEvent:(UIEvent *)event {
    GridIndex touched = [self touchedGridIndexFromTouches:touches];
    if (touched.row != selectedBlockIndex.row
        || touched.column != selectedBlockIndex.column) {
        selectedBlockIndex = touched;
        [self toggleSelectedBlock];
    }
}
```

细心的读者可能会注意到，toggleSelectedBlock方法做了一些特别的工作。在调用文档类的 toggleStateAtRow:column:方法后，它还做了一些其他工作。我们再来看一下：

```
- (void)toggleSelectedBlock {
    [document toggleStateAtRow:selectedBlockIndex.row column:selectedBlockIndex.column];
    [[document.undoManager prepareWithInvocationTarget:document]
        toggleStateAtRow:selectedBlockIndex.row column:selectedBlockIndex.column];
    [self setNeedsDisplay];
}
```

document.undoManager的调用返回一个NSUndoManager实例。本书中我们还没有直接处理过这个类，但是NSUndoManager在iOS和Mac OS X中都是撤销/重做功能的结构基础。它的思想是，无论用户任何时候在GUI中执行一项操作，你都可以使用NSUndoManager来"记录"一个将要用于撤销用户先前操作的方法，从而保留一种路径导航。NSUndoManager会将该方法存储在一个特殊的撤销栈（undo stack）中，当用户激活系统的撤销功能时，可以使用它回溯文档的状态。

它的工作原理是prepareWithInvocationTarget:方法返回一种特殊的委托对象，你可以向它发送任何消息，而且这个消息将会和目标一起被打包，压入撤销栈。所以，虽然看起来好像在一行里调用了两次toggleStateAtRow:column:方法，但是第二次其实没有调用，而是仅仅放入队列，以备后用。这种出色的动态行为是Objective-C超越C++等静态语言的一个方面，在静态语言中不支持，也几乎不可能将一个对象实现为另一个对象的代理，或者将一个方法调用打包起来以供之后使用（因此，很多工作实现起来都相当麻烦，如撤销功能）。

那么，为什么这里我们要这么做呢？至此，我们还没有考虑过任何撤销/重做问题，为什么现在提出来？这是因为，用文档的undoManager注册一个可被撤销的操作可以将该文档标记为"脏的"，并且确保稍后会被自动保存。至少在这个应用中，支持用户撤销操作只能算锦上添花。而在一个拥有更复杂的文档结构的应用中，支持文档层面的撤销是颇有益处的。

保存你所作的修改。现在视图类已经完成了，我们回到storyboard，为详细视图配置GUI。

14.1.6　storyboard设计

选择MainStoryboard.storyboard，找到详细视图场景，首先来看看已有的内容。

GUI只有一个标签（它表示"细节视图的内容在这里"），它就是之前运行应用时看到的包含文档描述的标签。这个标签没什么特别用处，所以在详细视图控制器中选择该标签，按下delete键删除它。

使用对象库找到一个View，将它拖入详细视图中。Interface Builder会将它填满整个视图区域。放好后，使用大小检查器将它的宽度和高度都设为310。最后拖移该视图，使用引导线将它放置在视图中央（参见图14-5）。

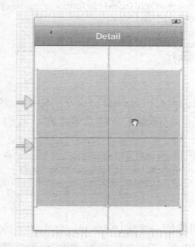

图14-5　我们在细节视图中使用一个310像素×310像素的视图替换了标签，并将该视图放置在细节视图中央

现在转到身份检查器，在这里我们可以将UIView实例改为我们自定义类的实例。在检查器顶部的Custom Class部分，选择Class弹出列表，然后选择BIDTinyPixView。

现在，我们需要将自定义视图和详细视图控制器关联起来。我们还没有为自定义视图准备输出口，但是没问题，因为Xcode 4的新功能（drag-to-code）可以帮我们轻松做到。

打开辅助编辑器，文本编辑器将会滑至GUI编辑器的旁边，显示BIDDetailViewController.h的内容。如果它显示的是其他内容，可以使用文本编辑器顶部的跳转栏将BIDDetailViewController.h显示出来。

为了建立关联，需要按下control键，从Tiny Pix View拖动到代码中，在@end之前释放鼠标，在出现的弹出窗口中，确保Connection设为Outlet，并且将这个新的输出口命名为pixView，然后点击Connect按钮。

现在应该看到BIDDetailViewController.h中添加了如下代码：

```
@property (weak, nonatomic) IBOutlet BIDTinyPixView *pixView;
```

然而还有一项内容没有添加,那就是我们的自定义视图的头文件。我们需要在BIDDetailView-Controller.h的顶部添加如下粗体所示的代码:

```
#import <UIKit/UIKit.h>
#import "BIDTinyPixView.h"
@interface BIDDetailViewController : UIViewController
.
.
.
```

然后,切换到BIDDetailViewController.m,可以看到Xcode还在文件顶部添加了方法合成:

```
@synthesize pixView = _pixView;
```

另外,Xcode 也在 viewDidUnload:顶部添加了一行:

```
- (void)viewDidUnload
{
    [self setPixView:nil];
    [super viewDidUnload];
    // Release any retained subviews of the main view.
    // e.g. self.myOutlet = nil;
}
```

这样,该类就有了一个类扩展,其中声明了一个私有方法。我们现在向BIDDetailViewController.m中添加一个属性,用于记录用户选择的颜色:

```
.
.
.
@interface BIDDetailViewController ()
@property (assign, nonatomic) NSUInteger selectedColorIndex;
- (void)configureView;
@end
.
.
.
```

接着,我们要为这个属性实现获取方法和设置方法。我们使用合成的获取方法,但是要实现我们自己的设置方法,当需要设置某个值时(这将在用户点击分段控件时发生),我们在自定义视图中设置高亮颜色。

```
.
.
.
@synthesize pixView = _pixView;
@synthesize selectedColorIndex;

- (void)setSelectedColorIndex:(NSUInteger)i {
    if (selectedColorIndex == i) return;

    selectedColorIndex = i;
    switch (selectedColorIndex) {
```

```
        case 0:
            self.pixView.highlightColor = [UIColor blackColor];
            break;
        case 1:
            self.pixView.highlightColor = [UIColor redColor];
            break;
        case 2:
            self.pixView.highlightColor = [UIColor greenColor];
            break;
        default:
            break;
    }
    [self.pixView setNeedsDisplay];
}

    .
    .
    .
```

现在，我们来修改configureView方法。它并非标准的UIViewController方法。它只是项目模板包含在这个类中的一个私有方法，以便编写用于在发生变化后更新视图的代码。由于我们不再使用描述标签了，所以我们删除设置该标签的那行代码。然后再添加一些代码，用以将所选文档传递给我们的自定义视图，接着调用setNeedsDisplay方法通知它重绘。

```
- (void)configureView
{
    // Update the user interface for the detail item.

    if (self.detailItem) {
        self.detailDescriptionLabel.text = [self.detailItem description];
        self.pixView.document = self.detailItem;
        [self.pixView setNeedsDisplay];

    }
    NSUserDefaults *prefs = [NSUserDefaults standardUserDefaults];
    self.selectedColorIndex = [prefs integerForKey:@"selectedColorIndex"];

}
```

该方法的最后，我们将所选颜色从NSUserDefaults中取出，设置了我们自己的selectedColorIndex属性。这将调用之前定义的设置方法，将所选颜色传递给我们的自定义视图。

现在我们来实现颜色选择功能，在代码编辑区下方添加以下代码来实现chooseColor:方法：

```
- (IBAction)chooseColor:(id)sender {
    NSInteger selectedColorIndex = [(UISegmentedControl *)sender
                                    selectedSegmentIndex];
    NSUserDefaults *prefs = [NSUserDefaults standardUserDefaults];
    [prefs setInteger:selectedColorIndex forKey:@"selectedColorIndex"];
}
```

我们就快完成这个类了，但还有一处需要修改。还记得之前我们提过的自动保存吗？当文档被告知发生了一些修改时（通过注册可撤销操作来触发），就会进行自动保存。保存工作通常在编辑后约10秒内发生。这和之前我们在本章中讨论过的其他保存和加载过程相同，这也是在后台线程中发生的，这样用户通常是不会注意到的。然而，这仅在文档还存在时才有效。

我们当前的设置存在一些风险，当用户按下返回按钮回到主列表时，文档实例将会在没有进行任何保存操作的情况下被销毁，用户的最终更改也将会丢失。为了确保不会发生这种情况，我们需要在viewWillDisappear:方法中添加一些代码，一旦用户离开了细节视图，就关闭文档。关闭一个文档将会导致该文档被自动保存，同样，保存工作发生在后台线程中。在本例中，我们不需要在保存完成后做任何事情，所以只要传递nil即可，而不是代码块。

对viewWillDisappear:方法作如下修改：

```
- (void)viewWillDisappear:(BOOL)animated
{
    [super viewWillDisappear:animated];
    UIDocument *doc = self.detailItem;
    [doc closeWithCompletionHandler:nil];

}
```

现在，我们第一个真正的基于文档的应用就完成了。运行它看看效果。你可以创建新的文档，编辑它们，返回文档列表，选择另一个文档（或者同一个文档），这些操作都可执行。如果你在测试应用时打开了Xcode控制台，那么可以看到每次加载或者保存文档时都会输出记录。使用自动保存体系，你不能直接控制保存工作发生的时刻（除了关闭一个文档），但是看看这些日志，感受一下它们是何时发生的，也挺有趣。

14.2　添加 iCloud 支持

现在你有了一个完整的基于文档的应用，但我们不想就此止步。我们之前承诺过要在本章支持iCloud，现在是时候履行了。

要将TinyPix修改为支持iCloud相当简单。考虑到所有的工作都在后台发生，所要做的修改出乎意料地少。

我们需要修改用于加载可用文件列表的方法，以及用于为加载新文件指定URL的方法，就是这些了。

除了代码修改，我们还需要处理一些额外的管理事项。只有应用嵌入了配置为允许使用iCloud的provisioning profile（资源调配配置文件），苹果公司才允许该应用向iCloud存储文件。这意味着，要让应用支持iCloud，你必须是付费iOS开发人员，并且安装了开发者证书。另外该应用必须在真实设备上运行，而不是模拟器。所以你必须至少有一台注册了iCloud的iOS设备，以运行新的支持iCloud的TinyPix应用。如果你有两台设备，那就可以获得更大的乐趣，你可以看到一台设备上的更改如何传给另一台设备。

14.2.1　创建provisioning profile

首先，你需要为TinyPix创建一个支持iCloud的provisioning profile。前往http://developer.apple.com，登录你的开发者账号。然后找到iOS 配置门户。苹果有时会更改开发者网站的布局，所以我们不具体给出网站内容。只介绍你所需要的基本步骤。

找到App IDs部分，根据你在创建TinyPix时所用的标识符来创建一个新的应用ID。你可以通过以下方式查看这个标识符：在Xcode的项目导航中选择顶层的TinyPix项，选择Summary标签，然后在iOS Application Target部分中查看Identifier字段。如果你使用com.apress作为应用程序标识符的基础，那么TinyPix的标识符就是com.apress.TinyPix。明白了吧。

在门户网站的当前版本中，我们将common name设为TinyPix AppID，弹出菜单保留为Use Team ID，输入com.apress.TinyPix作为Bundle Identifier。然后点击Submit。

创建应用ID后，可以看到它出现在一个表中，该表显示了每个应用ID的各种特性。在iCloud项中有一个黄色的点，和一个单词Configurable。点击旁边的Configure链接，在下一个页面中，点击启用Enable for iCloud复选框。然后点击Done返回应用ID列表。

现在转到配置部分，创建一个新的属于刚创建的app ID的provisioning profile。Provisioning部分就在APP IDs部分下面。点击New Profile按钮，在Profile Name 中输入TinyPixAppPP。如果你还没有开发者证书，那么需要创建一个。在这种情况下，点击Development Certificate链接，然后跟着该页的指导操作。创建了开发者证书后，选择TinyPix AppID作为你的App ID。最后，选择用于运行该应用的设备。

完成之后，将这个新的provisioning profile下载到你的Mac上，双击它，在Xcode上安装。在TinyPix项目窗口中，选择顶层的TinyPix对象，选择TinyPix项目本身（而不是TinyPix构建目标），然后选择Build Settings标签。向下滚动至Code Signing部分，在这里你能找到一个名为Code Signing Identity的项，其中包含一个名为Debug的项，你可以在里面找到Any iOS SDK。点击该行中的浅绿色弹出项，选择列在TinyPixAppPP下的开发者证书名。

说明　处理证书和provisioning profile真是一项讨厌的任务，但这似乎是编程中无法避免的一部分。当前工具的工作流看起来比较随意，比起若干年以前确实好了很多，这也算是一点儿安慰。如果这种趋势还将持续下去，那么再过几年，provisioning profile的配置可能会和创建新项目一样直观了。我们希望这么一天会来临。如果你向一个曾经进行过这项操作的朋友寻求帮助，你会发现这很有用，记得记下详细的笔记！

谢天谢地，剩下的新配置就容易些了。我们需要为这个项目启用iCloud授权，以便使用provisioning profile中的iCloud功能。

14.2.2　启用iCloud授权

在项目导航中选中顶层TinyPix项，然后在导航右边显示的项目列表和目标中选择TinyPix目标。切换到Summary标签，向下滚动至Entitlements部分，目前是空的。在该部分顶部点击Enable Entitlements复选框，可以看到Xcode为你填入了剩下的字段。它将Entitlements File指定为TinyPix，并且在其他3个部分中填入了你的应用标识符。

完成了！你的应用现在有了从代码中访问iCloud的权限。剩下的就是简单的编程问题了。

14.2.3　如何查询

选择BIDMasterViewController.m，开始为iCloud功能修改代码。最大的一处改动是查询可用文档的方式。TinyPix的第一个版本使用NSFileManager来查看本地文件系统中的可用文档。而这次，我们的做法有所不同。我们将要使用一种特殊的查询方式来查找文档。

首先添加一对属性：一个用于保存指针，该指针指向当前正在进行的查询；另一个属性用于保存查询到的所有文档的列表。

```
@interface BIDMasterViewController ()
@property (strong, nonatomic) NSArray *documentFilenames;
@property (strong, nonatomic) BIDTinyPixDocument *chosenDocument;
@property (strong, nonatomic) NSMetadataQuery *query;
@property (strong, nonatomic) NSMutableArray *documentURLs;>
- (NSURL *)urlForFilename:(NSString *)filename;
- (void)reloadFiles;
@end

@implementation BIDMasterViewController
@synthesize documentFilenames;
@synthesize chosenDocument;
@synthesize query;
@synthesize documentURLs;
```

接着是新的文件列表方法。删除整个reloadFiles方法，用以下方法替换：

```
- (void)reloadFiles {
    NSFileManager *fileManager = [NSFileManager defaultManager];
    // passing nil is OK here, matches first entitlement
    NSURL *cloudURL = [fileManager URLForUbiquityContainerIdentifier:nil];
    NSLog(@"got cloudURL %@", cloudURL);  // returns nil in simulator

    self.query = [[NSMetadataQuery alloc] init];
    query.predicate = [NSPredicate predicateWithFormat:@"%K like '*.tinypix'",
                        NSMetadataItemFSNameKey];
    query.searchScopes = [NSArray arrayWithObject:
                            NSMetadataQueryUbiquitousDocumentsScope];
    [[NSNotificationCenter defaultCenter]
     addObserver:self
     selector:@selector(updateUbiquitousDocuments:)
     name:NSMetadataQueryDidFinishGatheringNotification
     object:nil];
    [[NSNotificationCenter defaultCenter]
     addObserver:self
```

```
        selector:@selector(updateUbiquitousDocuments:)
        name:NSMetadataQueryDidUpdateNotification
        object:nil];
    [query startQuery];
}
```

这里有一些新内容需要提一下。首先是下面这行：

```
NSURL *cloudURL = [fileManager URLForUbiquityContainerIdentifier:nil];
```

这个方法名真长。Ubiquity？这是什么？当提及iCloud时，对于iCloud存储中的资源，苹果公司的大量术语都包括类似于ubiquity和 ubiquitous这样的单词，用以表明这些资源"无处不在"，也就是说可以使用同一个iCloud登录凭证在任何设备上访问它们。

在本例中，我们向文件管理器请求一个基本的URL，以便访问与特定的容器标识符（container identifier）相关的iCloud目录。容器标识符通常是包含你的公司的唯一一束ID（bundle seed ID）和应用程序标识符的字符串，用于选取包含在应用中的一个iCloud授权。这里传递nil是一种快捷方式，意味着"给我列表中的第一项"。由于我们的应用只包含一项（前一节中所创建的），所以这完全符合我们的需要。

之后，我们创建和配置一个NSMetadateQuery的实例：

```
self.query = [[NSMetadataQuery alloc] init];
query.predicate = [NSPredicate predicateWithFormat:@"%K like '*.tinypix'",
                    NSMetadataItemFSNameKey];
query.searchScopes = [NSArray arrayWithObject:
                        NSMetadataQueryUbiquitousDocumentsScope];
```

这个类起初是用在Mac OS X上的Spotlight搜索工具上的，但是现在它还能让iOS应用查找iCloud目录。我们为这个查询设置了一个谓词，将搜索结果限制为仅包含那些正确的文件名类型，另外我们还指定了搜索范围，只在应用的iCloud存储中的Documents文件夹中进行查找。然后我们设置了一些通知，以便获知查询是何时完成的，最后启动查询。

现在，我们需要实现当查询完成时的那些通知调用。在reloadFiles方法之后添加如下方法：

```
- (void)updateUbiquitousDocuments:(NSNotification *)notification {
    self.documentURLs = [NSMutableArray array];
    self.documentFilenames = [NSMutableArray array];

    NSLog(@"updateUbiquitousDocuments, results = %@", self.query.results);
    NSArray *results = [self.query.results sortedArrayUsingComparator:
        ^NSComparisonResult(id obj1, id obj2) {
        NSMetadataItem *item1 = obj1;
        NSMetadataItem *item2 = obj2;
        return [[item2 valueForAttribute:NSMetadataItemFSCreationDateKey] compare:
                [item1 valueForAttribute:NSMetadataItemFSCreationDateKey]];
    }];

    for (NSMetadataItem *item in results) {
        NSURL *url = [item valueForAttribute:NSMetadataItemURLKey];
        [self.documentURLs addObject:url];
```

```
        [(NSMutableArray *)documentFilenames addObject:[url lastPathComponent]];
    }

    [self.tableView reloadData];
}
```

查询的结果包含一个NSMetadataItem对象的列表，从中我们可以获取文件URL和创建日期等
数据项。我们根据创建日期来排列这些项。然后获取所有的URL以供之后使用。

14.2.4　保存在哪里

下一个要修改的是urlForFilename:方法，这个方法也是完全不同了。这里，我们使用一个
ubiquitous URL来为给定的文件名创建一个完整的URL路径。我们还在生成的路径中插入
"Documents"，以确保使用应用的Documents目录。删除原来的方法，用下面这个新的替换：

```
- (NSURL *)urlForFilename:(NSString *)filename {
    // be sure to insert "Documents" into the path
    NSURL *baseURL = [[NSFileManager defaultManager]
                        URLForUbiquityContainerIdentifier:nil];
    NSURL *pathURL = [baseURL URLByAppendingPathComponent:@"Documents"];
    NSURL *destinationURL = [pathURL URLByAppendingPathComponent:filename];
    return destinationURL;
}
```

现在，在真实的iOS设备上（不是模拟器）构建、运行该应用。如果你已经在这个设备上运
行了之前版本的应用，你将发现之前所创建的TinyPix文档现在不见了。新版本忽略了应用的本
地Documents目录，而完全依赖iCloud。但是你应该能够创建新的文档，在退出和重启应用后新
文档仍然存在。不仅如此，你甚至可以从设备上删除TinyPix应用，然后再次从Xcode运行它，你
会发现所有保存在iCloud上的文档都立刻可用了。如果你拥有另外一台配置了同一个iCloud用户
的iOS设备，使用Xcode在该设备上运行应用，你可以看到同样的文档也出现在了这个设备上，这
真是太好了！

14.2.5　在iCloud上存储首选项

只要再稍微花点工夫，就能实现另一项iCloud功能了。iOS 5包含了一个新类：NSUbiquitousKey-
ValueStore，它非常类似于NSDictionary（或者NSUserDefaults），不同的是NSUbiquitousKeyValueStore
的键–值都存放在"云"上。这对应用程序的首选项、登录令牌，以及其他任何不属于一个文档，
但是需要在用户的所有设备上共享的数据来说，NSUbiquitousKeyValueStore非常实用。

在TinyPix项目中，我们将使用这项功能来保存用户首选的高亮颜色。这样的话，用户就不
需要在每个设备上进行配置了，用户只要设置一次，就可以在所有设备上出现了。

选择BIDMasterViewController.m，进行一些小修改。首先找到chooseColor:方法，作如下
修改：

```
- (IBAction)chooseColor:(id)sender {
    NSInteger selectedColorIndex = [(UISegmentedControl *)sender selectedSegmentIndex];
    NSUserDefaults *prefs = [NSUserDefaults standardUserDefaults];
    [prefs setInteger:selectedColorIndex forKey:@"selectedColorIndex"];
    NSUbiquitousKeyValueStore *prefs = [NSUbiquitousKeyValueStore defaultStore];
    [prefs setLongLong:selectedColorIndex forKey:@"selectedColorIndex"];

}
```

这里，我们获取了一个与NSUserDefaults稍有不同的对象。这个新类没有setInteger:方法，我们使用了setLongLong:方法，它的作用与setInteger:方法相同。

然后找到viewWillAppear:方法，作如下修改：

```
- (void)viewWillAppear:(BOOL)animated
{
    [super viewWillAppear:animated];
    NSUserDefaults *prefs = [NSUserDefaults standardUserDefaults];
    NSInteger selectedColorIndex = [prefs integerForKey:@"selectedColorIndex"];
    NSUbiquitousKeyValueStore *prefs = [NSUbiquitousKeyValueStore defaultStore];
    NSInteger selectedColorIndex = [prefs longLongForKey:@"selectedColorIndex"];
    self.colorControl.selectedSegmentIndex = selectedColorIndex;
}
```

我们还需要修改细节视图，以便从正确的地方获取颜色。选择BIDDetailViewController.m，找到configureView方法，将它的最后几行代码改成如下代码：

```
    NSUserDefaults *prefs = [NSUserDefaults standardUserDefaults];
    self.selectedColorIndex = [prefs integerForKey:@"selectedColorIndex"];
    NSUbiquitousKeyValueStore *prefs = [NSUbiquitousKeyValueStore defaultStore];
    self.selectedColorIndex = [prefs longLongForKey:@"selectedColorIndex"];
```

完成！现在，你可以在配置了同一个iCloud用户的多个设备上运行这个应用了，可以看到，在一个设备上设置的颜色将会出现在另一个设备上（下一次在该设备上打开文件时就能看到）。这真是小菜一碟！

14.3   小结

现在，我们创建、运行了一个基础的支持iCloud、基于文档的应用程序，但是还有更多你可能要考虑的问题。本书中我们并不打算讨论这些主题，不过如果你想真正开发一个出色的基于iCloud的应用，应该考虑以下这些方面。

❑ 存储在iCloud中的文档有可能会冲突。如果你在多个设备上同时编辑同一个TinyPix文件会怎么样？很幸运，苹果公司已经考虑到了这个问题，而且提供了一些方式来处理应用中的冲突。是要忽略冲突，还是想要尝试自动修正它们，或者让用户挑出这个问题，完全取决于你。详细内容可在Xcode文档查看器中搜索resolving document version conflicts。

❑ 苹果公司建议将应用设计为能够在完全离线的模式下运行，以防用户因为某种原因不使用iCloud。同时苹果公司也建议你为用户提供一种在iCloud存储和本地存储之间移动文件的方式。不幸的是，苹果公司并没有提供或者建议任何有助于用户对此进行管理的标准GUI。而目前提供了这项功能的应用，比如苹果公司的iWork应用，在处理这个问题上看起来并没有做到很好的用户体验。更多内容可以查阅苹果公司Xcode文档中的"Managing the Life Cycle of a Document"。

❏ 苹果公司支持为Core Data存储使用iCloud，甚至提供了一个UIManagedDocument类，如果你想要使用这项功能，可以继承该类。想要了解更多信息，可以查看UIManagedDocument类，或者Dave Mark、Alex Horowitz、Kevin Kim和Jeff LaMarche合著的 *More iOS 5 Development: Further Explorations of the iOS SDK*一书（http://apress.com/book/ view/1430232528），该书是构建支持iCloud的Core Data应用的实用指南。

接下来的内容？第15章中，我们要讨论如何让应用在多线程、多任务环境中正确运行。

14

Grand Central Dispatch、后台处理及其应用

如果读者尝试过多线程编程（无论是在何种环境中），那么很可能体验过恐惧、惊骇或者更糟的感觉。所幸，技术不断在发展，最近苹果公司推出了一种新方法，大大简化了多线程编程。此方法称为Grand Central Dispatch，本章将开始学习使用它。我们还将深入探讨iOS中的多任务功能，介绍如何调整应用程序来利用这些新功能，以及使用新功能来进一步完善应用程序。

15.1   Grand Central Dispatch

开发人员如今面临的一个最大的挑战是编写这样的软件：可以执行复杂的操作来响应用户输入，同时保持迅速响应，使用户不会在处理器执行某些后台任务时长时间等待。回想一下就会发现，这一挑战自始至终都围绕着我们，即使计算技术的进步使CPU越来越快，这一问题也始终存在。如果你想要证据，只要看看眼前的计算机屏幕就行了。很可能就在上次你使用计算机时，在某个时刻你的工作流就被一个不断旋转的鼠标光标中断。

既然系统体系结构不断在发展，为什么这一问题还一直困扰着我们呢？这个问题的一方面在于软件的典型编写方式——软件编写为一个按顺序执行的事件序列。这种软件可能随着CPU速度的提高而相应地变快，但这只能是在一定程度上的。只要程序开始等待外部资源（比如文件或网络连接），整个事件序列都会暂停。所有现代操作系统现在都支持在一个程序中使用多个执行线程，所以即使一个线程在等待特定的事件，其他线程仍然可以继续运行。即使如此，许多开发人员仍然将多线程编程视为某种歪门邪道而不屑使用。

幸好，对于希望将代码分解为同步执行的块，并且不需要花太多工夫来熟悉系统的线程层的所有开发人员，苹果公司带来了一个好消息。这个好消息就是Grand Central Dispatch（简写为GCD），它提供了一套全新的API，可以将应用程序需要执行的工作拆分为可分散在多个线程和多个CPU（使用合适的硬件）上的更小的块。

这个新API的大部分可以使用**程序块**（block）访问，程序块是苹果公司的另一项创新，它向C和Objective-C添加了某种简单的内联函数功能。程序块与Ruby和Lisp等语言中的类似功能具有很多相同点，它们可以提供新的有趣方式来在不同对象之间建立交互性，同时使相关代码更紧密地结合在方法中。

15.2 SlowWorker 简介

作为演示GCD工作原理的平台，我们将创建一个名为SlowWorker的简单应用程序，该应用程序包含由一个按钮和一个文本视图组成的简单界面。单击该按钮就会立即启动一个同步任务，将应用程序锁定10秒。任务完成后，会在文本视图中显示一些文本（参见图15-1）。

图15-1   SlowWorker应用程序将其界面隐藏在一个按钮之后。在应用程序运行时，
单击该按钮，该界面就会挂起大约10秒

首先像以前一样，在Xcode中使用Single View Application构建一个新应用程序，将此应用程序命名为SlowWorker。向BIDViewController.h中添加以下代码：

```
#import <UIKit/UIKit.h>

@interface BIDViewController : UIViewController

@property (strong, nonatomic) IBOutlet UIButton *startButton;
@property (strong, nonatomic) IBOutlet UITextView *resultsTextView;

- (IBAction)doWork:(id)sender;


@end
```

这段代码定义可在我们的GUI上看到的两个对象的输出口，还定义了一个由按钮触发的操作方法。

现在在BIDViewController.m顶部附近输入以下代码：

```objc
#import "BIDViewController.h"

@implementation BIDViewController

@synthesize startButton, resultsTextView;

- (NSString *)fetchSomethingFromServer {
    [NSThread sleepForTimeInterval:1];
    return @"Hi there";
}

- (NSString *)processData:(NSString *)data {
    [NSThread sleepForTimeInterval:2];
    return [data uppercaseString];
}

- (NSString *)calculateFirstResult:(NSString *)data {
    [NSThread sleepForTimeInterval:3];
    return [NSString stringWithFormat:@"Number of chars: %d",
            [data length]];
}

- (NSString *)calculateSecondResult:(NSString *)data {
    [NSThread sleepForTimeInterval:4];
    return [data stringByReplacingOccurrencesOfString:@"E"
                                           withString:@"e"];
}

- (IBAction)doWork:(id)sender {
    NSDate *startTime = [NSDate date];
    NSString *fetchedData = [self fetchSomethingFromServer];
    NSString *processedData = [self processData:fetchedData];
    NSString *firstResult = [self calculateFirstResult:processedData];
    NSString *secondResult = [self calculateSecondResult:processedData];
    NSString *resultsSummary = [NSString stringWithFormat:
                            @"First: [%@]\nSecond: [%@]", firstResult,
                            secondResult];
    resultsTextView.text = resultsSummary;
    NSDate *endTime = [NSDate date];
    NSLog(@"Completed in %f seconds",
        [endTime timeIntervalSinceDate:startTime]);
}

.
.
.
```

在viewDidUnload中添加清理代码：

```objc
- (void)viewDidUnload {
    [self viewDidUnload];
    // Release any retained subviews of the main view.
    // e.g. self.myOutlet = nil;
    self.startButton = nil;
    self.resultsTextView = nil;
}
```

可以看到，这个类的"工作"被拆分为许多小代码块。此代码只是为了模拟一些较慢的活动，这些方法不会真正执行任何耗时的操作。为了增添一些趣味，每个方法包含对NSThread中的sleepForTimeInterval:类的一次调用，这会使程序（具体来讲是从中调用该方法的线程）在给定秒数内"暂停"，不执行任何操作。doWork:方法还在开头和末尾包含了计算完成所有工作所花时间的代码。

现在，打开BIDViewController.xib，将一个Round Rect Button和Text View拖到空的View窗口中，如图15-2所示布局这些控件。按住control并从File's Owner拖出，将视图控制器的两个输出口连接到按钮和文本视图。

接下来，选择按钮，转到连接检查器以将按钮的Touch Up Inside事件连回到File's Owner，选择视图控制器的doWork:方法。最后，选择文本视图，使用属性检查器取消选择Editable复选框（位于右上角），从文本框删除默认文本。

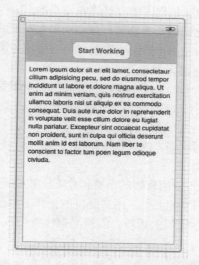

图15-2　SlowWorker界面包含一个圆角矩形按钮和一个文本视图。确保取消了文本
　　　　视图的Editable复选框并删除了它的所有文本

现在保存工作，点击Run。应用程序应该启动，按下按钮将使它运行大约10秒（所有这些休眠时间量的总和），然后显示结果。在等待期间，可以看到Start Working!按钮始终保持暗蓝色，只有在"工作"完成后才转为正常的颜色。另外，在"工作"完成之前，应用程序的视图无法响应。点击屏幕上的任何位置都没有反应。事实上，在此期间内与应用程序交互的唯一方式是点击home按钮从它切换出来。这正是我们希望避免的事件状态。

在这个例子中，这样做不是很糟糕，因为应用程序似乎仅会挂起几秒钟，但如果应用程序定期以这种方式"挂起"很长时间，使用应用程序将是一种令人沮丧的体验。在最坏的情况下，如果应用程序太长时间未响应，操作系统可能会结束它。无论如何，最终都会使用户不快，甚至可能吓跑用户！

15.3　线程基础知识

在开始实现解决方案之前，我们介绍一下并发所涉及的一些基础知识。这不是对iOS中的线程或一般线程知识的完整介绍，我们只介绍理解本章中的具体操作所需的知识。

大部分现代操作系统（当然包括iOS）都支持执行线程的概念。每个进程可以包含多个线程，它们全部同时运行。如果只有一个处理器核心，操作系统将在所有执行线程之间切换，非常类似于在所有执行进程之间切换。如果拥有多个核心，线程将像进程一样分布在它们中执行。

一个进程中的所有线程共享相同的可执行程序代码和相同的全局数据。每个线程也可以拥有一些独有的数据。线程可以使用一种称为互斥或锁的特殊结构，这种结构可以确保特定的代码块无法一次被多个线程运行。在多个线程同时访问相同数据时，这有助于保证正确的结果，在一个线程更新某个值（在代码中称为**临界区**）时排出其他线程。

在处理线程时，一个常见问题是代码需要是线程安全的。一些软件库在编写时考虑了线程并发性，并使用互斥恰当地保护它们的所有临界区。也有一些代码库不是线程安全的。

举例来说，在Cocoa Touch中，Foundation框架（包含适用于所有Objective-C编程类型的基本类，比如**NSString**、**NSArray**等）通常被视为是线程安全的。但是，UIKit框架（包含专门用于构建GUI应用程序的类，比如**UIApplication**、**UIView**及其所有子类等）在很大程度上被视为不是线程安全的。这意味着在正在运行的iOS应用程序中，处理任何UIKit对象的所有方法调用都应从相同线程内执行，该线程通常称为**主线程**。如果从另一个线程访问UIKit对象，那结果就不堪设想了！可能遇到看起来莫名其妙的缺陷（或者甚至更糟的是，你自己不会遇到任何问题，但在发布之后一些用户恐怕就要遭殃了）。

默认情况下，主线程执行iOS应用程序的所有操作（比如处理由用户事件触发的操作），所以对于简单应用程序，没有什么需要担心的。用户触发的操作方法已在主线程中运行。在本书中到目前为止，我们的代码全部在主线程上运行，但情况很快就会不一样了。

提示　有许多关于线程安全的著作，有必要花时间深入理解和掌握相关知识。一个不错的起点是苹果公司自己的文档。花几分钟阅读一下此页面，绝对有帮助：http://developer.apple.com/library/ios/#documentation/Cocoa/Conceptual/Multithreading/ThreadSafetySummary/Thread-SafetySummary.html。

15.4　工作单元

一般的程序员都会遇到前面介绍的线程模型的问题，编写没有错误的多线程代码几乎是不可能的。这不是对我们的行业或普通程序员的能力的批判，它只代表一种观点。在跨多个线程同步数据和操作时，需要在代码中考虑的复杂交互确实太多了，大部分人都无法应付。假设5%的人能够编写软件。而这5%里面只有一小部分真正在从事大型多线程应用程序的编写任务。甚至成功处理了此问题的人常常也会建议其他人不要以他们为榜样！

　　幸好，希望没有破灭。无需太多低级线程调整就可以实现一定的并发性。就像无需直接将每个比特放入视频RAM即可在屏幕上显示数据，无需直接与磁盘控制器交互即可从磁盘读取数据，一些软件抽象使我们无需直接对线程执行太多处理即可在多个线程上运行代码。

　　苹果公司推荐使用的解决方案以这样一种理念为中心：将长期运行的任务拆分为多个工作单元，并将这些单元添加到执行队列中。系统会为我们管理这些队列，为我们在多个线程上执行工作单元。我们不需要直接启动和管理后台线程，可以从通常实现并发应用程序所涉及的太多"登记"工作中脱离出来，系统会为我们完成这些工作。

15.5　GCD：低级队列

　　这种将工作单元放到可在后台执行的队列中，以及让系统管理线程的理念确实很强大，而且显著简化了许多需要并发性的开发情形。在10.6版的Mac OS X中，GCD开始展露锋芒，提供了执行此任务的基础架构。从4.0版开始，iOS平台也引入了GCD。此技术不仅适用于Objective-C，也适用于C和C++。

　　GCD在C接口中添加了一些优秀的概念：工作单元、无痛后台处理（painless background processing）、自动线程管理，它们可在所有基于C的语言中使用。为了进一步完善，苹果公司开源了GCD实现，所以它也可以移植到其他类似于Unix的操作系统。

　　GCD的一个重要概念是队列。系统提供了许多预定义的队列，包括可以保证始终在主线程上执行其工作的队列。它非常适合于非线程安全的UIKit！开发人员也可以创建自己的队列，只要愿意，可以创建任意多个。GCD队列严格遵循FIFO（先进先出）原则。添加到GCD队列的工作单元将始终按照加入队列的顺序启动。尽管如此，它们不会总是按相同顺序完成，因为如果可能，GCD队列将自动在多个线程之间分配它的工作。

　　每个队列能够访问一个线程池，该线程池可在应用程序整个生命周期内重用。GCD将始终尝试保持一个适合于机器体系结构的线程池，在有工作需要处理时自动利用更多的处理器核心，以充分利用更强大的机器。以前的iOS设备都是单核的，所以线程池的用处不大，但目前苹果推出的iPad 2和iPhone 4S都采用了双核处理器，GCD可谓大显身手了！

15.5.1　傻瓜式操作

　　除了GCD，苹果公司还向C语言本身（以及扩展性的Objective-C和C++）添加了一些新语法，以实现一种称为**程序块**的语言功能（在其他一些语言中也称为**闭包**或lambda），这对于最充分地利用GCD非常重要。程序块背后的理念是像任何其他C语言类型一样对待特定的代码块。程序块可以分配给一个变量，以参数的形式传递给函数或方法，当然也可以执行（不同于其他大部分类型）。通过这种方式，程序块可用作Objective-C中的委托模式或C中的回调函数的替代途径。

　　非常类似于方法或函数，程序块可以接受一个或多个参数并指定一个返回值。要声明程序块变量，可以使用"^"符号以及其他一些放在圆括号内的代码来声明参数和返回类型。要定义程序块本身，执行的操作大体相同，但在后面会添加定义程序块的实际代码（包含在花括号中）。

```
// Declare a block variable "loggerBlock" with no parameters and no return value.
void (^loggerBlock)(void);

// Assign a block to the variable declared above.  A block without parameters
// and with no return value, like this one, needs no "decorations" like the use
// of void in the preceding variable declaration.
loggerBlock = ^{ NSLog(@"I'm just glad they didn't call it a lambda"); };

// Execute the block, just like calling a function.
loggerBlock();  // this produces some output in the console
```

如果进行过大量C编程，可能会发现这段代码类似于C中的函数指针概念。但是，它们之间存在一些重要区别。或许最大的区别，也是一眼就能发现的最明显的区别是，程序块可以在代码内以内联方式定义，可以在即将把代码块传递给另一个方法或函数的位置定义它。另一个较大的区别是，程序块可以访问在创建它的范围内可用的变量。默认情况下，程序块通过这种方式复制你访问的任何变量，保留原始变量不变，但可以通过在变量声明之前添加存储修饰符__block，进行外部变量"读/写"。请注意block前面有两条下划线，而只不是一条。

```
// define a variable that can be changed by a block
__block int a = 0;

// define a block that tries to modify a variable in its scope
void (^sillyBlock)(void) = ^{ a = 47; };

// check the value of our variable before calling the block
NSLog(@"a == %d", a); // outputs "a == 0"

// execute the block
sillyBlock();

// check the values of our variable again, after calling the block
NSLog(@"a == %d", a); // outputs "a == 47"
```

前不久刚提到，程序块在与GCD结合使用时才真正发挥作用，有了程序块之后只需要一步就可以将它添加到队列中。当对刚刚定义的程序块，而不是对存储在变量中的程序块中执行此操作时，将获得在使用相关代码的上下文中看到该代码的额外优势。

15.5.2 改进SlowWorker

为了查看这是如何实现的，我们回头看一下SlowWorker的doWork:方法。它目前类似于以下代码：

```
- (IBAction)doWork:(id)sender {
    NSDate *startTime = [NSDate date];
    NSString *fetchedData = [self fetchSomethingFromServer];
    NSString *processedData = [self processData:fetchedData];
    NSString *firstResult = [self calculateFirstResult:processedData];
    NSString *secondResult = [self calculateSecondResult:processedData];
```

```
NSString *resultsSummary = [NSString stringWithFormat:
                            @"First: [%@]\nSecond: [%@]", firstResult,
                            secondResult];
resultsTextView.text = resultsSummary;
NSDate *endTime = [NSDate date];
NSLog(@"Completed in %f seconds",
      [endTime timeIntervalSinceDate:startTime]);
}
```

我们可以让该方法完全在后台运行，只需将所有代码包装在一个程序块中并将它传递给一个名为dispatch_async的GCD函数。此函数接受两个参数：一个GCD队列和一个分配给该队列的程序块。对doWork:的副本进行以下更改，一定不要忘记在方法最后加上大括号和圆括号。

```
- (IBAction)doWork:(id)sender {
    NSDate *startTime = [NSDate date];
    dispatch_async(dispatch_get_global_queue(0, 0), ^{
        NSString *fetchedData = [self fetchSomethingFromServer];
        NSString *processedData = [self processData:fetchedData];
        NSString *firstResult = [self calculateFirstResult:processedData];
        NSString *secondResult = [self calculateSecondResult:processedData];
        NSString *resultsSummary = [NSString stringWithFormat:
                                    @"First: [%@]\nSecond: [%@]", firstResult,
                                    secondResult];
        resultsTextView.text = resultsSummary;
        NSDate *endTime = [NSDate date];
        NSLog(@"Completed in %f seconds",
              [endTime timeIntervalSinceDate:startTime]);
    });

}
```

第一行使用dispatch_get_global_queue()函数，抓取一个已经存在并始终可用的全局队列。该函数接受两个参数：第一个可用于指定优先级，第二个目前未使用并且应该始终为0。如果在第一个参数中指定了不同的优先级，比如DISPATCH_QUEUE_PRIORITY_HIGH或DISPATCH_QUEUE_PRIORITY_LOW（传入0相当于传入DISPATCH_QUEUE_PRIORITY_DEFAULT），将实际获取一个不同的全局队列，系统将对该队列分配不同的优先级。对于现在，我们坚持使用默认的全局队列。

然后将该队列以及它后面的代码块一起传递给dispatch_async()函数，GCD然后获取整个程序块，并将它传递给一个后台线程，该程序块将在这里一次执行一步，就像在主线程中运行时一样。

注意，我们在程序块创建之前定义了名为startTime的变量，而后在该程序块最后使用了它的值。这看起来似乎没什么特别的意义，因为到程序块被执行时，doWork:方法已经退出了，所以startTime变量所指向的NSDate实例应该已经被释放了！这是程序块用法的关键点：如果一个程序块在执行过程中访问任何"外部"的变量，那么当该程序块被创建时，会进行一些特殊的设置工作，以允许程序块访问那些变量。这些变量所包含的值要么被复制（如果是普通的C类型变量，如int或float），要么被保存（如果是指向对象的指针变量），这样它们所包含的值就可以在程序块内部使用了。当在doWork:的第2行中调用dispatch_async，而代码中所示的程序块被创建后，startTime实际上就发送了一条retain消息，其返回值赋给了程序块内部的一个同名（startTime）的新静态变量。

程序块内部的startTime变量必须是静态的，这样程序块内部的代码就不会意外地与外部定义的变量混淆了。否则，只会使所有人困惑。然而有的时候，你确实想要让一个程序块向一个外部定义的变量写入数据，这时__block存储修饰符（之前提到过）就派上用处了。如果使用__block定义一个变量，那么任何在相同作用域内定义的程序块都能直接访问它。一个有趣的副作用是：__block修饰的变量在程序块中使用时不会被复制或者保存。

1. 不要忘记主线程

这里有一个问题：UIKit的线程安全性。请记住，从后台线程联系任何GUI对象（包括我们的resultsTextView）是绝对不可能的。幸好，GCD也提供了一种方式来处理此问题。在程序块内部，可以调用另一个分派函数，将工作传回到主线程！为此，可以再次调用dispatch_async()，这一次传入dispatch_get_main_queue()函数返回的队列，该函数总是提供存在于主线程上的特殊队列，并准备执行需要使用主线程的程序块。对你的doWork:再进行一项更改：

```
- (IBAction)doWork:(id)sender {
    NSDate *startTime = [NSDate date];
    dispatch_async(dispatch_get_global_queue(0, 0), ^{
        NSString *fetchedData = [self fetchSomethingFromServer];
        NSString *processedData = [self processData:fetchedData];
        NSString *firstResult = [self calculateFirstResult:processedData];
        NSString *secondResult = [self calculateSecondResult:processedData];
        NSString *resultsSummary = [NSString stringWithFormat:
                                    @"First: [%@]\nSecond: [%@]", firstResult,
                                    secondResult];
        dispatch_async(dispatch_get_main_queue(), ^{
            resultsTextView.text = resultsSummary;
        });
        NSDate *endTime = [NSDate date];
        NSLog(@"Completed in %f seconds",
            [endTime timeIntervalSinceDate:startTime]);
    });
}
```

2. 提供反馈

如果现在构建并运行应用程序，将会看到它现在似乎能够更加流畅地运行，至少在一定程度上是这样。按钮在触摸之后不再保持突出显示，否则可能导致不断地重复点击。如果看一下Xcode的控制台日志，将会看到每次点击的结果，但只有最后一次点击的结果将在文本视图中显示。

我们真正希望做的是改进GUI，以便在用户按下按钮时，显示界面会立即更新，表明一个操作正在运行并且在此过程中该按钮被禁用。为此，我们将向显示界面添加UIActivityIndicatorView。此类提供了在许多应用程序和网站上看到过的"旋转指示器"（spinner）。首先在BIDViewController.h文件中声明它：

```
@interface BIDViewController : UIViewController

@property (strong, nonatomic) IBOutlet UIButton *startButton;
@property (strong, nonatomic) IBOutlet UITextView *resultsTextView;
@property (strong, nonatomic) IBOutlet UIActivityIndicatorView *spinner;
    .
    .
    .
```

然后打开BIDViewController.xib文件，在库中找到一个Activity Indicator View，并将它拖到视图中的按钮旁边（参见图15-3）。

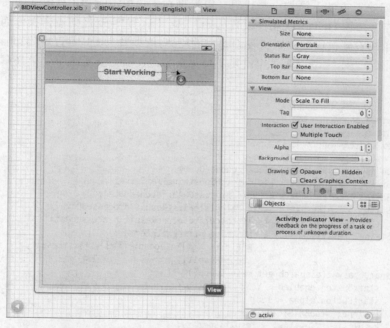

图15-3　在Interface Builder中将活动指示器视图拖到主视图中

选择活动旋转指示器，在属性检查器中勾选Hide When Stopped复选框，使旋转指示器仅在我们告诉它开始旋转时才出现（没有人希望他们的GUI中有一个不旋转的旋转指示器）。

接下来，按住control键并从File's Owner图标拖到旋转指示器，连接旋转指示器输出口，保存更改。

打开BIDViewController.m。这里我们首先添加处理输出口的常见代码：

```
@implementation BIDViewController

@synthesize startButton, resultsTextView;
@synthesize spinner;
```

```
    .
    .
    .
- (void)viewDidUnload {
    [super viewDidUnload];
    // Release any retained subviews of the main view.
    // e.g. self.myOutlet = nil;
    self.startButton = nil;
    self.resultsTextView = nil;
    self.spinner = nil;

}
```

现在处理doWork:方法，添加一些代码，以管理在用户单击时和工作完成时按钮和旋转指示器的外观。首先将按钮的enabled属性设置为NO，这会阻止它注册任何点击操作而不提供任何视觉线索。要使用户看到按钮被禁用，我们将它的alpha值设置为0.5。可以将alpha值视为一种透明度设置，其中0.0表示完全透明（也就是不可见），1.0表示完全不透明。第16章将更详细地介绍alpha值。

```
- (IBAction)doWork:(id)sender {
    startButton.enabled = NO;
    startButton.alpha = 0.5;
    [spinner startAnimating];
    NSDate *startTime = [NSDate date];
    dispatch_async(dispatch_get_global_queue(0, 0), ^{
        NSString *fetchedData = [self fetchSomethingFromServer];
        NSString *processedData = [self processData:fetchedData];
        NSString *firstResult = [self calculateFirstResult:processedData];
        NSString *secondResult = [self calculateSecondResult:processedData];
        NSString *resultsSummary = [NSString stringWithFormat:
                                    @"First: [%@]\nSecond: [%@]", firstResult,
                                    secondResult];
        dispatch_async(dispatch_get_main_queue(), ^{
            startButton.enabled = YES;
            startButton.alpha = 1.0;
            [spinner stopAnimating];
            resultsTextView.text = resultsSummary;
        });
        NSDate *endTime = [NSDate date];
        NSLog(@"Completed in %f seconds",
            [endTime timeIntervalSinceDate:startTime]);
    });
}
```

构建并运行应用程序，然后按下按钮。效果是不是更加逼真了？即使完成"工作"需要几秒，用户也不会感到在盲目地等待，按钮被禁用并监视工作的进度，动画式的旋转指示器使用户知道应用程序没有实际挂起，有希望在某个时刻返回到正常状态。

3. 并发程序块

到现在为止一切进展顺利，但是我们的程序还没有完成！眼尖的读者将会注意到，在经历这些动作后，我们仍然没有真正更改我们的算法的基本顺序布局（甚至可以回想起算法中这个简单的步骤列表）。我们所做的只是将此方法的一部分转移到一个后台线程，然后在主线程中完成它，Xcode控制台输出证明了这一点：此"工作"的运行花了10秒，就像最初一样。最重要的问题在于，calculateFirstResult:和calculateSecondResult:不需要顺序执行，并发地执行它们可以显著提高速度。

　　幸而GCD提供了一种途径来完成此任务：使用所谓的**分派组**。将在一个组的上下文中通过dispatch_group_async()函数异步分派的所有程序块设置为松散的，以尽可能快地执行，如果可能，将它们分发给多个线程来同时执行。也可以使用dispatch_group_notify()指定一个额外的程序块，该程序块将在组中的所有程序块运行完成时执行。

　　对doWork:作如下修改，确保在方法最后正确加上了大括号和圆括号。

```objc
- (IBAction)doWork:(id)sender {
    NSDate *startTime = [NSDate date];
    dispatch_async(dispatch_get_global_queue(0, 0), ^{
        NSString *fetchedData = [self fetchSomethingFromServer];
        NSString *processedData = [self processData:fetchedData];
        NSString *firstResult = [self calculateFirstResult:processedData];
        NSString *secondResult = [self calculateSecondResult:processedData];

        __block NSString *firstResult;
        __block NSString *secondResult;
        dispatch_group_t group = dispatch_group_create();
        dispatch_group_async(group, dispatch_get_global_queue(0, 0), ^{
            firstResult = [self calculateFirstResult:processedData];
        });
        dispatch_group_async(group, dispatch_get_global_queue(0, 0), ^{
            secondResult = [self calculateSecondResult:processedData];
        });
        dispatch_group_notify(group, dispatch_get_global_queue(0, 0), ^{
            NSString *resultsSummary = [NSString stringWithFormat:
                                        @"First: [%@]\nSecond: [%@]", firstResult,
                                        secondResult];
            dispatch_async(dispatch_get_main_queue(), ^{
                startButton.enabled = YES;
                startButton.alpha = 1.0;
                [spinner stopAnimating];
                resultsTextView.text = resultsSummary;
            });
            NSDate *endTime = [NSDate date];
            NSLog(@"Completed in %f seconds",
                [endTime timeIntervalSinceDate:startTime]);
        });

    });
}
```

　　这里的一个难题是，每个calculate方法都会返回一个我们希望抓取的值，所以必须首先使用__block存储修饰符创建变量，这可以确保在程序块内设置的值可供在以后运行的代码使用。

完成之后，再次构建并运行应用程序，你将会看到自己的努力得到了回报。以前需要花10秒的操作现在只需要7秒，这得益于我们同时运行两种计算的事实。

显然，我们设计的示例获得了最好的效果，因为这两种"计算"不会实际执行任何操作，只会导致运行它们的线程休眠。在真实的应用程序中，加速程度将取决于所执行的工作和可用的资源。只有在有多个CPU核心可用时，执行CPU资源密集型的计算才能受益于此技术，截至编写本书时，只有最新的iOS设备（iPhone 4S和iPad 2）拥有多个CPU核心。其他用途（比如一次从多个网络连接抓取数据）在只有一个CPU时也会加快速度。

可以看到，GCD不是万能的。使用GCD不会自动加速每个应用程序，但通过在应用程序中速度至关重要的地方或对用户的响应迟缓的位置谨慎地应用这些技术，即使在无法改进真实性能的情形下，也能够轻松提供更出色的用户体验。

15.6　后台处理

iOS 4中的另一项重要功能是引入了后台处理，后台处理支持在后台运行应用程序，在一些情形下甚至可以在用户按下home按钮之后在后台运行。

不要将此功能与现代桌面OS提供的真正的多任务相混淆，OS启动的所有程序将保留在系统RAM中，直到显式退出它们。iOS设备的RAM速度仍然太慢，无法胜任这一职责。不过，后台处理功能意味着需要特定的系统功能类型的应用程序可以在受限方式下继续运行。例如，如果应用程序播放来自互联网广播站的音频流，iOS将允许该应用程序在用户切换到另一个应用程序时继续运行。除此之外，在应用程序播放音频时，iOS甚至还在iOS系统任务栏（当你双击home按钮时在底部显示的栏）上提供了标准的暂停和音量控件。

说明　后台处理功能仅可用于满足某种最低硬件标准的设备。在编写本书时，这些设备包括iPhone 3GS及后续版本、第三代和第四代iPod touch以及iPad。基本而言，如果iPhone或iPod touch是在2009年中期之前发布的，它们将不支持多任务功能。很遗憾！

具体来讲，如果创建播放音频、希望不断更新位置或实现VoIP来让用户在互联网上拨打和接听电话的应用程序，可以在应用程序的Info.plist文件中声明此情形，系统将以一种特殊方式处理应用程序。这种用途尽管有趣，但可能不是本书的大部分读者将处理的问题，所以我们不打算在这里赘述。

除了在后台运行应用程序，iOS还能够在用户按下home按钮之后将应用程序添加到暂停状态中。这种暂停执行的状态在概念上类似于将Mac设置为休眠模式。应用程序的所有工作内存都在RAM中，在暂停时它完全不执行。因此，切换回这样的应用程序的速度非常快。这种行为不仅限于特殊的应用程序，事实上是使用iOS 5 SDK编译的任何应用程序的默认行为（但可以通过Info.plist文件中的另一项设置禁用）。要查看此行为的实际应用，打开设备的Mail应用程序并打开一封邮件，然后按下home按钮，打开Notes应用程序并选择一条笔记。现在双击home按钮并切换回Mail。几乎感觉不到延迟，它会立即滑到视图中，就像它一直在运行一样。

对于大部分应用程序，这种形式的自动暂停和恢复正是你所需要的。但是，在一些情形下，应用程序可能需要知道它何时将暂停和何时将唤醒。系统提供了多种方式，通过UIApplication类向应用程序通知其执行状态的变化，该类针对此用途提供了许多委托方法和通知，我们将介绍如何使用它们。

当应用程序即将暂停时，它可以做的一件事（无论它是否属于可在后台运行的特殊应用程序类型）是请求在后台运行一定的时间。这样做是为了确保应用程序有足够的时间来关闭任何打开的文件、网络资源等。稍后将给出一个相关例子。

15.6.1　应用程序生命周期

在介绍如何处理对应用程序执行状态的变更的具体细节之前，我们探讨一下有哪些状态。

- **未运行**。此状态表明所有应用程序都位于一个刚刚重新启动的设备上。在设备打开状态下，不论应用程序在何时启动，只有遇到以下状况应用程序才返回未运行状态：
  - 应用程序的Info.plist包含UIApplicationExitsOnSuspend键（并且其值设置为YES）；
  - 应用程序之前被暂停并且系统需要清除一些内存；
  - 应用程序在运行过程中崩溃。
- **活动**。这是应用程序在屏幕上显示时的正常运行状态。它可以接收用户输入并更新显示。
- **后台**。在此状态中，应用程序获得了一定的时间来执行一些代码，但它无法直接访问屏幕或获取任何用户输入。在用户按下home按钮后不久，所有应用程序都会进入此状态，它们中的大部分会迅速进入暂停状态。希望在后台运行的应用程序会一直处于此状态，直到被再次激活。
- **暂停**。暂停的应用程序被冻结。普通应用程序在处于后台状态后不久就会转变为此状态。应用程序在活动时使用的所有内存将原封不动地得以保留。如果用户将应用程序切换回活动状态，它将恢复到之前的状态。另一方面，如果系统需要为当前活动的应用程序提供更多内存，任何暂停的应用程序都可能被终结（并返回到未运行状态），它们的内存将释放用于其他用途。
- **不活动**。应用程序仅在两个其他状态之间的临时过渡阶段处于不活动状态。应用程序可以在任意长时间内处于不活动状态的唯一前提是，用户正在处理系统提示（比如显示的传入呼叫或SMS提示）或用户锁定了屏幕。这基本上是一种中间过渡状态。

15.6.2　状态更改通知

为了管理这些状态之间的更改，UIApplication定义了它的委托可以实现的一些方法。除了委托方法，UIApplication还定义了一个匹配的通知名称集合（参见表15-1）。这使除应用程序委托外的其他对象可以在应用程序状态更改时注册通知。

表15-1 跟踪应用程序的执行状态和相应的通知名称的委托方法

委托方法	通知名称
application:didFinishLaunchingWithOptions:	UIApplicationDidFinishLaunchingNotification
applicationWillResignActive:	UIApplicationWillResignActiveNotification
applicationDidBecomeActive:	UIApplicationDidBecomeActiveNotification
applicationDidEnterBackground:	UIApplicationDidEnterBackgroundNotification
applicationWillEnterForeground:	UIApplicationWillEnterForegroundNotification
applicationWillTerminate:	UIApplicationWillTerminateNotification

请注意，这些委托方法和通知都直接与某种"运行"状态相关：活动、不活动和后台。每个委托方法仅在一种状态中调用（每个通知也仅在一种状态中出现）。最重要的状态过渡是在活动状态与其他状态之间，一些过渡（比如从后台到暂停）不会出现任何通知。我们分析一下这些方法，看看应该如何使用它们。

第一个方法application:didFinishLaunchingWithOptions:已在本书中出现过多次。它是在应用程序启动后直接进行应用程序级编码的主要方式。

接下来的两个方法applicationWillResignActive:和applicationDidBecomeActive:都会在许多情形下使用。如果用户按下home按钮，将调用applicationWillResignActive:；如果他们稍后将应用程序切换回前台，将调用applicationDidBecomeActive:。如果用户接听电话，也会发生相同的事件序列。为了进一步完善，也可以在应用程序启动时调用applicationDidBecomeActive:！一般而言，这两个方法代表着应用程序从活动状态过渡到不活动状态，是启用或禁用任何动画、应用程序内的音频或其他处理应用程序表示（向用户）的项目的不错位置。由于会在多种情形下使用applicationDidBecomeActive:，可能需要在application:didFinishLaunchingWithOptions:中添加一些应用程序初始化代码。请注意，不应该在applicationWillResignActive:中假设应用程序将进入后台状态，因为它只是一种临时变化，最终将恢复到活动状态。

接下来是applicationDidEnterBackground:和applicationWillEnterForeground:，这两个方法的应用领域稍有不同：处理肯定会进入后台状态的应用程序。应用程序应该在applicationDidEnterBackground:中释放所有可在以后重新创建的资源，保存所有用户数据，关闭网络连接等。如果需要，也可以在这里请求在后台运行更多时间，稍后将会演示这一点。如果在applicationDidEnterBackground:中花了太长时间（超过5秒），系统将断定应用程序的行为异常并终止它。应该实现applicationWillEnterForeground:来重新创建在applicationDidEnterBackground:中销毁的内容，比如重新加载用户数据、重新建立网络连接等。请注意，当调用applicationDidEnterBackground:时，可以安全地假设最近也调用了applicationWillResignActive:；类似地，当调用applicationWillEnterForeground:时，可以认为即将调用applicationDidBecomeActive:。

列表中的最后一个方法是applicationWillTerminate:，你可能很少使用它。在iOS 4之前，需要实现此方法来保存用户数据等信息，但现在有了applicationDidEnterBackground:，我们不需要这个旧方法，只有在应用程序已进入后台，并且系统出于某种原因决定跳过暂停状态并终止应用程序时，才会真正调用它。

现在你应该对应用程序状态过渡的理论有了基本的了解。我们在一个简单应用程序中试用一下这些知识，这个应用程序在每次调用这些方法时向Xcode的控制台日志写入一条消息。然后我们通过各种方式操作正在运行的应用程序，就像用户一样，看一下将发生哪些过渡。

15.6.3 创建State Lab

在Xcode中，以Single View Application模板为基础创建一个新项目，将它命名为State Lab。此应用程序不会显示任何信息，除了与生俱来的默认的灰色屏幕，它将生成的所有输出最终都将进入Xcode控制台。BIDAppDelegate.m文件已经包含我们感兴趣的所有方法，我们所需做的就是添加一些日志，如以下粗体显示的代码所示。请注意，我们也删除了这些方法中的注释，以保持简洁。

```objc
- (BOOL)application:(UIApplication *)application didFinishLaunchingWithOptions:
    (NSDictionary *)launchOptions
{
    self.window = [[UIWindow alloc] initWithFrame:[[UIScreen mainScreen] bounds]];
    // Override point for customization after application launch.
    NSLog(@"%@", NSStringFromSelector(_cmd));

    self.viewController = [[BIDViewController alloc]
        initWithNibName:@"BIDViewController" bundle:nil];
    self.window.rootViewController = self.viewController;
    [self.window makeKeyAndVisible];
    return YES;
}

- (void)applicationWillResignActive:(UIApplication *)application
{
    NSLog(@"%@", NSStringFromSelector(_cmd));

}

- (void)applicationDidEnterBackground:(UIApplication *)application
{
    NSLog(@"%@", NSStringFromSelector(_cmd));

}

- (void)applicationWillEnterForeground:(UIApplication *)application
{
    NSLog(@"%@", NSStringFromSelector(_cmd));

}

- (void)applicationDidBecomeActive:(UIApplication *)application
{
    NSLog(@"%@", NSStringFromSelector(_cmd));
```

```
}

- (void)applicationWillTerminate:(UIApplication *)application
{
    NSLog(@"%@", NSStringFromSelector(_cmd));

}
```

你可能希望了解我们在所有这些方法中使用的NSLog调用。Objective-C提供了一个方便的内置变量，名为_cmd，它始终包含当前方法的选择器。回想一下，**选择器**只是Objective-C引用方法的一种方式，NSStringFromSelector()函数返回给定选择器的NSString表示。这里只是用于提供输出当前方法名称的快捷方式，无需重新键入它或复制并粘贴它。

15.6.4　执行状态

现在构建并运行应用程序。模拟器将显示并启动我们的应用。切换回Xcode并查看一下控制台（View→Debug Area→Activate Console），应该会看到以下类似信息：

```
2011-10-31 11:56:52.674 State Lab[83116:f803] application:didFinishLaunchingWithOptions:
2011-10-31 11:56:52.677 State Lab[83116:f803] applicationDidBecomeActive:
```

可以看到，应用程序已成功启动并进入了活动状态。现在返回到模拟器并按下home按钮，应该在控制台看到以下信息：

```
2011-10-31 11:56:55.874 State Lab[83116:f803] applicationWillResignActive:
2011-10-31 11:56:55.875 State Lab[83116:f803] applicationDidEnterBackground:
```

这两行显示了应用程序在两个状态之间的实际过渡。它首先转变为不活动专题，然后进入后台。在这里无法看到的是，应用程序还切换到了第三个状态：暂停。记得前面提到过，你不会被告知发生了这一过程，它完全在你的控制之外。请注意，从某种意义上讲该应用程序仍然是"活动的"，Xcode仍然与它相连，即使它实际上没有占用任何CPU时间。要验证这一点，可以点击应用程序的图标重新启动它，这应该生成以下输出：

```
2011-10-31 11:57:00.886 State Lab[83116:f803] applicationWillEnterForeground:
2011-10-31 11:57:00.888 State Lab[83116:f803] applicationDidBecomeActive:
```

应用程序又开始正常运行了。应用程序以前被暂停，然后唤醒到不活动状态，最后再次返回活动状态。那么当应用程序真正被终结时会发生什么？再次点击home按钮：

```
2011-10-31 11:57:03.569 State Lab[83116:f803] applicationWillResignActive:
2011-10-31 11:57:03.570 State Lab[83116:f803] applicationDidEnterBackground:
```

然后双击home按钮，按住State Lab图标直到出现一个小的"结束"图标（带红色小圆圈），然后结束它。发生了什么呢？你可能很惊讶，没有向控制台打印任何信息，所得到的只是控制台窗口底部的状态栏上显示的"Debugging terminated"。相反，Xcode在给你留下（gdb）调试器提示前，自己打印了一行类似"sharedlibrary apply-load-rules all"这样意义含糊的信息，至此，State Lab就完完全全终止了。

　　事实证明，在系统将应用程序从暂停转为未运行状态时，没有正常地调用applicationWill-Terminate:方法。当应用程序暂停时，无论系统决定转储它以回收内存，还是你手动强制退出它，它都会突然消失，没有机会执行任何操作。applicationWillTerminate:方法仅在被终结的应用程序处于后台状态时调用。例如，如果应用程序在后台状态下运行，以之前预定义的某种方式（音频播放、GPS使用等）使用系统资源，并被用户或系统强制退出，那么可能调用此方法。在State Lab例子中，应用程序处于暂停状态，而不是后台状态，所以应用立即终止，没有任何通知。

　　这里还有另一种有趣的交互需要介绍，就是当系统在显示警报对话框时，临时接管来自应用的输入流，并且将它设为不活动状态。这种状态只有在真实设备上（而不是模拟器）运行时才会被触发（使用内置的Messages应用）。Messages和其他很多应用一样，可以从外部接收消息，并且通过多种方式显示它们。

　　要看看这是如何建立的，可以在你的设备上运行Settings应用，在左上方的列表里选择Notifications，然后从右边的应用列表里选择Messages应用。iOS 5中显示消息的一种全新方式称为Banners。它显示一条盖住屏幕顶部的小通知栏，而不会中断当前正在运行的应用。我们想要显示的是不太理想的旧式Alerts方法，它在当前应用前弹出一个窗格，要求用户进行操作。选择这种方式后，Messages应用将会回到早期的形式（使用iOS 4及早期版本的用户所不得不处理的恼人情形）。

　　现在回到你的计算机。在Xcode中，使用左上方的弹出框从模拟器切换到你的设备，然后点击Run按钮在你的设备上构建和运行该应用。现在，你要做的是向你的设备发送一条消息。如果使用的是iPhone，你可以从另一个手机发送一条SMS消息。如果是iPod touch或者iPad，只能用Apple自带的iMessage通信，它在所有iOS 5设备上都可用（包括iPhone）。找出适合你的方式，然后让其他人通过SMS或者iMessage向你的设备发送一条消息。当你的设备显示出收到消息的系统警报时，将会在Xcode控制台中出现以下信息：

```
2011-10-31 12:05:15.391 State Lab[1069:307] applicationWillResignActive:
```

　　请注意，我们的应用程序没有发送到后台，它处于不活动状态，并且仍然可以在系统警报背后看到。如果此应用程序是一个游戏或正在运行任何视频、音频或动画，那么这时需要暂停它们。

　　按下警报上的Close按钮，将得到以下信息：

```
2011-10-31 12:05:24.808 State Lab[1069:307] applicationDidBecomeActive:
```

　　现在看一下如果决定回复SMS消息会发生什么。让其他人向你发送另一条SMS消息，这会生成以下信息：

```
2011-10-31 12:11:04.154 State Lab[1069:307] applicationWillResignActive:
```

　　这一次单击Reply，切换回Messages应用应该会看到以下一系列操作：

```
2011-10-31 12:11:07.826 State Lab[1069:307] applicationDidBecomeActive:
2011-10-31 12:11:07.966 State Lab[1069:307] applicationWillResignActive:
2011-10-31 12:11:07.984 State Lab[1069:307] applicationDidEnterBackground:
```

　　非常有趣！我们的应用程序迅速地再次激活，然后变为不活动，最后进入后台（接下来被默默地暂停）。

15.6.5 利用执行状态更改

那么，我们应该如何对待这些状态？基于刚才演示的例子，看起来在处理这些状态更改时有一条明确的策略可以遵循。

1. 活动→不活动

使用applicationWillResignActive:/UIApplicationWillResignActiveNotification来"暂停"应用程序的显示。如果应用程序是游戏，你可能已能够通过某种方式暂停游戏。对于其他类型的应用程序，确保工作中不需要及时的用户输入，因为应用程序在一段时间内不会获得任何用户输入。

2. 不活动→后台

使用applicationDidEnterBackground:/UIApplicationDidEnterBackgroundNotification释放在应用程序处于后台状态时不需要保留的任何资源（比如缓存的图像或其他可轻松重新加载的数据），或者无法保存在后台状态的任何资源（比如活动的网络连接）。在这里避免过度的内存使用将使应用程序最终的暂停快照更小，从而减少了应用程序将从RAM整个清除的风险。还应该通过此机会保存任何必要的应用程序数据，这些数据将有助于用户在下一次重新启动应用程序时找到上次离开时的进度。如果应用程序返回到激活状态，这通常没什么问题，但在应用程序被清除并必须重新启动时，用户将非常希望从相同位置恢复。

3. 后台→不活动

使用applicationWillEnterForeground:/UIApplicationWillEnterForeground恢复在从不活动切换到后台状态时所执行的任何操作。例如，在这里可以重新建立持久网络连接。

4. 不活动→活动

使用applicationDidBecomeActive:/UIApplicationDidBecomeActive恢复在从活动切换到不活动状态时所做的任何操作。请注意，如果应用程序是游戏，这可能不会直接从暂停状态返回到游戏，应该让用户自行返回到游戏。另外请记住，这个方法和通知在应用程序全新启动时使用，所以在这里执行的任何操作也必须在该上下文中有效。

对于从不活动到后台状态的过渡，还有一个需要注意的特殊因素。该过渡不仅在前面的清单中具有最长的描述，它还可能是大部分应用程序中使用代码最多和最耗时的过渡，因为你希望应用程序执行的"登记"操作量可能很大。在执行此过渡到过程中，系统不会提供大量时间来保存这里的更改，它仅提供大约5秒的时间。如果应用程序从委托方法返回（或处理已经注册的任何通知）的时间超过5秒，应用程序将立刻从内存中清除并进入未运行状态！如果这看起来不公平，不要担心，因为可以采用一种推迟方法。在处理该委托方法或通知时，可以要求系统在后台队列中执行一些额外的工作，这会争取到更多的时间。下一节将介绍这种技术。

15.6.6 处理不活动状态

应用程序可能遇到的最简单的状态更改是从活动过渡到不活动，然后再返回到活动。可以回想起，这是iPhone在应用程序正在运行时收到SMS消息并显示它时发生的事情。本节将让State Lab

执行一些看起来有趣的操作,这样我们可以看到,如果忽略该状态更改会发生什么,然后了解如何修复它。

这里将要做的是将一个UILabel添加到显示视图,使用Core Animation来移动它,这是iOS中制作对象动画的一种非常不错的方法。

首先在BIDViewController.h中添加一个UILabel作为实例变量和属性:

```objc
@interface BIDViewController : UIViewController

@property (strong, nonatomic) UILabel *label;
@end
```

然后在BIDViewController.m中对此属性执行常见的内存管理工作:

```objc
@implementation BIDViewController
@synthesize label;
.
.
.
- (void)viewDidUnload {
    [super viewDidUnload];
    // Release any retained subviews of the main view.
    // e.g. self.myOutlet = nil;
    self.label = nil;

}
```

现在设置视图加载时的标签。向viewDidLoad方法添加以下粗体显示的代码行:

```objc
- (void)viewDidLoad {
    [super viewDidLoad];
    // Do any additional setup after loading the view, typically from a nib.

    CGRect bounds = self.view.bounds;
    CGRect labelFrame = CGRectMake(bounds.origin.x, CGRectGetMidY(bounds) - 50,
                                    bounds.size.width, 100);
    self.label = [[UILabel alloc] initWithFrame:labelFrame];
    label.font = [UIFont fontWithName:@"Helvetica" size:70];
    label.text = @"Bazinga!";
    label.textAlignment = UITextAlignmentCenter;
    label.backgroundColor = [UIColor clearColor];
    [self.view addSubview:label];

}
```

然后设置一些动画。我们将定义两个方法,一个用于将标签旋转到倒立位置,另一个将它旋转回正常位置。在文件顶部的一个类扩展中,在类的@implementation之前声明这些方法:

```objc
@interface BIDViewController ()
- (void)rotateLabelUp;
- (void)rotateLabelDown;
@end
```

这些方法定义本身,可以插入到@implementation程序块中的任何位置:

```
- (void)rotateLabelDown {
    [UIView animateWithDuration:0.5
                    animations:^{
                        label.transform = CGAffineTransformMakeRotation(M_PI);
                    }
                    completion:^(BOOL finished){
                        [self rotateLabelUp];
                    }];
}
- (void)rotateLabelUp {
    [UIView animateWithDuration:0.5
                    animations:^{
                        label.transform = CGAffineTransformMakeRotation(0);
                    }
                    completion:^(BOOL finished){
                        [self rotateLabelDown];
                    }];
}
```

这段代码需要解释一下。UIView定义一个名为animateWithDuration:animations:completion:的类方法，该方法设置一个动画。我们在动画块内设置的任何可制定动画的属性都不会立即在接收程序上实现动画效果。Core Animation会将该属性从其当前值流畅地过渡到我们指定的新值。这就是所谓的**隐式动画**（implicit animation），是Core Animation的主要功能之一。最后完成的程序块可用于指定在动画完成后执行何种操作。

所以，这些方法中的每一个将标签的transform属性设置为特定的旋转角度（以弧度为单位指定）。它们还设置一个完成程序块来调用其他方法，使文本继续不停地反复显示动画。

最后，我们需要设置一种方式来启动动画。对于现在，我们将在viewDidLoad末尾添加以下代码来实现（但在后面将更改此代码，其原因到时候将会说明）：

```
[self rotateLabelDown];
```

现在构建并运行应用程序，应该看到Bazinga!标签不停地旋转（参见图15-4）。

图15-4 State Lab应用让其标签旋转

要测试活动 → 不活动过渡，需要在真正的iPhone上再次运行此应用程序，从其他地方向它发送SMS消息。不幸的是，无法在苹果公司目前发布的任何iOS模拟器版本中模拟此行为。如果还无法在设备上构建并安装或者没有iPhone，将无法亲自尝试此应用程序，但请尽可能继续学习。

在iPhone上构建并运行应用程序，可以看到动画在不停运行。现在向设备发送一条SMS消息，当显示系统警报来显示该SMS消息时，将会看到动画仍在运行！这可能很有趣，但可能不是用户想要的。我们将使用过渡通知在发生此情况时停止动画。

我们的控制器类将需要有一种内部状态来了解它是否应该在任何给定时刻显示动画。出于此用途，我们向BIDViewController.m添加一个ivar。因为这是一个简单的布尔值，不需要外部类访问此值，所以我们跳过了文件头部，将它添加到之前创建的类扩展中。

```
@interface BIDViewController ()
@property (assign, nonatomic) BOOL animate;
- (void)rotateLabelUp;
- (void)rotateLabelDown;
@end

@implementation BIDViewController
@synthesize label;
@synthesize animate;
```

因为我们的类不是应用程序委托，所以无法实现委托方法并期望它们生效，但我们可以注册以接收在执行状态更改时来自应用程序的通知。为此，在BIDViewController.m文件中的viewDidLoad方法顶部添加一些代码：

```
- (void)viewDidLoad {
    [super viewDidLoad];
    // Do any additional setup after loading the view, typically from a nib.

    [[NSNotificationCenter defaultCenter] addObserver:self
                              selector:@selector(applicationWillResignActive)
                                  name:UIApplicationWillResignActiveNotification
                                object:[UIApplication sharedApplication]];
    [[NSNotificationCenter defaultCenter] addObserver:self
                              selector:@selector(applicationDidBecomeActive)
                                  name:UIApplicationDidBecomeActiveNotification
                                object:[UIApplication sharedApplication]];

    CGRect bounds = self.view.bounds;
    .
    .
    .
```

这段代码设置了两个通知，分别在恰当的时刻调用我们的类中的一个方法。可以在@implementation程序块中的任何位置定义这些方法：

```objc
- (void)applicationWillResignActive {
    NSLog(@"VC: %@", NSStringFromSelector(_cmd));
    animate = NO;
}

- (void)applicationDidBecomeActive {
    NSLog(@"VC: %@", NSStringFromSelector(_cmd));
    animate = YES;
    [self rotateLabelDown];
}
```

可以看到，我们包含了与以前相同的方法日志，所以可以在Xcode控制台中看到它们在何处发生。注意，我们在NSlog()调用开头添加了VC：以区别在委托中调用该方法。第一个方法关闭animate标记，第二个打开该标记，然后再次实际地启动动画。要使第一个方法有任何效果，我们必须添加一些代码来检查animate标记，并仅在它启用时保持动画效果。

```objc
- (void)rotateLabelUp {
    [UIView animateWithDuration:0.5
                    animations:^{
                        label.transform = CGAffineTransformMakeRotation(0);
                    }
                    completion:^(BOOL finished){
                        if (animate) {

                            [self rotateLabelDown];
                        }

                    }];
}
```

我们将这段代码添加到rotateLabelUp的完成程序块中，只有添加到这里，动画才仅在文本旋转到正常位置时停止。

现在再次构建并运行，看看会发生什么。可能会看到屏幕在不停闪动，标签在迅速上下翻转，甚至没有旋转！出现这种情况的原因很简单，但可能不那么明显（我们在前面提示过）。

还记得我们在viewDidLoad末尾通过调用rotateLabelDown来启动动画吗？我们现在也在applicationDidBecomeActive中调用rotateLabelDown。请记住，applicationDidBecomeActive不仅会在从不活动切换到活动状态时调用，还会在应用程序启动并首次变为活动状态时调用。这意味着我们启动了动画两次，Core Animation似乎不能很好地处理多个试图同时更改相同特性的动画。解决方案很简单：删除前面在viewDidLoad末尾添加的代码：

~~[self rotateLabelDown];~~

现在构建并运行，应该会看到动画运行正常。再次向iPhone发送SMS消息，这一次当系统警报出现时，将会看到只要文本转到正确位置，在后台运行的动画就会停止。点击Close按钮，动画将重新开始。

前面介绍了如何处理从活动切换到不活动状态并切换回来的简单情形。更大型的任务（或许也是更重要的任务）是处理切换到后台，然后切换回前台的过程。

15.6.7 处理后台状态

前面已经提到，切换到后台状态对于确保最佳的用户体验非常重要。我们需要在这里丢弃可轻松地重新获取（或在应用程序进入静默状态时一定会丢失）的资源，保存与应用程序当前状态相关的信息，所有这些操作都不会占用主线程超过5秒钟。

为了演示部分行为，我们将通过多种方式扩展State Lab。首先，向显示视图添加一个图像，以便可以在以后展示如何删除内存中的图像。然后，展示如何保存与应用程序状态相关的信息，以便可以在以后轻松地还原它。最后，我们将展示如何通过将所有这些工作放入后台队列中，确保这些活动不会占用太长的主线程时间。

1. 进入后台时删除资源

首先从本书的源文件存档中将smiley.png添加到项目的State Lab文件夹，一定要勾选告诉Xcode将文件复制到项目目录的复选框。

现在，将图像和图像视图的属性添加到BIDViewController.h中：

```
@interface BIDViewController : UIViewController

@property (strong, nonatomic) UILabel *label;
@property (strong, nonatomic) UIImage *smiley;
@property (strong, nonatomic) UIImageView *smileyView;
@end
```

然后再次切换到.m文件，添加常用的内存管理代码：

```
@implementation BIDViewController

@synthesize label;
@synthesize animate;
@synthesize smiley, smileyView;
.
.
.
- (void)viewDidUnload {
    // Release any retained subviews of the main view.
    // e.g. self.myOutlet = nil;
    self.label = nil;
    self.smiley = nil;
    self.smileyView = nil;
    [super viewDidUnload];
}
```

现在设置图像视图，并通过修改viewDidLoad方法将它放在屏幕上，如下所示：

```
- (void)viewDidLoad {
    [super viewDidLoad];
    [[NSNotificationCenter defaultCenter] addObserver:self
                                selector:@selector(applicationWillResignActive)
                                    name:UIApplicationWillResignActiveNotification
                                  object:[UIApplication sharedApplication]];
    [[NSNotificationCenter defaultCenter] addObserver:self
```

```
                                     selector:@selector(applicationDidBecomeActive)
                                         name:UIApplicationDidBecomeActiveNotification
                                       object:[UIApplication sharedApplication]];
    CGRect bounds = self.view.bounds;
    CGRect labelFrame = CGRectMake(bounds.origin.x, CGRectGetMidY(bounds) - 50,
                                   bounds.size.width, 100);
    self.label = [[UILabel alloc] initWithFrame:labelFrame];
    label.font = [UIFont fontWithName:@"Helvetica" size:70];
    label.text = @"Bazinga!";
    label.textAlignment = UITextAlignmentCenter;
    label.backgroundColor = [UIColor clearColor];

    // smiley.png is 84 x 84
    CGRect smileyFrame = CGRectMake(CGRectGetMidX(bounds) - 42,
                                    CGRectGetMidY(bounds)/2 - 42,
                                    84, 84);
    self.smileyView = [[UIImageView alloc] initWithFrame:smileyFrame];
    self.smileyView.contentMode = UIViewContentModeCenter;
    NSString *smileyPath = [[NSBundle mainBundle] pathForResource:@"smiley"
                                                           ofType:@"png"];
    self.smiley = [UIImage imageWithContentsOfFile:smileyPath];
    self.smileyView.image = self.smiley;

    [self.view addSubview:smileyView];
    [self.view addSubview:label];
}
```

构建并运行，将会在屏幕中的旋转文本的上方看到一个奇怪的笑脸（参见图15-5）。

图15-5　State Lab应用程序在旋转标签上方添加了一个笑脸图标

现在，按下home按钮将应用程序切换到后台，然后点击它的图标再次启动它。可以看到，应用重启后，仍然保持着它进入后台之前的状态。这对用户来说很好，但我们没有优化系统资源。

请记住，应用程序暂停时所用的资源越少，iOS彻底终止该应用的风险就越低。通过从内存中清理那些易于重新创建的资源，可以增加应用程序驻留内存的机会，而且也因此可以大幅加快重启速度。

让我们来看看可以对这个笑脸做些什么。我们很想在应用进入后台状态时释放该图片，然后在从后台返回时重新创建它。为此，我们需要在viewDidLoad顶部，[super viewDidLoad]一行之后添加另外两个通知注册方法：

```
[[NSNotificationCenter defaultCenter] addObserver:self
                          selector:@selector(applicationDidEnterBackground)
                              name:UIApplicationDidEnterBackgroundNotification
                            object:[UIApplication sharedApplication]];
[[NSNotificationCenter defaultCenter] addObserver:self
                          selector:@selector(applicationWillEnterForeground)
                              name:UIApplicationWillEnterForegroundNotification
                            object:[UIApplication sharedApplication]];
```

我们还希望实现两个新方法：

```
- (void)applicationDidEnterBackground {
    NSLog(@"VC: %@", NSStringFromSelector(_cmd));
    self.smiley = nil;
    self.smileyView.image = nil;
}
```

```
- (void)applicationWillEnterForeground {
    NSLog(@"VC: %@", NSStringFromSelector(_cmd));
    NSString *smileyPath = [[NSBundle mainBundle] pathForResource:@"smiley"
                                                           ofType:@"png"];
    self.smiley = [UIImage imageWithContentsOfFile:smileyPath];
    self.smileyView.image = self.smiley;
}
```

现在构建并运行，执行与让应用程序进入后台并切换回来相同的步骤。从用户角度看，应用程序的行为应该大体相同。如果希望亲自确认确实发生了此行为，可以注释掉applicationWill-EnterForeground方法的内容，再次构建并运行，应该会看到图像真的消失了。

2. 进入后台时保存状态

前面的例子展示了如何在进入后台时释放一些资源，现在是时候考虑保存状态了。请记住，我们的想法是保存与用户所做操作相关的所有信息，以便如果应用程序在以后从内存转储，用户下次回来时仍然可以恢复到他们离开时的进度。

我们这里介绍的状态类型与具体的应用程序密切相关。你可能希望知道用户在查看哪个文档，他们的光标在文本字段中的位置，打开了哪个应用程序视图，等等。在我们的例子中，我们将了解一个分段控件中的选择。

首先在BIDViewController.h中添加一个新实例变量和属性：

```
@interface BIDViewController : UIViewController

@property (strong, nonatomic) UILabel *label;
```

```
@property (strong, nonatomic) UIImage *smiley;
@property (strong, nonatomic) UIImageView *smileyView;
@property (strong, nonatomic) UISegmentedControl *segmentedControl;
@end
```

然后在BIDViewController.m中添加访问方法和内存管理的常用样板代码：

```
    .
    .
    .
@implementation BIDViewController

@synthesize label;
@synthesize smiley, smileyView;
@synthesize segmentedControl;

    .
    .
    .
- (void)viewDidUnload {
    [super viewDidUnload];
    // Release any retained subviews of the main view.
    // e.g. self.myOutlet = nil;
    self.label = nil;
    self.smiley = nil;
    self.smileyView = nil;
    self.segmentedControl = nil;

}
```

现在转到viewDidLoad方法末尾，我们将在这里创建分段控件并将它添加到视图：

```
    .
    .
    .
    self.smileyView.image = self.smiley;

    self.segmentedControl = [[UISegmentedControl alloc] initWithItems:
                                [NSArray arrayWithObjects:
                                  @"One", @"Two", @"Three", @"Four", nil]] ;
    self.segmentedControl.frame = CGRectMake(bounds.origin.x + 20,
                                        CGRectGetMaxY(bounds) - 50,
                                        bounds.size.width - 40, 30);

    [self.view addSubview:segmentedControl];
    [self.view addSubview:smileyView];
    [self.view addSubview:label];
}
```

构建并运行该应用。现在应该可以看到这个分段控件，并且能够点击其分段，每次选择其中一个。

这里我们要提一个轻微的向后兼容问题，因为在iOS 4和iOS 5之间作了一项细微但重要的变更。为了看到它们之间的不同之处，我们要追溯过去，看看在早期的iOS 4.3系统上的运行情况。不用担心，你不需要降低设备的系统。我们将在Xcode和iOS模拟器上运行。

3. 简要回溯

在项目导航中，选择最上方代表项目的项，查看项目详情。你以前已经见过这个视图了，它显示了项目和应用程序目标的各种设置。在TARGETS部分选择State Lab，然后在详细视图顶部选择Summary标签。其顶部部分：iOS Application Target，包含一个Deployment Target弹出框，目前设置为你的Xcode所知的最新的iOS版本。点击该选项选择4.3。这将告知Xcode要用iOS 4.3构建该应用，而且要运行使用iOS 4.3的模拟器。接着，点击窗口左上方附近的scheme/device弹出项，选择iPhone 4.3 Simulator。现在，你已经准备好开始回溯之旅了。

如果现在构建并运行该应用，你将发现一个明显的问题：分段控件似乎没有工作！你可以随意点击这些分段，但是什么也不会发生。问题实际上出在动画上。默认情况下，我们用于设置动画的Core Animation方法实际上会在运行动画时阻止收集一部分的用户输入（可能这是一种性能优化）。iOS 4和iOS 5之间的一个关键区别是：iOS 5对当前发生动画的视图关闭了用户交互，而iOS 4则对整个应用关闭了用户交互！

幸好，还是存在一种可选方式可以启用用户交互，我们需要在每个旋转方法中使用一个较长的方法名。现在对它们作如下修改：

```
- (void)rotateLabelDown {
    [UIView animateWithDuration:0.5
                    delay:0
                  options:UIViewAnimationOptionAllowUserInteraction
               animations:^{
                   label.transform = CGAffineTransformMakeRotation(M_PI);
               }
               completion:^(BOOL finished){
                   [self rotateLabelUp]; }];
}
- (void)rotateLabelUp {
    [UIView animateWithDuration:0.5
                    delay:0
                  options:UIViewAnimationOptionAllowUserInteraction

               animations:^{
                   label.transform = CGAffineTransformMakeRotation(0);
               }
               completion:^(BOOL finished){
                   if (animate) {
                       [self rotateLabelDown];
                   }
               }];
}
```

再次构建并运行该应用，看看发生了什么。现在可以了，是吧？正如我们所说的，iOS 4和iOS 5之间的差异很微妙，但是如果你的应用要使用Core Animation，而且需要支持iOS 4，那么这种差异非常重要。尽管可以将这些代码改回去，因为我们准备回到iOS 5模拟器中，但是将它保留着没有任何坏处，而且这样还能支持在iOS 4系统下运行。

4. 回到后台

让我们回到iOS 5中。在项目窗口左上部分的弹出菜单中选择iPhone 5.0 Simulator。现在，点击四个分段的任何一个，然后将该应用切至后台，然后再次启动它。你可以看到刚才所选择的分段（我打赌是Three）仍然处于选中状态，这毫无意外。点击home键再次将它切至后台，然后调出任务栏（双击home键）结束该应用，然后重启它。你将发现自己回到了起点，没有选择任何分段。这就是我们接下来要修复的问题。

> **注意**　当你在模拟器中结束应用，而接着重启该应用时，有可能（取决于你所运行的Xcode版本）会发现因为一个SIGKILL信号导致你回到了Xcode，这很正常。如果发生了这种情况，点击项目窗口左上方的停止按钮，然后回到项目中，重新在模拟器中启动该项目。

保存选择非常简单。只需要在BIDViewController.m中的applicationDidEnterBackground方法末尾添加一些代码：

```
- (void)applicationDidEnterBackground {
    NSLog(@"VC: %@", NSStringFromSelector(_cmd));
    self.smiley = nil;
    self.smileyView.image = nil;

    NSInteger selectedIndex = self.segmentedControl.selectedSegmentIndex;
    [[NSUserDefaults standardUserDefaults] setInteger:selectedIndex
                                        forKey:@"selectedIndex"];

}
```

但是，应该在何处还原此选择索引，并使用它来配置分段控件？此方法的反转方法applicationWillEnterForeground不是我们想要的。当调用该方法时，应用程序已经在运行，设置仍然保持不变。我们需要在重新启动之后进行设置时访问此索引，这使我们又回到了viewDidLoad方法。将以下粗体显示的代码添加到方法末尾：

```
    .
    .
    .
    [self.view addSubview:label];

    NSNumber *indexNumber;
    if (indexNumber = [[NSUserDefaults standardUserDefaults]
                    objectForKey:@"selectedIndex"]) {
        NSInteger selectedIndex = [indexNumber intValue];
        self.segmentedControl.selectedSegmentIndex = selectedIndex;
    }

}
```

我们必须包含一种合理性检查，查看是否为selectedIndex键存储了值，以涵盖首次启动应用程序（这时没有选择任何分段）等情形。

现在构建并运行，触摸一个分段，然后执行完整的"后台-结束-重新启动"步骤，所做的选择保持未变！

显然，我们这里所介绍的概念非常简单，但可以将该概念扩展到所有类型的应用程序状态。你可以自行决定应用它的程度，从而让用户感觉应用程序仍然在运行并在等待他们回来！

5. 请求更多后台时间

前面我们提过，如果进入后台状态花费了太长时间，应用可能会从内存中移出。例如，你的应用可能正在进行文件传输工作，如果没能完成的话则很遗憾，但是试图强制applicationDidEnterBackground方法在应用程序真正进入后台前完成这项工作，并不是一个很好的选择。相反，你应该将applicationDidEnterBackground作为平台，用来告诉系统你还有额外的工作要做，然后启动一个程序块，真正地执行该工作。假设当用户在做别的事时，系统有足够的RAM将你的应用保存在内存中，那么系统会保留你的应用继续运行一段时间。

我们将要演示这一点，不过不是真正的文件传输，而是一个简单的睡眠呼叫。我们将再次使用新识的GCD和程序块，使applicationDidEnterBackground方法的内容运行在一个单独的队列中。

在BIDViewController.m中，修改aplicationDidEnterBackground方法：

```
- (void)applicationDidEnterBackground {
    NSLog(@"VC: %@", NSStringFromSelector(_cmd));
    UIApplication *app = [UIApplication sharedApplication];

    __block UIBackgroundTaskIdentifier taskId;
    taskId = [app beginBackgroundTaskWithExpirationHandler:^{
        NSLog(@"Background task ran out of time and was terminated.");
        [app endBackgroundTask:taskId];
    }];

    if (taskId == UIBackgroundTaskInvalid) {
        NSLog(@"Failed to start background task!");
        return;
    }

    dispatch_async(dispatch_get_global_queue(0, 0), ^{
        NSLog(@"Starting background task with %f seconds remaining",
                app.backgroundTimeRemaining);

        self.smiley = nil;
        self.smileyView.image = nil;

        NSInteger selectedIndex = self.segmentedControl.selectedSegmentIndex;
        [[NSUserDefaults standardUserDefaults] setInteger:selectedIndex
                                                   forKey:@"selectedIndex"];
        // simulate a lengthy (25 seconds) procedure
        [NSThread sleepForTimeInterval:25];

        NSLog(@"Finishing background task with %f seconds remaining",
                app.backgroundTimeRemaining);
        [app endBackgroundTask:taskId];
    });

}
```

我们详细分析一下这段代码。首先抓取共享的**UIApplication**实例，因为我们将在此方法中多次使用它。然后是以下代码：

```
__block UIBackgroundTaskIdentifier taskId;
taskId = [app beginBackgroundTaskWithExpirationHandler:^{
    NSLog(@"Background task ran out of time and was terminated.");
    [app endBackgroundTask:taskId];
}];
```

对**beginBackgroundTaskWithExpirationHandler:**的调用返回一个标识符，我们将需要跟踪它以供以后使用。我们声明了**taskId**变量，它使用**__block**存储修饰符进行存储，因为我们希望确保该方法返回的标识符在此方法中创建的所有程序块中共享。

通过调用**beginBackgroundTaskWithExpirationHandler:**，我们基本上告诉了系统，我们需要更多时间来完成某件事，我们承诺在完成后告诉它。如果系统断定我们运行了太长时间并决定停止运行，可以调用我们作为参数提供的程序块。

请注意，我们提供的程序块最后会调用**endBackgroundTask:**，传入**taskId**。这告诉系统我们完成了之前请求额外的时间来完成的工作。一定要权衡对**beginBackgroundTaskWithExpirationHandler:**的每次调用和对**endBackgroundTask:**的匹配调用，以便让系统知道我们何时完成。

说明　根据你的计算背景，这里对"任务"这个词的使用可能使人想起我们通常所称的"进程"，进程包含一个正在运行的程序，这个程序可能包含多个线程，等等。在本例中请尝试摒弃这一观念。本上下文中使用的"任务"只是表示"某件需要完成的事情"。这里创建的任何"任务"依然在你仍在执行的应用程序中运行。

接下来，添加以下代码：

```
if (taskId == UIBackgroundTaskInvalid) {
    NSLog(@"Failed to start background task!");
    return;
}
```

如果前面对 beginBackgroundTaskWithExpirationHandler: 的调用返回特殊值 UIBackgroundTaskInvalid，则表明系统没有为我们提供任何其他时间。在这种情况下，可以尝试完成必须完成的操作中最快的部分，希望它能在应用程序终止之前完成。当在支持运行iOS 4，但不支持多线程的较旧设备（比如iPhone 3G）上运行时，这很可能无法完成。但是，在本例中，我们只是让它滑动一下。

接下来是完成工作本身的有趣部分：

```
dispatch_async(dispatch_get_global_queue(0, 0), ^{
    NSLog(@"Starting background task with %f seconds remaining",
            app.backgroundTimeRemaining);
    self.smiley = nil;
    self.smileyView.image = nil;
```

```
NSInteger selectedIndex = self.segmentedControl.selectedSegmentIndex;
[[NSUserDefaults standardUserDefaults] setInteger:selectedIndex
                                forKey:@"selectedIndex"];
// simulate a lengthy (25 seconds) procedure
[NSThread sleepForTimeInterval:25];

NSLog(@"Finishing background task with %f seconds remaining",
        app.backgroundTimeRemaining);
[app endBackgroundTask:taskId];
});
```

这段代码所做的是获取我们的方法最初所做的工作，并将它放在一个后台队列中。在该程序块末尾，我们调用endBackgroundTask:来让系统知道我们已完成。

添加此代码后构建并运行应用，然后按下home按钮让应用程序进入后台，观察Xcode控制台以及Xcode窗口底部的状态栏。这次将会看到，应用程序一直在运行（不会在状态栏上获得"Debugging terminated"消息），25秒过后将会在输出中看到最后的日志。现在完整地运行应用程序将会得到包含以下内容的控制台输出：

```
2011-10-30 22:35:28.608 State Lab[7449:207] application:didFinishLaunchingWithOptions:
2011-10-30 22:35:28.616 State Lab[7449:207] applicationDidBecomeActive:
2011-10-30 22:35:28.617 State Lab[7449:207] VC: applicationDidBecomeActive
2011-10-30 22:35:31.869 State Lab[7449:207] applicationWillResignActive:
2011-10-30 22:35:31.870 State Lab[7449:207] VC: applicationWillResignActive
2011-10-30 22:35:31.871 State Lab[7449:207] applicationDidEnterBackground:
2011-10-30 22:35:31.873 State Lab[7449:207] VC: applicationDidEnterBackground
2011-10-30 22:35:31.874 State Lab[7449:1903] Starting background task with 599.995069 seconds remaining
2011-10-30 22:35:56.877 State Lab[7449:1903] Finishing background task with 574.993956 seconds remaining
```

可以看到，在后台执行操作与在应用程序的主线程中相比，系统提供了更多的时间，所以如果还有任何正在运行的任务要处理，此步骤真正有助于完成工作。

请注意，我们仅请求了一个后台任务标识符，但实际上如果需要，可以请求尽可能多的标识符。例如，如果在后台发生了多个网络传输任务，并且需要完成它们，可以为每个任务请求一个标识符，并允许每项任务在后台队列中继续运行，以便可以轻松地允许多个操作在可用的时间内并行运行。另外考虑收到的任务标识符是一个普通的C语言值（不是对象），除了存储在局部__block变量中，它也可以存储为实例变量，只要这样更适合你的类设计。

15.7 小结

本章的内容非常丰富，介绍了大量新概念。不仅介绍了苹果公司添加到C语言的完整的新功能集，还介绍了处理并发性的一种新的概念范式，无需担忧线程即可处理并发性。此外，我们还阐述了确保应用程序在iOS的多线程世界中良好运行的技术。现在我们已经解决了一些重要问题，下一章将介绍绘图。请准备好铅笔，开始绘画！

第 16 章

使用Quartz和OpenGL绘图

16

到目前为止，本书中的所有应用程序都是通过UIKit框架中的视图和控件来构造的。借助这些UIKit常备组件，我们可以执行许多操作，并且可以构造各式各样的应用程序界面。然而有些应用，仅仅使用UIKit内置组件是无法完全实现的。

例如，有时应用程序需要能够进行自定义绘图。幸而，我们可以依靠两个不同的库来满足我们的绘图需要。一个库是Quartz 2D，它是Core Graphics框架的一部分；另一个库是OpenGL ES，它是跨平台的图形库。

OpenGL ES是跨平台图形库OpenGL的简化版。OpenGL ES是OpenGL的一个子集，是专门为iPhone、iPad和iPod touch之类的嵌入式系统（因此缩写为字母ES）设计的。

本章将介绍这两个功能强大的图形环境。我们将在这两种环境中构建示例应用程序，并尝试了解什么时候使用哪个环境。

16.1   图形世界的两个视图

尽管Quartz 2D和OpenGL ES有许多共性，但它们之间存在明显差别。

Quartz 2D是一组函数、数据类型以及对象，专门用于直接在内存中对视图或图像进行绘制。Quartz 2D将正在绘制的视图或图像视为一个虚拟的画布，并遵循所谓的**绘画者模型**。这只是一种奇特的方式，之所以这么说，是因为应用绘图命令的方式很大程度上与将颜料应用于画布的方式相同。如果绘画者将整个画布涂为红色，然后将画布的下半部分涂为蓝色，那么画布将变为一半红色、一半蓝色或紫色（如果颜料是不透明的，应该为蓝色，如果颜料是半透明的，应该为紫色）。Quartz 2D的虚拟画布采用相同的工作方式。如果将整个视图涂为红色，然后将视图下半部分涂为蓝色，你将拥有一个一半红色、一半蓝色或紫色的视图，这取决于第二个绘图操作是完全不透明的还是部分透明的。每个绘图操作都将应用于画布，并且处于之前所有绘图操作之上。

另一方面，OpenGL ES以**状态机**的形式实现。这个概念可能有点不好理解，因为不能将其归结为一个简单的比喻，如在虚拟画布上绘画。OpenGL ES不允许执行直接影响视图、窗口或图像的操作，它维护一个虚拟的三维世界。当向这个世界中添加对象时，OpenGL ES会跟踪所有对象的状态。

虽然OpenGL ES没有提供虚拟画布，但是却提供了一个进入其世界的虚拟窗口。可以向该世界中添加对象并定义虚拟窗口相对于该世界的位置。然后，OpenGL ES根据配置方式以及各种对象彼此相对的位置绘制视图，并通过该窗口呈现给用户。这个概念有点儿抽象，本章稍后构建OpenGL ES绘图应用程序时将详细说明这个概念。

Quartz 2D提供了各种直线、形状以及图像绘制函数。尽管易于使用，但Quartz 2D仅限于二维绘图。尽管许多Quartz 2D函数会在绘图时利用硬件加速，但无法保证在Quartz 2D中执行的任何操作都得到了加速。

尽管OpenGL ES非常复杂，并且概念上也比较难理解，但是它比Quartz 2D更强大是毫无疑问的。它同时提供了二维和三维绘图工具。它经过专门设计，以便充分利用硬件加速。它还非常适合用于编写游戏和其他复杂的、图形密集的程序。

前面大体介绍了两个绘图库，让我们试用一下它们。首先将介绍Quartz 2D的基本工作原理，然后使用它构建一个简单的绘图应用程序，接下来会使用OpenGL ES重新创建同一个应用程序。

16.2　Quart 2D 绘图方法

使用Quartz 2D（也可简称为Quartz）绘制图形时，通常会向绘制图形的视图中添加绘图代码。例如，可能会创建UIView的子类，并向该类的**drawRect:**方法中添加Quartz函数调用。**drawRect:**方法是UIView类定义的一部分，并且每次需要重绘视图时都会调用该方法。如果在**drawRect:**中插入Quartz代码，则会先调用该代码，然后重绘视图。

16.2.1　Quartz 2D的图形上下文

在Quartz 2D中，和在其他Core Graphics中一样，绘图是在**图形上下文**中进行的，通常，只称为**上下文**。每个视图都有相关联的上下文。要在某个视图中绘图时，你将检索当前上下文，使用此上下文进行各种Quartz图形调用，并且让此上下文负责将图形呈现到视图上。

下面这行代码将检索当前上下文：

```
CGContextRef context = UIGraphicsGetCurrentContext();
```

说明　我们使用Core Graphics C函数，而不是使用Objective-C对象来绘图。Core Graphics和OpenGL
　　　都是基于C的API，因此在本章的此部分中编写的大多数代码将由C函数调用组成。

定义图形上下文之后，可以将该上下文传递给各种Core Graphics绘图函数来绘制。例如，以下代码将在上下文中绘制一条4像素宽的直线组成的路径（path）：

```
CGContextSetLineWidth(context, 4.0);
CGContextSetStrokeColorWithColor(context, [UIColor redColor].CGColor);
CGContextMoveToPoint(context, 10.0f, 10.0f);
CGContextAddLineToPoint(context, 20.0f, 20.0f);
CGContextStrokePath(context);
```

第一个调用指定创建当前路径的直线应该4像素宽。可以将其视为选择将要用于绘制的笔刷的大小。在你再次调用该函数设置一个不同的值之前，所有的直线在绘制时宽度都为4。然后，我们指定笔划颜色应该为红色。在Core Graphics中，有两种颜色与绘图操作关联：

- ❏ **笔划颜色**用于绘制直线以及形状的轮廓；
- ❏ **填充颜色**用于填充形状。

上下文拥有某种相关联的、不可见的画笔来绘制线条。当执行绘图命令时，此画笔的移动会形成一条路径。当调用`CGContextMoveToPoint()`时，会将当前路径的端点移动到该位置，而无需实际绘制任何图形。无论接下来执行何种操作，它都会以画笔所移动到的点为参照物执行自己的工作。例如，在前面的实例中，我们首先将画笔移动到(10, 10)。下一个函数调用绘制一条从当前的画笔位置(10, 10)到指定的位置(20, 20)的线条，(20, 20)会成为画笔的新位置。

在Core Graphics中绘图时，我们没有绘制任何实际可见内容。我们创建了路径，路径可以是形状、直线或某些其他对象，但它们不包含颜色或者任何使其可见的内容。就像用不可见的墨水在书写一样。在执行某些操作使其可见之前，我们看不到路径。因此，下一步是告知Quartz使用`CGContextStrokePath()`绘制直线。该函数将使用之前我们设置的线宽和笔划颜色对此直线进行涂色并使其可见。

16.2.2　坐标系

在上面的代码块中，我们将一对浮点数作为参数传递给`CGContextMoveToPoint()`和`CGContextLineToPoint()`。这些浮点数表示在Core Graphics坐标系中的位置。此坐标系中的位置由其x和y坐标表示，我们通常用(x, y)来表示。上下文左上角为(0, 0)。向下移动时，y增加。向右移动时，x增加。

在最后一个代码片段中，我们绘制了一条从(10, 10)到(20, 20)的对角线，绘制的直线类似于图16-1所示的直线。

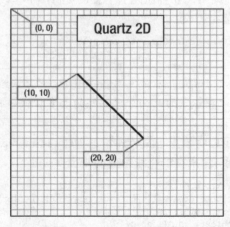

图16-1　使用Quartz 2D的坐标系绘制一条直线

用Quartz绘图时需经常使用的一个概念就是坐标系，因为它借鉴了许多图形库的绘图机制以及传统的笛卡儿坐标系（笛卡儿于17世纪发明）。例如，在OpenGL ES中，(0, 0)位于左下角，当y坐标增加时，你将移向上下文或视图的顶部，如图16-2所示。使用OpenGL时，必须将位置从视图坐标系转换为OpenGL坐标系。这非常容易，在本章稍后的部分中，你将了解如何使用OpenGL ES。

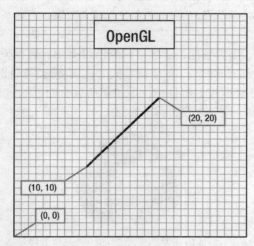

图16-2　在许多图形库（包括OpenGL）中，从(10,10)到(20, 20)绘制一条直线
应该与此类似，而不是与图16-1中的直线类似

若要在坐标系中指定一个点，某些Quartz函数需要使用两个浮点数作为参数。其他Quartz函数要求该点嵌入在CGPoint中，CGPoint是一个包含两个浮点值（即x和y）的struct。若要描述视图或其他对象的大小，Quartz将使用CGSize。CGSize也是一个拥有两个浮点值（即width和height）的struct。Quartz还声明一个名为CGRect的数据类型，它用于在坐标系中定义矩形。CGRect包含两个元素，一个是名为origin的CGPoint，它确定矩形的左上角，另一个是名为size的CGSize，它确定矩形的宽度和高度。

16.2.3　指定颜色

颜色是绘图的一个重要因素，因此理解颜色在iOS上的运行原理是非常重要的。UIKit为此提供了一个Objective-C类：UIColor。你不能在Core Graphic调用中直接使用UIColor对象，但因为UIColor是CGcolor的包装器（这正是Core Graphic函数所要求的），所以你可以像我们之前在以下代码片段中所做的一样，使用它的CGColor属性从UIColor实例中检索CGColor引用：

```
CGContextSetStrokeColorWithColor(context, [UIColor redColor].CGColor);
```

我们使用redColor便利方法创建了一个UIColor实例，然后获取它的CGColor属性，并将该属性传递给函数。

1. iOS设备显示的颜色理论

在现代计算机图形中，通常用4个要素（即红色、绿色、蓝色和透明度）表示颜色。在Quartz 2D中，这些值都是CGFloat类型（它是4字节浮点值，与float相同），并且只能在0.0到1.0之间取值。

说明 取值范围为0.0到1.0的浮点值通常被称为**限定浮点变量**，有时候简称为**限定变量**。

前3个要素很容易理解，因为它们表示**加法三原色**或**RGB颜色模型**（参见图16-3）。以不同比例组合这3种颜色可以产生不同的颜色。如果以相同的比例将这3种级别的原色放到一起，出现在你眼前的结果将是白色或某种灰度，具体情况取决于所混合原色的饱和度。以不同比例组合这3种原色，你可以获得一系列不同的颜色，称为**色域**。

图16-3 组成RGB颜色模型的加法三原色的简单表示

你可能在小学学习过，原色包括红色、黄色和蓝色。这些原色（称为**历史减法三原色或RYB颜色模型**）在现代颜色理论中很少应用，几乎从来没有在计算机图形中使用。RYB颜色模型的色域是非常有限的，并且该模型不容易进行数学定义。你可能从来没有怀疑过小学的美术教师，但他们的理解至少不适用于计算机图形环境。本书中指到的原色指红色、绿色和蓝色，而非红色、黄色和蓝色。

除了红色、绿色和蓝色之外，Quartz 2D和OpenGL ES都还有另一个颜色组件：即alpha，它表示颜色的透明程度。当在一种颜色的上面绘制另一种颜色时，alpha用于确定绘制的最终颜色。如果alpha为1.0，则绘制的颜色为100%不透明，它的下面的任何颜色都无法看清楚。如果它的值为任何小于1.0的值，则它下面的颜色将能够透过它显示出来，最后获得混合的颜色。当使用alpha组件时，有时颜色模型称为**RGBA颜色模型**，但是从技术上来讲，alpha实际上并不是颜色的一部分；它只是定义绘制时颜色与其他颜色的交互方式。

2. 其他颜色模型

尽管在计算机图形中最常用的是RGB模型，但是它不是唯一的颜色模型。其他一些模型也得到了使用：

- 色调、饱和度、值（HSV）；
- 色调、饱和度、亮度（HSL）；
- 蓝绿色、洋红色、黄色、黑色（CMYK），它们用于实现四色版胶印；

❑ 灰度级。

此外，不同版本（包括RGB颜色空间的几种变体）使这一切变得更加复杂。

所幸，对于大多数操作来说，我们不必担心所使用的颜色模型。我们只需从UIColor对象中传递CGColor，Core Graphics即可处理任何所需的转换。如果使用UIColor或CGColor，在使用OpenGL ES时，记住由于OpenGL ES需要采用RGBA来指定颜色，因此它们支持其他颜色模型，这一点非常重要。

3. 颜色便利方法

UIColor提供了许多便利方法，可以返回初始化为特定颜色的UIColor对象。在上一个代码示例中，我们使用redColor方法来获取初始化为红色的颜色。

幸好大部分便利方法所创建的UIColor示例都使用RGBA颜色模型。唯一的例外是预定义的UIColor，它表示灰度值，如blackColor、whiteColor和darkGrayColor，它们只针对白色程度和透明度来定义。但在这里的例子中，我们没有使用它们。所以，我们可以假设使用了RGBA。

如果你需要对颜色进行更多控制，但不根据颜色名称使用便利方法，则可以通过指定所有这4个组件来创建一种颜色。下面是一个示例：

```
return [UIColor colorWithRed:1.0f green:0.0f blue:0.0f alpha:1.0f];
```

16

16.2.4 在上下文中绘制图像

使用Quartz 2D，可以在上下文中直接绘制图像。这是Objective-C类（UIImage）的另一个示例，你可以使用此类作为操作Core Graphics数据结构（CGImage）的备用选项。此UIImage类包含将图像绘制到当前上下文中的方法。你需要确定此图像出现在上下文中的位置，方法是：

❑ 指定一个CGPoint来确定图像的左上角；

❑ 或者指定一个CGRect来框住图像，并根据需要调整图像大小使其适合该框。

可以在当前上下文中绘制一个UIImage，如下所示：

```
CGPoint drawPoint = CGPointMake(100.0f, 100.0f);
[image drawAtPoint:drawPoint];
```

16.2.5 绘制形状：多边形、直线和曲线

Quartz 2D提供了许多函数，这些函数简化了复杂形状创建。若要绘制一个矩形或一个多边形，实际上你不必计算角度或绘制直线，也根本不必进行任何数学计算。你只需调用一个Quartz函数即可实现该操作。例如，绘制椭圆形的方法是，定义它所适合的矩形并且让Core Graphics执行以下任务：

```
CGRect theRect = CGMakeRect(0,0,100,100);
CGContextAddEllipseInRect(context, theRect);
CGContextDrawPath(context, kCGPathFillStroke);
```

对于矩形也是类似的方法。此外，还有许多方法用于创建更为复杂的形状（如弧形和Bezier

路径）。

说明　本章的示例中不会介绍复杂形状。若要了解有关Quartz中弧形和Bezier路径的详细信息，
　　　　请查看http://developer.apple.com/documentation/GraphicsImaging/Conceptual/drawingwithquartz2d/
　　　　上iOS Dev Center中或Xcode联机文档中的*Quartz 2D Programming Guide*。

16.2.6　Quartz 2D工具采样器：模式、梯度、虚线模式

Quartz 2D不像OpenGL ES那么昂贵，却提供了许多吸引人的工具。例如，Quart 2D支持用梯度填充多边形，而不只是用纯色，并且不仅仅支持实线，还支持虚线模式。浏览图16-4中截取自苹果公司QuartzDemo示例代码的屏幕截图，了解Quartz 2D的实际操作示例。

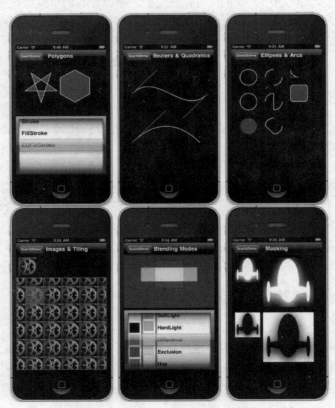

图16-4　一些Quartz 2D示例，来自于苹果公司提供的Quartz Demo示例项目

现在你已经基本了解了Quartz 2D的工作原理以及它的功能，让我们尝试使用它吧。

16.3　QuartzFun 应用程序

下一个应用程序是一个简单的绘图程序（参见图16-5）。我们将构建此应用程序两次：现在使用Quartz 2D，在以后将使用OpenGL ES，以便让你真实感受到二者之间的不同。

图16-5　本章的绘图示例应用程序（运行中）

该应用程序的顶部和底部分别有一个工具条，它们各包含一个分段控件。顶部的控件可用于更改绘图颜色，底部的控件可用于更改要绘制的形状。当触摸并拖动时，将使用所选的颜色绘制所选的形状。为了尽量降低应用程序的复杂性，一次将仅绘制一个形状。

16.3.1　构建QuartzFun应用程序

在Xcode中，使用Single View Application模板（使用ARC特性，但不用storyboard）创建一个新iPhone项目，并将其命名为QuartzFun。这个模板已经为我们提供了一个应用程序委托和一个视图控制器。我们将在视图中执行自定义绘图，因此需要创建一个UIView子类。在该子类中，我们将通过覆盖drawRect:方法进行绘图。

选择QuartzFun文件夹（该文件夹目前包含应用程序委托和视图控制器文件），按下⌘N打开新文件向导，然后从Cocoa Touch部分中选择Objective-C class。将新类命名为BIDQuartzFunView，并将它作为UIView的子类。

与之前一样，我们将定义一些常量，但这次定义的常量是多个类所需要的，并且不是特定于某个类的。我们将只为常量创建头文件。

选择QuartzFun组，按下⌘N打开新文件向导，从C and C++栏中选择Header File模板，并将其命名为BIDConstants.h。

　　我们还需要创建两个文件。查看图16-5，你可以看到我们提供了一个选择随机颜色的选项。但UIColor没有提供返回随机颜色的方法，因此我们必须编写代码来执行该操作。当然，我们将该代码放置到控制器类中，但是由于我们是了解Objective-C的程序员，因此将该代码放置到UIColor上的某个类别中。

　　再次选择QuartzFun文件夹并按下⌘N调出新文件向导。从Cocoa Touch标题选择Objective-C category，然后单击Next。出现提示框时将该目录命名为BIDRandom，使之成为Category on UIColor。单击Next，将文件保存到项目文件夹。

1. 创建随机颜色

让我们首先处理此类别。在UIColor+BIDRandom.h中，添加以下代码：

```
#import <UIKit/UIKit.h>

@interface UIColor (BIDRandom)
+ (UIColor *)randomColor;
@end
```

切换到UIColor+BIDRandom.m并添加以下内容：

```
#import "UIColor+BIDRandom.h"

@implementation UIColor (BIDRandom)
+ (UIColor *)randomColor {
    static BOOL seeded = NO;
    if (!seeded) {
        seeded = YES;
        srandom(time(NULL));
    }
    CGFloat red = (CGFloat)random() / (CGFloat)RAND_MAX;
    CGFloat blue = (CGFloat)random() / (CGFloat)RAND_MAX;
    CGFloat green = (CGFloat)random() / (CGFloat)RAND_MAX;
    return [UIColor colorWithRed:red green:green blue:blue alpha:1.0f];
}
@end
```

　　这非常简单。我们声明一个静态变量，该变量告诉我们该方法是否是第一次调用。应用程序运行期间第一次调用该方法时，我们将运行随机数字生成器。在此处执行此操作意味着：我们不必依赖应用程序在其他地方执行该操作，因此，我们可以在其他iOS项目中重用此类别。

　　在运行随机数字生成器之后，生成3个随机的CGFloat，其值介于0.0和1.0之间，使用这3个值来创建新的颜色。我们将alpha设置为1.0，以便所有生成的颜色都是不透明的。

2. 定义应用程序常量

我们将使用分段控制器为用户可以选择的每个选项定义常量。单击BIDConstants.h并添加以下内容：

```
#ifndef QuartzFun_BIDConstants_h
#define QuartzFun_BIDConstants_h
```

```
typedef enum {
    kLineShape = 0,
    kRectShape,
    kEllipseShape,
    kImageShape
} ShapeType;

typedef enum {
    kRedColorTab = 0,
    kBlueColorTab,
    kYellowColorTab,
    kGreenColorTab,
    kRandomColorTab
} ColorTabIndex;

#define degreesToRadian(x) (M_PI * (x) / 180.0)

#endif
```

为了使代码更具有可读性，我们使用typedef声明了两个枚举类型。一个类型用于表示可用的形状选项，另一个类型用于表示可用的各种颜色选项。这些常量保存的值将对应于我们将在应用程序中创建的两个分段控制器上的分段。

说明　可能你以前没有见过#ifndef这种形式，这条编译指令的目的是首先检测QuarzFun_BID-Constants_h是否已经定义了，如果没定义，那才定义它。为什么不放在#define中呢？这是因为，如果一个.h文件被包含了一次以上（直接或者通过其他.h文件包含它），该指令也不会重复。

---

3. 实现QuartzFunView框架
由于我们将在UIView的某个子类中进行绘图，因此让我们用其所需的所有内容设置该类，但进行绘图的实际代码除外，我们稍后将添加这些代码。单击BIDQuartzFunView.h并进行以下更改：

```
#import <UIKit/UIKit.h>
#import "BIDConstants.h"

@interface BIDQuartzFunView : UIView
@property (nonatomic) CGPoint firstTouch;
@property (nonatomic) CGPoint lastTouch;
@property (strong, nonatomic) UIColor *currentColor;
@property (nonatomic) ShapeType shapeType;
@property (nonatomic, strong) UIImage *drawImage;
@property (nonatomic) BOOL useRandomColor;
@end
```

我们做的第一件事情就是导入刚才创建的BIDConstants.h头文件，这样便可以使用枚举值。然后，声明实例变量。前两个变量将跟踪用户拖过屏幕的手指。我们将用户第一次触摸屏幕的位置存储在firstTouch中，将拖动时手指的位置以及拖动结束时手指的位置存储在lastTouch中。我们的绘图代码将使用这两个变量来确定在哪里绘制请求的形状。

接下来，我们定义某种颜色来存放用户的颜色选择，并定义一个**ShapeType**以跟踪用户想绘制的形状。然后，定义一个**UIImage**属性，该属性存放用户选择底部工具栏中最右侧项目时在屏幕上绘制的图像（参见图16-6）。我们定义的最后一个属性是Boolean，它用于跟踪用户是否请求随机颜色。

图16-6　当在屏幕上绘制**UIImage**时，颜色控件消失。你能猜出这个iPhone上运行的是
　　　　哪个应用程序吗

切换到BIDQuartzFunView.m，我们要在这个文件中作几处修改。首先，需要访问本章之前所编写的randomColor类别的方法（位于文件顶部），并且合成所有属性。所以直接在已有的import语句后添加以下代码：

```
#import "UIColor+BIDRandom.h"
```

然后在@implementation声明后添加下面这行：

```
@synthesize firstTouch, lastTouch, currentColor, drawImage, useRandomColor, shapeType;
```

模板为我们提供了**initWithFrame:**方法，但我们不会使用。请记住nib中的对象实例将存储为归档对象，这与我们在第13章将对象归档和加载到磁盘所使用的机制完全相同。因此，从nib中加载对象实例时，init:或initWithFrame:都不会调用。而是使用initWithCoder:，因此任何初始化代码都需要在这里添加。若要将初始颜色值设置为红色，则将useRandomColor初始化为NO，并加载我们将要绘制的图像文件。删除已存在的initWithFrame:方法存根的实现，替换为如下方法：

```
- (id)initWithCoder:(NSCoder*)coder {

    if (self = [super initWithCoder:coder]) {
```

```
            currentColor = [UIColor redColor];
            useRandomColor = NO;
            self.drawImage = [UIImage imageNamed:@"iphone.png"] ;
        }
        return self;
    }
```

initWithCoder方法之后还要添加如下3个方法，来对用户触摸进行响应。

```
#pragma mark - Touch Handling

- (void)touchesBegan:(NSSet *)touches withEvent:(UIEvent *)event {
    if (useRandomColor) {
        self.currentColor = [UIColor randomColor];
    }
    UITouch *touch = [touches anyObject];
    firstTouch = [touch locationInView:self];
    lastTouch = [touch locationInView:self];
    [self setNeedsDisplay];
}
- (void)touchesEnded:(NSSet *)touches withEvent:(UIEvent *)event {
    UITouch *touch = [touches anyObject];
    lastTouch = [touch locationInView:self];

    [self setNeedsDisplay];
}
- (void)touchesMoved:(NSSet *)touches withEvent:(UIEvent *)event {
    UITouch *touch = [touches anyObject];
    lastTouch = [touch locationInView:self];

    [self setNeedsDisplay];
}
```

touchesBegan:withEvent:、touchesMoved:withEvent:和touchesEnded: withEvent:都继承自UIView（实际上是在UIView的父类UIResponder中声明的），它们可以被覆盖以确定用户触摸iPhone屏幕的位置。

❑ 当用户手指第一次触摸屏幕时会调用touchesBegan:withEvent:。在该方法中，如果用户已经使用之前添加到UIColor中的新randomColor方法选择了某个随机颜色，则我们需要更改此颜色。之后，我们存储当前位置，这样便可以知道用户第一次触摸屏幕的位置，并指出：需要通过在self上调用setNeedsDisplay来重新绘制视图。

❑ 当用户在屏幕上拖动手指时会连续调用接下来的touchesMoved:withEvent:方法。此处，我们所要做的就是将新位置存储在lastTouch中，并指出需要重新绘制该屏幕。

❑ 当用户将手指从屏幕上抬起时会调用最后一个方法，即touchesEnded:withEvent:。就像在touchesMoved:withEvent:方法中一样，我们所要做的就是将最后一个位置存储在lastTouch变量中，并指出需要重新绘制该视图。

如果你还没有全面了解这3个方法在触摸过程中所执行的操作，请不用担心，我们将在第17章中更详细地介绍这些方法。

完成应用程序骨架并运行之后，我们将重新回顾这些方法。drawRect:方法就是此应用程序的主体部分，目前仅包含一条注释，因为我们尚未编写该方法。我们首先需要完成应用程序设置，然后再添加绘图代码。

4. 向视图控制器中添加输出口和操作

开始绘图之前，我们需要向nib中添加分段控件，然后连接操作和输出口。双击BIDViewController.xib编辑文件。

第一件事是更改视图的类，因此在dock中单击View图标，并按⌥⌘3打开身份检查器。将该类从UIView改为BIDQuartzFunView。

双击新近重命名的QuartzFunView图标，在库中找到Navigation Bar。确保你控制的是Navigation Bar，而非Navigation Controller。我们只是希望该工具栏位于视图顶部。将Navigation Bar紧贴在视图窗口的顶部，状态栏的下面。

接下来，在库中找到Segmented Control，并将该控件拖到Navigation Bar的顶部，放在中间位置，而非左边或右边（参见图16-7）。

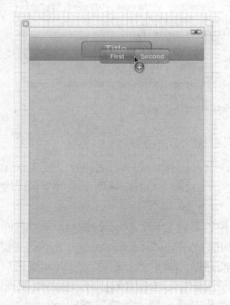

图16-7 拖出一个分段控件，一定要将它放到导航栏的顶部

放下该控件之后，它应该仍然为选中状态。捕捉此分段控件任何一侧的调整大小的点，调整它的大小，以便它占据导航栏的整个宽度。你不会看到任何蓝色引导线，但这种情况下，Interface Builder会限制该栏的最大大小，因此只需拖动它直到不再进一步展开为止。

保持Segmented Control为选中状态，调出属性检查器，并将分段数量从2更改为5。依次双击各分段，将它们的标签分别改为（从左到右）Red、Blue、Yellow、Green和Random。此时，你的View窗口应该类似于图16-8。

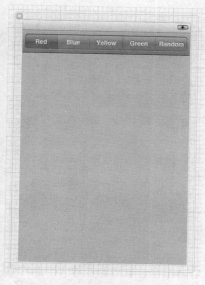

图16-8　完成后的导航栏

16

如果辅助编辑器还没有打开，请打开它，然后从跳转栏中选择BIDViewController.h。现在，按下control键，从dock中的分段控件拖向右侧的BIDViewController.h文件。当光标处于@interface和@end声明之间时，释放鼠标，创建一个新的输出口。将其命名为colorControl，其他选项都保留为默认值。你要确保是从分段控件拖出的，而不是导航栏或者导航项。

接着，我们添加一个操作方法。再次按下control键，仍然从分段控件拖向头文件，拖到@end声明之前。这次插入一个名为changeColor:的操作方法。该弹出框中应该默认使用了Value Changed事件，而这正是我们所需要的。

现在，在库中找到Toolbar（而非Navigator Bar），从中拖出一个工具栏并将其放置在视图窗口底部。库中的Toolbar上有一个我们并不需要的按钮，因此选择该按钮并按下delete键。按钮应该会消失，工具栏是空白的。

选中另一个Segmented Control，并将其拖到工具栏上（参见图16-9）。

结果是，分段控件在工具栏中居中有点困难，因此我们将提供一点帮助。将Flexible Space Bar Button Item从库中拖到位于分段控件左侧的工具栏上。接下来，将另一个Flexible Space Bar Button Item拖到位于分段控件右侧的工具栏上（参见图16-10）。当我们调整该工具栏的大小时，这些项目将使分段控件位于工具栏的中心。

现在可以来调整分段控件的大小了。在dock中，选择3个Bar Button Items的中间那个（它有一个Segmented Control子项）。此时将会在编辑区域中的分段控件左侧出现一个调节手柄。拖动该手柄调整分段控件的大小，使其占满整个工具栏，在其左右两侧稍微留下一点空间。Interface Builder不会像对导航栏那样向你提供指引线，也不会阻止你将分段控件拖得比工具栏更宽。所以要将它调整为正确的大小，必须小心一些。

图16-9 视图窗口底部显示一个工具栏，工具栏上有一个分段控件

图16-10 在分段控件左右两侧放置了Flexible Space Bar Button Item。注意我们还没有将分段控件调整至填满整个工具栏

接着，在dock中选择Segmented Control，打开属性检查器，将分段数从2改为4。然后依次双击每个分段，将它们的标题分别改为Line、Rect、Ellipse和Image。

完成之后，确保仍然在dock中选中了Segmented Control，然后按下control键，从分段控件拖向BIDViewController.h，创建另一个操作方法。将关联类型改为Action，并将该新操作命名为changeShape:。

接下来的任务就是实现这个操作方法。

5. 实现操作方法

保存nib文件，关闭辅助编辑器。现在，单击BIDViewController.m。首先我们需要导入常量文件以便访问枚举值。我们要与自定义视图进行交互，所以还需要导入它的头文件。在BIDViewController.m文件顶部，紧接着已有的import语句之后，添加如下代码：

```
#import "BIDConstants.h"
#import "BIDQuartzFunView.h"
```

然后找到Xcode创建的changeColor:的存根实现，添加如下代码：

```
- (IBAction)changeColor:(id)sender {
    UISegmentedControl *control = sender;
    NSInteger index = [control selectedSegmentIndex];

    BIDQuartzFunView *quartzView = (BIDQuartzFunView *)self.view;

    switch (index) {
        case kRedColorTab:
            quartzView.currentColor = [UIColor redColor];
            quartzView.useRandomColor = NO;
```

```
                    break;
            case kBlueColorTab:
                quartzView.currentColor = [UIColor blueColor];
                quartzView.useRandomColor = NO;
                break;
            case kYellowColorTab:
                quartzView.currentColor = [UIColor yellowColor];
                quartzView.useRandomColor = NO;
                break;
            case kGreenColorTab:
                quartzView.currentColor = [UIColor greenColor];
                quartzView.useRandomColor = NO;
                break;
            case kRandomColorTab:
                quartzView.useRandomColor = YES;
                break;
            default:
                break;
        }
    }
```

这段代码非常直观，我们查询被选中了的分段，根据用户的选择创建新的颜色，作为当前的绘制颜色。为了使编译器不发出警告，我们将view的类型（view在父类中声明为UIView的实例）强制转换为QuartzFunView。之后，我们设置了currentColor属性，这样在绘制时该类就知道应该使用哪种颜色了，但如果选择的是随机颜色则例外，当选择了随机颜色时，视图会查看useRandomColor属性，所以我们为每个选择都设置了适当的useRandomColor值。由于所有绘制代码都包含在视图中，所以我们不需要在这个方法中执行任何其他操作。

接着，找到changeShape:的已有实现，添加如下代码：

```
- (IBAction)changeShape:(id)sender {
    UISegmentedControl *control = sender;
    [(BIDQuartzFunView *)self.view setShapeType:[control
                                  selectedSegmentIndex]];

    if ([control selectedSegmentIndex] == kImageShape)
        colorControl.hidden = YES;
    else
        colorControl.hidden = NO;
}
```

在这个方法中，我们所做的就是根据所选择的分段设置图形形状。还记得ShapeType枚举类型吗？枚举中的4个元素分别对应于应用程序视图底部的4个工具栏分段。我们将形状设置为当前所选分段所示的形状，并且根据是否选择了Image分段来隐藏和显示colorControl。

说明　你可能想知道为什么我们将导航栏放置在视图的顶部，将工具栏放置在视图的底部。根据苹果公司发布的"iPhone人机界面指南"，导航栏是专门放在屏幕顶部的，而工具栏则是专门放在底部的。如果你阅读了Interface Builder的库窗口中Toolbar和Navigation Bar的描述，你将会看到对此设计意图的说明。

返回Xcode，编译并运行应用程序，确保一切正常。目前你还不能在屏幕上绘制形状，但分段控件可以工作，当在底部控件中轻击Image分段时，颜色控件会消失。

一切都开始工作之后，我们进行绘图。

16.3.2 添加Quartz Drawing代码

我们准备添加绘图代码。我们将绘一条直线、一些图形和一张图片。我们将使用渐进的方式编写代码，编写一小部分代码，然后运行应用以查看该代码所实现的内容。

1．绘制直线

首先我们来实现最简单的绘制选项：绘制一条直线。选择BIDQuartzFunView.m，然后将注释掉的drawRect:方法改为如下所示：

```
- (void)drawRect:(CGRect)rect {
    CGContextRef context = UIGraphicsGetCurrentContext();

    CGContextSetLineWidth(context, 2.0);
    CGContextSetStrokeColorWithColor(context, currentColor.CGColor);

    switch (shapeType) {
        case kLineShape:
            CGContextMoveToPoint(context, firstTouch.x, firstTouch.y);
            CGContextAddLineToPoint(context, lastTouch.x, lastTouch.y);
            CGContextStrokePath(context);
            break;
        case kRectShape:
            break;
        case kEllipseShape:
            break;
        case kImageShape:
            break;
        default:
            break;
    }
}
```

首先，检索对当前上下文的引用，以便知道要绘图的位置：

```
 CGContextRef context = UIGraphicsGetCurrentContext();
```

接下来，将线宽设置为2.0，这意味着我们画的任何直线都是2个像素宽：

```
 CGContextSetLineWidth(context, 2.0);
```

随后，设置所画直线的颜色。由于UIColor有该方法所需的CGColor属性，因此我们使用currentColor实例变量的这个属性将正确的颜色传递给该函数：

```
CGContextSetStrokeColorWithColor(context, currentColor.CGColor);
```

使用switch跳转到每个形状类型的相应代码。我们将从处理kLineShape的代码开始，使其正常工作，然后依次为每个形状添加代码：

```
switch (shapeType) {
    case kLineShape:
```

　　要绘制直线，我们让图形上下文从用户触摸的第一个位置开始创建路径。请记住，我们将该值存储在touchesBegan:方法中，以便它总是反映用户上次触摸或拖动时触摸的第一个点。

```
CGContextMoveToPoint(context, firstTouch.x, firstTouch.y);
```

　　接下来，我们绘制一条从该点到用户触摸的最后一个点的直线。如果用户的手指仍然与屏幕接摸，则lastTouch包含用户手指的当前位置。如果用户的手离开了屏幕，则lastTouch包含用户手指离开屏幕时的位置。

```
CGContextAddLineToPoint(context, lastTouch.x, lastTouch.y);
```

　　然后，画出这条路径。以下函数将画出一条直线，这是我们使用之前设置的颜色和宽度绘制成的：

```
CGContextStrokePath(context);
```

　　随后，只需完成此switch语句就可以了，如下所示：

```
                break;
            case kRectShape:
                break;
            case kEllipseShape:
                break;
            case kImageShape:
                break;
            default:
                break;
        }
```

　　此时，你应该能够进行编译和运行了。Rect、Ellipse和Shape选项将不可用，但你应该能够使用任何颜色很好地绘制直线（参见图16-11）。

图16-11　应用程序中绘制直线的部分现在已经完成。在该图像中，我们使用的是红色

2. 绘制矩形和椭圆形

让我们实现同时绘制矩形和椭圆形的代码，Quartz 2D基本上采用相同的方法实现这两个对象。将以下粗体部分的代码添加到drawRect:方法：

```
- (void)drawRect:(CGRect)rect {
    CGContextRef context = UIGraphicsGetCurrentContext();

    CGContextSetLineWidth(context, 2.0);
    CGContextSetStrokeColorWithColor(context, currentColor.CGColor);

    CGContextSetFillColorWithColor(context, currentColor.CGColor);
    CGRect currentRect = CGRectMake(firstTouch.x,
                                    firstTouch.y,
                                    lastTouch.x - firstTouch.x,
                                    lastTouch.y - firstTouch.y);

    switch (shapeType) {
        case kLineShape:
            CGContextMoveToPoint(context, firstTouch.x, firstTouch.y);
            CGContextAddLineToPoint(context, lastTouch.x, lastTouch.y);
            CGContextStrokePath(context);
            break;
        case kRectShape:
            CGContextAddRect(context, currentRect);
            CGContextDrawPath(context, kCGPathFillStroke);
            break;
        case kEllipseShape:
            CGContextAddEllipseInRect(context, currentRect);
            CGContextDrawPath(context, kCGPathFillStroke);
            break;
        case kImageShape:
            break;
        default:
            break;
    }
}
```

由于我们希望将椭圆形和矩形涂上纯色，因此我们添加一个使用currentColor设置填充颜色的调用：

```
CGContextSetFillColorWithColor(context, currentColor.CGColor);
```

接下来，声明一个CGRect变量。我们将使用currentRect来存放由用户拖动描述的矩形。请记住，CGRect包含两个成员：size和origin。通过CGRectMake()函数，我们可以通过指定x、y、width和height值来创建CGRect，因此可用于绘制矩形。

绘制矩形的代码非常简单。我们使用存储在firstTouch中的点创建原点。然后获取两个x值和两个y值之间的差来确定矩形大小。请注意，根据拖动的方向，一个或两个大小值可能显示为负数，这没有关系。具有负值的CGRect将从其原点按相反方向渲染（对于负宽度值，向左绘制；对于负高度值，向上绘制）。

```
CGRect currentRect = CGRectMake(firstTouch.x,
                                firstTouch.y,
                                lastTouch.x - firstTouch.x,
                                lastTouch.y - firstTouch.y);
```

定义此矩形之后，绘制矩形或椭圆形就像调用两个函数一样轻松，一个函数是绘制矩形或在我们定义的CGRect中绘制椭圆形，另一个函数是绘画并填充它。

```
    case kRectShape:
        CGContextAddRect(context, currentRect);
        CGContextDrawPath(context, kCGPathFillStroke);
        break;
    case kEllipseShape:
        CGContextAddEllipseInRect(context, currentRect);
        CGContextDrawPath(context, kCGPathFillStroke);
        break;
```

编译并运行应用程序，并试用Rect和Ellipse工具，看看你有多喜欢它们。不要忘记不时更改颜色，也可以随机试用颜色。

3. 绘制图像

最后一件事是绘制图像。16 - QuartzFun文件夹中包含一个名为iphone.png的图像，你可以将该图像添加到Supporting Files文件夹中，你也可以使用任何.png文件，只要记得将代码中的文件名改为所选图像名即可。

向drawRect:方法中添加以下代码：

```
- (void)drawRect:(CGRect)rect {

    CGContextRef context = UIGraphicsGetCurrentContext();

    CGContextSetLineWidth(context, 2.0);
    CGContextSetStrokeColorWithColor(context, currentColor.CGColor);

    CGContextSetFillColorWithColor(context, currentColor.CGColor);
    CGRect currentRect = CGRectMake(firstTouch.x,
                                    firstTouch.y,
                                    lastTouch.x - firstTouch.x,
                                    lastTouch.y - firstTouch.y);

    switch (shapeType) {
        case kLineShape:
            CGContextMoveToPoint(context, firstTouch.x, firstTouch.y);
            CGContextAddLineToPoint(context, lastTouch.x, lastTouch.y);
            CGContextStrokePath(context);
            break;
        case kRectShape:
            CGContextAddRect(context, currentRect);
            CGContextDrawPath(context, kCGPathFillStroke);
            break;
        case kEllipseShape:
            CGContextAddEllipseInRect(context, currentRect);
            CGContextDrawPath(context, kCGPathFillStroke);
```

```
                break;
            case kImageShape:{
                CGFloat horizontalOffset = drawImage.size.width / 2;
                CGFloat verticalOffset = drawImage.size.height / 2;
                CGPoint drawPoint = CGPointMake(lastTouch.x - horizontalOffset,
                                                lastTouch.y - verticalOffset);
                [drawImage drawAtPoint:drawPoint];
                break;
            }
            default:
                break;
        }
    }
```

> **提示**　注意，在switch语句中，我们在case kImageShape:下的代码两侧添加了花括号。编译器在case语句之后的第一行中声明变量时遇到了问题。这些花括号是我们告诉编译器停止抱怨的一种方式。我们还在switch语句之前声明了horizontalOffset，该方法将相关代码放到了一起。

首先，计算该图像的中心，因为我们希望绘制的图像以用户上次触摸的点为中心。如果不进行调整，则会在用户手指的左上角绘制该图像，这也是一个有效的选项。然后通过从lastTouch中的x和y值中减去这些偏移量来生成一个新的CGpoint。

```
CGFloat horizontalOffset = drawImage.size.width / 2;
CGFloat verticalOffset = drawImage.size.height / 2;
CGPoint drawPoint = CGPointMake(lastTouch.x - horizontalOffset,
                                lastTouch.y - verticalOffset);
```

现在，我们通知图像绘制自身。此行代码将进行这项工作：

```
[drawImage drawAtPoint:drawPoint];
```

16.3.3　优化QuartzFun应用程序

应用程序如预期执行，但我们应该考虑进行一些优化。在该应用程序中，你不会注意到速度减慢，但是在更复杂的应用程序（在速度较慢的处理器上运行）中，你会看到某些延迟。

该问题由BIDQuartzFunView.m中的touchesMoved:和touchesEnded:方法引起。这两个方法都包含下面这行代码：

```
[self setNeedsDisplay];
```

很明显，我们以此告知视图它发生了改变，需要重新绘制自身。该代码正常工作，但它导致整个视图被擦除并重新绘制，即使只是非常微小的更改也是如此。当我们准备拖动新形状时，我们希望擦除该屏幕，但我们不希望在拖动形状时一秒钟清除屏幕好几次。

为避免在拖动期间多次强制重新绘制整个视图，我们可以使用setNeedsDisplayInRect:。setNeedsDisplayInRect:是一个UIView方法，该方法会将视图区域的一个（仅一个）矩形部分标记为需要重新显示。通过使用此方法，我们可以仅标记受当前绘图操作影响而需要重绘的视图部分，从而提高效率。

我们需要重新绘制的不仅仅是firstTouch和lastTouch之间的矩形，还有当前拖动所包围的任何屏幕部分。如果用户触摸屏幕，然后在屏幕上到处乱画，则只需重新绘制firstTouch和lastTouch之间的部分，将许多不需要的已绘制的内容留在屏幕上。

答案是跟踪受CGRect实例变量中的特定拖动影响的整个区域。在touchesBegan:中，我们将该实例变量重置为仅用户触摸的点。然后在touchesMoved:和touchesEnded:中，使用一个Core Graphics函数获取当前矩形和存储的矩形的并集，然后存储所得到的矩形。此外，还使用该函数指定需要重新绘制的视图部分。该方法为我们提供了受当前拖动影响的正在运行的全部区域。

我们立刻在drawRect:方法中计算当前矩形，以便绘制椭圆形和矩形形状。我们将该计算结果移动到新方法中，以便在所有3个位置中使用此新方法，而没有重复代码。准备好了吗？让我们开始吧。

对BIDQuartzFunView.h进行以下更改：

```
#import <UIKit/UIKit.h>
#import "BIDConstants.h"

@interface BIDQuartzFunView : UIView
@property (nonatomic) CGPoint firstTouch;
@property (nonatomic) CGPoint lastTouch;
@property (nonatomic, strong) UIColor *currentColor;
@property (nonatomic) ShapeType shapeType;
@property (nonatomic, strong) UIImage *drawImage;
@property (nonatomic) BOOL useRandomColor;
@property (readonly) CGRect currentRect;
@property CGRect redrawRect;
@end
```

我们声明了一个名为redrawRect的CGRect，我们将使用它来跟踪需要重新绘制的区域。我们还声明了一个名为currentRect的只读属性，该属性将返回我们之前在drawRect:中计算的矩形。

切换到BIDQuartzFunView.m，将以下代码添加到文件顶部（已有的@Synthesize语句之后）：

```
@synthesize redrawRect, currentRect;

- (CGRect)currentRect {
    return CGRectMake (firstTouch.x,
                       firstTouch.y,
                       lastTouch.x - firstTouch.x,
                       lastTouch.y - firstTouch.y);
}
```

现在，在drawRect:方法中，删除用于计算currentRect的代码行，并将对currentRect的引用修改为self.currentRect，以便代码使用刚才创建的新存取方法。

```
- (void)drawRect:(CGRect)rect {
    CGContextRef context = UIGraphicsGetCurrentContext();
```

```
    CGContextSetLineWidth(context, 2.0);
    CGContextSetStrokeColorWithColor(context, currentColor.CGColor);

    CGContextSetFillColorWithColor(context, currentColor.CGColor);
    CGRect currentRect = CGRectMake(firstTouch.x,
                                    firstTouch.y,
                                    lastTouch.x - firstTouch.x,
                                    lastTouch.y - firstTouch.y);
    switch (shapeType) {
        case kLineShape:
            CGContextMoveToPoint(context, firstTouch.x, firstTouch.y);
            CGContextAddLineToPoint(context, lastTouch.x, lastTouch.y);
            CGContextStrokePath(context);
            break;
        case kRectShape:
            CGContextAddRect(context, self.currentRect);
            CGContextDrawPath(context, kCGPathFillStroke);
            break;
        case kEllipseShape:
            CGContextAddEllipseInRect(context, self.currentRect);
            CGContextDrawPath(context, kCGPathFillStroke);
            break;
        case kImageShape:{
            CGFloat horizontalOffset = drawImage.size.width / 2;
            CGFloat verticalOffset = drawImage.size.height / 2;
            CGPoint drawPoint = CGPointMake(lastTouch.x - horizontalOffset,
                                            lastTouch.y - verticalOffset);
            [drawImage drawAtPoint:drawPoint];
            break;
        }
        default:
            break;
    }
}
```

还需要对touchesEnded:withEvent:和touchesMoved:withEvent:作一些更改。我们需要重新计算受当前操作影响的空间，并用它来指示需要重绘的视图部分。将已有的这两个方法替换为以下新版本：

```
- (void)touchesEnded:(NSSet *)touches withEvent:(UIEvent *)event {
    UITouch *touch = [touches anyObject];
    lastTouch = [touch locationInView:self];
    if (shapeType == kImageShape) {
        CGFloat horizontalOffset = drawImage.size.width / 2;
        CGFloat verticalOffset = drawImage.size.height / 2;
        redrawRect = CGRectUnion(redrawRect,
                                 CGRectMake(lastTouch.x - horizontalOffset,
                                            lastTouch.y - verticalOffset,
                                            drawImage.size.width,
                                            drawImage.size.height));
    }
    else
        redrawRect = CGRectUnion(redrawRect, self.currentRect);
    redrawRect = CGRectInset(redrawRect, -2.0, -2.0);
```

```
        [self setNeedsDisplayInRect:redrawRect];
    }

-   (void)touchesMoved:(NSSet *)touches withEvent:(UIEvent *)event {
        UITouch *touch = [touches anyObject];
        lastTouch = [touch locationInView:self];

        if (shapeType == kImageShape) {
            CGFloat horizontalOffset = drawImage.size.width / 2;
            CGFloat verticalOffset = drawImage.size.height / 2;
            redrawRect = CGRectUnion(redrawRect,
                                     CGRectMake(lastTouch.x - horizontalOffset,
                                                lastTouch.y - verticalOffset,
                                                drawImage.size.width,
                                                drawImage.size.height));
        }
        redrawRect = CGRectUnion(redrawRect, self.currentRect);
        [self setNeedsDisplayInRect:redrawRect];
    }
```

仅增加了几行代码，我们就减少了重新绘制视图所需的大量工作（不再需要擦除和重新绘制未受当前拖动影响的视图部分）。像这样妥善处理iOS设备宝贵的处理器周期，可以在应用程序性能方面产生巨大差别，尤其是当应用程序变得更加复杂时。

说明　如果希望更深入学习Quartz 2D主题，可以查阅Jack Nutting、Dave Wooldridge和David Mark
　　　编写的《iPad开发基础教程》[①]，其中介绍了大量Quartz 2D绘图知识。该书中的所有绘图
　　　代码和说明都同时适用于iPhone和iPad。

16.4　GLFun 应用程序

　　如前所述，OpenGL ES和Quartz 2D采用完全不同的方法进行绘图。对OpenGL ES的详细介绍本身就是一本书，因此我们在此不对其进行讨论。我们使用OpenGL ES重新创建Quartz 2D应用程序，只是为了让你对它有基本了解，并且向你提供一些示例代码，你可以用来实现自己的OpenGL ES应用程序。

　　让我们开始创建应用程序吧。

提示　如果希望创建全屏OpenGL ES应用程序，无需手动构建它。Xcode有一个模板可供使用。
　　　它可以设置屏幕和缓冲区，甚至向类中添加一些实例绘图和动画代码，所以可以看到应
　　　在何处添加自己的代码。如果在完成GLFun之后希望试用此功能，可以创建一个新iOS应
　　　用程序，并选择OpenGL ES Application模板。

[①] 请参考图灵社区本书页面：http://www.ituring.com.cn/book/50。——编者注

16.4.1　构建GLFun应用程序

除了绘制部分的代码有所不同之外，我们要在新应用中实现的内容几乎与QuartzFun一样，由于绘制代码包含在一个单独的类中（`BIDQuartzFunView`），所以我们可以复制已存在的应用，然后改写原有的视图类。这样我们就不需要为这个新应用重做所有的工作了。

关闭QuartzFun Xcode项目，然后在Finder中，复制项目文件夹。将该副本重命名为GLFun（不要在Finder中重命名该项目，只在封闭文件夹中重命名），然后双击该文件夹以打开它，再双击QuartzFun.xcodeproj。

打开QuartzFun.xcodeproj之后，你会注意到项目导航顶部那项仍然显示QuzrtzFun。单击它，停顿一会儿，然后再次单击它。当其名字变成可编辑状态后，将其改为GLFun，然后按下return键提交更改。对项目进行重命名时停顿的时间有些难以掌握，所以你可能需要尝试多次才能达到目的。

当你修改了项目名后，将会弹出一张表单提示，询问你是否想要重命名该项目的内容。点击Rename按钮，这将查询项目中的所有组件，并对其进行重命名以匹配新的名字。在进行操作之前，将会提示你保存一份快照（snapshot）。快照类似于在某个给定时间里对项目进行的备份，Xcode经常会在执行一个可能引起破坏的操作时提示你保存快照。

我们还没有重命名包含所有源代码文件的QuartzFun组。你可以用同样的技巧来对它重命名。单击、停顿、再次单击，然后你就可以将它从QuartzFun改为GLFun。

在我们继续之前，还需要向项目添加另外几个文件。在16-GLFun文件夹中，你可以找到4个分别名为Texture2D.h、Texture2D.m、OpenGLES2DView.h和OpenGLES2DView.m的文件。前两个文件中的代码是苹果公司编写的，用于简化在OpenGL ES中绘制图像。后面一对文件是我们根据苹果公司的示例代码所编写的类，用于配置OpenGL ES进行二维图形绘制（也就是说，我们已经为你提供了必需的配置）。如果你需要，可以自由地在自己的程序中使用这些文件。现在将这4个文件添加到项目中。

最后，我们不再需要使用Quartz进行绘制的类了，选择BIDQuartzFunView.h和BIDQuartzFun-View.m，按下delete键将它们删除。当弹出提示框询问你是要移除引用还是删除时，选择Delete。

16.4.2　创建BIDGLFunView

选择GLFun文件夹，然后按下⌘N创建一个新文件。在Cocoa Touch Class中选择Objective-C class，点击Next。将该类命名为BIDGLFunView，并将其作为OpenGLES2DView的子类。

OpenGLES2DView是UIView的子类，它使用OpenGL ES进行二维图形绘制。我们创建这个视图的目的是对OpenGL ES坐标系和视图坐标系进行一对一的映射。要使用OpenGLES2DView类，我们只需要继承它，然后实现其中的绘制方法以执行实际的绘制工作。

点击Next，将该文件保存在项目文件夹中。此时将会创建一对新的文件，分别名为BIDGLFunView.h和BIDGLFunView.m。我们将在其中实现基于OpenGL ES的绘制工作。

单击新创建的BIDGLFunView.h文件，将其内容改为如下所示：

```
#import "BIDConstants.h"
#import "OpenGLES2DView.h"

@class Texture2D;

@interface BIDGLFunView : OpenGLES2DView
@property CGPoint firstTouch;
@property CGPoint lastTouch;
@property (nonatomic, strong) UIColor *currentColor;
@property BOOL useRandomColor;
@property ShapeType shapeType;
@property (nonatomic, strong) Texture2D *sprite;
@end
```

从本质上说，OpenGL ES没有子画面或图像，它只有一种被称为纹理（texture）的图像。纹理需要绘制到形状或物体之上。在OpenGL ES中绘图的方法是绘制一个正方形（从技术上说，它是两个三角形），然后将纹理映射到该正方形，使它准确匹配其大小。Texture2D将这个相对复杂的流程封装在了一个易于使用的类中。

注意，尽管视图和OpenGL上下文之间是一对一的关系，但是y坐标仍然是翻转的，因此我们必须将y坐标从视图坐标系（y增加表示向下移动）转换为OpenGL坐标系（y增加表示向上移动）。

切换到BIDGLFunView.m并添加以下代码：

```
#import "BIDGLFunView.h"
#import "UIColor+BIDRandom.h"
#import "Texture2D.h"

@implementation BIDGLFunView
@synthesize firstTouch;
@synthesize lastTouch;
@synthesize currentColor;
@synthesize useRandomColor;
@synthesize shapeType;
@synthesize sprite;

- (id)initWithCoder:(NSCoder*)coder {
    if (self = [super initWithCoder:coder]) {
        self.currentColor = [UIColor redColor];
        useRandomColor = NO;
        sprite = [[Texture2D alloc] initWithImage:[UIImage
                                         imageNamed:@"iphone.png"]];
        glBindTexture(GL_TEXTURE_2D, sprite.name);
    }
    return self;
}

- (void)draw {
    glLoadIdentity();

    glClearColor(0.78f, 0.78f, 0.78f, 1.0f);
    glClear(GL_COLOR_BUFFER_BIT);
```

```
CGColorRef color = currentColor.CGColor;
const CGFloat *components = CGColorGetComponents(color);
CGFloat red = components[0];
CGFloat green = components[1];
CGFloat blue = components[2];

glColor4f(red,green, blue, 1.0);
switch (shapeType) {
    case kLineShape: {
        glDisable(GL_TEXTURE_2D);
        GLfloat vertices[4];

        // Convert coordinates
        vertices[0] = firstTouch.x;
        vertices[1] = self.frame.size.height - firstTouch.y;
        vertices[2] = lastTouch.x;
        vertices[3] = self.frame.size.height - lastTouch.y;
        glLineWidth(2.0);
        glVertexPointer(2, GL_FLOAT, 0, vertices);
        glDrawArraysGL_LINES, 0, 2);
        break;
    }
    case kRectShape: {
        glDisable(GL_TEXTURE_2D);
        // Calculate bounding rect and store in vertices
        GLfloat vertices[8];
        GLfloat minX = (firstTouch.x > lastTouch.x) ?
        lastTouch.x : firstTouch.x;
        GLfloat minY = (self.frame.size.height - firstTouch.y >
                        self.frame.size.height - lastTouch.y) ?
        self.frame.size.height - lastTouch.y :
        self.frame.size.height - firstTouch.y;
        GLfloat maxX = (firstTouch.x > lastTouch.x) ?
        firstTouch.x : lastTouch.x;
        GLfloat maxY = (self.frame.size.height - firstTouch.y >
                        self.frame.size.height - lastTouch.y) ?
        self.frame.size.height - firstTouch.y :
        self.frame.size.height - lastTouch.y;

        vertices[0] = maxX;
        vertices[1] = maxY;
        vertices[2] = minX;
        vertices[3] = maxY;
        vertices[4] = minX;
        vertices[5] = minY;
        vertices[6] = maxX;
        vertices[7] = minY;

        glVertexPointer(2, GL_FLOAT , 0, vertices);
        glDrawArrays(GL_TRIANGLE_FAN, 0, 4);
        break;
    }
    case kEllipseShape: {
        glDisable(GL_TEXTURE_2D);
```

```objc
                GLfloat vertices[720];

                GLfloat xradius = fabsf((firstTouch.x - lastTouch.x) / 2);
                GLfloat yradius = fabsf((firstTouch.y - lastTouch.y) / 2);
                for (int i = 0; i <= 720; i += 2) {
                    GLfloat xOffset = (firstTouch.x > lastTouch.x) ?
                    lastTouch.x + xradius : firstTouch.x + xradius;
                    GLfloat yOffset = (firstTouch.y < lastTouch.y) ?
                    self.frame.size.height - lastTouch.y + yradius :
                    self.frame.size.height - firstTouch.y + yradius;
                    vertices[i] = (cos(degreesToRadian(i / 2)) * xradius) + xOffset;
                    vertices[i+1] = (sin(degreesToRadian(i / 2)) * yradius) +
                    yOffset;
                }

                glVertexPointer(2, GL_FLOAT , 0, vertices);
                glDrawArrays(GL_TRIANGLE_FAN, 0, 360);
                break;
            }
        case kImageShape:
            glEnable(GL_TEXTURE_2D);
            [sprite drawAtPoint:CGPointMake(lastTouch.x,
                                    self.frame.size.height - lastTouch.y)];
            break;
        default:
            break;
    }

    glBindRenderbufferOES(GL_RENDERBUFFER_OES, viewRenderbuffer);
    [context presentRenderbuffer:GL_RENDERBUFFER_OES];
}

- (void)touchesBegan:(NSSet *)touches withEvent:(UIEvent *)event {
    if (useRandomColor)
        self.currentColor = [UIColor randomColor];

    UITouch* touch = [[event touchesForView:self] anyObject];
    firstTouch = [touch locationInView:self];
    lastTouch = [touch locationInView:self];
    [self draw];
}

- (void)touchesMoved:(NSSet *)touches withEvent:(UIEvent *)event {

    UITouch *touch = [touches anyObject];
    lastTouch = [touch locationInView:self];

    [self draw];
}

- (void)touchesEnded:(NSSet *)touches withEvent:(UIEvent *)event {
    UITouch *touch = [touches anyObject];
    lastTouch = [touch locationInView:self];

    [self draw];
}
@end
```

16

不难看出，使用OpenGL ES不如使用Quartz 2D那么简洁直观。尽管它比Quartz更加强大，但是同时也更加复杂。有时OpenGL ES可能会令人畏缩。

由于该视图是从nib中加载的，因此我们添加了一个initWithCoder:方法，在该方法中，我们创建了一个UIColor并将其分配给currentColor。我们还将useRandomColor的默认值设置为NO。并创建了Texture2D对象。

initWithCoder:方法后面是draw方法，你可以在该方法中看到两个库之间的实际差别。

先看一看绘制直线的过程，下面就是在Quartz版本（我们已经删除了与绘图无关的代码）中绘制直线的方法：

```
CGContextRef context = UIGraphicsGetCurrentContext();
CGContextSetLineWidth(context, 2.0);
CGContextSetStrokeColorWithColor(context, currentColor.CGColor);
CGContextMoveToPoint(context, firstTouch.x, firstTouch.y);
CGContextAddLineToPoint(context, lastTouch.x, lastTouch.y);
CGContextStrokePath(context);
```

下面是在OpenGL ES中绘制相同的直线所需采取的步骤。首先，我们重置虚拟世界以便删除任何旋转、转换或已经应用于它的其他变换：

```
glLoadIdentity();
```

接下来，清除背景，使它与在Quartz版本的应用程序中所使用的灰色阴影相同：

```
glClearColor(0.78, 0.78f, 0.78f, 1.0f);
glClear(GL_COLOR_BUFFER_BIT);
```

之后，我们必须通过分割UIColor并从中拖出各个RGB组件来设置OpenGL绘图颜色。所幸，我们不必担心UIColor使用的是哪种颜色模型。我们可以安全地假设它将使用RGBA颜色空间：

```
CGColorRef color = currentColor.CGColor;
const CGFloat *components = CGColorGetComponents(color);
CGFloat red = components[0];
CGFloat green = components[1];
CGFloat blue = components[2];
glColor4f(red,green, blue, 1.0);
```

接下来，关闭OpenGL ES映射纹理的功能：

```
glDisable(GL_TEXTURE_2D);
```

从此调用开始到glEnable(GL_TEXTURE_2D)调用为止触发的任何绘图代码都将以无纹理的方式绘制，而这正是我们想要的。如果允许使用纹理，则不会显示刚才设置的颜色。

若要绘制直线，需要两个顶点，这意味着我们需要一个包含4个元素的数组。前面讨论过，二维空间中的点由两个值（即*x*和*y*）表示。在Quartz中，我们使用一个CGPoint struct来存放这些点。在OpenGL中，点未嵌入到struct中。相反，我们用组成需要绘制的形状的所有点来填充数组。因此，若要在OpenGL ES中绘制一条从点(100, 150)到点(200, 250)的直线，我们将创建一个如下所示的顶点数组：

```
vertex[0] = 100;
vertex[1] = 150;
vertex[2] = 200;
vertex[3] = 250;
```

数组格式为{x1, y1, x2, y2, x3, y3}。该方法中的下一段代码将两个CGPoint结构转换为顶点数组：

```
GLfloat vertices[4];
vertices[0] = firstTouch.x;
vertices[1] = self.frame.size.height - firstTouch.y;
vertices[2] = lastTouch.x;
vertices[3] = self.frame.size.height - lastTouch.y;
```

定义描述我们需要绘制的内容（在本例中为直线）的顶点数组之后，指定线宽，使用方法glVertexPointer()将该数组传递到OpenGL ES中，并通知OpenGL ES绘制数组：

```
glLineWidth(2.0);
glVertexPointer (2, GL_FLOAT , 0, vertices);
glDrawArrays (GL_LINES, 0, 2);
```

在OpenGL ES中完成绘图之后，我们必须告诉它渲染其缓冲器，并且告诉视图上下文显示新渲染的缓冲器：

```
glBindRenderbufferOES(GL_RENDERBUFFER_OES, viewRenderbuffer);
[context presentRenderbuffer:GL_RENDERBUFFER_OES];
```

在OpenGL ES中绘图的过程由3个步骤组成。

(1) 在上下文中绘图。

(2) 完成所有绘图之后，将上下文呈现到缓冲器中。

(3) 在像素实际绘制到屏幕上时，呈现渲染缓冲器。

正如你所见，OpenGL示例比较长。

当查看绘制椭圆的过程时，Quartz 2D和OpenGL ES之间的差别变得更加明显。OpenGL ES不知道如何绘制椭圆。OpenGL是OpenGL ES的老大哥甚至前辈，它有许多生成常见的二维和三维图形的便利函数，而这些便利函数只是从OpenGL ES分离出来的一部分功能，这使得OpenGL ES更加精简并且更加适合在嵌入式设备（如iPhone）中使用。因此，更多责任落在了开发人员的身上。

作为提示，下面是我们使用Quartz 2D绘制椭圆的方法：

```
CGContextRef context = UIGraphicsGetCurrentContext();
CGContextSetLineWidth(context, 2.0);
CGContextSetStrokeColorWithColor(context, currentColor.CGColor);
CGContextSetFillColorWithColor(context, currentColor.CGColor);
CGRect currentRect;
CGContextAddEllipseInRect(context, self.currentRect);
CGContextDrawPath(context, kCGPathFillStroke);
```

对于OpenGL ES版本，开始的步骤与之前相同，重置任何移动或旋转，将背景清除为白色以及基于currentColor设置绘图颜色。

```
glLoadIdentity();
glClearColor(1.0f, 1.0f, 1.0f, 1.0f);
glClear(GL_COLOR_BUFFER_BIT);
glDisable(GL_TEXTURE_2D);
CGColorRef color = currentColor.CGColor;
const CGFloat *components = CGColorGetComponents(color);
CGFloat red = components[0];
CGFloat green = components[1];
CGFloat blue = components[2];
glColor4f(red,green, blue, 1.0);
```

由于OpenGL ES不知道如何绘制椭圆，因此我们必须自己绘制，这意味着需要面对复杂的几何理论。我们将定义一个顶点数组，该数组存放720个Glfloat，这将存放360个点的x和y位置，围绕圆一度一个。我们可以更改点数来提高或降低此圆的平滑度。这种方法在适合iPhone屏幕的任何视图上看起来都不错，但如果你绘制的所有内容是比较小的圆，则严格来讲可能需要进行更多处理。

```
GLfloat vertices[720];
```

接下来，将根据存储在firstTouch和lastTouch中的两个点计算此椭圆的水平半径和垂直半径。

```
GLfloat xradius = fabsf((firstTouch.x - lastTouch.x)/2);
GLfloat yradius = fabsf((firstTouch.y - lastTouch.y)/2);
```

然后，围绕圆进行循环，计算围绕圆的正确的点：

```
for (int i = 0; i <= 720; i+=2) {
    GLfloat xOffset = (firstTouch.x > lastTouch.x) ?
        lastTouch.x + xradius : firstTouch.x + xradius;
    GLfloat yOffset = (firstTouch.y < lastTouch.y) ?
        self.frame.size.height - lastTouch.y + yradius :
        self.frame.size.height - firstTouch.y + yradius;
    vertices[i] = (cos(degreesToRadian(i / 2))*xradius) + xOffset;
    vertices[i+1] = (sin(degreesToRadian(i / 2))*yradius) +
        yOffset;
}
```

最后，将顶点数组提供给OpenGL ES，通知OpenGL ES绘制并渲染它，然后通知上下文呈现新渲染的图像：

```
glVertexPointer (2, GL_FLOAT , 0, vertices);
glDrawArrays (GL_TRIANGLE_FAN, 0, 360);
...
glBindRenderbufferOES(GL_RENDERBUFFER_OES, viewRenderbuffer);
[context presentRenderbuffer:GL_RENDERBUFFER_OES];
```

我们不回顾矩形方法了，因为它使用的基本技巧相同：定义一个顶点数组，该数组中的4个顶点用于定义矩形，然后渲染并呈现它。

我们也不对绘制图像进行过多描述，因为苹果公司提供的可爱的Texture2D类，使得绘制一个子画面就像在Quartz 2D中绘制一样容易。有一点需要特别注意：

```
glEnable(GL_TEXTURE_2D);
```

由于之前可能已经禁用了绘制纹理的功能，因此需要确保先启用它，然后再使用Texture2D类。

　　在draw方法之后，我们拥有与之前版本相同的与触摸有关的方法。唯一差别是它不告知视图它需要显示，而是调用我们刚才定义的draw方法。不需要告知OpenGL ES将更新屏幕的哪些部分。它会计算出来并且利用硬件加速以最高效的方式绘制。

16.4.3　更新BIDViewController

　　我们需要对BIDViewController.m作一些小改动。其中一项是将所有对BIDQuartzFunView的引用改为BIDGLFunView。首先，将下面这行

```
#import "BIDQuartzFunView.h"
```

改为

```
#import "BIDGLFunView.h"
```

然后，将changeColor:方法改为如下版本：

```
- (IBAction)changeColor:(id)sender {
    UISegmentedControl *control = sender;
    NSInteger index = [control selectedSegmentIndex];

    BIDGLFunView *glView = (BIDGLFunView *)self.view;

    switch (index) {
        case kRedColorTab:
            glView.currentColor = [UIColor redColor];
            glView.useRandomColor = NO;
            break;
        case kBlueColorTab:
            glView.currentColor = [UIColor blueColor];
            glView.useRandomColor = NO;
            break;
        case kYellowColorTab:
            glView.currentColor = [UIColor yellowColor];
            glView.useRandomColor = NO;
            break;
        case kGreenColorTab:
            glView.currentColor = [UIColor greenColor];
            glView.useRandomColor = NO;
            break;
        case kRandomColorTab:
            glView.useRandomColor = YES;
            break;
        default:
            break;
    }
}
```

最后，在changeShape:方法中，将下行

```
[(BIDQuartzFunView *)self.view setShapeType:[control
                                selectedSegmentIndex]];
```

改为

```
[(BIDGLFunView *)self.view setShapeType:[control
                             selectedSegmentIndex]];
```

16.4.4　更新nib

我们还需要修改nib文件中的视图。由于这个项目是从QuartzFun复制而来的，所以该视图仍然被配置为使用BIDQuartzFunView作为其底层类，我们需要将其改为BIDGLFunView。

单击BIDViewController.xib打开Interface Builder。在dock中单击Quartz Fun View，然后点击⌥⌘3打开身份检查器。将class从BIDQuartzFunView改为BIDGLFunView。

16.4.5　完成GLFun

在编译和运行此程序之前，需要将这两个框架链接到你的项目。按照第7章有关添加Audio Toolbox框架的说明（参见7.8.6节），然后选择OpenGLES.framework和QuartzCore.framework（而不是选择AudioToolbox.framework）。

添加了框架吗？很好。运行你的项目。它看上去应该与Quartz版本类似。现在，你已经看到了OpenGL ES入门的足够内容。

说明　如果你对在iPhone应用程序中使用OpenGL ES感兴趣，可以在http://www.khronos.org/opengles/上查找OpenGL ES规范以及与OpenGL ES相关的书籍、文档和论坛的链接。同样，访问http://www.khronos.org/developers/resources/opengles/，搜索"tutorial"一词。此外，还一定要访问Jeff LaMarche的iPhone博客中OpenGL教程，网址如下：

http://iphonedevelopment.blogspot.com/2009/05/opengl-es-from-ground-up-table-of.html。

16.5　小结

在本章中，我们真的只学习了iOS绘图功能的一点皮毛。现在，你应该逐渐适应了Quartz 2D。通过参考苹果公司的文档，你可以处理遇到的大多数绘图问题。你还应该对什么是OpenGL ES及其如何与iOS的视图系统集成有个基本了解。

下一步做什么呢？你将学习如何在应用程序中添加手势支持。

第 17 章

轻击、触摸和手势

简洁明亮、支持触摸操作的iPhone、iPod touch和iPad屏幕确实很漂亮，绝对是工程设计的美丽杰作，并且所有iOS设备共有的多点触控屏幕赋予了无法比拟的可用性。由于该屏幕可以同时检测多点触控并且可以单独跟踪这些触控，因此应用程序能够检测到大范围的手势，从而为用户提供超出该界面之外的功能。

假设你在邮件应用程序中浏览收件箱，并且决定删除某封电子邮件。你有几个选择。可以分别轻击每封电子邮件，轻击回收站图标删除该邮件，然后等待下载下一封邮件，像这样依次删除每封邮件。如果希望在删除每封电子邮件之前阅读它们，最好使用此方法。另外一种方式是从电子邮件列表轻击右上角的Edit按钮，轻击每个电子邮件行以进行标记，然后轻击Delete按钮删除所有标记的邮件。如果不需要在删除每封电子邮件之前阅读它们，最好使用此方法。还可以在列表中将电子邮件从一端滑动到另一端。此手势生成电子邮件的Delete按钮。轻击Delete按钮将会删除该邮件。

本例只介绍了通过多点触控屏幕可以完成的无数手势中的几个。你可以将手指捏在一起来缩小图片，或者分开手指放大图片。可以长时间按住一个图标，打开"jiggly"模式，这样可以从你的iOS设备上删除应用程序。

本章将介绍用于检测手势的底层体系结构。你将了解如何检测最常用的手势以及如何创建和检测全新的手势。

17.1 多点触控术语

在钻研体系结构之前，让我们复习一下一些基本词汇。

手势通过一系列**事件**内在系统来传递。当用户与设备的多点触控屏幕交互时生成事件。事件包含与发生的一次或多次触摸相关的信息。

手势是指从你用一个或多个手指接触屏幕时开始，直到你的手指离开屏幕为止所发生的所有事件。无论它花费多长时间，只要一个或多个手指仍然在屏幕上，这个手势就存在（除非传入电话呼叫等系统事件中断该手势）。注意，Cocoa Touch没有公开任何代表手势的类或结构。一个手势就是一个动作，运行中的应用程序可以从用户输入流知道是否出现某种手势。

触摸。它是指手指放到iOS设备的屏幕上从屏幕上拖动或抬起。手势中涉及的触摸数量等于同时位于屏幕上的手指数量。实际上，你可以将所有5个手指都放到屏幕上，只要这些手指彼此不要靠太近，iOS就能够识别并跟踪所有的手指。现在，还没有太多实用的五指手势，但是知道iOS能够处理这种情况（如果需要）比较好。事实上，实验表明，iPad可以处理同时发生的11处触摸。看起来似乎太多了，但这可能是有用的。例如，如果正在处理的是多个玩家参与的游戏，这时会有好几个玩家同时与屏幕交互。

当用一个手指触摸屏幕，然后立即将该手指离开屏幕（而不是来回移动）时发生**轻击**。iOS设备跟踪轻击的数量，并且可以告诉你用户轻击了2次还是3次，甚至是20次。例如，它处理所有计时工作以及其他必要的工作来区分两个单击还是一次双击。

手势识别器是一个对象，它知道如何观察用户生成的事件流，并识别用户何时以与预定义的手势相匹配的方式进行了触摸和拖动。在希望观察常见手势时，UIGestureRecognizer类及其各种子类可帮助节省大量工作。它很好地封装了查找手势的工作，而且可以轻松应用于应用程序中的任何视图。

17.2 响应者链

由于手势是在事件之内传递到系统的，然后事件会传递到响应者链（responder chain），因此你需要了解响应者链的工作方式，以便正确处理手势。如果你使用过Cocoa for Mac OS X，你可能会熟悉响应者链的概念，因为Cocoa和Cocoa Touch中使用的基本机制相同。如果这是新知识，那也不必担心，我们会解释它的工作原理。

17.2.1 响应事件

在本书中，我们已经多次提到过第一响应者，该响应者通常是用户当前正在交互的对象。第一响应者是响应者链的开始，还有其他响应者。以UIResponder作为超类的任何类都是**响应者**。UIView是UIResponder的子类，UIControl是UIView的子类，因此所有视图和所有控件都是响应者。UIViewController 也 是 UIResponder 的 子 类 ， 这 意 味 着 它 是 响 应 者 ， 其 所 有 子 类 （ 如UINavigationController和UITabBarController）也都是响应者。响应者就是这样命名的，它们响应系统生成的事件，如屏幕触摸。

如果第一个响应者不处理某个特殊事件（如某个手势），则它会将该事件传递到响应者链的下一级。如果该链中的下一个对象响应此特殊事件，则它通常会处理该事件，这将停止该事件沿着响应者链向前传递。在某些情况下，如果某个响应者只对某个事件进行部分处理，则该响应者将采取操作，并将该事件转发给链中的下一个响应者。但通常这不会发生这种情况。正常情况下，当对象响应事件时，即到达了该事件的行尾。如果事件通过整个响应者链并且没有对象处理该事件，则丢弃该事件。

下面让我们再更具体地看一下响应者链。第一个响应者几乎总是视图或控件，并且首先对事件进行响应。如果第一个响应者不处理该事件，则它会将该事件传递给其视图控制器。如果此视图控制器不处理该事件，则将该事件传递给第一个响应者的父视图。如果父视图没有响应，则该事件将转到父视图的控制器（如果有）。

该事件将沿着每个视图的视图层次结构继续前进，然后该视图的控制器获得处理该事件的机会。如果该事件一直通过视图层次结构，任何视图或控制器都没有对其进行处理则会将该事件传递给应用程序的窗口。如果窗口不处理该事件，则该窗口会将该事件传递给应用程序的对象实例 `UIApplication`。

如果 `UIApplication` 也不响应该事件，那么还有一个地方可以构建一个全局响应者作为响应链的最后一环，那就是应用程序委托。如果应用程序委托是 `UIResponder` 的子类（如果你是通过苹果公司的应用模板来创建项目的，那么通常都是如此），那么应用程序则会尝试将任何尚未处理的事件传递给它。最后，如果应用程序委托不是 `UIResponder` 的子类，或者不处理这个事件，那么这个事件将会被丢弃。

这个过程非常重要，这有多个原因。首先它控制可以处理手势的方式。比如说，一个用户正在查看某个表，他用某个手指轻扫该表的某一行。哪个对象会处理该手势呢？

如果是在某个视图或控件之内轻扫，而该视图或控件是表视图单元的子视图，则该视图或控件将获得响应的机会。如果它没有响应，则表视图单元会获得机会。在某个应用程序（如邮件应用程序）中，可以使用轻扫操作来删除某个邮件，表视图单元可能需要查看该事件，看它是否包含轻扫手势。但是大多数表视图单元不响应手势，如果它们不响应，则该事件将继续通过表视图，然后通过其他响应者，直到某些内容响应该事件或者达到行的结尾为止。

17.2.2 转发事件：保持响应者链的活动状态

让我们回到邮件应用程序中的表视图单元。我们不知道苹果公司邮件应用程序的内部细节，但是我们暂且可以认为表视图单元支持轻扫式删除且仅支持轻扫式删除。该表视图单元必须实现与接收触摸事件（你将在几分钟之后看到）相关的方法，以便它可以进行检查，看该事件是否包含轻扫手势。如果该事件包含轻扫，则表视图单元会采取操作，该事件将停止传递。

如果该事件不包含轻扫手势，则表视图单元负责将该事件手动转发给响应者链中的下一个对象。如果它没有进行转发的工作，则表和链上的其他对象将永远也不会获得响应的机会，并且该应用程序可能无法如用户所期望地正常工作。该表视图单元可能会阻止其他视图识别手势。

只要你响应触摸事件，就必须记住代码无法在真空中工作。如果某个对象截获无法处理的事件，则也需要通过在下一个响应者上调用相同的方法来手动传递该对象。下面是其中一小部分代码：

```
-(void)respondToFictionalEvent:(UIEvent *)event {
    if (someCondition)
        [self handleEvent:event];
    else
        [self.nextResponder respondToFictionalEvent:event];
}
```

注意我们在下一个响应者上调用相同方法的方式。这就是成为响应者链良好公民的方式。好在大多数情况下响应事件的方法还处理事件，但是如果不是这种情况，你需要确保将事件推回到响应者链中，这一点非常重要。

17.3　多点触控体系结构

对响应者链有了一定的了解之后，让我们看一下处理手势的过程吧。如前所述，手势沿着响应者链传递，并且嵌入在事件中。这意味着在响应者链的对象中，需要包含代码来处理与多点触控屏幕进行的任何种类的交互。一般来说，这意味着我们可以选择将该代码嵌入到UIView的子类中，也可以将该代码嵌入到UIViewController中。

那么该代码属于视图还是属于视图控制器？

如果视图需要根据用户的触摸来对自己执行某些操作，则代码可能属于定义该视图的类。例如，很多控件类（如UISwitch和UISlider）都响应与触摸有关的事件。UISwitch可能希望根据触摸来打开或关闭自身。创建UISwitch类的人将处理手势的代码嵌入到该类中，因此UISwitch可以响应触摸动作。

但是，通常当正在处理的手势影响正在触摸的多个对象时，该手势代码才真正属于视图的控制器类。例如，如果用户对一行进行手势触摸，该触摸指出应该删除所有行，则应该由视图控制器中的代码来处理该手势。无论代码属于哪个类，在这两种情况下响应触摸和手势的方式都完全相同。

17.4　4个手势通知方法

可以使用4个方法通知响应者有关触摸和手势的情况，它们是touchesBegan:withEvent:、touchesMoved:withEvent:、touchesEnded:withEvent:和touchesCancelled:withEvent:。当用户第一次触摸屏幕时，iOS设备将查找touchesBegan:withEvent:方法的响应者。若要查清用户第一次开始进行手势或轻击屏幕的时间，请在你的视图或视图控制器中实现该方法。下面是该方法的示例：

```
- (void)touchesBegan:(NSSet *)touches withEvent:(UIEvent *)event {
    NSUInteger numTaps = [[touches anyObject] tapCount];
    NSUInteger numTouches = [touches count];

    // Do something here.
}
```

该方法以及所有与触摸有关的方法都传递一个NSSet实例（touches）和一个UIEvent实例。你可以通过获取touches中的对象数来确定当前按压屏幕的手指数量。touches中的每个对象都是一个UITouch事件，该事件表示一个手指正在触摸屏幕。如果该触摸是一系列轻击的一部分，则可以通过询问任何UITouch对象来查询轻击数量。在前面的示例中，numTaps为2代表快速连续轻击屏幕两次；如果numTouches为2，则用户只是同时用两个手指轻击屏幕一次。如果两个值均为2，则代表用户用两个手指进行了双击操作。

touches中的所有对象都可能与你实现该方法的视图或视图控制器无关。例如，表视图单元可能并不关心其他行中的触摸或者导航栏中的触摸。你可以从事件中获得一个子集，它仅拥有位于特殊视图中的触摸的touches，如下所示：

```
NSSet *myTouches = [event touchesForView:self.view];
```

每个UITouch都表示不同的手指，并且每个手指都位于屏幕上的不同位置。你可以使用UITouch对象查询特定手指的位置。如果需要，甚至可以将点转换为视图的本地坐标系，如下所示：

```
CGPoint point = [touch locationInView:self];
```

当用户将手指移过屏幕时，你可以通过实现touchesMoved:withEvent:来获得通知。在长时间的拖动过程中会多次调用该方法，并且每次调用该方法时，将获得另一组触摸以及另一个事件。除了能够从UITouch对象获得每个手指的当前位置之外，还可以查清该触摸的原来的位置，这是上次调用touchesMoved:withEvent:或touchesBegan:withEvent:时手指的位置。

当用户的手指离开屏幕时会调用另一个事件，即touchesEnded:withEvent:。调用该方法时，你知道用户是在结束某个手势。

响应者可以实现的最后一个与触摸有关的方法是touchesCancelled:withEvent:。当发生某些事件（如来电呼叫）导致手势中断时会调用该方法。可以在此处进行任何所需的清理工作，以便你可以重新开始一个新手势。调用该方法时，对于当前手势，将不会调用touchesEnded:withEvent:。

现在，理论已经很充分了，下面让我们看看其中一些理论的实践吧。

17.5 检测触摸

我们将构建一个小应用程序，当调用4个与触摸有关的响应者方法时，该应用程序会使你感觉更好。在Xcode中，使用Single View Application模板创建新项目，将Product名设为TouchExplorer，在DeviceFamily弹出项中选择iPhone。

每次调用与触摸有关的方法时，TouchExplorer都会将消息显示到屏幕中，包含触摸和轻击计数（参见图17-1）。

图17-1 TouchExplorer应用程序

说明 尽管本章中的应用程序将在模拟器上运行，但是你无法看到所有可用的多点触控功能，
除非你在真实的iOS设备上运行这些应用程序。如果你已经加入开发人员计划，则可以在
你选择的设备上运行你编写的程序。苹果公司网站进行了大量工作，引导你完成将Xcode
连接到你的设备时所需的任何内容。

我们需要为该应用程序提供3个标签：一个用于指示最后调用的方法，一个用于报告当前轻
击计数，第三个用于报告触摸数量。单击BIDViewController.h并添加3个输出口和一个方法声明。
该方法将用来更新多个位置中的标签。

```
#import <UIKit/UIKit.h>

@interface BIDViewController : UIViewController

@property (weak, nonatomic) IBOutlet UILabel *messageLabel;
@property (weak, nonatomic) IBOutlet UILabel *tapsLabel;
@property (weak, nonatomic) IBOutlet UILabel *touchesLabel;
- (void)updateLabelsFromTouches:(NSSet *)touches;
@end
```

现在，选择BIDViewController.xib以编辑该文件。如果视图编辑器还没有打开，则在dock中
点击View图标，然后编辑该视图。将一个标签拖至该视图，使用蓝色引导线将标签放置在视图左
上角，然后使用调节手柄调整它的大小，将其拉伸至右边的蓝色引导线处。接着，使用属性检查
器将标签的对齐方式设为居中。最后，按下option键从这个原始标签另外再拖出两个标签，依次
将它们放置在前一个标签的下方，这样你就有了3个标签（参见图17-1）。

按住control的同时，将File's Owner图标拖到这3个标签中的每个标签，从而将一个连接到
messageLabel输出口，一个连接到tapsLabel输出口，最后一个连接到touchesLabel输出口。

如果你喜欢，可以随意修改字体和颜色。完成之后，分别双击它们，按下delete键将其中的
文本删除。

最后，单击主nib窗口中的View图标并打开属性检查器（参见图17-2）。在检查器中，切到View
部分的底部确保同时选中User Interacting Enabled和Multiple Touch。如果未选中Multiple Touch，
你的控制器类的触摸方法将始终接受一个并且只接受一个触摸，无论实际上有多少手指触摸电话
的屏幕都是如此。

完成后，保存nib。接下来单击BIDViewController.m并在文件开头添加以下代码：

```
#import "BIDViewController.h"

@implementation BIDViewController
@synthesize messageLabel;
@synthesize tapsLabel;
@synthesize touchesLabel;

- (void)updateLabelsFromTouches:(NSSet *)touches {
    NSUInteger numTaps = [[touches anyObject] tapCount];
```

```
    NSString *tapsMessage = [[NSString alloc]
        initWithFormat:@"%d taps detected", numTaps];
    tapsLabel.text = tapsMessage;

    NSUInteger numTouches = [touches count];
    NSString *touchMsg = [[NSString alloc] initWithFormat:
        @"%d touches detected", numTouches];
    touchesLabel.text = touchMsg;
}
```
.
.
.

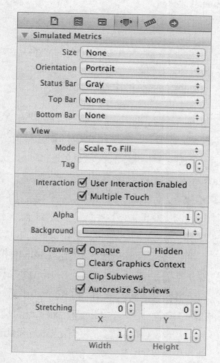

图17-2　在视图属性检查器中，确保同时选中User Interacting Enabled和Multiple Touch

将以下代码添加到现有的viewDidUnload方法中：

```
- (void)viewDidUnload {
    [super viewDidUnload];
    // Release any retained subviews of the main view.
    // e.g. self.myOutlet = nil;
    self.messageLabel = nil;
    self.tapsLabel = nil;
    self.touchesLabel = nil;
}
```

然后将下列新方法添加到文件末尾:

```
#pragma mark -
- (void)touchesBegan:(NSSet *)touches withEvent:(UIEvent *)event {
    messageLabel.text = @"Touches Began";
    [self updateLabelsFromTouches:touches];
}

- (void)touchesCancelled:(NSSet *)touches withEvent:(UIEvent *)event{
    messageLabel.text = @"Touches Cancelled";
    [self updateLabelsFromTouches:touches];
}
- (void)touchesEnded:(NSSet *)touches withEvent:(UIEvent *)event {
    messageLabel.text = @"Touches Ended.";
    [self updateLabelsFromTouches:touches];
}

- (void)touchesMoved:(NSSet *)touches withEvent:(UIEvent *)event {
    messageLabel.text = @"Drag Detected";
    [self updateLabelsFromTouches:touches];
}
@end
```

在此控制器类中,我们实现了之前讨论的所有4个与触摸有关的方法。每个方法都设置了messageLabel,以便用户可以看到调用每个方法的时间。接下来,所有这4个方法都调用updateLabelsFromTouches:来更新其他两个标签。updateLabelsFromTouches:方法从其中一个触摸动作获得轻击计数,通过查看touches集的计数来计算出触摸的数量,并用该信息更新标签。

编译并运行应用程序。如果在模拟器中运行,尝试反复单击屏幕以增加轻击数量,并在视图中拖动时尝试单击并按住鼠标按钮,以模拟触摸和拖动。请注意,拖动与轻击不同,所以开始拖动时,应用程序将报告轻击次数为0。

可以在用鼠标单击并进行拖动时按下option键,以此在iOS模拟器中模仿两个手指捏合的手势。还可以这样来模仿两个手指的轻扫手势:首先按下option键来模仿两个手指捏合,然后移动鼠标以便表示虚拟手指的两个点彼此相互靠近,然后再按下shift键(同时仍然按下option键)。按shift键将锁定两个手指相对于彼此的位置,并且可以进行轻扫和其他两个手指的手势。你将无法进行需要3个或多个手指的手势,但可以在模拟器上使用option和shift键的组合来进行大多数两个手指的手势。

如果能够在iPhone或iPod touch上运行该程序,则查看进行多少触摸才能同时注册。尝试使用一个手指进行拖动,再使用两个手指,然后使用3个手指。尝试轻击两次和轻击3次屏幕,看看通过用两个手指轻击是否可以增加轻击计数。

尝试使用TouchExplorer应用程序,直到你适应4个触摸方法的工作方式为止。完成之后,让我们看看如何检测最常用的手势之一,即轻扫。

17.6 检测轻扫

我们将要构建的应用程序叫Swipes,除了检测水平和垂直轻扫之外,什么也不做。如果你用手指从左向右、从右到左、从上到下或从下到上轻扫屏幕，则Swipes将在屏幕顶部显示一条消息，保持几秒钟，用于告知你已检测到轻扫（参见图17-3）。

图17-3 Swipes应用程序将检测水平和垂直方向上的轻扫动作

检测轻扫操作相对来说比较容易。我们将以像素为单位定义最小手势长度，也就是将该手势算作轻扫之前，用户必须轻扫的长度。我们还将定义一个偏差，即用户可以从某条直线偏离多远，仍然可以将该手势算作水平或垂直轻扫。通常不会将对角线算作轻扫，但是如果只是与水平或垂直轻扫偏离一点，也会将其当成轻扫。

当用户触摸屏幕时，我们将第一次触摸的位置保存在变量中，然后，当用户手指移动着通过屏幕时，我们将进行检查，看它是否达到某个点，这个点足够远且足够直，以便能够算作轻扫。让我们构建该应用程序吧。

再次使用Single View Application模板在Xcode中创建一个新项目，在Device Family弹出项中选择iPhone，这次将该项目命名为Swipes。

单击BIDViewController.h并添加以下代码：

```
#import <UIKit/UIKit.h>

@interface BIDViewController : UIViewController

@property (weak, nonatomic) IBOutlet UILabel *label;
@property CGPoint gestureStartPoint;
@end
```

为一个标签声明了一个输出口和一个容纳用户触摸的第一个点的变量。然后声明一个方法，几秒钟之后将使用该方法擦除文本。

双击BIDViewController.xib，打开该文件。一定要使用属性检查器设置视图，同时选中Users Interaction Enabled和Multiple Touch，并从库中拖出一个Label到View窗口上。设置该标签以便它占据视图的整个宽度，使用蓝色引导线作为参考，并随意使用文本属性使该标签易于阅读。按住control键的同时，将File's Owner图标拖到该标签上，并将其连接到该标签输出口。最后，双击该标签并删除其文本。

保存nib并返回到Xcode。单击BIDViewController.m并添加以下代码：

```
#import "BIDViewController.h"

#define kMinimumGestureLength    25
#define kMaximumVariance         5

@implementation BIDViewController
@synthesize label;
@synthesize gestureStartPoint;

- (void)eraseText {
    label.text = @"";
}
    .
    .
    .
```

首先将最小手势长度定义为25像素，偏差定义为5。如果用户正在进行水平轻扫，则超过起始垂直位置上或下5像素时，该手势将结束，但只要用户水平移动了25像素，就仍然算作轻扫。在实际的应用程序中，你可能需要使用这些数字来查清在应用程序界面上的工作内容。

将以下代码添加到现有的viewDidUnload方法中：

```
- (void)viewDidUnload
{
    [super viewDidUnload];
    // Release any retained subviews of the main view.
    // e.g. self.myOutlet = nil;
    self.label = nil;
}
```

将以下方法添加到类的底部：

```
#pragma mark -
- (void)touchesBegan:(NSSet *)touches withEvent:(UIEvent *)event {
    UITouch *touch = [touches anyObject];
    gestureStartPoint = [touch locationInView:self.view];
}

- (void)touchesMoved:(NSSet *)touches withEvent:(UIEvent *)event {
    UITouch *touch = [touches anyObject];
    CGPoint currentPosition = [touch locationInView:self.view];

    CGFloat deltaX = fabsf(gestureStartPoint.x - currentPosition.x);
    CGFloat deltaY = fabsf(gestureStartPoint.y - currentPosition.y);
```

```
        if (deltaX >= kMinimumGestureLength && deltaY <= kMaximumVariance) {
            label.text = @"Horizontal swipe detected";
            [self performSelector:@selector(eraseText)
                        withObject:nil afterDelay:2];
        } else if (deltaY >= kMinimumGestureLength &&
                    deltaX <= kMaximumVariance){
            label.text = @"Vertical swipe detected";
            [self performSelector:@selector(eraseText) withObject:nil
                        afterDelay:2];
        }
    }

@end
```

让我们从touchesBegan:withEvent:方法开始。此处，所有要做的就是从touches集中获得触摸并存储它的点。现在我们主要对一个手指轻扫感兴趣，因此我们不关心触摸数量有多少，我们只需要获取其中之一。

```
    UITouch *touch = [touches anyObject];
    gestureStartPoint = [touch locationInView:self.view];
```

在下一个方法touchesMoved:withEvent:中，我们进行实际的工作。首先，获取用户手指的当前位置：

```
    UITouch *touch = [touches anyObject];
    CGPoint currentPosition = [touch locationInView:self.view];
```

之后，我们计算用户手指从其起始位置开始，在水平和垂直方向上移动的距离。函数fabsf()来自标准C数学库，它返回一个类型为float的绝对值。这允许我们从一个中减去另一个，而不必关心哪个值较高：

```
    CGFloat deltaX = fabsf(gestureStartPoint.x - currentPosition.x);
    CGFloat deltaY = fabsf(gestureStartPoint.y - currentPosition.y);
```

实现两个增量之后，我们查看用户是否在一个方向上移动得足够远，但没有在另一个方向上移动太远，从而能够形成轻扫。如果是这样，我们将标签的文本设置为：它指出检测到的是水平轻扫还是垂直轻扫。我们还使用performSelector:withObject:afterDelay:在文本位于屏幕上2秒钟之后擦除文本。这样，用户便可以执行多个轻扫操作，而不必担心该标签是指之前的尝试还是指最近的尝试：

```
        if (deltaX >= kMinimumGestureLength && deltaY <= kMaximumVariance) {
            label.text = @"Horizontal swipe detected";
            [self performSelector:@selector(eraseText)
                        withObject:nil afterDelay:2];
        } else if (deltaY >= kMinimumGestureLength &&
                    deltaX <= kMaximumVariance){
            label.text = @"Vertical swipe detected";
            [self performSelector:@selector(eraseText)
                        withObject:nil afterDelay:2];
        }
```

　　继续向前，编译并运行应用程序。如果你发现自己进行了单击和拖动，但没有看到结果。请耐心一点。单击并垂直向下或正对面拖动，直到你熟悉轻扫的用法。

17.6.1　使用自动手势识别

　　我们用于检测轻扫手势的过程还不算太糟糕。所有复杂性都包含在touchesMoved:withEvent:方法中，并且它不是那么费解。不过可以采用一种更加轻松的方法来完成此工作。iOS现在包含一个名为UIGestureRecognizer的类，它消除了观察所有事件以查看手指如何移动的需要。无需直接使用UIGestureRecognizer，可以创建它的一个子类的实例，每个子类用于查找特定类型的手势，比如轻扫、捏合、双击、三击等。

　　我们看一下如何修改Swipes应用程序，使用手势识别器委托代替我们用手卷动的过程。与平常一样，可以复制Swipes项目文件夹并开始修改。

　　首先选择BIDViewController.m，同时删除touchesBegan:withEvent:和touchesMoved: withEvent:方法，我们不需要它们。然后在它们的位置添加两个新方法：

```
- (void)reportHorizontalSwipe:(UIGestureRecognizer *)recognizer {
    label.text = @"Horizontal swipe detected";
    [self performSelector:@selector(eraseText) withObject:nil afterDelay:2];
}

- (void)reportVerticalSwipe:(UIGestureRecognizer *)recognizer {
    label.text = @"Vertical swipe detected";
    [self performSelector:@selector(eraseText) withObject:nil afterDelay:2];
}
```

　　这些方法实现轻扫手势所带来的实际“功能”（假设可以这样称呼它），就像touchesMoved: withEvent:方法之前所做的一样。现在，向viewDidLoad方法添加以下新代码：

```
- (void)viewDidLoad
{
    [super viewDidLoad];
    // Do any additional setup after loading the view, typically from a nib.

    UISwipeGestureRecognizer *vertical = [[UISwipeGestureRecognizer alloc]
        initWithTarget:self action:@selector(reportVerticalSwipe:)];
    vertical.direction = UISwipeGestureRecognizerDirectionUp|
        UISwipeGestureRecognizerDirectionDown;
    [self.view addGestureRecognizer:vertical];

    UISwipeGestureRecognizer *horizontal = [[UISwipeGestureRecognizer alloc]
        initWithTarget:self action:@selector(reportHorizontalSwipe:)];
    horizontal.direction = UISwipeGestureRecognizerDirectionLeft|
        UISwipeGestureRecognizerDirectionRight;
    [self.view addGestureRecognizer:horizontal];
}
```

　　就这么简单！要进一步改进该应用程序，也可以删除引用BIDViewController.h和BIDView-Controller.m中的gestureStartPoint的代码行（但将它们保留在那里也没有任何害处）。得益于

UIGestureRecognizer，这里只需要创建和配置一些手势识别器，并将它们添加到视图中。当用户以识别器可识别的方式与屏幕交互时，就会调用我们指定的操作方法。

在代码总量方面，对于像本例这样的简单情况，使用手势识别器与使用以前的方法没有太大区别。但手势识别器的使用无疑更容易理解和编写。你甚至无需考虑计算手指运动的问题，因为UISwipeGestureRecognizer已经为你完成了此任务。

17.6.2 实现多个轻扫动作

在Swipes应用程序中，我们仅关心一个手指的轻扫，因此我们只从触摸集中获取某个对象来计算出在轻扫期间用户手指的位置。如果你只对一个手指的轻扫感兴趣（这是最常见的轻扫类型），则该方法非常合适。

但是如果我希望处理双指或三指轻扫，该怎么办？在以前的版本中，我们为此专门编写了50行代码以及大量的说明，跨多个触摸事件跟踪多个UITouch实例。幸好，现在我们有了手势识别器，可以轻松解决此问题。UISwipeGestureRecognizer配置后可识别同时执行的任意数量的触摸。默认情况下，每个实例需要一个手指，但可以将它配置为寻找同时按压屏幕的任意数量的手指。每个实例仅响应所指定的准确数量的触摸。所以，为了更新我们的应用程序，我们将在一个循环中创建大量手势识别器。

再次复制Swipes项目文件夹。编辑BIDViewController.m并修改viewDidLoad方法，将它替换为如下所示的代码：

```
- (void)viewDidLoad
{
    [super viewDidLoad];
    // Do any additional setup after loading the view, typically from a nib.

    for (NSUInteger touchCount = 1; touchCount <= 5; touchCount++) {
        UISwipeGestureRecognizer *vertical;
        vertical = [[UISwipeGestureRecognizer alloc] initWithTarget:self
            action:@selector(reportVerticalSwipe:)];
        vertical.direction = UISwipeGestureRecognizerDirectionUp
            | UISwipeGestureRecognizerDirectionDown;
        vertical.numberOfTouchesRequired = touchCount;
        [self.view addGestureRecognizer:vertical];

        UISwipeGestureRecognizer *horizontal;
        horizontal = [[UISwipeGestureRecognizer alloc] initWithTarget:self
            action:@selector(reportHorizontalSwipe:)];
        horizontal.direction = UISwipeGestureRecognizerDirectionLeft
            | UISwipeGestureRecognizerDirectionRight;
        horizontal.numberOfTouchesRequired = touchCount;
        [self.view addGestureRecognizer:horizontal];
    }
}
```

17

　　请注意，在真实的应用程序中，可能需要不同数量的手指在屏幕上轻扫来触发不同的行为。可以使用手势识别器轻松完成此任务，只需让每个识别器调用不同的操作方法。

　　现在，我们所需做的是更改日志，添加一个方法来提供对触摸数量的方便描述并将它用于"报告"方法中，如下所示。将此方法添加到BIDViewController类的底部，两个轻扫报告方法之前：

```
- (NSString *)descriptionForTouchCount:(NSUInteger)touchCount {
    switch (touchCount) {
        case 2:
            return @"Double ";
        case 3:
            return @"Triple ";
        case 4:
            return @"Quadruple ";
        case 5:
            return @"Quintuple ";
        default:
            return @"";
    }
}
```

接下来，修改这两个轻扫报告方法：

```
- (void)reportHorizontalSwipe:(UIGestureRecognizer *)recognizer {
    label.text = @"Horizontal swipe detected";
    label.text = [NSString stringWithFormat:@"%@Horizontal swipe detected",
        [self descriptionForTouchCount:[recognizer numberOfTouches]]];
    [self performSelector:@selector(eraseText) withObject:nil afterDelay:2];
}

- (void)reportVerticalSwipe:(UIGestureRecognizer *)recognizer {
    label.text = @"Vertical swipe detected";
    label.text = [NSString stringWithFormat:@"%@Vertical swipe detected",
        [self descriptionForTouchCount:[recognizer numberOfTouches]]];;
    [self performSelector:@selector(eraseText) withObject:nil afterDelay:2];
}
```

　　编译并运行应用。你应该能够在两个方向触发两个手指和三个手指的轻扫，并且应该仍然能够触发一个手指的轻扫。如果你的手指比较小，你甚至可能触发4个手指和5个手指的轻扫。

提示　在模拟器中，如果你按着option键，将会出现一对小圆点，它们代表了两个手指。将它们靠近，然后按下shift键，那么它们之间的相对位置就会保持不变，可以将它们在屏幕上任意移动。现在点击并向下拖动屏幕，这样就可以模拟双指轻扫了。这真是太棒了！

　　多手指轻扫需要注意的一件事情就是，你的手指不能彼此太靠近。如果两个手指彼此靠得非常近，那么可能将它们注册为一个触摸。因此，你不应该依赖4个手指或5个手指的轻扫来实现任何重要的手势，因为很多人的手指都比较大，不能有效地进行4个或5个手指的轻扫。

17.7 检测多次轻击

在TouchExplorer应用程序中，我们将轻击次数打印到屏幕上，看到了吗，检测多次轻击是多么简单。但它并不像看上去那样简单，因为你通常希望根据轻击的数量来采取不同的操作。如果用户连续轻击3次，则程序会分3次单独通知你。你将得到轻击1次、轻击两次，最后得到轻击3次。如果你想对两次轻击执行某些完全不同于3次轻击的操作，拥有3个单独的通知可能会引起某个问题。

幸好，苹果公司的工程师预料到了这一情形，提供了一种机制来让多个手势识别器协同运行，甚至在出现看起来可能触发它们中的任何一个的模糊输入时。基本的理念是，在一个手势识别器上设置一种约束，告诉它除非其他某个手势识别器未能识别关联的方法，否则不要触发它的关联的方法。

这看起来有点抽象，我们将让它更真实一些。一种常用的手势识别器是使用UITapGesture-Recognizer类表示的。轻击手势识别器可配置为在发生特定数量的轻击时执行某种操作。想象我们有一个视图，并希望为其定义当用户一次或两次轻击时发生的不同操作。可以首先编写以下代码：

```
UITapGestureRecognizer *singleTap = [[UITapGestureRecognizer alloc] initWithTarget:
    self action:@selector(doSingleTap)];
singleTap.numberOfTapsRequired = 1;
[self.view addGestureRecognizer:singleTap];

UITapGestureRecognizer *doubleTap = [[UITapGestureRecognizer alloc] initWithTarget:
    self action:@selector(doDoubleTap)];
doubleTap.numberOfTapsRequired = 2;
[self.view addGestureRecognizer:doubleTap];
```

这段代码的问题在于，两个识别器不会感知到彼此，而且它们无法知道用户的操作可能更适合于另一个识别器。使用前面的代码，如果用户两次轻击视图，将调用doDoubleTap方法，但也将调用doSingleMethod两次，每次调用针对每次轻击。

此问题的解决方式是要求失败。我们告诉singleTap，我们希望它仅在doubleTap未识别时触发自己的操作，并使用以下这行代码响应用户输入：

```
[singleTap requireGestureRecognizerToFail:doubleTap];
```

这意味着当用户轻击一次时，singleTap不会立即执行自己的工作。相反，singleTap会等到它获知doubleTap已决定停止关注当前的手势（用户没有轻击两次）。我们将在下一个项目中进一步探讨此主题。

在Xcode中，使用Single View Application模板创建一个新的项目。将此新项目命名为TapTaps。在Device Family弹出菜单中选中iPhone。

该应用程序将拥有4个标签，当它检测到轻击1次、轻击两次、轻击3次以及轻击4次时，它们会分别通知我们（参见图17-4）。

图17-4   同时检测所有轻击类型的TapTaps应用程序

我们需要为4个标签提供输出口，并且我们还需要为每个轻击方案提供单独的方法，以便模拟你在实际应用程序中拥有的内容。还包括一个擦除文本字段的方法。单击BIDViewController.h并进行以下更改：

```
#import <UIKit/UIKit.h>

@interface BIDViewController : UIViewController

@property (weak, nonatomic) IBOutlet UILabel *singleLabel;
@property (weak, nonatomic) IBOutlet UILabel *doubleLabel;
@property (weak, nonatomic) IBOutlet UILabel *tripleLabel;
@property (weak, nonatomic) IBOutlet UILabel *quadrupleLabel;
- (void)tap1;
- (void)tap2;
- (void)tap3;
- (void)tap4;
- (void)eraseMe:(UILabel *)label;
@end
```

保存它。双击BIDViewController.xib，以编辑GUI。打开该文件之后，从库中向视图添加4个Labels。让这4个标签从蓝色引导线拉伸到蓝色引导线，将其对齐方式设为居中，然后调整它们的格式，直到你看着合适为止。我们选择使每个标签具有不同的颜色，但这不是必需的。完成后，按下control的同时从File's Owner图标拖到每个标签，并将每个标签各自连接到singleLabel、doubleLabel、tripleLabel和quadrupleLabel。现在，一定要双击每个标签并按delete键删除所有文本。

保存更改，选择BIDViewController.m，将以下代码添加到文件顶部：

```
#import "BIDViewController.h"

@implementation BIDViewController
@synthesize singleLabel;
@synthesize doubleLabel;
@synthesize tripleLabel;
@synthesize quadrupleLabel;

- (void)tap1 {
    singleLabel.text = @"Single Tap Detected";
    [self performSelector:@selector(eraseMe:)
        withObject:singleLabel afterDelay:1.6f];
}

- (void)tap2 {
    doubleLabel.text = @"Double Tap Detected";
    [self performSelector:@selector(eraseMe:)
        withObject:doubleLabel afterDelay:1.6f];
}

- (void)tap3 {
    tripleLabel.text = @"Triple Tap Detected";
    [self performSelector:@selector(eraseMe:)
        withObject:tripleLabel afterDelay:1.6f];
}

- (void)tap4 {
    quadrupleLabel.text = @"Quadruple Tap Detected";
    [self performSelector:@selector(eraseMe:)
        withObject:quadrupleLabel afterDelay:1.6f];
}

- (void)eraseMe:(UILabel *)label {
    label.text = @"";
}
.
.
.
```

将以下代码插入到现有的viewDidUnload方法中：

```
- (void)viewDidUnload {
    [super viewDidUnload];
    // Release any retained subviews of the main view.
    // e.g. self.myOutlet = nil;
    self.singleLabel = nil;
    self.doubleLabel = nil;
    self.tripleLabel = nil;
    self.quadrupleLabel = nil;
}
```

现在将以下代码添加到viewDidLoad方法：

```
- (void)viewDidLoad {
    [super viewDidLoad];
```

```
    // Do any additional setup after loading the view, typically from a nib.
    UITapGestureRecognizer *singleTap =
        [[UITapGestureRecognizer alloc] initWithTarget:self
                                                action:@selector(tap1)];
    singleTap.numberOfTapsRequired = 1;
    singleTap.numberOfTouchesRequired = 1;
    [self.view addGestureRecognizer:singleTap];

    UITapGestureRecognizer *doubleTap =
        [[UITapGestureRecognizer alloc] initWithTarget:self
                                                action:@selector(tap2)];
    doubleTap.numberOfTapsRequired = 2;
    doubleTap.numberOfTouchesRequired = 1;
    [self.view addGestureRecognizer:doubleTap];
    [singleTap requireGestureRecognizerToFail:doubleTap];

    UITapGestureRecognizer *tripleTap =
        [[UITapGestureRecognizer alloc] initWithTarget:self
                                                action:@selector(tap3)];
    tripleTap.numberOfTapsRequired = 3;
    tripleTap.numberOfTouchesRequired = 1;
    [self.view addGestureRecognizer:tripleTap];
    [doubleTap requireGestureRecognizerToFail:tripleTap];

    UITapGestureRecognizer *quadrupleTap =
        [[UITapGestureRecognizer alloc] initWithTarget:self
                                                action:@selector(tap4)];
    quadrupleTap.numberOfTapsRequired = 4;
    quadrupleTap.numberOfTouchesRequired = 1;
    [self.view addGestureRecognizer:quadrupleTap];
    [tripleTap requireGestureRecognizerToFail:quadrupleTap];
}
```

这4种敲击方法在这个应用程序里只是设置了4个标签中的一个，1.6秒之后又使用perform-Selector:withObject:afterDelay:擦除了那个标签。eraseMe:方法会擦除传递给它的任何标签。

此代码中有趣的部分在于viewDidLoad方法中所发生的操作。开始部分很简单，设置一个轻击手势识别器并将它附加到视图。

```
    UITapGestureRecognizer *singleTap =
        [[UITapGestureRecognizer alloc] initWithTarget:self
                                                action:@selector(tap1)];
    singleTap.numberOfTapsRequired = 1;
    singleTap.numberOfTouchesRequired = 1;
    [self.view addGestureRecognizer:singleTap];
```

请注意，我们将触发操作所需的轻击数（依次触摸相同位置的次数）和触摸数（同时触摸屏幕的手指数）设置为了1。然后，设置了另一个轻击手势识别器来处理两次轻击。

```
    UITapGestureRecognizer *doubleTap =
        [[UITapGestureRecognizer alloc] initWithTarget:self
                                                action:@selector(tap2)];
    doubleTap.numberOfTapsRequired = 2;
    doubleTap.numberOfTouchesRequired = 1;
    [self.view addGestureRecognizer:doubleTap];
    [singleTap requireGestureRecognizerToFail:doubleTap];
```

这非常类似于上一个识别器，除了最后一行，最后一行为singleTap提供了一些附加的上下文。我们实际上告诉了singleTap，它只应该在其他某个手势识别器（在本例中为doubleTap）断定当前的用户输入不是它想要的手势时触发自己的操作。

我们想想这是什么意思。有了这两个轻击手势识别器，视图中的单次轻击将立即让singleTap认为这是它寻找的手势。与此同时，doubleTap将认为这看起来适合它，但它需要等待另外一次轻击。因为singleTap设置为等待doubleTap "失败"，所以它不会立即发送自己的操作方法，而是等待doubleTap的结果。

第一次轻击之后，如果立即发生了另一次轻击，那么doubleTap会认为这完全是我需要的手势，并触发自己的操作。在这时，singleTap将认识到所发生的事情并放弃该手势。另一方面，如果经过了特定的时间（系统规定的两次轻击之间的最大时间长度），doubleTap将放弃，singleTap将看到doubleTap失败，最终将触发自己的操作。

该方法剩余的部分为3次和4次轻击定义手势识别器，每一次配置的手势将依赖于下一个手势的失败。

```
UITapGestureRecognizer *tripleTap =
    [[UITapGestureRecognizer alloc] initWithTarget:self
                                    action:@selector(tap3)];
tripleTap.numberOfTapsRequired = 3;
tripleTap.numberOfTouchesRequired = 1;
[self.view addGestureRecognizer:tripleTap];
[doubleTap requireGestureRecognizerToFail:tripleTap];

UITapGestureRecognizer *quadrupleTap =
    [[UITapGestureRecognizer alloc] initWithTarget:self
                                    action:@selector(tap4)];
quadrupleTap.numberOfTapsRequired = 4;
quadrupleTap.numberOfTouchesRequired = 1;
[self.view addGestureRecognizer:quadrupleTap];
[tripleTap requireGestureRecognizerToFail:quadrupleTap];
```

请注意，我们不需要将每个手势显式配置为依赖于每个轻击次数更多的手势的失败。这种多重依赖关系是在代码中建立的失败链的自然结果。因为singleTap需要doubleTap失败，doubleTap需要tripleTap失败，而tripleTap需要quadrupleTap失败，通过递归方法可知道，singleTap需要所有其他手势都失败才行。

编译并运行此版本，当轻击1次、2次、轻击3次以及轻击4次时，你应该只看到显示一个标签。

17.8 检测捏合操作

另一个常见的手势是两个手指的捏合。在很多应用程序（包括Mobile Safari、邮件和照片）中，使用它来放大（手指分开）或缩小（手指捏合）。

检测双指捏合非常简单，这得益于UIPinchGestureRecognizer。此识别器称为连续手势识别器，因为它在双指捏合期间反复调用自己的操作方法。当发生该手势时，双指捏合手势识别器经历多个状态。我们唯一希望观察的是UIGestureRecognizerStateBegan，它是识别器在检测到双指捏合之后首次调用操作方法时所处的状态。这时，双指捏合手势识别器的scale属性始终设置为1.0，对于手势的其他状态，该数值将上升或下降。我们将使用scale值来调整标签中的文本。

在Xcode中，再次使用Single View Application模板创建一个新项目，将此项目命名为PinchMe。

PinchMe应用程序不仅需要一个标签的一个输出口，而且还需要一个实例变量来存储手指之间的起始距离。展开Pinch Me文件夹，单击BIDViewController.h并进行以下更改：

```
#import <UIKit/UIKit.h>

@interface BIDViewController : UIViewController

@property (weak, nonatomic) IBOutlet UILabel *label;
@property (assign, nonatomic) CGFloat initialFontSize;
@end
```

输出口已经有了，现在我们来编辑BIDViewController.xib。在Interface Builder中，确保编辑窗口中显示了该视图，然后将一个标签拖至该视图中，将其与左上角蓝色引导线对齐，最后将标签的右下角拖至视图右下角的蓝色引导线处。

不同于之前所示的其他示例，这里我们需要在这个标签中输入一些文本以供查看。双击标签，将其文本改为一个大写字母X。我们要对这个字母进行放大和缩小。将这个标签的对齐方式设为居中。接着从File's Owner图标拖向该标签，并将其关联至label输出口。

保存nib。在BIDViewController.m中，将以下代码加到文件顶部：

```
#import "BIDViewController.h"

@implementation BIDViewController
@synthesize label;
@synthesize initialFontSize;
.
.
.
```

清除viewDidUnload方法中的输出口：

```
- (void)viewDidUnload
{
    [super viewDidUnload];
    // Release any retained subviews of the main view.
    // e.g. self.myOutlet = nil;
    self.label = nil;
}
```

然后将以下代码添加到viewDidLoad方法：

```
- (void)viewDidLoad
{
    [super viewDidLoad];
    // Do any additional setup after loading the view, typically from a nib.
    UIPinchGestureRecognizer *pinch = [[UIPinchGestureRecognizer alloc]
```

```
                initWithTarget:self action:@selector(doPinch:)];
        [self.view addGestureRecognizer:pinch];
}
```

将以下方法添加到文件末尾：

```
    .
    .
    .
- (void)doPinch:(UIPinchGestureRecognizer *)pinch {
    if (pinch.state == UIGestureRecognizerStateBegan) {
        initialFontSize = label.font.pointSize;
    } else {
        label.font = [label.font fontWithSize:initialFontSize * pinch.scale];
    }
}
@end
```

在viewDidLoad中，我们设置了一个双指捏合手势识别器，告诉它在发生双指捏合时通过doPinch:方法通知我们。在doPinch:内，观察双指捏合的状态以查看它是否刚刚开始，如果是，存储当前的字号供以后使用。否则，如果双指捏合已在进行中，使用存储的初始字号和当前的双指捏合比例计算新的字号。

捏合检测就是这些内容。编译和运行以进行尝试。你在尝试捏合操作时，将会看到文本大小的变化（参见图17-5）。如果你位于模拟器上，请记住你可以通过按下option键并在模拟器窗口中使用鼠标单击拖动来模仿捏合手势。

图17-5 PinchMe应用程序检测放大和缩小的双指捏合手势

17.9   创建和使用自定义手势

现在，你已经了解了如何检测最常用的iPhone手势的方法。当你开始自定义手势时，才是真刀真枪地开始! 你已经知道如何使用UIGestureRecognizer的一些子类，现在是时候学习创建自己的手势了你可以将它轻松地关联到任何视图。

自己定义手势需要一些技巧。你现在已经掌握了基本的原理，因此这并不是太困难。在定义手势的组成时，需要技巧的部分非常灵活。

大多数人无法准确知道何时使用手势。记住我们在实现轻扫时所使用的偏差，用于确定轻扫不是完全水平或垂直时是否仍然算数。这是一个需要向你自己的手势定义中添加细微差别的完美示例。如果你将手势定义得太严格，那么它将没有什么用处。如果将它定义得太笼统，那么操作又会太灵活，这会使用户感到灰心。从某种意义上说，自己定义手势比较难，因为你必须确切知道某个手势的不精确之处。如果尝试捕获某个复杂的手势（如数字8），那么检测该手势背后的数学也将非常复杂。

17.9.1   CheckPlease应用程序

在本例中，我们将定义一个形状像选中标记的手势（参见图17-6）。

图17-6   选中标记手势的图例

定义此选中标记手势需要哪些属性呢? 首要的一点是这两条直线之间角度的锐角变化。我们还希望确保在形成该锐角角度之前，用户的手指在直线上移动了一点距离。在图17-6中，选中标记的两根分支以某个锐角相交，仅小于90°。严格的85°角的手势很难做对，因此我们将定义一个可接受角度的范围。

在Xcode中，使用Single View Application模板创建一个新项目并将它命名为CheckPlease。在此项目中，我们将需要执行一些标准的几何分析，计算两点之间的距离和两条线之间的夹角等信息。如果回忆不起太多的几何知识，不要担心，我们提供了函数来执行计算。

在17 - CheckPlease文件夹中查找两个分别名为CGPointUtils.h和CGPointUtils.c的文件。将它们都拖到项目的CheckPlease文件夹中。可以在自己的应用程序中自由使用这些实用程序函数。

按住control并单击CheckPlease文件夹，向项目添加一个新文件。使用新建文件向导创建一个新Objective-C类（BIDCheckMarkRecognizer）。在Subclass of控件中输入UIGesture Recognizer，然后打开BIDCheckMarkRecognizer.h并进行以下修改：

```
#import <UIKit/UIKit.h>

@interface BIDCheckMarkRecognizer : UIGestureRecognizer

@property (assign, nonatomic) CGPoint lastPreviousPoint;
@property (assign, nonatomic) CGPoint lastCurrentPoint;
@property (assign, nonatomic) CGFloat lineLengthSoFar;
@end
```

我们还声明了lastPreviousPoint、lastCurrentPoint和lineLengthSoFar这3个属性。每次通知我们一个触摸时，就会提供之前的触摸点和当前触摸点。这两个点定义一个线段。下一个触摸增加另一条线段。我们将之前触摸的上一个点和当前点存储在lastPreviousPoint和lastCurrentPoint中，这两个点为我们提供了之前的线段。然后，我们可以将该线段与当前触摸的线段进行比较。通过比较，我们可以判断仍然在绘制一条直线，还是这两个线段之间有足够尖锐的角度（实际上我们正在绘制选中标记）。

记住，每个UITouch对象都知道其在视图中的当前位置以及其在视图中的之前位置。但是，要比较角度，我们需要知道之前两个点形成的直线，因此我们需要存储自上次用户触摸屏幕以来的当前点和之前的点。每次调用该方法时，我们都使用这两个变量存储这两个值，以便能够将当前直线与之前直线相比较并检测该角度。

我们还声明了一个属性，用于保存用户手指拖动的距离的运行计数。如果手指尚未行进到10个像素（kMinimumCheckMarkLength中的值），则角度是否落在正确的范围之内并不重要。如果我们不要求该距离，将得到很多误报。

现在选择BIDCheckMarkRecognizer.m并进行以下修改：

```
#import "BIDCheckMarkRecognizer.h"
#import "CGPointUtils.h"
#import <UIKit/UIGestureRecognizerSubclass.h>

#define kMinimumCheckMarkAngle    50
#define kMaximumCheckMarkAngle    135
#define kMinimumCheckMarkLength    10
```

```
@implementation BIDCheckMarkRecognizer
@synthesize lastPreviousPoint;
@synthesize lastCurrentPoint;
@synthesize lineLengthSoFar;

- (void)touchesBegan:(NSSet *)touches withEvent:(UIEvent *)event {
    [super touchesBegan:touches withEvent:event];
    UITouch *touch = [touches anyObject];
    CGPoint point = [touch locationInView:self.view];
    lastPreviousPoint = point;
    lastCurrentPoint = point;
    lineLengthSoFar = 0.0f;
}

- (void)touchesMoved:(NSSet *)touches withEvent:(UIEvent *)event {
    [super touchesMoved:touches withEvent:event];
    UITouch *touch = [touches anyObject];
    CGPoint previousPoint = [touch previousLocationInView:self.view];
    CGPoint currentPoint = [touch locationInView:self.view];
    CGFloat angle = angleBetweenLines(lastPreviousPoint,
                                      lastCurrentPoint,
                                      previousPoint,
                                      currentPoint);
    if (angle >= kMinimumCheckMarkAngle && angle <= kMaximumCheckMarkAngle
        && lineLengthSoFar > kMinimumCheckMarkLength) {
        self.state = UIGestureRecognizerStateEnded;
    }
    lineLengthSoFar += distanceBetweenPoints(previousPoint, currentPoint);
    lastPreviousPoint = previousPoint;
    lastCurrentPoint = currentPoint;
}
@end
```

导入我们前面提到的CGPointUtils.h文件之后，再导入一个名为UIGestureRecognizerSubclass.h的特殊的头文件，其中包含仅应由一个子类使用的声明。这样做的一个重要目的是使手势识别器的state属性可写。我们的子类将使用这一机制断言我们所观察的手势已成功完成。

然后定义一些参数，用于确定用户的手指曲线是否与勾选标记定义相匹配。可以看到，我们定义了一个50°的最小角和135°的最大角。这个角度范围很宽，可以根据具体需要缩小角度范围。我们对角度进行了大量试验，发现我们采用的勾选标记手势涵盖很宽的范围，这是我们选择相对较大的容错率的原因。我们的勾选标记手势非常不规则，所以我们预料至少有一部分用户也是如此。一位智者曾经说过：“严以律己，宽以待人。”

17.9.2　CheckPlease触摸方法

下面看一下触摸方法。可以看到它们中的每一个都首先调用超类的实现，我们之前从未这么做过。我们需要在UIGestureRecognizer子类中实现此目的，以便超类获取相同的事件知识。

在touchesBegan:withEvent:中，确定用户当前触摸的点并将该值存储在lastPreviousPoint和lastCurrentPoint中。因为此方法在手势开始时调用，我们知道无需关注之前的点，所以在两个地方都存储当前的点。我们还将正在生成的线条长度重设为0。

然后在touchesMoved:withEvent:中，计算从当前触摸手势的前一个位置到其当前位置的线条的角度，两点之间的线条存储在lastPreviousPoint和lastCurrentPoint实例变量中。有了这个角度之后，可以检查它是否落入了可接受的角度范围内，确认用户的手指在急转弯之前滑动了足够长的距离。如果两个条件都满足，那么将标签设置为表明我们识别了一个勾选标记手势。接下来，计算触摸的位置与其前一个位置之间的距离，将该值添加到lineLengthSoFar中，并将lastPreviousPoint和lastCurrentPoint中以前的值替换为来自当前触摸的两个点，以便下次可通过此方法获得它们。

现在我们有了自己的一个手势识别器，是时候像其他手势一样将它与视图相连接了。单击BIDViewController.h并执行以下修改：

```
#import <UIKit/UIKit.h>

@interface BIDViewController : UIViewController

@property (weak, nonatomic) IBOutlet UILabel *label;
@end
```

这里，我们定义了一个标签的输出口，我们将在检测到勾选标记手势时使用它来通知用户。

双击BIDViewController.xib以编辑GUI。从库中添加一个Label，使用蓝色引导线将其放在视图左上角，然后调整标签大小，使其从左侧蓝色引导线拉伸到右侧蓝色引导线，并将其对齐方式设为居中。在按下control的同时从File's Owner图标拖到该标签，以将其连接到此label输出口。双击该标签以删除其文本，保存nib文件。

现在切换到BIDViewController.m并将以下代码添加到文件顶部：

```
#import "BIDViewController.h"
#import "BIDCheckMarkRecognizer.h"

@implementation BIDViewController
@synthesize label;

- (void)doCheck:(BIDCheckMarkRecognizer *)check {
    label.text = @"Checkmark";
    [self performSelector:@selector(eraseLabel)
            withObject:nil afterDelay:1.6];
}

- (void)eraseLabel {
    label.text = @"";
}
.
.
.
```

这为我们提供了一个操作方法来连接我们的识别器，进而触发熟悉的eraseLabel方法。接下来，向viewDidLoad方法添加以下代码，将新识别器的一个实例连接到视图：

```
- (void)viewDidLoad
{
    [super viewDidLoad];
    // Do any additional setup after loading the view, typically from a nib.
    BIDCheckMarkRecognizer *check = [[BIDCheckMarkRecognizer alloc] initWithTarget:self
        action:@selector(doCheck:)];
    [self.view addGestureRecognizer:check];
}
```

现在所剩下的就是将以下代码添加到现有的viewDidUnload方法：

```
- (void)viewDidUnload
{
    [super viewDidUnload];
    // Release any retained subviews of the main view.
    // e.g. self.myOutlet = nil;
    self.label = nil;
}
```

编译并运行应用程序，试用该手势。

当要为你自己的应用程序定义新的手势时，确保彻底测试了它们，如果可以的话，最好找其他人帮你一起测试。确保你的手势易于使用，但也不应过于简单以至于产生误操作。另外你还需要确保它不会与应用中的其他手势发生冲突。例如，系统中的捏合手势不应该再作为自定义的其他手势使用。

17.10   小结

现在，你应该理解iOS向应用程序通知有关触摸、轻击以及手势的信息的机制。你还了解了如何检测最常用的iOS手势，以及如何自己定义手势。iPhone的接口在很大程度上依赖于手势，这要归功于手势的易用性。因此，在准备进行大多数iOS开发时，你会希望拥有这些技术。

当你准备继续前进时，翻过此页，我们将告诉你如何使用Core Location计算你在世界中的位置。

第 18 章

Core Location定位功能

每种iOS设备可以使用Core Location框架确定它的物理位置。实际上，Core Location可以利用3种技术来实现该功能：GPS、蜂窝基站三角网定位（cell tower triangulation）和Wi-Fi定位服务（WPS）。GPS是3种技术中最精确的，但在第一代iPhone、iPod touch和仅使用Wi-Fi的iPad上不可用。简言之，任何具有3G数据连接的设备还包含一个GPS单元。GPS读取来自多个卫星的微波信号来确定当前位置。

说明　从技术上讲，苹果公司使用了一个称为Assisted GPS（也称为A-GPS）的GPS版本。A-GPS使用网络资源来帮助改进独立GPS的性能。

蜂窝基站三角网定位根据手机所属范围内的手机基站的位置进行计算来确定当前位置。蜂窝基站三角网定位在城市和其他手机基站密度较高的区域非常精确，而在基站较为稀疏的区域则不太精确。三角网需要一个无线电连接，所以它只能用在iPhone（所有模型，包括最早款）和有3G数据连接的iPad上。

最后一种技术WPS使用Wi-Fi连接的MAC地址，通过参考已知服务提供商及其服务区域的大型数据库来猜测你的位置。WPS是不精确的，并且有时会有数英里的误差。

所有这3种方法都会显著消耗电池，因此在使用Core Location时请记住这一点。除非绝对必要，否则不应该对你的位置进行多次轮询。使用Core Location时，可以根据需要指定精度。通过仔细指定所需的绝对最低精度级别，可以防止不必要的电池消耗。

Core Location所依赖的技术隐藏在你的应用程序中。我们没有告知Core Location是使用GPS、三角网还是WPS。我们只是告知它我们想要的精度级别，它将从它可用的技术中决定哪种可以更好地满足你的请求。

18.1　位置管理器

Core Location API实际上非常易于使用。我们将使用的主类是CLLocationManager，通常称为**位置管理器**（Location Manager）。为了与Core Location交互，我们需要创建一个位置管理器实例，如下所示：

18

```
CLLocationManager *locationManager = [[CLLocationManager alloc] init];
```

这将为我们创建位置管理器的一个实例，但是它实际上并未开始轮询我们的位置。我们创建一个委托，并将其分配给位置管理器。当位置信息可用时，位置管理器会调用我们的委托方法。这可能会花费一些时间，甚至需要几秒钟。

18.1.1 设置所需的精度

设置委托之后，你还会希望设置所需的精度。前面讲过，不要指定任何大于绝对需要的精度。如果你编写的应用程序只需要知道手机所在的州或国家，则不需要指定较高的精度级别。记住你要求的Core Location的精度越高，消耗的电量就会越多。还要记住，不能保证你会获得所需的精度级别。

下面是设置委托和请求指定精度级别的示例：

```
locationManager.delegate = self;
locationManager.desiredAccuracy = kCLLocationAccuracyBest;
```

精度是使用CLLocationAccuracy值进行设置的，类型定义为double。该值的单位为米（m），因此如果你指定的desiredAccuracy为10，则是告知Core Location你希望它尝试确定当前位置10 m范围之内的区域。正如我们以前所做的一样，指定kCLLocationAccuracyBestForNavigation（它也使用其他传感器数据）会通知Core Location使用当前可用的最高精度的方法。除了kCLLocationAccuracy-BestForNavigation之外，还可以使用kCLLocationAccuracyNearestTenMeters、kCLLocationAccuracy-HundredMeters、kCLLocationAccuracyKilometer和kCLLocationAccuracyThreeKilometers。

18.1.2 设置距离筛选器

默认情况下，位置管理器将通知委托任何检测到的在位置方面的更改。通过指定**距离筛选器**，告知位置管理器不要将每个更改都通知你，仅当位置更改超过特定数量时才通知你。设置距离筛选器可以减少应用程序所执行的轮询数量。

距离筛选器也是以米为单位进行设置的。指定距离筛选器为1000，是告知位置管理器直到iPhone已经从其以前报告的位置移动至少1000 m之后才通知其委托。下面是一个示例：

```
locationManager.distanceFilter = 1000.0f;
```

如果你曾经希望将位置管理器返回到没有筛选器的默认设置，则可以使用常量kCLDistance-FilterNone，如下所示：

```
locationManager.distanceFilter = kCLDistanceFilterNone;
```

就像在指定想要的精确度时一样，应该注意避免过于频繁地获取更新，因为这样会浪费电量。基于用户的位置计算用户速度的加速计应用程序可能希望尽可能快地获取更新，但显示附近的快餐店的应用程序可以以低得多的频率更新。

18.1.3　启动位置管理器

当你准备好开始轮询位置时，通知位置管理器启动，然后它将离开并做自己的事情，然后在它已经确定当前位置时调用委托方法。在你告知它停止之前，只要它感知到任何超过当前距离筛选器的更改，它就会继续调用你的委托方法。

下面是启动位置管理器的方法：

```
[locationManager startUpdatingLocation];
```

18.1.4　更明智地使用位置管理器

如果只需要确定当前位置而不需要连续轮询位置，则当它获取应用程序所需的信息之后，你应该让位置委托停止位置管理器。如果需要连续轮询，则确保只要可能就停止轮询。请记住，只要你从位置管理器获得更新，就会消耗用户的电池。

若要告知位置管理器停止向其委托发送更新，请调用stopUpdatingLocation，如下所示：

```
[locationManager stopUpdatingLocation];
```

18.2　位置管理器委托

位置管理器委托必须符合CLLocationManagerDelegate协议，该协议定义了两种方法，这两种方法都是可选的。当位置管理器已经确定当前位置或者当它检测到位置的更改时将调用其中一个方法。当位置管理器遇到错误时将调用另一个方法。

18.2.1　获取位置更新

当位置管理器希望通知其委托当前位置时，它将调用locationManager:didUpdateToLocation:fromLocation:方法。该方法接受3个参数。

- 第一个参数是调用该方法的位置管理器。
- 第二个参数是定义设备的当前位置的一个CLLocation对象。
- 第三个参数是上次更新定义之前的位置的一个CLLocation对象。第一次调用该方法时，以前的位置对象将为nil。

18.2.2　使用CLLocation获取纬度和经度

使用CLLocation类的实例从位置管理器传递位置信息。该类具有你的应用程序可能感兴趣的5个属性。纬度和精度存储在一个名为coordinate的属性中。若要以度为单位获取纬度和经度，请执行以下操作：

```
CLLocationDegrees latitude = theLocation.coordinate.latitude;
CLLocationDegrees longitude = theLocation.coordinate.longitude;
```

CLLocation对象还可以告诉你位置管理器在其纬度和经度计算方面的精确程度。horizontal-Accuracy属性描述以coordinate作为其圆心的圆的半径。horizontalAccuracy的值越大，Core Location所确定的位置就越不确定。非常小的半径表示在确定的位置方面具有较高的置信度。

你可以看到horizontalAccuracy在Maps应用程序中的图形表示（参见图18-1）。当检测到你的位置时，Maps中显示的圆使用horizontalAccuracy作为它的半径。位置管理器认为你位于该圆的中心。如果不是这样，几乎可以肯定地说你位于圆之内的某个位置。horizontalAccuracy为负值时，表示由于某些原因，你不能依赖coordinate的值。

图18-1　Maps应用程序使用Core Location来确定你的当前位置。
外面的圆是水平精度的可视化表示

CLLocation对象还具有一个名为altitude的属性，该属性可以告诉你你在海平面以上或以下多少米：

```
CLLocationDistance altitude = theLocation.altitude;
```

每个CLLocation对象都有一个名为verticalAccuracy的属性，该属性表示Core Location在其海拔方面的精确程度。海拔的值可能与verticalAccuracy的值相差很多米，并且如果verticalAccuracy值为负值，则Core Location会告诉你它无法确定有效的海拔。

CLLocation对象具有一个时间戳，它告知位置管理器确定位置的时间。

除了这些属性之外，CLLocation还有一个非常有用的实例方法，该方法将允许你确定两个CLLocation对象之间的距离。该方法称为distanceFromLocation:，它的工作方式如下所示：

```
CLLocationDistance distance = [fromLocation distanceFromLocation:toLocation];
```

前面的一行代码将返回两个CLLocation对象（即fromLocation和toLocation）之间的距离。返回的distance值将是大圆计算的结果，该计算忽略了海拔属性，并且假设这两个点处于同一海平面来计算该距离。对于大多数场合来说，大圆计算已经足够了，但是如果在计算距离时需要考虑海拔，则必须编写你自己的代码来进行该操作。

说明 如果不确定"大圆距离"是何含义，可能需要回想一下所学的地理课和"大圆路线"的概念。地球表面上任何两点之间的最短距离将可沿着一条围绕整个地球的路线（"大圆"）计算而来。CLLocation负责计算两点之间沿这样一条路线的距离，并且考虑了地球的弯曲度。如果不考虑该弯曲度，最终将得到连接两点的直线，这不是很有用，因为该直线无法穿越地球内部！

18.2.3 错误通知

如果Core Location无法确定你的当前位置，它会调用另一个名为locationManager:didFail-WithError:的委托方法。最有可能的错误原因是用户拒绝访问。位置管理器的使用必须由用户进行授权，因此应用程序在第一次确定位置时，会在屏幕上弹出一个警告，询问用户是否确定让当前程序访问你的位置（参见图18-2）。

图18-2 位置管理器访问必须经过用户批准

如果用户单击Don't Allow按钮，则位置管理器会使用包含错误代码kCLErrorDenied的location Manager:didFailWithError:通知你的委托。编写此项目时，位置管理器唯一支持的其他错误代码为kCLErrorLocationUnknown，它表示Core Location无法确定位置，但它将不断尝试。kCLErrorDenied错误通常表示，在当前会话的其余时间，应用程序都将无法访问Core Location。另外，kCLErrorLocation-Unknown错误表示问题可能是临时的。

说明　当在模拟器中工作时，模拟器窗口外部会出现一个提示框，要求你使用当前位置。这种情况只能使用一个超级机密的算法来确定位置，该算法保留在位于库珀蒂诺的苹果公司总部的存储库中。

18.3　尝试使用 Core Location

让我们构建一个小型应用程序来检测iPhone的当前位置以及该程序运行期间所移动的总路程。你可以看到我们的最终应用程序将类似于图18-3。

图18-3　实际运行的WhereAmI应用程序。此屏幕截图是在模拟器中获取的。
注意垂直精度为负数，这告诉我们它无法确定海拔

在Xcode中，使用Single View Application模板创建一个新项目，并将该项目命名为WhereAmI，将Device Family设为iPhone。单击BIDViewController.h并进行以下更改：

```
#import <UIKit/UIKit.h>
#import <CoreLocation/CoreLocation.h>

@interface BIDViewController :
```

```
UIViewController <CLLocationManagerDelegate>

@property (strong, nonatomic) CLLocationManager *locationManager;
@property (strong, nonatomic) CLLocation *startingPoint;
@property (strong, nonatomic) IBOutlet UILabel *latitudeLabel;
@property (strong, nonatomic) IBOutlet UILabel *longitudeLabel;
@property (strong, nonatomic) IBOutlet UILabel *horizontalAccuracyLabel;
@property (strong, nonatomic) IBOutlet UILabel *altitudeLabel;
@property (strong, nonatomic) IBOutlet UILabel *verticalAccuracyLabel;
@property (strong, nonatomic) IBOutlet UILabel *distanceTraveledLabel;
@end
```

需要注意的第一件事情是,我们已经包含了Core Location头文件。Core Location不是UIKit或Foundation的一部分,因此我们需要手动包含头文件。接下来,我们使该类与CLLocationManager-Delegate方法一致,以便我们可以从Location Manager接收位置信息。

之后,我们声明一个CLLocationManager指针,使用该指针来存放我们创建的Core Location实例。我们还声明了一个指向CLLocation的指针,我们将其设置为第一次更新时从位置管理器接收的位置。这样,如果用户运行我们的程序,并且移动足够远以触发更新,我们将能够计算用户移动的距离。我们将通过各调用将之前的位置(而不是最初的开始位置)通知给委托,这正是存储它的原因所在。

其余距离变量都是输出口,我们将使用它们来更新用户界面上的标签。

双击BIDViewController.xib以创建GUI。使用图18-3作为向导,从库中拖出12个Label到View窗口中。将其中6个标签放置在屏幕的左侧,将它们设置为右对齐并使用粗体字体。分别为6个粗体的标签设置值Latitude:、Longitude:、Horizontal Accuracy:、Altitude:、Vertical Accuracy:和Distance Traveled:。因为Horizontal Accuracy:标签最长,所以你可以把它放在第一个,然后按住option拖出那个标签,创建另外5个左边的标签。这6个标签应该采用左对齐,并且放置在每个粗体标签的旁边。

右侧的每个标签应该连接到我们之前在头文件中定义的适当输出口。将所有6个标签连接到输出口之后,依次双击每个标签,并删除其包含的文本。

保存并返回到Xcode。单击BIDViewController.m并在文件顶部进行以下更改:

```
#import "BIDViewController.h"

@implementation BIDViewController
@synthesize locationManager;
@synthesize startingPoint;
@synthesize latitudeLabel;
@synthesize longitudeLabel;
@synthesize horizontalAccuracyLabel;
@synthesize altitudeLabel;
@synthesize verticalAccuracyLabel;
@synthesize distanceTraveledLabel;

    .
    .
    .
```

18

在viewDidLoad中插入以下代码来配置位置管理器：

```
- (void)viewDidLoad {
    [super viewDidLoad];
    // Do any additional setup after loading the view, typically from a nib.
    self.locationManager = [[CLLocationManager alloc] init];
    locationManager.delegate = self;
    locationManager.desiredAccuracy = kCLLocationAccuracyBest;
    [locationManager startUpdatingLocation];
}
```

将以下代码添加到viewDidUnload清除输出口：

```
- (void)viewDidUnload {
    [super viewDidUnload];
    // Release any retained subviews of the main view.
    // e.g. self.myOutlet = nil;
    self.locationManager = nil;
    self.latitudeLabel = nil;
    self.longitudeLabel = nil;
    self.horizontalAccuracyLabel = nil;
    self.altitudeLabel = nil;
    self.verticalAccuracyLabel = nil;
    self.distanceTraveledLabel= nil;
}
```

将以下方法添加到文件末尾：

```
.
.
.
#pragma mark -
#pragma mark CLLocationManagerDelegate Methods
- (void)locationManager:(CLLocationManager *)manager
       didUpdateToLocation:(CLLocation *)newLocation
       fromLocation:(CLLocation *)oldLocation {

    if (startingPoint == nil)
        self.startingPoint = newLocation;

    NSString *latitudeString = [NSString stringWithFormat:@"%g\uOOBO",
                                    newLocation.coordinate.latitude];
    latitudeLabel.text = latitudeString;

    NSString *longitudeString = [NSString stringWithFormat:@"%g\uOOBO",
                                     newLocation.coordinate.longitude];
    longitudeLabel.text = longitudeString;

    NSString *horizontalAccuracyString = [NSString stringWithFormat:@"%gm",
                                              newLocation.horizontalAccuracy];
    horizontalAccuracyLabel.text = horizontalAccuracyString;

    NSString *altitudeString = [NSString stringWithFormat:@"%gm",
                                   newLocation.altitude];
```

```
        altitudeLabel.text = altitudeString;

        NSString *verticalAccuracyString = [NSString stringWithFormat:@"%gm",
                                        newLocation.verticalAccuracy];
        verticalAccuracyLabel.text = verticalAccuracyString;

        CLLocationDistance distance = [newLocation
                                distanceFromLocation:startingPoint];
        NSString *distanceString = [NSString stringWithFormat:@"%gm", distance];
        distanceTraveledLabel.text = distanceString;
    }
    - (void)locationManager:(CLLocationManager *)manager
          didFailWithError:(NSError *)error {
        NSString *errorType = (error.code == kCLErrorDenied) ?
                @"Access Denied" : @"Unknown Error";
        UIAlertView *alert = [[UIAlertView alloc]
                            initWithTitle:@"Error getting Location"
                            message:errorType
                            delegate:nil
                            cancelButtonTitle:@"Okay"
                            otherButtonTitles:nil];

        [alert show];
    }
    @end
```

在viewDidLoad方法中，我们分配并初始化一个CLLocationManager实例，将我们的控制器类指定为委托，将所需的精度设置为可用的最佳精度，然后让我们的Location Manager实例开始提供位置更新：

```
    - (void)viewDidLoad {
        self.locationManager = [[CLLocationManager alloc] init];
        locationManager.delegate = self;
        locationManager.desiredAccuracy = kCLLocationAccuracyBest;
        [locationManager startUpdatingLocation];
    }
```

18.3.1 更新位置管理器

由于该类将其自己指定为位置管理器的委托，并且如果我们实现委托方法locationmanager:didUpdateToLocation:fromLocation:，则我们知道该类会进行位置更新，因此让我们看一看该方法的实现。

我们在该方法中要做的第一件事情就是检查startingPoint是否为nil。如果是，则该更新是来自位置管理器的第一个更新，我们将当前位置指定给startingPoint属性。

```
    if (startingPoint == nil)
        self.startingPoint = newLocation;
```

之后，我们用newLocation参数中传递的CLLocation对象的值来更新前6个标签：

```
NSString *latitudeString = [NSString stringWithFormat:@"%g\u00B0",
                                  newLocation.coordinate.latitude];
latitudeLabel.text = latitudeString;

NSString *longitudeString = [NSString stringWithFormat:@"%g\u00B0",
                                   newLocation.coordinate.longitude];
longitudeLabel.text = longitudeString;

NSString *horizontalAccuracyString = [NSString stringWithFormat:@"%gm",
                                         newLocation.horizontalAccuracy];
horizontalAccuracyLabel.text = horizontalAccuracyString;

NSString *altitudeString = [NSString stringWithFormat:@"%gm",
                                  newLocation.altitude];
altitudeLabel.text = altitudeString;

NSString *verticalAccuracyString = [NSString stringWithFormat:@"%gm",
                                       newLocation.verticalAccuracy];
verticalAccuracyLabel.text = verticalAccuracyString;
```

说明　经度和纬度都以格式字符串显示，包含 "\u00B0"，看起来十分神秘。这是角度符号（°）的 Unicode 表示形式。将不是 ASCII 字符的任何其他东西直接放入源代码文件绝不是个好主意，但在字符串中包含十六进制值是可以的，而且我们在这里就是这么做的。

18.3.2　确定移动距离

最后，我们确定当前位置与存储在 **startingPoint** 中的位置之间的距离，并显示该距离。当运行该应用程序时，如果用户移动得足够远，以至于位置管理器能够检测到更改，则应用程序下次启动时会使用与用户原来位置之间的距离不断更新 **Distance Traveled:** 字段。

```
CLLocationDistance distance = [newLocation
                              distanceFromLocation:startingPoint];
NSString *distanceString = [NSString stringWithFormat:@"%gm", distance];
distanceTraveledLabel.text = distanceString;
```

现在你已经实现了定位功能。Core Location 非常简单而且易于使用。

在编译该程序之前，你必须向项目中添加 CoreLocation.framework。执行的操作与在第 7 章添加 AudioToolbox.framework 时执行的操作完全相同，只是当你导航到适当的 Frameworks 文件夹时，选择的是 CoreLocation.framework，而不是 AudioToolbox.framework。提示：点击项目导航中的第一行（蓝色的 WhereAmI 图标），在 TARGETS 下点击 WhereAmI 图标，然后点击 Build Phases 标签。展开 Link Binary With Libraries 扩展三角图标，添加该框架。

编译并运行该应用，试用一下。如果有条件在你自己的 iPhone 或 iPad 上运行它，可以尝试在开车时运行该程序，看看值的变化。嗯，其实，最好让别人来开车！

18.4　小结

现在，你已经了解了Core Location的方方面面。尽管底层的技术非常复杂，但是苹果公司提供了一个简单的界面，将大部分复杂性隐藏在其中，并且极大地简化了在应用程序中添加定位功能的操作，因此你可以方便地确定用户移动时的位置。

准备好了吗？请继续阅读下一章，了解如何使用iPhone的内置加速计。

18

第 19 章

陀螺仪和加速计

19

内置加速计是iPhone、iPad和iPod touch最酷的特性之一，iOS可以通过这个小设备知道用户握持手机的方式，以及用户是否移动了手机。iOS使用加速计处理自动旋转，并且许多游戏都使用它作为控制机制。它还可以用于检测摇动和其他突发的运动。此功能在iPhone 4上得到了进一步扩展，iPhone 4中还包含一个内置的陀螺仪，可用于确定设备的方向与每条坐标轴之间的夹角。最新生产的iPad和iPod touch上都内置了陀螺仪和加速计。本章将介绍如何在应用程序中使用Core Motion框架来访问这些值。

19.1 加速计物理学

通过感知特定方向的惯性力总量，**加速计**可以测量出加速度和重力。iOS设备内的加速计是一个三轴加速计，这意味着它能够检测到三维空间中的运动或重力引力。因此，加速计不但可以指示握持电话的方式（如自动旋转功能），而且如果电话放在桌子上的话，还可以指示电话的正面朝下还是朝上。

加速计可以测量g引力（g代表重力），因此加速计返回值为1.0时，表示在特定方向上感知到1g。

- 如果是静止握持iPhone而没有任何运动，那么地球引力对其施加的力大约为1g。
- 如果是纵向竖直地握持，那么设备会检测并报告在其y轴上施加的力大约为1g。
- 如果是以一定角度握持，那么1g的力会分布到不同的轴上，这取决于握持的方式。在以45°握持时，1g的力会均匀地分解到两个轴上。

如果检测到的加速计值远大于1g，那么可以判断这是突然运动。正常使用时，加速计在任一轴上都不会检测到远大于1g的值。如果摇动、坠落或投掷设备，那么加速计便会在一个或多个轴上检测到很大的力。请不要为了测试这一理论而坠落或投掷自己的iOS设备。

图19-1展示了加速计所使用的三轴结构。需要注意的是，加速计对y坐标轴使用了更标准的惯例，即y轴伸长表示向上的力，这与第16章讨论的Quartz 2D的坐标系相反。如果加速计使用Quartz 2D作为控制机制，那么必须要转换y坐标轴。使用OpenGL ES时（使用加速计控制动画时通常会用到），则不需要转换。

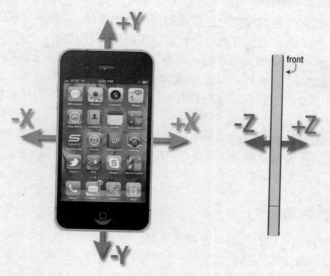

图19-1　三维方向上iPhone加速计的轴，左边的iPhone的正视图展示的是*x*轴和*y*轴，右边的侧视图展示的是*z*轴

19.2　不要忘记旋转

前面提到过，iPhone 4还包含一个陀螺仪传感器，可用于读取描述设备围绕其轴的旋转的值。

如果此传感器与加速计之间的区别看起来不那么明显，可以考虑平放在桌面上的iPhone。如果在保持电话平放的同时旋转它，加速计的值不会更改。这是因为让电话移动的力（在这种情况下只有重力直接施加在*z*轴上）没有改变。（实际的情况比这更难理解，你的手碰到电话时肯定会触发细微的加速计操作。）但是，在相同的运动过程中，设备的旋转值将改变；具体来讲*z*轴的旋转值将改变。顺时针旋转设备将生成负值，逆时针旋转它将生成正值。停止旋转后，*z*轴旋转值将回到0。

无需注册绝对的旋转值，在设备旋转值发生变化时陀螺仪会告诉你。本章的第一个示例将介绍这是如何实现的，请稍后片刻。

19.3　Core Motion 和动作管理器

在iOS 4和更高版本中，加速计和陀螺仪只可以使用Core Motion框架访问。此框架提供了CMMotionManager类（当然还有其他内容），该类用作描述用户如何移动设备的所有值的途径。应用程序创建一个CMMotionManager实例，然后通过以下两种模式之一使用它。

❏ 它可以在动作发生时执行一些代码。

❏ 它可以时刻监视一个持续更新的结构，你随时能够访问最新的值。

后一种方法是游戏和其他高度交互性应用程序的理想选择,这类应用程序需要能够在游戏循环的每一关轮询设备的最新状态。我们将介绍如何实现这两种方法。

请注意CMMotionManager类实际上不是一个独立实体,但应用程序应该将它视为独立的。应该仅为每个应用程序创建一个CMMotionManager类,并且使用普通的alloc和init方法。所以,如果需要从应用程序中的多个位置访问动作管理器,可能应该在应用程序委托中创建它并提供从这里访问它的权限。

除了CMMotionManager类,Core Motion还提供了其他一些类,比如CMAccelerometerData和CMGyroData,它们是一些简单容器,应用程序可以通过它们访问动作数据。我们在遇到这些类时再一一介绍它们。

19.3.1   基于事件的动作

我们提到动作管理器可以在这样一种模式下操作:它在动作数据每次更改时执行一些代码。其他的大部分Cocoa Touch类提供此类功能的方式是:在消息到达时允许你连接到一个委托来获取消息,但Core Motion的实现方式稍有不同。

因为它是一个新框架,仅适用于iOS 4及更高版本,所以苹果公司决定让CMMotionManager使用iOS 4 SDK的另一项新功能:代码块。本书中已经使用过几次代码块,但现在将会看到此技术的另一项应用。

使用Xcode创建一个新的Single View Application项目MotionMonitor。这是一个简单应用程序,它读取加速计数据和陀螺仪数据(如果可用)并在屏幕上显示。

说明   本章中的应用程序不适用于模拟器,因为模拟器没有加速计和陀螺仪。很遗憾!

首先,我们需要将Core Motion链接到应用程序中。这是一个可选的系统框架,所以必须自行添加它。按照第7章中添加Audio Toolbox框架的说明(参见7.8.6节)进行操作,但不要选择AudioToolbox.framework,而是CoreMotion.framework。(简言之,在项目导航中选择项目,选择目标和Build Phases标签,展开Link Binary With Libraries视图,并单击加号按钮。)

现在选择BIDViewController.h文件,进行以下更改:

```
#import <UIKit/UIKit.h>
#import <CoreMotion/CoreMotion.h>

@interface BIDViewController : UIViewController

@property (strong, nonatomic) CMMotionManager *motionManager;
@property (weak, nonatomic) IBOutlet UILabel *accelerometerLabel;
@property (weak, nonatomic) IBOutlet UILabel *gyroscopeLabel;

@end
```

这段代码提供了一个访问动作管理器本身的指针,以及两个将显示信息的标签的输出口。这里没有太多需要解释的,保存更改。

接下来在Interface Builder中打开BIDViewController.xib。

在nib窗口中双击视图的图标将其打开，然后从库中将一个标签拖到视图中。调整标签，使其与左右两侧的蓝色引导线对齐，高度调整为整个视图的一半，然后将标签的顶部与顶部的蓝色引导线对齐。

现在打开属性检查器并将Lines字段从1更改为0。Lines属性用于指定标签中可以出现多少行文本，提供一个硬性上限。如果将它设置为0，则不会应用限制，标签可以包含任意多行文本。

接下来按住option键并拖动标签以创建一个副本，将该副本与视图下半部分中的蓝色引导线对齐。

最后，按住control键并从File's Owner图标拖到每个标签，将accelerometerLabel连接到上方的标签，将gyroscopeLabel连接到下方的标签。

最后，双击这两个标签，删除原来的文本。

这个简单的GUI就完成了，保存工作并准备编写一些代码。

接下来，选择BIDViewController.m并在实现代码块的顶部添加属性合成器，在底部的viewDidUnload方法上添加内存管理调用：

```
#import "BIDViewController.h"

@implementation BIDViewController
@synthesize motionManager;
@synthesize accelerometerLabel;
@synthesize gyroscopeLabel;
.
.
.
- (void)viewDidUnload
{
    [super viewDidUnload];
    // Release any retained subviews of the main view.
    // e.g. self.myOutlet = nil;
    self.motionManager = nil;
    self.accelerometerLabel = nil;
    self.gyroscopeLabel = nil;
}
.
.
.
```

接下来的工作比较有趣。为viewDidLoad方法添加以下内容：

```
- (void)viewDidLoad
{
    [super viewDidLoad];
    // Do any additional setup after loading the view, typically from a nib.
    self.motionManager = [[CMMotionManager alloc] init];
    NSOperationQueue *queue = [[NSOperationQueue alloc] init];
    if (motionManager.accelerometerAvailable) {
        motionManager.accelerometerUpdateInterval = 1.0/10.0;
        [motionManager startAccelerometerUpdatesToQueue:queue withHandler:
```

```
                ^(CMAccelerometerData *accelerometerData, NSError *error){
                    NSString *labelText;
                    if (error) {
                        [motionManager stopAccelerometerUpdates];
                        labelText = [NSString stringWithFormat:
                                    @"Accelerometer encountered error: %@", error];
                    } else {
                        labelText = [NSString stringWithFormat:
                                    @"Accelerometer\n-----------\nx: %+.2f\ny: %+.2f\nz: %+.2f",
                                    accelerometerData.acceleration.x,
                                    accelerometerData.acceleration.y,
                                    accelerometerData.acceleration.z];
                    }
                    [accelerometerLabel performSelectorOnMainThread:@selector(setText:)
                                                withObject:labelText
                                                waitUntilDone:NO];
                }];
            } else {
                accelerometerLabel.text = @"This device has no accelerometer.";
            }
            if (motionManager.gyroAvailable) {
                motionManager.gyroUpdateInterval = 1.0/10.0;
                [motionManager startGyroUpdatesToQueue:queue withHandler:
                ^(CMGyroData *gyroData, NSError *error){
                    NSString *labelText;
                    if (error) {
                        [motionManager stopGyroUpdates];
                        labelText = [NSString stringWithFormat:
                                    @"Gyroscope encountered error: %@", error];
                    } else {
                        labelText = [NSString stringWithFormat:
                                    @"Gyroscope\n--------\nx: %+.2f\ny: %+.2f\nz: %+.2f",
                                    gyroData.rotationRate.x,
                                    gyroData.rotationRate.y,
                                    gyroData.rotationRate.z];
                    }
                    [gyroscopeLabel performSelectorOnMainThread:@selector(setText:)
                                                withObject:labelText
                                                waitUntilDone:NO];
                }];
            } else {
                gyroscopeLabel.text = @"This device has no gyroscope";
            }
        }
```

此方法包含触发传感器、告诉它们每隔1/10秒向我们报告一次，以及在它们报告时更新屏幕所需的所有代码。

得益于代码块的强大功能，代码非常简单和紧凑。不用在委托方法中放入各个功能部分，在代码块中定义行为使我们能够在配置行为的相同方法中看到它！我们分解一下这一过程。首先从这里开始：

```
        self.motionManager = [[CMMotionManager alloc] init];
        NSOperationQueue *queue = [[NSOperationQueue alloc] init];
```

这段代码首先创建一个CMMotionManager实例，我们将使用它观察动作事件。然后它创建一个操作队列，也就是一些需要完成的工作的容器（回想一下第15章）。

注意　动作管理器希望有一个队列，每次发生事件时它将在其中放入一些要完成的工作，这些工作由你将提供给它的代码块指定。它将尝试将系统的默认队列用于此用途，但CMMotionManager的文档明确警告不要这么做！原因在于，默认队列最终可能装满这些事件，因而很难处理其他重要的系统事件。

然后我们继续配置加速计。首先确保设备确实拥有加速计。目前为止发布的所有手持iOS设备都有，但仍然需要检查一下，以防未来的设备没有加速计。然后设置更新之间的时间间隔（以秒为单位）。在这里，我们要求1/10秒更新一次。请注意，该设置无法保证将在准确的间隔内收到更新。实际上，该设置只是一种限制，可以指定允许动作管理器为我们提供更新的最佳速率。在实际中，它的更新频率可能低于该值。

```
if (motionManager.accelerometerAvailable) {
    motionManager.accelerometerUpdateInterval = 1.0/10.0;
```

接下来，告诉动作管理器开始报告加速计更新。我们传入队列和代码块，队列中放置着每次发生更新时要完成的工作，代码块定义这些工作。请记住，一个代码块始终以"^"符号开始，后跟一个包含在圆括号中的参数列表，列表中包含在执行代码块时要填充到其中的参数（在本例中为加速计数据，可能还有一个提醒我们出现故障的错误），最后为包含要执行的代码本身的花括号部分。

```
[motionManager startAccelerometerUpdatesToQueue:queue withHandler:
    ^(CMAccelerometerData *accelerometerData, NSError *error) {
```

之后就是代码块的内容。它基于当前的加速计值创建一个字符串，或者在出现问题时生成一条错误消息。然后它将该字符串值推入accelerometerLabel中。这里我们无法直接这么做，因为像UILabel这样的UIKit类通常仅在从主线程访问时才能很好地运行。由于此代码将从NSOperationQueue内部执行，所以我们不了解将执行的特定线程。因此，我们使用performSelectorOnMainThread:withObject:waitUntilDone:方法让主线程处理此问题。

请注意，加速计值通过传给它的accelerometerData的acceleration属性进行访问。acceleration属性的类型为CMAcceleration，它是一个包含3个float值的简单struct。

accelerometerData本身是CMAccelerometerData类的一个实例，该类实际上是一个CMAcceleration包装器！如果你认为仅仅传递3个float值是对类的不必要的浪费，我们也有同感。不管怎么样，这是它的使用方法：

```
NSString *labelText;
if (error) {
    [motionManager stopAccelerometerUpdates];
    labelText = [NSString stringWithFormat:
            @"Accelerometer encountered error: %@", error];
```

```
        } else {
            labelText = [NSString stringWithFormat:
                @"Accelerometer\n-----------\nx: %+.2f\ny: %+.2f\nz: %+.2f",
                accelerometerData.acceleration.x,
                accelerometerData.acceleration.y,
                accelerometerData.acceleration.z];
        }
        [accelerometerLabel performSelectorOnMainThread:@selector(setText:)
            withObject:labelText
            waitUntilDone:NO];
```

然后我们完成代码块，完成方括号中的方法调用，首先在其中传递该代码块。最后提供一条完全不同的代码路径，以防设备没有加速计。前面已经提到，目前为止所有iOS设备都拥有加速计，但谁知道未来的设备会怎样呢？

```
    }];
    } else {
        accelerometerLabel.text = @"This device has no accelerometer.";
    }
```

你一定已经注意到，陀螺仪的代码在结构上是相同的，不同的只是调用哪些方法和如何访问报告的值。它们非常类似，所以这里没有必要再介绍一遍。

现在，构建应用程序并在你拥有的iOS设备上尝试使用它（参见图19-2）。在用不同方式倾斜设备的过程中，将可以看到加速度值是如何调整来适应每个新位置的，只要握住设备不动，加速计值也会保持不变。

图19-2　在iPhone 4上运行的MotionMonitor。遗憾的是，如果在模拟器中运行此应用程序，只会得到两条错误消息

如果在安装了陀螺仪的设备上运行该应用，也将会看到这些值是如何变化的。只要设备保持静止，无论它处于哪个方向，陀螺仪值都将在0附近。但是在旋转设备时，将会看到陀螺仪值发生变化，具体取决于它是如何围绕各个轴旋转的。当停止移动设备时，各个值将恢复为0。

19.3.2　主动动作访问

前面介绍了如何通过传递将在动作发生时调用的CMMotionManager代码块，访问动作数据。这种类型的事件驱动的动作处理对于一般的Cocoa应用程序足够了，但是有时它无法很好地满足应用程序的特定需要。例如，交互式游戏通常拥有一个始终在运行的循环，该循环处理用户输入、更新游戏状态和重新绘制屏幕。在这种情况下，事件驱动的方法就不够用了，因为需要实现一个对象来等待动作事件，记住每个传感器报告的最新位置，在必要时向主游戏循环报告数据。

幸运的是，CMMotionManager有一个内置的解决方案。无需传入代码块，只需告诉它使用startAccelerometerUpdates和startGyroUpdates方法激活传感器，然后就可以在任何时候直接从动作管理器读取相应值！

我们更改一下MotionMonitor应用程序来使用此方法，这样就可以看到它是如何工作的了。复制MotionMonitor项目文件夹。向BIDViewController.h添加一个新属性，以及将触发所有显示更新的NSTimer指针：

```
#import <UIKit/UIKit.h>
#import <CoreMotion/CoreMotion.h>

@interface BIDViewController : UIViewController

@property (retain) CMMotionManager *motionManager;
@property (retain) IBOutlet UILabel *accelerometerLabel;
@property (retain) IBOutlet UILabel *gyroscopeLabel;
@property (retain) NSTimer *updateTimer;

@end
```

现在切换到BIDViewController.m，需要在这里合成新属性：

```
@implementation BIDViewController
@synthesize motionManager;
@synthesize accelerometerLabel;
@synthesize gyroscopeLabel;
@synthesize updateTimer;
```

删除已有的整个viewDidLoad方法，将它替换为这个更简单的版本，后者设置动作管理器并为缺乏传感器的设备提供信息标签：

```
- (void)viewDidLoad {
    [super viewDidLoad];
    self.motionManager = [[CMMotionManager alloc] init];

    if (motionManager.accelerometerAvailable) {
```

```
        motionManager.accelerometerUpdateInterval = 1.0/10.0;
        [motionManager startAccelerometerUpdates];
    } else {
        accelerometerLabel.text = @"This device has no accelerometer.";
    }
    if (motionManager.gyroAvailable) {
        motionManager.gyroUpdateInterval = 1.0/10.0;
        [motionManager startGyroUpdates];
    } else {
        gyroscopeLabel.text = @"This device has no gyroscope.";
    }
}
```

在正常情况下，我们使用viewDidLoad和viewDidUnload，将与GUI显示相关的属性的创建和解构"括在一起"。但是，对于我们的新计时器，我们希望它仅在较短的时间段内（当实际显示视图时）是活动的。这样，可以将主"游戏循环"的使用率降到最低。为此，可以按如下方式实现viewWillAppear:和viewDidDisappear:。将以下代码添加到这两个方法中。

```
- (void)viewWillAppear:(BOOL)animated {
    [super viewWillAppear:animated];
    self.updateTimer = [NSTimer scheduledTimerWithTimeInterval:1.0/10.0
                                                        target:self
                                                      selector:@selector(updateDisplay)
                                                      userInfo:nil
                                                       repeats:YES];
}

- (void)viewDidDisappear:(BOOL)animated {
    [super viewDidDisappear:animated];
    self.updateTimer = nil;
}
```

viewWillAppear:中的代码创建一个新计时器，并计划每隔1/10秒调用updateDisplay方法（我们还未创建它）来触发它。将此方法添加到viewDidDisappear:下方。

```
- (void)updateDisplay {
    if (motionManager.accelerometerAvailable) {
        CMAccelerometerData *accelerometerData = motionManager.accelerometerData;
        accelerometerLabel.text  = [NSString stringWithFormat:
                    @"Accelerometer\n-----------\nx: %+.2f\ny: %+.2f\nz: %+.2f",
                    accelerometerData.acceleration.x,
                    accelerometerData.acceleration.y,
                    accelerometerData.acceleration.z];
    }
    if (motionManager.gyroAvailable) {
        CMGyroData *gyroData = motionManager.gyroData;
        gyroscopeLabel.text = [NSString stringWithFormat:
                    @"Gyroscope\n--------\nx: %+.2f\ny: %+.2f\nz: %+.2f",
                    gyroData.rotationRate.x,
                    gyroData.rotationRate.y,
                    gyroData.rotationRate.z];
    }
}
```

在设备上构建并运行应用程序,应该会看到它的行为与第一个版本完全一样。前面介绍了两种访问动作数据的方法。请选择使用最适合你的应用程序的方法。

19.3.3 加速计结果

前面已经提到,iPhone的加速计检测沿3个轴的加速度,它使用CMAcceleration struct提供此信息。每个CMAcceleration拥有一个x、y和z字段,每个字段保存一个浮点值。值0表示加速计在特定轴上未检测到移动。正值或负值表示一个方向上的力。例如,负y值表示感知到向下的运动,这可能表示电话在纵向上被直立地握着。正y值表示在相反方向上存在一个力,这可能表示电话被倒拿着或电话在朝下运动。

记好图19-1的坐标轴,我们看一下图19-3中的一些加速计结果。请注意,在现实生活中,几乎不会获得这么理想化的值,因为加速计非常灵敏,能够感知非常细微的运动,你通常会在所有3个轴上获得细微的力。这是真实世界中的物理现象,不属于中学所学的物理学范畴。

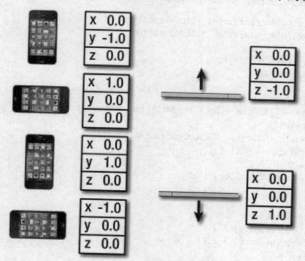

图19-3 不同设备方向上理想化的加速度值

加速计在第三方应用程序中最常见的用途可能是用作游戏的控制器。本章后面将创建一个程序来使用加速计进行输入,但是首先请看一下另一个常见的加速计用途:检测摇动。

19.4 检测摇动

像手势一样,摇动可用作应用程序的一种输入形式。例如,绘图程序GLPaint(一个iOS实例代码项目)允许用户摇动他们的iOS设备来擦除图像,类似于Etch A Sketch。

检测摇动相对比较单调。它所需的只是检查一个轴上比设定的阈值大的绝对值。在正常使用中，3个轴上的注册值常常高达1.3g，但获取比该值更大的值通常需要特意施加力量。加速计不太可能注册比2.3g更大的值（至少在我的经历中未遇到过），所以不需要设置比该值更大的值。

要检测摇动，可以检查比1.5大的绝对值来检测细微摇动，检查比2.0更大的值来检测强烈摇动，比如：

```
- (void)accelerometer:(UIAccelerometer *)accelerometer
        didAccelerate:(UIAcceleration *)acceleration {

    if (fabsf(acceleration.x) > 2.0
        || fabsf(acceleration.y) > 2.0
        || fabsf(acceleration.z) > 2.0) {
        // Do something here...
    }
}
```

前面的方法检测任何轴上力大于2g的任何运动。

可以实现更复杂的摇动检测，要求用户来回摇动一定次数以注册为摇动，比如：

```
- (void)accelerometer:(UIAccelerometer *)accelerometer
        didAccelerate:(UIAcceleration *)acceleration {

    static NSInteger shakeCount = 0;
    static NSDate *shakeStart;

    NSDate *now = [[NSDate alloc] init];
    NSDate *checkDate = [[NSDate alloc] initWithTimeInterval:1.5f
        sinceDate:shakeStart];
    if ([now compare:checkDate] == NSOrderedDescending
            || shakeStart == nil) {
        shakeCount = 0;
        shakeStart = [[NSDate alloc] init];
    }

    if (fabsf(acceleration.x) > 2.0
        || fabsf(acceleration.y) > 2.0
        || fabsf(acceleration.z) > 2.0) {
        shakeCount++;
        if (shakeCount > 4) {
            // Do something
            shakeCount = 0;
            shakeStart = [[NSDate alloc] init];
        }
    }
}
```

此方法跟踪加速计报告大于2.0的值的次数，如果加速计在1.5秒内报告了4次，该运动就会注册为摇动。

19.4.1 Baked-In摇动

实际上还有另一种检测摇动的方法，这种方法结合到了响应程序链中。还记得在第17章中我们是如何实现touchesBegan:withEvent:这样的方法来检测触摸的吗？iOS提供了3个类似的响应程序方法来检测动作。

- 当动作开始时，将motionBegan:withEvent:方法发送到第一个响应程序，然后通过响应程序链，如第17章中所述。
- 当动作结束时，将motionEnded:withEvent:方法发送到第一个响应程序。
- 如果在摇动期间电话振铃或发生了其他某个干扰动作，将motionCancelled:withEvent:消息发送到第一个响应程序。

这意味着无需直接使用CMMotionManager即可检测摇动。所需做的只是覆盖视图或视图控制器中合适的动作感知方法，在用户摇动他们的电话时将自动调用这些方法。除非明确需要对摇动手势进行更多控制，否则应该使用baked-In动作检测方法，而不是本章中介绍的手动方法，我们介绍手动方法是以防你需要进行更多控制。

现在你对如何检测摇动拥有了基本的理解，接下来我们将破坏你的电话。

19.4.2　摇动与击碎

好吧，并不是真的要将电话击碎，我们只是要编写一个应用程序，它在检测到摇动之后会使电话看起来和听起来好像它因为摇动而破碎一样。

启动此应用程序后，程序会显示一张图片，它看起来像是iPhone的主屏幕（参见图19-4）。

图19-4　ShakeAndBreak应用程序看起来平淡无奇

以足够大的力气摇动电话时，就可以听到可怜的电话发出一种声音，任何人都不想听到这样的声音从消费者电子设备中发出来。此外，屏幕看起来像图19-5所示。我们怎么忍心做这样的坏事呢？不要担心。只需触摸屏幕即可以将iPhone重置到其初始状态。

图19-5　但如果摇动太猛烈的话……噢，不!

　　在Xcode中使用Single View Application模板新建一个项目。将新建项目命名为ShakeAndBreak。
在项目存档文件的19 - ShakeAndBreak文件夹中，我们已经为此应用程序提供了两张图像和一个声
音文件，所以请将home.png、homebroken.png和glass.wav文件拖到项目的19 - ShakeAndBreak文件
夹中。文件夹中还包含一个icon.png文件，也将此文件添加到项目中。

　　然后，展开Supporting Files文件夹并选择ShakeAndBreak-Info.plist。我们需要在属性列表中添
加一个条目，告诉应用程序不要使用状态栏。右击（或按住Control键单击）属性列表编辑器的任
意位置，从上下文菜单中选择Show Raw Keys/Values选项，以便能从配置设置中看到真实名称。
单击属性列表中的任意一行，按return键添加新行。将新行的Key改为UIStatusBarHidden。这一行
的值默认为NO（未选中），将其改为Y。最后，展开CFBundleIconFiles数组条目，按下return添加
新的子符串条目。在Value列中键入icon.png（参见图19-6）。

　　现在，我们开始创建视图控制器。我们需要创建一个指向图像视图的输出口，用于之后改变
显示图像。还需要一对保存这两个图片的UIImage，一个指向声音的soundID，以及一个Boolean
变量用以跟踪是否需要重设屏幕显示。单击BIDViewController.h，添加如下代码：

```
#import <UIKit/UIKit.h>
#import <CoreMotion/CoreMotion.h>
```

```objc
#import <AudioToolbox/AudioToolbox.h>

#define kAccelerationThreshold    1.7
#define kUpdateInterval           (1.0f/10.0f)

@interface BIDViewController : UIViewController
    <UIAccelerometerDelegate>

@property (weak, nonatomic) IBOutlet UIImageView *imageView;
@property (strong, nonatomic) CMMotionManager *motionManager;
@property (assign, nonatomic) BOOL brokenScreenShowing;
@property (assign, nonatomic) SystemSoundID soundID;
@property (strong, nonatomic) UIImage *fixed;
@property (strong, nonatomic) UIImage *broken;
@end
```

Key	Type	Value
CFBundleDevelopmentRegion	String	en
CFBundleDisplayName	String	${PRODUCT_NAME}
CFBundleExecutable	String	${EXECUTABLE_NAME}
▼CFBundleIconFiles	Array	(1 item)
Item 0	String	icon.png
CFBundleIdentifier	String	com.Apress.${PRODUCT_NAME:rfc1034identifier}
CFBundleInfoDictionaryVersion	String	6.0
CFBundleName	String	${PRODUCT_NAME}
CFBundlePackageType	String	APPL
CFBundleShortVersionString	String	1.0
CFBundleSignature	String	????
CFBundleVersion	String	1.0
LSRequiresIPhoneOS	Boolean	YES
▶UISupportedInterfaceOrientations	Array	(3 items)
UIStatusBarHidden	Boolean	YES

图19-6 更改CFBundleIconFiles（高亮显示）和UIStatusBarHidden（属性列表中的最后一行）的Value

保存头文件，并双击BIDViewController.xib，在Interface Builder中编辑此文件。双击View图标打开View窗口。在属性检查器里将Simulated Metrics 下面的Status Bar弹出框从Gray更改为None。接下来，将Image View从库中拖到标签为View的窗口上。图像视图应该自动调整大小以占满整个窗口，所以只需将它放置到窗口中即可。

按下control键并将File's Owner图标拖到图像视图，并选择imageView输出口。然后保存nib文件。

接下来选择BIDViewController.m文件，并将以下代码添加到文件顶部：

```objc
#import "BIDViewController.h"

@implementation BIDViewController
@synthesize imageView;
@synthesize motionManager;
@synthesize brokenScreenShowing;
@synthesize soundID;
```

```
@synthesize fixed;
@synthesize broken;
.
.
.
```

在viewDidLoad中添加如下代码:

```
- (void) viewDidLoad {
    [super viewDidLoad];
    // Do any additional setup after loading the view, typically from a nib.

    NSString *path = [[NSBundle mainBundle] pathForResource:@"glass"
                                                    ofType:@"wav"];
    NSURL *url = [NSURL fileURLWithPath:path];
    AudioServicesCreateSystemSoundID((__bridge CFURLRef)url,
                        &soundID);
    self.fixed = [UIImage imageNamed:@"home.png"];
    self.broken = [UIImage imageNamed:@"homebroken.png"];

    imageView.image = fixed;

    self.motionManager = [[CMMotionManager alloc] init];
    motionManager.accelerometerUpdateInterval = kUpdateInterval;
    NSOperationQueue *queue = [[NSOperationQueue alloc] init];
    [motionManager startAccelerometerUpdatesToQueue:queue
                                        withHandler:
     ^(CMAccelerometerData *accelerometerData, NSError *error){
        if (error) {
            [motionManager stopAccelerometerUpdates];
        } else {
            if (!brokenScreenShowing) {
                CMAcceleration acceleration = accelerometerData.acceleration;
                if (acceleration.x > kAccelerationThreshold
                    || acceleration.y > kAccelerationThreshold
                    || acceleration.z > kAccelerationThreshold) {
                    [imageView performSelectorOnMainThread:@selector(setImage:)
                                            withObject:broken
                                        waitUntilDone:NO];
                    AudioServicesPlaySystemSound(soundID);
                    brokenScreenShowing = YES;
                }
            }
        }
    }];
}
```

将以下代码插入现有的viewDidUnload方法中:

```
- (void)viewDidUnload
{
    [super viewDidUnload];
    // Release any retained subviews of the main view.
    // e.g. self.myOutlet = nil;
    self.imageView = nil;
```

```
    self.motionManager = nil;
    self.fixed = nil;
    self.broken = nil;
}
```

最后将下列新方法添加到文件的底部：

```
.
.
.
#pragma mark -
- (void)touchesBegan:(NSSet *)touches withEvent:(UIEvent *)event {
    imageView.image = fixed;
    brokenScreenShowing = NO;
}

@end
```

所实现的第一个方法是viewDidLoad，这个方法最有趣。首先，创建NSURL对象指向声音文件，将其加载到内存中，并将分配的标识符保存到soundID实例变量中。为了符合ARC的要求，我们需要在将NSURL对象传递给AudioServicesCreateSystemSoundID()之前，告知编译器如何管理它的内存，所以我们使用__bridge修饰符对NSURL对象进行强制转换。

```
NSString *path = [[NSBundle mainBundle] pathForResource:@"glass"
                                                 ofType:@"wav"];

NSURL *url = [NSURL fileURLWithPath:path];
AudioServicesCreateSystemSoundID((__bridge CFURLRef)url,
                                 &soundID);
```

说明 对__bridge修饰符感到陌生？这在第7章中讨论过，简单来说，它用于安全过渡到ARC。

然后，将两张图像加载到内存中：

```
self.fixed = [UIImage imageNamed:@"home.png"];
self.broken = [UIImage imageNamed:@"homebroken.png"];
```

最后，设置imageView显示未破坏的屏幕快照，并将brokenScreenShowing设置为NO以指示屏幕当前不需要重置：

```
imageView.image = fixed;
brokenScreenShowing = NO;
```

之后我们创建了一个CMMotionManager和NSOperationQueue（就像前面所做的一样），并启动了加速计，向它发送将在加速计值每次变化时运行的代码块。

```
self.motionManager = [[CMMotionManager alloc] init];
motionManager.accelerometerUpdateInterval = kUpdateInterval;
NSOperationQueue *queue = [[NSOperationQueue alloc] init];
[motionManager startAccelerometerUpdatesToQueue:queue
                            withHandler:
```

19

如果该代码块发现加速计值高到足够触发“破坏”操作，它会将imageView切换到破坏的图像并开始播放破碎的声音。请注意，imageView是UIImageView类的成员，像UIKit的大部分类一样，它仅用于在主线程中运行。因为该代码块可以在另一个线程中运行，所以我们强制imageView更新在主线程上进行。

```
^(CMAccelerometerData *accelerometerData, NSError *error){
    if (error) {
        [motionManager stopAccelerometerUpdates];
    } else {
        if (!brokenScreenShowing) {
            CMAcceleration acceleration = accelerometerData.acceleration;
            if (acceleration.x > kAccelerationThreshold
                || acceleration.y > kAccelerationThreshold
                || acceleration.z > kAccelerationThreshold) {
                [imageView performSelectorOnMainThread:@selector(setImage:)
                                            withObject:broken
                                         waitUntilDone:NO];
                AudioServicesPlaySystemSound(soundID);
                brokenScreenShowing = YES;
            }
        }
    }
}];
```

对于最后一个方法，你已经非常熟悉了。在触摸屏幕时会调用此方法。在此方法中只需要将图像设置回未破坏的屏幕，并将brokenScreenShowing设置为NO：

```
imageView.image = fixed;
brokenScreenShowing = NO;
```

最后，添加Core Motion.framework和AudioToolbox.framework，以便我们能够播放声音文件。你可以依照本章前面的步骤将它们链接到应用程序中。

编译并运行应用程序，并对它进行测试。对于无法在iOS设备上运行此应用程序的人来说，可以尝试使用基于摇动事件的版本。模拟器无法模拟加速计硬件，但它会模拟摇动手势，因此19 ShakeAndBreak - Motion Method版本的应用程序能在模拟器上正常运行。

编译并运行此应用程序，然后进行测试。现在就可以体验应用程序了。完成之后返回，便可以知道如何将加速计用做游戏或其他程序中的控制器。

19.5　将加速计用做方向控制器

通常，不使用按钮来控制游戏中的角色或对象的移动，而是使用加速计。例如，在赛车游戏中，像方向盘一样转动iOS设备可以让汽车转弯，而向前倾斜可以加速，向后倾斜可以制动。

如何将加速计用做控制器，这在很大程度上取决于特定的游戏操作方法。在最简单的情况下，可以获取一个轴上的值，将它乘以一个数，并将结果添加到受控对象的坐标上。在较复杂的游戏中（它们更逼真地模拟了物理特性），你将需要根据加速计返回的值调整受控对象的速度。

　　使用加速计作为控制器的一个棘手的方面是，委托方法无法保证按指定的间隔回调。如果告诉动作管理器每秒读取加速计60次。你将无法保证在每秒内获得60次间隔均匀的更新。所以如果制作基于加速器输入的动画，必须跟踪更新之间的时间间隔，将它作为一个考虑因素来确定对象的移动速度。

19.5.1　滚弹珠程序

　　我们的下一个小游戏，是通过倾斜电话在iPhone的屏幕上移动弹珠。这是使用加速计接收输入的一个非常简单的例子。此处，我们将使用Quartz 2D来处理动画。

说明　在处理游戏或其他需要平滑动画的程序时，通常的规则是使用OpenGL ES。此应用程序中使用Quartz 2D，是因为它比较简单，并且可以减少与使用加速计无关的代码。也许动画效果不如使用OpenGL那样平滑，但却可以大大减少工作量。

　　在此应用程序中，弹珠会随着倾斜iPhone而来回滚动，就像是在桌面上一样（参见图19-7）。将它向左倾斜，小球就会向左滚动。倾斜得更厉害，小球就会滚动得更快。返回倾斜，则小球会慢下来并开始向另一个方向滚动。

图19-7　滚弹珠应用程序只有这样的功能——在屏幕上滚动弹珠

　　在Xcode中，使用Single View Application模板新建一个项目，将它命名为Ball。在项目存档文件的19 - Ball文件夹中，可以找到一个名为ball.png的图像。将它拖到新项目中。

19

　　然后单击Ball文件夹，并从File菜单中选择New→New File…。从Cocoa Touch目录中选择Objective-C class，单击Next，将新类命名为BIDBallView然后从Subclass of弹出菜单中选择UIView，单击Create保存类文件，稍后我们会回来编辑这个类。

　　双击BIDViewController.xib，在Interface Builder中编辑文件。单击View图标，并使用身份检查器将视图的类由UIView改为BallView。然后切换到属性检查器，将视图的背景颜色更改为黑色。然后保存nib文件。

　　单击BIDViewController.h。在此所要做的只是为Core Motion做准备，所以要进行如下更改：

```
#import <UIKit/UIKit.h>
#import <CoreMotion/CoreMotion.h>

@interface BIDViewController : UIViewController

@property (strong, nonatomic) CMMotionManager *motionManager;
@end
```

接下来，转到BIDViewController.m，在文件顶部添加以下代码：

```
#import "BIDViewController.h"
#import "BIDBallView.h"

#define kUpdateInterval    (1.0f / 60.0f)

@implementation BIDViewController
@synthesize motionManager;
.
.
.
```

用以下代码代替viewDidLoad方法：

```
- (void)viewDidLoad {
    [super viewDidLoad];
    // Do any additional setup after loading the view, typically from a nib.

    self.motionManager = [[CMMotionManager alloc] init];
    NSOperationQueue *queue = [[NSOperationQueue alloc] init];
    motionManager.accelerometerUpdateInterval = kUpdateInterval;
    [motionManager startAccelerometerUpdatesToQueue:queue withHandler:
     ^(CMAccelerometerData *accelerometerData, NSError *error) {
         [(BIDBallView *)self.view setAcceleration:accelerometerData.acceleration];
         [self.view performSelectorOnMainThread:@selector(update)
            withObject:nil waitUntilDone:NO];
     }];
}
```

　　这里的viewDidLoad方法非常类似于我们在本章其他地方执行的某项操作。主要的区别在于，我们声明了每秒60次的非常高的更新频率。需要报告加速计更新时，我们应告诉动作管理器执行一个代码块，在这个代码块中将加速对象传入到视图中，然后调用一个名为update的方法，该方法基于加速度和自上一次更新以来经过的时间量来更新球在视图中的位置。因为该代码块可在任何线程上执行，而且UIKit对象（包括UIView）中的方法仅能从主线程安全地使用，所以我们再次强制在主线程中调用update方法。

19.5.2　编写Ball View

注意，当你在上一步中为viewDidLoad输入代码时，可能会看到一些错误，这是因为BIDBallView还没有编写完成。既然我们大部分工作是在BIDBallView类中处理，那就最好把它写出来。单击BIDBallView.h并作出如下更改：

```
#import <UIKit/UIKit.h>
#import <CoreMotion/CoreMotion.h>

@interface BIDBallView : UIView
@property (strong, nonatomic) UIImage *image;
@property CGPoint currentPoint;
@property CGPoint previousPoint;
@property (assign, nonatomic) CMAcceleration acceleration;
@property CGFloat ballXVelocity;
@property CGFloat ballYVelocity;
- (void)update;
@end
```

现在查看实例变量并讨论它们各自的用法。第一个实例变量是UIImage，它指向我们在屏幕上滚动的弹珠：

```
UIImage *image;
```

然后，查明两个CGPoint变量。currentPoint变量用于保持小球当前的位置。同样要查明的是绘制弹珠的最后一个点，以便建立一个更新矩形，此矩形包围住小球的新旧位置，在新位置进行绘制，并擦除旧位置。

```
CGPoint    currentPoint;
CGPoint    previousPoint;
```

然后是指向加速对象的指针，通过它可以从控制器获得加速计信息：

```
CMAcceleration acceleration;
```

还有两个变量用于在两个维度上跟踪小球的当前速度。虽然这并不是很复杂的模拟，但我们仍想让小球滚动的方式与真正的小球相似，我们将在下一节计算滚动速度。我们从加速计获得加速度值并跟踪这些变量在两个轴上的速度。

```
CGFloat ballXVelocity;
CGFloat ballYVelocity;
```

现在切换到BIDBallView.m，编写代码在屏幕上绘制并移动小球。首先对BIDBallView.m的顶部作如下更改：

```
#import "BIDBallView.h"

@implementation BIDBallView
```

```
@synthesize image;
@synthesize currentPoint;
@synthesize previousPoint;
@synthesize acceleration;
@synthesize ballXVelocity;
@synthesize ballYVelocity;

- (id)initWithCoder:(NSCoder *)coder {
if (self = [super initWithCoder:coder]) {
        self.image = [UIImage imageNamed:@"ball.png"];
        self.currentPoint = CGPointMake((self.bounds.size.width / 2.0f) +
            (image.size.width / 2.0f),
            (self.bounds.size.height / 2.0f) + (image.size.height / 2.0f));
        ballXVelocity = 0.0f;
        ballYVelocity = 0.0f;
    }
    return self;
}
.
.
.
```

现在，取消注释之前注释掉的drawRect:方法，按如下方式实现该方法：

```
- (void)drawRect:(CGRect)rect {
    // Drawing code
    [image drawAtPoint:currentPoint];
}
```

将下列新方法添加到类的末尾：

```
.
.
.
#pragma mark -
- (CGPoint)currentPoint {
    return currentPoint;
}

- (void)setCurrentPoint:(CGPoint)newPoint {
    previousPoint = currentPoint;
    currentPoint = newPoint;

    if (currentPoint.x < 0) {
        currentPoint.x = 0;
        ballXVelocity = 0;
    }
    if (currentPoint.y < 0){
        currentPoint.y = 0;
        ballYVelocity = 0;
    }
    if (currentPoint.x > self.bounds.size.width - image.size.width) {
        currentPoint.x = self.bounds.size.width - image.size.width;
        ballXVelocity = 0;
    }
```

```
        if (currentPoint.y > self.bounds.size.height - image.size.height) {
            currentPoint.y = self.bounds.size.height - image.size.height;
            ballYVelocity = 0;
        }

        CGRect currentImageRect = CGRectMake(currentPoint.x, currentPoint.y,
                currentPoint.x + image.size.width,
                currentPoint.y + image.size.height);
        CGRect previousImageRect = CGRectMake(previousPoint.x, previousPoint.y,
                previousPoint.x + image.size.width,
                currentPoint.y + image.size.width);
        [self setNeedsDisplayInRect:CGRectUnion(currentImageRect,
            previousImageRect)];
    }

- (void)update {
    static NSDate *lastUpdateTime;

    if (lastUpdateTime != nil) {
        NSTimeInterval secondsSinceLastDraw =
            -([lastUpdateTime timeIntervalSinceNow]);

        ballYVelocity = ballYVelocity + -(acceleration.y *
            secondsSinceLastDraw);
        ballXVelocity = ballXVelocity + acceleration.x *
            secondsSinceLastDraw;

        CGFloat xAcceleration = secondsSinceLastDraw * ballXVelocity * 500;
        CGFloat yAcceleration = secondsSinceLastDraw * ballYVelocity * 500;

        self.currentPoint = CGPointMake(self.currentPoint.x +
            xAcceleration, self.currentPoint.y + yAcceleration);
    }
    // Update last time with current time
    lastUpdateTime = [[NSDate alloc] init];
}
@end
```

首先要注意的是，需要将其中一个属性声明为@synthesize，因为我们已经在代码中为此属性执行了修改方法。@synthesize指令不会改写访问方法或已编写的修改方法，它只会填充空白并提供你没有提供的方法。

19.5.3　计算小球运动

因为是手动处理的currentPoint属性，所以当currentPoint更改时，需要做一点清理工作，比如确保小球不会滚出屏幕。稍后我们会研究此方法。现在，让我们先看看此类中的第一个方法initWithCoder:。

记得在从nib文件载入视图时，始终不能调用类的init或initWithFrame:方法。nib文件包含了归档的对象，所以任何从nib文件中载入的实例都会使用initWithCoder:方法进行初始化。如果需要进行额外的初始化，就要使用此方法。

在此视图中，我们需要进行额外的初始化，所以我们覆盖了initWithCoder:。首先，载入ball.png图像。然后，计算视图的中心并将其设置为小球的起始点，并将两个轴上的速度设置为0。

```
self.image = [UIImage imageNamed:@"ball.png"];
self.currentPoint = CGPointMake((self.bounds.size.width / 2.0f) +
    (image.size.width / 2.0f), (self.bounds.size.height / 2.0f) +
    (image.size.height / 2.0f));

ballXVelocity = 0.0f;
ballYVelocity = 0.0f;
```

drawRect:方法极其简单。我们只需在currentPoint中存储的位置处绘制initWithCoder:中载入的图像即可。currentPoint访问方法是一种标准的访问方法。然而，setCurrentPoint:修改方法却不同。

在setCurrentPoint:中首先要做的是将旧的currentPoint值存储在previousPoint中，并将新值赋给currentPoint：

```
previousPoint = currentPoint;
currentPoint = newPoint;
```

下面要做的是边界检查。如果小球的x或y位置小于0，或分别大于屏幕的宽度或高度（计算图像的宽度和高度），则停止在此方向上加速。

```
if (currentPoint.x < 0) {
    currentPoint.x = 0;
    ballXVelocity = 0;
}
if (currentPoint.y < 0){
    currentPoint.y = 0;
    ballYVelocity = 0;
}
if (currentPoint.x > self.bounds.size.width - image.size.width) {
    currentPoint.x = self.bounds.size.width - image.size.width;
    ballXVelocity = 0;
}
if (currentPoint.y > self.bounds.size.height - image.size.height) {
    currentPoint.y = self.bounds.size.height - image.size.height;
    ballYVelocity = 0;
}
```

提示　希望球能够更加自然地从墙面弹起，而不是仅仅停止在墙上？这相当简单。只需要将setCurrentPoint:中的ballXVelocity = 0;更改为ballXVelocity = - (ballXVel - ocity / 2.0);并将ballYVelocity = 0;更改为ballYVelocity = - (ballYVelocity / 2.0);完成以上更改之后，球的速度将减半并以相反的方向运行（而不是速度为零）。

之后，根据图像的大小计算两个CGRects。一个矩形包围了要绘制新图像的区域，另一个包围了上次绘制的区域。使用这两个矩形可以确保在擦除原来小球的同时绘制新球。

```
CGRect currentImageRect = CGRectMake(currentPoint.x, currentPoint.y,
        currentPoint.x + image.size.width,
        currentPoint.y + image.size.height);
CGRect previousImageRect = CGRectMake(previousPoint.x, previousPoint.y,
        previousPoint.x + image.size.width,
        currentPoint.y + image.size.width);
```

最后，创建一个新矩形，它包含了两个刚计算出的矩形，并将新矩形提供给setNeedsDisplayInRect:，以指示需要重新绘制的视图部分：

```
[self setNeedsDisplayInRect:CGRectUnion(currentImageRect,
    previousImageRect)];
```

本类中的最后一个实质性方法是update，它用于指明小球的正确位置。此方法在为视图提供了新加速对象之后，被其控制器类的加速计方法调用。此方法首先声明一个静态NSDate变量，此变量用于查明距离上次调用update方法的时间。第一次执行此方法，当lastupdateTime是nil时，不需要做任何事，因为没有参考点。因为每秒钟大概有60次更新，所以没有人会注意到少了一帧。

```
static NSDate *lastUpdateTime;
if (lastUpdateTime != nil) {
```

再次执行此方法时，我们可以计算出距离上次调用此方法的时间。对timeInterval SinceNow返回的值取反，因为lastupdateTime是过去的某个时刻，所以返回的值将是一个负数，表示当前时间和lastupdateTime之间的秒数：

```
NSTimeInterval secondsSinceLastDraw =
        -([lastUpdateTime timeIntervalSinceNow]);
```

然后，将当前的加速度与当前的速度相加，计算出两个方向上的新速度。将加速度与secondsSinceLastDraw相乘，因为加速度是与时间一致的。以同样的角度倾斜电话总可以得到相同的加速度。

```
ballYVelocity = ballYVelocity + -(acceleration.y *
        secondsSinceLastDraw);
ballXVelocity = ballXVelocity + acceleration.x *
        secondsSinceLastDraw;
```

之后，根据速度计算出调用此方法之后发生更改的像素。将速度和消耗时间的乘积再乘以500，以创建出自然移动的效果。如果不乘以某个数的话，加速度会非常小，就像小球粘上了蜜一样。

```
CGFloat xAcceleration = secondsSinceLastDraw * ballXVelocity * 500;
CGFloat yAcceleration = secondsSinceLastDraw * ballYVelocity * 500;
```

知道了发生更改的像素之后，将当前位置与计算出的加速度相加，并赋值给currentPoint，即可以创建一个新点。通过使用self.currentPoint，便可以使用前面编写的访问方法，而不必将

19

数值直接赋给实例变量。

```
self.currentPoint = CGPointMake(self.currentPoint.x +
    xAcceleration, self.currentPoint.y + yAcceleration);
```

至此，计算已经完成了。剩余的工作是将lastupdateTime更新为现在的时间：

```
lastUpdateTime = [[NSDate alloc] init];
```

在编译之前，使用之前提到的技术添加Core Motion框架。添加之后，开始编译和运行。

说明　遗憾的是，Ball在模拟器上并不能完成太多任务。如果希望完整体验Ball的重力功能，你需要加入付费的iOS开发人员计划，并在自己的设备上安装它。

如果一切完好，则启动此应用程序。现在可以通过倾斜电话来控制小球的滚动。小球到达屏幕的边缘时应该停止。如果向另一面倾斜，它应该开始向另一个方向滚动。成功！

19.6　小结

我们已经在本章中享受到了物理和奇妙的iOS加速计以及陀螺仪的乐趣，并且讲述了使用加速计作为控制设备的基础知识。使用加速计和陀螺仪可以设计出无穷无尽的应用程序。因此，既然现在已经掌握了基础知识，那就创建一些好玩的东西带给我们惊喜吧！
对此功能驾轻就熟之后，我们开始学习使用另一种iOS硬件：内置照相机。

iPhone照相机和照片库

iPhone、iPad和iPod touch提供了内置照相机和Photos应用程序，这在现在已经不足为奇。Photos程序可以帮助用户管理自己拍摄的精彩绝伦的照片和视频。但鲜为人知的是，用户不但可以使用内置照相机拍摄照片，还可以从这些设备的照片库中选择照片。本章就来看看这些功能。

20.1 使用图像选取器和 `UIImagePickerController`

由于iOS应用程序受到其沙盒机制的限制，因此通常不能获取这些照片或自己沙盒之外的其他数据。幸而，应用程序可以通过**图像选取器**（image picker）来使用照相机和照片库。

顾名思义，图像选取器是从特定源中选择图片的一种机制。这个类最先出现于iOS，只用于图像。现在你也可以使用它捕捉视频。

通常来说，图像选取器会使用图像或视频列表作为它的源（参见图20-1左侧的图片）。不过也可以指定照相机作为源（参见图20-1右侧的图片）。

图20-1 图像选取器。左边呈现的是一个图像列表，右边呈现的是
选择某个图像之后的样子，用户可以移动和扩缩图像

　　图像选取器界面是通过名为UIImagePickerController的模式控制器类执行的。首先创建此类的一个实例，指定委托（如果没有的话），并指定其图像源，然后以模式化方式启动它无论你要用户选取图片还是视频。图像选取器会控制设备让用户从已有的媒体库中选择图片或视频，或者使用照相机拍摄新图片或视频。用户选择之后，就可以对所选图像做一些基本的编辑，如缩放或裁剪。所有行为都是UIImagePickerController实现的，所以你不用费什么劲。

　　如果用户没有按取消按钮，那么用户拍摄的或从库中选择的图像或视频会传送到委托。无论用户选择还是删除媒体文件，委托都有责任解除UIImagePickerController，让用户返回到应用程序。

　　创建UIImagePickerController非常简单。只需按照对多数的类使用的方式分配并初始化实例即可。然而有一点需要注意。并不是每一台运行iOS的设备都有照相机。老的iPod touch便是第一个例子，第一代iPad是当前最新的，但是将来从Apple的装配线上出来的这样的设备会越来越少。在创建UIImagePickerController实例之前，需要先检查运行当前程序的设备是否支持要使用的图像源。例如，在用户可以使用照相机拍摄照片之前，应先确保程序所在的设备上有照相机。可以使用类方法检查UIImagePickerController，如：

```
if ([UIImagePickerController isSourceTypeAvailable:
    UIImagePickerControllerSourceTypeCamera]) {
```

　　在本例中，所传递的**UIImagePickerControllerSourceTypeCamera**表示我们想让用户使用内置照相机照相或拍摄视频。如果所指定的源当前可用，方法isSourceTypeAvailable:将返回YES。除了**UIImagePickerControllerSourceTypeCamera**之外，还可以指定另外两个值。

❑ **UIImagePickerControllerSourceTypePhotoLibrary**指定用户将使用内置的照相机选取图片或视频。并将此图片返回到委托。

❑ **UIImagePickerControllerSourceTypeSavedPhotosAlbum**指定了用户将从现有照片库中选择图像，但选择范围仅限于最近的相册。此选项也可以在没有照相机的设备上运行，但是其作用不大。

在确保运行程序的设备支持要使用的图像源之后，启动图像选取器就相对容易多了：

```
UIImagePickerController *picker = [[UIImagePickerController alloc] init];
picker.delegate = self;
picker.sourceType = UIImagePickerControllerSourceTypeCamera;
[self presentModalViewController:picker animated:YES];
```

　　在创建并配置了UIImagePickerController之后，我们使用类从UIView中继承的present-ModalViewController:animated:方法将图像选取器呈现给用户。

提示　presentModalViewController:animated:方法并不仅限于呈现图像选取器，通过对当前可见视图的视图控制器调用此方法，可以按模式将任何视图控制器呈现给用户。

20.2　实现图像选取器控制器委托

　　用户退出图像选取器界面时，你希望获取的对象需要符合UIImagePickerControllerDelegate协议，此协议定义了两个方法，imagePickerController:didFinishPickingMediaWithInfo:和imagePickerControllerDidCancel:。

　　当用户成功拍摄了照片和视频或从照片库中选择了相应项之后，将调用第一个方法imagePickerController:didFinishPickingMediaWithInfo:。第一个参数是指向之前创建的UIImagePickerController的指针。第二个参数是包含用户所选照片或当前所选视频的URL的NSDictionary实例。如果允许编辑，并且用户对图像或视频进行了编辑，那么第二个参数还包括可选的编辑信息。此字典还包含存储在键UIImagePickerControllerOriginalImage下未编辑的原始图像。下面给出了检索原始图像的委托方法的一个例子。

```
- (void)imagePickerController:(UIImagePickerController *)picker
didFinishPickingMediaWithInfo:(NSDictionary *)info {

    UIImage *selectedImage = [info objectForKey:UIImagePickerControllerEditedImage];
    UIImage *originalImage = [info objectForKey:UIImagePickerControllerOriginalImage];

    // do something with selectedImage and originalImage

    [picker dismissModalViewControllerAnimated:YES];
}
```

　　通过存储在键UIImagePickerControllerCropRect下的NSValue对象，editingInfo字典也可以指示在编辑期间选择了整个图像的哪一部分。也可以将此字符串转换至CGRect：

```
NSValue *cropValue = [editingInfo objectForKey:UIImagePickerControllerCropRect];
CGRect cropRect = [cropValue CGRectValue];
```

　　完成转换之后，cropRect可以指明在编辑过程中所选定的原始图像的部分。如果不需要此信息，则可以忽略。

　　注意　如果返回到委托的图像来自照相机，那么此图像不会存储在照片库中。在必要时保存此图像的工作将由应用程序负责。

　　在用户决定取消此过程而不拍照或选择媒介时将调用另一个委托方法，imagePicker-ControllerDidCancel:。当图像选取器调用此委托方法时，所通报的只是用户已经结束使用选取器并且没有选择任何图像。

　　在UIImagePickerControllerDelegate协议中的两种方法都标记为可选，但实际上不是，原因是：必须通过本身解除图像选取器这样的模式视图。因此，在用户取消图像选取器时，即使不需要采取任何应用程序特定的操作，也仍然需要解除选取器。至少，imagePickerControllerDidCancel:方法要像这样才能保证程序正确运行：

```
- (void)imagePickerControllerDidCancel:(UIImagePickerController *)picker {

    [picker dismissModalViewControllerAnimated:YES];
}
```

20.3　实际测试照相机和库

在本章中，我们所构建的应用程序将允许用户使用照相机拍摄照片和视频或从照片库中选择图片或视频，然后在图像视图中显示所选图片（参见图20-2）。如果用户使用的设备没有照相机，则隐藏New Photo or Video按钮，只允许从照片库中选择图片。

图20-2　运行中的Camera应用程序

在Xcode中，使用Single View Application模板创建一个新项目并将其命名为Camera。在处理代码本身之前，需要添加我们的应用程序将需要使用的两个框架。使用前面章节中所使用的技术，添加MediaPlayer和MobileCoreServices框架。

此应用程序的视图控制器中将需要两个输出口。我们需要将一个指向图像视图，以便可以使用从图像选取器返回的图像更新它。还需要一个指向New Photo or Video按钮的输出口，以便可以在设备没有照相机时隐藏该按钮。

因为我们将允许用户自行选择采集视频还是图像，还将使用MPMoviePlayerController类来显示所选的视频，所以需要另一个实例变量来完成此任务。另外两个实例变量跟踪记录上一次选择的图像和视频，还有一个字符串跟踪记录视频或图像是否是上一次选择的。最后，将跟踪记录图像视图的大小，以便调整采集的图像以与显示屏大小相匹配。

还需要两个操作方法，一个将用于New Photo or Video按钮，另一个用于让用户从相册中选择现有的图片。

展开Camera文件夹，以便可以看到所有相关文件。单击BIDViewController.h，并作如下更改：

```
#import <UIKit/UIKit.h>
#import <MediaPlayer/MediaPlayer.h>

@interface BIDViewController : UIViewController
    <UIImagePickerControllerDelegate, UINavigationControllerDelegate>

@property (weak, nonatomic) IBOutlet UIImageView *imageView;
@property (weak, nonatomic) IBOutlet UIButton *takePictureButton;
@property (strong, nonatomic) MPMoviePlayerController *moviePlayerController;
@property (strong, nonatomic) UIImage *image;
@property (strong, nonatomic) NSURL *movieURL;
@property (copy, nonatomic) NSString *lastChosenMediaType;
@property (assign, nonatomic) CGRect imageFrame;

- (IBAction)shootPictureOrVideo:(id)sender;
- (IBAction)selectExistingPictureOrVideo:(id)sender;
@end
```

首先需要注意，类必须遵循两个不同的协议：UIImagePickerControllerDelegate和UINavigation-ControllerDelegate。因为UIImagePickerController是UINavigation Controller的子类，所以类必须遵循这两个协议。UINavigationControllerDelegate中的方法都是可选的，使用图像选取器不一定需要它们，但是必须要与此协议保持一致，否则编译器会发出警告。

可以注意到的另一点是，尽管我们将使用一个用于显示所选图像的UIImageView实例，但没有使用任何用于显示所选视频的类似功能。UIKit没有包含像UIImageView这样的公开的类来显示视频内容，所以我们将使用一个MPMoviePlayerController实例，抓取它的view属性并将其插入到视图层次结构中。这是使用任何视图控制器的一种非常独特的方式，但也是苹果公司实际上已认可的在视图层次结构中显示视频的方式。

此处的其他内容都相当简单，完成更改后保存文件。此时，双击BIDViewController.xib，在Interface Builder中编辑此文件。

20.3.1　设计界面

从库中拖出两个Round Rect Button，并将它们放置在标签为View的窗口中。将它们上下排列放置，底部按钮与底部的蓝色引导线对齐。双击最上面的按钮，将标题命名为New Photo or Video。双击下面的按钮，将标题命名为Pick from Library。然后从库中拖出一个Image View，将它放置在其他按钮上方。拉伸视图使它占据按钮上方的所有空间，如图20-2所示。

此时，按下control键并从File's Owner图标拖至图像视图，并选择imageView输出口。再次按下control键并从File's Owner拖至New Photo or Video按钮，并选择takePictureButton输出口。

然后，选择New Photo or Video按钮，并打开连接检查器。从Touch Up Inside事件拖至File's

Owner，并选择shootPictureOrVideo:操作。接着单击Pick from Library按钮，从连接检查器上的
Touch Up Inside事件拖至File's Owner，并选择selectExistingPictureOrVideo：操作。

　　完成这些连接之后，保存并关闭nib文件，返回至Xcode。

20.3.2　实现照相机视图控制器

　　单击BIDViewController.m，并在文件开头作如下更改：

```
#import "BIDViewController.h"
#import <MobileCoreServices/UTCoreTypes.h>

@interface BIDViewController ()
static UIImage *shrinkImage(UIImage *original, CGSize size);
- (void)updateDisplay;
- (void)getMediaFromSource:(UIImagePickerControllerSourceType)sourceType;
@end

@implementation BIDViewController
.
.
.
```

　　你应该熟悉这种方法了，我们创建了一个类扩展，以声明几个不想在类接口中公开的方法，
但可在应用程序类定义中以后某个时刻实现。这里创建的方法是实用程序方法，仅可在类自身内
使用。请注意，这里还声明了一个正常的C函数。类扩展实际上只能包含方法，所以从技术角度
讲，此函数实际上不属于该类扩展。但是，在我们的代码结构上，它"属于"我们的类，所以我
们也将在这里列出它。

　　现在，开始定义该类。

```
.
.
.
@implementation BIDViewController
@synthesize imageView;
@synthesize takePictureButton;
@synthesize moviePlayerController;
@synthesize image;
@synthesize movieURL;
@synthesize lastChosenMediaType;
@synthesize imageFrame;

- (void)viewDidLoad
{
    [super viewDidLoad];
    // Do any additional setup after loading the view, typically from a nib.

    if (![UIImagePickerController isSourceTypeAvailable:
        UIImagePickerControllerSourceTypeCamera]) {
        takePictureButton.hidden = YES;
    }
```

```
    imageFrame = imageView.frame;
}
    .
    .
    .
- (void)viewDidAppear:(BOOL)animated
{
    [super viewDidAppear:animated];
    [self updateDisplay];
}
    .
    .
    .
```

如果所在的设备没有照相机并且也抓取imageView的框架矩形，viewDidLoad方法将隐藏takePictureButton，因为稍后将需要它。还实现了viewDidAppear:方法，让它调用updateDisplay方法，后者还未实现。

一定要理解viewDidLoad和viewDidAppear:方法之间的区别。前者仅在刚将视图加载到内存中时调用，而后者可以在每次显示视图时调用，这既包括启动时也包括在显示另一个全屏视图（比如图像选取器）之后返回到控制器时。

接下来，将以下代码插入到现有的viewDidUnload方法中。通常，viewDidUnload仅获取视图的网格，但在本例中也将让它获取moviePlayerController的网格。否则，我们会让该控制器挂起，即使没有视图需要在其中显示。

```
    .
    .
    .
- (void)viewDidUnload
{
    [super viewDidUnload];
    // Release any retained subviews of the main view.
    // e.g. self.myOutlet = nil;
    self.imageView = nil;
    self.takePictureButton = nil;
    self.moviePlayerController = nil;
}
    .
    .
    .
```

然后，插入在头文件中声明的以下操作方法。

```
- (IBAction)shootPictureOrVideo:(id)sender {
    [self getMediaFromSource:UIImagePickerControllerSourceTypeCamera];
}

- (IBAction)selectExistingPictureOrVideo:(id)sender {
    [self getMediaFromSource:UIImagePickerControllerSourceTypePhotoLibrary];
}
```

其中的每个方法调用之前声明（但还未定义）的一个实用程序方法，传入UIImagePicker-Controller所定义的一个值来指定图片或视频应该来自何处。

现在实现选取器视图的委托方法。

```
#pragma mark UIImagePickerController delegate methods
- (void)imagePickerController:(UIImagePickerController *)picker
        didFinishPickingMediaWithInfo:(NSDictionary *)info {
    self.lastChosenMediaType = [info objectForKey:UIImagePickerControllerMediaType];
    if ([lastChosenMediaType isEqual:(NSString *)kUTTypeImage]) {
        UIImage *chosenImage = [info objectForKey:UIImagePickerControllerEditedImage];
        UIImage *shrunkenImage = shrinkImage(chosenImage, imageFrame.size);
        self.image = shrunkenImage;
    } else if ([lastChosenMediaType isEqual:(NSString *)kUTTypeMovie]) {
        self.movieURL = [info objectForKey:UIImagePickerControllerMediaURL];
    }
    [picker dismissModalViewControllerAnimated:YES];
}

- (void)imagePickerControllerDidCancel:(UIImagePickerController *)picker {
    [picker dismissModalViewControllerAnimated:YES];
}
```

第一个方法检查选择了一幅图片还是一段视频，记录所作的选择（如果选择了图像，缩小该图像以准确适合显示屏大小），然后解除模态图形选取器。第二个方法直接解除图像选取器。

现在看一下之前在文件中声明为类扩展的函数和方法。首先是shrinkImage()函数，我们使用它将图像缩小到将显示它的视图的大小。这样可以缩小所处理的UIImage的大小，并减少imageView显示它所需的内存量。将以下代码添加到文件末尾：

```
#pragma mark -
static UIImage *shrinkImage(UIImage *original, CGSize size) {
    CGFloat scale = [UIScreen mainScreen].scale;
    CGColorSpaceRef colorSpace = CGColorSpaceCreateDeviceRGB();

    CGContextRef context = CGBitmapContextCreate(NULL, size.width*scale,
        size.height*scale, 8, 0, colorSpace, kCGImageAlphaPremultipliedFirst);
    CGContextDrawImage(context,
        CGRectMake(0, 0, size.width*scale, size.height*scale),
        original.CGImage);
    CGImageRef shrunken = CGBitmapContextCreateImage(context);
    UIImage *final = [UIImage imageWithCGImage:shrunken];

    CGContextRelease(context);
    CGImageRelease(shrunken);

    return final;
}
```

不要太过担心细节。这里所看到的是一系列Core Graphics调用，它们基于指定的大小创建新图像并将旧图像渲染为新图像。

请注意，我们从设备的主屏幕获取scale值，并在指定创建的新图像大小时使用它作为倍乘系数。在我们执行的所有调用中，该比例基本上是每个单位点中的物理屏幕像素数。内置了Retina显示屏的设备，如iPhone 4、iPhone 4S和第4代iPod touch的比例为2.0，以前的所有设备为1.0。以这种方式使用该比例可以让图像所运行的设备以完整分辨率渲染。否则，在iPhone 4上，图像最终看起来存在锯齿（如果靠近看就会发现）。

接下来是updateDisplay方法。请记住此方法从viewDidAppear:方法调用，后者在第一次创建视图时，以及在用户挑选图像或视频并解除图像选取器时都会调用。由于这种双重用法，它必须执行相关检查并相应地设置GUI。MPMoviePlayerController不允许更改它所读取的URL，所以每次希望播放电影时，都必须创建一个新控制器。所有这一切都在这里处理。将下面的代码添加到文件底部：

```
- (void)updateDisplay {
    if ([lastChosenMediaType isEqual:(NSString *)kUTTypeImage]) {
        imageView.image = image;
        imageView.hidden = NO;
        moviePlayerController.view.hidden = YES;
    } else if ([lastChosenMediaType isEqual:(NSString *)kUTTypeMovie]) {
        [self.moviePlayerController.view removeFromSuperview];
        self.moviePlayerController = [[MPMoviePlayerController alloc]
            initWithContentURL:movieURL];
        moviePlayerController.view.frame = imageFrame;
        moviePlayerController.view.clipsToBounds = YES;
        [self.view addSubview:moviePlayerController.view];
        imageView.hidden = YES;
    }
}
```

最后一个新方法（getMediaFromSource：）是我们的两个操作方法都要调用的方法。它非常简单，用于创建和配置图像选取器，使用传入的sourceType确定调出照相机还是媒体库。将下面的代码添加到文件底部：

```
- (void)getMediaFromSource:(UIImagePickerControllerSourceType)sourceType {
    NSArray *mediaTypes = [UIImagePickerController
        availableMediaTypesForSourceType:sourceType];
    if ([UIImagePickerController isSourceTypeAvailable:
        sourceType] && [mediaTypes count] > 0) {
        NSArray *mediaTypes = [UIImagePickerController
            availableMediaTypesForSourceType:sourceType];
        UIImagePickerController *picker =
        [[UIImagePickerController alloc] init];
        picker.mediaTypes = mediaTypes;
        picker.delegate = self;
        picker.allowsEditing = YES;
        picker.sourceType = sourceType;
        [self presentModalViewController:picker animated:YES];
    }else {
        UIAlertView *alert = [[UIAlertView alloc]
                              initWithTitle:@"Error accessing media"
                              message:@"Device doesn't support that media source."
```

20

```
                          delegate:nil
                          cancelButtonTitle:@"Drat!"
                          otherButtonTitles:nil];
        [alert show];
    }
}
@end
```

所需要做的仅仅如此。然后编译并运行程序。如果应用程序在模拟器上运行，则没有拍摄照片的选项。如果有机会在实际设备上运行程序，请尝试继续操作。此时应该可以拍摄照片，并可以使用手指捏合的姿势放大和缩小图片。

如果在单击Use Photo按钮之前放大图片，则在委托方法中返回至应用程序的图像将会是裁剪后的图像。

20.4　小结

用户已经可以使用照相机拍摄照片，并在应用程序中使用它们。没错，这就是本章的所有内容。如有必要，甚至还可以允许用户对拍摄的图像稍加编辑。

在下一章中，我们要学习的是将iOS应用程序翻译为其他语言，让更广泛的用户群体接受它。准备好了吗？直接翻开新的一页，出发！

第 21 章

应用程序本地化

在写作本书时，iPhone已经遍及90个不同的国家，并且显而易见，此数字将会随时间不断增长。现在，你可以在南极洲以外的任何大陆购买和使用iPhone。 iPad的发展仍然较慢，因为苹果公司试图首先满足它认为最重要的国家的需要，但在不久之后，它一定会像iPhone一样流行。

如果计划通过App Store发布应用程序，那么潜在的市场将会远远大于仅在自己的国家说自己语言的人们。好在iOS拥有健壮的**本地化**（localization）体系结构，使用它不但可以轻松地将应用程序（或者由其他程序将它）翻译成多种语言，甚至可以翻译成同一语言的多种方言。想为英式英语使用者和美式英语使用者提供不同的术语吗？没问题。

一点问题都没有，只要已经正确地编写了代码。翻新现有的应用程序以支持本地化，比起以同样的方式从头编写应用程序要困难得多。在本章中，我们会讲述如何编写代码可以更轻松地实现本地化，然后将对一个应用程序示例进行本地化。

21.1 本地化体系结构

在运行非本地化应用程序时，应用程序的所有文本都会以开发人员自己的语言呈现，也就是**开发基础语言**。

当开发人员决定对其应用程序进行本地化时，他们会在应用程序束中为每种支持的语言创建一个子目录。每种语言的子目录中都包含有一个翻译为此种语言的应用程序资源子集。每个子目录都被称为一个**本地化项目**，也称为**本地化文件夹**。本地化文件夹通常使用.lproj作为其扩展名。

在iOS Settings应用程序中，用户可以设置语言和区域格式。例如，如果用户语言是英语，那么可选地区可以是美国或澳大利亚等——即所有讲英语的地区。

当本地化的应用程序需要载入某一资源时，如图像、属性列表或nib文件，应用程序会检查用户的语言和地区，并查找与此设置相匹配的本地化文件夹。如果找到了相应的文件夹，那么它会载入此资源的本地化版本而不是基础版本。

对于选择法语作为iOS语言，选择法国作为地区的用户，应用程序会先查找名为fr_FR.lproj的本地化文件夹。文件夹名称的前两个字母是ISO国家代码，表示法语。下划线后的两个字母是

ISO二位代码，表示法国。

如果应用程序找不到匹配的二位代码，那么它会查找匹配的ISO三位代码。在我们的示例中，如果应用程序找不到名为fr_FR.lproj的文件夹，它会查找名为fre_FR或fra_FR的本地化文件夹。

所有语言都至少有一个三位代码。某些语言有两个三位代码，一种是此语言的英语拼写，一种是本地拼写。只有部分语言有二位代码。当一种语言既有二位代码又有三位代码时，则最好使用二位代码。

说明　在ISO网站上可以找到当前ISO国家（地区）代码列表。二位和三位代码都是ISO3166标准的一部分：http://www.iso.org/iso/country_codes.htm。

如果应用程序找不到精确匹配的文件夹，那么它会随即查找应用程序束中仅语言代码匹配（地区代码不匹配）的本地化文件夹。因此，对于来自法国的讲法语的人，应用程序随后会查找名为fr.lproj的本地化项目。如果找不到此名称的语言项目，它会尝试查找fre.lproj，然后查找fra.lproj。如果都找不到，它会查找French.lproj。最后一种结构是为了支持旧式Mac OS X应用程序，一般来说，应用程序会避免使用它。

如果应用程序找不到与语言/地区的组合相匹配或仅与语言相匹配的语言项目，那么它会使用开发基础语言中的资源。如果找到了适合的本地化项目，那么对于任何所需要的资源，它将总是先查找这里。例如，若载入一个使用imageNamed:的UIImage，它先会在本地化项目中查找使用指定名称的图像。如果找到了此图像，它就会使用它。如果没有找到，它将会退回到基础语言资源。

如果某个应用程序与多个本地化项目相匹配，例如，一个名为fr_FR.lproj的项目和一个名为fr.lproj的项目，那么它会先在更精确的匹配中查找，在本例中是fr_FR.lproj。如果在此处找不到资源，它将会查找fr.lproj。这样便可以在一个语言项目中对所有此语言的使用者提供共有的资源，仅本地化受到不同方言或地理地区影响的资源。

你只需要本地化受语言或国家（地区）影响的资源。如果应用程序中的图像没有使用词汇并且其含义是通用的，那么就没有必要本地化此图像。

21.2　字符串文件

在源代码中，字符串文字和字符串常量有何作用？下面参考第20章中的一段源代码：

```
UIAlertView *alert = [[UIAlertView alloc]
    initWithTitle:@"Error accessing photo library"
          message:@"Device does not support a photo library"
         delegate:nil
cancelButtonTitle:@"Drat!"
otherButtonTitles:nil];
[alert show];
```

如果我们已经努力完成了对特定受众的应用程序本地化工作，我们当然不想看到出现以开发基础语言编写的警告。上面问题的答案是，将这些字符串存储到特定的文本文件中，即**字符串文件**中。

21.2.1 字符串文件里面是什么

字符串文件实际上只是Unicode（UTF-16）文本文件，其中包含了字符串配对列表，每项都标识了注释。下面的示例描述了应用程序中字符串文件的格式。

```
/* Used to ask the user his/her first name */
"First Name" = "First Name";

/* Used to get the user's last name */
"Last Name" = "Last Name";

/* Used to ask the user's birth date */
"Birthday" = "Birthday";
```

在/*和*/字符之间的值是翻译者的注释。它们对应用程序来说没有用处，可以安全地删除，但最好不要这样做。因为它们给定了上下文，显示了一段特定的字符串如何应用于程序中。

有人会注意到每一行都列出了相同的字符串两次。等号左侧的字符串充当键，无论使用什么语言，它总是包含相同的值。等号右侧的值用于翻译为本地语言。因此，如果将前面的字符串文件本地化为法语，可能会是这样：

```
/* Used to ask the user his/her first name */
"First Name " = "Prénom";

/* Used to get the user's last name */
"Last Name " = "Nom de famille";

/* Used to ask the user's birth date */
"Birthday" = "Anniversaire";
```

21.2.2 本地化的字符串宏

人们不会通过手动输入来创建字符串文件。而是，将所有本地化的文本字符串嵌入到代码内特定的宏中。完成源代码并做好本地化的准备工作之后，可以运行一个名为genstrings的命令行程序，它将在所有代码文件中搜索出现的宏，提取出所有的字符串，并将它们嵌入到本地化的字符串文件中。

下面显示了宏如何工作。我们从传统的字符串声明开始：

```
NSString *myString = @"First Name";
```

要本地化此字符串，需要这样做：

```
NSString *myString = NSLocalizedString(@"First Name",
    @"Used to ask the user his/her first name");
```

NSLocalizedString宏使用了两个参数。

❑ 第一个参数是基础语言中字符串的值。在未本地化的情况下，应用程序将使用此字符串。

❑ 第二个参数充当字符串文件中的注释。

NSLocalizedString在合适的本地化项目内部的应用程序束中查找名为localizable.strings的字符串文件。如果没有找到此文件，则返回其第一个参数，而此字符串会出现在开发基础语言中。如果此应用程序没有本地化，则字符串通常仅在开发时显示在基础语言中。

如果NSLocalizedString找到了字符串文件，则会搜索此文件中与第一个参数相匹配的行。在前面的示例中，NSLocalizedString将在字符串文件中搜索字符串"First Name"。如果在本地化项目中没有找到与用户语言设置相匹配的项，它会在基础语言中查找字符串文件并使用其中的值。如果没有字符串文件，它会只使用传递给NSLocalizedString宏的第一个参数。

现在你知道了本地化结构和字符串文件是怎样工作的。下面我们来看一看此过程。

21.3   现实中的 iOS：本地化应用程序

现在创建一个显示用户当前**区域设置**的小应用程序。区域设置（**NSLocale**实例）同时描述了用户的语言和地区。在与用户交互时，系统使用区域设置确定使用哪种语言及如何显示日期、货币和时间信息等。创建应用程序之后，需要将它本地化为其他语言。在此可以学习到如何本地化nib文件、字符串文件、图像，甚至是应用程序图标。

在图21-1中可以看到应用程序的外观。顶部的名称来自用户的区域设置。在nib文件中将视图下方左侧的词设置为静态标签。使用输出口将视图下方右侧的词设置为可编程的。屏幕底部的旗帜图像是一幅静态UIImageView。

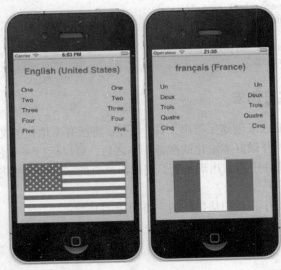

图21-1   使用两种不同语言/地区设置进行显示的LocalizeMe应用程序

现在让我们进入真正的本地化过程！

21.3.1　创建LocalizeMe

在Xcode中使用Single View Application模板新建一个项目，并将其命名为LocalizeMe。查看21 - LocalizeMe文件夹，可以找到一个名为Images的文件夹，在其中可以找到两个子文件夹，分别名为English和French，其中均包含名为flag.png的图像，分别是美国国旗和法国国旗的图像。

将英语版本的flag.png拖入项目导航的LocalizeMe文件夹。出现提示框时向项目中添加该文件的副本。法语国旗文件使用完全相同的方式操作即可。

现在向项目添加输出口，6个标签都需要创建输出口：1个用于视图顶部的蓝色标签，5个用于下方右侧的词条（参见图21-1）。单击BIDViewController.h并作如下更改：

```
#import <UIKit/UIKit.h>

@interface BIDViewController : UIViewController

@property (weak, nonatomic) IBOutlet UILabel *localeLabel;
@property (weak, nonatomic) IBOutlet UILabel *label1;
@property (weak, nonatomic) IBOutlet UILabel *label2;
@property (weak, nonatomic) IBOutlet UILabel *label3;
@property (weak, nonatomic) IBOutlet UILabel *label4;
@property (weak, nonatomic) IBOutlet UILabel *label5;
@end
```

然后双击BIDViewController.xib，在Interface Builder中编辑GUI，一定要让View窗口可见。打开之后，从库中拖出一个Label放置在窗口顶部，与顶部的蓝色引导线对齐。重新调整其大小使之填满视图中两条蓝色引导线之间的整个宽度。选定此标签，打开属性检查器。找到Font控件，单击其中包含的小T图标，调出一个小的字体选择弹出框，选择System Bold字体以使其突出显示。然后使用属性检查器将文本改为居中对齐方式，并将字体颜色设置为亮蓝色。根据需要可以使用字体选择器加大字号。只要在属性检查器中选定了Autoshrink，那么文本在太长不能适配时会自动调整大小。

放置好标签之后，按下control键并将File's Owner图标拖到此新标签上，然后选择localeLabel输出口。

然后，在库中使用蓝色引导线将其他5个Label左对齐，上下依次放置，如图21-1所示。调整标签，使它们占据将近视图的一半（或更小）。双击顶部的标签，把Label更改为One。然后对其他4个刚刚添加的标签重复此步骤，使之涵盖数字2至5。

从库中再拖出5个Label，这次右对齐。使用属性检查器将文本对齐方式更改为右对齐，并增大标签，使之从右边的蓝色引导线伸展至视图中部。按下control键并将File's Owner拖至5个新标签上，使它们分别连接到不同编号的标签输出口。然后依次双击这些新标签，删除其文本。以后会在程序运行过程中设置这些值。

最后，从库中拖出一个Image View到视图底部（接触到左侧的蓝色引导线）。在属性检查器中，在视图的Image属性中选择flag.png，调整图像大小使之位于两条蓝色引导线之间。然后，在属性检查器中，将Mode属性由Center改为Aspect Fit。这样做是为了确保本地化版本的图片看起来合适，因为并非所有的国旗都有相同的纵横比。选择此选项会使图像视图调整置于其中的图像至合适大小，但这样可以维持正确的纵横比（高度与宽度之比）。根据需要，可以将国旗调整得更高，直至其边缘接触到右侧的蓝色引导线。

保存nib文件。单击BIDViewController.m，将以下代码添加到文件顶部：

```
#import "BIDViewController.h"

@implementation BIDViewController
@synthesize localeLabel;
@synthesize label1;
@synthesize label2;
@synthesize label3;
@synthesize label4;
@synthesize label5;
    .
    .
    .
```

viewDidLoad方法实现如下：

```
- (void)viewDidLoad
{
    [super viewDidLoad];
    // Do any additional setup after loading the view, typically from a nib.

    NSLocale *locale = [NSLocale currentLocale];
    NSString *displayNameString = [locale
        displayNameForKey:NSLocaleIdentifier
        value:[locale localeIdentifier]];
    localeLabel.text = displayNameString;

    label1.text = NSLocalizedString(@"One", @"The number 1");
    label2.text = NSLocalizedString(@"Two", @"The number 2");
    label3.text = NSLocalizedString(@"Three", @"The number 3");
    label4.text = NSLocalizedString(@"Four", @"The number 4");
    label5.text = NSLocalizedString(@"Five", @"The number 5");
}
```

将以下代码添加到现有的viewDidUnload方法中：

```
- (void)viewDidUnload
{
    [super viewDidUnload];
    // Release any retained subviews of the main view.
    // e.g. self.myOutlet = nil;
    self.localeLabel = nil;
    self.label1 = nil;
    self.label2 = nil;
    self.label3 = nil;
```

```
    self.label4 = nil;
    self.label5 = nil;
}
```

在此类中唯一需要查看的是viewDidLoad方法。在此首先要做的事情是获取一个代表用户当前区域设置的NSLocale实例，区域设置和iPhone的Settings应用程序里的设置一样，它包含了用户的语言和地区首选项。

```
    NSLocale *locale = [NSLocale currentLocale];
```

关于代码的下一行可能需要一点解释。NSLocale的工作原理就像字典。其中包含关于当前用户首选项的成批信息，包括所使用的货币名称和期望的日期格式。在NSLocale的API参考中可以找到这些信息的完整列表。

在代码的下一行中，可以找到**区域设置标识符**，即此区域设置所代表的语言和/或地区的名称。在此使用的函数叫displayNameForKey:value:。对于以特定语言请求的项，使用此方法可以返回此项的值。

例如，法语的显示名称在法语中是Français，但在英语中是French。使用此方法可以找到任何关于区域设置的数据，以便对任何用户进行正确的显示。在此例中，所获取的是使用区域设置语言的区域设置显示名称，所以为第二个变量传递了[locale localeIdentifier]。LocaleIdentifier是一个字符串，其格式是之前创建语言项目时所使用的格式。对于美式英语使用者来说，它是en_US；对于法国的法语使用者来说，它是fr_FR。

```
    NSString *displayNameString = [locale
            displayNameForKey:NSLocaleIdentifier
            value:[locale localeIdentifier]];
```

有了显示名称，就可以用它设置视图顶部的标签。

```
    localeLabel.text = displayNameString;
```

然后，以开发基础语言将其他5个标签依次编号为1至5。此处还有注释解释每个词的意思。如果词意很明显，也可以传递一个空字符串，但是传递给第二个变量的任何字符串在字符串文件中都会转换为注释，使用此注释可以与相应的翻译人员进行沟通。

```
    label1.text = NSLocalizedString(@"One", @"The number 1");
    label2.text = NSLocalizedString(@"Two", @"The number 2");
    label3.text = NSLocalizedString(@"Three", @"The number 3");
    label4.text = NSLocalizedString(@"Four", @"The number 4");
    label5.text = NSLocalizedString(@"Five", @"The number 5");
```

现在，运行此应用程序。

21.3.2 测试LocalizeMe

可以使用模拟器或某台设备测试LocalizeMe。模拟器似乎隐藏了某些语言和地区设置，因此人们也许更想在设备（如果有的话）上完成测试。启动后的应用程序如图21-2所示。

使用NSLocalizedString宏代替静态宏，为本地化做好了准备，但还没有开始本地化。如果使用模拟器或iPhone上的Settings应用程序更改为另一种语言或另一个地区，那结果看上去应该基本相同，除了视图顶部的标签（参见图21-3）。

图21-2　系统将在作者的基本语言下运行。我们的
　　　　应用程序针对本地化进行了设置，但尚未经
　　　　过本地化处理

图21-3　设置为使用法语的iPhone上运行的
　　　　非本地化的应用程序

21.3.3　本地化nib文件

现在开始本地化nib文件。本地化任何文件的基本步骤都是一样的。在Xcode中，请单击BIDViewController.xib，然后选择View→Utilities→Show File Inspector调出文件检查器，查看nib文件的详细信息。

警告　Xcode将支持在导航器中本地化几乎任何文件。但只是因为你可以这么做，并不意味着就应该去做。一定不要本地化源代码文件。这样做将创建多个具有相同名称的对象文件，从而导致编译错误。

在文件检查器中找到Localization部分，可以看到其中显示了一个本地化项：English。在Localization部分的底部点击加号（+）按钮，然后从出现的弹出列表中选择French(fr)（参见图21-4）。

图21-4 显示BIDViewController.xib本地化和其他信息的文件检查器

添加好之后，看一下项目导航。注意，现在BIDViewController.xib文件旁有一个展开三角形，表明它是一个组或文件夹。展开它进行查看（参见图21-5）。

图21-5 可本地化的文件有一个展开三角形，并对所添加的每种语言和地区都有一个子值

在我们的项目中，BIDViewController.xib显示为包含两个子项的组：English和French。English是创建项目时自动创建的，它代表的是开发基础语言。

这些文件分别位于一个单独的文件夹中，名为en.lproj和fr.lproj。进入Finder，打开LocalizeMe项目文件夹中的LocalizeMe文件夹。除了所有的项目文件之外，你应该还能看到名为en.lproj和fr.lproj的文件夹（参见图21-6）。

21

图21-6　通过使文件本地化，Xcode为基础语言创建了一个语言项目文件夹。当我们选
　　　　择使某个文件可以本地化时，Xcode也会为我们选择的语言创建一个语言项目
　　　　文件夹

　　注意，en.lpoj文件夹始终都是存在的，其中包括BIDViewController.xib的副本。当Xcode发现
资源只有一个本地化版本时，就作为一个单独项显示。如果一个文件拥有两个或多个本地化版本，
就作为一个组显示。

提示　在处理区域设置时，语言代码是小写的，但是国家（地区）代码是大写的。因此，用于
　　　法语项目的正确名称是fr.lproj，但用于本土法语（在法国的人说的法语）的项目是
　　　fr_FR.lproj，而不是fr_fr.lproj或FR_fr.lproj。iOS的文件系统是区分大小写的，因此正确的
　　　匹配大小写非常重要。

　　在Xcode中创建法语本地化文件时，Xcode将在名为fr.lproj的项目文件夹中创建一个新本地化
项目，并将BIDViewController.xib复制到此处。在Xcode的项目导航中，BIDViewController.xib应
当有两个子值，English和French。双击French打开向法语使用者显示的nib文件。
　　在Interface Builder中打开的nib文件与以前建立的文件完全相同，因为刚才创建的nib文件是
前一个的副本。对此文件所做的任何更改都会向法语使用者显示，所以需要双击左侧的各个标签，
将它们由One、Two、Three、Four、Five改为Un、Deux、Trois、Quatre、Cinq。完成更改之后，
请保存此nib文件。
　　现在，nib文件已经本地化为法语。编译并运行此程序。在它启动之后，轻按主菜单按钮。
　　如果你已经在Settings中完成了更改，应该能在左侧看到翻译后的标签。如果你不太确定如
何修改，没关系，下面我们带你详细过一遍。
　　在模拟器中，打开Settings应用程序并选择General行，然后选择标签为International的行。
在此处可以更改语言和地区首选项（参见图21-7）。
　　你希望首先更改Region Format，因为一旦你更改语言，iOS就会重置并且返回主屏幕。将
Region Format由United States改为France（先选择French，然后从弹出的新表中选择France），然后
将Language由English改为Français。现在单击Done按钮。最后退出模拟器。现在iPhone已经设置
为使用法语。
　　再次运行应用程序。这次，左侧的文字应该会以法语显示（参见图21-8）。

现在的问题是，国旗和右边的文本依然没有翻译。首先看国旗。

图21-7　更改语言和地区，这两项设置会影响用户
　　　　的区域设置

图21-8　现在应用程序已经部分翻译为法语

21.3.4　本地化图像

　　现在，通过在French本地化nib文件中选择一幅不同的图像即可以更改国旗图像。除此之外，也可以真正本地化国旗本身。

　　在本地化nib文件使用的一幅图像或其他资源时，nib文件会自动显示正确的语言版本（尽管在写作此书时还没有方言版本）。如果使用French版本本地化flag.png文件本身，那么在适当的时候，nib文件会自动显示正确的国旗。

　　首先退出模拟器，确保应用程序已停止。回到Xcode，在项目导航中单击flag.png。接下来，调出文件检查器，找到Localization部分，当前应该是空的。确保flag.png依然处于选中状态，按下底部的"+"按钮。Xcode会为文件添加English本地化项目，并将flag.png移到en.lproj文件夹中（在Finder中检查一下）。

说明　在当前的Xcode 4.2版本中，这里的GUI似乎有个小bug。选择了flag.png之后，根据我们之
　　　前所讲的那样点击+按钮，将会导致该文件被取消选择，从而使检查器突然处于没有选择
　　　项的状态。不过不用担心，不管怎么说它还是做了正确的工作。只要再次在项目导航中
　　　选择flag.png就可以继续了。

21

你可以看到在项目导航中显示的flag.png旁，仍然没有出现用于指明它是本地化资源的扩展三角图标。这是因为我们仍然只有一个它在en.lproj中的本地化版本，就是BIDViewController.xib最初的那个。

确保仍然选中了flag.png，然后使用文件检查器的Localization部分添加一个新的本地化项。这次当弹出列表出现时，你将会看到列表顶部同时列出了English和French，因为Xcode知道它们在项目中已经存在了。选择French，flag.png立刻出现了一个扩展图标。展开它，你将看到旗帜的两份副本：一个标为English，另一个标为French。

切换回Finder和你的项目目录，系统文件也出现了相应的变化，en.lproj和fr.lproj中均包含一个flag.png文件。fr.lproj文件夹中的flag.png是基础语言中flag.png文件的一个副本。显而易见，此图像并不正确。既然Xcode不允许编辑图像文件，那么在本地化项目内获取正确图像的最简便的方法是使用Finder将正确的图像复制到项目中。

在21 - LocalizeMe文件夹中打开Images文件夹，然后再在其中打开French文件夹。在此子文件夹中，可以找到一个flag.png文件，其中包含了法国国旗。将此flag.png文件复制到项目的fr.lproj子文件夹中，替换原文件。

至此工作就完成了。回到Xcode，单击项目导航中的flag.png（French）图像文件，此时法国国旗显示出来。

再次运行应用程序，你应该看到类似于图21-9中的界面，如果不是，不要沮丧，原因可能是在刚刚使用的运行方式下模拟器或设备缓存了美国版本的国旗图像。我们接下来会尝试几种方法，以显示正确图像。

如果你在模拟器中运行该应用，首先退出应用（不是退出模拟器）。回到Xcode停止应用。然后返回模拟器，选择iOS Simulator → Reset Contents and Settings重设模拟器，然后退出模拟器。再次返回Xcode，选择Product → Clean，强制重新构建整个应用。现在，再次运行应用。重新运行后，要想显示法国国旗，你需要重新设置区域和语言。如果还是没有生效，试着再次重设模拟器，退出模拟器，选择Product → Clean，退出Xcode，然后重新启动。

如果在设备上运行应用程序，则iPhone可能会缓存上一次运行应用程序时的美国国旗，因此，现在使用Xcode中的Organizer窗口删除iPhone中的旧应用程序。从Window菜单中选择Organizer，打开它。Devices标签下面，左边的一列显示了Xcode知道的iOS设备，目前连接的设备名称后面会有一个小绿点。选择你所使用的设备的Applications，你会看到自己编译和安装的所有应用程序。在应用程序列表中，找到LocalizeMe并选定它，然后单击减号按钮移除应用程序的旧版本和与之关联的隐藏程序。现在从Project中选择Clean，再次生成并运行此应用程序。启动应用程序后，需要重新设置区域和语言，除了下方左侧的法语单词之外，现在应该还显示了法国国旗（参见图21-9）。

图21-9　现在已将图像和nib文件本地化为French

21.3.5　生成和本地化字符串文件

在图21-9中可以看到，视图右侧的单词仍然是英语。翻译它们需要先生成基础语言字符串文件，然后对它本地化。要完成这一任务，需要暂时脱离Xcode的"温柔陷阱"。

启动/Applications/Utilities/中的Terminal.app。当终端窗口打开时，键入cd及一个空格。不要按return键。

现在打开Finder，将21 - LocalizeMe项目文件夹拖动到终端窗口中。放置之后，至项目文件夹的路径应该显示在命令行上。这时再按return键。cd命令是"更改目录"的Unix说法，所以刚才所做的是将终端会话从其默认目录导航至项目目录。

下一步是运行程序genstrings，使之查找Classes文件夹中.m文件中出现的所有NSLocalizedString。为此，只需键入以下命令，并按return键：

```
genstrings ./LocalizeMe/*.m
```

命令执行完成之后（在这个小项目中只需一秒钟），将返回至命令行。在Finder中，在项目文件夹中找到一个名为Localizable.strings的新文件。将它拖到项目导航的Localizeme文件夹中，但在弹出提示时，先不要单击Add按钮。首先取消选择Copy items into destination group's folder(if needed)复选框，因为该文件已经在项目文件夹中了。点击Finish导入该文件。

21

注意 你可以随时返回genstrings，重新创建基础语言文件，但是在将字符串文件本地化为另一种语言之后，就不能修改任何NSLocalizedString()宏中所使用的文本。基础语言版本的字符串充当检索翻译的键，因此如果修改了它们，则再也找不到翻译后的版本，并且你将需要更新本地化的字符串文件或重新翻译它。

导入文件之后，单击Localizable.strings并查看它。它应该包含5个条目，因为我们对5个不同的值使用了5次NSLocalizableString。传递给第二个变量的值已经变成了各个字符串的注释。

字符串是以字母顺序生成的。因为在本例中处理的是数字，所以字母顺序并不是呈现它们的最直观的方式，但在多数情况下，按字母排序会很有帮助。

```
/* The number 5 */
"Five" = "Five";

/* The number 4 */
"Four" = "Four";

/* The number 1 */
"One" = "One";

/* The number 3 */
"Three" = "Three";

/* The number 2 */
"Two" = "Two";
```

现在对它进行本地化。

首先单击Localizable.strings，重复执行进行其他本地化时的步骤。

❑ 如果文件检查器不可见，则打开它。

❑ 在Localization部分，单击"+"按钮创建英语本地化项目。这个过程看起来像取消选中文件，但会创建英语本地化项目。

❑ 再次选中Localizable.strings，再次单击"+"按钮即可生成法语本地化项目。

返回至项目导航，选择文件的French Localication，在编辑窗格中作如下更改：

```
/* The number 5 */
"Five" = "Cinq";

/* The number 4 */
"Four" = "Quatre";

/* The number 1 */
"One" = "Un";

/* The number 3 */
"Three" = "Trois";

/* The number 2 */
"Two" = "Deux";
```

在现实生活中（除非你使用多种语言），通常是将此文件发送给翻译部门将这些值翻译到等号右边。在这个简单的示例中，我们可以自己翻译。

现在保存、编译并运行应用程序，现在应用程序已经完全本地化为法语。

21.3.6 本地化应用程序显示名称

我们希望展示的最后一个本地化部分很常用：本地化在主屏幕上和其他地方显示的应用程序名称。苹果公司对多个内置的应用程序执行了此工作，你可能也希望这么做。

用于显示的应用程序名称存储在应用程序的Info.plist文件中，在我们的例子中实际上名为LocalizeMe-Info.plist，它就在Supporting Files文件夹中。选择此文件以便编辑，将可以看到它包含的`Bundle display name`目前设置为了`${PRODUCT_NAME}`。

在Info.plist文件所使用的语法中，任何以美元符号开头的实体都可以执行变量替换。在本例中，这意味着当Xcode编译该应用程序时，此项的值将替换为此Xcode项目中的"产品"名称，也就是应用程序本身的名称。我们希望在这里执行本地化，将`${PRODUCT_NAME}`替换为每种语言的本地化名称。但是，事实证明，这并不像我们所预料的那么简单。

Info.plist文件比较特殊，但这并不意味着需要被本地化。相反，如果希望本地化Info.plist的内容，需要创建InfoPlist.strings文件的本地化版本。幸好，Xcode创建的所有项目中已经包含了该文件，我们只需将它本地化。

在Supporting Files文件夹找到InfoPlist.strings文件，在文件检查器的Localizations部分按照以前的本地化的相同步骤创建一个法语本地化版本（刚开始en.lproj文件夹中有一个英语版本的文件）。

现在，我们希望添加一行代码来定义应用程序的显示名称。在LocalizeMeInfo.plist文件中，可以看到显示名称与一个称为Bundle display name的字典键相关联，但这不是真正的键名！它只是Xcode的一个独到之处，用于尝试提供更加友好和易懂的名称。真正的名称是CFBundleDisplayName，要进行证实，可以选择LocalizeMe-Info.plist，右击视图中的任何地方，然后选择Show Raw Keys/Values。这将显示所使用的键的真实名称。

所以，选择InfoPlist.strings的英语本地化版本，添加以下代码：

```
CFBundleDisplayName = "Localize Me";
```

现在选择InfoPlist.strings文件的法语本地化版本。编辑该文件以为应用程序提供一个合适的法语名称：

```
CFBundleDisplayName = "Localisez Moi";
```

如果现在在模拟器中编译并运行，可能不会看到新名称。iOS可能会在添加新应用程序时缓存此信息，但在将现有应用程序替换为新版本时不一定会更改该信息，至少在Xcode执行替换时不会这么做。所以如果使用法语运行模拟器，但没有看到新名称，不要担心。只需从模拟器删除该应用程序，返回到Xcode，再次编译并运行。

现在，我们的应用程序已针对法语进行了全面本地化。

21

21.4 小结

若要让iOS应用程序热销，则需尽可能地将它本地化。好在iOS的本地化体系结构使应用程序可以轻松地支持多种语言，甚至是同一种语言的多种方言。如在本章中所见，几乎添加到应用程序的任何类型的文件都可以按需要进行本地化。

如果不计划对应用程序本地化，那么请在代码中使用NSLocalizedString而不是只使用静态字符串。有了Xcode的Code Sense功能，键入时间的差异可以忽略，随时都可以翻译应用程序，我们的生活因此变得更轻松。

至此，整个旅程已经接近尾声，我们几乎同时到达了旅途的终点。在下一章之后，我们将说sayonara、au revoir、auf wiedersehen、αντίο、arrivederci、hej då和adiós（这些词的意思都是"再见"）。虽然现在你已经有了牢固的基础去构建有自己个性的iOS应用程序，但是不要着急，还有一些有用的信息需要讲述。

第 22 章

未来之路

至此，你还和我们在一起，是吗？从我们创建第一个iOS应用程序以来，已经历了很长一段旅程。我们很高兴你已经对iOS有了全面的了解，但是谈到技术，尤其涉及编程的层面，任何人永远都不可能做到全知。

编程的核心是对问题进行解决和分析。这个过程很有趣，而且颇有益处。但是有的时候，你也会碰到一些似乎难以逾越的障碍——一个看起来无法解决的问题。有时，只要你暂时不去考虑这个问题，过一段时间答案就会浮现在你脑海中。通常只要好好睡一觉，或者花几个小时做做别的事情，就能帮助你想到问题的解决方案。相信我们！要是你花费几个小时盯着同一个问题，反反复复地进行分析，情绪异常激动，可能会错过一个显而易见的解决方法。但也有时候，转移注意力也起不了作用。在这种情况下，如果能有资深的朋友可以向其请教，则是很有帮助的。本章列出了一些当你感到迷茫时能够向其求助的资源。

22.1 苹果公司的文档

学会使用Xcode的文档浏览器。文档浏览器是一笔非常有价值的财富，其中包括示例源代码、概念指导、API参考、视频教程等。

苹果公司的文档几乎包括了所有iOS开发可能遇到的问题。熟悉苹果公司的文档之后，便可以更轻松地去探索未知的领域和苹果公司开发的新技术。

说明　Xcode文档浏览器提供的信息与苹果公司Developer网站http://developer. apple.com提供的信息相同。

22.2 邮件列表

可以登录并访问如下这些便捷的邮件列表。

❑ **Cocoa-dev**。这份由苹果公司维护的列表主要是关于Mac OS X中的Cocoa的。然而，因为Cocoa和Cocoa Touch的传承性，此列表中的许多人仍然能够提供帮助。尽管如此，在提问之前一定要先搜索一下列表存档文件。

http://lists.apple.com/mailman/listinfo/cocoa-dev
- ❑ Xcode-users。这是由苹果公司维护的另一份列表，这份列表专门针对与Xcode相关的问题。

  http://lists.apple.com/mailman/listinfo/xcode-users
- ❑ Quartz-dev。这份由苹果公司维护的邮件列表用于讨论Quartz 2D和Core Graphics技术。

  http://lists.apple.com/mailman/listinfo/quartz-dev
- ❑ Cocoa-unbound。此列表用于探讨Mac和iOS开发，于2010年为响应苹果公司运行的一些列表（尤其是Cocoa-dev）的严格限制而诞生。这里的博客文章量较少，涉及的主题可能更加宽泛。

  http://groups.google.com/group/cocoa-unbound
- ❑ IPhone SDK Development。另一个第三方列表，这个列表完全专注于iOS开发。可以在其中找到一个中型的社区，其中会定期发布优秀的博文。

  http://groups.google.com/group/iphonesdkdevelopment

22.3   论坛

将自己的问题发布到如下这些论坛上，与众多论坛读者共同交流。
- ❑ iphonedevbook.com。作为本书的官方论坛，此论坛拥有一个充满活力的社区，其中的成员都明智地购买我们的图书，比如你们。

  http://iphonedevbook.com
- ❑ 苹果开发人员论坛。这是苹果公司专为iOS和Mac软件开发讨论建立的论坛。许多iOS开发人员，包括新手和有经验的人，包括苹果公司的众多工程师和推介人，都在积极参与此论坛。这也是在非公开协议下讨论预发行版SDK的唯一合法的地方，你需要注册Apple ID才能访问。

  http://devforums.apple.com
- ❑ 苹果讨论，开发人员论坛。此链接可以连接到苹果公司的Mac和iOS软件开发人员社区论坛。

  http://discussions.apple.com/category.jspa?categoryID=164
- ❑ 苹果讨论，iPhone。此链接可以连接到苹果公司的iPhone社区论坛。

  http://discussions.apple.com/category.jspa?categoryID=201

22.4   网站

访问如下这些网站可以获得编码建议。
- ❑ CocoaHeads。其上的CocoaHeads是一个专注于支持和促进Cocoa的团体。它主要关注举行例会的当地团体，在例会上，Cocoa开发人员可以聚在一起，互帮互助，甚至结识朋友。没有什么比获得真实个人帮助更好的事情了，所以如果当地有CocoaHeads团体，请积极参与其中。如果没有的话，为什么不发起一个呢？

http://cocoaheads.org

❑ NSCoder Night。这是按周组织的会议，在此会议中，Cocoa编程人员可以聚在一起交流经验以及进行其他社交活动。与CocoaHeads会议相似，NSCoder Night是独立组织的当地活动。

http://nscodernight.com

❑ Stack Overflow。这是面向程序员的社区站点。许多经验丰富的iOS编程员都在此处回答问题。

http://stackoverflow.com

❑ iDeveloper TV。这是一个不错的资源，以有偿形式提供了与iOS和Mac开发相关的深入的视频培训。它还包含一些优秀的、免费的视频资源，其中大部分都来自NSConference（将在"会议"一节中列出），NSConference由运行iDeveloper TV的人员运行。

http://ideveloper.tv

❑ CoCoa Controls。在这里你可以找到大量用于iOS和Mac OS X的GUI组件。它们中的大部分都是免费和开源的。这些控件可用于实际的项目中，也可作为例子进一步学习。

http://cocoacontrols.com/

22.5 博客

如果仍然没有找到编码难题的解决方案，可以尝试阅读如下这些博客。

❑ Wil Shipley的博客。Wil Shipley是世界上最有经验的Objective-C程序员之一。任何一位Objective-C程序员都应该拜读他的"Pimp My Code"系列博文。

http://www.wilshipley.com/blog

❑ Wolf Rentzsch的博客。Wolf Rentzsch是一位经验丰富的独立Cocoa程序员，并且是C4独立开发人员会议的创始人。

http://rentzsch.tumblr.com

❑ iDev Blog A Day。这是一个由多位作者共同创作的博客，由多位独立的iOS和Mac软件开发人员按天轮流创作。如果访问该博客，将会发现来自不同开发人员的新锐洞察。

http://idevblogaday.com

❑ CocoaCast。这里包含与各种Cocoa编程主题相关的博客和播客，具有英语和法语两个版本。

http://cocoacast.com/

❑ @ObjectiveC on Twitter。@objectivec Twitter用户发表新的Cocoa相关的博客，值得关注。

http://mobile.twitter.com/objectivec

❑ Mike Ash的博客。听到Mike的名字你一定如雷贯耳。这个RSS源收集了Mike一直以来的iOS Friday Q&A。

http://www.mikeash.com/pyblog/

22

22.6   会议

有时图书和网站并不够。参加有关iOS的大会，可能是获取新锐思想和遇见其他开发人员的不错途径。幸好，近年来各种会议蓬勃发展，iOS开发人员不缺有趣的会议参加，下面给出了一些会议。

❏ WWDC。苹果公司的全球开发人员大会是一场年度盛会，苹果公司通常会在会上向其开发人员社区揭示下一波杰出的创新。

http://developer.apple.com/wwdc

❏ MacTech。这是一场面向Mac和iOS程序员以及IT专业人员的大会。由出版*MaTech Magazine*的人主办。

http://www.mactech.com/conference

❏ NSConference。这场跨越多个洲的活动已在英国和美国举办过。它由Steve "Scotty" Scott管理和推广，Steve可能是Mac/iOS大会现场上最卖力的人。

http://nsconference.com

❏ 360 iDev。这场大约一年举办一次的大会（轮流在圣何塞和丹佛两个城市举办）始于2009年，看起来很受欢迎。

http://www.360idev.com

❏ iPhone/iPad DevCon。此大会是最近才诞生的。在编写本书时，它仅举办过几次，但是一场值得关注的大会。

http://www.iphonedevcon.com

❏ Çingleton。到目前为止，Çingleton Symposium只在2011年10月举行过一次，但是计划举行更多。Çingleton 不会只有一次。

http://www.cingleton.com

❏ Voices That Matter。Voices That Matter所举办的会议并不仅限于iOS。有些会议也关注了其他移动平台和Web开发。有关iOS和iPhone的会议是从2009年开始举办的。

http://www.voicesthatmatter.com

❏ CocoaConf。在本书编写至此时，距第二届CocoaConf会议的开幕只有几个星期了，因此当你读到这里时，它肯定已经结束了。不过不用担心，将来一定还会举办的。

http://www.cocoaconf.com

22.7   作者

Dave 、 Jack 和 Jeff 都 是 活 跃 的 Twitter 用 户 。 你 可 以 通 过 @davemark 、 @jacknutting 和 @jeff_lamarche找到他们。他们还有自己的博客。

❏ Jeff的iOS开发博客包含大量优秀的技术资料。请务必关注关于OpenGL ES的后续系列文章。

http://iphonedevelopment.blogspot.com

http://www.davemark.com
- Jack在使用博客nuthole.com讨论自己的事业和生活（技术及其他）状况，跟大部分人的博客一样，但这个是Jack的。

http://www.nuthole.com

提示 你是否有兴趣更深入地剖析iOS SDK，具体来讲，是否对iOS 5 SDK中引入的所有优秀的新功能感兴趣（本书仅触及了它们中的冰山一角）？如果是，应该访问由Dave Mark、Alex Horovitz、Kevin Kim和Jeff LaMarche著的 *More iPhone 5 Development: Further Explorations of the iOS SDK*（Apress，2012）。

如果仍有疑问，给我们发送电子邮件，地址为begin5errata@iphonedevbook.com。关于本书的排版错误和程序问题，也应该给此地址发送电子邮件。我们不能保证对每封邮件都给予回复，但一定会阅读所有邮件。请确认在单击发送之前已经阅读了Apress网站上的勘误表和http://iphonedevbook.com/forum上的论坛。并且一定记得告诉我们你自己开发了什么好的应用程序。

22.8 再会

本书中我们所讨论的编程语言和框架是经过20多年发展而来的结果。Apple工程师狂热地、夜以继日地工作着，思考着下一个很酷的新功能。iOS平台刚开始绽放，将会有更多的特性问世。

通过本书的学习，你已经建立了牢固的基础知识，掌握了Objective-C、Cocoa Touch，以及将这些技术结合起来的工具。有了这些扎实的基础，你就可以创建出色的iPhone、iPod touch和iPad应用了。你还了解了iOS软件架构（让Cocoa Touch工作起来的设计模式）。总之，你已经可以准备开始自己的iOS开发之路了。对此我们感到非常骄傲！

感谢你陪伴我们走过整个旅程。祝你好运，并希望你能像我们一样享受iOS编程的乐趣。

图灵最新重点图书

node.js 开发指南
书号：978-7-115-28399-3
作者：BYVoid
定价：45.00 元

本书首先简要介绍 Node.js，然后通过各种示例讲解 Node.js 的基本特性，再用案例式教学的方式讲述如何用 Node.js 进行 Web 开发，接着探讨一些 Node.js 进阶话题，最后展示如何将一个 Node.js 应用部署到生产环境中。本书面向对 Node.js 感兴趣，但没有基础的读者，也可供已了解 Node.js，并对 Web 前端/后端开发有一定经验，同时想尝试新技术的开发者参考。

短！微讯息时代写作的艺术
书号：978-7-115-28802-8
作者：Christopher Johnson
译者：赵燕飞
定价：39.00 元

Erlang/OTP 并发编程实战
书号：978-7-115-28559-1
作者：Martin Logan Eric Merritt
　　　Richard Carlsson
译者：连城
定价：79.00 元

开放式创新：企业如何在挑战中创造价值
书号：978-7-115-28398-6
作者：Alpheus Bingham
　　　Dwayne Spradlin
译者：涂文文
定价：39.00 元

敏捷武士：看敏捷高手交付卓越软件
书号：978-7-115-28154-8
作者：Jonathan Rasmusson
译者：李忠利
定价：45.00 元

精彩绝伦的 CSS
书号：978-7-115-28479-2
作者：Eric A. Meyer
译者：姬光
定价：49.00 元

黑客攻防技术宝典：Web 实战篇（第 2 版）
书号：978-7-115-28392-4
作者：Dafydd Stuttard Marcus Pinto
译者：石华耀 傅志红
定价：99.00 元

站在巨人的肩上
Standing on Shoulders of Giants

www.ituring.com.cn

站在巨人的肩上
Standing on Shoulders of Giants

www.ituring.com.cn